Lang Kurt

E. Messerschmid · S. Fasoulas

Raumfahrtsysteme

Springer

*Berlin
Heidelberg
New York
Barcelona
Hongkong
London
Mailand
Paris
Singapur
Tokio*

E. Messerschmid
S. Fasoulas

Raumfahrtsysteme

Eine Einführung
mit Übungen und Lösungen

Mit 361 Abbildungen und 81 Tabellen

Springer

Prof. Dr. Ernst Messerschmid
Universität Stuttgart
Institut für Raumfahrtsysteme
Pfaffenwaldring 31
70550 Stuttgart

Dr.-Ing. Stefanos Fasoulas
Technische Universität Dresden
Fakultät Maschinenwesen
Institut für Luft- und Raumfahrttechnik
Mommsenstraße 13
01069 Dresden

ISBN 3-540-66803-9 Springer-Verlag Berlin Heidelberg New York

Die Deutsche Bibliothek – CIP-Einheitsaufnahme
Messerschmid, Ernst :
Raumfahrtsysteme : eine Einführung mit Übungen und Lösungen / Ernst Messerschmid ; Stefanos Fasoulas. – Berlin ; Heidelberg ; New York ; Barcelona ; Hongkong ; London ; Mailand ; Paris ; Singapur ; Tokio : Springer, 2000
ISBN 3-540-66803-9

Dieses Werk ist urheberrechtlich geschützt. Die dadurch begründeten Rechte, insbesondere die der Übersetzung, des Nachdrucks, des Vortrags, der Entnahme von Abbildungen und Tabellen, der Funksendung, der Mikroverfilmung oder der Vervielfältigung auf anderen Wegen und der Speicherung in Datenverarbeitungsanlagen, bleiben, auch bei nur auszugsweiser Verwertung, vorbehalten. Eine Vervielfältigung dieses Werkes oder von Teilen dieses Werkes ist auch im Einzelfall nur in den Grenzen der gesetzlichen Bestimmungen des Urheberrechtsgesetzes der Bundesrepublik Deutschland vom 9. September 1965 in der jeweils geltenden Fassung zulässig. Sie ist grundsätzlich vergütungspflichtig. Zuwiderhandlungen unterliegen den Strafbestimmungen des Urheberrechtsgesetzes.

Springer-Verlag Berlin Heidelberg New York
ein Unternehmen der BertelsmannSpringer Sciences + Business Media GmbH
© Springer-Verlag Berlin Heidelberg 2000
Printed in Germany

Die Wiedergabe von Gebrauchsnamen, Handelsnamen, Warenbezeichnungen usw. in diesem Werk berechtigt auch ohne besondere Kennzeichnung nicht zu der Annahme, daß solche Namen im Sinne der Warenzeichen- und Markenschutz-Gesetzgebung als frei zu betrachten wären und daher von jedermann benutzt werden dürften.
Sollte in diesem Werk direkt oder indirekt auf Gesetze, Vorschriften oder Richtlinien (z.B. DIN, VDI, VDE) Bezug genommen oder aus ihnen zitiert worden sein, so kann der Verlag keine Gewähr für die Richtigkeit, Vollständigkeit oder Aktualität übernehmen. Es empfiehlt sich, gegebenenfalls für die eigenen Arbeiten die vollständigen Vorschriften oder Richtlinien in der jeweils gültigen Fassung hinzuzuziehen.

Einbandgestaltung: Struwe & Partner, Heidelberg
Satz: Autorendaten

Gedruckt auf säurefreiem Papier   SPIN: 10693716   62/3020 – 5 4 3 2 1 0 –

Vorwort

Raumfahrtsysteme ermöglichen den Zugang zum erdnahen wie fernen Teil des Weltraums. Raketen befördern Satelliten direkt auf Bahnen, die sich besonders für die Telekommunikation oder die Beobachtung der Erde eignen, fernere Ziele werden mit besonders gebauten Oberstufen oder Sonden mit leistungsfähigen Antrieben angesteuert. Schwerlasttransporter, wie das amerikanische Space-Shuttle oder die Ariane-5-Rakete, transportieren große Teile von Raumstationen in den erdnahen Weltraum, wo sie von Astronauten zusammengebaut und genutzt werden. Das Zusammenwirken aller Teilsysteme für Transport, Infrastruktur, miteinander kommunizierenden Betriebseinrichtungen sowie die sie bedienenden Menschen auf der Erde wie im Weltraum, ergibt ein komplexes Gesamtsystem, auch Raumfahrtsystem genannt. Dieses Gesamtsystem kann nur verstanden werden, wenn die notwendigen Grundlagen über die Möglichkeiten und Grenzen der Raketentechnik, Orbitmechanik, Raumfahrtantriebe, Lage- und Bahnregelung, Energieversorgung, Thermalkontrolle, Kommunikationssysteme oder beispielsweise auch des Wiedereintritts wiederverwendbarer Raumtransportsysteme in die Atmosphäre bekannt sind.

Das Buch über die „Grundlagen der Raumfahrtsysteme" soll diese wichtigen Kenntnisse auf der Basis eines vorhandenen Wissens über Physik, Technische Mechanik, Aero- und Thermodynamik vermitteln, wie es in etwa den ersten vier Semestern eines ingenieur- oder naturwissenschaftlichen Studiums gelernt wird. Es ist aus der gleichnamigen Vorlesung mit den dazugehörigen Übungen entstanden, die etwa 5-6 Semesterwochenstunden umfassen und seit 15 Jahren an der Fakultät Luft- und Raumfahrttechnik der Universität Stuttgart und seit 1999 auch an der Fakultät für Maschinenwesen der Technischen Universität Dresden gehalten werden. Die Auswahl der behandelten Themen kann natürlich keine absolut vollständige und umfassende Zusammenstellung aller raumfahrtrelevanten Teilbereiche darstellen. Das Lehrbuch ist vielmehr als ein Einstieg in die interdisziplinäre, komplexe und faszinierende Problematik der Raumfahrttechnik gedacht. Es soll den Studierenden und den interessierten Lesern die Grundlagen übersichtlich vermitteln und dadurch motivieren, den Zugang zu vertiefenden Gebieten zu suchen.

Die unterschiedlichen Themenbereiche hätten nicht so effektiv in Vorlesungsstoff umgewandelt werden können, wenn wir nicht auf Vorlesungen und Übungen hätten aufbauen können, die von Prof. R. Bühler bis 1984 und den Wissenschaftlern des Instituts für Raumfahrtsysteme der Universität Stuttgart, insbesondere von den Herren H. Kurtz, Prof. Dr. R. Lo, Dr. U. Schöttle und Dr. H. Schrade, bis 1986 gestaltet und auch später in Teilen noch gehalten wurden. Wichtige Vorschläge zur Ergänzung des Vorlesungsstoffes machten die Herren Dr. U. Schöttle (Kap. 4.5, 7, 10, 11), Dr. F. Huber (Kap. 12), J. Krüger (Kap. 9) und F. Zimmermann (Kap. 4.8). Dafür möchten wir uns sehr bedanken. Ebenso möchten wir uns bei bislang insgesamt 15 Jahrgängen von Luft- und Raumfahrttechnik-Studenten bedanken, die mit ihren Anregungen und Verbesserungsvorschlägen ebenfalls zum vorliegenden Manuskript beigetragen haben.

An dieser Stelle sei auch denjenigen gedankt, die uns bei der Erstellung von Manuskript und Bildern in eine druckreife Form sowie beim Korrekturlesen unermüdlich geholfen haben. Besonders erwähnen möchten wir Frau C. Stemke, und die Herren M. Völkel und T. Behnke.

Jetzt erst wird unsere dritte Dimension, der Weltraum, erschlossen. Damit werden neue Erkenntnisse gewonnen und neuer Nutzen daraus gezogen. Unsere Informationsgesellschaft, als wesentliches, prägendes Element der Welt des nun beginnenden neuen Jahrhunderts, wird in erheblichem Maße weltraumgestützt sein, global im Charakter werden und neue Formen des Transportes und der Kommunikation annehmen. Die Geschwindigkeit dieser Entwicklung in der Raumfahrt und ihrer Nutzung wird erheblich davon abhängen, wie die zugrundeliegenden Technologien vermittelt, verstanden und schließlich als Teil unserer Kultur akzeptiert werden. Wie für andere neue Technologiefelder ist es dabei von Bedeutung, gleichermaßen die Chancen und Risiken zu bewerten. Ähnlich wie ein Astronaut „seine" Chance ergreift, im Vorgriff auf die Möglichkeiten zukünftiger Generationen die neue Lebenssphäre in der Schwerelosigkeit zu erleben und zu erforschen, werden viel mehr Menschen in Zukunft, indem sie sich mit Raumtransportsystemen und Nutzanwendungen befassen, Zutrauen in die Raumfahrttechnik gewinnen und diese vermehrt nutzen wollen.

Man braucht allerdings nicht wie die Astronauten, Raumfahrt vor Ort erlebt zu haben. Auch von der Erde aus können sich nur wenige Menschen der Faszination der Raumfahrt entziehen. Dies liegt am Zusammenwirken von menschlicher Inspiration, Naturwissenschaften, Verfügbarkeit von Hochtechnologien und dem Mut aller Beteiligten, Raumfahrt von der Idee zur Innovation und neuen Einsichten umsetzen zu wollen. Die Raumfahrtnutzung, vom Erkenntniszugewinn bis hin zur Kommerzialisierung, wird zwangsläufig folgen.

Das vorliegende Lehrbuch soll, das ist unsere Hoffnung, einen Beitrag dazu leisten.

Stuttgart, im März 2000   Ernst Messerschmid
                                                                                           Stefanos Fasoulas

Inhaltsverzeichnis

1 EINLEITUNG 1
   1.1 EINFÜHRUNG 1
   1.2 GESCHICHTLICHE ENTWICKLUNG 3
      1.2.1 Frühe Entwicklungsphase (vorchristliche Zeit bis 1900) 3
      1.2.2 Die Phase der ideenreichen Literaten (1865–1927) 4
      1.2.3 Die Phase der „enthusiastischen Ingenieure" (1895–1935) 4
      1.2.4 Die Phase der vorsichtigen Akzeptanz (1935 – 1957) 4
      1.2.5 Die Phase der operationellen Raumfahrt (ab 04.10.1957) 5
   1.3 RAUMFAHRTNUTZUNG HEUTE UND MORGEN 6
      1.3.1 Überwachung, Erforschung und Erhaltung der terrestrischen Umwelt. 6
      1.3.2 Verbesserung der Infrastruktur in Verkehr und Kommunikation 11
      1.3.3 Erkundung des Weltraums 15
      1.3.4 Nutzung der Weltraumumgebung 17
   1.4 WIRTSCHAFTLICHE RELEVANZ DER RAUMFAHRTTECHNIK UND -NUTZUNG .. 19
   1.5 RAUMSTATIONEN 21
   1.6 MÖGLICHE MISSIONEN NACH DER INTERNATIONALEN RAUMSTATION 28

2 DIE ZIOLKOWSKY-RAKETENGLEICHUNG 31
   2.1 DIE ANNAHME DES SCHWEREFREIEN RAUMES 31
   2.2 IMPULSGLEICHUNG DER RAKETE 32
   2.3 WICHTIGE IMPULSDEFINITIONEN 35
      2.3.1 Der Gesamtimpuls 35
      2.3.2 Der spezifische Impuls 35
   2.4 LEISTUNGS- ODER ENERGIEWIRKUNGSGRADE 36
      2.4.1 Gesamtwirkungsgrad, innerer und äußerer Wirkungsgrad 36
      2.4.2 Der integrale oder mittlere äußere Wirkungsgrad 37
   2.5 EIN- UND MEHRSTUFIGE CHEMISCHE TRÄGERRAKETEN 39
      2.5.1 Grenzen einstufiger chemischer Raketen 39
      2.5.2 Stufenprinzip und Arten der Raketenstufungen 41
      2.5.3 Tandemstufung 42
      2.5.4 Parallel-Stufung 50
   2.6 STUFENOPTIMIERUNG (TANDEMSTUFUNG) 60

3 GRUNDLAGEN DER BAHNMECHANIK 63

3.1 BEGRIFFE UND ANWENDUNGSBEREICHE 63
3.2 KEPLERS GESETZE UND NEWTONS ERGÄNZUNGEN 64
3.3 DIE VIS-VIVA-GLEICHUNG 69
   3.3.1 Definitionen 69
   3.3.2 Drehipulserhaltung - Masse im zentralen Kraftfeld 69
   3.3.3 Konservatives Kraftfeld und Energieerhaltung 71
   3.3.4 Masse im Gravitationsfeld 72
   3.3.5 Gravitationsbeschleunigung an der Erdoberfläche 73
   3.3.6 Energien im Gravitationsfeld und Vis-Viva-Gleichung 74
3.4 ALLGEMEINE LÖSUNG DER VIS-VIVA-GLEICHUNG 76
3.5 WICHTIGE ERGEBNISSE AUS DER VIS-VIVA-GLEICHUNG 80
   3.5.1 Umlaufzeiten für geschlossene Bahnen 80
   3.5.2 Erste kosmische Geschwindigkeit 81
   3.5.3 Zweite kosmische Geschwindigkeit (Fluchtgeschwindigkeit) 82
   3.5.4 Minimaler Energiebedarf bei einem Start von der Erdoberfläche .. 83
3.6 BESCHREIBUNG VON FLUGKÖRPERBAHNEN 85
   3.6.1 Koordinatensysteme und Darstellung von Umlaufbahnen 85
   3.6.2 Die klassischen Bahnelemente 91
   3.6.3 Ausgewählte Umlaufbahnen 91
3.7 ANWENDUNG VON ELLIPSENBAHNEN 96
   3.7.1 Zeit entlang einer Keplerbahn 96
   3.7.2 Ballistische Flugbahnen zwischen zwei Erdpunkten 99

4 MANÖVER ZUR BAHNÄNDERUNG 103

4.1 EINFÜHRENDE BEMERKUNGEN 103
4.2 MANÖVER MIT IMPULSIVEN SCHUBPHASEN 104
   4.2.1 Definitionen 104
   4.2.2 Allgemeine Betrachtung 105
   4.2.3 Abhängigkeit des Antriebsbedarfs von den Schubphasen 106
   4.2.4 Hohmann-Übergänge 109
   4.2.5 Dreiimpuls-Übergänge (bielliptische Übergänge) 114
   4.2.6 Inklinationsänderung 115
4.3 BAHNEN MIT ENDLICHEN SCHUBPHASEN 116
   4.3.1 Richtungsänderung in konstanter Höhe 116
   4.3.2 Aufspiralen 118
4.4 AUFSTIEGSBAHNEN UNTER BERÜCKSICHTIGUNG VON VERLUSTEN 122
4.5 RENDEZVOUS- UND ANDOCKMANÖVER 129
   4.5.1 Problemstellung 130

4.5.2 Flugphasen 132
4.5.3 Die Bewegungsgleichungen für das Rendezvous-Problem............... 133
4.5.4 Restbeschleunigung in einem Raumfahrzeug 138
4.5.5 Antriebsbedarf einiger Rendezvousmanöver 139
4.5.6 Ankoppeln (Docking) und Landung auf einem Planeten 139

4.6 GRAVITY-ASSIST- ODER SWINGBY-MANÖVER... 142
4.6.1 Zur Entwicklung der Gravity-Assist-Technologie 142
4.6.2 Übergang vom heliozentrischen ins planetenfeste System 142
4.6.3 Berechnung der Geschwindigkeitsänderung 145
4.6.4 Maximaler Energiegewinn im heliozentrischen System 147
4.6.5 Maximierung der Austrittsgeschwindigkeit 149

4.7 SONNENSEGEL 151

4.8 TETHERS (SEILE) IM GRAVITATIONSFELD.. 155
4.8.1 Der Gravitationsgradient 156
4.8.2 Schwingungsverhalten und Störkräfte.. 159
4.8.3 Bahnmechanische Anwendung 160
4.8.4 Elektrodynamische (leitende) Seile.. 162
4.8.5 Konstellationen und künstliche Schwerkraft 165

4.9 ZAHLENWERTE FÜR VERSCHIEDENE MISSIONEN..................................... 166

5 THERMISCHE RAKETEN 169

5.1 EINTEILUNG 169
5.1.1 Methoden der Treibstoffheizung 169
5.1.2 Thermische Raketen mit geschlossener Heiz- oder Brennkammer... 171
5.1.3 Thermische Raketen ohne geschlossene Heizkammer..................... 173

5.2 BEMERKUNGEN ÜBER DIE VORGÄNGE IN THERMISCHEN RAKETEN 175

5.3 RAKETENSCHUB – DETAILS 180

5.4 ERGEBNISSE AUS DER ENERGIEGLEICHUNG... 181

5.5 IDEALISIERTE RAKETE MIT IDEALEM GAS ALS TREIBSTOFF 185
5.5.1 Grundgleichungen der eindimensionalen reibungsfreien Strömung . 185
5.5.2 Bestimmung der Lavalbedingungen... 187
5.5.3 Abhängigkeiten von der Querschnittsänderung 188

5.6 IDEALE RAKETE 189
5.6.1 Massenstrom und Schub einer idealen Rakete................................. 191
5.6.2 Spezifischer Impuls einer idealen Rakete 193
5.6.3 Wirkungsgrad des idealen Triebwerks 194
5.6.4 Einfluß des Flächenverhältnisses $\varepsilon = A_e/A_t$ auf den Schub................ 194
5.6.5 „Abgesägte" Düse 195

5.7 REALE (VERLUSTBEHAFTETE) DÜSEN 197

5.7.1 Mechanische Verluste 197
5.7.2 Thermische Verluste 201
5.7.3 Chemische Verluste 201
5.8 CHEMISCHE RAKETENTREIBSTOFFE... 203
5.8.1 Theoretische Leistungen chemischer Raketentreibstoffe 203
5.8.2 Treibstoffauswahl... 203
5.9 ANTRIEBSSYSTEME CHEMISCHER RAKETEN 206
5.9.1 Einteilung nach dem Aggregatzustand der Treibstoffe 206
5.9.2 Einteilung nach dem spezifischen Impuls 207
5.9.3 Einteilung nach der Zahl der Treibstoffkomponenten 208
5.9.4 Einteilung nach sonstigen Betriebsparametern 212
5.9.5 Einteilung nach Art der Anwendung... 213
5.9.6 Komponenten und Prozesse 214

6 ELEKTRISCHE ANTRIEBE 229

6.1 DEFINITION 229
6.2 VORTEILE ELEKTRISCHER ANTRIEBE... 230
6.3 WIDERSTANDSBEHEIZTE TRIEBWERKE (RESISTOJET)................................... 232
6.4 GRUNDLAGEN FÜR LICHTBOGENTRIEBWERKE... 234
6.5 ELEKTROTHERMISCHES LICHTBOGENTRIEBWERK (ARCJET)....................... 236
6.6 MAGNETOPLASMADYNAMISCHE TRIEBWERKE 239
6.6.1 Eigenfeldbeschleuniger 239
6.6.2 Fremdfeldbeschleuniger 241
6.6.3 Hallionenbeschleuniger 243
6.7 ELEKTROSTATISCHE TRIEBWERKE 244
6.7.1 Grundlagen zu elektrostatischen Triebwerken 245
6.7.2 Kaufman-Triebwerk 246
6.7.3 RIT-Triebwerk.. 247
6.7.4 Feldemissions-Triebwerk 247

7 ANTRIEBSSYSTEME FÜR DIE LAGE- UND BAHNREGELUNG 249

7.1 EINFÜHRUNG... 249
7.2 ABGRENZUNG DER SEKUNDÄR- GEGENÜBER DEN PRIMÄRSYSTEMEN 250
7.3 AUFGABEN UND ANFORDERUNGEN.. 255
7.4 DIE LAGEREGELUNG VON RAUMFAHRZEUGEN... 256
7.4.1 Die Eulerschen Gleichungen 256
7.4.2 Aufgaben der Lageregelung, Stabilisierungsarten, Stellglieder 257

7.4.3 Anforderungen der Drallstabilisierung... 260
7.4.4 Anforderungen der Dreiachsenstabilisierung.................................. 265
7.5 BAHNREGELUNG UND BAHNKORREKTUR 269
7.5.1 Übersicht.. 269
7.5.2 Kompensation von Injektionsfehlern und Positionierung............... 269
7.5.3 Bahnregelung geostationärer Satelliten... 272
7.6 SYSTEMANFORDERUNGEN... 277
7.7 ARTEN SEKUNDÄRER ANTRIEBSSYSTEME 279
7.8 VERGLEICH DER WICHTIGSTEN TRIEBWERKSSYSTEME 284

8 ENERGIEVERSORGUNGSANLAGEN.. 287

8.1 ALLGEMEIN.. 287
8.1.1 Leistungsbedarf von Raumfahrzeugen... 287
8.1.2 Mögliche Energiesysteme für Raumfahrtzwecke............................ 288
8.1.3 Typische Missionen und deren Erfordernisse 293
8.1.4 Einfluß der Schattenphase auf solare Energieversorgungssysteme... 295
8.2 ÜBERSICHT ÜBER KURZZEIT-ANLAGEN 298
8.2.1 Primärzellen 298
8.2.2 Sekundärzellen 299
8.3 ÜBERSICHT ÜBER LANGZEIT-ANLAGEN 303
8.3.1 Solarzellenanlagen 303
8.3.2 Das Prinzip der Solarzelle 303
8.3.3 Ausgeführte Anlagen 305
8.3.4 Nukleare Anlagen 308
8.3.5 Thermoelektrische Wandlung 308
8.3.6 Radioisotopenbatterien... 310
8.3.7 Nukleare Reaktoren 312
8.4 ANDERE UNTERSUCHTE ENERGIEVERSORGUNGSSYSTEME 315
8.4.1 Solardynamische Energieversorgungsanlagen 315
8.4.2 Vergleich Photovoltaik - Solardynamik für eine Raumstation 317
8.4.3 Solare Kraftwerksatelliten.. 320

9 THERMALKONTROLLSYSTEME 321

9.1 GRUNDLAGEN DER WÄRMEÜBERTRAGUNG DURCH STRAHLUNG 321
9.1.1 Der schwarze Strahler 321
9.1.2 Optische Eigenschaften von Materialien.. 323
9.1.3 Graue Strahler und technische Oberflächen 324
9.2 UMWELTBEDINGUNGEN 327
9.2.1 Solarstrahlung... 327

9.2.2 Albedostrahlung 329
9.2.3 Erdeigenstrahlung.. 330
9.2.4 Aerodynamische Aufheizung 331
9.3 ENTWURF VON THERMALKONTROLLSYSTEMEN 332
9.4 THERMALANALYSE 335
9.4.1 Durchführung von Thermalanalysen.. 335
9.4.2 Wärmebilanz 337
9.4.3 Gleichgewichtstemperaturen 338
9.4.4 Mathematische Modellierung... 339
9.4.5 Thermische Massen 341
9.4.6 Wärmetransportmechanismen... 342
9.4.7 Formfaktoren, Strahlungskopplungen 343
9.4.8 Software-Werkzeuge 344
9.5 ARTEN VON THERMALKONTROLLSYSTEMEN 345
9.5.1 Passive Thermalkontrolle 345
9.5.2 Aktive Thermalkontrolle 351
9.6 THERMALTESTS 356

10 RAUMTRANSPORTSYSTEME 359

10.1 EINLEITUNG 359
10.2 MOMENTANER STAND 359
10.2.1 Überblick 359
10.2.2 Einteilungskriterien von Trägerraketen.. 367
10.2.3 Zur Zeit in Einsatz befindliche Trägerraketen.................................... 367
10.3 DAS ARIANE–PROGRAMM 368
10.4 ZUSAMMENFASSUNG EXISTIERENDER STARTFAHRZEUGE........................... 373
10.5 ZUKÜNFTIGE PROJEKTE FÜR RAUMTRANSPORTFAHRZEUGE 373
10.5.1 Gegenwärtiger Status und laufende Projekte 373
10.5.2 Studien über zukünftige Raumtransportsysteme................................ 376
10.5.3 Missionen für die zukünftigen Raumtransportsysteme 380
10.5.4 Konzepte für zukünftige europäische Transportsysteme 382
10.5.5 Startkosten für zukünftige Startfahrzeuge.. 383
10.5.6 Technologieentwicklungen und langfristige Zielsetzung................... 388

11 DER EINTRITT VON FAHRZEUGEN IN DIE ATMOSPHÄRE 391

11.1 EINLEITUNG 391
11.2 FLUGBEREICHE 393
11.2.1 Wiedereintrittsflugprofile 393

11.2.2 Strömungsbereiche 393
11.3 FLUGBEREICHSBESCHRÄNKUNGEN UND FAHRZEUGANFORDERUNGEN 395
11.4 WÄRMESCHUTZMETHODEN 400
11.5 BALLISTISCHER UND SEMIBALLISTISCHER WIEDEREINTRITT 400
    11.5.1 Wiedereintrittsflüge ohne Auftrieb 400
    11.5.2 Wiedereintrittsflüge mit Auftrieb 403
11.6 WIEDEREINTRITT VON GEFLÜGELTEN GLEITFAHRZEUGEN 407
11.7 AERODYNAMISCHE ORBIT-TRANSFERFAHRZEUGE (AOTV) 414
    11.7.1 Einleitung 414
    11.7.2 Aerodynamische Orbit Transfer Fahrzeuge für erdnahe Bahnen 414
    11.7.3 Synergetische Bahndrehmanöver 423
    11.7.4 Planetenmissionen 425
    11.7.5 Technologieaspekte der Aeroassist-Konzepte 428

12 DATEN- UND KOMMUNIKATIONSSYSTEME 429

12.1 EINLEITUNG 429
12.2 DATENMANAGEMENTSYSTEM 430
12.3 ÜBERTRAGUNGSSTRECKEN ZU DEN RAUMSTATIONEN 431
12.4 VERTEILTE DATENSYSTEME 433
    12.4.1 Netz-Topologien 434
    12.4.2 Physikalische Datenverbindungen 435
    12.4.3 Software und Programmiersprachen 435
12.5 AUSLEGUNG DER FUNKSYSTEME 437
12.6 ANTENNEN 441
12.7 MODULATION UND CODIERUNG 444
12.8 DAS TDRS-SYSTEM 447

13 UMWELTFAKTOREN 451

13.1 EINFÜHRUNG 451
13.2 GRAVITATIONSFELDER 451
    13.2.1 Gravitationsfeld in größerem Abstand von einem Zentralkörper 451
    13.2.2 Gravitationsfeld in der Nähe eines Zentralkörpers 453
    13.2.3 Entwicklung des Gravitationspotentials nach Kugelfunktionen 454
13.3 MAGNETFELDER 455
    13.3.1 Das magnetische Dipolfeld 455
    13.3.2 Das Magnetfeld der Sonne 456

13.3.3 Das Magnetfeld der Erde 457
13.4 ELEKTROMAGNETISCHE STRAHLUNG 460
13.5 ATMOSPHÄRE 461
13.6 FESTE MATERIE 464
13.7 DAS SONNENSYSTEM 467
    13.7.1 Die Sonne 467
    13.7.2 Die Planeten 468
    13.7.3 Die Planetoiden 471
    13.7.4 Die Monde 472
    13.7.5 Die Kometen 474

ANHANG A GESCHICHTLICHE DATEN **475**

A.1 FRÜHE ENTWICKLUNGSPHASE (VORCHRISTLICHE ZEIT BIS 1900) 475
A.2 PHASE DER IDEENREICHEN LITERATEN (1865–1927) 478
A.3 PHASE DER „ENTHUSIASTISCHEN INGENIEURE" (1895–1935) 479
A.4 PHASE DER VORSICHTIGEN AKZEPTANZ (1935 – 1957) 480
A.5 PHASE DER OPERATIONELLEN RAUMFAHRT (AB 04.10.1957) 482

B ÜBUNGSAUFGABEN **491**

Literatur

1. Hallmann, W., Ley, W., „Handbuch der Raumfahrttechnik - Grundlagen, Nutzung, Raumfahrtsysteme, Produktsicherung und Projektmanagement", 2. Auflage, ISBN 3-446-21035-0, Carl Hanser Verlag, München, Wien, 1999.
2. Oberth, H., „Die Rakete zu den Planetenräumen", R. Oldenbourg, München, 1923, 5. Auflage bei UNI-Verlag Dr. Roth-Oberth, 1984.
3. Sänger, E., „Raumfahrt Heute - Morgen – Übermorgen", Econ Verlag GmbH, Düsseldorf, Wien, 1964.
4. Renner, U., Nauck, J., Balteas, N., „Satellitentechnik - eine Einführung", Springer Verlag, Berlin, Heidelberg, New York, 1988.
5. Ruppe, H.O., „Die grenzenlose Dimension – Raumfahrt", Bände 1&2, Econ Verlag GmbH, Düsseldorf, Wien, 1980.
6. Woodcock, G.R., „Space Stations and Platforms", Orbit Book Company, Malabar Florida, 1986.
7. Staufenbiel, R., Space Course Aachen, 1991, s.auch Journal of Spacecraft, Jul-Aug 1992.
8. Wertz, J.R., „Spacecraft Attitude Dynamics and Control", Krieger Publishing Company, Malabar, Florida, 1991.
9. Loh, W.H.T., „Re-Entry and Planetary Entry Physics and Technology", Vol. I/II, Springer Verlag, New York, Inc., 1968.
10. Regan, F.J., „Re-Entry Vehicle Dynamics", American Institute of Aeronautics and Astronautics, Inc.,New York, 1984.
11. Hord, R.M., „Handbook of Space Technology: Status and Projections", CRC Press, Inc., 1985.
12. Hankey, W.L., „Re-Entry Aerodynamics", AIAA Education Series, American Institute of Aeronautics and Astronautics, Washington D.C., 1988.
13. Anderson, J.D., „Hypersonic and High Temperature Gas Dynamics", McGraw-Hill Book Company, 1989.
14. Brown, C.D., „Spacecraft Mission Design", AIAA Education Series, American Institute of Aeronautics and Astronautics, Washington D.C., 1992.
15. Chetty, „Satellite Technology and its Application", McGraw-Hill, 1991.
16. Griffin, M.D., French, J.R., „Space Vehicle Design", AIAA Education Series, American Institute of Aeronautics and Astronautics, Washington D.C., 1991.
17. „Pioneering the Space Frontier", The Report of the US National Commission on Space, Bantam Books, ISBN 0-553-34314-9, May 1986.
18. Miles, F., „Aufbruch zum Mars", Fanckh'sche Verlagshandlung Stuttgart, 1988.
19. „America's Space Exploration Initiative", The Synthesis Group Reports, U.S. Government Printing Office, Washington D.C.

20. „A Moon Programme: The European View", ESA BR-101, May 1994; und: „Together to Mars: An initiative of the international Mars Exploration Working Group", ESA BR-105, July 1994.
21. Zubrin, R., „The Case for Mars", The Free Press, New York 1996. Deutsche Ausgabe: Zubrin, R., Wagner, R., „Unternehmen Mars", Wilhelm Heyne Verlag München, 1997.
22. „Human Exploration Mission of the NASA Mars Exploration Study Team", NASA Special Publication 6107, Lyndon B. Johnson Space Center; Houston, Texas, July 1997; und: Reference Mission Version 3.0. Addendum to the Human Exploration of Mars: The Reference Mission of the NASA Mars Exploration Study Team, EX-98-036, Lyndon B. Johnson Space Center; Houston, Texas, June 1998.
23. Larsen, W.J., Pranke, L.K. (editors), „Human Space Flight Mission: Analysis and Design", Space Technology Series, McGraw Hill, 1999, ISBN 0-07-236811-X.
24. Isakowitz, S.J., „International Guide to Space Launch Systems", AIAA Education Series, American Institute of Aeronautics and Astronautics, Washington D.C., 1991 or later edition.
25. Wertz, J.R., Larson, W.J. (eds.), „Space Mission Analysis and Design", 2nd edition, Kluver Academic Publishers, Dordrecht, Boston, London, 1992.
26. Messerschmid, E., Bertrand, R, „Space Stations - Systems and Utilization.", ISBN 3-540-65464-X,Springer Verlag Berlin, Heidelberg, New York, 1999.
27. Sutton, Georg P., „Rocket Propulsion Elements - An Introduction to the Engineering of Rockets", ISBN 0-471-52938-9, John Wiley and Sons, Inc.; New York, 1992.
28. Harland, D.M., „The Mir Space Station - A Precursor to Space Colonization", John Wiley & Sons, In Association with Praxis Publishing Ltd.; ISBN 0-471-97587-7, 1997.
29. Sharpland, D., Rycroft, M., „Spacelab - Research in Orbit", Cambridge University Press, ISBN 0-521-26077-9, 1984.
30. Verne, J., „Les Voyages Extraordinaires". With illustrations from the time of the auther, Volume 7, Jean de Bonnot Publisher, 1997.
31. Walter, W.J., „Space Age", QED Communicatons, ISBN 0-679-40495-0,1992
32. Eckart, P., „Spaceflight Life Support and Biospherics", Microsom Press, Torance, CA, Kluwer Academic Publisher, Dordrecht, The Netherlands, 1996.
33. Kurtz, H., „Energieversorgungssysteme für die Raumfahrt", Vorlesungsmanuskript, Institut für Raumfahrtsysteme, Universität Stuttgart.
34. Auweter-Kurtz, M., „Lichtbogenantriebe für Raumfahrtaufgaben", Teubner Verlag, Stuttgart, 1992, ISBN 3-519-06139-2.
35. Walter, H.U. (Editor), „Fluid Sciences and Materials Science in Space", Springer Verlag Berlin, Heidelberg, ISBN 3-540-17862-7, 1987.
36. Hopmann, H.: „Schubkraft für die Raumfahrt", Stedinger Verlag, Lehmwerder, ISBN 3-927 697-22-2, 1999.

1 Einleitung

1.1 Einführung

Die Raumfahrt ermöglicht uns die Reise in die Zukunft. In der einzigartigen Verbindung von Wissenschaft und Technik, vorangetrieben durch die menschliche Neugier, eröffnet sie uns neue Horizonte in Raum und Zeit. Der erdnahe Orbit über der Erdatmosphäre schafft uns die besten Voraussetzungen, bei der „Mission zum Planeten Erde" unsere terrestrischen Biosphären zu erkunden und den auch manchmal negativen Einfluß des menschlichen Expansionsdranges auf seine Umwelt vor Augen zu führen. Von hier aus, mit Blick nach außen, haben Astronomen und Astrophysiker einen von der Atmosphäre unverschleierten Blick zur Beobachtung unseres Planetensystems und des Universums. Ein Labor in der erdnahen Umlaufbahn, im freien Fall um die Erde, eröffnet uns völlig neue Perspektiven für die Grundlagenforschung, einen weiten Bogen spannend von Physik, Verfahrenstechnik, Materialforschung bis hin zu den Lebenswissenschaften Biologie und Medizin. Möglicherweise entwickelt sich demnächst der erdnahe Weltraum vom Labor zum Markt, nämlich dann, wenn Einkristalle, Verbundwerkstoffe und Medikamente dort in der immerwährenden Schwerelosigkeit besser und kostengünstig hergestellt werden können.

Zwischen den erdnahen Umlaufbahnen (200 km – 1.000 km Höhe), und dem geostationären Orbit in 36.000 km Höhe befinden sich die Bahnen für die Navigationssatelliten. Diese Satelliten sind heute schon, neben den ursprünglich geplanten Navigationsaufgaben zu Wasser und in der Luft, auch aus der Geodäsie und aus der Geophysik nicht mehr wegzudenken. Mobilfunk-Satellitensysteme, bestehend jeweils aus 50-100 Satelliten, teilweise über optische Nachrichtenverbindungen miteinander vernetzt, werden im selben Höhenbereich in diesen Jahren aufgebaut.

Im geostationären Orbit haben wir schon den freien Markt: Nachrichten- und Wettersatelliten werden unter Konkurrenzbedingungen dorthin befördert. Dieser Markt von jährlich über 10 Mrd. US-$ (1997, zum Vergleich 3 Mrd. US-$ in 1990) fährt Rendite ein, und im Kampf um Marktsegmente kamen zu den bisherigen raumfahrenden Wirtschaftsmächten USA, Rußland und Europa noch Japan und China hinzu, und weitere werden folgen. Unsere Informationsgesellschaft wird zunehmend multimediafähig und mobiler, neben den alten Branchen Telefon und Fernsehen bildet sich ein noch größerer Markt aus, nämlich Mobiltelefon und

Laptop im Taschenformat. Wer möchte nicht gerne an jedem Ort und zu jeder Zeit bestens informiert und „All"-zeit präsent sein.

Zehnmal höher als der geostationäre Orbit befindet sich die Mondbahn. Es ist nun drei Jahrzehnte her, seit zwölf Amerikaner bei sechs Missionen den Mond erkundeten. Der Mond als unser natürlicher Satellit könnte uns in Zukunft Materialien zum Aufbau von erdnahen Raumstationen liefern. Der Transport von dort wird sehr viel weniger an Energie im Vergleich zum Transport von der Erde aus benötigen. Die ersten extraterrestrischen Habitate werden auf dem Mond und dem Weg nach dorthin gebaut werden. Menschen und von der Erde ferngesteuerte Manipulatoren werden dort ihren Dienst tun. Sehr wahrscheinlich sehen wir vorher noch Astronauten zum Mars und den Asteroiden fliegen. Sobald dies technisch machbar und verantwortbar ist, wird der Mensch dies auch aus dem Bewußtsein tun, daß die Erkundung neuer Lebensräume in der Evolution der Menschheit immer eine wichtige, um nicht zu sagen eine lebensnotwendige Rolle gespielt hat.

Die Grundlagen, die zum Erreichen dieser ehrgeizigen Ziele beherrscht werden müssen, sind das Thema dieses Lehrbuches. Im weiteren Verlauf des ersten Kapitels werden ausgehend von der geschichtlichen Entwicklung zunächst die Möglichkeiten und die wirtschaftliche Relevanz der Raumfahrtnutzung, einschließlich der sich derzeit im Aufbau befindlichen Internationalen Raumstation (ISS), ausführlicher diskutiert. Ein kleiner Ausblick in die Ära nach der ISS schließt das einführende Kapitel 1 ab. In Kapitel 2 wird anhand der Ziolkowsky-Raketengleichung erläutert, wie eine Rakete gebaut werden muß, damit sie eine möglichst große Geschwindigkeit erreicht. Die physikalischen Gesetzmäßigkeiten für die Beschreibung der Bewegung von Satelliten und Planeten im Weltraum werden in Kapitel 3 eingeführt. Darauf aufbauend werden in Kapitel 4 verschiedene Möglichkeiten zur Änderung einer Bahn vorgestellt und die dafür benötigten Energiemengen berechnet. Dies beinhaltet neben der Übersicht über die bislang erfolgreich durchgeführten Manöver auch eine Einführung in einige derzeit in der Erprobung bzw. Diskussion befindlichen Konzepte.

In Kapitel 5 wird detaillierter auf die Funktionsweise von thermischen (chemischen) Raketenantrieben eingegangen, und es erfolgt die Vorstellung der wichtigsten notwendigen Komponenten. Die Möglichkeiten und der Aufbau elektrischer Raketenantriebe, die prinzipiell eine höhere Energieausbeute als chemische Raketen versprechen, werden in Kapitel 6 erörtert. Ebenfalls aus der Sicht der Antriebssysteme wird in Kapitel 7 die Lage- und Bahnregelung von Satelliten und Raumsonden beschrieben, um den hauptsächlich limitierenden Faktor jeder Raumfahrtmission, den Treibstoff- bzw. Energiebedarf, zu erläutern. Im Zusammenhang dazu steht auch das Kapitel 8, in dem auf die Energieversorgungssysteme von Raumflugkörpern eingegangen wird. Was man für den Fall unternehmen muß, daß zu viel oder zu wenig Energiezufuhr auf einen Raumflugkörper erfolgt, um ihn funktionsfähig zu erhalten, wird in Kapitel 9 über Thermalkontrollsysteme behandelt. Kapitel 10 gibt zusammenfassend einen Überblick über derzeit verfügbare, geplante und diskutierte Raumtransportsysteme.

Das Zusammenwirken von vielen Systemen und Grundlagen wird besonders am Beispiel des Eintritts von Raumflugkörpern in eine Atmosphäre deutlich, das Thema in Kapitel 11. Ebenso hängen Daten- und Kommunikationssysteme für Raumflugkörper von vielen Faktoren ab, wie beispielsweise Missionsziel, Bahn, Energieversorgung und Genauigkeit der Lageregelung. Hierzu wird beispielhaft in Kapitel 12 das vorgesehene Daten- und Kommunikationssystem der Internationalen Raumstation vorgestellt. Kapitel 13 gibt einen zusammenfassenden Überblick über die Umgebungsbedingungen und die Größenordnungen unseres Sonnensystems. Eine (subjektive) Zusammenstellung der geschichtlichen Entwicklung ist in Anhang A gegeben. In Anhang B sind schließlich verschiedene Übungsaufgaben aus den einzelnen Themengebieten mit den Ergebnissen angeführt.

1.2 Geschichtliche Entwicklung

Das Raumfahrtzeitalter begann erst am 4. Oktober 1957, als der 84 kg schwere sowjetische Sputnik-Satellit mit seinen aufdringlichen Signalen die Welt in Aufregung versetzte und damit der erste von Menschenhand geschaffene „Himmelskörper" war, der auf eine genügend große Geschwindigkeit beschleunigt wurde, um eine Umlaufbahn um die Erde zu erreichen. Seit dieser Zeit sind sehr viele Satelliten und Raumsonden in den Weltraum befördert worden, wobei sich einige davon sogar schon aus dem Einflußbereich des Sonnensystems entfernt haben.

Die Entwicklung der Raumfahrt bis zum heutigen Stand ist aus einer einzigartigen Mischung von Träumen, Ideen, Technologien und später hinzukommenden Wünschen für eine Nutzung zugunsten von Wissenschaft, Wirtschaft und Politik entstanden. Ihre Entwicklung kann man grob in fünf Phasen einteilen:

1. Frühe Entwicklungsphase (vorchristliche Zeit bis 1900)
2. Die Phase der ideenreichen Literaten (1865–1927)
3. Die Phase der „enthusiastischen Ingenieure" (1895–1935)
4. Die Phase der vorsichtigen Akzeptanz (1935 – 1957)
5. Die Phase der operationellen Raumfahrt (ab 04.10.1957)

1.2.1 Frühe Entwicklungsphase (vorchristliche Zeit bis 1900)

Die Erkenntnis, daß Pfeile und Brandsätze nach dem intuitiv erkannten Rückstoßprinzip über große Entfernungen transportiert werden können, wurde schon sehr frühzeitig gemacht. Der Ursprung der Raketentechnik wird von einer chinesischen Sage sogar in das dritte Jahrtausend vor Christus gelegt, wobei auf die Großzügigkeit bei der Angabe von Daten in einer Sage verwiesen werden soll. Es handelte sich hier um kleine Pulverraketen mit einem langen, hölzernen Stabilisierungsstab, welche als Feuerwerkskörper verwendet wurden. Später wurde dann mehr und mehr die kriegerische Verwendung als fliegender Brandsatz und als Transportmittel von Waffen erkannt. Dies führte im 13. Jahrhundert zur Erstellung von Raketenregimentern und zu einer Verbreitung über ganz Asien und Europa.

Der Ursprung der Bezeichnung „Rakete" fällt auch in diese Zeit: „Rocchetta" und „Fuso" (ital.: Spule bzw. Spindel für den Stabilisierungsstab). Diese Art der Verwendung dominiert fast unverändert bis zum Anfang des 20. Jahrhunderts.

Ab dem 13. Jahrhundert, nach der lokalen zentraleuropäischen Eigenentdeckung des Schießpulvers -im Endeffekt eines Pulverbrandsatzes mit hoher Abbrandgeschwindigkeit, wie er in Pulverraketen verwendet wird- beginnt jedoch aus dieser Entdeckung heraus eine konkurrierende militärische Entwicklung, nämlich diejenige der Feuerwaffen. Diese zeichnen sich durch eine sehr kurze, anfängliche, durch eine Explosion erzeugte Beschleunigung des Geschosses mit Führung in einem Rohr und daran anschließender langer ballistischer Flugbahn aus und folgen den altertümlichen Steinschleudern.

Erste Beschreibungen von Stabraketen (1405, Konrad Kayser von Eichstett) und über das Stufenprinzip (1529, Konrad Haas aus Siebenbürgen) finden sich schon im ausgehenden Mittelalter. Die zeitgenössischen englischen Congreve-Raketen verwendeten ebenfalls „Schwarzpulver" als Treibsätze. Der Wettlauf der Verwendung als ballistische Waffe wurde im späten Mittelalter zugunsten der Rohr-Feuerwaffen durch deren höhere Treffsicherheit und Zuverlässigkeit vorläufig entschieden. Entscheidend war hierbei der fortgeschrittene Stand der Bronze-, später der Eisengieß- und -bohrtechnik. Der Vorteil der Rakete, ohne schweres Startgerät aus jeder Position abgeschossen werden zu können, wog dagegen wenig, solange die Flugführung unbefriedigend war.

Völlig unabhängig von der Raketentechnik entwickelten die Griechen ein Weltbild, als dessen Zentralgestirn entweder die Erde oder die Sonne gilt. Die letztere Betrachtungsweise setzte sich erst gegen Ende des Mittelalters nach Nikolaus Kopernikus durch. Johannes Kepler und Isaac Newton schafften das durch astronomische Beobachtungen und experimentell überprüfte Naturgesetze entwickelte und heute noch gültige „Weltbild".

1.2.2 Die Phase der ideenreichen Literaten (1865–1927)

In dieser Periode haben Literaten wie Jules Verne, der Bostoner Pfarrer Edward Everett Hale, der deutsche Gymnasiallehrer Kurt Lasswitz und schließlich Publikationen der auch der Phase der „enthusiastischen Ingenieure" zuzuordnenden Autoren Konstantin E. Ziolkowsky, Guido von Pirquet und Hermann Oberth Überlegungen angestellt, wie der Mensch in den Weltraum zu transportieren sei.

1.2.3 Die Phase der „enthusiastischen Ingenieure" (1895–1935)

Nach der Phase der wenig beachteten Literaten und Träumer, die vor allem durch grundlegende Arbeiten von Ziolkowsky, Robert H. Goddard und Oberth, sowie durch Experimente von Goddard und Pedro E. Paulet etwa gegen 1927 endete, formierten sich erstmals Gruppen von enthusiastischen Ingenieuren im „Verein für Raumschiffahrt" (1927), in der „American Interplanetary Society" (1930), in der „British Interplanetary Society" (1930) und in der Moskauer und Leningrader „Gruppe zum Studium der Rückstoßbewegung" (GIRD, Gruppa Isutschenija Reaktiwnowo Dwischenija, ab 1930) um Sergeij Koroljow und Friedrich Zander. Bei der wissenschaftlich-technischen Erforschung der Grundlagen des Raketenantriebs und seiner Steuerungs- und Flugmechanik durch Ziolkowsky, Oberth, Goddard und Paulet stand die bemannte Raumfahrt immer noch im Vordergrund. Oberth und Goddard versuchten zwar auch während des ersten Weltkrieges und danach, die Generalstäbe für die Entwicklung von Raketen anstelle von Geschützen für große Reichweiten zu interessieren, aber ohne Erfolg. Durch die Arbeit dieser vier Raketen- und Raumfahrtpioniere waren jedoch die Voraussetzungen für einen neuen Aufschwung der Raketentechnik um 1930 gegeben.

1.2.4 Die Phase der vorsichtigen Akzeptanz (1935 – 1957)

Weitere wichtige Grundlagen der modernen Raumfahrt werden in diesem Zeitraum geschaffen. Die Militärs beginnen, sich für die Raumfahrt zu interessieren, und die technische Entwicklung wird dadurch stimuliert. Dem zweiten Weltkrieg folgt der „Kalte Krieg", und es ist unbestreitbar, daß die wissenschaftlichen Satelliten, die nach dieser Phase gestartet werden, fast ausschließlich auf einer für militärische Zwecke konzipierten Technologie aufbauen.

1.2.5 Die Phase der operationellen Raumfahrt (ab 04.10.1957)

Erst mit dem Start des ersten künstlichen Erdsatelliten Sputnik beginnt die Phase der operationellen Raumfahrt. Bereits knapp 8 Jahre nach Sputnik gelingt die erste weiche Mondlandung durch Luna 9 (UdSSR) nach 79 h Flugzeit. Am 20. Juli 1969, also nur weitere 4 Jahre später, landen die ersten Menschen auf dem Mond (Neil A. Armstrong und Edwin E. Aldrin, USA.). Eine Milliarde Menschen erleben in der westlichen Welt dieses Ereignis am Fernseher mit. Nur Michael Collins, der dritte Apollo 11-Astronaut, kann von der Mondumlaufbahn aus nicht zusehen. Dazwischen lagen eine Vielzahl mehr oder weniger erfolgreicher Missionen zum Mond und den anderen Planeten in unserem Sonnensystem. Insgesamt betraten bei sechs Mondlandungen zwölf Amerikaner den Mond.

In der Folge sind weitere Missionen zu unseren Nachbarplaneten gestartet worden, die einen wesentlichen Beitrag zum wissenschaftlichen Verständnis unseres Universums leisteten. Im Jahre 1972 begannen die Amerikaner mit der Entwicklung des ersten wiederverwendbaren Raumtransporters „Space Shuttle". Der Erststart erfolgte 1981 mit „Columbia". Dazwischen werden etwa Mitte der siebziger Jahre, die ersten Nachrichtensatelliten ausgesetzt, welche die Ära der kommerziellen Raumfahrt initiieren.

Eine der erfolgreichsten interplanetaren Missionen, die Voyager 2, startet am 20. August 1977. Die Sonde fliegt an den Planeten Jupiter, Saturn, Uranus, Neptun und ihren Monden im Rahmen der „Grand Tour", die nur einmal in 177 Jahren möglich ist, vorbei. Voyager übermittelte Daten und Bilder von 48 Himmelskörpern, die vorher zum Teil noch nicht entdeckt waren, sowie vom interplanetaren Raum jenseits der Erdbahn.

An Weihnachten 1979 erfolgte der erste erfolgreiche Start einer europäischen Trägerrakete Ariane I. Mit Ariane II-IV wurde daraufhin das kommerziell erfolgreichste Raketensystem geschaffen. Der erste Start des ebenfalls außerordentlich erfolgreichen europäischen Weltraumlabors „Spacelab" erfolgte 1983 an Bord der Raumfähre „Columbia". Bei etwa einem Drittel aller Space Shuttle-Flüge bis zum letzten Flug eines Spacelab-Moduls im April 1998 sind Module bzw. Komponenten des Spacelab-Systems verwendet worden.

Einen weiteren Meilenstein in der operationellen Raumfahrt wird mit Sicherheit der Bau und der Betrieb der Internationalen Raumstation darstellen. Einige Daten zur historischen Entwicklung der Raumfahrt sind im Anhang A zusammengefaßt.

1.3 Raumfahrtnutzung heute und morgen

Mehr als vierzig Jahre Raumfahrt haben nicht nur zu einem neuen Bild der Erde im Bewußtsein vieler Menschen geführt, sondern auch zu teilweise tiefgreifenden Umwälzungen ihrer Lebensbedingungen und -qualität. Auf einigen Nutzungsgebieten, wie z.B. der internationalen Kommunikation, der Fernseh- und Rundfunkübertragung und der Wettervorhersage, ist die Raumfahrt längst unentbehrlich geworden und bringt unmittelbaren wirtschaftlichen Gewinn.

Ein Nutzungsbereich, der in seiner Bedeutung und seinem Umfang künftig stark wachsen wird, ist der Einsatz von Satellitendaten für die Erforschung und Überwachung großräumiger Phänomene in der terrestrischen Umwelt sowie für die Erkundung und das planvolle Management natürlicher irdischer Ressourcen.

Während die Nutzung der verminderten Schwerkraft für bio- und materialwissenschaftliche Forschungen und Anwendungen sich gegenwärtig noch im Forschungsstadium befindet und kurzfristig noch keine größeren kommerziellen Anwendungen verspricht, wird die extraterrestrische Grundlagenforschung sich auch weiterhin ihrer bereits erprobten Beobachtungsmethoden in Verbindung mit neuen und zusätzlichen Möglichkeiten auch der bemannten Raumfahrt bedienen.

Die Fortführung der verbindlich geplanten Nutzungsvorhaben im Weltraum ergibt in Verbindung mit neuen wissenschaftlichen Ideen und zusätzlichen Vorschlägen ein Gesamtbild der möglichen Nutzungsaktivitäten im ersten Viertel des nächsten Jahrhunderts. Die erwarteten Entwicklungen werden im folgenden für die vier Aufgabenkomplexe

1. Überwachung, Erforschung und Erhaltung der terrestrischen Umwelt
2. Verbesserung der terrestrischen Infrastruktur in Verkehr und Kommunikation
3. Erkundung des Weltraums und
4. Nutzung der Weltraumumgebung

jeweils aus der Perspektive der Nutzer beschrieben. Die Darstellung beginnt mit einer Bestandsaufnahme der gegenwärtigen Lage, um dann die erkennbaren Trends in den nun folgenden 25 Jahren zu beleuchten. Diese Nutzerwünsche führen, unter Zugrundelegung nachgewiesener raumfahrttechnischer Fähigkeiten und absehbarer neuer Möglichkeiten, zu Anforderungen an die künftige Raumfahrtinfrastruktur und zu neuen Missionserfordernissen, d.h. Raumtransportsystemen, Satelliten und Raumstationen, Bodenanlagen und Nutzlastsystemen.

1.3.1 Überwachung, Erforschung und Erhaltung der terrestrischen Umwelt

Der gegenwärtige Einsatz der Raumfahrtinfrastruktur für die Erforschung und Überwachung der terrestrischen Umwelt basiert vorwiegend auf Einzelsatelliten mit missionsspezifischen Anwendungen. Sie ist daher noch lückenhaft und hat nur in wenigen Teilbereichen, wie z.B. der Wettervorhersage, operationelle Einsatzreife erreicht. Für die Jahre nach 2000 sind große Plattformen in polaren Bahnen mit kombinierten Nutzlasten für multi-disziplinäre Missionen in verschiedenen Ländern unter Beteiligung Europas in Planung.

Zukünftige Nutzerbedürfnisse für das „Planetenmanagement" werden sich überwiegend auf sozio-ökonomische und naturwissenschaftliche Aufgabenstellungen konzentrieren, die das „System Erde" als ein hochgradig vernetztes Gesamtsystem betrachten. Dessen verschiedene Einflußgrößen sowie die zwischen ihnen wirkenden Prozesse gilt es zu erkennen und zu erfassen. Diese Aufgabe erfordert ein globales Erdbeobachtungs- und Überwachungssystem mit einem langfristig gesicherten und lückenlosen Zugang zu Daten mit hoher räumlicher, zeitlicher und spektraler Auflösung, die von einer Vielfalt von Fernerkundungssensoren beschafft werden müssen. Einzelaufgaben und Ziele dieses Bereiches sind:

- Wettervorhersage und Klimaforschung
  - Globale Erfassung von atmosphärischen Kenngrößen zur Verbesserung meteorologischer Modelle für eine aktuelle Wettervorhersage.
  - Globale Erfassung klimaspezifischer Daten für eine Verfeinerung von Klimamodellen.
  - Gewinnung globaler Informationen über die Strahlungsbilanz.
- Ozeane und Eisflächen
  - Globale Erfassung des Seezustandes und der See-Eisvorhersage zur Eisbergwarnung, Schiffsroutenbestimmung, Küstennavigation und Sturmflutvorhersage.
  - Erfassung der Meeresverschmutzung, Information über die Wechselwirkungen Ozean - Eis - Atmosphäre für die Klimaforschung.
- Umweltüberwachung und -forschung
  - Globale Erfassung und Überwachung biogeochemischer Kreisläufe zur Entwicklung mathematischer Modelle über relevante dynamische Teilsysteme.
  - Globale Erfassung der Vegetation und deren Veränderungen, der Böden und Gewässer.
  - Erfassung der Belastung der Atmosphäre mit Schadstoffen; Gewinnung von Informationen über Transportvorgänge in der Atmosphäre.
  - Erfassung ökologischer Beeinflussung durch großtechnische Anlagen wie Chemieanlagen, nukleare und nichtnukleare Anlagen.
  - Gewinnung von Informationen für ökologische Modelle.
  - Umweltüberwachung zur Kontrolle von gesetzlichen Bestimmungen.
- Ressourcenüberwachung und Änderungserfassung
  - Prospektion von nicht erneuerbaren Rohstoffen wie Erze und Energiequellen.

- Ernährung
  - Gewinnung globaler Informationen für Prognosen über Ernteerträge zur Ableitung von Erntestrategien und zur Verbesserung und Kontrolle der Bodennutzung.
  - Informationen zum frühzeitigen Erkennen von Wüstenbildung, der Ausbreitung von Pflanzenkrankheiten und Insekten.
- Überwachung des erdnahen Weltraums und der Erde
  - Warnung vor Umweltkatastrophen und Gefahren aus dem Weltraum (z.B. durch optische Beobachtung von der Raumstation aus, s. Abb. 1.1).
  - Beobachtung des „Weltraumwetters" und des Weltraummülls (space debris).
- Relevante orbitale Infrastruktur im Zeitraum 2000 - 2025
  - polarumlaufende Plattformen (evtl. wartbar) und Satelliten.
  - geostationäre Plattformen und Satelliten.
  - Low-Earth-Orbit Satelliten.

Es ist die gemeinsame Verantwortung aller Staaten, allgemein verträgliche atmosphärische und klimatische Umweltbedingungen für alle Erdbewohner als Grundlage für eine nachhaltige ökonomische, soziale und kulturelle Entwicklung sicherzustellen. Daraus ergibt sich die Notwendigkeit - ja die Pflicht - das noch ungenügend verstandene komplexe „System Erde" insbesondere auch mit den Mitteln der Raumfahrt zu überwachen, zu analysieren und somit besser zu verstehen. Die vielfältigen Wechselwirkungen zwischen seinen Komponenten, d.h. den Kontinenten, den Ozeanen, der Atmosphäre und den menschlichen Aktivitäten, sind noch fern davon, voll verstanden und modellierbar zu sein. Zahlreiche Gefahren können das empfindliche Gleichgewicht des Ökosystems bedrohen: natürliche und vom

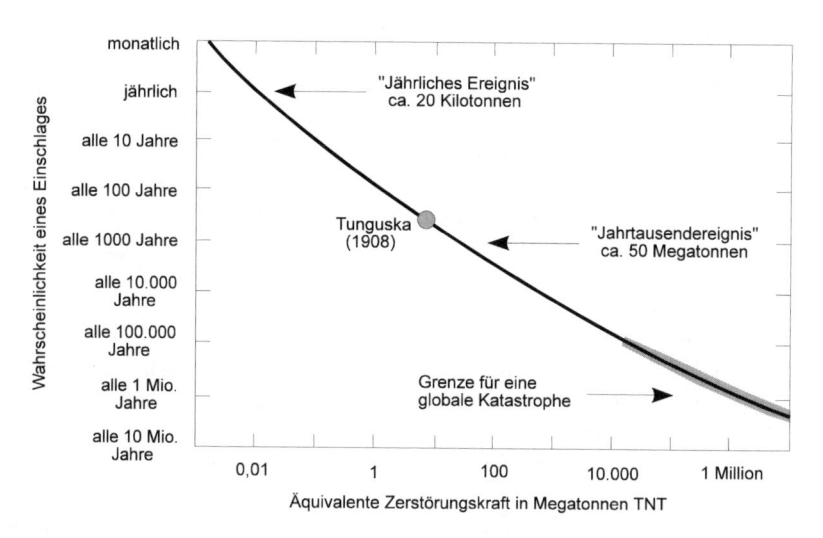

Abb. 1.1. Wahrscheinlichkeit eines Meteoriteneinschlages in Abhängigkeit von dessen Größe (Zerstörungskraft).

Menschen ausgelöste Katastrophen, Verschlechterung der Umweltbedingungen, Abnahme der schützenden Ozonschicht, klimatische Veränderungen, Sonneneruptionen und sogar Kollisionen mit kosmischen Objekten. Die Natur der meisten dieser Bedrohungen erfordert globale Lösungen.

Die globale Erwärmung, das Schmelzen der polaren Eiskappen, der Anstieg der Meeresoberfläche und die zunehmende Versteppung und Verwüstung von Teilen der Erdoberfläche verursachen alarmierende Veränderungen der Lebensbedingungen, die selbst große Populationen bedrohen. Das Versäumnis, diese Ursachen der Klimaänderungen zu verstehen, könnte fatale Konsequenzen nach sich ziehen. Die gegenwärtige Analyse zeigt, daß eine Veränderung des Verhaltens (way of life) angesagt sind, um katastrophale Veränderungen im 21. Jahrhundert zu verhindern. International vereinbarte und gesellschaftlich akzeptierte Regulierungen müssen rigoros eingehalten werden. Hierzu ist eine multiskalare Überwachung dringend erforderlich unter Zuhilfenahme von Raum- und Luftfahrt- wie auch von bodengestützten Systemen. Die Rolle des Planeten-Managements wird zunehmend wichtig, von der Datensammlung, über die Modellierung zugunsten eines besseren Verständnisses, bis zur Beobachtung für die Überwachung international vereinbarter Gesetze. Dies ist um so dringlicher, als die Zeitkonstanten der thermischen Trägheit der Ozeane und der Zersetzung der Grünhaus-Gase in der Atmosphäre so groß sind, daß jede Gegenmaßnahme nur nach sehr vielen Jahrzehnten wirksam werden kann. Der globale Charakter dieser Phänomene erfordert eine internationale Zusammenarbeit unter Einsatz von weltraumbasierten Beobachtungssystemen.

Als Beispiel zeigt Abb. 1.2 die Änderung der Kohlendioxid-Konzentration seit 1750 und die global in Energiekraftwerken freigesetzte Kohlendioxid-Emission.

Das Bevölkerungswachstum nimmt immer noch stark zu: im Oktober 1999 wurden 6 Milliarden überschritten und abhängig vom Modell führt die weitere Entwicklung auf eine Verdopplung und vielleicht eine Verdreifachung in den nächsten 15-30 Jahren, bevor dann die Bevölkerung sich auf sehr hohem Niveau erst stabilisiert und dann langsam wieder abnimmt. Zunehmendes Bevölkerungswachstum hat eine zunehmende Verdichtung bevölkerter und hoch entwickelter Regionen zur Folge. Humane und ökonomische Konsequenzen von Naturkatastrophen auf der Erde nehmen dramatisch zu. Allein in den letzten drei Jahrzehnten haben die damit im Zusammenhang stehenden Schäden um das Fünffache zugenommen. Dies ist teilweise auf bestimmte agrarwirtschaftliche Praktiken und wachsende Verstädterung, aber auch auf sich verschlimmernde klimatische Phänomene zurückzuführen.

Weltraumdaten spielen durch ihre stetige und kostengünstige Integration in Geographische Informations-Systeme eine wichtige Rolle bei der Verhinderung von Katastrophen. Sie werden in Verbindung mit boden- und luftfahrtgestützten Meßdatenerfassungen verwendet, um risikoreiche Zonen örtlich und zeitlich zu kartografieren. Satellitengestützte Nachrichtensender sind äußerst wichtig, wenn Naturkatastrophen eine lokale Infrastruktur zerstört haben, Beobachtungs- und Navigationssatelliten werden benötigt, um Schadensbemessung und Rettungsmaßnahmen optimal organisieren zu können. Diese Techniken sind heute noch weit davon entfernt, in vollem Umfang eingesetzt werden zu können.

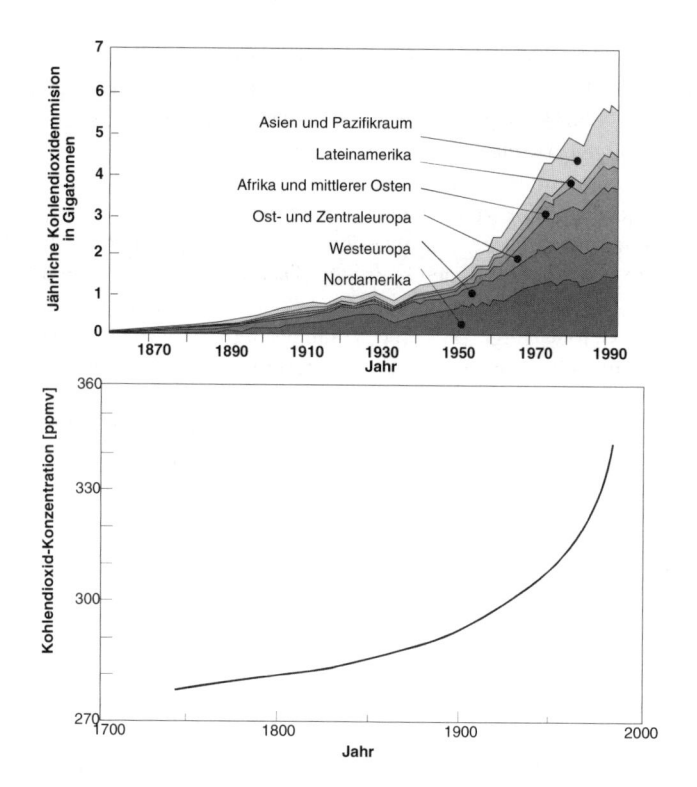

Abb. 1.2. Oben: Weltweiter CO_2-Ausstoß in die Atmosphäre.
Unten: Anstieg der CO-Konzentration in der Erdatmosphäre seit 1750.

Die Forschung über Frühwarnsysteme für Naturkatastrophen hat allerdings in den 90er Jahren schon zu einigen ermutigenden Ergebnissen geführt. Weltraumbasierte Radar-Interferometrie wird zum Nachweis von Erscheinungen, die Katastrophen vorangehen, eingesetzt. Kleinste Verschiebungen vor Vulkanausbrüchen, tektonische Bewegungen vor Erdbeben, sich fortbewegende Wellenberge im Pazifik als Teilursache für das El Niño-Phänomen, sind oft genannte Beispiele.

1.3.2 Verbesserung der Infrastruktur in Verkehr und Kommunikation

In diesem Raumfahrtbereich stehen heute Kommunikationssysteme für den Weitverkehr im Mittelpunkt, die geostationäre Satelliten als Relaisstationen benutzen. Sie decken den gesamten Bereich der Kommunikation zwischen ortsfesten und mobilen Stationen in Land-, See-, Luft- und Raumfahrzeugen ab.

Die Satellitenkommunikation umfaßt die Teilgebiete feste Funkdienste (Punkt-zu-Punkt), direktstrahlende Fernseh- und Rundfunksysteme, mobile Funkdienste, Navigationsdienste und Satelliten-Notfunksysteme. Satellitennetze bieten gegenüber Kabelnetzen drei wichtige Vorteile:

Abb. 1.3. Oben: ERS-1, der erste europäische Erdbeobachtungssatellit im Orbit. Unten: Envisat-1 im Orbit.

- schnelle Implementierung
- hohe Flexibilität der Netze
- entfernungsunabhängige Sprechkreiskosten.

Trotz der steigenden Bedeutung von Glasfaserkabeln auf den Transatlantikstrecken und für feste Punkt-zu-Punkt-Verbindungen gehen Marktvorhersagen davon aus, daß der Bedarf an Satellitentranspondern für feste Funkdienste im Jahr 2000 etwa 6000 Einheiten erreicht haben und auch danach noch ansteigen wird (s. Abb. 1.4). Hinzu kommt, daß durch neuartige Modulations- und Kodierungsverfahren die Frequenz-Nutzung der Transponder noch gesteigert werden kann.

Die Satellitensysteme werden im Zuge der weitergehenden Privatisierung der vereinzelt noch in staatlicher Hand befindlichen Netze in eine neue wirtschaftliche Phase eintreten. Der entstehende Wettbewerb wird zu einer beträchtlichen Preisreduktion des Angebots führen, was angesichts der nachgewiesenen Preissensitivität zu steigender Nachfrage nach Fernmeldediensten führen wird. Hierdurch erhalten auch neue Dienste eine Chance, z.B. hybride Mobiltelefone, die im gleichen Frequenzbereich sowohl für Satellitenfunk in ländlichen Gebieten als auch für terrestrischen Funkbetrieb in Großstädten zugelassen sind. Auch

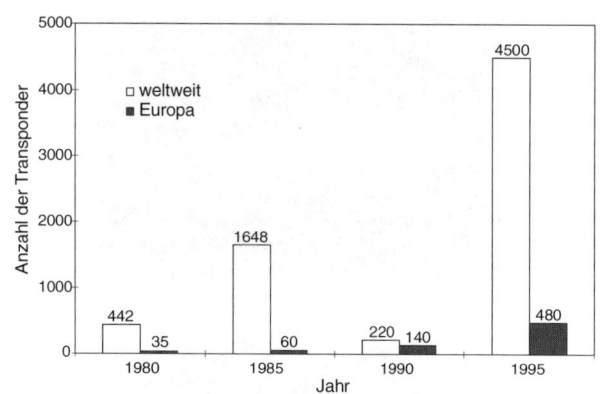

Abb. 1.4. Anstieg der Telekommunikation über Satellit seit 1980.

zukünftig werden also Satelliten bei bestimmten Anwendungen wichtig sein, z. B. für

- mobile Funk- und Navigationsdienste,
- Rundfunk (Hörfunk in CD- Qualität sowie TV-Verteilung und HDTV-DBS),
- Interkontinentalverbindungen für Landstaaten ohne Küstenzugang,
- Weitverkehrsverbindungen bei geringem Übertragungsbedarf,
- militärische Systeme.

Es ist davon auszugehen, daß die Marktbedürfnisse in den derzeitigen Entwicklungsländern und die erwartete Verdoppelung der Weltbevölkerung zu einem exponentiellen Anstieg der Investitionen in die nachrichtentechnische Infrastruktur führen. Terrestrische Breitbandkabelnetze aus Glasfaser werden zur Befriedigung des neu entstehenden Bedarfs erst in ferner Zukunft zur Verfügung stehen und sind für die flächendeckende Kommunikation in Entwicklungsländern, eine wesentliche Voraussetzung für den Aufbau der dortigen Infrastruktur, häufig weniger effizient.

Der damit erforderlichen Ausweitung der Satellitenfunknetze können die heute verfügbaren Lösungen nicht mehr gerecht werden. Es werden vielmehr grundlegend neue Technologien und Netzkonfigurationen erforderlich, deren erste Generation momentan eingeführt wird, und erste Konzepte mit teilweise hunderten von Einzelsatelliten sind in Vorbereitung. Die wichtigsten Entwicklungslinien beim weiteren Aufbau der satellitengestützten Kommunikation sind:

- regenerative digitale Signalprozessoren und Schaltmatrizen für die Signalverarbeitung und Kanalvermittlung an Bord der Satelliten.
- weiterer Ausbau der Mobilfunknetze für See-, Luft-, und Landfahrzeuge; Integration von großflächigen Kommunikations-, Navigations- und Verkehrsführungssystemen.
- „Inter-Satellite-Links" bzw. „Inter-Orbit-Links" mit Millimeterwellen- und optischer Übertragung zur Durchschaltung direkter Verbindungen ohne Zwischenschaltung einer Erdfunkstelle.

- größere Bandbreiten und höhere Frequenzbereiche zur Bereitstellung kostengünstiger Übertragungskapazität führen zu neuen Kommunikationsbedürfnissen, wie z.b. schnelle Daten, Fernsehprogramme mit verbesserten Qualitätsmerkmalen und Videokonferenzen.
- Aufbau einer kommunikationstechnischen Infrastruktur für die erdnahe und erdferne Raumfahrt mit Daten-Relais-Satelliten.
- große Sendeleistung und komplexe Satellitenantennen mit schaltbarer Richtcharakteristik zum Anschluß kleiner, auch mobiler Erdfunkstellen.
- relevante orbitale Infrastruktur (Zeitraum 2000 - 2025)
  - Große Plattformen im GEO
  - Multifunktionale Nutzlasten
  - Plattform-Montage und Check-out im LEO
  - Kommunikationstechnische Orbital- Infrastruktur (Inter-Satellite-Links)

Navigationsdienste und Positionsbestimmung mit Hilfe von Satelliten sind heute nur mit dem vom US Department of Defense (DoD) betriebenen Global Positioning System (GPS) möglich und kostenfrei, aber ohne Gewährleistung für große Genauigkeit und lange Zeiten. Um aus dieser Abhängigkeit zu entkommen und am Markt von neuen Möglichkeiten der Nutzung kommerziell stärker partizipieren zu können, plant Europa ein eigenes System mit Namen „Galileo". Ähnliche Argumente gibt es auch für eigene militärische, satellitengestützte Beobachtungs- und Kommunikationssysteme. Mit ihnen erhofft sich Europa zukünftig einen größeren Beitrag für friedenserhaltende Maßnahmen, Sicherheit und Politik bei Konflikten leisten zu können.

Telekommunikations- und Navigationsdienste zählen zu den größten und am schnellsten wachsenden Produktmärkten der Raumfahrt, sei es mit Satelliten, Bodeneinrichtungen, Software und die davon abgeleiteten Dienstleistungen. Das schnelle Wachstum eröffnete signifikante Möglichkeiten für Anbieter von Hardware, Betriebs- und Dienstleistungen über die klassischen Märkte des Mobilfunks, Broadcasting und TV-Verteilung hinaus. Neue Informationsdienste, z.B. interaktive Multimedia-Anwendungen, zeichnen sich ab. Europa tut sich noch schwer, wegen des größeren US-Heimmarktes, größerer Bestellungen aus dem DoD, größerer öffentlicher und privater US-Investitionen und dadurch dominierenden Einflußmöglichkeiten in regulatorischen Fragen wie Frequenzen, Standards und marktrelevanten Systemfestlegungen, sich einen adäquaten Marktanteil zu sichern.

Tabelle 1.1 zeigt den weltweiten Umsatz der Satellitenindustrie im Jahr 1998 und die Änderung im Vergleich zum Vorjahr, d.h. insgesamt ca. 66 Mrd. $, aufgeteilt auf die Kategorien Satelliten/Nutzlasten, Raketen/Transport, Operations-/Bodensegmente und Dienste. Es ist ersichtlich, daß in den ersten beiden Kategorien mit zusammen 26 Mrd. $, mit je etwa gleichen Anteilen an öffentlicher und privater Finanzierung deutlich weniger verdient wird als im Dienstleistungsgeschäft (s.a. Abb. 1.5). Daher konzentrieren sich die größeren Raumfahrtfirmen und neue Betreibergesellschaften zunehmend auf letzteres, neben den bisherigen privaten Investoren (Banken, VC-Firmen, Microsoft Inc., etc.). Abb. 1.6 zeigt die für den Zeitraum von 1998-2007 erwartete Mehrwert-Pyramide im Bereich der satellitengestützten Navigation und Kommunikationsdienste.

	Milliarden US$	Änderung gegenüber 1997
Satellitenproduktion	17,6	+11%
kommerziell	8,8	+1%
staatlich	8,8	+24%
Raketenstarts	7,0	-11%
kommerziell	3,5	-12%
staatlich	3,5	-10%
Bodenausrüstung	15,2	+22%
Satellitendienste gesamt	26,2	+23%
DTH service *	17,6	+30%
Transponderleasing	6,0	+5%
Andere Dienste	2,6	-
* Direct-to-home satellite TV		
Gesamteinnahmen:	66,0	+15%
kommerziell	49,0	+16%
staatlich	17,0	+9%

Tabelle 1.1. Weltweiter Umsatz der Satellitenindustrie 1998.

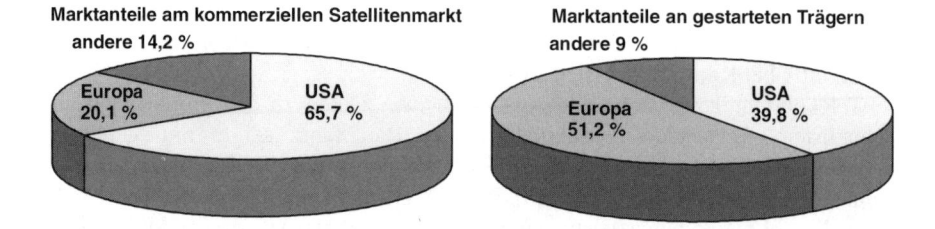

Marktanteile am kommerziellen Satellitenmarkt
andere 14,2 %
Europa 20,1 %
USA 65,7 %

Marktanteile an gestarteten Trägern
andere 9 %
Europa 51,2 %
USA 39,8 %

Abb. 1.5. Weltweite Marktanteile am Satellitenmarkt und am Trägergeschäft.

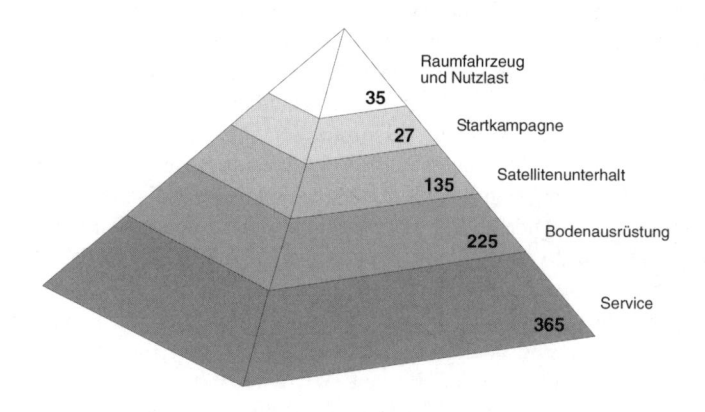

35 — Raumfahrzeug und Nutzlast
27 — Startkampagne
135 — Satellitenunterhalt
225 — Bodenausrüstung
365 — Service

Abb. 1.6. Erwartete Mehrwertpyramide im Zeitraum von 1998 bis 2007 in Mrd. Euro.

1.3.3 Erkundung des Weltraums

Das wissenschaftliche Programm der extraterrestrischen Forschung umfaßt die Gebiete der Astronomie, Astrophysik und die Physik unseres Sonnen-Planeten-Systems mit den Teilgebieten Aeronomie, Magnetosphären- und Plasmaphysik, Planeten- und Kometenphysik.

Im Bereich der Astronomie wird sich der Trend zu Observatorien im Weltraum fortsetzen, die koordinierte Langzeituntersuchungen in weiten Bereichen des elektromagnetischen Spektrums ermöglichen und einem breiten Nutzerkreis offenstehen sollen. In der Atmosphärenphysik wird die Aufklärung vertikaler Strukturen, in der Magnetosphären- und Plasmaphysik der Schritt von lokalen zu globalen Untersuchungen und in der Planeten- und Kometenforschung die Materialuntersuchungen vor Ort und die Rückführung zur Erde im Vordergrund stehen.

Die wesentlichen zukünftigen europäischen Nutzungsinteressen werden durch das Langzeitprogramm HORIZON 2000 der ESA abgedeckt und durch nationale Programme ergänzt. Langfristig können durch die Entwicklung leistungsfähiger Raumtransportsysteme hoher Nutzlastkapazität und durch die Existenz einer permanenten Infrastruktur, d.h. von Transportknoten für extraterrestrische Missionen, neue Möglichkeiten für die Exploration des Mondes und der Planeten (z.B. Marsmissionen) eröffnet werden, wie sie zur Zeit bereits in den USA und Rußland intensiv diskutiert und vorbereitet werden.

Die Erkundung des Weltraums wird auch zu Anfang des neuen Jahrhunderts im wesentlichen wissenschaftlichen Charakter haben. Hinzukommen könnten Aspekte der extraterrestrischen Ressourcennutzung und das Vordringen des Menschen in den translunaren Raum. Einzelaufgaben hierbei sind:

- Astronomische Erforschung des Weltalls mittels wartbarer Großteleskope
  - im niedrigen Erdorbit (LEO)
  - im geostationären Orbit (GEO)
  - in ausgezeichneten Punkten (Lagrangepunkte) des Erd-Mond-Systems bzw. des Erd-Sonne-Systems (s. Kapitel 12)
  - auf dem Mond
- In-situ-Forschung unseres Planetensystems (einschließlich der Erdumgebung)
  - Missionen mit mehreren gleichzeitig operierenden Satelliten
  - Tethersysteme (Fesselsatelliten)
  - unbemannte und bemannte Raumflüge zu anderen Himmelskörpern (Mond, Mars, Venus, Kometen, Asteroiden, etc.) mit den Zielsetzungen
    a) naher Vorbeiflug (fly-by)
    b) Umkreisung (Rendezvous)
    c) Landung
    d) Oberflächenforschung (rover-mission)
    e) Probenrückführung zur Erde (sample return)
- Nutzung extraterrestrischer Ressourcen, deren Bedeutung gegenwärtig schwer einzuschätzen ist, langfristig möglicherweise aber groß sein kann
  - zur Unterstützung bemannter Missionen und beim Aufbau bzw. Unterhalt extraterrestrischer Stationen

– Gewinnung von Sauerstoff und Wasser (Mond, Mars, Marsmonde)
  – Gewinnung mineralischer Rohstoffe für Stationsbau, Kraftwerke, etc. (Eisen, Titan, Keramikverbindungen, Gläser, etc.)
  – als Rohmaterial für möglicherweise industrielle Produktionsprozesse im Weltraum (Silizium für Halbleiterbauelemente, etc.)
  – zur wirtschaftlichen Verwendung auf der Erde (^{3}He vom Mond für die kontrollierte Kernfusion)
- Relevante orbitale bzw. extraterrestrische Infrastruktur (Zeitraum 2000 - 2025)
  – LEO-Station (Observatorien, Transportknoten), etwa die Internationale Raumstation ISS bis 2015
  – LEO-Treibstoff-Depot
  – GEO-Plattform (man-tended, Großteleskope)
  – Lunare Infrastruktur (Transportgerät, Station im lunaren Orbit, Mondoberflächenbasis zur Erkundung und Untersuchung lunarer Ressourcen)
  – Plattform (wartbar) auch als Transportknoten bzw. als Zwischenlager für Mineralien in die verschiedenen Lagrangepunkte des Erde-Mond- bzw. Erde-Sonne-Systems
  – Explorative Marsmissionen mit dem Aufbau einer Marsstation
  – Orbitalsysteme oder Stationen in der Umgebung von oder auf extraterrestrischen Körpern als Transportknoten für die weitere Erschließung des Weltraums und den Aufbau von weiteren Weltrauminfrastrukturen zur Durchführung verschiedenster Missionen.

In den letzten zehntausend Jahren sind zahlreiche Zivilisationen entstanden und wieder verschwunden. Diejenigen, die immerwährend und neugierig sich aufmachten, die nähere und fernere Umgebung zu erkunden und Neues zu entdecken, haben eine nachhaltige Entwicklung in Wohlstand erlebt. Das nächste Jahrtausend wird zeigen, ob die sich abzeichnende technikorientierte, globale Zivilisation von kurzer Dauer sein wird oder eine stabile Form der menschlichen Evolution darstellt, die in der Lage ist, die Probleme auf dem Heimatplaneten zu bewältigen und sich schließlich in das Sonnensystem auf die eine oder andere Weise auszudehnen. Die Suche nach neuen Erkenntnissen und die Erforschung des Unbekannten sind grundlegende Züge der menschlichen Natur. Im Rahmen von internationalen Programmen, ausgehend von der Internationalen Raumstation und der Entwicklung neuer kostengünstiger Raumtransportsysteme, werden in den nächsten Jahrzehnten Mond, Mars, andere Planeten und erdnahe Asteroiden von Sonden und später von Menschen erreicht und als Erweiterung der terrestrischen Infrastruktur für Forschung, Erkundung und vielleicht zum (Über-)Leben begriffen werden. Abb. 1.7 zeigt die progressive Expansion des Wissens über interplanetare Objekte durch unterschiedliche Techniken, von der Fernrohr-Astronomie vor dem Raumfahrt-Zeitalter, von Vorbeiflügen, Umkreisen und Landen von Sonden bis hin zur Exploration, Probenrückführung sowie Landen von Astronauten und schließlich zur umfassenden Nutzung. Für die erdnahen Ziele sind die zu überwindenden „Gravitationsgräben" unter Zuhilfenahme des erdnahen Weltraumhafens „Internationale Raumstation", der als möglicher Verkehrsknotenpunkt sich energetisch auf halbem Weg zum Mond oder zur Mars-Transferbahn befindet, leichter zu bewältigen (Abb. 1.8).

		Mond	Merkur	Venus	Mars	Kometen, Asteroiden	Jupiter	Jupitermonde	Saturn	Saturnmonde	Uranus	Neptun
	Entdeckung											
Sonden	Vorbeiflug											
	Umkreisung											
	Landen											
	Exploration											
Probenrückführung												
Bemannte Mission												
	Nutzung											

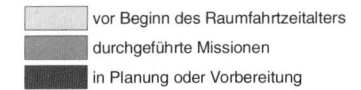

▨ vor Beginn des Raumfahrtzeitalters
▨ durchgeführte Missionen
▨ in Planung oder Vorbereitung

Abb. 1.7.   Die Expansion des Menschen in den Weltraum.

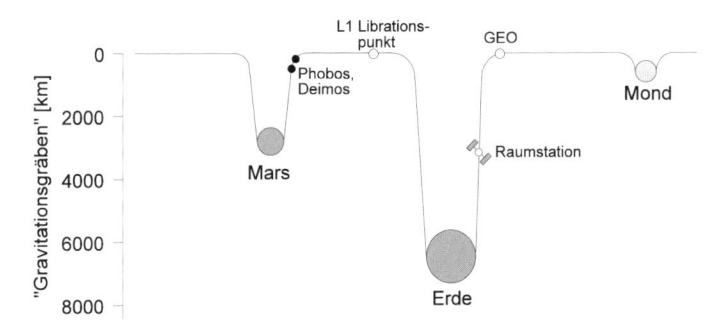

Abb. 1.8.   Bei interplanetaren Missionen zu überwindende „Gravitationsgräben".

1.3.4 Nutzung der Weltraumumgebung

Der erdnahe Weltraum wird gegenwärtig von den Disziplinen Materialwissenschaften, Physik der Flüssigkeiten und Biowissenschaften besonders im Hinblick auf den Umgebungsparameter „reduzierter Schwerkraft" genutzt. Die derzeitigen Experimente sind vorwiegend der reinen und anwendungsorientierten Grundlagenforschung zuzuordnen; der Anteil an industrieller Nutzung dürfte allmählich zunehmen, ohne jedoch die Grundlagenforschung ganz zu verdrängen.

Erkennbare kommerzielle Interessen in der Materialwissenschaft zielen einerseits auf eine kontinuierliche Produktion von Halbleitermaterialien in vollautomatisierten Anlagen, andererseits auf die Herstellung von sehr spezifischen Einzelstücken hoher Wertschöpfung.

In den Biowissenschaften steht neben der Grundlagenforschung auf den Gebieten der Strahlen-, Gravitations- und Exobiologie die Aufklärung der wissenschaftlichen Voraussetzungen und die Entwicklung und Erprobung von Methoden und Technologien für Langzeitaufenthalte vom Menschen im Weltraum im Brennpunkt des Interesses.

Nutzungsschwerpunkt	Zeit	Teilszenario
Entwickelter Forschungsbetrieb in der Nutzung von Mikrogravitation, Weltraumvakuum und kosmischer Strahlung	ab 2000	Bemannte und teilautomatisierte material- und biowissenschaftliche Laboratorien in LEO Forschungsplattformen im LEO
Automatisierte Produktion unter Schwerelosigkeit	ab 2010	Produktionsplattformen im LEO
Prozessierung und Deponie toxischer Abfälle	ab 2020	Waste Processing Platform Abfalldepot
Energieumwandlung	ab 2025	Solare Energiestation in GEO (z.B. zur Versorgung von Orbitalsystemen)

Tabelle 1.2. Nutzungsschwerpunkte und Teilszenarien für die Nutzung der Weltraumumgebung.

Im Rahmen der zurückliegenden Spacelab- und Mir-Missionen wurden hierzu vielversprechende Voruntersuchungen durchgeführt. Bis zur vollen Verfügbarkeit der Internationalen Raumstation bieten sich europäischen Experimentatoren neben Kurzzeitmissionen wie Fallturmexperimente, Parabelflügen, ballistischen Forschungsraketen wie TEXUS, MAXUS, etc., längerdauernde Fluggelegenheiten bei geplanten Missionen der Raumstationspartner an (Space-Shuttle, frühe Fluggelegenheiten zur ISS).

Die Identifizierung kritischer Technologien für die künftige wissenschaftliche und wirtschaftliche Nutzung spezifischer Umgebungsparameter des erdnahen Weltraums setzt ein konkretes Nutzungsszenario voraus. Die Definition eines solchen Szenarios ist noch problematisch, da die gegenwärtige Nutzung der Weltraumumgebung im wesentlichen auf relativ wenige Grundlagenexperimente beschränkt ist.

Zur Umgehung dieses Problems wurden Teilszenarien definiert, die sich teilweise aus der Betonung eines bestimmten Nutzungsfeldes ergeben. Die Addition dieser Teilszenarien ergibt nicht unbedingt eine kohärente orbitale Infrastruktur, sondern eine breitgefächerte Sammlung von Infrastrukturelementen. Da die tatsächliche Entwicklung nicht vorhergesagt werden kann, erscheint dieses Verfahren am ehesten geeignet, diejenigen nutzungsrelevanten Technologien zu identifizieren, die ein breites Spektrum denkbarer Entwicklungslinien abdecken.

Nutzungsschwerpunkte und entsprechende Teilszenarien sind in der Tabelle 1.2 zusammengefaßt. Der darin angegebene Zeitrahmen wurde nach folgenden Kriterien abgeschätzt:

- Forschung vor Anwendung,
- Bereits initiierte Nutzungsfelder vor prospektiver Nutzung,
- Niederenergetische vor hochenergetischen Missionen.

Zusammenfassend ist abschließend in Abb. 1.9 eine grobe Einteilung von Raumflugkörpern dargestellt. Nach dieser Einteilung können Aufgaben und Ziele der jeweiligen Mission definiert werden.

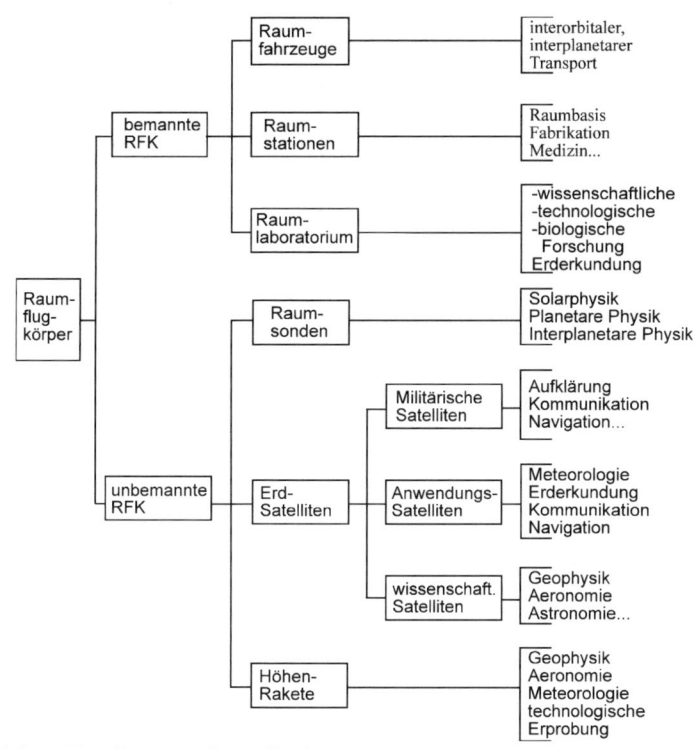

Abb. 1.9. Einteilung von Raumflugkörpern.

1.4 Wirtschaftliche Relevanz der Raumfahrttechnik und -nutzung

Entsprechend einer Untersuchung der in Paris angesiedelten Euroconsult geben die wichtigsten Raumfahrt betreibenden Staaten jährlich ca. 29 Mrd. Euro allein für die Raumfahrt-Infrastruktur aus (Tabelle 1.3). Zu diesen staatlichen Mitteln kommen noch Aufwendungen für die Internationale Raumstation (ISS) und öffentliche Ausgaben für Forschungslaboratorien, Simulations- und Kontrollzentren, Raumfahrtagenturen, etc. hinzu. Dies sind hauptsächlich „öffentliche" Mittel, von denen der überwiegende Anteil von den USA kommt, gefolgt von Europa, Japan und Rußland. Diese Staaten werden in der Zukunft die staatlichen Mittel nicht in größerem Maße aufstocken, dafür werden Länder wie China, Indien, u.a. verstärkt in das Raumfahrtgeschäft einsteigen. Bei internationalen Forschungs- und Erkundungsprogrammen werden die Staaten verstärkt zusammenarbeiten; hierzu ist das ISS-Programm ein wichtiger Indikator. Bei kommerziellen und sicherheitsrelevanten Unternehmungen wird der Wettbewerb eher größer als bisher.

Es besteht kein Zweifel, daß das Verhältnis von staatlichen und industriellen Aufwendungen aus Gründen des ständig steigenden Marktes und eines enormen Wertschöpfungszuwachses bei Anwendungen wie Telekommunikation, Navigation, direktverteilende Fernseh-Rundfunk-, Mobilfunk- und Umweltbeobachtungs-Satelliten sowie Raumtransportsystemen (zunächst noch Raketen) der marktwirtschaftlich motivierten Zielsetzungen sich umkehrt. Dies gilt auch für den Fall, daß die staatlichen Mittel auf demselben Niveau bleiben sollten (was sie nicht tun: seit 1991 sind z.b. die aus dem deutschen Bundesforschungsministerium finanzierten Aufwendungen von 1,8 Mrd. DM/Jahr auf 1,5 Mrd. DM/Jahr gesunken, der Anteil für nationale Forschung, Entwicklung und Projekte sank von 40% auf ca. 25%, der größere Anteil geht an die ESA und fließt größtenteils wieder zurück).

Die Projektion des Weltmarktes für alle Raumfahrtsparten ergibt für den Zeitraum 1996 bis 2006 einen Umsatz von geschätzten 530-760 Mrd. US-$. Schon jetzt ist abzusehen, daß allein für die Telekommunikation diese notwendigen zusätzlichen Dienstleistungen eine 3- bis 5-fach größere Wertschöpfung haben werden als die dazu benötigten Infrastrukturelemente (Satelliten, Raketen, Bodenanlagen und deren Betrieb).

Nach der Euroconsult-Studie zeigt sich außerdem, daß im Raumfahrtbereich trotz der zunehmenden Ausrichtung zur freien Marktwirtschaft der Staat seine fördernde Hand nicht zurückziehen darf und eine Dominanz der USA z.B. in der Satellitentechnik hauptsächlich auf Vorleistungen des Staates zurückzuführen sind. Betrachtet man die relativen Bruttosozialprodukt-Anteile der politischen Gruppierungen USA (32%), Europa (38%), Japan (21%) und den „Rest der Raumfahrt betreibenden" Staaten Rußland, China, Indien, Kanada mit insgesamt 9% (diese Verhältnisse entsprechen auch grob den allgemeinen Forschungs- und Entwicklungs-Aufwendungen in diesen Ländern) so fällt auf, daß Europa deutlich vor den USA liegt. Die staatlichen Raumfahrtzuwendungen, in der genannten Reihenfolge sind diese 73 %, 15%, 6% und 6%, haben offenbar mit dem Bruttosozialprodukt-Potential wenig zu tun, dafür aber um so mehr mit dem ausweisbaren wirtschaftlichen Erfolg und den entsprechenden Weltmarktanteilen.

Diese Daten machen vor allem deutlich, daß die Technologien zum Aufbau einer Raumfahrt-Infrastruktur und den entsprechenden Anwendungen für Staat und Wirtschaft an sich wirtschaftlich sehr lohnenswert sind, also durch eine Public-Private Partnership gefördert werden, unabhängig davon, ob es einen Spin-off für andere Bereiche gibt oder nicht.

	Milliarden €	Prozent. Anteil	Bruttosozialprodukt Anteil
USA	21,2	73	32
Europa	4,2	15	38
Japan	1,8	6	9
Rußland, China, Indien, Canada	1,18 (geschätzt)	6	21
gesamt	29	100	100

Tabelle 1.3. Im Jahr 1997 in Raumfahrtprojekte investiertes Kapital in Mrd. Euro.

1.5 Raumstationen

Wegen der großen Bedeutung der Raumstationen und insbesondere der jetzt im Aufbau befindlichen Internationalen Raumstation als dem bislang größten Projekt der Raumfahrtgeschichte, an dem mehr als ein Dutzend Staaten über die nächsten 15-20 Jahre sich beteiligen, sei im Folgenden ein kurzer Abriß darüber gegeben.

Was unterscheidet eine Raumstation von anderen im Weltraum stationierten Geräten wie Satelliten und Plattformen? - Sie läßt sich durch vier Hauptmerkmale abgrenzen. Eine Raumstation ist:

- ein Orbitalsystem, das multidisziplinär genutzt wird und
- groß und in der Regel im Orbit aufzubauen ist, welches
- langlebig, d. h. für große Missionsdauern, ausgelegt ist und
- in dem Astronauten leben und arbeiten.

Als Orbitalsystem muß eine Raumstation dafür gebaut sein, den Start mit einer Trägerrakete zu überstehen und anschließend im Weltraum zu funktionieren. Sie muß fernbedienbar sein, Kommunikationssysteme für Bodenkontakt aufweisen, ein Antriebs- und Lageregelungssystem besitzen usw.

Da eine große Raumstation in der Regel die Nutzlastkapazität eines einzelnen Raumtransportsystems übersteigt, ist ein Aufbau in der Umlaufbahn unumgänglich. Hierzu wird man in der Regel einen modularen Entwurf wählen. Bei großen, ausgedehnten Bauformen wird man auch dynamischen Problemen großer Strukturen entgegentreten müssen, ein bei kompakten Transportsystemen oder Satelliten nahezu unbekannter Problemkreis.

Eine Raumstation ist in der Regel langlebiger als ein Transportsystem oder ein Satellit. Dies bedeutet, daß ihre Subsysteme und Komponenten nicht nur über längere Zeiträume kontinuierlich und zuverlässig funktionieren sollen, sondern auch für den Störfall leicht und schnell reparierbar oder austauschbar sein müssen. Auch muß eine Raumstation ständig mit Nachschubgütern versorgt werden; der hierzu notwendige operationelle und strukturelle Aufwand ist z. B. bei Satellitensystemen unbekannt.

Schließlich beherbergt eine Raumstation permanent, oder zumindest vorübergehend, eine Besatzung (ansonsten würde man von einer orbitalen Plattform sprechen). Dieses Charakteristikum erzeugt die wohl größten Anforderungen an den Entwurf der Station. Der Besatzung muß eine druckbeaufschlagte Umgebung zur Verfügung gestellt werden und sie muß durch ein Lebenserhaltungssystem versorgt werden, welches vor allem die Menge der logistischen Versorgungsgüter bestimmt. Auf die Besatzung muß aber auch durch entsprechende Sicherheits- oder Bedienvorschriften Rücksicht genommen werden, die sich oft in zusätzlichen baulichen Maßnahmen wie etwa Abschirmungen zum Schutz vor Strahlung und Meteoriten äußern.

Was macht das Arbeitsgebiet 'Raumstation' als Ingenieuraufgabe aber so reizvoll? Eine Raumstation hinreichender Größe stellt eines der komplexesten technischen Probleme dar, das man derzeit kennt. Zu ihrem Entwurf und Bau werden Kenntnisse aus den meisten Disziplinen der Naturwissenschaft und Technik benötigt, etwa aus den Gebieten Mechanik, Statik, Thermodynamik, Verfahrenstechnik, Elektrotechnik, Telekommunikation, Informatik, Medizin, Psychologie, Systemtechnik, um nur die wichtigsten zu nennen.

Die Entwicklung des europäischen Raumlabors Spacelab und dessen Nutzung bei etwa einem Drittel der Space-Shuttle-Flüge boten wichtige Voraussetzungen für die Beteiligung Europas sowohl für den Entwurf der Internationalen Raumstation wie auch für die realistische Einschätzung des Nutzungspotentials der einzelnen wissenschaftlichen und technischen Disziplinen. Wichtige Teile von Subsystemen und Komponenten sind teilweise in unveränderter Form auf der ISS wiederzufinden.

Die Aufgabe der Europäer (zum damaligen Zeitpunkt noch durch die European Space Research Organisation ESRO, der Vorgängerorganisation der ESA, repräsentiert) bestand in der Entwicklung und Fertigung des Raumlabors, während sich die amerikanische Seite voll auf die Entwicklung und den Betrieb des Space-Shuttle als Transportsystem konzentrierte. Im Unterschied zu Skylab, welches größtenteils aus bereits vorhandener Hardware integriert wurde, war Spacelab eine als Raumlabor ausgelegte Neukonstruktion und bot damit ein weit umfangreicheres Einsatzspektrum. Spacelab sollte sich im Verlauf der vielen Missionen als die wichtigste und am häufigsten geflogene große Nutzlast herausstellen.

Nach dem Zerfall der Sowjetunion in die Gemeinschaft Unabhängiger Staaten (GUS) und andere Länder in den Jahren 1989-91 kam es 1992 im Rahmen eines größeren politischen Abkommens zu einem Vertrag zwischen der USA und Rußland, bei dem es um so unterschiedliche Dinge ging wie die Ölexploration in Sibirien, Proliferation von russischen Raketen-Flüssigkeitstriebwerken an Indien, Zusammenarbeit auf dem Gebiet der Atomtechnik, etc. Dabei verpflichteten sich beide Staaten auch zur Kooperation auf dem Gebiet des Aufbaus und Betriebs von Raumstationen. In Folge dieser Abmachungen verlangte der amerikanische Präsident Bill Clinton 1993 von der NASA einmal mehr, die Raumstationspläne zu modifizieren und dabei die Kosten noch mehr zu reduzieren. Gleichzeitig sollten neben den bisherigen Freedom-Partnern ESA, Japan und Kanada auch Rußland einbezogen werden. Um möglichst mehrere innovative Vorschläge zu erhalten, erging der Auftrag zur Planung von drei unterschiedlichen Stationskonzepten gleichzeitig an drei NASA-Zentren, von denen dann das Weiße Haus schließlich die Option A (wie Alpha) auswählte.

Erst durch politischen Druck wurde von der NASA ein größerer Anteil russischer Module zugestanden, so daß - nachdem Rußland die Bereitstellung weiterer und für die Mir-2-Station vorgesehener Hardware zugesichert hatte - schließlich der Plan für die heute bekannte Internationale Raumstation (ISS) entstand. In der neuen Form konnten etwa 75% der Hardware aus dem Freedom-Plan übernommen werden, die Inklination der Bahn sollte von 28,5° entsprechend des Cape Kennedy-Startplatzes in Florida auf die für russische Verhältnisse günstigere und mit Mir übereinstimmende 51,6° Grad geändert werden. Kernelement und als erstes in den Weltraum transportiertes Element ist das am 18.11.1998 gestartete russische Basismodul FGB (Functional Cargo Block), das von Anbeginn die Antriebs-, Bahn- und Lageregelung, Andockmöglichkeiten und weitere grundlegende Betriebs- und Forschungsaufgaben ermöglichen kann, viel früher als jedes andere für Freedom entwickelte Element. Das Programm-Management wurde ebenfalls modifiziert, die ursprünglich drei mit unterschiedlichen NASA-Zentren arbeitenden industriellen Hauptauftragnehmer sind auf einen Auftragnehmer (Boeing in Zusammenarbeit mit NASA-JSC in Houston) und die Programmkosten auf 2,1 Mrd. $/Jahr reduziert worden.

Das mit den Raumstationspartnern vereinbarte ISS-Programm sieht drei Phasen vor: In Phase 1 (1994-97) sollte das Space-Shuttle die Nutzung der Mir-Station verbessern helfen, mit gemischten amerikanisch-russischen Teams für Astronauten, Ingenieure, Flugkontrolleure sowie durch die Bereitstellung und den Test neuer Module und Nutzlasten. Die gewonnene Erfahrung und gemeinsame Hardware sollen in den Phasen 2 (1997-99) und 3 (1999-2004) eingesetzt werden, deren Beginn mit dem Stationsaufbau bzw. mit dem Beginn der frühen Nutzungsphasen zusammenfallen. Die Station soll etwa 10 Jahre nach dem Beginn des russisch-amerikanischen Vertrags, d.h. im Jahr 2004 voll aufgebaut und mindestens für weitere 10 Jahre voll betriebsfähig sein.

Die Internationale Raumstation wird verschiedene Funktionen gleichzeitig erfüllen: Multidisziplinäre wissenschaftliche Forschungseinrichtung zur Grundlagen- und angewandten Forschung in erdnaher Umlaufbahn, Prüfstand für neue Technologien in Weltraumumgebung, Plattform für die Fernerkundung von Erd- und Himmelszielen aus dem Weltraum und Sprungbrett zur weiteren Erforschung und Erschließung des Weltraums.

Um für diese weitgesteckten Ziele gerüstet zu sein, sind verschiedene druckgeregelte Module vorgesehen, in denen eine permanent anwesende internationale Besatzung wohnen und arbeiten wird. Neben den druckgeregelten Einrichtungen zum Forschen und Leben umfaßt die Raumstation Aufnahmeplätze an der Außenseite zur Unterbringung wissenschaftlicher und technologischer Nutzlasten, die den Weltraumbedingungen direkt ausgesetzt werden sollen. Für den mechanischen Zusammenhalt der verschiedenen Segmente sorgen Rahmentragwerke, Verbindungsknoten und Adapter. Elektrische Energie und andere Ressourcen erhält die Station von großen Solargeneratoren und Radiatoren sowie von anderen Geräten, die erforderlich sind, um den sicheren Flug um die Erde und den erfolgreichen Betrieb der Station über mindestens zehn Jahre hinweg zu gewährleisten.

Die Gesamtauslegung der Internationalen Raumstation nach deren Fertigstellung ist aus Abb. 1.10 zu entnehmen. An dem 108 m langen Gitterträger, im Englischen „Truss" genannt, sitzen außen große, in vier Paaren angeordnete Solargeneratoren. Dazwischen befinden sich mehrere Ausleger mit Radiatoren zum Abführen der in der Station erzeugten Wärme und eine Gruppe druckgeregelter Module.

Im Zentrum der russischen Module befindet sich ein zweiter, kleinerer Gitterträger, die Wissenschafts- und Energieplattform SPP, mit einem weiteren Bündel von Solargeneratoren und mit für die Lageregelung der Station notwendigen Geräten. Die Gesamtheit der russischen Stationselemente wird häufig als „Russisches Segment der Internationalen Raumstation" (Russian Orbit Segment, ROS) bezeichnet. Für die amerikanischen Elemente wird gelegentlich der Begriff „US-

Orbitalsegment" oder „USOS" verwendet. Die wichtigsten Daten und Merkmale der Internationalen Raumstation sind in Tabelle 1.4 zusammengefaßt.

Die Internationale Raumstation wird mit folgenden sechs druckgeregelten Modulen für die wissenschaftliche und technologische Forschung ausgerüstet:

- US-Labormodul „US Lab"
- japanisches Labormodul „JEM" (Japanese Experiment Module)
- europäisches Labormodul „COF" (Columbus Orbital Facility)
- zwei russische Forschungsmodule

Das amerikanische Labormodul befindet sich in Querrichtung direkt unter dem Gitterträger (Truss). Die Labormodule der Europäer und Japaner sitzen parallel zum Truss vor dem US-Lab und die russischen Forschungsmodule befinden sich, in Sternform, eine Ebene tiefer hinter dem US-Lab. Neben den reinen Forschungsmodulen umfaßt die Station auch noch verschiedene Module zum Wohnen, Lagern von Material und zur Unterbringung von Untersystemen der Station.

Die Internationale Raumstation fliegt in einer Höhe über der Erdoberfläche, die sich zwischen mindestens 335 Kilometern während des Zusammenbaus und bis zu 460 Kilometern im Routinebetrieb bewegt. Dies entspricht einer Geschwindigkeit von ungefähr 29.000 km/h und einer Umlaufzeit von etwa 90 Minuten.

Die Bahnebene, auf der sich die Station bewegt, ist so geneigt, daß der Erdäquator unter einem Winkel von 51,6° überflogen wird. Die Bodenspur der Station, d. h. die Projektion ihrer Umlaufbahn auf die Erdoberfläche, beschreibt eine zum Äquator symmetrische sinusförmige Bahn, deren Extrempunkte sich auf jeweils 51,6° nördlicher und südlicher Breite befinden. Da die Erde sich unter der Station mit einer Winkelgeschwindigkeit von 360° pro Tag (also 22,5° in 90 Minuten) dreht, verschiebt sich die Bahnebene und damit die Bodenspur während eines Erdumlaufs um 22,5° nach Westen.

Die Bahnparameter der Internationalen Raumstation gestatten die Beobachtung von 85% der Erdoberfläche, auf der 95% der Erdbevölkerung leben.

Eine vergleichende Übersicht wichtiger Schlüsselparameter der zuvor beschriebenen Raumstationen ist in Tabelle 1.5 gegeben. In dieser Tabelle sind Werte angegeben für die ISS bei Fertigstellung im Jahre 2004, für die Mir Station mit dem Priroda-Modul, für das Space-Shuttle mit dem Spacehab bzw. Spacelab-Modul, für den Entwurf der Raumstation Freedom sowie für Skylab. Mit diesen Parametern kann die Leistungsfähigkeit der einzelnen Orbitalsysteme miteinander verglichen werden.

Abmessungen	108,4 m x 74,1 m
Masse	415.000 kg
elektrische Energie	110 kW, davon 47-50 kW für Forschungsarbeiten
druckgeregeltes Volumen total	1.140 m^3
Nutzlastfläche außen	> 50 m^2
druckgeregelte Laboratorien	6 (1 USA, 3 Rußland, 1 Japan, 1 Europa), zusätzlich gibt es das US-Zentrifugenmodul und Wohnmodule
externe Aufnahmeplätze für Nutzlasten	4 USA, 1 Japan + diverse Rußland, insg. > 50 m²
Besatzung	3 (1998-2002), 6 (ab 2002)
Umlaufbahn	Kreisbahn in variabler Höhe (335-460 km)
Fluglage (ideal)	eine Achse in Geschwindigkeitsrichtung, eine in Richtung Nadir, eine senkrecht zur Orbitebene
Abweichungen von der Fluglage	5,0°/Achse 3,5°/Achse/Orbit
Mikrogravitations-Forderung	10^{-6} g bis 0,1 Hz ($10^{-5} \cdot$ f)g bei $0,1 \leq f \leq 100$ Hz
Mikrogravitation ohne Störungen	30 Tage
Datenübertragung	TDRSS: zur Erde 43 Mbit/s, von der Erde 72 kbit/s, möglich: kommerzielle Satellitensysteme
Thermalkontrolle	Wasserkreisläufe in Modulen
Belüftung und Vakuum für Experimente	< 0,13 Pa für Druckmodule
Missionsdauer	10 Jahre Dauerbetrieb nach 3 - 4 Jahren Aufbauphase
später Zugang / frühe Rückführung der Experimente	mit Stromversorgung während des Transports in MPLM

Tabelle 1.4. Hauptdaten der Internationalen Raumstation.

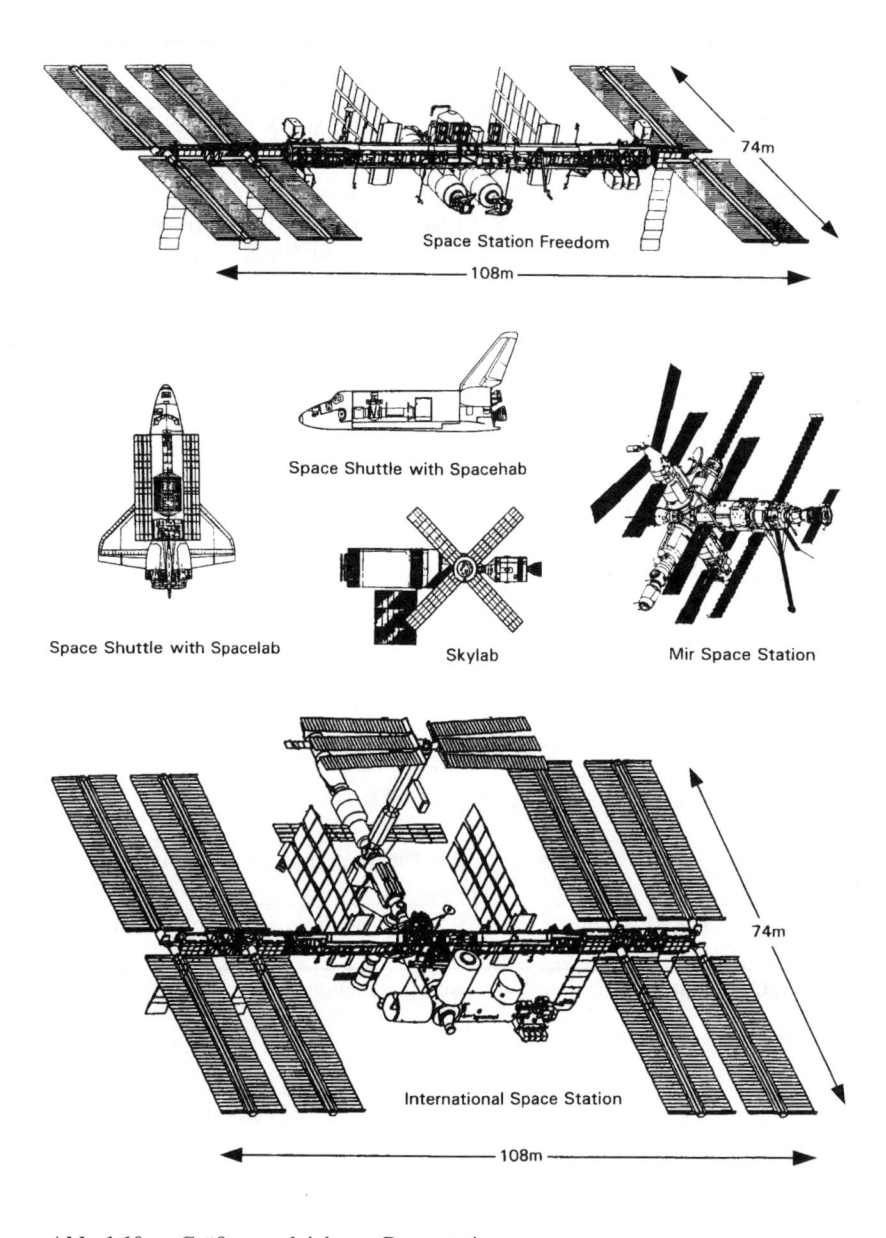

Abb. 1.10. Größenvergleich von Raumstationen.

Parameter	Mir (1996, mit allen Modulen)	Skylab (1994)	Space-Shuttle mit Spacelab Modul	Space-Shuttle mit einfachem (dopp.) Spacehab Module	Space Station Freedom Fertigstellung 1993 CDR	International Space Station Fertigstellung 1995 IDR
Beteiligte Nationen	Russland, USA, ESA Staaten	USA	USA, ESA-Staaten, Japan	USA, Italien, Japan	USA, ESA-Staaten, Japan Canada	USA, ESA-Staaten, Japan, Canada
angestrebter Zeitraum der Nutzung	mind. bis Ende 1997	entfällt, abgestürzt 1979	*)	*)	1999 (Fertigstellung 2000)	1998 (Fertigstellung 2002) bis min. 2012
Bedrucktes Vol. [m^3]	410	354	166	104	680	1140
Anzahl Module	9	2	2	2	8	17
Gesamtmasse [kg]	140.000	90.000	13.700	5.000	281.000	415.000
Dichte [kg/m^3]	341,5	254,24	82,53	48,1	413,24	374,1
Länge x Breite [m]	33 x 41	36,1 x 28	6,9 x 4,1	2,8 x 4,1	108 x 74	108 x 74
zugehöriges Startfahrzeug	Soyuz, Proton, Space-Shuttle	Saturn V, Saturn IB	Space-Shuttle	Space-Shuttle	Space-Shuttle	Space-Shuttle, Soyuz, Proton, Zenit, Ariane 5
Starts bis Fertigstellung	6	1	entfällt	entfällt	27	44
permanent bemannt	ja	nein	nein	nein	ja	ja
Crew-Größe [Personen]	3	3	bis zu 7	bis zu 7	4	6
Aufenthaltsdauer einer Crew	4-6 Monate typisch (max. bisher 14 Monate)	28, 59 und 84 Tage	bis zu 15-20 Tage	bis zu 15-20 Tage	3 Monate Standard	3 Monate Standard
El. Leistung [kW]	< 35	24/18	7,7	3,15	75	110
El. Leistung für Nutzung [kW]	4,5	4/3	3,5 to 7,7	3,15	30	~50
Solarzellenfläche [m^2]	430	216/162	0	0	~1.800	~3.000
Datenübertragungsrate (down link) [Mbps]	7	< 1	45	16	50	50
Wasserrückgewinnung	ja	nein	Nein	nein	ja	ja

*) solange Space Shuttle in Betrieb

Tabelle 1.5. Parameter von Raumstationen.

1.6 Mögliche Missionen nach der Internationalen Raumstation

Nach dem größten Raumfahrtprojekt aller Zeiten, dem Aufbau (1999-2004), Betrieb und der Nutzung (ca. 2001-2015) der Internationalen Raumstation wird mit größter Wahrscheinlichkeit bald der Flug von Menschen zurück zum Mond und kurz danach zum Mars auf der Agenda der Raumfahrt betreibenden Staaten stehen. Wie die anderen großen Raumfahrtprojekte wird diese Initiative wieder von den USA ausgehen, deren Präsidenten sich in der Vergangenheit schon öfter für eine Marsmission und dem Aufbau einer Infrastruktur auf Mond und Mars ausgesprochen haben. Als wahrscheinlicher Zeitraum für erste Mars-Missionen mit Astronauten werden die Jahre vor 2019 genannt, d.h. 50 Jahre nach der ersten Mondlandung. Der Mond spielt nur anfänglich eine Rolle, nämlich um die erforderlichen technologischen Zwischenschritte für Transport, Aufbau und Betrieb eines Habitats sowie der wissenschaftlichen Nutzung zu erproben. Das eigentliche Ziel der Exploration des Sonnensystems ist der Mars als dem erdähnlichsten, dem einzigen Planeten, auf dem eine Besiedlung von Menschen denkbar ist.

Sollte dieser Zeitraum eingehalten werden, dann muß ein entsprechendes Projekt mindestens 10 Jahre davor begonnen werden, kritische Technologien, die solche Missionen erst möglich bzw. sinnvoll gestalten lassen, müssen wiederum eine Dekade davor entwickelt und qualifiziert werden. D.h. es muß jetzt begonnen werden, den Rahmen für solche Missionen abzustecken und mit wichtigen Vorarbeiten zu beginnen. Da die Entwicklung der Module und der wichtigsten Subsysteme der Internationalen Raumstation bald abgeschlossen sein dürfte, ist damit zu rechnen, daß die USA mit einem Teil der weiter zu beschäftigenden Raumfahrtindustrie verstärkt auf die Entwicklung von wiederverwendbaren Raumtransportsystemen setzen wird, den anderen auf bemannte Mond- und Marsmissionen. Wie bei der Internationalen Raumstation wird es bei Marsmissionen mit Astronauten zu einem internationalen Projekt mit möglichst vielen teilnehmenden Ländern kommen, unter Führung der USA, *der* Pioniernation mit erklärtem Führungsanspruch in der Raumfahrt seit dem Ende des 2. Weltkrieges.

Die Phase „Leben und Arbeiten auf Mond und Mars" erstreckt sich auf einen größeren Zeitraum nach 2019, d.h. mit großer Wahrscheinlichkeit innerhalb der nächsten 50 Jahre werden ständig von Menschen besetzte Stationen auf den planetaren Körpern Mond und Mars auf- und ausgebaut werden und diese Stationen werden Ausgangspunkt einer extraterrestrischen Besiedlung sein. Diese Entwicklung kann in vier Phasen eingeteilt werden:

1. Erkundung durch unbemannte Raumfahrzeuge
2. Landung von Menschen und Aufenthalt in einer Urstation
3. Errichtung und Betrieb von ständig besetzten Stationen
4. Extraterrestrische Siedlungen.

Die 1. Phase ist schon voll im Gange, im zweijährigen Rhythmus fliegen hauptsächlich NASA-Raumsonden zum Mars, einige kartieren derzeit die Marsoberfläche. Im Jahr 2001 werden andere landen und Bodenuntersuchungen durchführen, 2003 wird sogar ein erstes Marsflugzeug ausgesetzt werden, in den Jahren 2005, 2007 usw. wird die Zahl und Größe der Marssonden zunehmen, wobei auch die Europäer, beginnend mit dem 1999 beschlossenen Mars-Express-Projekt, dabei sein werden. Frankreich hatte sich zuvor schon mit der NASA auf ein größeres binationales Projekt geeinigt. Die auf dem Mars durchgeführten Bodenuntersuchungen und die späteren Probenentnahmen mit Rückflug zur Erde werden wichtige Informationen und Randbedingungen liefern für die folgenden Missionen.

Die 2. Phase müßte in den nächsten 5-10 Jahren beschlossen werden, soll die erste Landung mit Menschen im Jahr 2019 oder davor erfolgen. Hierzu seien im Folgenden einige Überlegungen der in den Raumfahrtprojekten zur Exploration des Sonnensystems dominierenden NASA vorgestellt, die in zahlreiche Publikationen, teilweise in Buchform, in den letzten Jahren erschienen sind.

Die in den 80er Jahren angestellten Überlegungen gingen größtenteils noch von alten Startgeräten (Saturn-V-, Energia-Raketen) aus, diskutierten allerdings auch schon nukleare Antriebe und Energiequellen. Erst ab Anfang der 90er Jahre überlegten sich amerikanische Experten, vor allem Zubrin, wie man die bisherigen Szenarien mit Kosten von 100-500 Mrd. $ weit unterschreiten könnte. Danach könnten die ersten Missionen der 2. Phase mit vor Ort aufgearbeiteten Ressourcen für Treibstoffe der Rückfluggeräte und zum Leben und Arbeiten für die ersten Mars-Astronauten im Rahmen bisheriger Raumfahrtbudgets durchgeführt werden. Geschätzt werden wie für die Raumstation etwa 5 Mrd. $ pro Jahr für einen Zeitraum von 10-15 Jahren. Voraussetzung hierfür ist jedoch, daß die „in situ"-Produktion von Sauerstoff aus der Marsatmosphäre möglich ist. Man müßte dann lediglich pro Mission ca. 6 Tonnen Wasserstoff zum Mars transportieren. Bei den nächsten Marsmissionen der NASA 2001 und 2003 soll die Sauerstoffgewinnung auf der Grundlage der Festkörperelektrolyt-Technik (d.h. mit Brennstoffzellen-Technologien) und dem aus der Chemie bekannten Sabatier-Prozess untersucht werden. Das von Zubrin angestoßene, kostengünstigere Mars-Szenario beruht bei den Transporttechniken von der Erde zum Mars und zurück noch auf konventionellen chemischen Triebwerken.

Neuerdings werden neben den nuklear-thermischen auch wieder nuklearelektrische oder - für den Fall daß Nukleartechnik noch längere Zeit zurückgestellt wird - solar-elektrische Triebwerke diskutiert, so wie sie z.B. auch im Institut für Raumfahrtsysteme an der Universität Stuttgart entwickelt werden. Diese Szenarien werden derzeit nur im Exploration Office des Johnson Space Center bei der NASA in Houston überprüft. Dort wird versucht, einen gangbaren, kostengünstigen Weg für eine bemannte Marsmission und die technischen und finanziellen Implikationen aufzuzeigen. Die NASA wird wohl in nächster Zeit ein eigenes Wissenschafts- und Technologie-Entwicklungsprogramm einrichten, das in größerem Zusammenhang und mit internationaler Beteiligung die Basis für die Definition eines Mond-Mars-Explorationsprogrammes anhand automatisierter Vorläufer-Missionen erarbeiten soll. Dabei sind Themen wie „Schaffung von geeignetem Wohnraum, Versorgung mit Rohstoffen und Lebensmitteln, Infrastruktur und Leittechnik" und die Lösung von technischen Problemen wie die „Realisierung des Transports zwischen Erde, Orbit und planetarer Oberfläche, Rückflugmöglichkeiten, Erforschung der Marsatmosphäre" und nachgeordnet „langzeitliches Leben auf engem Raum, Zusammensetzung eines Sozialsystems aus verschiedenen Kulturen" zu bearbeiten. Die Art und Weise, wie wir eines Tages zum Mars fliegen, woher wir die Energie für den Flug und den Auf- und Ausbau der Infrastruktur auf dem Mars nehmen, wird die weitergehenden Phasen, d.h. den Ausbau des Habitats und die Entwicklung einer Infrastruktur mit möglichst wenigen importierten Ressourcen, maßgeblich bestimmen. Die Energiegewinnung ist hierbei entscheidend: ein Mars-Szenario mit nuklearer Energieversorgung, das wohl wirtschaftlicher und vielleicht auch sicherer wäre als ein konventionelles chemisches Szenario mit Photovoltaik, Solardynamik, regenerativen Brennstoffzellen etc., zöge einen anderen Verlauf des Ausbaus der Mars-Infrastruktur nach sich.

2 Die Ziolkowsky-Raketengleichung

Die in diesem Kapitel hergeleitete Raketengleichung wird dem russischen Gymnasiallehrer Konstantin Ziolkowsky zugeschrieben, der diese Ende des 19. Jahrhunderts entdeckte und 1903 publizierte. Er wurde damit zum Begründer der mathematischen Theorie zur Beschreibung des Raketenfluges. Mit der Ziolkowsky-Raketengleichung, die im wesentlichen die Impulserhaltungsgleichung einer Rakete darstellt, läßt sich das Antriebsvermögen einer Rakete berechnen, falls die Austrittsgeschwindigkeit der Raketengase an der Düse und das Verhältnis der Raketenmasse beim Brennschluß zur Startmasse bekannt sind. Umgekehrt kann bei Vorgabe einer gewünschten Geschwindigkeitsänderung der Rakete, die dazu notwendige Treibstoffmasse bestimmt werden.

2.1 Die Annahme des schwerefreien Raumes

Die Raketengleichung wird gewöhnlich für den Fall oder die vereinfachte Annahme des „schwerefreien Raumes" hergeleitet. Tatsächlich wird sich aber in der nahen Zukunft kaum jemals ein Raumfluggerät im wirklich schwerefreien Raum befinden, außer an einigen besonderen Stellen in unserem Sonnensystem, wo sich die Anziehungskräfte aller Himmelskörper zufällig gegenseitig aufheben. Normalerweise werden sich die Fluggeräte, mit denen wir uns befassen, entweder auf Keplerbahnen um die Erde, um andere Planeten oder weit von Planeten entfernt um die Sonne bewegen.

Man kann aber beweisen, daß die für den schwerefreien Raum abgeleitete Geschwindigkeitsänderung Δv auch für den praktisch brauchbaren Fall des Fluges in einer Keplerbahn übertragen werden kann. Wenn die Antriebsdauer nur einen sehr kleinen Teil der Umlaufperiode darstellt, kann man sogar meistens das während der Antriebszeit erreichte Δv direkt vektoriell zu der lokalen Bahngeschwindigkeit addieren. In anderen Fällen muß man allerdings die Flugbahn während der Schubzeit mit Berücksichtigung aller wirkenden Kräfte integrieren.

2.2 Impulsgleichung der Rakete

Für die Herleitung der Impulsgleichung einer Rakete werden zunächst folgende Definitionen getroffen:

$m_R(t)$: Masse der Rakete zum Zeitpunkt t
$v_R(t)$: Geschwindigkeit der Rakete relativ zu einem inertialen Bezugssystem zum Zeitpunkt t
$\dot{m}(t)$: Massenstrom des Treibstoffes

Zur weiteren Betrachtung der Impulserhaltung einer Rakete sind außerdem die folgenden Annahmen notwendig:

- Keine äußeren Kräfte, d.h. schwerefreier Raum und kein Luftwiderstand auf die Rakete und die Brenngase.
- Inertiales Bezugssystem.
- Schubvektor parallel zur Flugrichtung (s. Abb. 2.1), d.h. die Austrittsgeschwindigkeit der Brenngase ist:

$$\vec{w}_e(t) = \begin{cases} + w_e(t)\vec{k}(t) \text{ negativer Schub} \\ - w_e(t)\vec{k}(t) \text{ positiver Schub} \end{cases}, \text{ mit } w_e(t) = |\vec{w}_e(t)| \quad . \qquad (2.1)$$

Der Raketenimpuls ergibt sich mit diesen Definitionen und Annahmen zu

$$\vec{I}_R(t) = m_R(t)\vec{v}_R(t) \quad . \qquad (2.2)$$

Der Strahlimpuls ist gegeben als Integral über das Strahlvolumen V (dV=dxdydz)

$$\vec{I}_{Str}(t) = \int_V \vec{v}_g(x,y,z,t)\rho_g(x,y,z,t)dV = \int_{m_{Str}(t_0)}^{m_{Str}(t)} \vec{v}_{Str}(t)dm_{Str} \quad . \qquad (2.3)$$

Damit folgt der Gesamtimpuls des Systems zur Zeit t:

$$\vec{I}_{ges}(t) = \vec{I}_R(t) + \vec{I}_{Str}(t) \quad . \qquad (2.4)$$

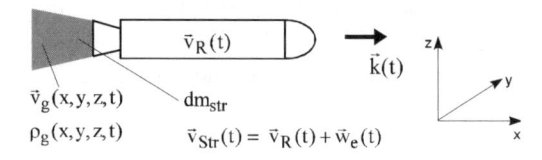

Abb. 2.1. Definition der einzelnen Vektorgrößen.

2.2 Impulsgleichung der Rakete

Dieser Gesamtimpuls bleibt jetzt über die Zeit erhalten, d.h. der Impulserhaltungssatz der Rakete lautet

$$\frac{d\vec{I}_{ges}}{dt} = \frac{d\vec{I}_R}{dt} + \frac{d\vec{I}_{Str}}{dt} = \vec{v}_R \frac{dm_R}{dt} + m_R \frac{d\vec{v}_R}{dt} + \vec{v}_{Str} \frac{dm_{Str}}{dt} \stackrel{!}{=} \vec{0} \quad . \tag{2.5}$$

Die Betrachtung der Massenbilanz liefert

$$dm_R = -dm_{Str} = -\dot{m}(t)dt \quad , \tag{2.6}$$

wobei dm_{Str} bzw. $\dot{m} > 0$. Die Strahlgeschwindigkeit läßt sich darstellen als

$$\vec{v}_{Str}(t) = \vec{v}_R(t) + \vec{w}_e(t) \quad . \tag{2.7}$$

Eingesetzt in die Impulserhaltungsgleichung folgt dann

$$m_R(t)d\vec{v}_R = \vec{w}_e(t)dm_R \quad . \tag{2.8}$$

Die Masse der Rakete ist natürlich immer positiv und die Massenänderung negativ. ($m_R(t) > 0$ und $dm_R < 0$). Da für eine positive Geschwindigkeitsänderung die Austrittsgeschwindigkeit in die entgegengesetzte Richtung weisen muß, folgt für die skalare Schreibweise der Impulsgleichung der Rakete

$$dv_R = -w_e(t)\frac{dm_R}{m_R(t)} \quad . \tag{2.9}$$

Statt der (idealen) Austrittsgeschwindigkeit w_e (=:$c_{e,ideal}$) wird im folgenden die *effektive Austrittsgeschwindigkeit* c_e verwendet, die auch Verluste beinhalten kann:

$$c_e := \frac{F}{\dot{m}} \quad . \tag{2.10}$$

Der Wert für c_e ist dabei als die mittlere Austrittsgeschwindigkeit des Gases in axialer Richtung zu verstehen. Damit folgt

$$dv_R = -c_e \frac{dm_R}{m_R} \quad . \tag{2.11}$$

Es ist bemerkenswert, daß in dieser Gleichung die Zeit nicht mehr explizit enthalten ist, d.h. daß für eine geschlossene Integration dieser Gleichung der Treibstoffdurchsatz nicht mehr konstant sein muß. Für den Fall einer konstanten Austrittsgeschwindigkeit c_e läßt sich die Impulsgleichung leicht integrieren, und es folgt die *Raketenformel von ZIOLKOWSKY* oder *Raketengrundgleichung*:

$$\Delta v_{1 \to 2} = -c_e \int_1^2 \frac{dm_R}{m_R} = +c_e \ln\left(\frac{m_1}{m_2}\right) \quad . \tag{2.12}$$

Die Indizes 1 und 2 bezeichnen hier den Anfangs- und Endpunkt einer Antriebsphase. Aus der Raketengrundgleichung folgt für den Masseverlust $\Delta m = m_1 - m_2$ und damit für den Treibstoffverbrauch:

$$\Delta m = m_1 \left(1 - e^{-\frac{\Delta v_{1\to 2}}{c_e}}\right) = m_2 \left(e^{\frac{\Delta v_{1\to 2}}{c_e}} - 1\right). \quad (2.13)$$

Wenn der Antrieb am Punkt 2 abgestellt und zu einem späteren Zeitpunkt 3 wieder gezündet wird, kann dieselbe Gleichung nochmals für die Schubphase 3 bis 4 verwendet werden. Die Masse am Anfang der zweiten Schubphase m_3 ist gleich m_2, da zwischenzeitlich kein Treibstoff verbraucht wurde. Es wird dann:

$$|\Delta v_{1\to 2}| + |\Delta v_{3\to 4}| = c_e \left[\ln\left(\frac{m_1}{m_2}\right) + \ln\left(\frac{m_2}{m_4}\right)\right] = c_e \ln\left(\frac{m_1}{m_4}\right). \quad (2.14)$$

Für eine beliebige Anzahl n solcher Schubperioden mit einer einzigen Raketenstufe erhält man somit

$$\Delta v_{ch} = \sum_n |\Delta v_n| = c_e \ln\left(\frac{m_0}{m_b}\right), \quad (2.15)$$

wobei m_0 die Anfangs- und m_b die Endmasse (Brennschlußmasse) der einstufigen Rakete für die Gruppe von n aufeinanderfolgenden Schubperioden darstellt. Da nicht die Flugbahn selbst, sondern nur der gesamte Antriebsbedarf errechnet wird, werden in der obigen Summe $\Sigma|\Delta v|$ unabhängig von der Richtung nur die absoluten skalaren Werte aller Geschwindigkeitsänderungen eingesetzt. Das ist sinnvoll, da für jedes Δv eine positive Treibstoffmenge verbraucht wird. Diese Summe $\Sigma|\Delta v|$ wird als die *Charakteristische Geschwindigkeit* oder genauer als die *Charakteristische Geschwindigkeitsänderung* Δv_{ch} bezeichnet.

2.3 Wichtige Impulsdefinitionen

2.3.1 Der Gesamtimpuls

Der Gesamtimpuls ist für alle Antriebssysteme definiert als

$$I_{total}(\tau) = \int_0^\tau F dt \quad , \qquad (2.16)$$

und bei konstantem Schub F ergibt sich

$$I_{total} = F\tau \quad . \qquad (2.17)$$

Der Gesamtimpuls ist eine wichtige Größe bei der Beurteilung von Missionen.

2.3.2 Der spezifische Impuls

Der *massenspezifische Impuls* ist nach Gl. (2.10) sichtlich $F\tau/m = F/\dot{m} = c_e$. In der Raketentechnik ist es allerdings üblich, den *gewichtsspezifischen Impuls* I_s [s] zu benutzen. Der momentane Wert ist dabei definiert als

$$I_s = \frac{F\tau}{g_0 m_T} = \frac{F}{g_0 \dot{m}_T} = \frac{c_e}{g_0} = \frac{\text{Schubkraft}[N]}{\text{Treibstoffgewichtsdurchsatz}\left[kgms^{-3}\right]} \quad , \qquad (2.18)$$

worin m_T die Masse des Treibstoffs und g_0=9,83 m/s² die Erdbeschleunigung darstellen. Der Durchschnittswert, d.h. die integrale Definition ist

$$\bar{I}_s = \frac{I_{total}}{g_0 m_T} \quad . \qquad (2.19)$$

Sind Schub und Treibstoffdurchsatz zeitlich konstant, dann sind beide Werte identisch, d.h.

$$I_s = \frac{F}{g_0 \dot{m}_T} = \frac{F\tau}{g_0 m_T} = \frac{I_{total}}{g_0 m_T} = \bar{I}_s \quad . \qquad (2.20)$$

Der spezifische Impuls I_s ergibt im mks-System, im cgs-System, in englischen Maßsystemen und anderen stets den gleichen Zahlenwert für den Gesamtimpuls pro Treibstoffgewicht und hat sich deshalb als Vergleichsgröße weltweit eingebürgert. Beispiele sind SSME (Space Shuttle Main Engine) mit $I_{s,Vakuum}$ = 455 s, HM60-Triebwerk für Ariane 5 mit $I_{s,Vakuum}$ = 435 s und A4-Triebwerk mit $I_{s,Boden}$ = 210 s.

2.4 Leistungs- oder Energiewirkungsgrade

2.4.1 Gesamtwirkungsgrad, innerer und äußerer Wirkungsgrad

Es ist vorteilhaft, den *Gesamtwirkungsgrad* η_{ges} eines Raketenantriebssystems in zwei Komponenten aufzuteilen, in einen *inneren Wirkungsgrad* η_I und einen *äußeren* oder *Vortriebs-Wirkungsgrad* η_A:

$$\eta_{ges} = \eta_I \eta_A \ . \tag{2.21}$$

Der innere Wirkungsgrad η_I beschreibt das Antriebssystem selbst und wird daher im Zusammenhang mit jeder Gruppe von Triebwerken einzeln behandelt. Generell ist der innere Wirkungsgrad für ein raketenartiges Triebwerk immer die effektive Schubstrahlenergie (bzw. Schubstrahlleistung P_F) dividiert durch die Energie (bzw. Leistung), die unter idealen Umständen in Schubstrahlenergie hätte umgewandelt werden können. Für chemische Raketen heißt das, daß die gesamte chemische Energie ε_T, die im Treibstoff enthalten ist, umgewandelt wird. Mit

$$\varepsilon_T = \frac{1}{2} c_{e,ideal}^2 \ , \tag{2.22}$$

und Gl. (2.18) gilt für chemische Systeme:

$$\eta_I = \frac{c_e^2}{c_{e,ideal}^2} = \frac{c_e^2}{2\varepsilon_T} = \frac{F^2}{2\dot{m}_T^2 \varepsilon_T} \ . \tag{2.23}$$

Für kryogene H_2/O_2-Triebwerke ist zum Beispiel die im Treibstoff enthaltene spezifische Energie (=Enthalpie h_0) $\varepsilon_T = 13{,}4$ MJ/kg. Im Idealfall müßte sich

$$c_{e,ideal} = \sqrt{2 h_0} = 5183 \, m/s \tag{2.24}$$

ergeben. In Wirklichkeit findet man jedoch für das SSME-System $c_e = I_{sg0} = 455$ s ·9,83 m/s²=4473 m/s, d.h. der innere Wirkungsgrad ist $\eta_I = (4473/5183)^2 = 0{,}745$.

Für Raketen mit einer vom Treibstoff getrennten Energiequelle, die dem Antriebssystem die notwendige Leistung P_{in} liefert, ist der innere Wirkungsgrad

$$\eta_I = \frac{F^2}{2\dot{m}_T P_{in}} = \frac{P_F}{P_{in}} \ . \tag{2.25}$$

Zusätzlich hat dann die Energieversorgungsanlage noch einen eigenen Wirkungsgrad. In den beiden vorhergehenden Gleichungen erscheint die effektive Leistung des Schubstrahls

$$P_F = \frac{F^2}{2\dot{m}_T} = \frac{Fc_e}{2} = \frac{\dot{m}_T c_e^2}{2} \ . \qquad (2.26)$$

Dies ist die kleinstmögliche Leistung ($\eta = 1$), mit der man den Schub F mit dem Massendurchsatz $\dot{m}_T$ erreichen kann. Tatsächlich ist in der Praxis wegen ungleichförmiger Geschwindigkeitsverteilung und Strahldivergenz etwas mehr als diese Leistung im Schubstrahl enthalten. Diese Differenz ist im inneren Wirkungsgrad enthalten.

Der äußere oder Vortriebs-Wirkungsgrad η_A eines Raketensystems nimmt die effektive Leistung des Schubstrahls P_F als gegeben an und beschreibt, welcher Anteil dieser Leistung in Flugkörperenergie umgewandelt wird:

$$\eta_A = \frac{\text{Energiegewinn des Flugkörpers}}{\text{Schubstrahlleistung} \times \text{Antriebszeit}} \qquad (2.27)$$

Es sollte betont werden, daß bei allen Energie- oder Leistungsbetrachtungen darauf zu achten ist, daß die Resultate generell nur für ein gegebenes Bezugssystem gültig sind. Sie sind *nicht* invariant in einer Lorentz-Transformation und daher nicht unverändert in einem anderen Bezugssystem gültig, das sich relativ zum ursprünglichen bewegt. Diese Tatsache kann bei Energiebetrachtungen, besonders bei den äußeren Wirkungsgraden von Raketensystemen Schwierigkeiten bereiten, was im nächsten Kapitel deutlich wird.

2.4.2 Der integrale oder mittlere äußere Wirkungsgrad

Dieser für die Praxis wichtige Wirkungsgrad ist definiert als:

$$\overline{\eta}_A = \frac{\text{kinetische Energie bei Brennschluß}}{\text{Schubstrahlleistung} \times \text{Brennzeit}} = \frac{E_b}{P_F \tau_b} \ , \qquad (2.28)$$

wobei zu beachten ist, daß die kinetische Energie bei Brennschluß auf ein festes Bezugssystem (z.B. Erde) und die Schubstrahlleistung auf ein flugkörperbezogenes System (entspricht dem festen Bezugssystem nur bei v = 0 m/s) bezogen werden. D.h.

$$\overline{\eta}_A = \frac{\frac{1}{2} m_b v_b^2}{\frac{1}{2} \dot{m}_T c_e^2 \tau_b} = \frac{m_b}{(m_0 - m_b)} \frac{v_b^2}{c_e^2} = \frac{v_b^2 / c_e^2}{e^{v_b/c_e} - 1} = \frac{\left[\ln\left(\frac{m_0}{m_b}\right)\right]^2}{\frac{m_0}{m_b} - 1} \ . \qquad (2.29)$$

Abb. 2.2 zeigt den Verlauf des integralen äußeren Wirkungsgrades als Funktion von v_b/c_e. Der integrale äußere Wirkungsgrad für die Beschleunigung von $v_R = 0$ m/s bis v_b hat ein Maximum bei 0,65 für $v_b/c_e = 1{,}593$ oder $m_0/m_b = 4{,}92$. Diese Werte sind für chemische Raketen noch erreichbar.

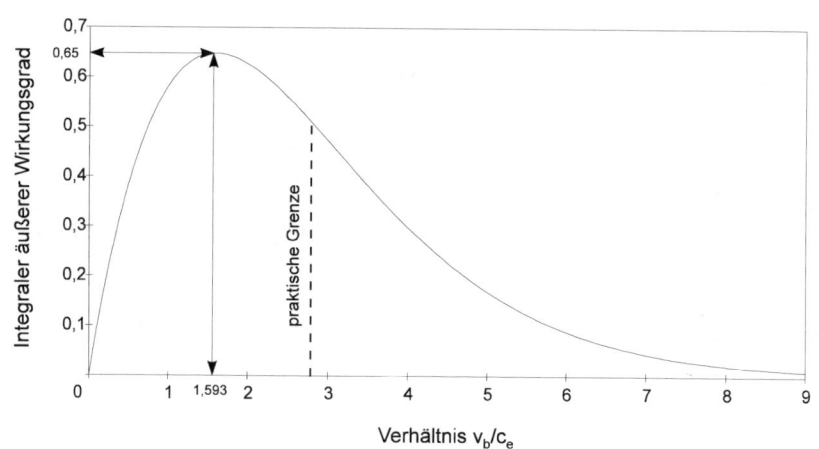

Abb. 2.2. Verlauf vom äußeren Wirkungsgrad.

Für Flugmanöver, die nicht mit v = 0 m/s anfangen, muß man entweder den Wirkungsgrad über das entsprechende Intervall von Δv mitteln oder aber aus den gemittelten Werten der einzelnen Phasen den zugehörigen Wirkungsgrad $\overline{\eta}_A$ für die Anfangs- und Endgeschwindigkeit entsprechend berechnen. Es ist eindeutig, daß für Beschleunigungsmanöver, die nicht bei v = 0 m/s beginnen, $\overline{\eta}_A$ größer als 0,65 werden kann.

Möglich wäre die Annahme, daß es für die Beschleunigung von v = 0 m/s (z.B. von der Erdoberfläche aus mit der Unterstufe einer Trägerrakete) besser wäre, einen Treibstoff zu nehmen, der mit einem kleineren c_e als technisch möglich ausströmt. Hiergegen ist aber zu sagen, daß mit verringertem c_e, trotz besserem Wirkungsgrad, das Massenverhältnis $m_0/m_b = \exp(\Delta v/c_e)$ stark ansteigt, d.h. schlechter wird. Die Wahl eines Treibstoffes mit kleinerem c_e lohnt sich daher nur, wenn man dann trotz des erhöhten Startgewichtes die erste Trägerstufe billiger einsetzen kann.

Für die elektrischen Antriebssysteme liegen die Verhältnisse anders, da sie nur als Oberstufen zur weiteren Beschleunigung aus der Erdumlaufbahn oder für noch spätere Flugmanöver eingesetzt werden. Für diese Systeme ist oft das Gewicht der elektrischen Energieversorgungsanlage vom Treibstoffgewicht unabhängig. Die für den Antrieb verfügbare Leistung ist allerdings begrenzt. Für solche Antriebssysteme, bei denen man die Ausströmgeschwindigkeit c_e in einem weiten Bereich wählen kann, mag es sich tatsächlich lohnen, c_e entweder stufenweise oder kontinuierlich der jeweiligen Fluggeschwindigkeit anzupassen, um so die begrenzte Leistung optimal zu nutzen.

2.5 Ein- und mehrstufige chemische Trägerraketen

2.5.1 Grenzen einstufiger chemischer Raketen

Wie bereits gezeigt, ist das Antriebsvermögen Δv_{ch} einer einstufigen Rakete definiert als die Geschwindigkeitsänderung, die diese Rakete im kräftefreien Raum erfahren würde. Das Antriebsvermögen ist eine Funktion der effektiven Austrittsgeschwindigkeit c_e des Treibgases und des Massenverhältnisses m_0/m_b aus Raketenmasse vor der Zündung m_0 zur Raketenmasse bei Brennschluß m_b. Für chemische Raketen ist die effektive Austrittsgeschwindigkeit auf ca. 4.500 m/s begrenzt. Außerdem ist es nicht möglich, das Massenverhältnis beliebig groß zu wählen, da die gesamte Rakete nicht nur aus Treibstoff bestehen kann. Damit eine Rakete überhaupt funktionieren kann, benötigen wir neben dem Brennstoff bzw. Treibstoff ein Triebwerk bzw. einen Motor, bestehend aus Düse und Brennkammer (bei Flüssigbrennstoffen zusätzlich zu den Treibstofftanks noch Brennstoff-Förderpumpen, Leitungen, Ventile etc.). Beide Systeme müssen durch eine Struktur gefestigt sein, um die Beschleunigungen und Vibrationen auszuhalten. Daneben sind Steuerungssysteme, Elektronik, Verkleidungen, Stabilisatoren, etc. zu berücksichtigen, deren Masse wir in die Struktur mit einbeziehen. Wir können also in einfachster Weise die Raketenmasse aufteilen in

$$m_0 = m_M + m_S + m_T + m_L \quad , \tag{2.30}$$

mit der Motorenmasse m_M, Strukturmasse m_S, Treibstoffmasse m_T und Nutzlastmasse m_L. Damit wird

$$\frac{m_0}{m_b} = \frac{m_0}{m_0 - m_T} = \frac{m_M + m_S + m_T + m_L}{m_M + m_S + m_L} = \frac{1}{\sigma + \mu_L} \quad , \tag{2.31}$$

wobei hier das *Strukturmassenverhältnis*

$$\sigma = \frac{m_M + m_S}{m_0} \tag{2.32}$$

und das *Nutzlastverhältnis* $\quad \mu_L = \dfrac{m_L}{m_0} \tag{2.33}$

eingeführt wurden. Der dimensionslose Faktor σ variiert, je nachdem, ob es sich um sehr stark beschleunigte (militärische) Raketen oder um schwach beschleunigte (bemannte) Trägerraketen handelt, heute ungefähr zwischen 0,2 und 0,05. Er ist demnach vom Beschleunigungsvorgang der Rakete, dem technologischen Fortschritt der Leichtbauweise und auch von der Güte der Raketenkonstruktion abhän-

	Startmasse [kg]	Startbeschleunigung	σ für die 1. Stufe
Scout	18.100	2,53 g_0	0,089
Ariane 1	202.510	1,22 g_0	0,066
Saturn V	2.850.000	1,19 g_0	0,048

Tabelle 2.1. Strukturmassenverhältnis für einige Trägerraketen.

gig. Je besser die Konstruktion, um so kleiner ist natürlich auch σ. Einige Beispiele zum Strukturmassenverhältnis sind in Tabelle 2.1 enthalten.

Das Antriebsvermögen errechnet sich somit zu

$$\Delta v_{ch} = c_e \ln \frac{1}{\sigma + \mu_L} \quad . \tag{2.34}$$

In Abb. 2.3 sind für drei Strukturmassenverhältnisse die Nutzlastverhältnisse μ_L als Funktion von $\Delta v_{ch}/c_e$ dargestellt. Wir sehen hieraus, daß selbst für äußerst günstige σ-Werte das Antriebsvermögen auf maximal dem dreifachen der effektiven Austrittsgeschwindigkeit begrenzt bleibt. Da wir außerdem ein von null verschiedenes Nutzlastverhältnis fordern müssen, gilt für den heutigen Stand der Raketentechnologie

$$\Delta v_{ch,max} \leq 3 c_e \quad . \tag{2.35}$$

Die in Abb. 2.2 eingezeichnete „praktische Grenze" von $\Delta v_{ch}/c_e = 2,8$ für einstufige Raketen entspricht einem Wert $\sigma + \mu_L = 0,05 + 0,01 = 0,06$. Die effektive Austrittsgeschwindigkeit c_e ist durch den spezifischen Energieinhalt chemischer Brennstoffe ε_T begrenzt. Berücksichtigt man außerdem die Verluste infolge des inneren

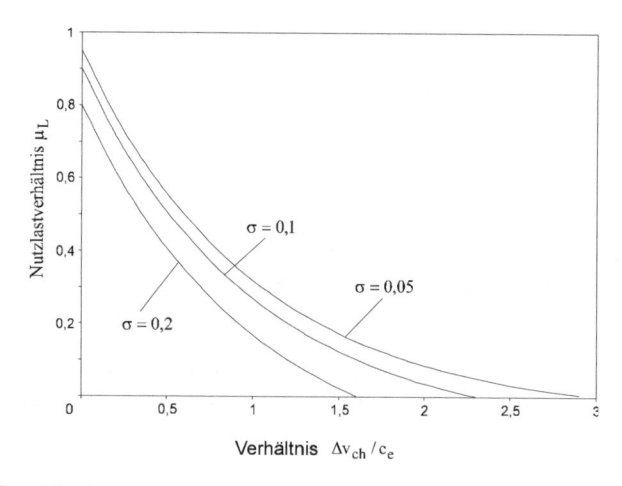

Abb. 2.3. Nutzlastverhältnis μ_L als Funktion von $\Delta v_{ch}/c_e$.

Wirkungsgrades eines Raketenantriebes, so ist heute die maximal mögliche Austrittsgeschwindigkeit $c_e < 4.500$ m/s. Die tatsächlichen Werte für heutige Trägerraketen im Atmosphärenbereich der Erde liegen sogar etwas unter 3.000 m/s. Damit ist für die momentan modernen Trägerraketen das Antriebsvermögen in einstufiger Bauweise begrenzt auf ca.

$$\Delta v_{ch,max} \leq 9 \, km/s \ . \tag{2.36}$$

Um eine Rakete von der Erdoberfläche in eine erdnahe Umlaufbahn zu bringen, sind jedoch, wie noch gezeigt werden soll, Δv-Werte von dieser Größe und etwas mehr notwendig. D.h. aber, daß wir beim gegenwärtigen Stand der Technik mit einer einstufigen Rakete kaum eine nennenswerte Nutzlast in den Raum transportieren können. Aus diesem Grund führte man das Prinzip der Raketenstufung ein, das eine entscheidende Verbesserung des tatsächlichen und maximal möglichen Antriebsvermögens gestattet. Mit dem Stufenprinzip wurde demnach die Raumfahrt überhaupt erst möglich. Neuerdings zielen die Entwicklungstendenzen darauf ab, die effektive Austrittsgeschwindigkeit c_e nahe an den chemisch höchstmöglichen Wert von ca. 4.500 m/s mittels Flüssig-Wasserstoff-/Flüssig-Sauerstoff-Hochdrucktriebwerken anzugleichen oder mittels luftatmenden Hybridantrieben (Raketen-Staustrahl-Turbinen) die Atmosphäre als Stützmasse auszunützen, um damit eine einstufige Trägerrakete zu ermöglichen.

2.5.2 Stufenprinzip und Arten der Raketenstufungen

Für viele Anwendungen, also nicht nur für die Raumfahrt, war man seit jeher bestrebt, Wege zu finden, um die Leistungsgrenze (oder Antriebsvermögensgrenze) einer Rakete zu überschreiten, d.h. bessere Nutzlastverhältnisse μ_L und größere Endgeschwindigkeiten oder Reichweiten zu erzielen. Zu diesem Zweck liegt es nahe, eine kleinere Rakete als „Nutzlast" (Oberstufe) mit einer größeren Rakete (Unterstufe=1. Stufe) auf deren Endgeschwindigkeiten Δv_1 zu beschleunigen, dann die Oberstufe von der leeren Unterstufe zu trennen und so die Endgeschwindigkeit der Oberstufe zu der der Unterstufe zu addieren. Dadurch wird das Antriebsvermögen der Unterstufe (Δv_1) zwar reduziert gegenüber einer einstufigen Rakete, doch ist jetzt das gesamte Antriebsvermögen durch die Summe

$$\Delta v_{ges} = \Delta v_1 + \Delta v_2 = c_{e1} \ln\left(\frac{m_{0,1}}{m_{b,1}}\right) + c_{e2} \ln\left(\frac{m_{0,2}}{m_{b,2}}\right) \tag{2.37}$$

gegeben, mit dem Antriebsvermögen der Oberstufe Δv_2 und der Startmasse der Oberstufe $m_{0,2}$ ($m_{0,2} \leq m_{b,1}$). Es ist somit meist größer als der Höchstwert einer einzigen Stufe mit gleicher Nutzlast und Treibstoffmasse. Dieses naheliegende Prinzip der „Tandemstufung" war schon vielen früheren Raketenexperimentatoren und auch Science-Fiction-Autoren bekannt. Es wurde von Ziolkowsky und ihm nachfolgenden Raketenpionieren ausgearbeitet.

Das Grundprinzip jeder Raketenstufung besteht also darin, unnötig gewordene Masse wie leere Treibstoff- und Oxidator-Behälter, anfänglich benötigte große Raketentriebwerke, Strukturmassen bzw. Teile davon usw. stufenweise abzuwerfen, um die Antriebsenergie möglichst nur zum Beschleunigen der notwendigen Nutzlastmasse zu verwenden. Dadurch wird der insgesamt erreichbare Nutzlastanteil oder das Nutzlastmassenverhältnis μ_L und die erreichbare Endgeschwindigkeit bzw. Reichweite wesentlich erhöht. Im folgenden wollen wir verschiedene Möglichkeiten zum Erreichen dieses Zieles erläutern und die entsprechenden Grundgleichungen angeben. Man unterscheidet dem Prinzip nach zwischen zwei Arten der Raketenstufung, die Stufung in Serie („Tandemstufung") und die „Parallelstufung".

2.5.3 Tandemstufung

Im ersten klassischen Fall der *Tandemstufung* erfolgt die Stufung durch Übereinandersetzen von Raketen, wobei die Stufenmasse im allgemeinen von der Unterstufe zur Oberstufe hin abnimmt und die Oberstufe jeweils erst nach Abwurf der unteren Stufe aktiviert wird (s. Abb. 2.4). Bezeichnen wir die Massen der einzelnen Raketenstufen mit m_1, m_2, ... , m_n und die Nutzlastmasse mit m_L, so folgt die Gesamtmasse bzw. Startmasse dieser n-stufigen Rakete zu

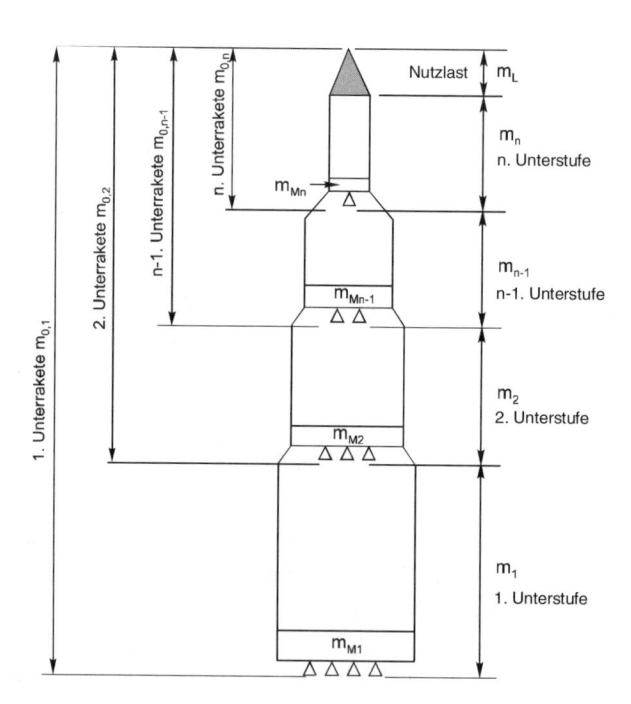

Abb. 2.4.   Raketenstufung in Serie (Tandemstufung).

$$m_0 = m_1 + m_2 + \ldots + m_{n-1} + m_n + m_L = \left(\sum_{i=1}^{n} m_i\right) + m_L \quad . \qquad (2.38)$$

Die Masse einer Raketenstufe m_i kann wiederum aufgespalten werden in

$$m_i = m_{Si} + m_{Mi} + m_{Ti} \quad , \qquad (2.39)$$

wobei m_{Si} die Strukturmasse, m_{Mi} die Motorenmasse und m_{Ti} die Treibstoffmasse der i-ten Raketenstufe darstellen. Die Nettomasse der i-ten Stufe, also nach Brennschluß und unter der Voraussetzung, daß der gesamte Treibstoff dieser Stufe verbraucht wurde, ist

$$m_{bi} = m_i - m_{Ti} = m_{Si} + m_{Mi} \quad . \qquad (2.40)$$

Die tatsächliche Masse der Rakete nach Brennschluß der i-ten Stufe ist jedoch

$$m_{bi}^* = m_{bi} + m_{i+1} + \ldots + m_n + m_L \qquad (2.41)$$

und nach Abtrennung der unnötig gewordenen, leeren i-ten Stufe mit Brennschlußmasse m_{bi} beträgt die Raketenmasse noch

$$m_{0,i+1} = m_{i+1} + m_{i+2} + \ldots + m_n + m_L \quad . \qquad (2.42)$$

Beispielsweise ist die nach Abtrennung der 1. Stufe noch vorhandene Raketenmasse $m_{0,2}$, nach Abtrennung der 2. Stufe noch $m_{0,3}$, usw. Damit folgt allgemein unter Einführung der Begriffe der Unterraketen $m_{0,i}$ (i=1, 2, ..., n) für eine n-stufige Rakete das Antriebsvermögen als Summe der Antriebsvermögen aller Unterraketen:

$$m_0 = m_{0,1} = \left(\sum_{i=1}^{n} m_i\right) + m_L, \qquad \text{1. Unterrakete (Startmasse)}, \qquad (2.43)$$

$$m_{0,2} = \left(\sum_{i=2}^{n} m_i\right) + m_L, \qquad \text{2. Unterrakete}, \qquad (2.44)$$

$$m_{0,i} = \left(\sum_{i}^{n} m_i\right) + m_L, \qquad \text{i. Unterrakete}, \qquad (2.45)$$

$$m_{0,n} = m_n + m_L, \qquad \text{n. Unterrakete}, \qquad (2.46)$$

$$m_{0,n+1} = m_L, \qquad \text{Nutzlastmasse}. \qquad (2.47)$$

Es ist also das Antriebsvermögen

$$\Delta v = c_{e1} \ln\left(\frac{m_{0,1}}{m_{0,1} - m_{T1}}\right) + c_{e2} \ln\left(\frac{m_{0,2}}{m_{0,2} - m_{T2}}\right) + \ldots + c_{en} \ln\left(\frac{m_{0,n}}{m_{0,n} - m_{Tn}}\right)$$
$$= \sum_{i=1}^{n} c_{ei} \ln\left(\frac{m_{0,i}}{m_{0,i} - m_{Ti}}\right) \qquad (2.48)$$

Definieren wir nun für jede Raketenstufe i ein Strukturmassenverhältnis

$$\sigma_i = \frac{m_{0,i} - m_{Ti} - m_{0,i+1}}{m_{0,i}} = \frac{m_{Mi} + m_{Si}}{m_{0,i}} \quad, \qquad (2.49)$$

ähnlich wie bei der einstufigen Rakete, nur daß jetzt die Summe aller Oberstufen plus der Nutzlastmasse die „Nutzlast" der i-ten Unterrakete darstellt. Es ist also

$$m_{0,i} - m_{Ti} = \sigma_i m_{0,i} + m_{0,i+1} = \sigma_i m_{0,i} + m_{0,i} - m_i. \qquad (2.50)$$

Es ergibt sich so für das Antriebsvermögen

$$\Delta v = \sum_{i=1}^{n} c_{ei} \ln\left(\frac{m_{0,i}}{\sigma_i m_{0,1} + m_{0,i+1}}\right) = \sum_{i=1}^{n} c_{ei} \ln\left(\frac{1}{\sigma_i + \frac{m_{0,i+1}}{m_{0,i}}}\right). \qquad (2.51)$$

Wenn wir die Massen der Unterraketen $m_{0,i}$ (i = 1, 2, ... , n) auf die Startmasse m_0 beziehen, folgt mit den Relativmassen

$$\mu_i = \frac{m_{0,i}}{m_0} \quad, \qquad (2.52)$$

für das Antriebsvermögen einer n-stufigen Rakete:

$$\Delta v = \sum_{i=1}^{n} c_{ei} \ln\left(\frac{1}{\sigma_i + \frac{\mu_{i+1}}{\mu_i}}\right) \quad, \qquad (2.53)$$

$$\mu_1 = 1 \quad, \qquad (2.54)$$

$$\mu_{n+1} = \mu_L = \frac{m_L}{m_0} \quad. \qquad (2.55)$$

2.5 Ein- und mehrstufige chemische Trägerraketen   45

Für eine einstufige Rakete ist n = 1, $\sigma_1 \equiv \sigma$ und $\mu_2 / \mu_1 = \mu_L / 1 = \mu_L$ zu setzen, so daß diese Formel in die bekannte Ziolkowsky-Gleichung übergeht.

In den Abbildungen 2.5-2.6 sind für die Trägerraketentypen „Ariane 1" und „Saturn V" die technischen Daten zusammengestellt. Es handelt sich hier um typische Tandemstufungen. Aus diesen Daten können die Werte für $c_{ei} = I_{si} \cdot g_0$ - zumindest Mittelwerte, weil in Bodennähe der spezifische Impuls im allgemeinen etwas kleiner ist als unter Vakuumbedingungen - und die Massen der Unterraketen $m_{0,i}$ sowie die Treibstoffmassen m_{Ti} entnommen und somit nach Gl. (2.48) oder (2.53) unter Zuhilfenahme der Gleichungen (2.49) und (2.52) das Antriebsvermögen Δv berechnet werden.

Um die Vorteile der Raketenstufung noch einmal zu veranschaulichen, ist in Abb. 2.7 mit den Ariane-1-Daten (s. Tabelle 2.2) der Zusammenhang zwischen Nutzlastverhältnis $\mu_L = m_L/m_0$ und Antriebsvermögen Δv einer 1-, 2-, 3- und 4-stufigen Rakete einander gegenübergestellt. Man sieht hieraus, daß das Antriebsvermögen der einstufigen Rakete, d.h. wenn außer Struktur- und Motorenmasse der gesamte restliche Anteil der Startmasse der Ariane 1 aus Treibstoff bestünde, auf ca. 6,5 km/s begrenzt bleibt. Bei einem Nutzlastverhältnis von $\mu_L = 0{,}01$ erreicht die einstufige Rakete ein Antriebsvermögen von $\Delta v_{1St} = 6{,}2$ km/s, die zweistufige Rakete 8,8 km/s und die dreistufige Rakete 10,8 km/s.

In Abb. 2.8 ist in entsprechender Weise, jedoch unter Verwendung der Saturn-V-Daten das Nutzlastverhältnis μ_L als Funktion des normierten Antriebsvermögens für ein- und mehrstufige Raketen dargestellt. Die eingezeichneten Kreise entsprechen den erreichten Nutzlast- und Antriebsvermögenswerten der angegebenen Raketen. Die benutzten Werte für die Strukturgewichts- oder Strukturmassenverhältnisse σ_i entsprechen für i = 1, 2, 3 denen der Saturn-V-Raketenstufen, und für i ≥ 4 wurden sie $\sigma_i = 0{,}07$ gesetzt bzw. extrapoliert.

		1.Stufe	2.Stufe	3.Stufe	4.Stufe
m	[kg]	153.270	36.271	9.369	807
m_T	[kg]	140.000	33.028	8.238	685
m_{SM}	[kg]	13.270	3.243	1.131	122
m_0	[kg]	202.510	49.240	12.969	3.600
m_b^*	[kg]	62.510	16.212	4.731	2.915
c_e	[m/s]	2.400	2.585	3.998	2.708
σ	[-]	0,06553	0,06586	0,08721	0,03389
μ	[-]	1,0	0,24315	0,06404	0,01778
Δv	[m/s]	2.821	2.872	4.032	572

Tabelle 2.2. Daten der Ariane 1-Rakete (Nutzlast Kickstufe m_L = 2.793 kg, Startmasse m_0 = 202.510 kg).

Diese Werte dürften auch heute nur geringfügig übertroffen werden, so daß die einhüllende Kurve etwa die gegenwärtig erreichbare Grenze des Nutzlastverhältnisses über dem normierten Antriebsvermögen wiedergibt. Wir entnehmen hieraus, daß selbst bei höherer Stufung mit zunehmendem Antriebsbedarf das Nutzlastverhältnis kleiner und kleiner wird.

Für eine n-stufige Rakete, bei der jede Stufe dieselbe Austrittsgeschwindigkeit c_e und dasselbe Massenverhältnis $R = m_{0i}/(m_{0i} - m_{Ti})$ hat, gilt:

$$\Delta v = n c_e \ln(R) \qquad (2.56)$$

oder
$$R^n = e^{\Delta v / c_e} \qquad (2.57)$$

und
$$\mu_L = \frac{m_L}{m_0} \approx R^{-n} \ . \qquad (2.58)$$

Das heißt, daß die Geschwindigkeitszunahme linear mit der Stufenzahl n zunimmt, während das Nutzlastverhältnis exponentiell mit n abnimmt.

Gesamtsystem

Auftraggeber-Management	CNES, Toulouse
Systemintegration	AEROSPATIALE, Les Mureaux
Entwicklungszeitraum	1973-1980
Entwicklungskosten (+4 Versuchgeräte)	1,3 Mrd. DM
Startmasse	200.933 kg
Höhe	47,4 m
Max. Durchmesser	3,8 m
Nutzlast 185 km-Orbit	4.500 kg
geostationäre Transferbahn	1.500 kg
Nutzlast-Volumen	35 m^3
Masse der Nutzlast-Verkleidung	810 kg

1. Stufe (L 140)

Höhe	18,39 m
Durchmesser der Tanks	3,8 m
Spannweite Stabilisierungsflossen	7,6 m
Gesamtmasse (ohne Stufenadapter)	153.270 kg
Treibstoffmasse (UDMH/N_2O_4)	140.000 kg
Schub bei Start	2.400.000 N
bei Brennschluß	2.720.000 N
Triebwerke (4)	SEP VIKING 2
Spez. Impuls am Boden / Vakuum	239 s / 278 s
Brennkammerdruck	53-54 bar
Triebwerksmasse	695 kg
Brennzeit	138 s
Masse Stufenadapter (h=3.848 m)	600 kg

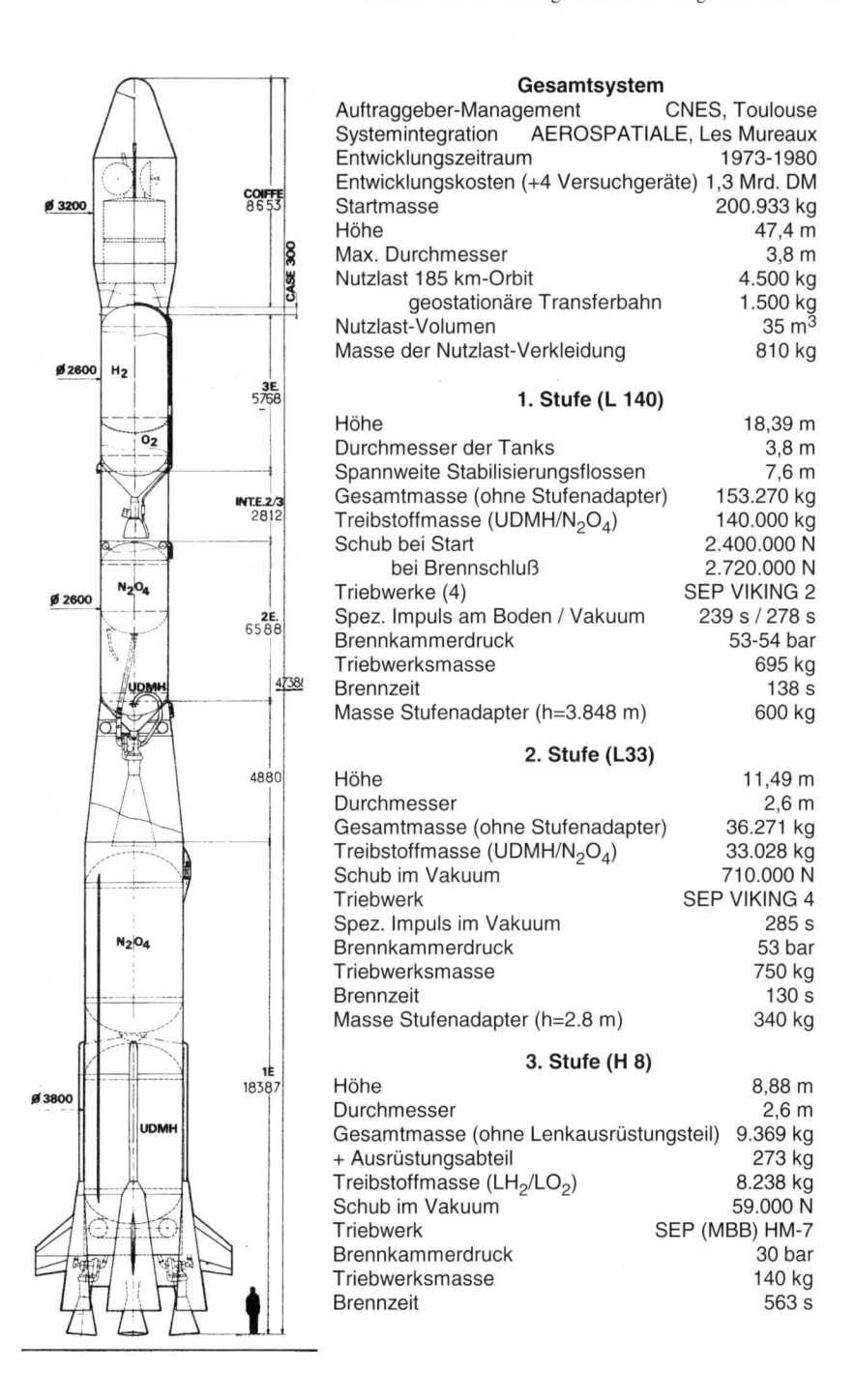

2. Stufe (L33)

Höhe	11,49 m
Durchmesser	2,6 m
Gesamtmasse (ohne Stufenadapter)	36.271 kg
Treibstoffmasse (UDMH/N_2O_4)	33.028 kg
Schub im Vakuum	710.000 N
Triebwerk	SEP VIKING 4
Spez. Impuls im Vakuum	285 s
Brennkammerdruck	53 bar
Triebwerksmasse	750 kg
Brennzeit	130 s
Masse Stufenadapter (h=2.8 m)	340 kg

3. Stufe (H 8)

Höhe	8,88 m
Durchmesser	2,6 m
Gesamtmasse (ohne Lenkausrüstungsteil)	9.369 kg
+ Ausrüstungsabteil	273 kg
Treibstoffmasse (LH_2/LO_2)	8.238 kg
Schub im Vakuum	59.000 N
Triebwerk	SEP (MBB) HM-7
Brennkammerdruck	30 bar
Triebwerksmasse	140 kg
Brennzeit	563 s

Abb. 2.5. Trägersystem (Startfahrzeuge) Ariane 1.

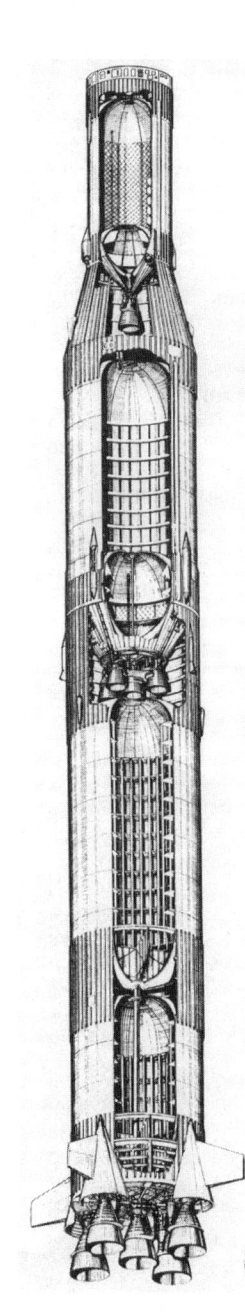

Gesamtsystem

Auftraggeber	NASA, Washington
Entwicklungsleitung	NASA Marshall Space Flight Cent.
Entwicklungszeitraum	1962-1967
Startmasse ohne Nutzlast	2.728.500 kg
Höhe ohne Nutzlast	85,7 m
Max. Durchmesser	ca. 13 m
Nutzlast 500 km-Orbit	120.000 kg
Fluchtgeschwindigkeit	45.000 kg

1. Stufe (S-IC)

Höhe	42 m
max. Durchmesser	ca. 13 m
Spannweite Stabilisierungsflossen	ca. 18 m
Gesamtmasse	2.145.000 kg
Treibstoffmasse (LOX/RP-1)	2.010.000 kg
Schub bei Start	5 x 6.700.000 N
bei Brennschluß	5 x 7.600.000 N
Triebwerke (5)	Rocketdyne-F-1
Spez. Impuls am Boden / Vakuum	254 s / 289 s
Brennzeit	150 s

2. Stufe (S-II)

Höhe	25 m
Durchmesser	10,1 m
Gesamtmasse	458.700 kg
Masse Stufenadapter zur 1. Stufe	3.400 kg
Treibstoffmasse (LOX/LH2)	416.000 kg
Schub im Vakuum	5 x 1.020.000 N
Triebwerke	5 x Rocketdyne J-2
Spez. Impuls im Vakuum	430 s
Brennzeit	400 s

3. Stufe (S-IVB)

Höhe mit Adapter	17,8 m
Durchmesser	6,61 m
Gesamtmasse	117.250 kg
Masse Stufenadapter (zur 2. Stufe)	1.800 kg
Treibstoffmasse (LOX/LH2)	104.500 kg
Schub im Vakuum	1.020.000 N
Triebwerk	Rocketdyne J-2
Spez. Impuls im Vakuum	430 s
Brennzeit	500 s

Abb. 2.6. Trägersystem (Startfahrzeuge) Saturn V.

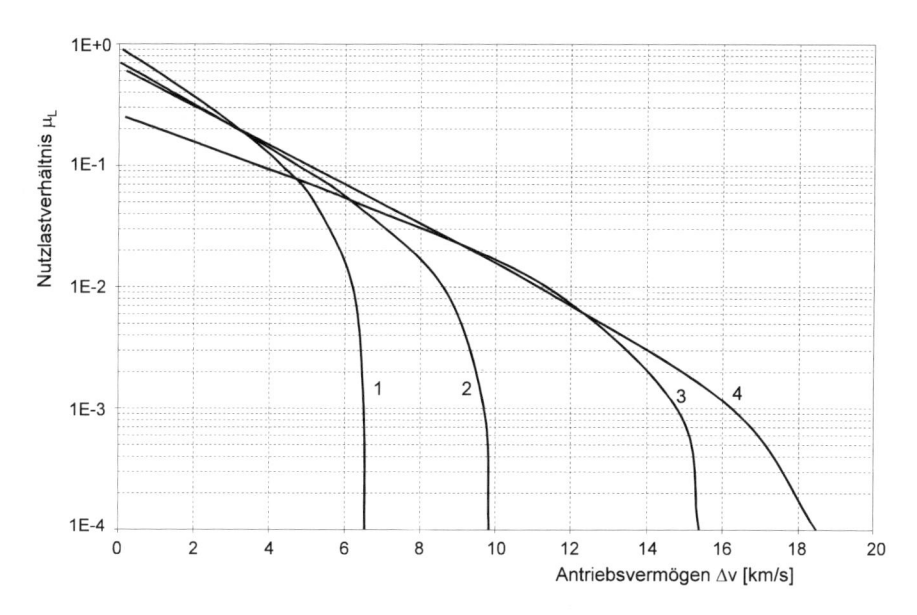

Abb. 2.7. Nutzlastmassenverhältnis einer 4-stufigen Rakete (Werte für μ_i und σ_i wurden aus Tabelle 2.2 entnommen. Die Zahlen neben den Kurven geben die jeweiligen Stufenzahlen an).

Abb. 2.8. Nutzlastmassenverhältnis von mehrstufigen Raketen mit $\sigma_1=0{,}05$, $\sigma_2=\sigma_3=0{,}06$ (in Anlehnung an Saturn V) $\sigma_4=\sigma_5=\sigma_6=0{,}07$, $c_{ei}=3$ km/s. Die Zahlen neben den Kurven geben die jeweiligen Stufenzahlen an.

2.5.4 Parallel-Stufung

Im Falle der *Parallel-Stufung* werden die Einzelstufen parallel angeordnet und auch parallel aktiviert, wobei allerdings meistens ein Teil der Parallelstufen kürzere Zeit betrieben und dann abgeworfen wird. Der wesentliche Vorteil dieser Anordnung besteht darin, daß das gesamte installierte Triebwerksgewicht während der ganzen Antriebszeit voll ausgenutzt wird. Kein Triebwerk muß als „tote" Nutzlast während der Antriebsphase mitgeführt werden. Hierdurch sind größere Startbeschleunigungen auf gewichtssparende Art möglich oder allgemein höhere Beschleunigungen, falls dies erwünscht ist. Dies führt zu geringeren Verlusten im Gravitationsfeld der Erde, da die Rakete schneller eine horizontale Fluglage erreicht. Ebenso kann durch ein verhältnismäßig einfaches Anbringen von zusätzlichen Boostern das System sehr flexibel auf die jeweilige Nutzlast angepaßt werden (s. Abb. 2.9). Dem stehen Strukturbelastungsprobleme und erhöhte aerodynamische Widerstandsverluste des allgemein gedrungeneren Geräts gegenüber.

Ein weiterer Nachteil entsteht dadurch, daß die meistens nicht variablen Düsenendquerschnitte der Triebwerke derjenigen Stufen, die über eine große Antriebsphase hinweg vom Start an mitarbeiten, schlechter an ihren breiten Einsatzbereich angepaßt sind, als dies bei Tandemstufen mit einem schmalen Einsatzbereich der Fall ist. Dies führt zu einem Verlust an spezifischem Impuls bzw. effektiver Austrittsgeschwindigkeit.

Eine zusätzliche technische Verbesserung der parallelgestuften Raketen mit Flüssigtreibstoff ist durch sogenannten Treibstofftransfer möglich. Hierbei sind

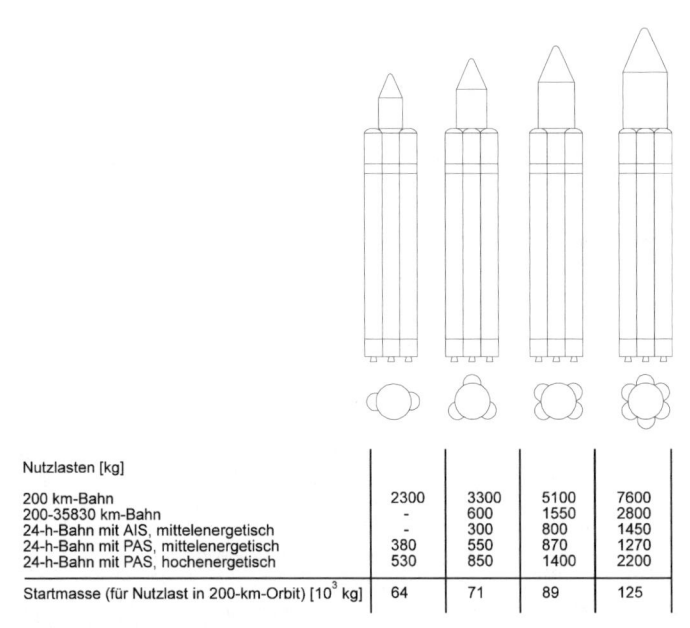

Nutzlasten [kg]				
200 km-Bahn	2300	3300	5100	7600
200-35830 km-Bahn	-	600	1550	2800
24-h-Bahn mit AIS, mittelenergetisch	-	300	800	1450
24-h-Bahn mit PAS, mittelenergetisch	380	550	870	1270
24-h-Bahn mit PAS, hochenergetisch	530	850	1400	2200
Startmasse (für Nutzlast in 200-km-Orbit) [10^3 kg]	64	71	89	125

Abb. 2.9. Prinzip der Parallelstufung, dargestellt an der Endversion mit bis zu 6 Außenmodulen.

alle Triebwerke durch eine Sammelleitung mit allen Stufentanks verbunden. Dadurch ist es möglich, daß zwar alle Triebwerke gleichzeitig arbeiten, aber jeweils nur aus denjenigen Stufentanks versorgt werden, die als nächste abgeworfen werden. Hierdurch muß nur ein Minimum an leerer Tankmasse mitbeschleunigt werden. Flexibilität in Bezug auf die Nutzlast und geringe Entwicklungskosten durch Typisierung von Struktur und Triebwerken sind weitere Merkmale dieses Konzepts.

Zur mathematischen Darstellung der Parallelstufung nehmen wir ν parallel laufende Triebwerke von verschiedenem spezifischen Impuls ($I_{sν}$) und Schub ($F_ν$) an. Damit ist der Gesamtschub

$$F = \sum_ν F_ν, \text{ mit } F_ν = \dot{m}_ν c_{eν} \ . \tag{2.59}$$

Das Antriebsvermögen Δv dieser parallel gestuften Rakete mit Gesamtmasse m(t)=m_R ist:

$$dv = -c_e \frac{dm}{m} = -\frac{F}{\dot{m}} \frac{dm}{m} = \frac{F}{m} dt \ , \tag{2.60}$$

$$\Delta v = \int_{t=0}^{t_b} \frac{F}{m(t)} dt \ , \tag{2.61}$$

wobei die momentane Raketenmasse m(t) - unter der Voraussetzung, daß $\dot{m}$ zeitlich konstant bleibt - gegeben ist durch

$$m(t) = m_0 - \dot{m} t \ . \tag{2.62}$$

Da wir jetzt mehrere verschiedene Raketenmotoren berücksichtigen müssen, setzt sich der gesamte zeitliche Gasdurchsatz aus den Durchsätzen der einzelnen Triebwerke zusammen, d.h.

$$\dot{m} = \sum_ν \dot{m}_ν \ . \tag{2.63}$$

Unter der Annahme, daß sowohl F als auch $\dot{m}$ zeitlich konstant sind, läßt sich das Integral für Δv leicht lösen. Wir erhalten

$$\Delta v = \frac{F}{m_0} \int_{t=0}^{t_b} \frac{1}{1 - \frac{\dot{m}}{m_0} t} dt = \frac{F}{\dot{m}} \ln\left(\frac{m_0}{m_b}\right) \ . \tag{2.64}$$

Dabei ist $m_b = m_0 - \dot{m} t_b$ wieder die Raketenmasse bei Brennschluß. Ersetzen wir den Schub und den Gesamtmassendurchsatz (Brennstoffverbrauch pro Zeiteinheit) durch die obigen Beziehungen, so folgt:

$$\Delta v = \frac{\sum_v \dot{m}_v c_{ev}}{\sum_v \dot{m}_v} \ln\left(\frac{m_0}{m_b}\right) . \tag{2.65}$$

Das heißt, daß die effektive Austrittsgeschwindigkeit einer parallelgestuften Rakete für jede einzelne Stufe wegen

$$\Delta v = c_e \ln\left(\frac{m_0}{m_b}\right) \tag{2.66}$$

gegeben ist durch

$$c_e = \frac{\sum_v \dot{m}_v c_{ev}}{\sum_v \dot{m}_v} = \frac{\sum_v F_v}{\sum_v \dot{m}_v} . \tag{2.67}$$

Damit läßt sich nun jede kombinierte oder parallele Stufung rechnerisch so wie eine Tandemstufung behandeln.

Eine besondere Stufungsart stellt die Kombination von Tandem- und Parallelstufung dar. Sie wird bei größeren Satellitenträgern praktiziert, z.B. „Space Shuttle" (Abb. 2.10) und „Ariane 5" (Abb. 2.12). Bei der „Titan IIIC" (Abb. 2.13) wird ein Paar Feststoffbooster parallel zur Zentraleinheit eingesetzt, bei „Wostok" (Abb. 2.14) werden ausschließlich Flüssigtreibstoffe verwendet, jedoch ohne Treibstofftransfer. Die Gründe für diese Kombinationen liegen meist darin, daß eine bereits vorhandene Erststufe, die zunächst für eine kleinere Mission ausgelegt war, durch Parallelschaltung einiger Booster während der ersten Flugphase wesentlich verstärkt wird. Außerdem wird die Gesamtlänge der Rakete nur wenig vergrößert, so daß die meisten Teile der alten Startanlage weiterverwendet werden können.

Durch die kürzere Gesamtlänge der Rakete im Vergleich zur Tandemanordnung werden die Biegemomente in der Struktur nicht stark vergrößert, was sich in einem weniger veränderten Strukturgewicht niederschlägt. Die Vor- und Nachteile der Tandem- und der Parallelstufung sind in Tabelle 2.3 zusammengefaßt.

Weitere Stufungsarten sind die Teilstufungen von Tankmasse (*Tankstufung*), Triebwerksmasse (*Triebwerksstufung*) oder Treibstoffmasse (*Treibstoffstufung*). Diese Teilstufungsarten können sowohl mit Tandem- als auch mit Parallelstufungen verbunden werden.

Die Tankstufung kommt in Frage, wenn bei Treibstoffen mit geringer Dichte (z.B. flüssiger Wasserstoff) gegen Ende der Antriebsphase einer Stufe besonders

	Tandemstufung	Parallelstufung
Nutzung von m_M	teilweise	voll
Startbeschleunigung	kleiner	größer
→ Strukturbelastung	kleiner	größer
→ Biegemomente	größer	kleiner
Gravitationsverluste	größer	kleiner
Aerodynamische Verluste	kleiner	größer
Düsenanpassung	besser	(schlechter)

Tabelle 2.3. Vor- und Nachteile der einzelnen Stufungsarten.

viel leere Behältermasse und leeres Volumen entsteht (z.B. Space-Shuttle-Oberstufe).

Die Triebwerksstufung wird bei Flüssigkeitsraketen in der ersten Stufe verwendet, um eine ausreichende Startbeschleunigung zu erzielen und doch gegen Ende der Antriebsphase ein hohes Nutzmassenverhältnis ohne die schweren Boostertriebwerke zu erreichen (z.B. „Atlas", Abb. 2.15).

Eine erst seit 1971 diskutierte Stufungsart stellt die Treibstoffstufung dar. Hier wird bei Stufenbrennschluß nur vom Treibstoff hoher Dichte zu solchem mit niedrigerer Dichte, dafür aber höherer spezifischer Energie umgeschaltet (z.B. 1. Kerosin (oder Propan) und flüssiger Sauerstoff, 2. flüssiger Wasserstoff und flüssiger Sauerstoff). Dabei wird keine Masse abgeworfen, und dieselben Triebwerke werden für beide Treibstoffsorten eingesetzt (Dual Fuel Propulsion). Diese Stufungsart könnte eines Tages aus Gründen der Wirtschaftlichkeit und Zuverlässigkeit die Stufentrennung bei großen Trägerraketen überflüssig machen.

54 2 Die Ziolkowsky-Raketengleichung

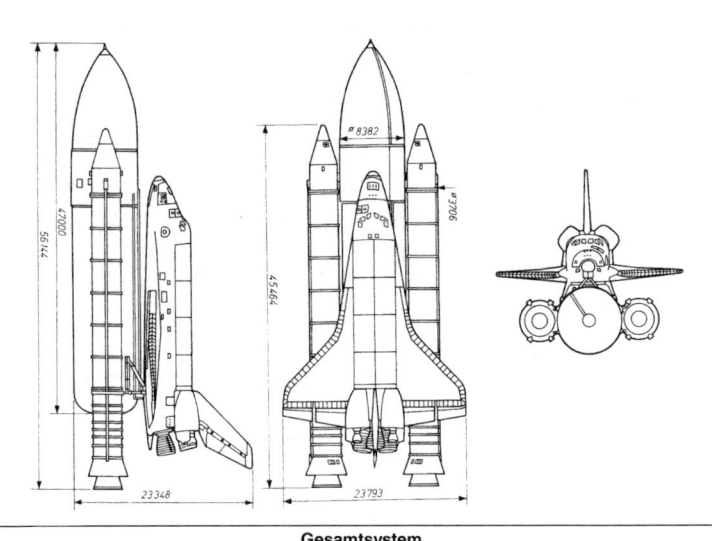

Gesamtsystem			
Man.:	NASA, Johnson Space Center	Entwicklungszeitraum	1972-1979
Startmasse (29,5 t Nutzlast)	1.992.500 kg	Höhe 59 m	
Nutzlast 278 km-Orbit	29.500 kg	Max. Nutzlast für Rückflug	14.500 kg
Besatzung	3-7 (10)	Missionsdauer	bis 7 (30) Tage
Orbiter			
Höhe	37,2 m	Spannweite	23,8 m
Bauhöhe Leitwerk	17,4 m	Flügelfläche	250 m²
L/D-Verhältnis	1,20	Eintrittswinkel	34,5°
Landegeschwindigkeit	350 km/h	Gesamtmasse (29,5 t Nutzlast)	110.900 kg
Trockengewicht	68.060 kg	Besatzung	550 kg
Resttreibstoffe - Flüssigkeiten	1.620 kg	Verlustmassen	1.800 kg
Treibstoffe für OMS und RCS	9.370 kg	Landemasse ohne Nutzlast	70.800 kg
Struktur	22.450 kg	Wärmeschutz	11.400 kg
Land- und Dock-Einrichtungen	4.300 kg	Haupttriebwerke und Ausrüstung	12.000 kg
Hilfstriebwerkssystem	2.370 kg	Elektr. Energieversorgung	3.670 kg
Hydrauliksystem	2.370 kg	Steuerruder System	835 kg
Elektronik-Ausrüstung	2.050 kg	Klimasystem	1.940 kg
Besatzungs- u. Missionsausr.	630 kg	Reserve	5.700 kg
OMS-System (Orbital Maneuvring System)			
Treibstoffe	N2O4/MMH	Schub 2 x 26.700 N	
Spezifischer Impuls	308 s	Antriebsverm. je zusätzl. OMS-Kit	152 m/s
RCS System			
Triebwerke (Hydrazin)	38 Marquardt	Schub je Triebwerk	3.870 N
Energieversorgung			
Erzeugung	3 Brennstoffzellen mit je 7 (max. 10) kW	3 Hilfsgeneratoren (Hydrazin-Turbine)	je 5 kW
Speicherung	3 NiCd-Batterien, 10 Ah	Hydrauliksystem	4 x 150 PS-Hydrazin-Turbinen
Datenverarbeitung	5 unabhängige Bordrechner		
Haupttriebwerk (SSME, LOX/LH2)			
Triebwerksmasse	2.880 kg	Schub bei Start	1.668.000 N
Schubregelbereich	50%...109%	Schub im Vakuum	2.277.000 N
Baulänge des Triebwerks	4,3 m	Spez. Impuls (min.)	455 s
Brennkammerdruck	200 bar	Brennzeit	480 s
Feststoff-Booster			
Höhe / Durchmesser	45,4 m / 3,71 m	Gesamtmasse	je 573.700 kg
Leergewicht	je 82.500 kg	Schub am Boden	je 11.830.000 N
Spez. Impuls	295 s	Brennzeit	120 s
Trennhöhe	40 km		
Externe Tankeinheit			
Höhe / Durchmesser	46,85 m / 8,38 m	Gesamtmasse (betankt)	734.200 kg
Leergewicht	31.300 kg	Tankvolumen	LOX 555 m³, LH2 1.535 m³

Abb. 2.10. Trägersystem U.S. Space Shuttle.

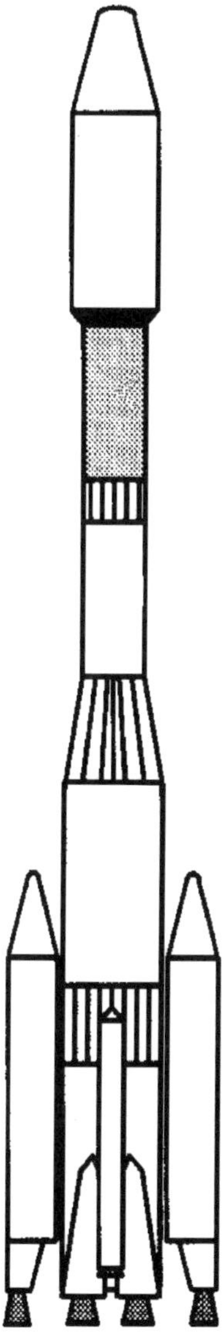

2.5 Ein- und mehrstufige chemische Trägerraketen

Gesamtsystem
Startmasse	420.000 kg
Höhe	58,4 m
Max. Durchmesser	4,0 m
Nutzlast geostationäre Transferbahn	4.170 kg

1. Stufe (L 220)
Höhe / Durchmesser	23,60 m / 3,8 m
Gesamtmasse	251.000 kg
Treibstoffmasse (UH25/N_2O_4)	233.000 kg
Schub bei Start	677.000 N
bei Brennschluß	758.000 N
Triebwerke (4)	VIKING5C
Spez. Impuls am Boden / Vakuum	249 s / 278 s
Brennzeit	205 s

+ 2 Feststoffbooster (PAP)
Höhe / Durchmesser	12,2 m / 1,0 m
Masse je Booster	12.600 kg
Treibstoffmasse je Booster (CTPB)	9.500 kg
Schub	720.000 N
Spez. Impuls am Boden	241 s
Brennzeit	34 s

+ 2 Flüssigtreibstoffbooster (PAL)
Höhe / Durchmesser	18,6 m / 2,2 m
Masse je Booster	43.500 kg
Treibstoffmasse je Booster (UH25/N_2O_4)	39.000 kg
Schub bei Start	667.000 N
bei Brennschluß	737.000 N
Triebwerke	VIKING6
Spez. Impuls am Boden / Vakuum	248 s / 278 s
Brennzeit	140 s

2. Stufe (L33)
Höhe / Durchmesser	11,4 m / 2,6 m
Masse	38.500 kg
Treibstoffmasse (UH25/N_2O_4)	35.200 kg
Schub	785.000 N
Triebwerke	VIKING4B
Spez. Impuls (Vakuum)	294 s
Brennzeit	126 s

3. Stufe (H10)
Höhe / Durchmesser	10,9 m / 2,6 m
Masse	12.100 kg
Treibstoffmasse (LOX/LH2)	10.700 kg
Schub	62.700 N
Triebwerk	HM7B
Spez. Impuls (Vakuum)	444,2 s
Brennzeit	725 s

Nutzlast
Höhe / Durchmesser	12,5 m / 4,0 m

Abb. 2.11. Trägersystem ARIANE 4 (Version AR44 LP).

Gesamtsystem

Startmasse	725.000 kg
Höhe	54,05 m
Nutzlast geostationäre Transferbahn	
Single payload	6.800 kg
Double payload	5.970 kg
Startschub	11.400.000 N

Zentralstufe (H155)

Höhe / Durchmesser	29 m / 5,4 m
Gesamtmasse	170.000 kg
Treibstoffmasse (LOX/LH2)	155.000 kg
Schub am Boden	800.000 N
im Vakuum	1.120.000 N
Triebwerk	Vulcain HM60
Spez. Impuls am Boden / Vakuum	310 s / 435 s
Brennzeit	590 s

2 Feststoffbooster (P230)

Höhe / Durchmesser	31,2 m / 3,04 m
Gesamtmasse	je 265.000 kg
Treibstoffmasse	je 237.000 kg
Schub	je Booster 6.360.000 N
Spez. Impuls am Boden	336 s
Brennzeit	123 s

Oberstufe (L9)

Höhe / Durchmesser	4,5 m / 5,4 m
Gesamtmasse	10.900 kg
Treibstoffmasse (N_2O_4/MMH)	9.700 kg
Schub (Vakuum)	27.500 N
Spez. Impuls	231 s
Brennzeit	800 s

Abb. 2.12. Trägersystem (Startfahrzeuge) Ariane 5.

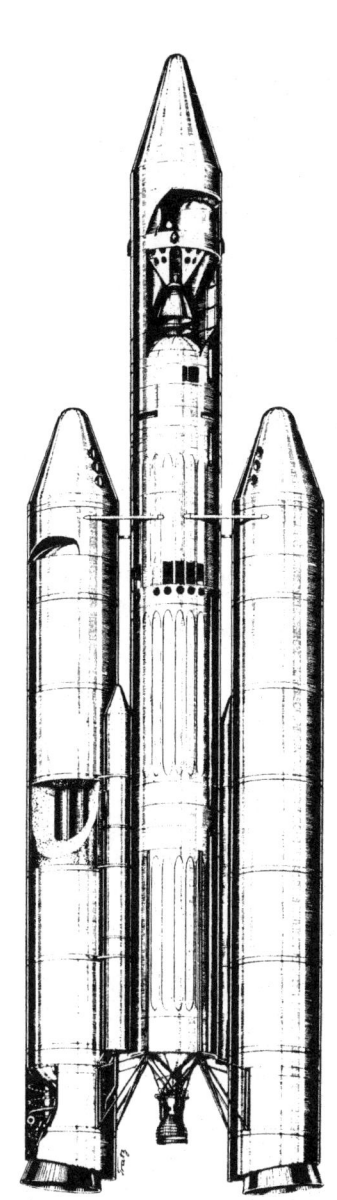

2.5 Ein- und mehrstufige chemische Trägerraketen

Gesamtsystem
Auftraggeber:
    Space Systems Division der U.S. Air Force
Entwicklungszeitraum	1962-1966
Höhe	31,4 m
Max. Durchmesser	9,7 m
Startmasse ohne Nutzlast	560.000 kg
Nutzlast für 160 km-Orbit	ca. 11.400 kg
Nutzlast für Fluchtgeschwindigkeit	ca. 2.000 kg

1. Stufe (2 Feststoffbooster)
Höhe / Durchmesser	25,9 m / je 3,05 m
Gesamtmasse	2 x 215.000 kg
Treibstoff:	Polybutadien-Akrylsäure-Akrylnitrit mit Al-Pulver-Zusatz/Ammoniumperchlorat
Treibstoffmasse:	je 170.000 kg
Schub bei Start	je ca. 4.400.000 N
Brennzeit	120 s

2. Stufe
Höhe mit Stufenadapter/ Durchmesser	21,3 m / 3 m
Masse	? kg
Treibstoff (50%Hydrazin/50%UDMH/N_2O_4)	? kg
Schub im Vakuum	ca. 2.200.000 N
Brennzeit	? s

3. Stufe
Höhe / Durchmesser	7,5 m / 3 m
Masse	? kg
Treibstoff (50%Hydrazin/50%UDMH/N_2O_4)	? kg
Schub im Vakuum	ca. 450.000 N
Brennzeit	? s

4. Stufe
Höhe / Durchmesser	ca. 4,9 m / 3 m
Masse	ca. 13.000 kg
Treibstoffmasse (UH25/N_2O_4)	? kg
Schub	ca. 70.000 N
Brennzeit	480 s

Abb. 2.13. Trägersystem (Startfahrzeuge) Titan IIIC.

58   2 Die Ziolkowsky-Raketengleichung

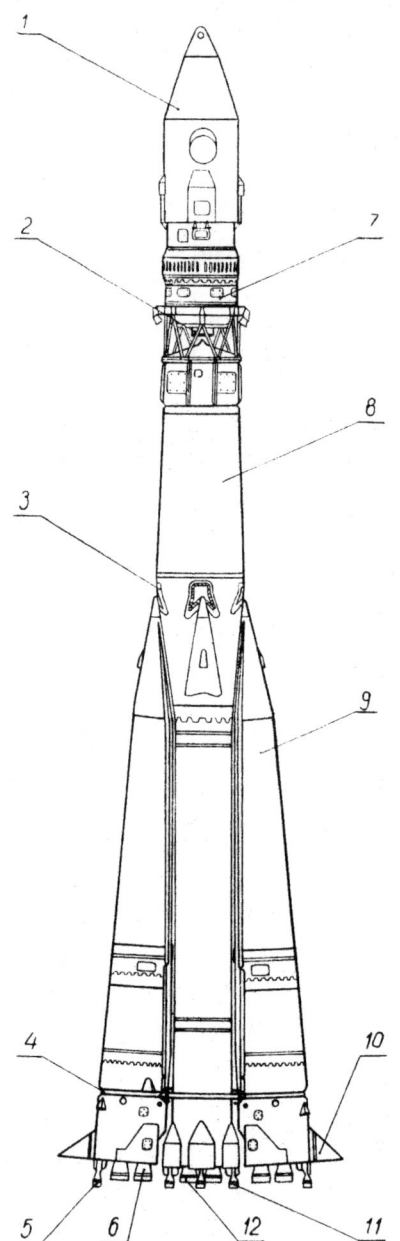

Gesamtsystem

Auftraggeber:	Akademie der Wiss., UdSSR
Entwicklungszeitraum	1957-1960
Höhe ohne 3. Stufe u. Nutzlast	27,7 m
Höhe mit Nutzlast	38,7 m
Max. Durchmesser	10,3 m
Startmasse	287.000 kg
Nutzlast für 200 km-Orbit	ca. 5.000 kg
Nutzlast für 500 km-Orbit	ca. 3.000 kg
Nutzlast für 1.000 km-Orbit	ca. 1.000 kg

1. Stufe

Höhe / Durchm. Zentralkörper	27,8 m / 3 m
Höhe/ Durchm. der 4 Booster	19,8 m / 2,7 m
Treibstoffmasse Zentralkörper	94.500 kg
Treibstoffmasse je Booster	39.600 kg
Leermasse Zentralkörper	6.500 kg
Leermasse je Booster	3.700 kg
Stufen-Gesamtgewicht	ca. 274.200 kg
Treibstoffe	Kerosin/LOX
Brenndauer Booster	120 s
Brenndauer Zentralkörper	310 s
Schub bei Start	ca. 4.000.000 N

2. Stufe

Höhe / Durchmesser	ca. 3 m / 2,6 m
Treibstoffmasse	7.000 kg
Leermasse	1.100 kg
Schub im Vakuum	54.500 N
Brennzeit	ca. 440 s

Nutzlastverkleidung

Länge / Durchmesser	7,7 m / 3,28 m
Masse	2.500 kg

Legende:
1: Nutzlastverkleidung
2: Triebwerk der 2. Stufe
3: Verstärkungen des Zentralkörpers
4: Verstärkungen u. Halterungen an der 1. Stufe
5: Steuertriebwerke Booster
6: Haupttriebwerke Booster
7: Treibstofftanks der 2. Stufe
8: Treibstofftanks der 1. Stufe
9: Boostereinheiten der 1. Stufe, abwerfbar
10: Steuerflossen
11: Steuertw. der Erststufen-Zentraleinheit
12: Hauptw. der Erststufen-Zentraleinheit

Abb. 2.14.   Trägersystem Vostok.

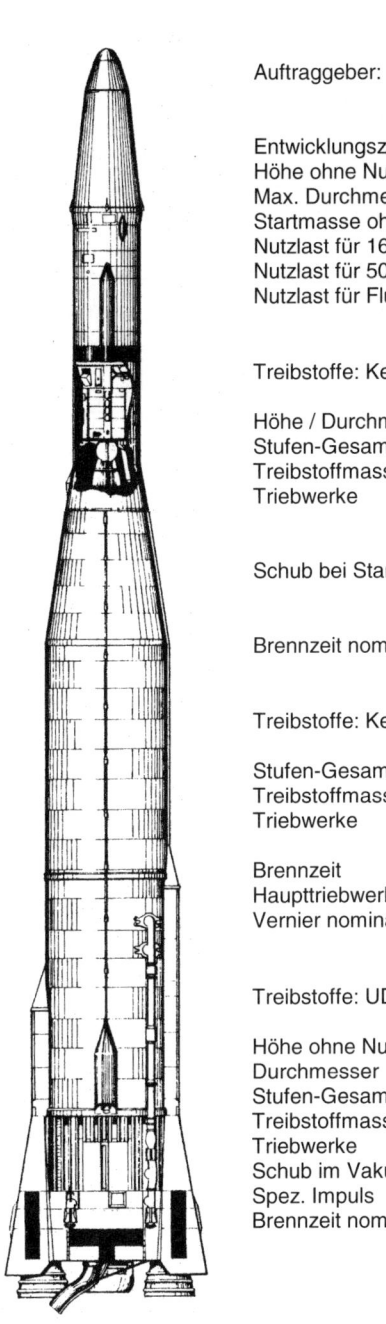

Gesamtsystem

Auftraggeber: Air Research and Development Command U.S. Air Force

	Agena A	Agena B,D
Entwicklungszeitraum	1958-1960	1960-1963
Höhe ohne Nutzlast	26,4 m	28,2 m
Max. Durchmesser	4,9 m	4,9 m
Startmasse ohne Nutzlast	123.500 kg	130.000 kg
Nutzlast für 160 km-Orbit		2.300 kg
Nutzlast für 500 km-Orbit	1.200 kg	1.800 kg
Nutzlast für Fluchtgeschw.	-	350 kg

1. Stufe

Treibstoffe: Kerosin RP-1/LOX

	Agena A	Agena B,D
Höhe / Durchmesser	20,6 m/3,05 m	20,6 m/3,05 m
Stufen-Gesamtmasse	ca. 107.100 kg	105.100 kg
Treibstoffmasse	100.000 kg	98.000 kg
Triebwerke	2 LR-89 NA 5	2 LR-89 NA 7
	1 LR-105 NA 5	1 LR-105 NA 7
	2 LR-101 NA 7	2 Vernier
Schub bei Start	2 x 670.000 N	2 x 740.000 N
	1 x 267.000 N	2 x 356.000 N
	2 x 4.400 N	2 x 2.250 N
Brennzeit nominal	145 s	130 s

2. Stufe

Treibstoffe: Kerosin RP-1/LOX

	Agena A	Agena B,D
Stufen-Gesamtmasse	ca. 17.900 kg	23.400 kg
Treibstoffmasse	12.500 kg	18.000 kg
Triebwerke	1 LR-105 - 3 (Rocketdyne)	
	2 Vernier	
Brennzeit		
Haupttriebwerk nominal	105 s	120 s
Vernier nominal	135 s	150 s

3. Stufe

Treibstoffe: UDMH/rotr. Salpetersäure

	Agena A	Agena B,D
Höhe ohne Nutzlast	5,8 m	7,6 m
Durchmesser	1,525 m	1,525 m
Stufen-Gesamtmasse	3.860 kg	7.050 kg
Treibstoffmasse	3.070 kg	6.140 kg
Triebwerke	Bell 8048	Bell 8096
Schub im Vakuum	69.200 N	71.200 N
Spez. Impuls	275 s	285 s
Brennzeit nominal	120 s	240 s

Abb. 2.15. Trägersystem (Startfahrzeuge) Atlas.

2.6 Stufenoptimierung (Tandemstufung)

Die Aufgabenstellung der Stufenoptimierung ist es, für eine bestimmte vorgegebene Mission mit Antriebsbedarf Δv und Nutzlastmasse m_L, die Massenaufteilung auf die einzelnen Raketenstufen so festzulegen, daß hierzu das benötigte Gesamtgewicht der Rakete minimal wird. Diese Optimierung wird erreicht, indem für einen vorgegebenen Antriebsbedarf Δv und vorgegebene effektive Austrittsgeschwindigkeiten c_{ei} der einzelnen Stufen i=1,2,...,n, sowohl die Zahl n der Raketenstufen als auch die Massenverhältnisse $\mu_i = m_{0,i} / m_0$ so gewählt werden, daß das Nutzlastverhältnis $\mu_L = m_L / m_0$ einen Maximalwert erreicht.

Oder in anderer Formulierung, die jedoch zum gleichen Ziel führt, weil für beliebig gestufte Raketen mit stetig wachsendem μ_i die charakteristische Geschwindigkeit stetig abnimmt, lautet die Optimierungsbedingung: Gesucht sind für ein gegebenes μ_L die günstigste Stufenzahl n und die Massenaufteilungen $\mu_i = m_{0,i} / m_0$ so, daß das Antriebsvermögen $\Delta v = \sum \Delta v_i$ bei gegebenem c_{ei} ein Maximum erreicht.

Dabei werden die Strukturfaktoren σ_i der einzelnen Stufen, die Funktionen der Beschleunigungsbelastung, der Güte der Konstruktion, usw. sind und somit auch vom technologischen Stand der Leichtbauweise abhängen, als gegebene Konstanten vorausgesetzt. In der Praxis werden bei der Auslegung großer Raketen sehr viel differenziertere Überlegungen durchgeführt, die aber hier im einzelnen nicht behandelt werden. Die hier aufgeführten Verfahren sind dazu nützlich, einen ersten Anhaltspunkt für einen optimalen Entwurf zu erhalten.

Der gesamte Antriebsbedarf

$$\Delta v = \sum_{i=1}^{n} \Delta v_i = \sum_{i=1}^{n} c_{ei} \ln\left(\frac{1}{\sigma_i + \frac{\mu_{i+1}}{\mu_i}}\right) \Rightarrow \text{Extremum} \quad , \quad (2.68)$$

der zum Extremum gemacht werden soll, ist also eine Funktion von μ_i mit i = 2, 3, ... , n. Alle anderen Größen $\mu_1 = 1$, $\mu_{n+1} = \mu_L$ und σ_i (i = 1, 2, ... , n) sind bekannte Größen. Die Bedingungen für das Extremum lauten somit:

$$\frac{\partial}{\partial \mu_i}[\Delta v(\mu_2,\mu_3,...,\mu_n)] = 0, \quad \text{für i=2,3,...,n} \quad . \quad (2.69)$$

Oder, weil nur die Terme (i–1) und i die Variable μ_i enthalten:

$$\frac{\partial}{\partial \mu_i}\left[-c_{e,i-1} \ln\left(\sigma_{i-1} + \frac{\mu_i}{\mu_{i-1}}\right) - c_{e,i} \ln\left(\sigma_i + \frac{\mu_{i+1}}{\mu_i}\right)\right] = 0 \quad . \quad (2.70)$$

Nach Differentiation und einiger Umformung erhalten wir schließlich die quadratischen Gleichungen für μ_i (i = 2, 3, ... , n) in der Form

$$\mu_i^2 - \frac{c_{e,i} - c_{e,i-1}}{c_{e,i-1}} \frac{\mu_{i+1}}{\sigma_i} \mu_i - \frac{c_{e,i}}{c_{e,i-1}} \frac{\sigma_{i-1}}{\sigma_i} \mu_{i-1}\mu_{i+1} = 0 \quad . \tag{2.71}$$

Nach μ_i umgeformt ergibt sich:

$$\mu_i = A_i\mu_{i+1} + \sqrt{(A_i\mu_{i+1})^2 + B_i\mu_{i+1}\mu_{i-1}} \quad , \tag{2.72}$$

mit
$$A_i = \frac{c_{e,i} - c_{e,i-1}}{2c_{e,i-1}\sigma_i} \quad , \tag{2.73}$$

und
$$B_i = \frac{c_{e,i}\sigma_{i-1}}{c_{e,i-1}\sigma_i} \quad , \tag{2.74}$$

wobei i = 2, 3, ... , n ist. Für eine *zweistufige Rakete* erhalten wir somit die Optimierungsbedingung zu

$$\mu_2 = A_2\mu_L + \sqrt{(A_2\mu_L)^2 + B_2\mu_L} \quad . \tag{2.75}$$

Für eine *dreistufige Rakete* ergibt sich:

$$\mu_3 = A_3\mu_L + \sqrt{(A_3\mu_L)^2 + B_3\mu_L\mu_2} \quad , \tag{2.76}$$

und
$$\mu_2 = A_2\mu_3 + \sqrt{(A_2\mu_3)^2 + B_2\mu_3} \quad . \tag{2.77}$$

Diese Gleichungen können nicht ohne weiteres nach μ_2 und μ_3 aufgelöst werden. Es läßt sich aber eine Gleichung für μ_3 angeben, die analytisch gelöst werden kann:

$$\mu_3^3 - b\mu_3^2 + c\mu_3 - d = 0 \quad , \tag{2.78}$$

mit
$$b = 2\mu_L(2A_3 + A_2B_3) \quad , \tag{2.79}$$

$$c = 4A_3\mu_L^2(A_3 + A_2B_3) \quad , \tag{2.80}$$

und
$$d = B_2B_3^2\mu_L^2 \quad . \tag{2.81}$$

Für Raketen mit mehr als drei Stufen erhält man ein Gleichungssystem, das nicht mehr analytisch lösbar ist.

Für chemische Trägerraketen ist im allgemeinen die effektive Austrittsgeschwindigkeit der 1. Stufe, die noch zum Großteil innerhalb der Erdatmosphäre brennt, kleiner als bei höheren Stufen. Typische Werte liegen heute bei $c_{e1} = 500$ m/s, während die höheren Stufen je nach Treibstoffwahl nahezu $c_{ei} = 3$km/s und für Flüssig-H_2-O_2-Triebwerke $c_{ei} = 4 - 4{,}5$km/s erreichen.

In der Literatur werden häufig andere Optimierungsverfahren angegeben, die aber meist numerisch etwas aufwendiger sind. Es sollte noch einmal betont werden, daß sich die hier vorgestellte Optimierungsmethode für die exakte Behandlung von hochkomplexen realen Trägersystemen nicht unbedingt eignet, insbesondere wenn auch eine eventuelle Kickstufe, die den Satelliten auf seine endgültige Position bringt, in den Optimierungsprozeß mit einbezogen werden soll.

Die optimale Stufenzahl n_{opt} kann mit Hilfe der Faustformel

$$n_{opt} = \frac{1{,}12 \Delta v}{\bar{c}_e} \quad , \tag{2.82}$$

mit

$$\bar{c}_e = \frac{1}{n} \sum_{i=1}^{n} c_{ei} \tag{2.83}$$

bestimmt werden. Da für die Anwendung dieser Regel bereits ein Raketenentwurf existieren muß, um $\bar{c}_e$ zu berechnen, dient sie eher der Erfolgskontrolle für das Design, d.h. im Idealfall sollte sich als n_{opt} wieder die Stufenzahl des Raketenentwurfs ergeben. Es sollte bei nicht-ganzzahligen Resultaten für n_{opt} für den nächsten Iterationsschritt eher abgerundet werden, um ein weniger kompliziertes Design anzustreben.

3 Grundlagen der Bahnmechanik

3.1 Begriffe und Anwendungsbereiche

In diesem Kapitel sollen die grundlegenden physikalischen Gesetze für die Beschreibung der Bewegung von Satelliten und Planeten im Raum erläutert werden. Man bezeichnet diese Fragestellung als *Bahnmechanik*, häufig aber auch als *Astrodynamik* oder *Orbitmechanik*. Sie soll die nötigen Informationen liefern für

a) die Planung von Antriebssystemen und Missionen,
b) die genauen Vorausberechnungen der Bahnen und Flugzeiten (wird hier nicht vertieft) und
c) die Durchführung von Missionen (Positions- und Geschwindigkeitsbestimmung, Berechnung von Korrekturmanövern usw., wird ebenfalls nicht behandelt).

Grundsätzlich unterscheidet man dabei zwei ganz verschiedene Genauigkeitsniveaus in der Analyse:

1. Angenäherte Flugbahnen, die für Vorstudien, Auswahl des Triebwerks, Schätzung aller Größenordnungen, Flugzeiten usw. genau genug sind. Sehr einfache Flugbahngleichungen sind meistens genügend präzise für diese Vorstudienphase. Die meisten dieser Näherungsflugbahnen setzen sich aus einfachen Kegelschnitt-(Kepler-)Bahnstücken sowie sehr kurzen Zwischenstücken zusammen, in denen ein einzelner großer Impuls die Geschwindigkeit und eventuell auch die Bewegungsrichtung ändert. Man benutzt diese Näherung insbesondere bei der Bahnberechnung von chemischen Raketen. Bei elektrischen Triebwerken muß man zur Berechnung der Flugbahnen den langzeitigen kleinen Schub mit einbeziehen. Auf dieses Niveau der Analyse wollen wir uns auch im folgenden beschränken.
2. Präzisions-Flugbahnen, die bei Antriebs- und Korrekturimpulsberechnungen für die detaillierte Planung und optimale Durchführung der Missionen benötigt werden. Diese Rechnungen sind sehr viel komplizierter und genauer als die hier beschriebenen. Es werden dabei sehr hohe Genauigkeiten erwartet, z.B. Flugdauervorhersagen innerhalb einiger Sekunden in mehreren Tagen (1:10.000) bei den Apollo-Mondlandungen oder Bahnabweichungen von weniger als 100 km bei Flugdistanzen der Größenordnung 10^9 km bei interplanetaren Manövern, z.B. der Voyager-Sonden. Solche Bahnberechnungen zusammen mit den für die

Durchführung der Mission notwendigen Positionsbestimmungen stellen ein hochentwickeltes und spezialisiertes Gebiet der Raumfahrttechnik dar, auf das wir hier nicht eingehen.

Die heute und in absehbarer Zukunft in der Raumfahrt erreichbaren Geschwindigkeiten werden mit Sicherheit unter 1.000 km/s bleiben (Austrittsgeschwindigkeiten heutzutage: maximal 100 km/s bei Ionenantrieben). Dies ist im Vergleich zur Lichtgeschwindigkeit c=300.000 km/s sehr gering. Relativistische Korrekturen sind daher vernachlässigbar, d.h.

$$-\frac{v_R^2}{c^2} \cong 1 \ . \tag{3.1}$$

Deshalb bildet die klassische Mechanik nach Newton die Grundlage der Betrachtung der Bahnmechanik und des Antriebsbedarfs von Flugmissionen in den nächsten Kapiteln.

3.2 Keplers Gesetze und Newtons Ergänzungen

Zuerst werden die einfachsten Bahnen der Himmelskörper, d.h. der Planeten um die Sonne behandelt. Danach sollen diese Gesetze auf die Bahnen von Satelliten und anderen Raumflugkörpern übertragen werden. Johannes Kepler (1571-1630) hat ca. 1609-1618 die folgenden Gesetze über die Bewegungen der Planeten in unserem Sonnensystem abgeleitet (s. auch Abb. 3.1):

1. Keplersches Gesetz: Die Planeten bewegen sich auf Ellipsen, in deren einem Brennpunkt die Sonne steht.
2. Keplersches Gesetz: Der von der Sonne zum Planeten gezogene Strahl überstreicht in gleichen Zeiten gleiche Flächen (*Flächensatz*).
3. Keplersches Gesetz: Die Quadrate der Umlaufzeiten P_1 und P_2 zweier Planeten des gleichen Zentralgestirns verhalten sich wie die dritten Potenzen der großen Halbachsen a_1 und a_2 ihrer Umlaufbahnen:

$$\frac{P_1^2}{P_2^2} = \frac{a_1^3}{a_2^3} \quad \text{oder} \quad \frac{a_1^3}{P_1^2} = \frac{a_2^3}{P_2^2} = C \ . \tag{3.2}$$

Die Konstante C ist für alle Planeten, die um ein gemeinsames Zentralgestirn kreisen, gleich. Diese Gesetze sind bis heute die Grundlage der Himmelsmechanik. Es ist bewundernswert, daß Kepler diese sehr genauen Gesetze aus den damals noch sehr einfachen Theodolith-Messungen von Tycho Brahe und seinen eigenen ableiten konnte, er also die relativen Distanzen der Planeten von der Sonne so genau bestimmen konnte. Es war ihm jedoch nicht möglich, die Gesetze theo-

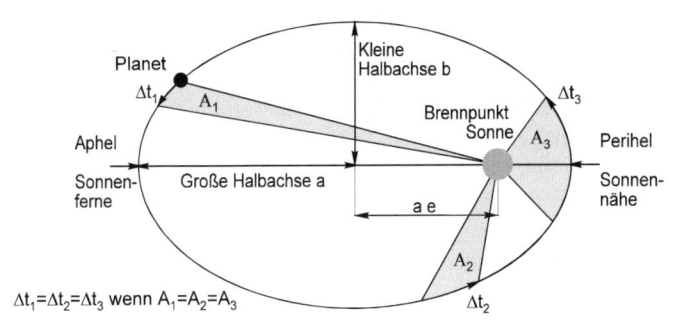

[Abbildung: Kepler-Ellipse mit Planet, Aphel, Perihel, Brennpunkt Sonne, Große Halbachse a, Kleine Halbachse b, Flächen A_1, A_2, A_3 und Zeiten Δt_1, Δt_2, Δt_3; $\Delta t_1 = \Delta t_2 = \Delta t_3$ wenn $A_1 = A_2 = A_3$]

Abb. 3.1. Kepler-Ellipse.

retisch abzuleiten oder zu erklären, dazu fehlten ihm die Grundlagen der Mechanik. Ungefähr zur gleichen Zeit arbeitete Galileo Galilei (1564-1642) an den Grundgesetzen der Mechanik. Beide Wissenschaftler kannten jedoch die Arbeit des anderen zu wenig, um sie zu kombinieren.

Isaac Newton (1643-1727) konnte durch die Arbeiten von Galilei und Kepler seine bekannten Grundgesetze der Mechanik erweitern. Durch die Kombination seiner drei Grundgesetze der Mechanik mit den empirischen Keplergesetzen leitete er das *universelle Gravitationsgesetz* ab:

$$\vec{F}_{12} = -\gamma \frac{m_1 m_2}{r^3} \vec{r}_{12} \quad . \tag{3.3}$$

Das Vorzeichen ist „-", wenn $\vec{F}_{12}$ die Kraft ist, die durch m_1 auf m_2 wirkt und der Radiusvektor von m_1 (als Koordinatenmittelpunkt) nach m_2 gerichtet ist (Abb. 3.2). Das Newtonsche Gravitationsgesetz in skalarer Schreibweise lautet:

$$F = \gamma \frac{mM}{r^2} \quad . \tag{3.4}$$

Demnach üben alle Massen aufeinander Gravitationskräfte aus. Zwei Massen m und M, deren Schwerpunkte voneinander den Abstand r haben, ziehen sich mit der Kraft F an. Die Gravitationskonstante γ hat dabei den Wert

$$\gamma = 6{,}670 \cdot 10^{-11} \frac{m^3}{kgs^2} \quad . \tag{3.5}$$

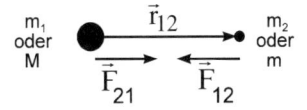

[Abbildung: zwei Massen m_1 oder M und m_2 oder m mit Radiusvektor $\vec{r}_{12}$ und Kräften $\vec{F}_{21}$, $\vec{F}_{12}$]

Abb. 3.2. Zur Erläuterung des Gravitationsgesetzes.

Newton hat vorausgesetzt, daß die Gravitationsmasse gleichwertig mit der Trägheitsmasse ist. Diese Annahme konnte erst viel später experimentell geprüft und bestätigt werden, erstmals von R. von Eötvös im Jahre 1922. Das Experiment ist äußerst schwierig, weil die Gravitationskonstante so klein im Vergleich zu anderen Kräften ist. Heutzutage benutzt man in der klassischen Mechanik, d.h. wenn alle Geschwindigkeiten viel kleiner als die Lichtgeschwindigkeit sind, die Gesetze von Newton (die drei Axiome und das Gravitationsgesetz) als Grundpostulate. Von Newtons Ansatz leitet man Keplers Gesetze und andere Bewegungsgleichungen ab, so auch die im folgenden behandelten Integrale des Drehimpulses und der Energie.

Obwohl Newtons Gravitationsgesetz so gewählt war, daß es mit Keplers Resultaten übereinstimmte, ermöglichte ihm diese Hypothese dann gleichzeitig, die Gesetze von Kepler theoretisch zu rekonstruieren und in eine präzisere Form zu bringen.

Die Bewegung eines einzigen Körpers um die Sonne stellt das sogenannte *Zweikörperproblem* der klassischen (Newtonschen) Mechanik dar, wie es in Abb. 3.3 skizziert ist. Unter der Annahme, daß der gemeinsame Schwerpunkt von Sonne und Planet nicht selbst beschleunigt und daher ein „Inertialsystem" ist, beschreiben die Schwerpunkte von Planet und Sonne Ellipsenbahnen um den gemeinsamen Schwerpunkt mit der Periode P gemäß Gl. (3.8), wobei 2a die Summe des größten und des kleinsten Abstandes zwischen Planet und Sonne ist.

Für den einfachsten Fall der Kreisbahnen läßt sich damit ableiten (Anziehungskraft = Zentrifugalkraft):

$$F_{Mm} = \gamma \frac{Mm}{r^2} = m\omega^2 r_m = M\omega^2 r_M = m\omega^2 r\left(\frac{M}{M+m}\right) = M\omega^2 r\left(\frac{m}{M+m}\right). \quad (3.6)$$

Daher:
$$\omega^2 = \gamma \frac{M+m}{r^3} \quad \text{oder} \quad P = \frac{2\pi}{\omega} = \sqrt{\frac{4\pi^2 r^3}{\gamma(M+m)}} \ . \quad (3.7)$$

Man kann dies auch entsprechend für Ellipsenbahnen ableiten und es ergibt sich dann das dritte Keplersche Gesetz zu

$$P^2 = \frac{(2\pi)^2 a^3}{\gamma(M+m)} = \frac{a^3}{M} \frac{4\pi^2}{\gamma\left(1+\frac{m}{M}\right)} \ . \quad (3.8)$$

Für den Fall M » m, z.B. Sonnenmasse » Planetenmasse, folgt:

$$P^2 = \frac{a^3}{M} \frac{4\pi^2}{\gamma} \ , \quad (3.9)$$

$$r_M = \frac{m}{M+m} r \qquad r_m = \frac{M}{M+m} r$$

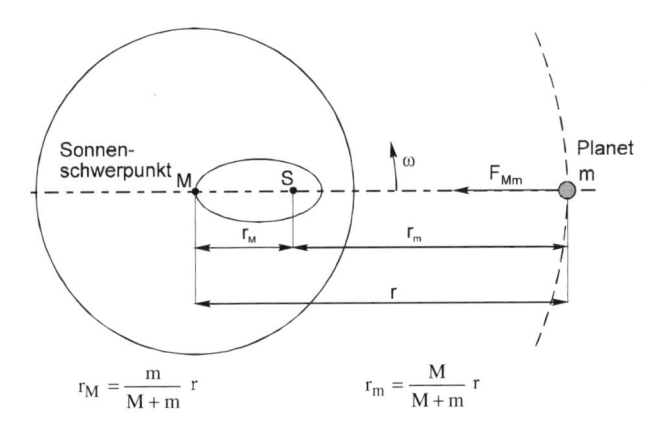

Abb. 3.3. Die Distanzen der Schwerpunkte vom gemeinsamen Schwerpunkt S.

und Keplers „Konstante" C erhält somit die Bedeutung (i = 1,2...n):

$$C = \frac{a_i^3}{P_i^2} = \frac{\gamma M}{4\pi^2}\left(1 + \frac{m_i}{M}\right) \approx \frac{\gamma M}{4\pi^2} \left[\frac{m^3}{s^2}\right]. \qquad (3.10)$$

Wie Kepler schon herausgefunden hat, hängt die Umlaufdauer P jedes Planeten unseres Sonnensystems praktisch nur von seiner mittleren Entfernung a zur Sonne und nicht von seiner Masse m ab. Die kleine Korrektur zu P war innerhalb der damaligen Meßgenauigkeiten nicht festzustellen.

Rein mathematisch kann man zur Vereinfachung ein „Einkörperproblem" definieren, wobei die Masse m um einen fixen Zentralpunkt läuft, gehalten durch ein zentrales Kraftfeld $\gamma M / r^2$ pro Masseneinheit des Planeten. Physikalisch entspricht dieser Fall dem Grenzfall eines Planeten oder Flugkörpers von verschwindend kleiner Masse relativ zur Zentralmasse, also $m / M \to 0$, wobei die Zentralmasse M finit bleibt. Für diesen Fall wird die Periode (wie auch andere Bahndaten) unabhängig von der Masse des Planeten m und nur eine Funktion von der Zentralmasse M, der großen Halbachse a und der Gravitationskonstanten γ, wie in Gl. (3.9).

Diese idealisierte Behandlung trifft auch für künstliche Flugkörper wegen ihrer kleinen Masse sehr genau zu, solange sie sich im Gravitationsfeld nur einer Zentralmasse befinden. Die sehr kleine Zentripetalbeschleunigung des Planeten selbst in seiner Bahn um die Sonne (z.B. bei der Erde ca. $6 \cdot 10^{-3}$ m/s² oder $6 \cdot 10^{-4}$ g_0) ist in der Nähe der Erdbahn ziemlich genau durch die Anziehungskraft der Sonne ausgeglichen. Wir werden daher hier nur die Gleichungen für das Einkörperproblem verwenden. Die Gravitationskräfte durch Sonne und Mond auf Erdsatelliten sind allerdings genügend groß, daß sie die Bahnen merklich verändern und daß entsprechende Bahnkorrekturen z.B. bei geostationären Satelliten notwendig sind.

68   3 Grundlagen der Bahnmechanik

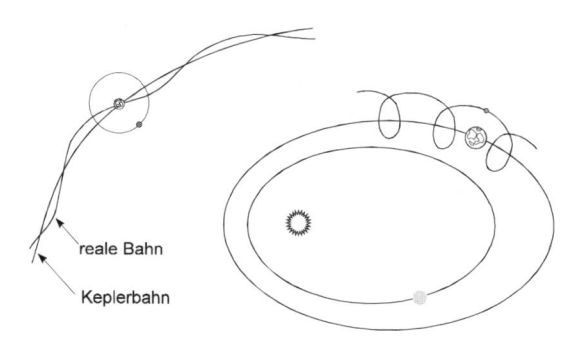

Abb. 3.4.   Einfluß der Monde auf die Planetenbahn.

Für astronomische Zwecke muß man dagegen die Bahnen der Planeten und die der Monde verschiedener Planeten nicht nur als Zweikörperproblem, sondern als Mehrkörperproblem mit Berücksichtigung aller Himmelskörper unseres Sonnensystems behandeln. Die Bahnen der Planeten haben zunächst schwache und nur mit genauen Messungen und Rechnungen feststellbare Abweichungen von den Kepler-Ellipsenbahnen durch die Einflüsse der übrigen Planeten auf die Sonne und direkt auf den beobachteten Planeten. Aus diesen Abweichungen könnte man im Prinzip die Massen und Bahndaten noch unbekannter äußerer Planeten und anderer Himmelskörper (z.B. Asteroiden) berechnen. Auf dieser Basis sind schon Planeten vorhergesagt und dann mit Teleskopen gefunden worden. Ebenso schließt man daraus auch auf dunkle Begleiter oder Planeten anderer Sonnen. Die Genauigkeit der Rechnungen und Messungen reicht aber (noch) nicht aus, um die Anzahl der noch unbekannten Planeten unseres Sonnensystems eindeutig festzulegen bzw. kleinere Planeten anderer Sonnen zu entdecken.

Jeder Planet beschreibt also durch die Einflüsse aller anderen Planeten eine von einer Ellipse jeweils etwas abweichende Bahn, die sich mit jedem Umlauf verändert. Gleichzeitig beschreibt die Sonne eine komplizierte, ständig veränderliche kleine Umlaufbahn um den gemeinsamen Schwerpunkt unseres Sonnensystems. Zusätzlich zu den niederfrequenten Abweichungen von der Ellipsenbahn durch andere Planeten erhalten die Bahnen von Planeten eine hochfrequente Störung durch ihre Monde, so daß diese Bahnen leicht wellige Form annehmen (s. Abb. 3.4).

Formal kann das oben beschriebene Zweikörperproblem auf die Gleichungen des Einkörperproblems zurückgeführt werden. Man ersetzt die Sonnen- und Planetenmassen jeweils durch die „reduzierten" Massen

$$M^* = M + m \quad \text{und} \quad m^* = \frac{mM}{M+m} \; , \tag{3.11}$$

und beschreibt so die Bahn einer Masse m* (z.B. Planet) um die stillstehend angenommene Masse M* (z.B. Sonne). Die Gravitationskraft F ist dann unverändert, die Periode P exakt wie in Gl. (3.9), und die anderen Bahnparameter sind durch die Einkörpergleichungen, die im folgenden Kapitel behandelt werden, angenähert wiedergegeben.

3.3 Die Vis-Viva-Gleichung

3.3.1 Definitionen

In den folgenden Kapiteln werden die Bahnbewegungen von Körpern in Kraftfeldern als *Einkörperproblem* behandelt (m/M→0). Es werden zunächst die folgenden Definitionen getroffen (s. Abb. 3.5):

$\quad\quad$ O $\;$: „Ruhender" Bezugspunkt (Inertialsystem)
$\quad\quad$ m $\;$: (konstante) Masse [kg]
$\quad\quad$ $\vec{r}$ $\;$: Ortsvektor der Masse m [m]
$\vec{v} = d\vec{r}/dt$ $\;$: Geschwindigkeitsvektor der Masse m [ms^{-1}]
$\vec{J} = m\vec{v}$ $\;$: Impuls (oder Bewegungsgröße) [kgms^{-1}]
$\quad\quad$ $\vec{F}$ $\;$: Kraft auf die Masse m [N] = [kgms^{-2}]
$\vec{M} = \vec{r} \times \vec{F}$ $\;$: Drehmoment um O [Nm] = [kgm^{2}s^{-2}]
$\quad\quad$ W $\;$: Arbeit [J] = [kgm^{2}s^{-2}]

Dabei sind $\vec{J}, \vec{H}, \vec{M}$ Funktionen der Zeit. Da auch $\vec{r} = \vec{r}(t)$ ist, lassen sich $\vec{J}, \vec{H}, \vec{M}$ auch als Funktionen von $\vec{r}$ ausdrücken.

3.3.2 Drehimpulserhaltung - Masse im zentralen Kraftfeld

Aus der Definition des Drehimpulses eines Körpers um einen Zentralkörper (s. Abb. 3.6)

$$\vec{H} = \vec{r} \times m\vec{v} \quad , \tag{3.12}$$

folgt für dessen zeitliche Änderung

$$\frac{d\vec{H}}{dt} = \frac{d}{dt}(\vec{r} \times m\vec{v}) = m\left(\frac{d\vec{r}}{dt} \times \vec{v} + \vec{r} \times \frac{d\vec{v}}{dt}\right) = m\left(\overbrace{\vec{v} \times \vec{v}}^{=0} + \vec{r} \times \frac{d\vec{v}}{dt}\right). \tag{3.13}$$

$$= \vec{r} \times m\frac{d\vec{v}}{dt} = \vec{r} \times \vec{F} = \vec{M}$$

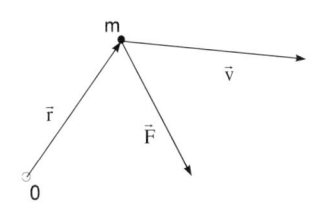

Abb. 3.5. $\quad$ Definition von Vektorgrößen.

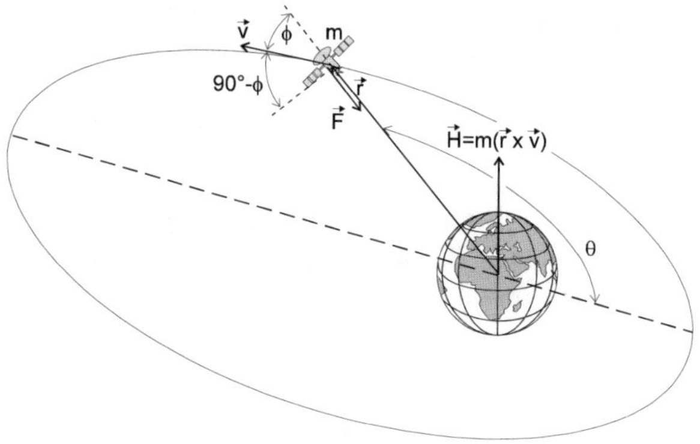

Abb. 3.6. Definition des Drehimpulses.

Es wird nun die Annahme getroffen, daß die Kraft $\vec{F}$ kolinear zu $\pm\vec{r}$ ist. Dann gilt:

$$\vec{r} \times \vec{F} = \vec{0} = \vec{M} \quad , \tag{3.14}$$

bzw.
$$\frac{d\vec{H}}{dt} = \vec{M} = \vec{0} \Rightarrow \vec{H} = m\vec{r} \times \vec{v} = \text{const.} \tag{3.15}$$

Der Drehimpuls ist also konstant. Die Folgerungen daraus sind

1) $\vec{r} \times \vec{v}$ ergibt einen Normalenvektor zu der von $\vec{r}$ und $\vec{v}$ aufgespannten Ebene. Da aber $\vec{r} \times \vec{v}$ und $\vec{H}$ konstant sind, ergibt sich, daß $\vec{r}$ und $\vec{v}$ immer in derselben Ebene bleiben, die zum konstanten $\vec{H}$ normal ist ($\vec{r} \cdot \vec{H} = 0$ und $\vec{v} \cdot \vec{H} = 0$), d.h. der Körper bewegt sich immer in der gleichen Ebene, es tritt keine Präzession auf. Für Erdsatelliten ist dies jedoch nicht exakt, da die Erde nicht kugelsymmetrisch ist.

2) Für den spezifischen Drehimpuls gilt (s. auch Abb. 3.7)

$$\left|\vec{r} \times \vec{v}\right| = \left|\frac{\vec{H}}{m}\right| = h = rv \sin\phi = \text{const.} \quad . \tag{3.16}$$

Ebenso gilt mit dem Perigäumswinkel θ (Wahre Anomalie, s. Abb. 3.6)

$$v \sin\phi = r\frac{d\theta}{dt} = r\dot{\theta} \quad , \tag{3.17}$$

und so
$$h = rv \sin\phi = r^2\dot{\theta} = 2\frac{dA}{dt} \quad , \tag{3.18}$$

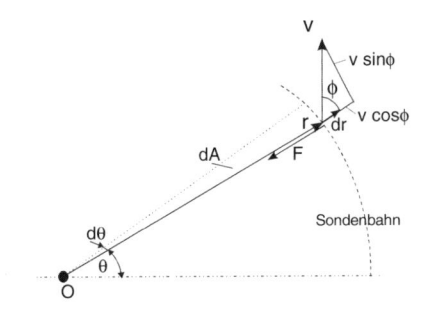

$$dr = v\cos\phi\, dt, \quad d\theta = \frac{v\sin\phi}{r}dt, \quad dA = \frac{1}{2}r\, rd\theta = \frac{1}{2}rv\sin\phi\, dt$$

Abb. 3.7. Zur Berechnung des spezifischen Drehimpulses.

wobei A die vom Ortsvektor $\vec{r}$ überstrichene Fläche, h den massenspezifischen Drehimpuls und θ die wahre Anomalie ($0 \leq \theta < 2\pi$) darstellen. Da aber der spezifische Drehimpuls h konstant ist, ergibt sich

$$\frac{dA}{dt} = \text{const.} \leftrightarrow 2.\ \textit{Keplersches Gesetz}. \quad (3.19)$$

Das heißt, daß das zweite Keplersche Gesetz für jede Masse m, die sich in einem zentralen Kraftfeld bewegt, bewiesen ist. Das Kraftfeld für dieses Gesetz muß nicht einmal invers quadratisch und nicht konservativ sein.

3.3.3 Konservatives Kraftfeld und Energieerhaltung

Ein Kraft- (oder sonstiges) Vektorfeld $\vec{F}(x,y,z)$ oder $\vec{F}(\vec{r})$ wird konservativ genannt, wenn dessen Arbeitsintegral

$$W_{PQ} = \int_P^Q \vec{F}d\vec{s}\ , \quad (3.20)$$

nur von den Endpunkten P und Q abhängt, und nicht vom gewählten Weg, für alle beliebigen Punkte im Feld. Für dieses Vektorfeld gilt

$$\oint_S \vec{F}d\vec{s} = 0\ , \quad (3.21)$$

bzw. mit Hilfe des Integralsatzes nach Stokes

$$\text{rot}\,\vec{F} = \vec{0}\ . \quad (3.22)$$

Damit ist das Vektorfeld „wirbelfrei". Ein solches Vektorfeld kann man stets durch eine skalare Potentialfunktion $U(\vec{r})$ beschreiben mit

$$F(\vec{r}) = -\text{grad}\, U(\vec{r}) \ . \tag{3.23}$$

Nach der Newtonschen Bewegungsgleichung gilt aber für eine konstante Masse

$$\vec{F}(\vec{r}) = \frac{d(m\vec{v})}{dt} = m\frac{d\vec{v}}{dt} = m\frac{d\vec{r}}{dt}\frac{d\vec{v}}{d\vec{r}} = m\vec{v}\frac{d\vec{v}}{d\vec{r}} = \frac{d}{d\vec{r}}\left(\frac{1}{2}mv^2\right) = \text{grad}\left(\frac{1}{2}mv^2\right), \tag{3.24}$$

und es folgt:
$$\vec{F} = \text{grad}\left(\frac{m}{2}v^2\right) = -\text{grad}\, U \ . \tag{3.25}$$

Das bedeutet
$$\text{grad}\left[\frac{m}{2}v^2 + U\right] = \vec{0} \ , \tag{3.26}$$

bzw.
$$m\frac{v^2}{2} + U = \text{const.} \ , \tag{3.27}$$

mit $mv^2/2$ als kinetische Energie W_{kin} und U als potentielle Energie W_{pot}. $v^2(\vec{r})$ und $U(\vec{r})$ sind Skalarfunktionen des Ortsvektors $\vec{r}$ und nur implizit von der Zeit t abhängig. Dieser Satz von der Erhaltung der Energie ($W_{kin}+W_{pot}$=const.) gilt für jedes konservative Kraftfeld $\vec{F}(\vec{r})$ und auch speziell für das Gravitationsfeld.

3.3.4 Masse im Gravitationsfeld

Das Gravitationsfeld ist ein zentrales, konservatives und invers quadratisches Kraftfeld nach dem Newtonschen Gesetz

$$\vec{F}_m = -\gamma \frac{Mm}{r^2}\frac{\vec{r}}{r} \ , \tag{3.28}$$

wobei
$$\vec{r} = r\vec{e}_r \ , \tag{3.29}$$

d.h.
$$\vec{F}_m = -\gamma \frac{Mm}{r^2}\vec{e}_r \ . \tag{3.30}$$

Das Gewicht der Masse m auf der Erdoberfläche ist dann der Betrag der Gravitationskraft F_{R_0} der Erde auf die Masse m

$$G = |F_{R_0}| = m\frac{\gamma M}{R_0^2} = mg_0, \tag{3.31}$$

mit
$$\mu = \gamma M = g_0 R_0^2 = \text{const.} = 3{,}989 \cdot 10^{14}\,\frac{m^3}{s^2} \ . \tag{3.32}$$

3.3.5 Gravitationsbeschleunigung an der Erdoberfläche

Die Gravitationsbeschleunigung an der Erdoberfläche ergibt sich aus

$$\frac{G}{m} = \frac{F_{R0}}{m} = \frac{\gamma M}{R_0^2} = g_0 \quad , \tag{3.33}$$

mit $\gamma = 6{,}67 \cdot 10^{-11}$ m^{3}kg^{-1}s^{-2} : Gravitationskonstante
 $M = 5{,}98 \cdot 10^{24}$ kg : Erdmasse
 $R_0 = 6{,}378 \cdot 10^6$ m : Mittlerer Erdradius.

Es ergibt sich so der Wert

$$g_0 = \frac{\gamma M}{R_0^2} = 9{,}83 \frac{m}{s^2} \quad , \tag{3.34}$$

der im folgenden auch für alle weiteren Rechnungen verwendet wird. Die impliziten Annahmen hierin sind, daß die Erde genau kugelsymmetrisch mit dem Radius R_0 ist und daß keine Rotation oder Beschleunigung auftritt. In Wirklichkeit rotiert die Erde mit etwa 465 m/s am Äquator. Durch diese Rotation wird g_0 am Äquator um $\delta g_0 = -v_0^2/R_0 = -0{,}034$ m/s^2 reduziert. Dazu kommt, daß die Erde nicht genau sphärisch ist, wodurch g nochmals korrigiert werden muß, so daß

$$\left.\begin{array}{l} g_0'(\text{Pole}) = 9{,}832 \dfrac{m}{s^2} \\ g_0'(\text{Äquator}) = 9{,}780 \dfrac{m}{s^2} \end{array}\right\} \text{gemessene Werte} \tag{3.35}$$

Normalerweise verwendet man deshalb für Probleme der Mechanik auf der Erdoberfläche den internationalen Mittelwert

$$g_0'(\text{normiert}) = 9{,}80665 \frac{m}{s^2} \quad . \tag{3.36}$$

Wir verwenden aber für die weiteren Rechnungen in der Bahnmechanik $g_0 = 9{,}83$ m/s^2. Für andere Entfernungen $r \geq R_0$ gilt:

$$g(r) = g_0 \frac{R_0^2}{r^2} \quad . \tag{3.37}$$

3.3.6 Energien im Gravitationsfeld und Vis-Viva-Gleichung

Bei der potentiellen Energie ist der Nullpunkt willkürlich und muß daher definiert werden. Für unser Potential wird der Nullpunkt so definiert, daß die potentielle Energie gleich Null ist, wenn m unendlich weit von der anziehenden Masse M entfernt ist. Diese Wahl des Nullpunktes wird aus folgenden Gründen sowohl in der Astronomie als auch in der Teilchenphysik verwendet:
1. Die Energie hat am Nullpunkt eine Singularität.
2. Die Oberfläche vieler Sterne oder Himmelskörper sowie auch der Atome usw. ist nicht genau bekannt oder definierbar.

Der am klarsten mathematisch definierbare Radius ist daher $\vec{r} \to \infty$. Das klingt zunächst paradox, doch werden wir später sehen, daß es für unsere Probleme sehr nützlich ist. Wir definieren die potentielle Energie $U(\vec{r})$ für die Distanz r als die Arbeit, die eine Kraft $\vec{F}$ leistet, wenn die Masse von $\vec{r}$ nach ∞ gebracht wird, d.h.

$$U(r) = \int_r^\infty \vec{F} d\vec{r} = \int_r^\infty -\gamma \frac{Mm}{r^2} \vec{e}_r d\vec{r} \quad , \tag{3.38}$$

wobei
$$\vec{e}_r d\vec{r} = dr \quad , \tag{3.39}$$

und so
$$U(r) = \underbrace{+\gamma \frac{Mm}{\infty}}_{\to 0} - \gamma \frac{Mm}{r} = -\gamma \frac{Mm}{r} \quad \text{(allgemein)} \quad . \tag{3.40}$$

Diese potentielle Energie ist für die Erde in Abb. 3.8 graphisch dargestellt. Es ergibt sich hier als Spezialfall

$$U(r) = -mg_0 \frac{R_0^2}{r} \quad \text{(Erde)} \quad . \tag{3.41}$$

Wie bereits hergeleitet wurde, ist für jedes konservative Kraftfeld (also auch für das Gravitationsfeld) die Summe aus kinetischer und potentieller Energie konstant. Damit folgt die *Energie-* oder *Vis-Viva-Gleichung* für Flugkörper oder Planeten ohne Antrieb um eine Zentralmasse:

$$\frac{1}{2}v^2 - \frac{\gamma M}{r} = -\frac{\gamma M}{2a} = \varepsilon = \frac{1}{2}v_\infty^2 = \text{const.} \quad \text{(allgemein)} \tag{3.42}$$

$$\frac{1}{2}v^2 - \frac{g_0 R_0^2}{r} = -\frac{g_0 R_0^2}{2a} = \varepsilon = \frac{1}{2}v_\infty^2 = \text{const.} \quad \text{(Erde)} \tag{3.43}$$

In der Vis-Viva-Gleichung sind

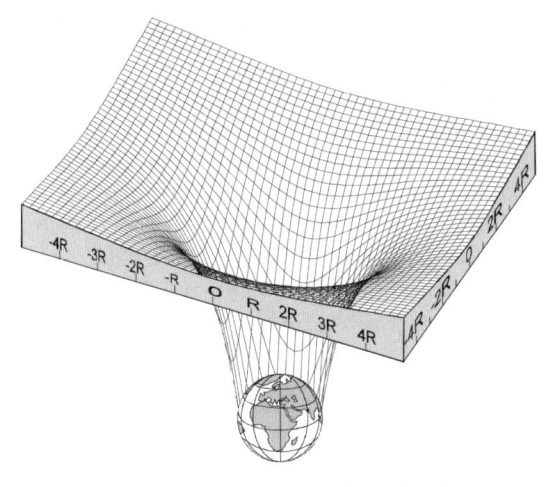

Abb. 3.8. „Potentialtrichter" der Erde (potentielle Energie).

γM (oder für die Erde $g_0 R_0^2 = \mu$) gegebene Konstanten der Zentralmasse - für die Erde: $\mu = 3{,}989 \cdot 10^{14}$ m³/s²,

a eine Bahnenergiekonstante [m] (später für geschlossene Bahnen als die große Halbachse der Bahn identifiziert),

v die Bahngeschwindigkeit, die daher für eine gegebene Bahn nur von r abhängig ist [v=v(r)],

ε die spezifische Energie [Jkg⁻¹] für die Bahn, bezogen auf einen Punkt unendlich weit von der Zentralmasse, r=∞. Da die potentielle Energie bei r=∞ Null ist, bedeutet ε die kinetische Energie bei r=∞. Der Wert für ε kann negativ, null oder positiv sein, je nachdem, ob a positiv, ∞ oder negativ ist. Dementsprechend wird v_∞, also die Geschwindigkeit, die der Körper in einer unendlichen Entfernung vom Zentralkörper aufweist, imaginär, null oder reell.

Die Vis-Viva-Gleichung ist äußerst nützlich für verschiedene Umlaufbahn- oder Trajektorienrechnungen im luftleeren Raum ohne Widerstandskräfte und ohne Schub. Sie wird oft auch in der Form

$$v^2 = \mu \left(\frac{2}{r} - \frac{1}{a} \right) , \qquad (3.44)$$

oder dimensionslos: $\qquad \dfrac{v^2 r}{2\mu} = 1 - \dfrac{r}{2a} = \dfrac{\lambda}{2} = \dfrac{1}{2} \left(\dfrac{v}{v_K} \right)^2 \qquad (3.45)$

angegeben. Dabei ist $\lambda / 2$ das Verhältnis zwischen der kinetischen Energie und dem Absolutwert der potentiellen Energie bei einer Distanz r vom Schwerpunkt der Zentralmasse; bzw. λ ist das Verhältnis der Quadrate der tatsächlichen Geschwindigkeit und der lokalen Kreisbahngeschwindigkeit.

3.4 Allgemeine Lösung der Vis-Viva-Gleichung

In diesem Kapitel soll kurz gezeigt werden, daß die Umlaufbahnen um eine einzige Masse M, ohne Luftwiderstand und ohne Schub, also die Lösung der Vis-Viva-Gleichung, im allgemeinen *Kegelschnitte* sind. Es handelt sich dabei entweder um Ellipsen (Keplers Fall), Parabeln oder Hyperbeln.

Es wird jetzt zunächst eine Darstellung in der Ebene durch Polarkoordinaten (Radius r und Wahre Anomalie θ) verwendet, in der die Zeit nicht explizit erscheint, obwohl r und θ natürlich Funktionen der Zeit sind. Nach den vorhergehenden Kapiteln liegen die Bahnen bei $\vec{H}$=const. in einer festen Ebene. Mit

$$v^2 = \left(\frac{dr}{dt}\right)^2 + \left(\frac{rd\theta}{dt}\right)^2 \quad , \tag{3.46}$$

wird die Energiegleichung zu

$$-\frac{\gamma M}{r} + \frac{1}{2}\left(\frac{dr}{dt}\right)^2 + \frac{1}{2}\left(r\frac{d\theta}{dt}\right)^2 = -\frac{\gamma M}{2a} \quad . \tag{3.47}$$

Für den spezifischen Drehimpuls wurde bereits abgeleitet

$$h = \frac{H}{m} = r^2 \frac{d\theta}{dt} = \text{const.} \tag{3.48}$$

Wenn nun

$$\frac{d\theta}{dt} = \frac{h}{r^2} \tag{3.49}$$

und

$$\frac{dr}{dt} = \frac{dr}{d\theta}\frac{d\theta}{dt} = \frac{dr}{d\theta}\left(\frac{h}{r^2}\right) \quad , \tag{3.50}$$

in Gl. (3.47) eingesetzt werden, um die Zeit t zu eliminieren, erhält man die Differentialgleichung

$$-\frac{2\gamma M}{r} + \frac{h^2}{r^4}\left(\frac{dr}{d\theta}\right)^2 + \frac{h^2}{r^2} = -\frac{\gamma M}{a} \quad . \tag{3.51}$$

Eine Lösung dieser Differentialgleichung lautet

$$r = \frac{\left(\dfrac{h^2}{\gamma M}\right)}{1 + \sqrt{1 - \dfrac{h^2}{a\gamma M}}\cos\theta} \quad . \tag{3.52}$$

Zur weiteren Behandlung werden nun die Abkürzungen

$$p := h^2 / \gamma M , \quad (3.53)$$

und
$$e := \sqrt{1 - h^2 / (a\gamma M)} , \quad (3.54)$$

d.h.
$$p = a(1 - e^2) , \quad (3.55)$$

eingeführt und man erhält drei allgemeine Formen für die Gleichung eines Kegelschnitts in Polarkoordinaten (s. Abb. 3.9):

$$r = \frac{a(1-e^2)}{1+e\cos\theta} = \frac{h^2/(\gamma M)}{1+e\cos\theta} = \frac{p}{1+e\cos\theta} . \quad (3.56)$$

Dabei sind die Parameter

a ... Energieparameter (große Halbachse bei der Ellipse),
e ... Exzentrizität,
und p ... Parameter (p = r(θ=90°)),

für eine gegebene Bahn konstant. Ebenso ergeben sich aus diesen Parametern die Beziehungen für den zentrumsnächsten (*Perizentrum*) und -fernsten (*Apozentrum*) Punkt einer Bahn

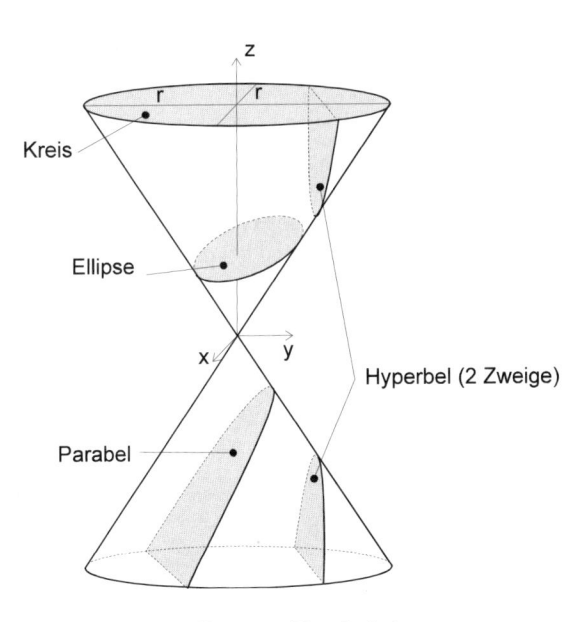

Abb. 3.9. Allgemeine Darstellung von Kegelschnitten.

$$r_{Peri} = a(1-e) \; , \tag{3.57}$$

$$r_{Apo} = a(1+e) \; , \tag{3.58}$$

$$p = r_{Peri}(1+e) = a(1-e^2) \; , \tag{3.59}$$

$$a = \frac{r_{Peri} + r_{Apo}}{2} = \frac{b}{\sqrt{1-e^2}} \; . \tag{3.60}$$

Wird eine Umlaufbahn um die Sonne beschrieben, spricht man beim sonnennächsten Punkt vom *Perihel* bzw. beim -fernsten vom *Aphel*. Entsprechend bei der Erde vom *Perigäum* und *Apogäum*. Die hier diskutierten und abgeleiteten Parameter sind für den Fall einer elliptischen Umlaufbahn in Abb. 3.10 dargestellt.

In kartesischen Koordinaten ergibt sich aus Gl. (3.56) mit $x = r\cos\theta$ und $y = r\sin\theta$

$$r = p - ex \; , \tag{3.61}$$

wobei
$$r^2 = x^2 + y^2 = p^2 - 2pex + e^2 x^2 \; , \tag{3.62}$$

oder
$$x^2(1-e^2) + 2pex + y^2 = p^2 \; . \tag{3.63}$$

Daraus ergibt sich die allgemeine Kegelschnittgleichung mit Fokus im Punkt 0 in kartesischen Koordinaten:

$$\frac{(x+ae)^2}{a^2} + \frac{y^2}{a^2(1-e^2)} = 1, \quad \text{mit } b^2 = a^2(1-e^2) \; . \tag{3.64}$$

Wenn a positiv ist und e kleiner als 1, dann ergibt sich eine Ellipse mit dem Mittelpunkt (-a·e;0) und den Halbachsen (a;b). Wenn a „negativ finit" ist (positive Gesamtenergie) und e > 1, ergibt sich eine Hyperbel. Wenn a = ± ∞ und damit e = 1 wird, dann benützen wir die Gl. (3.63) und bekommen eine Parabel, d.h.

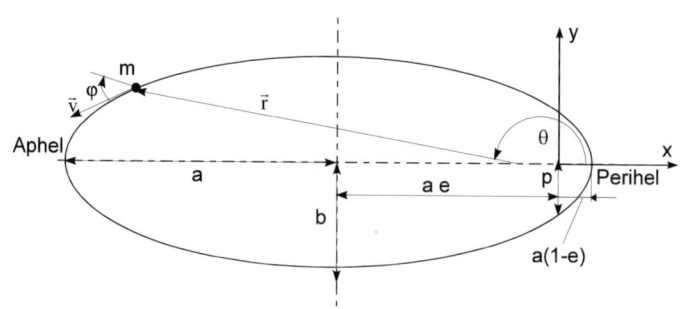

Abb. 3.10. Parameter einer elliptischen Umlaufbahn.

$$\underbrace{x^2(1-e^2)}_{=0} + 2pex - p^2 + y^2 = 0 \quad, \tag{3.65}$$

und somit
$$y^2 = -2px + p^2 = -2p\left(x - \frac{p}{2}\right) \quad. \tag{3.66}$$

Ein theoretischer und für Raumsonden zu vermeidender Sonderfall ergibt sich für sehr flache elliptische Bahnen (→ gerade Linie). Die große Halbachse a bleibt endlich und positiv, aber e→1, y→0 und h→0.

Aus der Drehimpulserhaltungsgleichung läßt sich schließlich noch folgende Geschwindigkeitsbeziehung herleiten:

$$\vec{h} = \vec{r} \times \vec{v} = \text{const.} \tag{3.67}$$

$$h = r_{min} v_{max} = r_{max} v_{min} = h_{Peri} = h_{Apo} \tag{3.68}$$

oder
$$\frac{v_{max}}{v_{min}} = \frac{r_{max}}{r_{min}} \quad. \tag{3.69}$$

Die maximale Geschwindigkeit einer geschlossenen Umlaufbahn tritt also im Perizentrum auf, die minimale im Apozentrum. Eine zusammenfassende Übersicht über die Kegelschnittflugbahnen ist abschließend in Tabelle 3.1 gegeben.

Größe	Kreis	Ellipse	Parabel	Hyperbel
e	0	0<e<1	e=1	1<e
a	r	0<a<∞	±∞	-∞<a<0
b	r	$a\sqrt{1-e^2}$	-	$|a|\sqrt{e^2-1}$
$p = h^2/\gamma M$	a	$a(1-e^2)$	$h^2/\gamma M$	$a(1-e^2)$
r_{Peri}	a	$a(1-e)$	$h^2/\gamma M$	$a(1-e)$
r_{Apo}	a	$a(1+e)$	∞	∞
$\frac{E}{m} = \varepsilon$	$-\frac{\gamma M}{2a}$	$-\frac{\gamma M}{2a} < 0$	$-\frac{\gamma M}{2a} = 0$	$-\frac{\gamma M}{2a} > 0$
v_∞	imaginär	imaginär	null	reell
v_{Peri}	$\sqrt{\frac{\gamma M}{a}}$	$\sqrt{\gamma M\left(\frac{2}{r_{Peri}} - \frac{1}{a}\right)}$	$\sqrt{\frac{2\gamma M}{r_{Peri}}}$	$\sqrt{\gamma M\left(\frac{2}{r_{Peri}} - \frac{1}{a}\right)}$

Tabelle 3.1. Übersicht der Kegelschnitt-Flugbahnen.

3.5 Wichtige Ergebnisse aus der Vis-Viva-Gleichung

3.5.1 Umlaufzeiten für geschlossene Bahnen

Aus dem 2. Keplerschen Gesetz folgt

$$\frac{dA}{dt} = \frac{A}{P} = \text{const.} = \frac{1}{2}r^2\frac{d\theta}{dt} = \frac{h}{2} \quad , \qquad (3.70)$$

wobei die Ellipsenfläche durch $A = \pi ab$ gegeben ist. Damit folgt für die Periode P einer geschlossenen Umlaufbahn

$$P = \frac{A}{dA/dt} = \frac{\pi ab}{h/2} = \frac{\pi a^2\sqrt{1-e^2}}{\frac{1}{2}\sqrt{\mu a(1-e^2)}} \quad , \qquad (3.71)$$

wobei hier das allgemeine Ergebnis

$$p = \frac{h^2}{\gamma M} = a(1-e^2) \qquad (3.72)$$

der Vis-Viva-Gleichung eingesetzt wurde. Es folgt schließlich

$$P = \frac{2\pi a^{\frac{3}{2}}}{\sqrt{\mu}} = \sqrt{\frac{4\pi^2 a^3}{\gamma M\left(1+\frac{m}{M}\right)}} \quad . \qquad (3.73)$$

Dieses Ergebnis ist identisch zu der Ableitung des 3. Keplerschen Gesetzes nach Newton (actio=reactio). Für die Erde ist

$$\mu = \gamma M = g_0 R_0^2 = 3{,}989 \cdot 10^{14} \frac{m^3}{s^2}, \qquad (3.74)$$

und so

$$P_E = \frac{2\pi a^{\frac{3}{2}}}{\sqrt{g_0}R_0} = \frac{2\pi a^{\frac{3}{2}}}{\sqrt{\mu}} = 2\pi\sqrt{\frac{R_0}{g_0}}\left(\frac{a}{R_0}\right)^{\frac{3}{2}} \quad . \qquad (3.75)$$

Wichtig hierbei ist, daß P für die gegebene Zentralmasse M nur von der großen Halbachse a abhängt und nicht von der Exzentrizität. Zur Erinnerung sollte betont werden, daß a der mittlere Abstand des Peri- und des Apozentrums vom Brennpunkt ist und nicht das zeitliche Abstandsmittel.

3.5.2 Erste kosmische Geschwindigkeit

Es stellt sich nun die Frage, welche Geschwindigkeit ein Körper nahe der Erdoberfläche haben muß, um überhaupt in einen niedrigen Erdorbit zu gelangen. Für einen Satelliten in einer Kreisbahn mit Radius r_K wird die Energiegleichung mit $a = r = r_K$ zu

$$\frac{E}{m} = \varepsilon = -\frac{g_0 R_0^2}{2 r_K} = \frac{v_K^2}{2} - \frac{g_0 R_0^2}{r_K} \quad . \tag{3.76}$$

Daraus wird

$$\frac{v_K^2}{2} = \underbrace{\frac{1}{2}\frac{\mu}{r_K}}_{\text{generell}} = \underbrace{\frac{g_0 R_0^2}{2 r_K}}_{\text{Erde}} \quad , \tag{3.77}$$

oder

$$v_K = \underbrace{\sqrt{\frac{\mu}{r_K}}}_{\text{generell}} = \underbrace{\sqrt{g_0 R_0}\sqrt{\frac{R_0}{r_K}}}_{\text{Erde}} \quad . \tag{3.78}$$

Nahe an der Erdoberfläche (ohne Atmosphäre) wird $\sqrt{R_0/r_K} = 1$ und es folgt die *1. kosmische Geschwindigkeit*

$$v_{K0} = \sqrt{g_0 R_0} = 7{,}91 \,\text{km/s} \quad . \tag{3.79}$$

Die 1. kosmische Geschwindigkeit ist also die Geschwindigkeit, die ein Flugkörper haben muß, um in einem niedrigen Kreisorbit ($r_K \to R_0$) um die Erde zu sein. Diese Resultate lassen sich ebenso leicht aus den Grundbegriffen der Mechanik ableiten. Da R_0/r_K bei wachsendem Abstand von der Oberfläche immer kleiner wird, wird ebenso die Umlaufgeschwindigkeit entsprechend kleiner!

Die Umlaufzeit auf einer Kreisbahn beträgt dann

$$P_K = 2\pi \frac{r_K}{v_K} = 2\pi \sqrt{\frac{R_0}{g_0}} \left(\frac{r_K}{R_0}\right)^{\frac{3}{2}} \quad . \tag{3.80}$$

Für eine niedere Erdbahn (Atmosphäre vernachlässigt) ergibt sich bei $r_K \approx R_0$:

$$P_{K0} = 2\pi \sqrt{\frac{R_0}{g_0}} = 5060\,\text{s} = 84{,}3\,\text{min.} \tag{3.81}$$

Für niedrige Kreisorbits, in denen sich z.B. auch das Shuttle befindet, beträgt die Dauer einer Erdumrundung also nur ca. 90 Minuten!

Vergleicht man Gl. (3.80) mit dem Ergebnis für die Periode eines elliptischen Orbits aus Gl. (3.75), so fällt auf, daß die Gleichungen identisch sind, wenn r_K

gleich a gesetzt wird. Dies bedeutet allgemein, daß alle geschlossenen Bahnen um die gleiche Zentralmasse M mit derselben spezifischen Gesamtenergie die gleiche Periode besitzen, da

$$a = -\frac{\gamma M}{2\varepsilon} \qquad (3.82)$$

und mit Gl. (3.73) folgt

$$P = \frac{2\pi}{\sqrt{\gamma M}} \left(-\frac{\gamma M}{2\varepsilon} \right)^{\frac{3}{2}} = \frac{\pi \gamma M (-\varepsilon)^{-3/2}}{\sqrt{2}} \quad . \qquad (3.83)$$

3.5.3 Zweite kosmische Geschwindigkeit (Fluchtgeschwindigkeit)

Es stellt sich nun die Frage, welche Geschwindigkeit ein Körper in der Nähe der Erdoberfläche haben muß, um endgültig aus dem Anziehungsbereich der Erde zu entkommen. Diese als 2. *kosmische Geschwindigkeit* oder *Fluchtgeschwindigkeit* bezeichnete charakteristische Größe läßt sich nun aus der Vis-Viva-Gleichung berechnen. Von der Erdoberfläche aus ist also $\varepsilon = 0$, (d.h. $a = \infty$) und damit $v_\infty = 0$ zu erreichen. Somit gilt nach Gl. (3.43):

$$v^2 = g_0 R_0^2 \left(\frac{2}{r} + 0 \right) , \qquad (3.84)$$

$$v_{Peri} = v_{Flucht} = \sqrt{\frac{2 g_0 R_0^2}{R_{Peri}}} \quad . \qquad (3.85)$$

An der Oberfläche des anziehenden Körpers ($r = R_0$) beträgt die Fluchtgeschwindigkeit:

$$v_{Flucht} = \sqrt{2 g_0 R_0} \quad . \qquad (3.86)$$

Diese Geschwindigkeit wird in der Literatur oft auch als „*Parabolische Geschwindigkeit*" bezeichnet. Für die Erde gilt der Zahlenwert

$$v_{Flucht} = 11{,}2 \text{ km/s} \quad . \qquad (3.87)$$

Für jeden anderen beliebigen Umlaufbahnradius (mit der Kreisbahngeschwindigkeit v_K) ist die Fluchtgeschwindigkeit gegeben durch

$$v_{Flucht} = v_K + \Delta v = v_K + \left(\sqrt{2} - 1 \right) v_K = \sqrt{2} v_K \quad . \qquad (3.88)$$

Dies bedeutet, daß für jeden Radius r die Fluchtenergie zweimal der kinetischen Energie für diese Kreisbahn ist. Das folgt aus den Beziehungen des Kraftfeldes (K/r^2) oder aus denen des Potentials ($-\gamma M/r$). Anders ausgedrückt: Wenn die Masse m schon in einer Kreisbahn ist, könnte sie sich mit jeweils der doppelten kinetischen Energie aus dem Schwerkraftfeld der anziehenden Masse M (z.B. Erde, Sonne) entziehen, d.h. die Geschwindigkeit muß um den Faktor $\sqrt{2}$ erhöht werden.

3.5.4 Minimaler Energiebedarf bei einem Start von der Erdoberfläche

Wir wollen uns jetzt der Frage nach der minimal für das Erreichen eines Orbits bei einem Start von der Erdoberfläche benötigten Energiemenge zuwenden. Die spezifische Ruheenergie $\varepsilon_0 = E_0 / m$ eines Körpers an der Erdoberfläche bei Vernachlässigung der Erdrotation ($v=0$, $r=R_0$) folgt aus der Vis-Viva-Gleichung zu

$$\varepsilon_0 = -g_0 R_0 \quad . \tag{3.89}$$

Die spezifische Energie, die ein Körper in einer Kreisbahn nahe der Erdoberfläche (ohne Atmosphäre, $r_K = R_0 = a$) aufweisen muß, ist

$$\varepsilon_{K0} = -\frac{g_0 R_0^2}{2a} = -\frac{g_0 R_0}{2} = \underbrace{-g_0 R_0}_{\text{Potentielle Energie}} + \underbrace{\frac{g_0 R_0}{2}}_{\text{Kinetische Energie}} \quad . \tag{3.90}$$

Daraus ergibt sich als Energiedifferenz für das Erreichen einer erdnahen Kreisbahn

$$\Delta\varepsilon_{K0} = \varepsilon_{K0} - \varepsilon_0 = -\frac{g_0 R_0}{2} - (-g_0 R_0) = \frac{g_0 R_0}{2} = \frac{v_{K0}^2}{2} = 3{,}12 \cdot 10^7 \frac{m^2}{s^2} \quad . \tag{3.91}$$

Die Energiedifferenz zwischen einem auf der Erdoberfläche ruhendem Körper der Masse 1 kg und einem Körper in erdnaher Umlaufbahn mit der gleichen Masse beträgt also etwa 31,2 MJ. Dies ist in etwa die Energiemenge, die benötigt wird (ohne Verluste), um ca. 10 kg Eis von 0°C in Dampf von 100°C zu verwandeln oder um die Dreifachbindung von ca. 1 kg Stickstoff vollständig zu dissoziieren. Für höherfliegende Satelliten ($r_K > R_0$) folgt entsprechend

$$\varepsilon_K(r_K) = -\frac{g_0 R_0^2}{2 r_K} = -\left(\frac{g_0 R_0}{2}\right)\left(\frac{R_0}{r_K}\right) \quad , \tag{3.92}$$

und

$$\Delta\varepsilon(r_K) = \frac{g_0 R_0}{2}\left(2 - \frac{R_0}{r_K}\right) = \frac{v_{K0}^2}{2}\left(2 - \frac{R_0}{r_K}\right) \quad . \tag{3.93}$$

Die für eine Flucht aus dem Anziehungsbereich der Erde ($r_K = \infty$) mit einem Start von der Erdoberfläche benötigte Energie berechnet sich ebenfalls mit Hilfe der Vis-Viva-Gleichung:

$$\Delta\varepsilon_K(\infty) = \Delta\varepsilon_{Flucht} = 2\frac{v_K^2}{2} = g_0 R_0 = \frac{\gamma M}{R_0} \quad . \tag{3.94}$$

Für sehr kleine Kreisbahnänderungen, d.h. beim Übergang von einer Kreisbahn auf die andere, läßt sich schließlich die Energiedifferenz $\Delta\varepsilon_K$ vereinfacht durch eine Näherung darstellen. Aus den spezifischen Bahnenergien

$$\varepsilon_{K1} = -\frac{\gamma M}{2r_1} \quad , \tag{3.95}$$

und

$$\varepsilon_{K2} = -\frac{\gamma M}{2r_2} \quad , \tag{3.96}$$

ergibt sich

$$\Delta\varepsilon_{K1-2} = \varepsilon_{K2} - \varepsilon_{K1} = -\frac{\gamma M}{2r_1}\left(\frac{r_1}{r_2} - 1\right) \quad . \tag{3.97}$$

Mit dem Ansatz $r_2 = r_1 + \Delta r$ und einer anschließenden Reihenentwicklung folgt

$$\Delta\varepsilon_{K1-2} = -\frac{\gamma M}{2r_1}\left(\frac{r_1}{r_1 + \Delta r} - 1\right) = -\frac{\gamma M}{2r_1}\left(\frac{1}{1 + \Delta r/r_1} - 1\right) \approx -\frac{\gamma M}{2r_1}\left(1 - \frac{\Delta r}{r_1} + \ldots - 1\right), \tag{3.98}$$

und so

$$\Delta\varepsilon_{K1-2} \approx \frac{\gamma M}{2r_1}\frac{\Delta r}{r_1} = \frac{g_0}{2}\left(\frac{R_0}{r_1}\right)^2 \Delta r \quad . \tag{3.99}$$

Für einen niederen Orbit gilt $r_1 \approx R_0$. Damit wird:

$$\Delta\varepsilon_{K1-2} = \frac{g_0}{2}\Delta r \approx 4{,}9\,\frac{N}{kg}\,\Delta r \quad \left(\left[m^2 s^{-2}\right] = \left[J kg^{-1}\right]\right) \quad . \tag{3.100}$$

3.6 Beschreibung von Flugkörperbahnen

3.6.1 Koordinatensysteme und Darstellung von Umlaufbahnen

In den vorangegangenen Kapiteln konnte gezeigt werden, daß sich ein natürlicher oder künstlicher Himmelskörper auf Bahnen (oder Orbits) bewegt, die im allgemeinen durch Kegelschnittgleichungen charakterisiert werden. Diese Orbits können nun, unter Erfüllung der Keplerschen Gesetze, beliebig im Raum liegen, z.B. in der Ebene, die vom Radiusvektor zwischen Sonne und Erde aufgespannt wird (Ekliptik) oder in der Äquatorialebene der Erde. Für die genaue Beschreibung der Orbits ist daher eine Definition von Koordinatensystemen notwendig. Man unterscheidet dabei

1. nach der Lage des Koordinatenursprungs
    a) heliozentrisch (Ursprung im Sonnenmittelpunkt)
    b) geozentrisch (Ursprung im Erdmittelpunkt)
    c) baryzentrisch (Ursprung im Schwerpunkt Planet-Sonne oder Planet-Mond)
    d) topozentrisch (Ursprung im Beobachtungsort)
2. nach der Lage der x-y-Ebene
    a) ekliptikal (x-y-Ebene parallel zur Ekliptik)
    b) äquatoreal (x-y-Ebene parallel zur Erdäquatorebene)
3. nach der Art des Koordinatensystems
    a) rechtwinklige Koordinaten
    b) Polarkoordinaten

Ein Beispiel aus den möglichen Kombinationen ergibt sich für den Fall, daß die Sonne den Zentralkörper darstellt, z.B. für Planeten, Kometen, Asteroiden und interplanetaren Sonden. Für die Beschreibung des Orbits kann das *heliozentrisch ekliptikale Koordinatensystem (HE)* verwendet werden, wie es in Abb. 3.11 dargestellt ist. Es hat den Ursprung im Mittelpunkt der Sonne. Die X_{HE}-Y_{HE}-Ebene fällt mit der Ekliptik zusammen, welche die Ebene der Erdumlaufbahn um die Sonne darstellt. Am ersten Herbsttag ergibt die Verbindungslinie zwischen Sonnen- und Erdmittelpunkt die positive X_{HE}-Achse. Entsprechend ist die Y_{HE}-Achse am ersten Wintertag definiert. Dieses System stellt allerdings kein Inertialsystem dar, da sich die Erdrotation um die Sonne leicht über die Jahrhunderte hinweg verschiebt. Dieser als „Präzession" bekannte Effekt bewirkt eine Verschiebung der Verbindungslinie zwischen Erdäquator und Ekliptik. Für hochgenaue Messungen definiert man deshalb ein $(XYZ)_{HE}$-Koordinatensystem des jeweiligen Jahres oder der Epoche.

Für Erdsatelliten bietet sich das geozentrisch-äquatoreale Koordinatensystem (GA) an, das seinen Ursprung im Erdmittelpunkt hat (Abb. 3.12). Die X_{GA}-Achse entspricht der X_{HE}-Achse und die Z_{GA}-Achse zeigt in Richtung des Nordpols der Erde. Dieses Koordinatensystem ist nicht an die Erde gebunden, es dreht sich also nicht mit der täglichen Erdrotation um die eigene Achse.

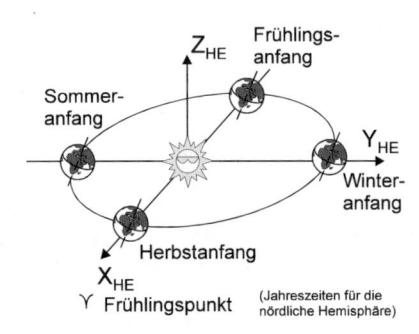

Abb. 3.11. Das heliozentrisch-ekliptikale Koordinatensystem.

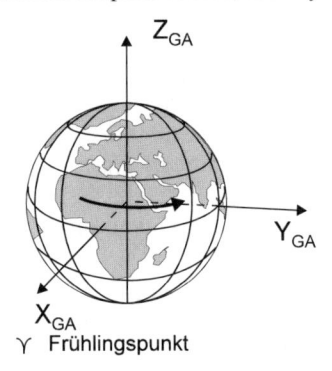

Abb. 3.12. Das geozentrisch-äquatoreale Koordinatensystem.

Für viele Raumflugmissionen ist auch die genaue Kenntnis der von einem Raumflugkörper beobachtbaren Position und Bewegung von Objekten notwendig. Hierzu wird ein an den Flugkörper gebundenes topozentrisches Koordinatensystem definiert.

Eine Möglichkeit dazu ist in Abb. 3.13 illustriert. Die x-Achse zeigt hier in Richtung des Geschwindigkeitsvektors, die y-Achse in Richtung des Erdmittelpunkts (*Nadir*) und die z-Achse steht senkrecht dazu (Orbitnormale). Außer bei Kreisbahnen und beim Durchgang durch das Peri- oder Apozentrum ist die x-

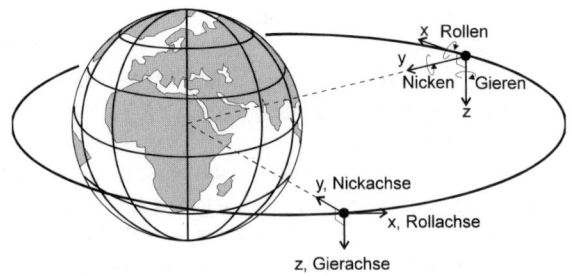

Abb. 3.13. Topozentrisches satellitenfestes Koordinatensystem mit festem Bezug zum Erdmittelpunkt.

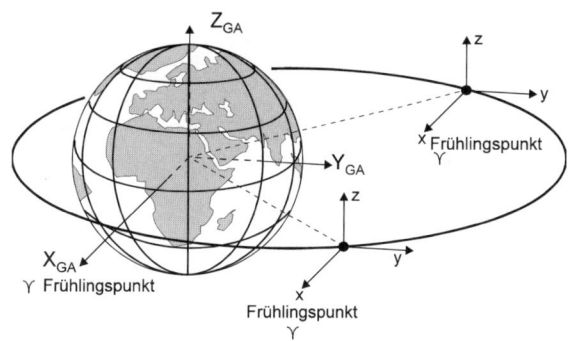

Abb. 3.14. Topozentrisches satellitenfestes Koordinatensystem mit inertialem Bezug.

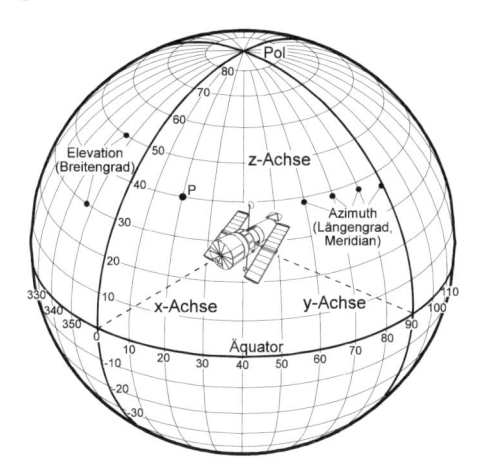

Abb. 3.15. Definition eines sphärischen Koordinatensystems auf einer Einheitskugel.

Achse nicht orthogonal zur y-Achse. In Abb. 3.13 sind auch die möglichen Bezeichnungen der Rotationsmanöver eines Flugkörpers (Rollen, Gieren und Nicken) und die dazugehörigen Achsen dargestellt.

Eine andere Möglichkeit ist die Verwendung von inertialen, d.h. fest in eine Raumrichtung weisenden, topozentrischen Koordinatensystemen (Abb. 3.14). Für Erdsatelliten wird hier meist ein Äquivalent zum geozentrisch äquatorealen Koordinatensystem definiert.

In der großen Mehrzahl der Beschreibungen, die ein satellitenfestes Koordinatensystem erfüllen muß, interessieren allerdings nur die Beobachtungswinkel zwischen zwei oder mehreren Objekten und weniger deren räumliche Entfernung. Es wird dann eine aus der Astronomie bekannte Darstellung bevorzugt, in der die Entfernung jedes beliebigen beobachteten Objekts auf einen Einheitsvektor normiert wird. Man erhält dann die in Abb. 3.15 skizzierte Darstellungsweise.

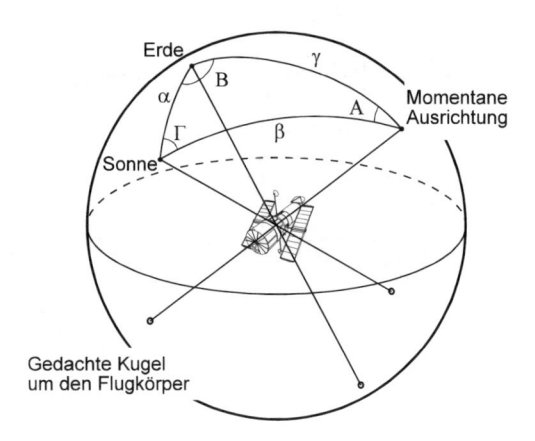

Abb. 3.16. Anwendung der sphärischen Himmelskoordinaten zur Darstellung von Objekten im Raum.

Zum Beispiel befindet sich der Punkt P, unabhängig von seiner Entfernung, zum betrachteten Zeitpunkt bei einem Azimuthwinkel von 40° und einem Elevationswinkel von 20°. In dieser Darstellung kann dann sehr praktisch die momentane Lage des Flugkörpers relativ zum Sonnen- oder Erdmittelpunkt angegeben werden, wie in Abb. 3.16 gezeigt wird.

Auf der Einheitskugel können dann auch Bewegungen der Himmelskörper einfacher analysiert werden, wie z.B. die Sonnenbewegung in Abb. 3.17 für ein Inertialsystem und Abb. 3.18 für ein fest auf den Erdmittelpunkt zeigendes Koordinatensystem.

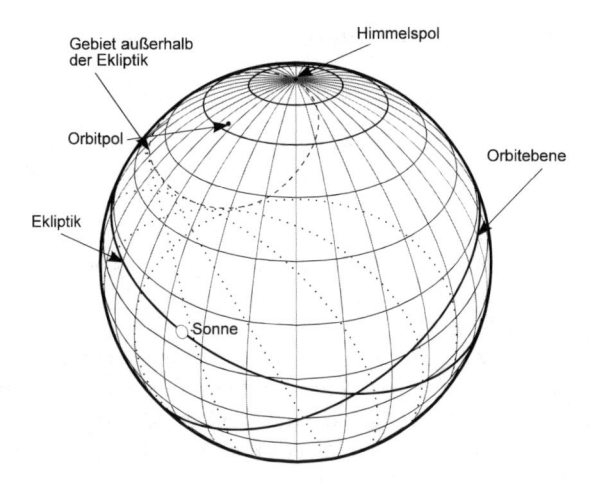

Abb. 3.17. Sonnenbewegung für ein inertiales, satellitenfestes, topozentrisches Koordinatensystem.

3.6 Beschreibung von Flugkörperbahnen 89

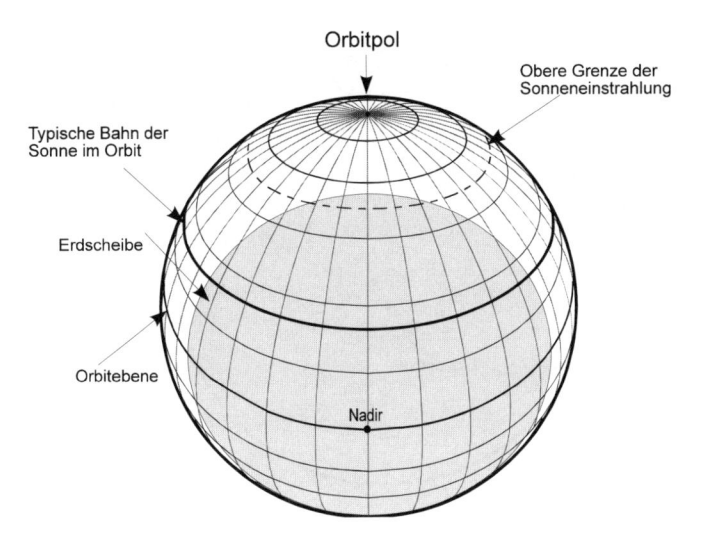

Abb. 3.18. Sonnenbewegung für ein satellitenfestes, auf den Erdmittelpunkt weisendes Koordinatensystem.

Von großer praktischer Bedeutung ist schließlich auch die vom Satelliten „sichtbare" Erdscheibe, die praktisch die Kommunikationsgrenze zwischen Satellit und Bodenstation beschreibt. In Abb. 3.19 ist eine zweidimensionale Projektion skizziert und in Abb. 3.20 der allgemeine Fall. Aus einfachen geometrischen Betrachtungen lassen sich daraus z.B. eine Grenze in der Sichtbarkeit einer geographischen Breite λ_0 in Abhängigkeit von der momentanen Satellitenposition berechnen. Es ergibt sich

$$\cos\lambda_0 = \sin\rho = \frac{R_0}{R_0 + H} \quad , \tag{3.101}$$

wobei H die momentane Höhe des Satelliten beschreibt.

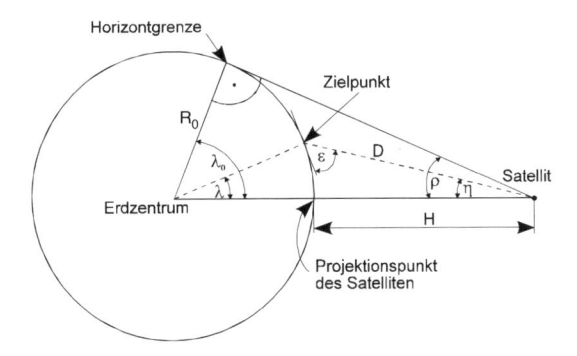

Abb. 3.19. Zweidimensionale Darstellung zur Sichtbarkeit eines Satelliten.

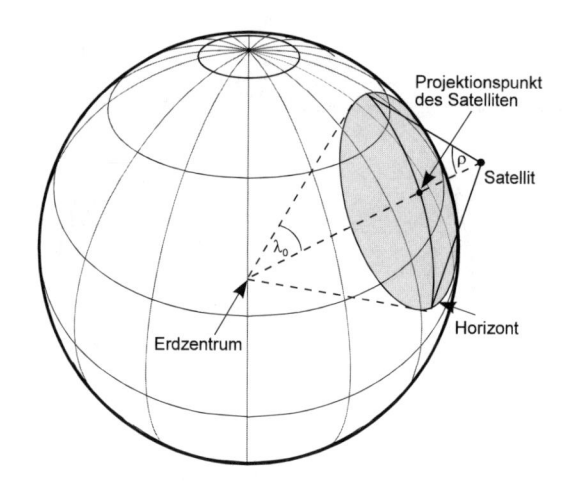

Abb. 3.20. Allgemeine Darstellung zur Bestimmung der Sichtbarkeit eines Satelliten.

Ist ein Betrachter (z.B. eine Bodenstation) um λ Breitengrade von der Bodenspur des Satelliten entfernt, so erscheint er dem Satelliten unter einem Winkel η mit

$$\tan\eta = \frac{\sin\rho\sin\lambda}{1-\sin\rho\cos\lambda} \quad . \tag{3.102}$$

Umgekehrt erscheint der Satellit dem Beobachter unter einem Winkel ε gegenüber dem Horizont mit

$$\cos\varepsilon = \frac{\sin\eta}{\sin\rho} \quad . \tag{3.103}$$

Die Entfernung zwischen Satellit und Beobachter ist schließlich

$$D = R_0 \frac{\sin\lambda}{\sin\eta} \quad . \tag{3.104}$$

3.6.2 Die klassischen Bahnelemente

Fünf unabhängige Größen, die sogenannten Bahnelemente, werden benötigt, um die Größe, Form und Orientierung eines Orbits zu beschreiben. Ein sechstes Element wird benötigt, um die Position eines Satelliten zu einem bestimmten Zeitpunkt festzulegen. Die klassische Definition dieser Bahnelemente ist im geozentrisch äquatorealen System, wie in Abb. 3.21 dargestellt, gegeben durch

1. Große Halbachse a (Konstante zur Definition der Größe eines Orbits).
2. Exzentrizität e (Konstante zur Definition der Form eines Orbits).
3. Inklination i (Winkel zwischen $\vec{Z}_{GA}$ und Drehimpulsvektor $\vec{h}$).
4. Länge Ω des aufsteigenden Knotens (Winkel zwischen $\vec{X}_{GA}$ und der Verbindungslinie zwischen Erdmittelpunkt und aufsteigendem Knoten).
5. Perigäumsabstand vom Knoten ω (Winkel zwischen aufsteigendem Knoten und Perigäum).
6. Perigäumsdurchgangszeit T (Zeitpunkt an dem der Satellit am Perigäum war).

In Abhängigkeit vom gewählten Koordinatensystem werden eine Vielzahl weiterer Bahnparameter definiert. Im wesentlichen lassen sie sich allerdings durch eine einfache Koordinatentransformation aus den klassischen Elementen ableiten.

3.6.3 Ausgewählte Umlaufbahnen

In der Raumfahrt haben sich einige spezielle Umlaufbahnen wegen ihrer spezifischen Vorteile und Eigenschaften etabliert. Diese sollen im folgenden kurz vorgestellt werden.

A. Niedriger Erdorbit (LEO, Low Earth Orbit)

Bei Satellitenumlaufbahnen bis zu einer Höhe von ca. 1.000 km, der Grenze der „spürbaren" Erdatmosphäre, spricht man von einer Umlaufbahn im niedrigen Erdorbit. Die Umlaufdauer in diesen Bahnen beträgt nach Gl. (3.75) ca. 90 min. (250 km-Bahn) bzw. ca. 105 min. (1000 km-Bahn). Dies sind die typischen Bahnhöhen für das Space Shuttle, die Raumstationen, Überwachungs- und Forschungs-

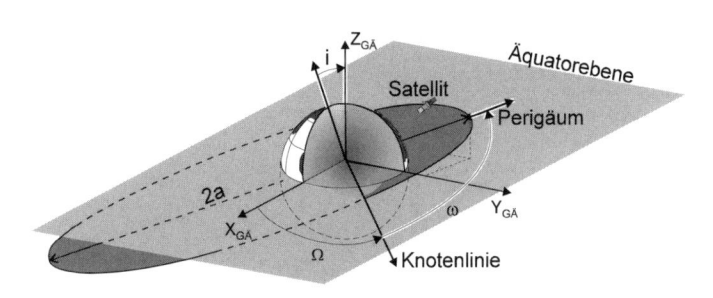

Abb. 3.21. Die klassischen Bahnelemente.

92   3 Grundlagen der Bahnmechanik

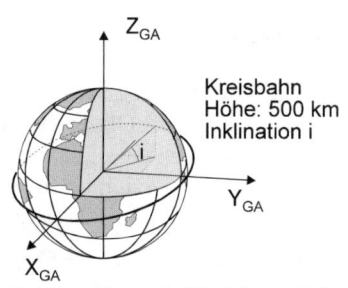

Abb. 3.22.   Satellit im niedrigen Erdorbit (Kreisbahn 500 km, Inklination i).

satelliten, etc. Wenn diese Umlaufbahn maßstäblich gezeichnet wird, so erscheint sie bemerkenswert niedrig (Abb. 3.22).

Die Bodenspur, d.h. die Position des Satelliten relativ zur Erdoberfläche, ist in Abb. 3.23 dargestellt. Sie sieht aus wie eine sinusförmige Kurve, die sich allerdings nicht wiederholt. Im Punkt 1 beginnend, umrundet der Satellit die Erde bis zum Punkt 4 einmal. Im Weltraum ist die Umlaufbahn natürlich geschlossen, die Punkte 1 und 4 fallen also zusammen. Für die Bodenspur ist dies allerdings nicht der Fall, weil sich die Erde unter dem Satelliten wegdreht. In den 90 Minuten, die der Satellit zum Umrunden der Erde benötigt, hat diese sich um 22,5° gedreht, d.h. am Äquator um ca. 2.500 km. Die maximal erreichte nördliche und südliche Breite entspricht der Inklination der Bahn, im dargestellten Fall 23,5°. Wegen dieser relativ kleinen Inklination und dem niedrigen Erdorbit überstreicht der Satellit nicht die gesamte Erdoberfläche. Gebiete im Norden und Süden werden also nicht erreicht. Es ist auch keine direkte Kommunikation zu diesen Gebieten möglich, da nach Gl. (3.101) die Kommunikationsgrenze bei maximal ±14° um den momentan erreichten Breitengrad des Satelliten liegt. Die Bahnpunkte in

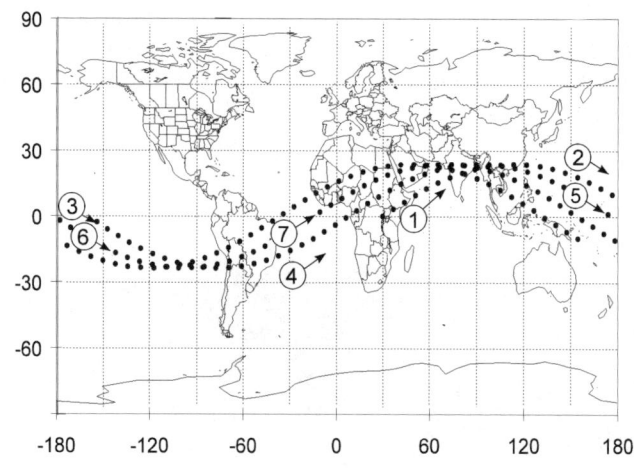

Abb. 3.23.   Bodenspur eines Satelliten im niedrigen Erdorbit (Kreisbahn 200 km, Inklination 23,5°).

Abb. 3.23 zeigen die Satellitenposition nach jeweils einer Minute. Da der Satellit sich auf einer kreisförmigen Bahn befindet, besitzt er eine gleichförmige Geschwindigkeit und die Punkte sind äquidistant verteilt.

B. Geosynchroner Orbit

Ein geosynchroner Orbit tritt auf, wenn die Umlaufbahn eine Periode von 86164 Sekunden (23 Stunden, 56 Minuten, 4 Sekunden), der Dauer eines Sterntages aufweist. Ein Spezialfall ergibt sich wenn der Orbit kreisförmig ist und in der Äquatorebene liegt. Man spricht dann von einem geostationären Orbit (GEO, Geostationary Earth Orbit). Der Satellit erscheint also einem Beobachter auf der Erde immer am gleichen Ort. Diese spezielle Umlaufbahn hat sich für die Telekommunikation bewährt, weil insbesondere die Antennen immer an einen fixen Punkt ausgerichtet bleiben. Von dieser Höhe kann der Satellit auf ca. ein Drittel der Erdoberfläche ausstrahlen, allerdings können die nördlichsten Staaten nicht erreicht werden.

Es gibt einige interessante Varianten des geosynchronen Orbits. Falls zum Beispiel die Inklination von Null verschieden ist, ergibt sich für die Bodenspur eine gerade Linie, die sich entsprechend der Inklination nach Norden und Süden erstreckt. Für den Fall, daß die Inklination Null ist und die Umlaufbahn eine Exzentrizität aufweist (Ellipse) ergibt sich als Bodenspur eine gerade Linie in Ost-West-Richtung. Sind Inklination und Exzentrizität von Null verschieden, so können als Bodenspuren Figuren wie ein Oval oder eine liegende Acht entstehen (Abb. 3.24).

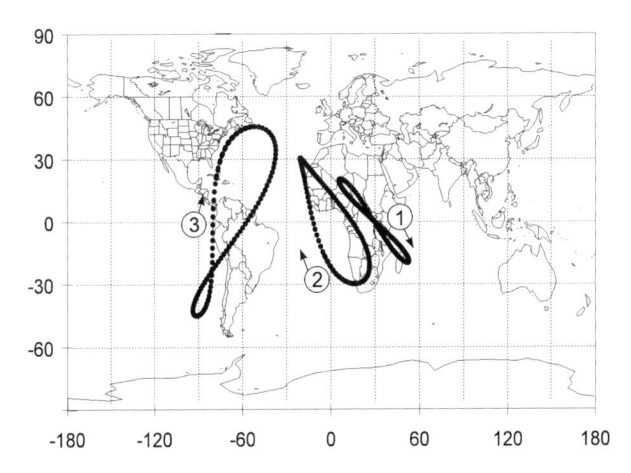

Abb. 3.24. Bodenspuren von Satelliten in geosynchroner Umlaufbahn;
1: $e = 0{,}2$, $i = -20°$, $\Omega = 30°$, $\omega = 0°$;
2: $e = 0{,}2$, $i = -30°$, $\Omega = -35°$, $\omega = 35°$;
3: $e = 0{,}2$, $i = 45°$, $\Omega = -100°$, $\omega = 30°$.

C. Polarer Orbit

Im Gegensatz zum niedrigen Erdorbit mit kleiner Inklination überstreicht ein Satellit in LEO mit einer Inklination von ca. 90° die gesamte Erde innerhalb von ein paar Tagen. Diese polare Umlaufbahnen werden für Wettersatelliten, für die Kartographie und für Spionagesatelliten verwendet. Die Bodenspur eines derartigen Orbits ist in Abb. 3.25 dargestellt.

D. Molniya Orbit

Bei der Molniya-Bahn handelt es sich um einen Orbit, der ausgiebig von russischen Satelliten verwendet wird. Die Umlaufbahn ist exakt ein halber Sterntag (11 h 58 min. 2s) und weist eine Exzentrizität von ca. 0,74 und eine Inklination von ca. 64° auf. Das Apogäum liegt also in einer Höhe von ca. 40.000 km, das Perigäum bei ca. 530 km. Die somit entstehende Bodenspur ist in Zeitabständen von 5 Minuten in Abb. 3.27 dargestellt. Der Satellit verharrt ca. 8 Stunden nahezu stationär im Apogäum über Sibirien und überquert das Perigäum in ca. 4 Stunden, um das Apogäum jetzt über Kanada zu erreichen. Zwölf Stunden später ist er wieder über Sibirien. Dieser Orbit ist insbesondere für die Kommunikation im nördlichsten Teil der Hemisphäre geeignet, da man hier geostationäre Satelliten nicht empfangen kann.

E. Sonnensynchroner Orbit

Der sonnensynchrone Orbit (SSO) ist dadurch gekennzeichnet, daß die Normale der Bahnebene zur Sonne zeigt und der Satellit sich also ständig im Sonnenlicht befindet. Dazu benötigt der aufsteigende Knoten eine Präzessionsrate von 0,9856°/Tag. Erdbeobachtungssatelliten befinden sich oftmals auf SSO-Bahnen im Höhenbereich von 800 - 1.000 km und einer Inklination von i=98°. Die Höhe wird dann so angepaßt, daß nach einer ganzen Zahl von Tagen der Satellit immer zur selben Tageszeit über (idealerweise) denselben Punkt der Erdoberfläche fliegt.

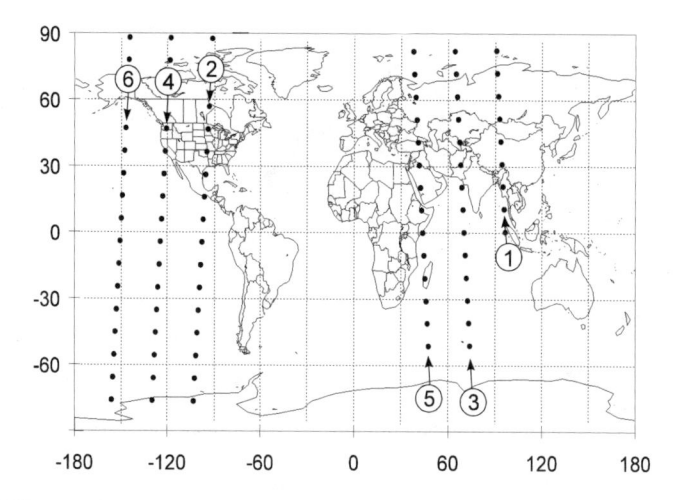

Abb. 3.25. Bodenspur eines Satelliten im polaren Orbit.

3.6 Beschreibung von Flugkörperbahnen   95

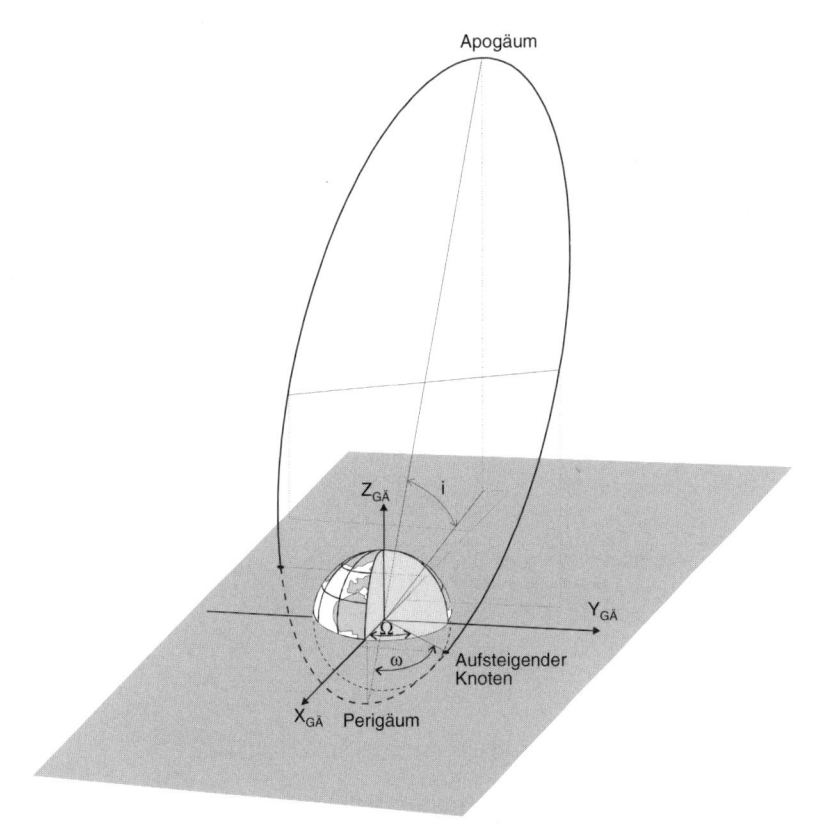

Abb. 3.26. Satellit auf einer Molniya-Bahn,
(Ellipse 530×40.000 km, e=0,74, i=64°, Ω=60°, ω=-72°).

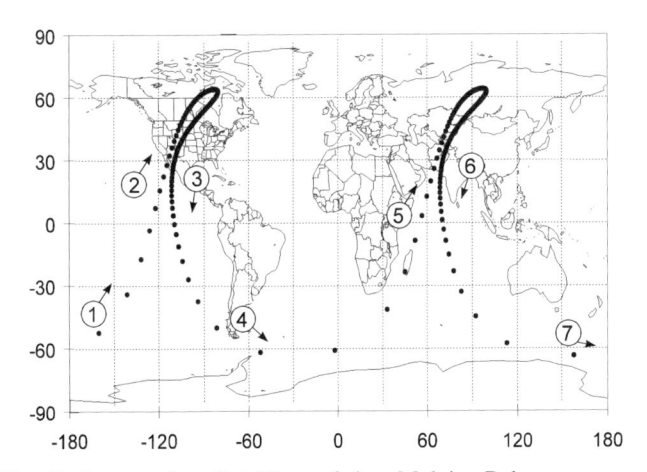

Abb. 3.27. Bodenspur eines Satelliten auf einer Molniya-Bahn.

3.7 Anwendung von Ellipsenbahnen

3.7.1 Zeit entlang einer Keplerbahn

Die bislang aufgeführten Gleichungen lieferten Flugzeiten nur für ganze oder halbe Ellipsen. Für die Berechnung der Flugzeit zwischen zwei beliebigen Punkten auf Ellipsen- oder Hyperbelbahnen ist allerdings eine etwas aufwendigere Herleitung notwendig. Diese Fragestellung wird in der Literatur häufig auch als das „Keplerproblem" zitiert.

Aus der Geometrie der Ellipsenbahnen können zunächst die Winkel θ (*Wahre Anomalie*) und E (*Exzentrische Anomalie*) definiert werden (s. Abb. 3.28). Außerdem gilt der Zusammenhang

$$b = \sqrt{a^2(1-e^2)} \tag{3.105}$$

zwischen der großen und der kleinen Halbachse einer Ellipse. Neben der Bahngleichung

$$r = \frac{a(1-e^2)}{1+e\cos\theta} = \frac{p}{1+e\cos\theta} \quad , \tag{3.56}$$

lassen sich aus Abb. 3.28 auch die geometrischen Verhältnisse

$$r\cos\theta = a(\cos E - e) \tag{3.106}$$

und

$$\frac{r\sin\theta}{a\sin E} = \frac{b}{a} = \sqrt{1-e^2} \tag{3.107}$$

ableiten. Aus den Gleichungen (3.56) und (3.106) ergibt sich folgender Zusammenhang zwischen dem Ortsvektor r und der exzentrischen Anomalie E:

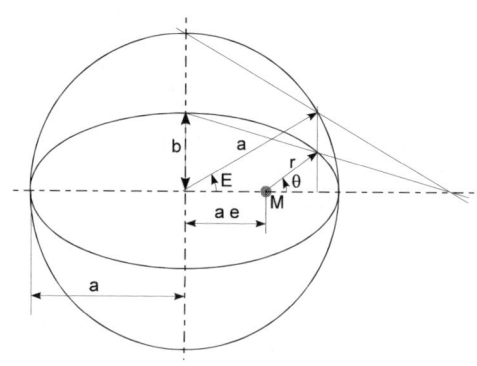

Abb. 3.28. Zur geometrischen Beschreibung von Ellipsen.

$$r = \frac{a(1-e^2)}{1+e\frac{a}{r}(\cos E - e)} = \frac{r(1-e^2)}{\frac{r}{a}+e(\cos E - e)} \quad , \quad (3.108)$$

d.h.
$$r = a(1-e\cos E) \quad . \quad (3.109)$$

Daraus läßt sich durch Elimination von r/a in den Gleichungen (3.106) und (3.107) ein Zusammenhang zwischen θ und E ableiten

$$\cos\theta = \frac{\cos E - e}{1-e\cos E} \quad , \quad (3.110)$$

und
$$\sin\theta = \frac{\sqrt{1-e^2}\sin E}{1-e\cos E} \quad . \quad (3.111)$$

Um die Flugzeit zu berechnen, muß der Zusammenhang zwischen E und t bekannt sein. Durch Differentiation der Gl. (3.56) und Gl. (3.109) nach der Zeit ergibt sich

$$\dot{r} = \frac{a(1-e^2)}{(1+e\cos\theta)^2} e\sin\theta \frac{d\theta}{dt} \quad (3.112)$$

und
$$\dot{r} = ae\sin E \frac{dE}{dt} \quad . \quad (3.113)$$

Zusammen mit der Gl. (3.111) erhält man daraus

$$\frac{1-e\cos E}{(1-e^2)^{\frac{3}{2}}} dE = \frac{d\theta}{(1+e\cos\theta)^2} \quad . \quad (3.114)$$

Für Kegelschnitte gilt allgemein, wegen Gl. (3.48) und (3.56),

$$\frac{|\vec{h}|}{\frac{d\theta}{dt}} = \frac{p^2}{(1+e\cos\theta)^2} \quad \text{mit} \quad h^2 = p\gamma M\left(1+\frac{m}{M}\right) = p\mu^* \quad , \quad (3.115)$$

und es folgt
$$\sqrt{\frac{\mu^*}{p^3}} dt = \frac{d\theta}{(1+e\cos\theta)^2} \quad . \quad (3.116)$$

Der Vergleich dieser Gleichung mit Gl. (3.114) ergibt nach Elimination von dθ folgende Differentialgleichung:

98   3 Grundlagen der Bahnmechanik

$$\sqrt{\frac{\mu^*}{p^3}}dt = \frac{1-e\cos E}{\left(1-e^2\right)^{\frac{3}{2}}}dE \quad . \tag{3.117}$$

Die Integration ergibt schließlich die *Keplergleichung* in der Form

$$\int_{t_0}^{t}\sqrt{\frac{\mu^*}{p^3}}dt = \frac{1}{\left(1-e^2\right)^{\frac{3}{2}}}[E - e\sin E]_{E=0}^{E} = \frac{M_A}{\left(1-e^2\right)^{\frac{3}{2}}} \quad . \tag{3.118}$$

Mit
$$\left(1-e^2\right)^{3/2} = \left(\frac{p}{a}\right)^{3/2} \quad , \tag{3.119}$$

und
$$\mu^* = \gamma(m+M) \quad , \tag{3.120}$$

folgt:
$$M_A = \sqrt{\frac{\gamma M\left(1+\frac{m}{M}\right)}{a^3}}(t-t_0) = \omega_p(t-t_0) \quad , \tag{3.121}$$
$$= E(t) - e\sin E(t) - E(t_0) + e\sin E(t_0)$$

wobei $(t-t_0)$ die Zeit vom Perizentrum, mit E=0, bis zum Bahnpunkt mit der exzentrischen Anomalie E darstellt. Die durch diese Gleichung definierte „*mittlere Anomalie*" M_A ist Null für E=θ=0 und nimmt, im Gegensatz zu E und θ, proportional mit der Zeit t zu. Jeweils für $M_A = \pi, 2\pi, 3\pi,...$ gilt $M_A = E = θ$.

Die Keplergleichung läßt sich nur dann geschlossen auflösen, wenn E gegeben ist. In dem häufiger vorkommenden Fall, in dem E für einen vorgegebenen Zeitpunkt t gesucht wird, muß die Lösung mit einer numerischen oder graphischen Näherungsmethode bestimmt werden.

Eine wichtige Anwendung der Keplergleichung, für die eine analytische Lösung gefunden werden kann, ist die Bestimmung der Übergangszeit $(t-t_0)$, die ein frei fliegender Körper zwischen zwei Punkten $(r,θ$ und $r_0, θ_0)$ auf einer gegebenen Ellipsenbahn benötigt. Der Rechengang ist wie folgt: Aus Gl. (3.106) folgen aus den Daten der Bahnpunkte die exzentrischen Anomalien E bzw. E_0 und hiermit aus der Keplergleichung (3.121) die Zeitdifferenz $(t-t_0)$.

3.7.2 Ballistische Flugbahnen zwischen zwei Erdpunkten

Die Antriebsphase einer Interkontinentalrakete ist im allgemeinen klein gegenüber der ballistischen Phase der zurückgelegten Strecke. Die zurückgelegte Strecke während der Schubphase reicht zwar über die Erdatmosphäre hinaus, ist aber immer noch klein verglichen zum Erdradius selbst und zur Länge der Bahn. Damit läßt sich die Flugbahn der Interkontinentalrakete durch ihren ballistischen Teil annähern, der wiederum im zentralen Gravitationsfeld ohne Luftreibung durch eine Ellipse (bzw. Hyperbel oder Parabel) oder ein Teilstück einer Ellipse (bzw. einer dieser Kurven) dargestellt werden kann. Die Flugbahn läßt sich somit bei Vernachlässigung der Schwebe- und Luftwiderstandsverluste aus der Brennschlußgeschwindigkeit v_0 und dem Ort des Brennschlusses ($r_0 \cong R_0$; θ_0) bestimmen.

Zunächst errechnet sich die *Gipfelhöhe der ballistischen Flugbahn* Z_G (s. Abb. 3.29) zu

$$Z_G = a(1+e) - R_0 \quad . \tag{3.122}$$

Ersetzen wir hierin a durch die Vis-Viva-Gleichung

$$a = \frac{R_0}{2-\lambda} \quad , \tag{3.123}$$

wobei

$$\lambda = \frac{R_0 v_0^2}{\mu} = \left(\frac{v_0}{v_{K0}}\right)^2 \quad , \tag{3.124}$$

und die Exzentrizität der Bahnellipse e aus dem Drehimpulssatz mit $d\theta/dt = 0$

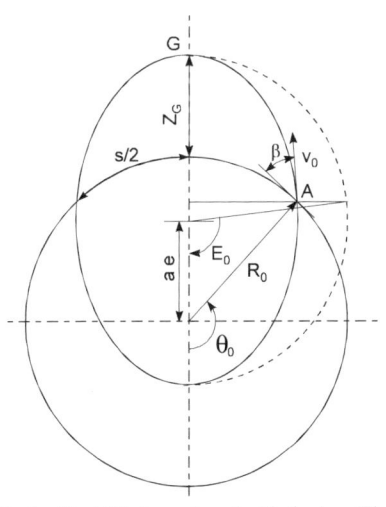

Abb. 3.29. Geometrische Verhältnisse einer ballistischen Flugbahn.

$$h^2 = (R_0 v_0 \cos\beta)^2 = \mu a(1-e^2), \quad (3.125)$$

also
$$e^2 = 1 - \lambda \frac{R_0}{a} \cos^2\beta, \quad (3.126)$$

bzw.
$$e = \left[1 - \lambda(2-\lambda)\cos^2\beta\right]^{\frac{1}{2}}, \quad (3.127)$$

so folgt die Gipfelhöhe der ballistischen Flugbahn zu

$$Z_G = \frac{R_0}{2-\lambda}\left\{1 + \left[1 - \lambda(2-\lambda)\cos^2\beta\right]^{1/2}\right\} - R_0. \quad (3.128)$$

Für $\lambda < 2$ bleibt Z_G endlich, d.h. die Flugbahn entspricht einem Ellipsenbogen. Für $\lambda = 2$ wird $Z_G = \infty$, d.h. die Flugbahn wird zur Parabel und für $\lambda > 2$ wird Z_G negativ, also nicht mehr sinnvoll, in diesem Fall ist die Flugbahn ein Teilstück einer Hyperbel, die Rakete wurde also auf Fluchtgeschwindigkeit beschleunigt. Im folgenden wollen wir uns auf die Ellipsenbahnen beschränken und die *Reichweite* s entlang der Erdoberfläche berechnen. Aus Abb. 3.29 folgt zunächst

$$s = 2R_0(\pi - \theta_0). \quad (3.129)$$

Um eine Beziehung für $(\pi-\theta_0)$ in Abhängigkeit von der Geschwindigkeit und dem Abschußwinkel zu erhalten, ersetzen wir die wahre Anomalie θ_0 nach der Ellipsengleichung für den Punkt $(R_0; \theta_0)$

$$\cos\theta_0 = \frac{1}{e}\left[\frac{a}{R_0}(1-e^2) - 1\right]. \quad (3.130)$$

Damit ist
$$\cos(\pi - \theta_0) = \frac{1}{e}\left[1 - \frac{a}{R_0}(1-e^2)\right]. \quad (3.131)$$

Ersetzen wir weiter e und a so folgt

$$\cos(\pi - \theta_0) = \frac{1 - \lambda\cos^2\beta}{\left[1 - \lambda(2-\lambda)\cos^2\beta\right]^{1/2}}. \quad (3.132)$$

Die Reichweite einer ballistischen Rakete errechnet sich schließlich aus diesem Ergebnis und aus Gl. (3.129) zu

$$s = 2R_0 \arccos\left\{\frac{1 - \lambda\cos^2\beta}{\left[1 - \lambda(2-\lambda)\cos^2\beta\right]^{1/2}}\right\}. \quad (3.133)$$

3.7 Anwendung von Ellipsenbahnen

Für einen vertikalen Abschuß wäre $\beta=90°$ und damit die Reichweite $s(\beta=90)=R_0\arccos(1)=0$, wie wir es erwarten müssen. Für einen horizontalen Abschuß $\beta=0$ oder $\beta=180°$ ist diese Reichweite wiederum $s(\beta=0)=2R_0\arccos(1)=0$. Dieser letzte Fall entspricht Ellipsenbahnen, deren Apogäum oder Perigäum mit dem Brennschlußort (oder nahezu Abschußort) zusammenfallen; es handelt sich also um Ellipsen, die vollständig innerhalb der Erde liegen und damit ausgeschlossen werden müssen, oder andererseits um Ellipsen, die nur einen Berührungspunkt auf der Erdoberfläche, den Brennschlußort (bzw. näherungsweise Abschußort) A haben, aber sonst vollständig außerhalb der Erde liegen.

Fragen wir nun, unter welchem Abschußwinkel β für eine gegebene Brennschlußgeschwindigkeit v_0 die Reichweite ein Maximum erreicht, so ist dies gleichbedeutend mit der Frage, für welchen Winkel β der Wert $\cos(\pi-\theta_0)$ ein Minimum erreicht. Die Antwort findet man durch Nullsetzen der Ableitung

$$\frac{d[\cos(\pi-\theta_0)]}{d[\cos\beta]} \quad . \tag{3.134}$$

Daraus folgt
$$\cos(\beta_{extr.})=\frac{1}{\sqrt{2-\lambda}} \quad , \tag{3.135}$$

und die maximale Reichweite s_{max} ergibt sich zu

$$s_{max}=2R_0\arccos\left(\frac{2\sqrt{1-\lambda}}{2-\lambda}\right) \quad . \tag{3.136}$$

Die *Flugzeit* t_E-t_A, die die ballistische Rakete benötigt, kann nun unter Anwendung der Keplergleichung aus dem vorangegangenen Abschnitt bestimmt werden. Die gesamte Flugzeit der Rakete ist doppelt so groß wie die von A nach G. Die wahre Anomalie des Anfangspunktes ist jedoch θ_0, die des Gipfelpunktes G ist $\theta_G=\pi$. Aus Gl. (3.106) folgen somit die exzentrischen Anomalien für beide Punkte

$$\cos E_G = -1 \quad , \tag{3.137}$$

$$\cos E_0 = e + \frac{R_0}{a}\cos\theta_0 \quad . \tag{3.138}$$

Oder es wird $\cos\theta_0$ nach Gl. (3.130) ersetzt und mit e und a nach Gl. (3.127) und Gl. (3.123) erhalten wir

$$E_G = \pi \quad , \tag{3.139}$$

$$E_0 = \arccos\left[\frac{-(1-\lambda)}{\sqrt{1-\lambda(2-\lambda)\cos^2\beta}}\right] \quad , \tag{3.140}$$

und
$$\chi = \pi - E_0 = \arccos\left[\frac{1-\lambda}{\sqrt{1-\lambda(2-\lambda)\cos^2\beta}}\right]. \qquad (3.141)$$

Damit können wir die Flugzeit nach der Keplergleichung (3.121) bestimmen zu

$$t_E - t_A = 2\frac{\gamma M}{v_0^3}\left(\frac{\lambda}{2-\lambda}\right)^{3/2}\left\{\chi + \left[1-\lambda(2-\lambda)\cos^2\beta\right]^{1/2}\sin\chi\right\} \qquad (3.142)$$

Interessant ist schließlich auch das Verhältnis von maximaler Gipfelhöhe/Reichweite, d.h. für $\beta_{extr.}$

$$\frac{(Z_g)_{extr.}}{S_{max}} = \frac{\lambda - 1 + \sqrt{1-\lambda}}{2(2-\lambda)\arccos\left[\frac{2\sqrt{1-\lambda}}{2-\lambda}\right]}. \qquad (3.143)$$

Diese Funktion ist in Abb. 3.30 dargestellt.

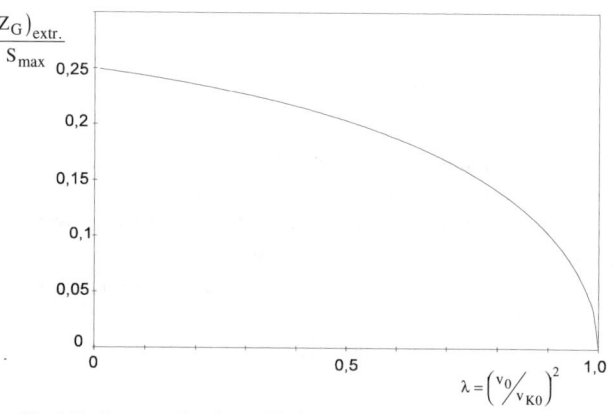

Abb. 3.30. Verhältnis maximaler Gipfelhöhe zu maximaler Reichweite einer ballistischen Rakete.

4 Manöver zur Bahnänderung

4.1 Einführende Bemerkungen

Im Kapitel 3 wurden allgemein die möglichen Flugbahnen ohne eine zwischenzeitliche Bahnänderung behandelt. Damit man aber überhaupt erst in eine Umlaufbahn kommt, z.B. in einen geostationären Orbit, sind teilweise mehrere Bahnänderungsmanöver notwendig, deren Energiebedarf durch eine „Rakete" (Triebwerk) mit einer entsprechenden Treibstoffmenge bereitgestellt werden muß. Die für die Bahnänderungen benötigte Mindestantriebsenergie könnte man grundsätzlich auch mit Hilfe des integralen äußeren Wirkungsgrades η_A einer Rakete abschätzen, was aber wesentlich schwieriger durchzuführen, weniger verständlich und daher auch weniger verläßlich ist. Zum Beispiel liefern Schubimpulse normal zur Flugrichtung (oder Bahn) für Richtungsänderungen keine zusätzliche Bahnenergie, haben also Energie-Wirkungsgrad Null und sind daher energiemäßig schlecht zu erfassen.

Mit der Charakteristischen Geschwindigkeit Δv_{ch} aus der Impulsgleichung in Kapitel 2 kann man hingegen automatisch den gesamten Antriebsbedarf einer Flugaufgabe erfassen, einschließlich der benötigten Beschleunigungen, Verzögerungen, Richtungsänderungen usw. für das Erreichen der gewünschten Bahn, sowie für Rendezvous-, Docking- und Landemanöver. Weiterhin kann man damit auch die verschiedenen Verluste wie Luftwiderstand, Schwebeverluste usw. berücksichtigen. Die benötigte Antriebsenergie und damit auch das erforderliche Δv_{ch} hängen im allgemeinen davon ab, wie die gewünschte Bahn oder das gewünschte Ziel erreicht wird, d.h. wann, wo, bei welcher Höhe und bei welcher Geschwindigkeit die verschiedenen Antriebsimpulse erfolgen.

Die Energieerhaltungsgleichung (Vis-Viva-Gleichung) für die Bahnberechnungen ist weiterhin gültig, und zwar für alle Bahnkomponenten, die ohne Schub und ohne Widerstandskräfte durchflogen werden. Außerdem dienen die Bahnenergien für die schnelle Abschätzung der Größenordnung des minimalen Charakteristischen Geschwindigkeitbedarfs Δv_{ch} einer Flugaufgabe.

Für die Berechnung des charakteristischen Geschwindigkeitsbedarfs einer Flugaufgabe, die von der Geschwindigkeit Null (relativ zum betreffenden Bezugssystem gerechnet) aus erfolgt, gilt allgemein, daß Δv_{ch} nie kleiner als $\sqrt{2\Delta\varepsilon}$ sein kann, wobei $\Delta\varepsilon$ die theoretisch minimalste spezifische Energie ist, die die

Endmasse m_E des Flugkörpers (d.h. leere Rakete einschließlich Nutzlast) in die verlangte Bahn bringen kann:

$$\Delta v_{ch} \geq \sqrt{2\Delta\varepsilon_{Bahn}} \quad . \tag{4.1}$$

Als Ausnahmen sind hier lediglich atmosphärische Brems- und Swing-by-Manöver zu nennen. Die Begründung hierfür ist, daß in den meisten Fällen eine größere Masse als die der Endmasse beschleunigt oder gegen das Gravitationsfeld gehoben wird. Die dabei aufgewendete zusätzliche Energie kann aber nicht vollständig zurückgewonnen werden. Der Sonderfall, in dem der Flugkörper ohne eigenen Antrieb durch die Gravitationsfelder anderer Himmelskörper zusätzliche Energie gewinnen kann, wird in Abschnitt 4.6 behandelt. Zwei andere Möglichkeiten ohne Treibstoff einen Energiegewinn bzw. eine Bahnänderung zu erzielen, werden in den Kapiteln 4.7 und 4.8 diskutiert.

Neben Δv_{ch} ist die *hyperbolische Exzeßgeschwindigkeit* (Überschußgeschwindigkeit) v_∞ eine wichtige Größe. Sie ist definiert als die Geschwindigkeit $v_\infty \geq 0$, die ein Flugkörper in „unendlich" großer Entfernung vom Zentralkörper, z.B. von der Erde oder von der Sonne, aufweisen würde, wenn er an einer bestimmten Position r die Geschwindigkeit v besitzt, d.h.

$$v_\infty^2 = v^2 - v_{Fl}^2 \quad . \tag{4.2}$$

Die Fluchtgeschwindigkeit v_{Fl} liegt hierbei durch die Vis-Viva-Gleichung mit $a \to \infty$ fest.

$$v^2(r) = \mu\left(\frac{2}{r} - \frac{1}{a}\right), \quad \stackrel{a \to \infty}{\Rightarrow} \quad v_{Fl} = \sqrt{\frac{2\mu}{r}} \quad . \tag{4.3}$$

4.2 Manöver mit impulsiven Schubphasen

4.2.1 Definitionen

Unter impulsiven Bahnänderungen verstehen wir solche, die in relativ kurzen Zeitintervallen und daher sehr kurzen Bahnstücken, im Vergleich zur gesamten Flugbahn, erfolgen. Die hier abgeleiteten Resultate beziehen sich also hauptsächlich auf Raketensysteme mit relativ hohen Beschleunigungen von mindestens 0,1 g_0 (ca. 1 m/s^2), also auf chemische oder nuklear-thermische Raketensysteme. Zum Beispiel ist für eine elliptische Bahn ein Bahnsegment als „kurz" zu betrachten, wenn der Fahrstrahl einen Winkel von nur einigen Grad überspannt.

Das wesentliche Kriterium für die Gültigkeit der vereinfachten Rechenmethode für „impulsive" Geschwindigkeitsänderungen ist, daß während der Schubdauer alle anderen auf den Flugkörper wirkenden Kräfte nur sehr kleine Geschwindigkeitsänderungen in Flugrichtung, im Vergleich zu den durch den Schub erreichten, verursachen dürfen.

Mit der Annahme der impulsiven Geschwindigkeitsänderungen kann man diese so berechnen, als ob sie im schwerelosen Raum stattfänden, also mit der einfachen Raketengleichung. Die so errechneten Geschwindigkeitsänderungen werden vektoriell zu der Bahngeschwindigkeit vor dem Impuls addiert.

Ganze Flugbahnen werden in der hier benutzten Annäherung durch Zusammensetzen von kurzen, impulsiven Schubphasen und Keplerbahnstücken (Freiflug- oder Coastphasen) angenähert. Ausnahmen sind:

1. Das Bahnstück für den steilen Aufstieg einer Rakete von der Oberfläche eines Planeten (s. Kap. 4.4) und
2. Bahnen für Antriebssysteme mit sehr kleinem (kontinuierlichem) Schub, wie z.B. elektrische Antriebe (s. Kap. 4.3).

Für diese beiden Fälle müssen die Bahnen genauer, unter gleichzeitiger Berücksichtigung der Gravitations-, Schub- und eventuell auch der Widerstandskräfte integriert werden.

4.2.2 Allgemeine Betrachtung

Eine Bahnänderung wird im allgemeinen durch eine Änderung der momentanen Bahngeschwindigkeit und/oder der Flugrichtung verursacht. Einige Beispiele hierzu sind in Abb. 4.1 dargestellt. Dabei kann prinzipiell zwischen einer planaren und einer nicht-planaren Bahnänderung unterschieden werden, d.h. ob die Bahnebene bzw. die Inklination der Bahn geändert wird. Der planare Fall korrespondiert zu einer reinen Änderung der Geschwindigkeit in der Ebene der Bahn und führt zu einem *koplanaren Übergang*. Im Gegensatz dazu beinhaltet der nichtplanare Fall eine Inklinationsänderung. In beiden Fällen wird aber die Geschwindigkeitsänderung durch vektorielle Addition erhalten, d.h.

$$\Delta \vec{v} = \vec{v}_2 - \vec{v}_1 \ . \tag{4.4}$$

Der Betrag der Geschwindigkeitsänderung bzw. der Antriebsbedarf für die impulsförmige Änderung der Bahn ergibt sich nach Abb. 4.2 aus

$$\Delta v = \sqrt{v_1^2 + v_2^2 - 2 v_1 v_2 \cos B} \ , \tag{4.5}$$

wobei $\qquad \cos B = \cos \alpha \cos \beta \ . \tag{4.6}$

Hier stellen α die Inklinationsänderung und β die Winkeländerung in der Bahnebene dar. Nur für sehr kleine Winkel B vereinfacht sich diese Beziehung zu

$$\Delta v = |v_1 - v_2| \ . \tag{4.7}$$

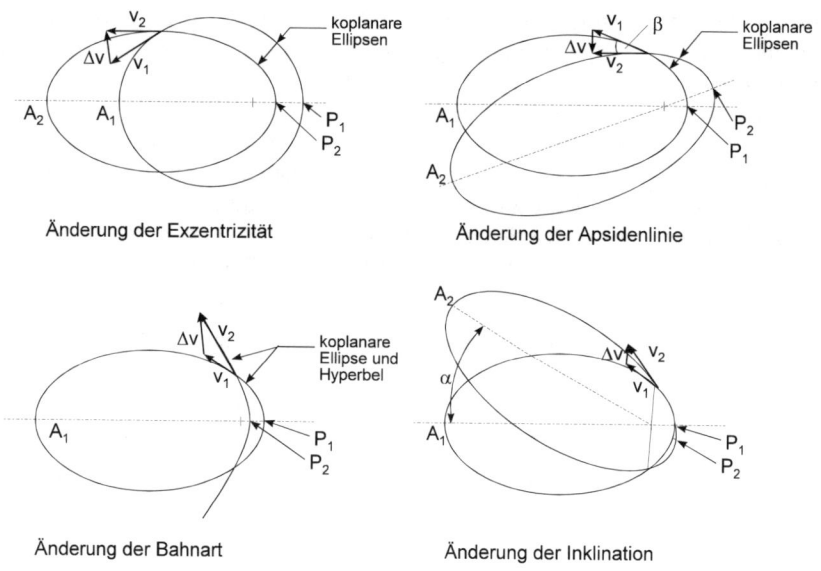

Abb. 4.1. Mögliche Bahnänderungen.

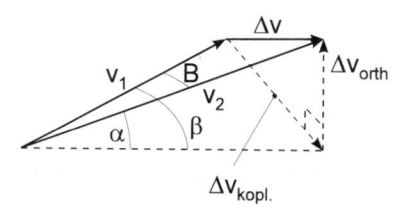

Abb. 4.2. Allgemeine Darstellung einer Geschwindigkeitsänderung.

4.2.3 Abhängigkeit des Antriebsbedarfs von der Verteilung der Schubphasen

Im folgenden soll am Beispiel der Flucht aus dem Sonnensystem die Abhängigkeit des gesamten Antriebsbedarfs von der Wahl der einzelnen Schubintervalle erläutert werden. Diese Mission kann mit wahlweise einem oder mehreren Antriebsimpulsen berechnet werden. Das Ziel ist es, aus dem Gravitationsfeld der Erde zu entkommen und dann noch eine Geschwindigkeit von 12,3 km/s relativ zur Erde (in Richtung der Erdumlaufbahn) übrig zu haben. Sie genügt gerade, um die Flucht aus dem Sonnensystem zu erreichen. Dieses Beispiel ist auch für die praktische Anwendung wichtig, weil es den ungefähren Antriebsbedarf für das Erreichen der äußeren Planeten (Uranus, Neptun, Pluto) angibt. Vernachlässigt werden bei der Rechnung die Atmosphäre und die Rotation der Erde sowie auftretende Schwebeverluste.

Relativ zur Sonne gilt zunächst (mittlerer Umlaufradius der Erde=1 Astronomische Einheit = 1 AE = 1,496·10⁸ km, s. Abb. 4.3):

$$\Delta\varepsilon_{Flucht,Sonne} = \frac{\gamma M_S}{1 AE} = 8{,}87 \cdot 10^8 \text{ m}^2/\text{s}^2 ,$$

$$v_{Flucht,Sonne} = \sqrt{2\Delta\varepsilon_{Flucht}} = \sqrt{2} v_{KE} = 42{,}1 \text{ km/s} , \quad (4.8)$$

d.h., um vom Gravitationspotential der Sonne zu entkommen, muß ein Flugkörper auf Höhe der Erdbahn eine Geschwindigkeit von mindestens 42,1 km/s aufweisen. Ist der Flugkörper bereits auf einer Kreisbahn um die Sonne, ähnlich wie die Erde, besitzt er bereits die Geschwindigkeit

$$v_{Kreisbahn,Erde} = v_{KE} = \sqrt{\frac{\gamma M_S}{1 AE}} = 29{,}76 \text{ km/s} . \quad (4.9)$$

Der Antriebsbedarf für die Flucht aus dem Sonnensystem ist also

$$\Delta v_{Flucht,Erdbahn} = \left(\sqrt{2} - 1\right) v_{KE} = 12{,}34 \text{ km/s} . \quad (4.10)$$

Um von der Erdoberfläche zu entfliehen, ergab sich (Fluchtgeschwindigkeit von der Erde, 2. kosmische Geschwindigkeit)

$$\Delta\varepsilon_{Flucht,Erde} = 6{,}25 \cdot 10^7 \text{ m}^2/\text{s}^2 ,$$
$$v_{Flucht,Erde} = 11{,}16 \text{ km/s} . \quad (4.11)$$

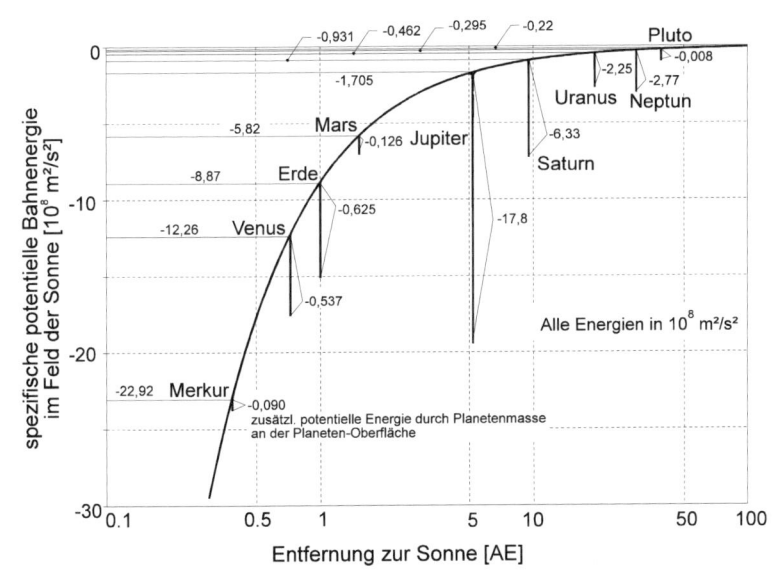

Abb. 4.3. Potentielle Energie relativ zur Sonne (Gravitationspotential der inneren Planeten Merkur, Venus, Erde und Mars um den Faktor 10 und von Pluto um den Faktor 100 überhöht dargestellt).

Das gesamte $\Delta\varepsilon$ für die Flucht aus unserem Sonnensystem bei einem Start von der Erdoberfläche (relativ zur Erde) ergibt sich also zu

$$\Delta\varepsilon = \frac{1}{2}\left[(11{,}16)^2 + (12{,}34)^2\right]\cdot 10^6 = \frac{1}{2}(16{,}6)^2 \cdot 10^6 = 1{,}378 \cdot 10^8 \frac{m^2}{s^2} \quad . \quad (4.12)$$

Für die Berechnung der benötigten Charakteristischen Geschwindigkeit kommt es jetzt darauf an, wie diese Flugaufgabe durchgeführt wird. Es bestehen z.B. die folgenden Möglichkeiten:

a) Ein einziger Schubimpuls von der Erdoberfläche aus:

$$\Delta v_{ch} = \sqrt{2\Delta\varepsilon} = 16{,}6 \text{ km/s} \quad . \quad (4.13)$$

b) Mit zwei Schubimpulsen:

1. Flucht von der Erde ($\Delta v_1 = 11{,}16$ km/s). Der Flugkörper bleibt dann „sehr weit" von der Erde praktisch stehen (relativ zur Erde), d.h. er läuft mit ca. 29,76 km/s in der Erdbahn um die Sonne.

2. Flucht aus der Erdbahn (Sonnensystem $\Delta v_2 = 12{,}34$ km/s). Insgesamt ergibt sich also

$$\Delta v_{ch} = (11{,}16 + 12{,}34)\text{km/s} = 23{,}5\text{km/s} \quad . \quad (4.14)$$

c) Mit drei Schubimpulsen:

1. Man kann zunächst in eine niedrige Erdumlaufbahn starten mit $\Delta v_1 = 7{,}91$ km/s. (Genaugenommen braucht man hierzu zwei Impulse, um diese niedrige Kreisbahn zu erreichen, den ersten für eine kurze elliptische Übergangsbahn und den zweiten für den Einschuß in die Kreisbahn selbst. Sie sind beide aber so nahe beieinander mit wenig Geschwindigkeitsverlust bzw. Umwandlung dazwischen, daß man die beiden Impulse hier als einen einzigen betrachten kann).

2. Für die Flucht von der Erdbahn wird nun ein Geschwindigkeitsbedarf von $\Delta v_2 = (\sqrt{2} - 1)\Delta v_1 = 3{,}28 \text{km/s}$ benötigt.

3. Von dort kann wieder durch einen weiteren Impuls die Fluchtbahn aus dem Sonnensystem erreicht werden ($\Delta v_3 = 12{,}34$ km/s). Es ergibt sich für diesen Weg wieder

$$\Delta v_{ch} = (7{,}91 + (\sqrt{2}-1)\cdot 7{,}91 + 12{,}34)\text{km/s} = 23{,}5\text{km/s} \quad . \quad (4.15)$$

Hätte man als „parking orbit" eine höhere Kreisbahn um die Erde und danach zwei Impulse zur Flucht aus dem Sonnensystem gewählt, so würde der Antriebsbedarf noch größer als 23,5 km/s werden.

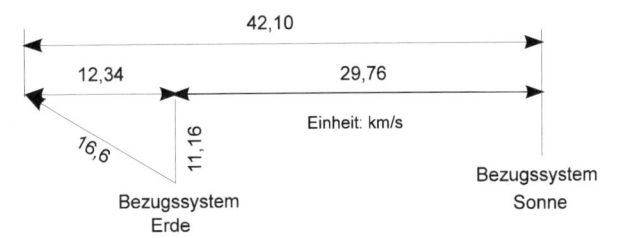

```
         |◄─────────── 42,10 ───────────►|
|◄── 12,34 ──►|◄────── 29,76 ──────►|
                       Einheit: km/s
    16,6    11,16
                                    Bezugssystem
    Bezugssystem                    Sonne
    Erde
```

Abb. 4.4. Fluchtgeschwindigkeiten bezogen auf verschiedene Systeme.

Die Beispiele zeigen, daß für das Erreichen derselben Bahn, je nach Methode, ein Δv_{ch} von 16,6 km/s bis 23,5 km/s oder mit ungünstigen Manövern sogar mehr aufgebracht werden muß. Veranschaulicht wird dies nochmals in Abb. 4.4. Es ist zu beachten, daß für die erste und energetisch günstigere Methode mit einem einzigen Impuls folgendes gilt:

$$\frac{1}{2}\Delta v_{ch}^2 = \frac{1}{2} \cdot (16,6)^2 \cdot 10^6 = \Delta \varepsilon_{Bahn} \quad . \tag{4.16}$$

Für die zweite Methode gilt dies nur zufällig:

$$\Delta \varepsilon_{kin} \neq \frac{1}{2}\Delta v_1^2 + \frac{1}{2}\Delta v_2^2 = \Delta \varepsilon_{Bahn} \quad , \tag{4.17}$$

da der Flugkörper nach der Flucht von der Erde relativ zu unserem Bezugssystem (Erde) stehenbleibt. Für andere Fälle, z.B. ein Impuls in die niedere Umlaufbahn und dann ein oder zwei weitere Impulse, gilt

$$\frac{1}{2}\left(\sum \Delta v\right)^2 \geq \Delta \varepsilon_{Bahn} \quad . \tag{4.18}$$

Das Quadrat der Charakteristischen Geschwindigkeit, Δv_{ch}^2, ist also nur in Sonderfällen gleich $2\Delta \varepsilon_{Bahn}$.

4.2.4 Hohmann-Übergänge

Der Transfer zwischen zwei Kreisbahnen in der gleichen Ebene ist eines der wichtigsten Manöver in der Raumfahrt. Man kann so z.B. einen Satelliten zunächst in eine niedrige Umlaufbahn bringen, um ihn anschließend auf eine höhere Bahn zu befördern. Wir nehmen also an, ein Flugkörper sei in einer Kreisbahn (Parking Orbit) mit Radius r_1 und soll in eine Kreisbahn mit Radius r_2 übergeführt werden.

Man kann beweisen (Walter Hohmann, ca. 1925), daß die minimale Energiedifferenz benötigt wird, wenn der Übergang auf einer Ellipse erfolgt, die beide Kreisbahnen tangential berührt; diese wird als „*Hohmann-Ellipse*" bezeichnet (Abb. 4.5). Das heißt, man beschleunigt den Flugkörper im Punkt P auf

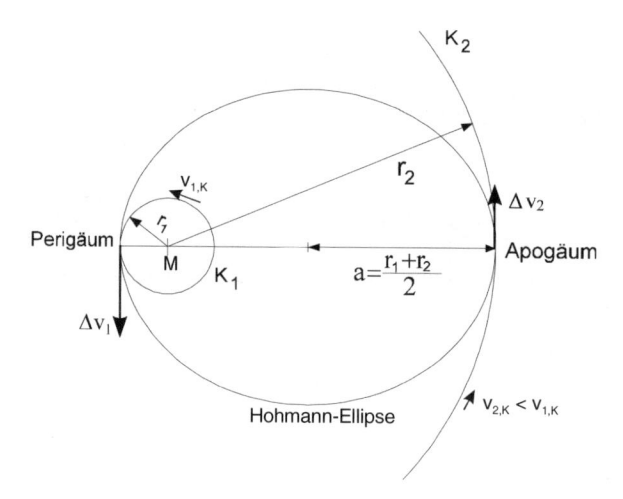

Abb. 4.5. Hohmann-Ellipse.

die notwendige Geschwindigkeit, so daß $a = (r_1 + r_2)/2$ wird. Somit lautet die Vis-Viva-Gleichung für die Hohmann-Ellipse

$$v^2 = \mu\left(\frac{2}{r} - \frac{1}{a}\right) = \mu\left(\frac{2}{r} - \frac{2}{r_1 + r_2}\right) \; . \qquad (4.19)$$

Die Geschwindigkeit am Perigäum (mit $r=r_1$) der Hohmann-Ellipse (HE) ist dann

$$v_{1,HE} = \sqrt{\mu\left(\frac{2}{r_1} - \frac{2}{r_1 + r_2}\right)} = \sqrt{\frac{\mu}{r_1}}\sqrt{\frac{2r_2}{r_1 + r_2}} \; . \qquad (4.20)$$

Die Geschwindigkeit auf der Kreisbahn mit $r = r_1$, also auch im Perigäum, ist

$$v_{1,K} = \sqrt{\frac{\mu}{r_1}} \; . \qquad (4.21)$$

Es ergibt sich die zu überwindende Geschwindigkeitsdifferenz im Perigäum:

$$\Delta v_1 = v_{1,HE} - v_{1,K} = \sqrt{\frac{\mu}{r_1}}\left(\sqrt{\frac{2r_2}{r_1 + r_2}} - 1\right) \; . \qquad (4.22)$$

Die Energiedifferenz beim Übergang ist

$$\Delta\varepsilon_1 = \varepsilon_{1,HE} - \varepsilon_{1,K} = \frac{\mu}{2r_1}\left(\frac{2r_2}{r_1+r_2} - 1\right) . \quad (4.23)$$

Entsprechend kann man die Verhältnisse im Apogäum aufstellen:

$$v_{2,HE} = \sqrt{\mu\left(\frac{2}{r_2} - \frac{2}{r_1+r_2}\right)} = \sqrt{\frac{\mu}{r_2}}\sqrt{\frac{2r_1}{r_1+r_2}} , \quad (4.24)$$

$$v_{2,K} = \sqrt{\frac{\mu}{r_2}} , \quad (4.25)$$

$$\Delta v_2 = v_{2,K} - v_{2,HE} = \sqrt{\frac{\mu}{r_2}}\left(1 - \sqrt{\frac{2r_1}{r_1+r_2}}\right) , \quad (4.26)$$

$$\Delta\varepsilon_2 = \varepsilon_{2,HE} - \varepsilon_{2,K} = \frac{\mu}{2r_2}\left(1 - \frac{2r_1}{r_1+r_2}\right) . \quad (4.27)$$

Insgesamt muß die Summe beider Geschwindigkeits- bzw. Energiedifferenzen für den Transfer von einem Kreisorbit zum anderen aufgebracht werden:

$$\Delta v_1 + \Delta v_2 = v_{1,K}\left\{\sqrt{\frac{2r_2}{r_1+r_2}} - 1 + \sqrt{\frac{r_1}{r_2}}\left(1 - \sqrt{\frac{2r_1}{r_1+r_2}}\right)\right\} , \quad (4.28)$$

$$\Delta\varepsilon_1 + \Delta\varepsilon_2 = \frac{\mu}{2r_1} - \frac{\mu}{2r_2} = \varepsilon_{K1} - \varepsilon_{K2} . \quad (4.29)$$

Die Energiedifferenz bei einem Hohmannübergang entspricht also der Änderung der Gesamtenergie zwischen Kreisbahn 1 und Kreisbahn 2 (Achtung: Dies sind Bahnenergien und nicht Antriebsenergien!) Die spezifischen Energiegewinne des Flugkörpers durch die Impulse an den Endpunkten 1 und 2 der Hohmann-Bahn, addiert zur spezifischen Kreisbahnenergie in der niedereren Bahn K_1 reichen demnach gerade aus für die Bahnenergie der höheren Kreisbahn K_2. Falls die Ausgangsbahn K_1 die höhere Bahn wäre, müßte man die beiden $\Delta\varepsilon$ subtrahieren (Verzögerung), um die Energie der kleineren Bahn K_2 zu erhalten.

Der Geschwindigkeitsbedarf $\Delta v_1 + \Delta v_2$ nach Gl. 4.28 ist in Abhängigkeit vom Radienverhältnis r_2/r_1 in Abb. 4.6 dargestellt. Es ist zu beachten, daß diese Summe $\Delta v_1 + \Delta v_2$ größer werden kann als Δv_{Flucht}. Für den Fall $r_2 \to \infty$ geht $\Delta v_2 \to 0$. Wir haben dann nur einen einzigen Impuls am Punkt P mit dem Wert

$$\Delta v_1 + 0 \to v_{1,K}\left(\sqrt{2} - 1\right) = 0{,}414 v_{1,K} = v_{1,Fl} - v_{1,K} , \text{ für } r_2 \to \infty . \quad (4.30)$$

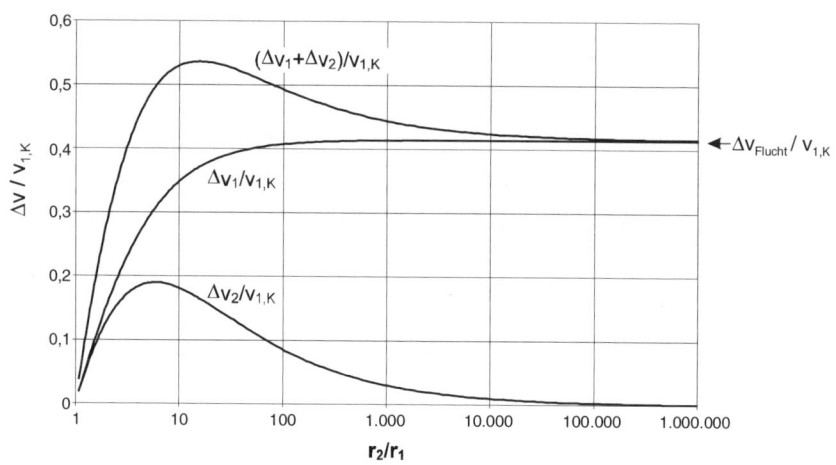

Abb. 4.6. Antriebsbedarf für einen Hohmann-Übergang von einer niederen auf eine höhere Bahn.

Aus Gl. 4.28 ergibt sich, daß für $3{,}3036 < r_2/r_1 < \infty$

$$\frac{\Delta v_{ch}}{v_{1,K}} = \frac{\Delta v_1 + \Delta v_2}{v_{1,K}} > \sqrt{2} - 1 = 0{,}414 = \frac{\Delta v_{Flucht}}{v_{1,K}}, \qquad (4.31)$$

oder
$$v_{1,K} + \Delta v_1 + \Delta v_2 > \sqrt{2}\, v_{1,K} \qquad (4.32)$$

wird. Das heißt, daß die Summe der beiden Geschwindigkeitsänderungen größer als das $\Delta v_{1,Flucht}$ aus der Kreisbahn 1 ist. Trotzdem ist die spezifische Gesamtenergie in der Kreisbahn 2 kleiner als die Fluchtenergie $\Delta \varepsilon_{Flucht}$, solange $r_2 < \infty$ ist.

Die Formeln für den Hohmann-Übergang gelten unverändert, wenn man von einer Bahn mit höherer spezifischer Energie (z.B. von der höheren Kreisbahn K_2) auf eine niedere übergeht. Für diesen „Abstieg" von K_2 nach K_1 ist der Antriebsbedarf Δv_{ch} der gleiche, wie für den „Aufstieg", obwohl der Flugkörper hier an spezifischer Gesamtenergie verliert (s. Abb. 4.7). Im Falle eines solchen „Abstiegs" wird der Raketenantrieb zur Verzögerung des Flugkörpers benutzt (Schub entgegen der Flugrichtung).

Auch bei einem Übergang von einer höheren zu einer niederen Kreisbahn kann $|\Delta v_1| + |\Delta v_2| > \Delta v_{1,\,Flucht}$ werden, und zwar wenn $r_1/r_2 < 0{,}5$ ist. Bei der Verzögerung ergibt ein Impuls Δv um so mehr Veränderung der spezifischen Energie (hier negativ), je größer die Fluggeschwindigkeit bei Einsatz des Impulses ist.

Im allgemeinen ist in allen Fällen, in denen der Flugkörper erst beschleunigt, dann durch Gravitation wieder verzögert, danach aber nochmals beschleunigt wird, eine größere Summe an Δv aufzuwenden, als wenn der gesamte Antriebsimpuls gleich am Anfang angewendet wird. Der Grund dafür ist, daß eine größere Veränderung der spezifischen Bahnenergie mit der gleichen Treibstoffmasse

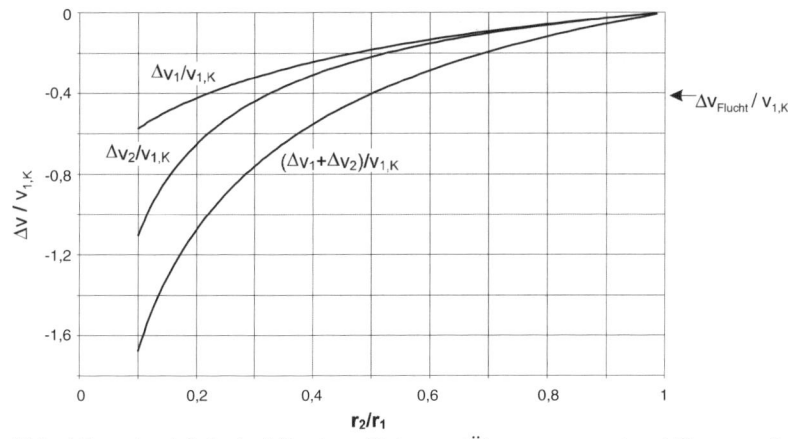

Abb. 4.7. Antriebsbedarf für einen Hohmann-Übergang von einer höheren auf eine niedere Bahn.

erhalten wird, wenn diese vorher beschleunigt worden ist. Das spezifische Antriebsvermögen des Treibstoffes relativ zum stationären Bezugssystem beträgt $(c_e^2 + v_R^2)/2$, wie schon bei der Behandlung des äußeren Wirkungsgrades erwähnt wurde. Das Antriebsvermögen würde im verlustlosen Fall voll in Flugkörperenergie umgewandelt. Dagegen gewinnt der Treibstoff kein zusätzliches Antriebsvermögen, wenn er gegen ein Gravitationsfeld auf ein höheres potentielles Energieniveau gehoben worden ist. Aus diesem Grund braucht man mit Systemen von geringem Schub (z.B. elektrischen Antrieben) mehr Δv_{ch}, um durch langsames „Spiralen" das Gravitationsfeld des Planeten zu verlassen; d.h. es wird auch hier mehr Antriebsenergie benötigt, als wenn man den gesamten Fluchtimpuls schnell auf den Flugkörper übertragen hätte.

Die Übergangszeit auf einer Hohmann-Ellipse ergibt sich einfach als die halbe Umlaufzeit für eine elliptische Bahn:

$$\Delta t_{HE,1.2} = \frac{1}{2} P_E = \frac{\pi}{\sqrt{\mu}} \left(\frac{r_1 + r_2}{2} \right)^{1,5} = \frac{1}{2} P_{1K} \left(\frac{1 + \frac{r_2}{r_1}}{2} \right)^{1,5}. \quad (4.33)$$

Die Übergangszeit wird sehr groß, da bei großem r_2 im äußeren Teil der Ellipse die Fluggeschwindigkeit sehr klein wird. Schon bei geringer prozentualer Steigerung der charakteristischen Geschwindigkeit Δv_{ch} kann die Übergangszeit Δt_{HE} stark reduziert werden. Wenn z.B. eine interplanetare Sonde von der Erde den äußeren Planeten Pluto, der eine Entfernung von ca. 40 astronomischen Einheiten zur Sonne hat, erreichen soll, ergibt sich eine Transferzeit von ca. 45 Jahren!

4.2.5 Dreiimpuls-Übergänge (bielliptische Übergänge)

Der Geschwindigkeitsbedarf bei einem Hohmann-Übergang kann unter Umständen größer als der Geschwindigkeitsbedarf werden, der zum Erreichen der Fluchtgeschwindigkeit benötigt wird. Es stellt sich also die Frage, ob es unter diesen Umständen günstiger sein kann, den Flugkörper zuerst auf Fluchtgeschwindigkeit zu beschleunigen, um ihn dann wieder vom „Unendlichen" auf die gewünschte Bahn zu bringen. Dieser Übergang wird als Dreiimpuls- oder bielliptischer Übergang bezeichnet (s. Abb. 4.8).

Der Geschwindigkeitsbedarf Δv eines Überganges von r_1 in eine „unendlich" entfernte Bahn ergibt sich für $R(= r_2/r_1) \to \infty$ zu

$$\frac{\Delta v_1}{v_1} = \sqrt{2} - 1 \ . \tag{4.34}$$

Bei der Rückkehr aus dem „Unendlichen" zur Kreisbahn 2 folgt analog

$$\frac{\Delta v_2}{v_2} = \sqrt{2} - 1 \quad \to \quad \frac{\Delta v_2}{v_1} = \frac{\sqrt{2}-1}{\sqrt{R}} \ , \tag{4.35}$$

so daß insgesamt über den Umweg einer Transferbahn mit einer Bahnhalbachse $a_T \to \infty$ ein Gesamtbedarf von

$$\frac{\Delta v}{v_1} = \left(\sqrt{2}-1\right)\left(1+\frac{1}{\sqrt{R}}\right) \tag{4.36}$$

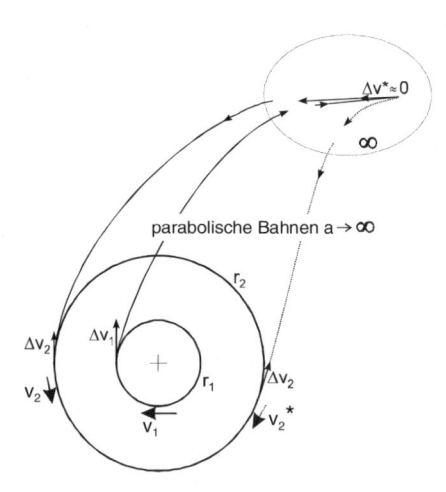

Abb. 4.8. Dreiimpuls-Bahnübergang.

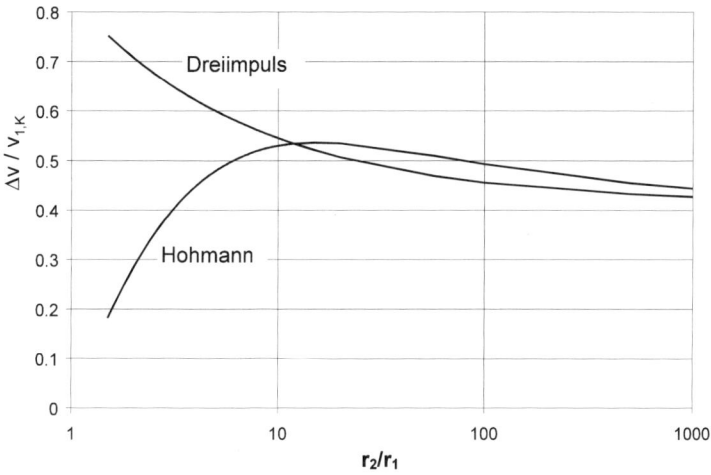

Abb. 4.9. Vergleich des Antriebsbedarfs eines Dreiimpulsübergangs zu einem Hohmann-Transfer.

besteht. Diese Funktion ist in Abb. 4.9 im Vergleich zum Antriebsbedarf eines Hohmann-Transfers dargestellt. Daraus folgt, daß für R > 11,94 der Antriebsbedarf für einen bielliptischen Übergang geringer ausfällt als für einen Hohmann-Transfer. Ein weiterer wichtiger Vorteil ist, daß mit dem bielliptischen Übergang auch gleichzeitig die Umlaufrichtung oder die Inklination der Bahn geändert werden kann. Es sollte allerdings bemerkt werden, daß dem Vorteil von vermindertem Δv als Nachteil eine lange Transferzeit sowie eine sehr große Empfindlichkeit gegen Brennschlußfehler gegenüberstehen.

4.2.6 Inklinationsänderung

Solange die Geschwindigkeitsänderung tangential zur Flugbahn und in Flugrichtung erfolgt, wie in den bislang betrachteten Fällen (z.B. Hohmann-Ellipse), können alle kinetischen Energiebeiträge addiert werden und es folgt dann die Endenergie des Flugkörpers, wobei die veränderliche Masse zu beachten ist. Komplizierter sind die Energiebetrachtungen dann, wenn eine Geschwindigkeitsänderung außerhalb der Bahnebene erfolgt. Die allgemeine Betrachtung wurde bereits in Abschnitt 4.2.2 diskutiert.

Ein Spezialfall ist die Richtungsänderung bei gleicher Geschwindigkeit, d.h. wenn z.B. bei einer Inklinationsänderung die Orbithöhe einer Kreisbahn beibehalten werden soll. Für eine 60°-Richtungsänderung (Abb. 4.10) ergibt sich

$$|\Delta \vec{v}| = |\vec{v}_1| = |\vec{v}_2| \quad . \tag{4.37}$$

Bei einer 90°-Richtungsänderung (Übergang Äquatorialorbit auf Polarorbit) ist die spezifische Energie $\frac{1}{2}|\Delta v|^2$ doppelt so groß wie $\frac{1}{2} v_1^2$, d.h.

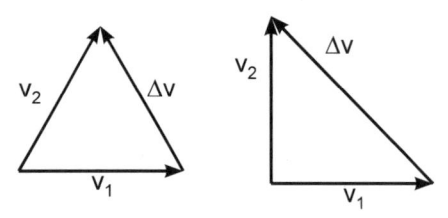

Abb. 4.10. Richtungsänderungen 60° bzw. 90°.

$$\Delta v = \sqrt{2} v_1. \qquad (4.38)$$

Bei dieser Richtungsänderung muß der Schub zum Teil gegen die anfängliche Flugrichtung wirken, d.h. wir verlieren mehr Energie. Insgesamt haben Manöver, die außerhalb der Bahnebene erfolgen einen vergleichsweise hohen Antriebsbedarf und werden deshalb nur durchgeführt, wenn sie absolut notwendig sind. Das Space Shuttle kann beispielsweise, wenn es seinen gesamten im Orbit verfügbaren Treibstoff für eine Inklinationsänderung verwendet, die Inklination nur um einige wenige Grad ändern.

Natürlich ist es auch denkbar, eine derartige Inklinationsänderung mit einem bielliptischen Übergang durchzuführen. Unabhängig von der gewünschten Inklination ergibt sich hierfür der Antriebsbedarf wie er in Kapitel 4.2.5 berechnet wurde, da die „Umkehrung" der Flugrichtung praktisch unendlich weit vom Zentralkörper erfolgt und somit die Inklinationsänderung simultan durchgeführt werden kann.

4.3 Bahnen mit endlichen Schubphasen

Die bisherigen Flugaufgaben bestanden darin, mittels kurzen, aber verhältnismäßig starken Schubimpulsen, Kreisbahnänderungen über z.B. Hohmann-Bahnen vorzunehmen oder den Flugkörper mit einem sehr starken Schubimpuls aus dem Gravitationsfeld der Erde und sogar dem des Sonnensystems herauszubringen. In diesem Abschnitt werden nun zwei Fälle betrachtet, bei dem ein Raumflugkörper durch einen sehr kleinen, aber stetigen Schub beschleunigt wird.

4.3.1 Richtungsänderung in konstanter Höhe

Zunächst wird eine Richtungsänderung in konstanter Höhe betrachtet (Abb. 4.11). Die Fluggeschwindigkeit soll also während des ganzen Manövers konstant bleiben. Dies tritt z.B. beim Übergang von einer Kreisbahn in eine andere bei gleicher Höhe und anderer Ebene auf (Inklinationsänderung), wenn das Manöver mit relativ niedrigem aber stetigem Schub durchgeführt wird.

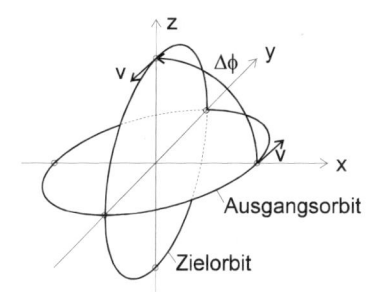

Abb. 4.11. Inklinationsänderung mit kontinuierlichem Schub. Die Ebene des Zielorbits, hier in der y-z-Ebene dargestellt, hängt von der Dauer des Manövers ab.

Unter diesen Bedingungen muß der Schubvektor immer normal zur Flugrichtung sein. Für diese Richtungsänderung gilt für eine konstante Fluggeschwindigkeit

$$\frac{d\vec{v}}{dt} = \dot{\vec{\phi}} \times \vec{v} \quad , \tag{4.39}$$

bzw. wenn $\dot{\phi}$ senkrecht zu v ist

$$|\Delta v_{ch}| = \int_{t_1}^{t_2} |d\vec{v}| = \int_{t_1}^{t_2} \dot{\phi} v dt \quad . \tag{4.40}$$

Bei konstantem Schub ist $|dv/dt|$ konstant. Da aber der Schub immer normal zur Bahn gerichtet ist, bleibt $|v|$ auch konstant, und damit auch $\dot{\phi}$, d.h.

$$|\Delta v_{ch}| = v\dot{\phi}\Delta t = v\Delta\phi \quad . \tag{4.41}$$

Für $\Delta\phi = \pi/2$ wird $\Delta v_{ch} = 1{,}57 v_1$. Für einen Bahnwechsel von einer Äquatorialbahn in eine Polarbahn von gleicher Höhe, ausgeführt von einem Antriebssystem mit relativ kleinem Schub (d.h. kleiner Beschleunigung), braucht man daher ein $\Delta v = 1{,}57 v_1$. Zum Vergleich erhielten wir bei einer impulsiven Geschwindigkeitsänderung den Wert $\Delta v = 1{,}42 v_1$.

Für $\Delta\phi = \pi$ wird $\Delta v_{ch} = 3{,}14 v_1$, wenn der Schub klein ist; bei impulsivem Schub kann das „Umkehren" eines Satelliten ohne Höhenänderung mit $\Delta v = 2v_1$ erreicht werden.

Eine Schwierigkeit bei solchen Manövern muß hervorgehoben werden: Um den Schubvektor immer genau normal zur Flugrichtung zu halten, muß der Satellit zu jedem Zeitpunkt genau „wissen", welches seine Flugbahn ist. Die genaue Bestimmung der Flugbahn ist zwar Routine bei den Keplerbahnen, aber äußerst schwierig während einer Bahnänderung.

4.3.2 Aufspiralen

Mit der Annahme eines kontinuierlichen Schubes soll nun der Fall untersucht werden, in dem ein Flugkörper spiralförmig aus einer kreisförmigen Umlaufbahn um die Erde (oder um einen anderen Himmelskörper) in eine höher liegende Kreisbahn übergeführt oder aus dem Schwerefeld herausgebracht wird (Abb. 4.12). Mit der Annahme, daß der Schub klein ist gegenüber der Gravitationskraft, läßt sich die Bahnänderung zu jedem Zeitpunkt als eine kleine Störung einer Kreisbahn um das Schwerezentrum auffassen; in diesem speziellen Näherungsfall läßt sich der Antriebsbedarf analytisch bestimmen. Unter Berücksichtigung des Schubes und der Potentialkraft (mit Gravitation, jedoch ohne Luftwiderstand) lautet die Bewegungsgleichung einer Rakete (s. auch Kapitel 4.4)

$$\frac{d\vec{v}}{dt} = \frac{\vec{F}}{m} + \frac{\vec{G}}{m} = \frac{\vec{F}}{m} + \vec{g} \quad , \tag{4.42}$$

Die zeitliche Ableitung der Vis-Viva-Gleichung ist

$$\frac{d}{dt}\varepsilon = \frac{d}{dt}\left(-\frac{\mu}{2a}\right) = \frac{d}{dt}\left(\frac{1}{2}v^2 - \frac{\mu}{r}\right) = \frac{d}{dt}\left(\frac{1}{2}\vec{v}^2 + u(\vec{r})\right) \quad , \tag{4.43}$$

wobei die potentielle Energie definiert ist als

$$u(\vec{r}) = \frac{1}{m}\int_r^\infty \vec{G}(\vec{r})d\vec{r} \quad , \tag{4.44}$$

und so

$$\frac{\partial u(\vec{r})}{\partial \vec{r}} = -\vec{g}(\vec{r}) \quad . \tag{4.45}$$

Es folgt damit für die rechte Seite der Gleichung (4.43)

$$\frac{d}{dt}\left(\frac{1}{2}\vec{v}^2 + u(\vec{r})\right) = \vec{v}\frac{d\vec{v}}{dt} + \frac{d\vec{r}}{dt}\frac{du}{d\vec{r}} = \vec{v}\frac{d\vec{v}}{dt} + \vec{v}(-\vec{g}(\vec{r})) = \vec{v}\left(\frac{d\vec{v}}{dt} - \vec{g}(\vec{r})\right) \quad . \tag{4.46}$$

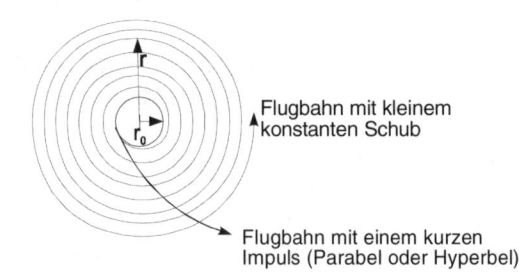

Abb. 4.12. Aufspiralen eines Flugkörpers.

Der Ausdruck in der Klammer folgt nun aus Gleichung (4.42). Es ergibt sich

$$\frac{d}{dt}\varepsilon = \vec{v}\cdot\frac{\vec{F}}{m}, \tag{4.47}$$

d.h. die zeitliche Änderung der spezifischen Gesamtenergie einer Bahn ist gleich dem skalaren Produkt aus Geschwindigkeit und Schub. Es soll nun angenommen werden, daß der Schub immer tangential zur Bahn gerichtet ist. Damit ist $\vec{v} \uparrow\uparrow \vec{F}/m$, und die Vektoren auf der rechten Seite von Gl. (4.47) können durch ihre Absolutbeträge ersetzt werden. Somit folgt nach Division durch v

$$\frac{1}{v}\frac{d}{dt}\varepsilon = \frac{F}{m}. \tag{4.48}$$

Wegen der „Kreisähnlichkeit" der Flugbahn zu jedem Zeitpunkt sind v und ε gegeben durch

$$v = \sqrt{\frac{\mu}{r}}, \tag{4.49}$$

$$\varepsilon = -\frac{\mu}{2r}. \tag{4.50}$$

Letzteres ist eine Annahme, deren Gültigkeit aber im Grenzfall F→0 bewiesen werden kann. Damit ist

$$\frac{d}{dt}\varepsilon = \frac{d\varepsilon}{dr}\frac{dr}{dt} = \frac{\mu}{2r^2}\frac{dr}{dt}. \tag{4.51}$$

Einsetzen in Gl. (4.48) ergibt

$$\frac{1}{\sqrt{\mu/r}}\frac{\mu}{2r^2}\frac{dr}{dt} = \frac{F}{m}. \tag{4.52}$$

Nach Integration mit den Anfangsbedingungen r_0 und t_0 ist

$$\int_{r_0}^{r}\frac{\sqrt{\mu}}{2}\frac{dr}{r^{3/2}} = \int_{t_0}^{t}\frac{F}{m}dt = \Delta v_{ch}. \tag{4.53}$$

Die Integration der linken Seite ergibt somit den Antriebsbedarf, um vom Bahnradius r_0 zu einem Radius r aufzuspiralen:

$$\Delta v_{ch} = \frac{\sqrt{\mu}}{2}(-2)\left(\frac{1}{\sqrt{r}} - \frac{1}{\sqrt{r_0}}\right) = \sqrt{\frac{\mu}{r_0}}\left(1 - \sqrt{\frac{r_0}{r}}\right) = \sqrt{\frac{\mu}{r_0}} - \sqrt{\frac{\mu}{r}} = v_{K0} - v_K. \tag{4.54}$$

Bei kontinuierlichem schwachem Schub ist somit der Antriebsbedarf für den Übergang zwischen zwei Kreisbahnen innerhalb eines zentralen Schwerefeldes gleich der Differenz der Umlaufgeschwindigkeiten auf diesen Bahnen. Ein Vergleich mit dem Antriebsbedarf eines Hohmann-Übergangs zeigt, daß mit kontinuierlichem Antrieb immer ein höherer Antriebsbedarf auftritt (s. Abb. 4.13).

Zur Berechnung der Bahnkurve (Spiralen) selbst, müssen Aussagen über den zeitlichen Verlauf der Schubbeschleunigung gemacht werden. Unter der Annahme konstanten Schubes F und konstanten Massenverlustes $\dot{m}$ folgt mit $m = m_0 - \dot{m}(t - t_0)$

$$\int_{t_0}^{t} \frac{F}{m} dt = \frac{F}{m_o} \int_{t_0}^{t} \frac{dt}{1 - \frac{\dot{m}}{m_0}(t - t_0)} = -\frac{F}{\dot{m}} \ln\left[1 - \frac{\dot{m}}{m_0}(t - t_0)\right] , \quad (4.55)$$

oder mit Gl. (4.54) $\quad 1 - \sqrt{\frac{r_0}{r}} = -\sqrt{\frac{r_0}{\mu}} \frac{F}{\dot{m}} \ln\left[1 - \frac{\dot{m}}{m_0}(t - t_0)\right] , \quad (4.56)$

und $\quad \dfrac{r}{r_0} = \left\{1 + \sqrt{\dfrac{r_0}{\mu}} \dfrac{F}{\dot{m}} \ln\left[1 - \dfrac{\dot{m}}{m_0}(t - t_0)\right]\right\}^{-2} . \quad (4.57)$

Als Beispiel soll die Zeitdauer $\tau_{Flucht} = t_{Flucht} - t_0$ bestimmt werden, die notwendig ist, um einen Raumflugkörper mit kontinuierlichem Antrieb von einer erdnahen

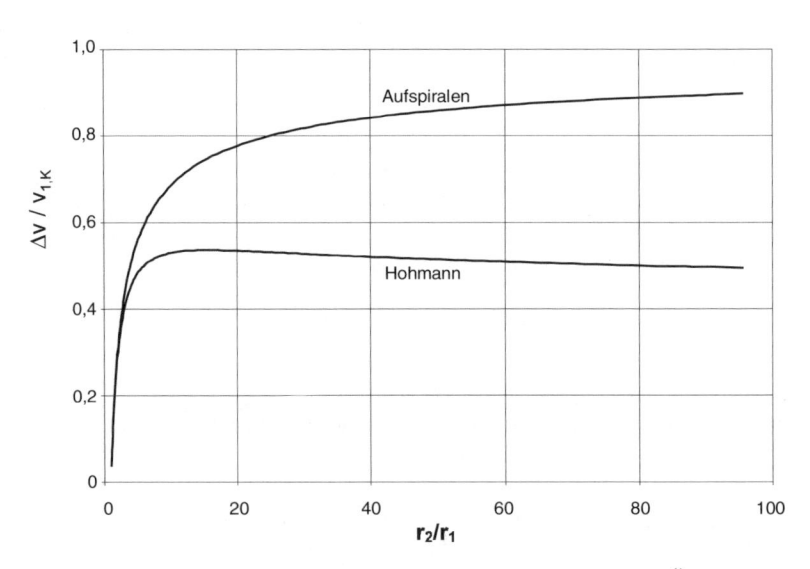

Abb. 4.13. Vergleich des Antriebsbedarfs eines Hohmann-Übergangs mit Aufspiralen.

Kreisbahn ($r_0 \approx R_0$) aus dem Schwerefeld der Erde zu bringen. Nach obiger Gleichung ist für $r \to \infty$

$$1 + \sqrt{\frac{r_0}{\mu}} \frac{F}{\dot{m}} \ln\left[1 - \frac{\dot{m}}{m_0}(t_{Fl} - t_0)\right] = 0 \quad , \tag{4.58}$$

oder
$$e^{-\sqrt{\frac{\mu}{r_0} \frac{\dot{m}}{F}}} = 1 - \frac{\dot{m}}{m_0}(t_{Fl} - t_0) \quad , \tag{4.59}$$

und wegen $F = \dot{m} c_e$ ist

$$\tau_{Fl} = t_{Fl} - t_0 = \frac{m_0}{\dot{m}} \left(1 - e^{-\sqrt{\frac{\mu}{r_0}} \frac{1}{c_e}}\right) \quad . \tag{4.60}$$

Für Ionenantriebe ist beispielsweise $c_e > 10^4$ m/s. Für $r_0 \to R_0$ ist der Exponent mit $\sqrt{\mu/r_0} \leq \sqrt{\mu/R_0} = 7{,}91 \cdot 10^3$ m/s also klein gegen eins, und somit gilt in guter Näherung:

$$\tau_{Fl} \approx \frac{m_0}{\dot{m}}\left(1 - \left[1 - \sqrt{\frac{\mu}{r_0}}\frac{1}{c_e} - \ldots\right]\right) = \sqrt{\frac{\mu}{r_0}} \frac{m_0}{\dot{m} c_e} = \sqrt{\frac{\mu}{r_0}} \frac{m_0}{F} \quad . \tag{4.61}$$

Zum Beispiel:

$$a_0 = 10^{-4} g_0 \approx 10^{-3} \frac{m}{s^2} = \frac{F}{m_0}, \text{ und somit } \tau_{Fl} = \frac{7{,}91 \cdot 10^3}{10^{-3}} s \approx 8 \cdot 10^6 s \approx 3 \text{ Monate} \quad .$$

4.4 Aufstiegsbahnen unter Berücksichtigung von Verlusten

In dem behandelten Beispiel des Hohmannüberganges konnte (wenigstens näherungsweise) das Antriebsvermögen gleich der Geschwindigkeitsänderung der Rakete gesetzt werden, d.h.

$$\Delta v_{ch} = \int_0^\tau \frac{F}{m} dt = \Delta v \quad . \tag{4.62}$$

Diese Identität zwischen Antriebsvermögen (Δv_{ch}) und Geschwindigkeitsänderung (Δv) gilt jedoch nur, solange der Schubvektor $\vec{F}$ tangential zur Bahn gerichtet ist und die äußeren Kräfte keine Komponente in diese Richtung besitzen. Diese spezielle Bedingung ist z.B. für eine von der Erdoberfläche aus aufsteigende Rakete nicht mehr gegeben. Es gilt nun allgemein für eine Rakete, auf die äußere Kräfte $\vec{K}$ einwirken (s. Abb. 4.14):

$$\frac{d\vec{v}}{dt} = \frac{\vec{F}}{m} + \frac{\vec{K}}{m} \quad , \tag{4.63}$$

wobei $\vec{v}$ den Geschwindigkeitsvektor der Rakete, $\vec{F}$ den Schubvektor und $\vec{K}$ die Summe aller äußeren Kräfte darstellen. Für eine Rakete im Schwerefeld der Erde, auf die noch atmosphärische Kräfte einwirken, folgen die äußeren Kräfte, Gravitation, Widerstand F_W und Auftrieb F_A, zu

$$\begin{aligned}\vec{K} &= m\vec{g} - F_W\left(\frac{\vec{v}}{v}\right) + F_A \vec{n} \\ &= m\vec{g} - c_W A_R \frac{\rho}{2} v^2 \left(\frac{\vec{v}}{v}\right) + c_A A_R \frac{\rho}{2} v^2 \vec{n}\end{aligned} \quad , \tag{4.64}$$

mit der Erdbeschleunigung

$$\vec{g} = g_0 \frac{R_0^2}{r^2}\left(-\frac{\vec{r}}{r}\right) = -g_0 \frac{R_0^2}{(R_0+h)^2}\left(\frac{\vec{r}}{r}\right) \quad , \tag{4.65}$$

und dem Luftwiderstandsbeiwert c_W, dem Auftriebsbeiwert (Lift coefficient) c_A, der Querschnittsfläche der Rakete senkrecht zur Flugrichtung A_R, der Luftdichte ρ, der momentanen Raketengeschwindigkeit v und der momentanen Raketenmasse

$$m = m_0 - \dot{m}t \quad . \tag{4.66}$$

Sind außerdem Seitenwinde zu berücksichtigen, so müßte im Widerstand und im Auftrieb die Raketengeschwindigkeit $\vec{v}$ durch die Relativgeschwindigkeit

$$\frac{dv}{dt} = \frac{F\cos\alpha - F_W}{m} - g\sin\gamma$$

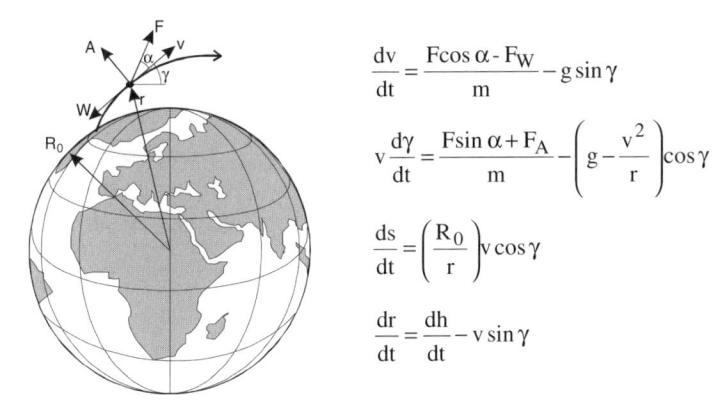

$$v\frac{d\gamma}{dt} = \frac{F\sin\alpha + F_A}{m} - \left(g - \frac{v^2}{r}\right)\cos\gamma$$

$$\frac{ds}{dt} = \left(\frac{R_0}{r}\right)v\cos\gamma$$

$$\frac{dr}{dt} = \frac{dh}{dt} = v\sin\gamma$$

Abb. 4.14. Bewegungsgleichungen für den Aufstieg einer Rakete im Schwerefeld der Erde. Widerstand, Auftrieb, Gravitation und Raketenmasse sind ebenfalls von der Zeit abhängig. Diese Gleichungen gelten im übrigen auch für den Fall des Wiedereintrittes eines Raumflugkörpers in die Erdatmosphäre mit der Ausnahme, daß hierbei (meist) der Schub entfällt.

$\vec{v} - \vec{v}_w$ zwischen Rakete und Windgeschwindigkeit $\vec{v}_w$ ersetzt werden. Die daraus resultierenden Bewegungsgleichungen sind in Abb. 4.14 zusammengefaßt.

Im folgenden wollen wir uns allerdings auf den Fall einer aufsteigenden Rakete beschränken und hierfür die Bewegungsgleichungen etwas genauer betrachten. Es wird vereinfachend der Auftrieb vernachlässigt, der Schub tangential zur Bahnkurve angenommen ($\alpha=0$) und das Problem für eine „ebene" Erde aufgestellt ($R_0, r \to \infty$, $R_0/r \approx 1$), wie in Abb. 4.15 dargestellt. Die Bewegungsgleichung der Rakete lautet dann

$$\frac{d\vec{v}}{dt} = \frac{\vec{F}}{m} + \frac{\vec{F}_W}{m} + \vec{g} \quad, \tag{4.67}$$

und wegen
$$\frac{d\vec{v}}{dt} = \frac{d}{dt}(v\vec{s}_0) = \frac{dv}{dt}\vec{s}_0 + v\frac{d\vec{s}_0}{dt} \quad, \tag{4.68}$$

mit
$$\frac{d\vec{s}_0}{dt} = -\frac{v}{R_K}\vec{n} \quad, \tag{4.69}$$

folgt für die Komponenten in $\vec{s}_0$- und $\vec{n}$- Richtung:

$$\frac{dv}{dt} = \frac{F}{m} - \frac{F_W}{m} - g\sin\gamma \qquad (\vec{s}_0)\text{-Richtung} \quad, \tag{4.70}$$

$$\frac{v^2}{R_K} = g\cos\gamma \qquad (\vec{n})\text{-Richtung} \quad. \tag{4.71}$$

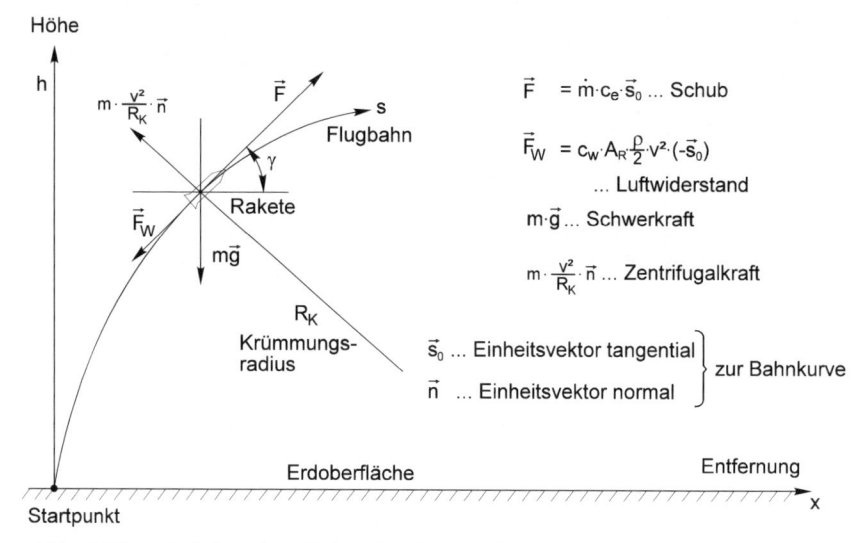

Abb. 4.15. Aufstieg einer Rakete im Schwerefeld unter Berücksichtigung des Luftwiderstandes mit der vereinfachenden Annahme einer „ebenen" Erde.

Hierbei ist die Bahnkrümmung gegeben durch

$$\frac{1}{R_K} = -\frac{d\gamma}{ds} = -\frac{1}{ds/dt}\frac{d\gamma}{dt} = -\frac{1}{v}\frac{d\gamma}{dt} \quad . \tag{4.72}$$

Durch Integration der Bewegungsgleichung in $\vec{s}_0$-Richtung erhält man

$$\Delta v = \int_0^\tau \frac{F}{m} dt - \underbrace{\int_0^\tau \frac{F_W}{m} dt}_{\text{Luftwiderstandsverlust}} - \underbrace{\int_0^\tau g \sin\gamma \, dt}_{\text{Schwebeverlust}} \quad . \tag{4.73}$$

Um in eine erdnahe Kreisbahn zu gelangen, wird somit ein Antriebsbedarf von

$$\Delta v_{ch} = \int_0^\tau \frac{F}{m} dt = \Delta v + \int_0^\tau \frac{F_W}{m} dt + \int_0^\tau g \sin\gamma \, dt \quad , \tag{4.74}$$

benötigt, mit $\Delta v = v_K = \sqrt{g_0 R_0} \sqrt{R_0/(R_0+h)}$ als gewünschte Kreisbahngeschwindigkeit. Dabei wurde die Erniedrigung von Δv_{ch} infolge der Erdrotation (beim Start) nicht mitberücksichtigt. Man kann aber die lokale Erdgeschwindigkeit am Startplatz von der benötigten Bahngeschwindigkeit vektoriell abziehen oder addieren. Zur schrittweisen Berechnung der Bahnkurve x(s), h(s), wobei näherungsweise der Bogen $R_0 \cdot \theta(s)$ durch die Gerade $x(s)$ ersetzt wird, werden aus den Differentialgleichungen (4.70) - (4.72) die folgenden Differenzengleichungen abgeleitet:

$$\Delta v = \left\{ \frac{F - F_W}{m} - g \sin \gamma \right\} \Delta t \quad , \tag{4.75}$$

$$\Delta \gamma = -\frac{2g}{v(t + \Delta t) + v(t)} \cos \gamma \Delta t \quad , \tag{4.76}$$

$$\Delta h = \frac{1}{2} \{ v(t + \Delta t) + v(t) \} \sin \gamma \Delta t \quad , \tag{4.77}$$

$$\Delta x = \frac{1}{2} \{ v(t + \Delta t) + v(t) \} \cos \gamma \Delta t \quad . \tag{4.78}$$

Hierin ist der Luftwiderstand gegeben durch

$$F_W = c_W A_R \frac{\rho}{2} v^2 \quad . \tag{4.79}$$

Für Raketen ist c_W im allgemeinen kleiner als eins; c_W ist jedoch geschwindigkeitsabhängig und steigt bei Mach 1,2 auf etwa den doppelten Wert an, den es bei Mach 0,6 und bei Mach 2 annimmt. Die Luftdichte kann nach der barometrischen Höhenformel angenähert werden:

$$\rho = \rho_0 e^{-\frac{\rho_0 g_0}{p_0} h} \quad . \tag{4.80}$$

Streng genommen hängt die Luftdichte vom Standort, der Tages- und der Jahreszeit (Witterungsverhältnisse) ab.

Dadurch, daß man in der Formel für den Luftwiderstand die Geschwindigkeit v und nicht der Mittelwert $[v(t+\Delta t)+v(t)]/2$ innerhalb eines Intervalles Δt einsetzt, wird ein Fehler eingeführt, der jedoch relativ klein ist, solange die Schrittweite Δt klein genug gewählt wird, z.B. $\Delta t=0{,}01$s. Unter Vorgabe der Anfangsbedingungen $x_S=0$, $h_S=0$, $v_S=0$, $t_S=0$ und $\gamma_S=\gamma(t_S)$ lassen sich mittels der Differenzengleichungen die neuen Werte für x, h, v und γ für die Zeit Δt, bzw. nach mehreren Schritten für $t+\Delta t$ bestimmen.

Aus verständlichen technischen Gründen werden Trägerraketen senkrecht gestartet. Kurz nach dem Start wird dann ein „Nickmanöver" ausgeführt, das die Rakete in eine etwas geneigte Bahnkurve überführt. Am Ende dieses Manövers, das schon nach einigen 100 m bis 1000 m Höhe abgeschlossen ist, beträgt die Bahnneigung 90° und γ einige Grad, je nach Flugmission der Rakete. Danach ist der Schubvektor tangential zur Bahnkurve. Diese letztere Forderung ($\vec{F} \uparrow\uparrow \vec{v}$)

entspricht dem größtmöglichen Energiezuwachs pro Raketenmasse. Aus Gl. (4.67) folgt nach skalarer Multiplikation mit $\vec{v}$:

$$\vec{v}\frac{d\vec{v}}{dt} - \vec{v}\cdot\vec{g} = \left(\frac{\vec{F}+\vec{F}_W}{m}\right)\vec{v} \quad . \tag{4.81}$$

Es folgt ähnlich wie bei der Herleitung der Gleichung (4.47):

$$\frac{d}{dt}\varepsilon = \frac{d}{dt}\left(\frac{\vec{v}^2}{2}+u\right) = \left(\frac{\vec{F}+\vec{F}_W}{m}\right)\vec{v} \quad . \tag{4.82}$$

Auf der linken Seite dieser Gleichung steht die zeitliche Änderung der Energie pro Raketenmasse. Diese ist für einen gegebenen Schub am größten, wenn $\vec{F}$ parallel zu $\vec{v}$ ist, denn nur dann ist der Cosinus des Winkels zwischen $\vec{F}$ und $\vec{v}$ gleich eins. Jedoch bewirken kleine Anstellwinkel des Schubes (<10°) nur kleine Verluste (<2%).

In Abb. 4.16 sind verschiedene Aufstiegsbahnen für eine einstufige Rakete dargestellt. Die Auffächerung dieser Bahnkurven erhält man durch die unterschiedlichen Neigungswinkel 90°-γ_0 = 0°, 1°, 2°, 4°, 6°, 8°, 10°, 12°, 15° und 25°, welche die Raketenbahn nach dem Nickmanöver in 1.000 m Höhe haben soll. Es ist ersichtlich, daß relativ kleine Winkeländerungen einen wesentlichen Effekt auf

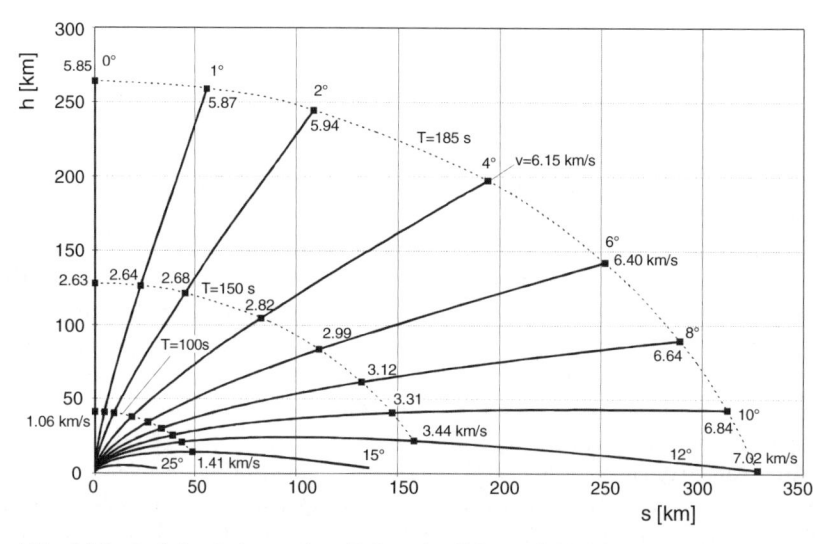

Abb. 4.16. Aufstiegsbahnen einer Rakete im Schwerefeld der Erde. Schub tangential zur Bahnkurve, Luftwiderstand nach Gl. 4.79, Dichte nach Gl. 4.80, kein Auftrieb. Startmasse 100 t, Massenverlust 500 kg/s, c_WA=1,5 m², $F/(m_0g)$=1,5, spez. Impuls 300 s. Bis 1000 m Höhe steigt die Rakete senkrecht, danach wird sie um 1°, 2°, 4°, 6°, 8°, 10°, 12°, 15° oder 25° gekippt.

die Gestalt der Aufstiegsbahn haben. Außerdem fällt auf, daß die benötigte Orbitgeschwindigkeit mit dem hier gerechneten Beispiel nicht erreicht wird.

In Abb. 4.17 sind nochmals Bahnkurven mit 6° und 7° Neigungswinkel dargestellt. Sie sind hier jeweils mit einer 2. und einer 3. Stufe zur Erreichung einer Umlaufbahn von ca. 200 km Höhe ergänzt. Außerdem wurde bei der 7°-Bahn eine antriebslose Zeit von 20 Sekunden zwischen der zweiten und der dritten Stufe angenommen (coasting-Phase). Aus den Rechnungen folgt, daß wir mit einem Antriebsvermögen von $\Delta v_{ch} = \Delta v_1 + \Delta v_2 + \Delta v_3 = 9{,}2$ km/s eine Nutzlast mit einer Strukturmasse von 1,75 t in eine Umlaufbahn von 200 km Höhe bringen können. Der für Luftwiderstands- und Schwebeverluste aufzubringende Antriebsbedarf beträgt

Beispiel für die Aufstiegsbahn einer 3-stufigen Rakete

Startmasse $m_0 = 100.000$ kg   Antriebsvermögen $\Delta v = \int_0^\tau \frac{F}{m} dt$

1.Stufe: $m_1 = 87.000$ kg $I_s = 300$ s $\Delta v_1 = 4{,}75$ km/s ($\gamma_0 = 7°$: 22% Verluste)
$m_{S1} = 7.000$ kg $m_T = 500$ kg/s
Brenndauer $\tau_1 = 160$s

2.Stufe: $m_2 = 10.000$ kg $I_s = 300$ s $\Delta v_2 = 2{,}82$ km/s ($\gamma_0 = 7°$: 6% Verluste)
$m_{S2} = 2.000$ kg $m_T = 100$ kg/s
Brenndauer $\tau_2 = 80$s

3.Stufe: $m_3 = 3.000$ kg $I_s = 300$ s $\Delta v_3 = 1{,}63$ km/s ($\gamma_0 = 7°$: 2,5% Verluste)
$m_L = 1.725$ kg $m_T = 17$ kg/s
Brenndauer $\tau_3 = 75$s

Gesamt: $\Delta v_{Ges} = 9{,}2$ km/s ($\gamma_0 = 7°$: 13,9% Verluste)

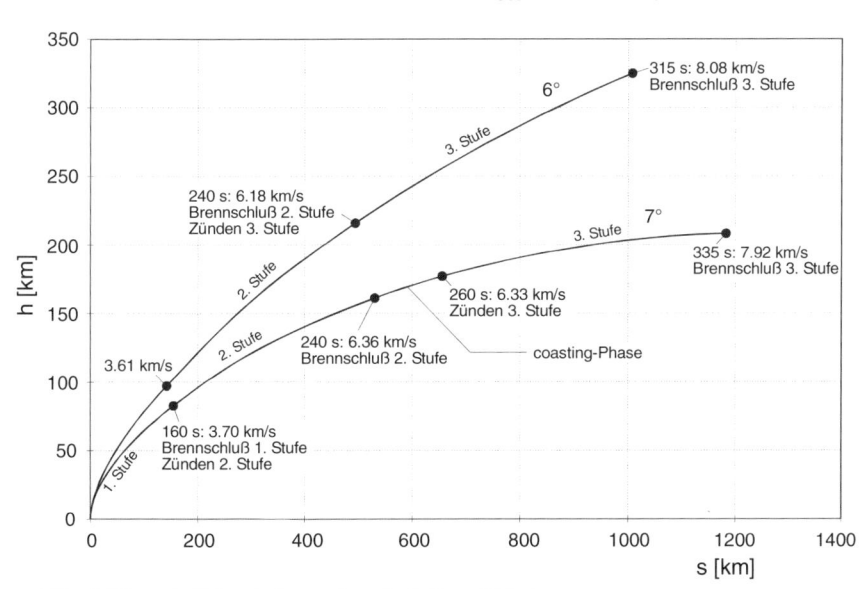

Abb. 4.17. Aufstiegsbahnen einer 3-stufigen Rakete.

dabei ca. 14%, auf den Luftwiderstandsverlust entfallen davon etwa 4%. In der Praxis dürfte man noch mit einer Treibstoffreserve von ca. 2-3% rechnen, was einem Antriebsbedarf von ca. 0,3 km/s entspricht. Ganz grob wird man demnach einen Antriebsbedarf Δv_{ch} von ca. 9,5 km/s benötigen, um in eine erdnahe Umlaufbahn von ca. 200 km Höhe zu gelangen.

Die Umlaufgeschwindigkeit am Startplatz ist hierbei nicht berücksichtigt. Sie beträgt am Äquator bei einem Start von West nach Ost +0,463 km/s, und von Ost nach West –0,463 km/s. Sie nimmt allerdings in Abhängigkeit vom Breitengrad ab (s. Abb. 4.18):

$$v_{rot}(\phi) = v_{rot,\text{Äquator}} \cos \phi \quad . \tag{4.83}$$

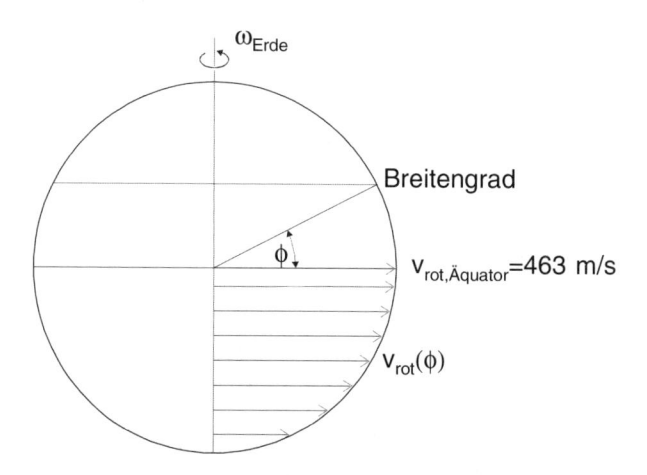

Abb. 4.18. Zugewinn an Antriebsvermögen durch die Erdrotation.

4.5 Rendezvous- und Andockmanöver

Unter dem Begriff Rendezvous- und Andockmanöver werden Flugmanöver zur Synchronisation der Bahn- bzw. Drehbewegung und mechanischen Kopplung von zwei Raumfluggeräten verstanden. Solche Manöver werden bei verschiedenen Missionen gefordert, wie z.B.
- Montage von Großstrukturen im Orbit,
- Versorgung von Satelliten (z.B. mit Treibstoffen),
- Rückführung und Bergung von Materialien,
- Wartung von Satelliten,
- Reparatur (z.B. Solar Max, Hubble Space Telescope).

Verschiedene Missionsbeispiele sind in Abb. 4.19 illustriert. Die Ausführung der Manöver kann unterschiedlich erfolgen, z.B.
- an Bord durch einen Astronauten kontrolliert,
- bordautonom durch automatische Systeme,
- ferngesteuert über Bodenstationen.

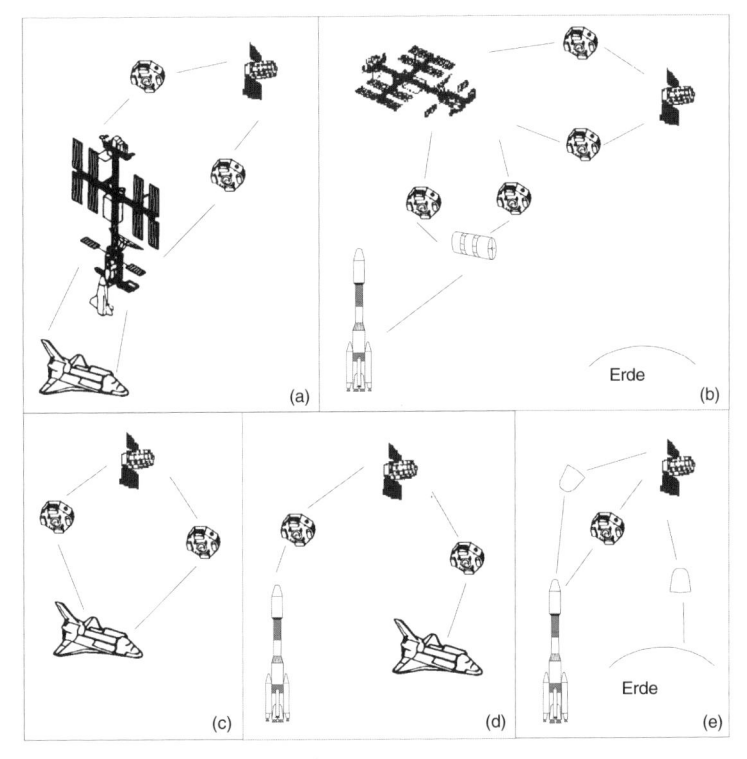

Abb. 4.19. Service von Raumflugkörpern: (a,b) Im Weltraum stationiertes Service-Modul, (c,d) terrestrisch stationiertes Service-Modul, Rückführung mittels Space Shuttle, (e) entbehrliches Service-Modul.

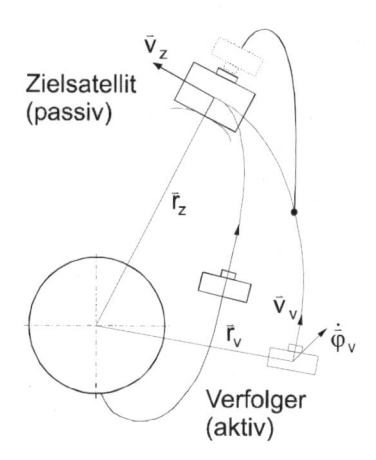

Abb. 4.20. Zum Rendezvous- und Andockproblem. Der Ausgangspunkt des Verfolgers ist entweder vom Boden oder von einem anderen Orbit.

In Europa konzentriert sich wegen fehlender Erfahrung zur bemannten Raumfahrt das Interesse zunächst auf unbemannte Systeme mit weitgehend autonomen Rendezvous- und Docking-Konzepten.

4.5.1 Problemstellung

Für das Zusammenführen von 2 Raumflugkörpern gehen wir von einem passiven Zielsatelliten (Z) auf bekannter Umlaufbahn aus, der von einem Verfolgerfahrzeug (V) angeflogen werden soll (Abb. 4.20). Die Orientierung des Zielsatelliten ist durch dessen Mission bestimmt (z.B. Erdbeobachtung). Dort bezeichnet $\vec{r}$ den Radius- und $\vec{v}$ den Geschwindigkeitsvektor. Die Variable $\vec{\phi}$ beschreibt die räumliche Drehwinkellage eines Fahrzeugs. Ausgehend von einem Anfangszustand muß die Bewegung des aktiven Verfolgers (V) so gesteuert werden, daß bei Manöverabschluß zur Zeit t_E folgende Randbedingungen erfüllt werden:

Rendezvous („Kollision") $\qquad \vec{r}_V(t_E) = \vec{r}_Z(t_E)$, $\qquad (4.84)$

weiches Auftreffen $\qquad \vec{v}_V(t_E) = \vec{v}_Z(t_E)$, $\qquad (4.85)$

Andocken $\qquad \vec{\phi}_V(t_E) = \vec{\phi}_Z(t_E)$, $\qquad (4.86)$

weiches Andocken $\qquad \dot{\vec{\phi}}_V(t_E) = \dot{\vec{\phi}}_Z(t_E)$. $\qquad (4.87)$

Diese Forderungen ergeben sich aus der satellitenfesten Installation der Andockvorrichtungen. Die Winkelgeschwindigkeiten müssen klein vorausgesetzt werden. Die Bedingungen setzen gegebenenfalls Nahbereichsmanöver zum Umfliegen des

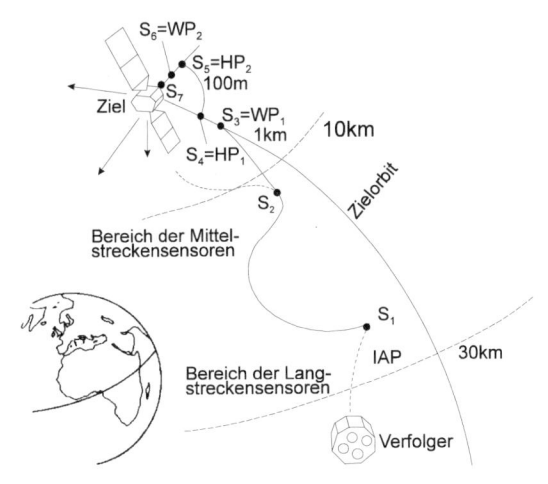

Abb. 4.21. Rendezvous- und Andock-Szenario.

Zielsatelliten und zur Ausrichtung der Andockachse des Verfolgers längs der Aufnahmerichtung des Flugkörpers voraus. Entlang dieser Achse erfolgt die endgültige Annäherung und Kopplung der Fahrzeuge (Abb. 4.21). Eine Grundvoraussetzung hierbei ist die exakte Kenntnis des Flugzustandes beider Flugkörper. Dies macht die Verwendung verschiedener Sensoren zur Bahn- und Lagevermessung notwendig. Ebenso erfordert die Steuerung des Bewegungsablaufs in unterschiedlichen Bereichen (Fern- bzw. Nahbereiche) i.a. verschiedene Antriebssysteme mit großen und kleinen Schubhöhen.

Wie in der Abb. 4.20 angedeutet, können zwei Problemstellungen unterschieden werden:

1. Rendezvous von einer Aufstiegsbahn, das stets von einer Bodenstation kontrolliert wird und einen vergleichsweise großen Antriebsbedarf aufweist.
2. Rendezvous von einer Umlaufbahn, wofür periodisch wiederkehrende, günstige Konstellationen existieren, die Verbrauchsvorteile zeigen, aber gegebenenfalls längere Wartezeiten erfordern. Bei planaren Bewegungen ist hierfür die synodische Periode

$$t_{syn} = \frac{1}{\left| \frac{1}{T_1} - \frac{1}{T_2} \right|} \qquad (4.88)$$

maßgebend, wobei T_1 und T_2 die Umlaufzeiten der Körper 1 und 2 sind.

Bei der Planung von Strategien zum Rendezvous und Docking müssen außerdem zusätzliche umweltabhängige und operationelle Bedingungen beachtet werden:

- Orbit-Umlaufzeit (führt i.a. auf Begrenzungen der zulässigen Manöverzeit)

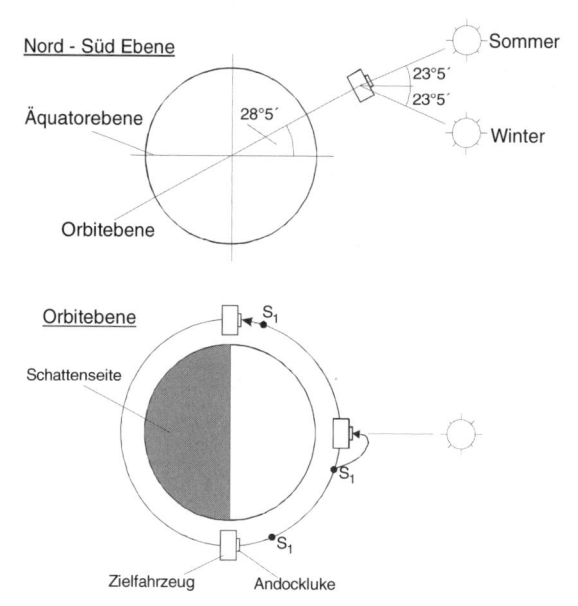

Abb. 4.22. Beleuchtungsverhältnisse und RVD (Anfliegen von der Sonnenseite sensorbedingt).

- Lichtverhältnisse (Tag- und Nachtzeiten; vergleiche Abb. 4.22; maßgebend für die Sensorwahl, Manöverzeitbegrenzungen!)
- Bahnstörungen durch Erdatmosphäre, Gravitationseinflüsse u. a.
- Funkkontaktzeiten mit einer Bodenstation (abhängig von der Anzahl und geographischen Verteilung der Bodenstationen)
- Verfügbarkeit von Daten-Relais-Satelliten
- Begrenzungen des Telemetriesystems (TV- oder Daten-Kanäle)
- Bahnverfolgungs- und Kontrollkapazitäten der Bodenstationen.

4.5.2 Flugphasen

Eine RVD-Mission läßt nach Abb. 4.23 verschiedene Flugbereiche erkennen, die sich durch spezifische Erfordernisse und Lenkkonzepte unterscheiden.

In der *Fernlenkphase* (guided phase) führt die Flugsteuerung über eine Bodenstation das Verfolgerfahrzeug bis in die „Zielnähe". Sie kann je nach Bordausrüstung 10 bis 100 km betragen und den Übergang auf eine relative Bahnvermessung mit Bordsensoren erlauben. Diese Phase wird im engeren Sinne eigentlich nicht zum Rendezvousmanöver gezählt.

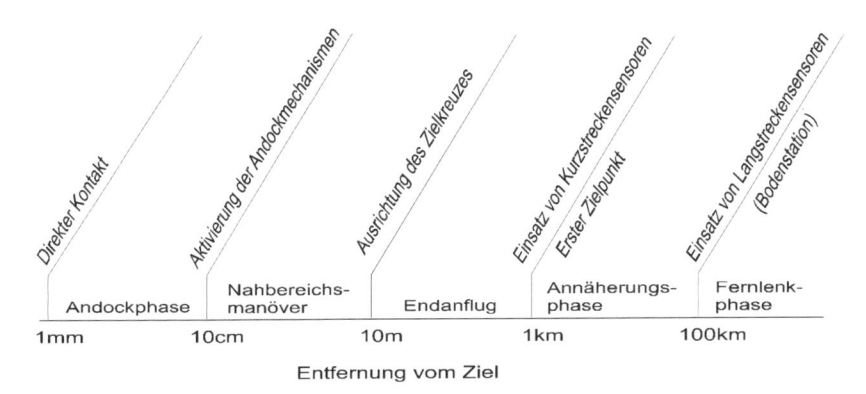

Abb. 4.23. Flugphasen der Rendezvous- und Andockmission.

Die *Annäherungsphase* (homing) verwendet relative, mittels Bordsensoren (z.B. Radar) gewonnene Meßinformationen zur Distanz und Richtung ($\vec{r}_Z - \vec{r}_V$) für die Flugführung des aktiven Verfolgers.

Der *Endanflug* (final approach) erfaßt den Entfernungsbereich < 1 km. Während dieser Flugphase wird die Andockachse des Verfolgerfahrzeugs längs der entsprechenden Andockphase des Zielsatelliten orientiert und entlang dieser Richtung die weitere Annäherung gesteuert. In diesem Bereich werden zusätzlich zur Distanzinformation auch Meßinformationen über die relative Winkeldrehlage benötigt. Meß- und Regelaufwand steigen drastisch an.

Die *Nahbereichsmanöver* (proximity operations) innerhalb 1-10 m Relativdistanz erfordern hohe Sicherheitsvorkehrungen (Systemredundanzen), da eine Kollision mit Fahrzeugauslegern und gegenseitige Beschädigungen durch Raketenabgasstrahlen vermieden werden müssen.

Die *Andockphase* (latching) beschreibt schließlich den Bereich < 10 cm bis zur mechanischen Kopplung der Fahrzeuge. Das schließt auch elektrische Verbindungen und den Anschluß von Versorgungsleitungen ein. Die Kopplungsmechanismen weisen konusförmige Aufnahmevorrichtungen zur Beseitigung von Ausricht-Restfehlern und Dämpfungsglieder auf, die den Auftreffstoß abfangen (vgl. Abb. 4.24). Um diesen möglichst klein zu halten, werden hochgenaue Meß-, Lenk- und Regelverfahren in Verbindung mit (Kaltgas-) Stellgliedern für kleine Beschleunigungen benötigt.

4.5.3 Die Bewegungsgleichungen für das Rendezvous-Problem

Die Beschreibung der Flugbewegung, d.h. der Relativbewegung des Verfolgers gegenüber dem Zielkörper, der auf einer Kreisbahn angenommen sei, verwendet das in Abb. 4.25 skizzierte Koordinatensystem mit dem Ursprung im Zielsatelliten und der x-Achse entgegen der Bahngeschwindigkeitsrichtung $\vec{v}$. Die x-y-Ebene stellt gleichzeitig die Orbitebene dar.

Die Relativbewegung des Verfolgers bestimmt sich aus

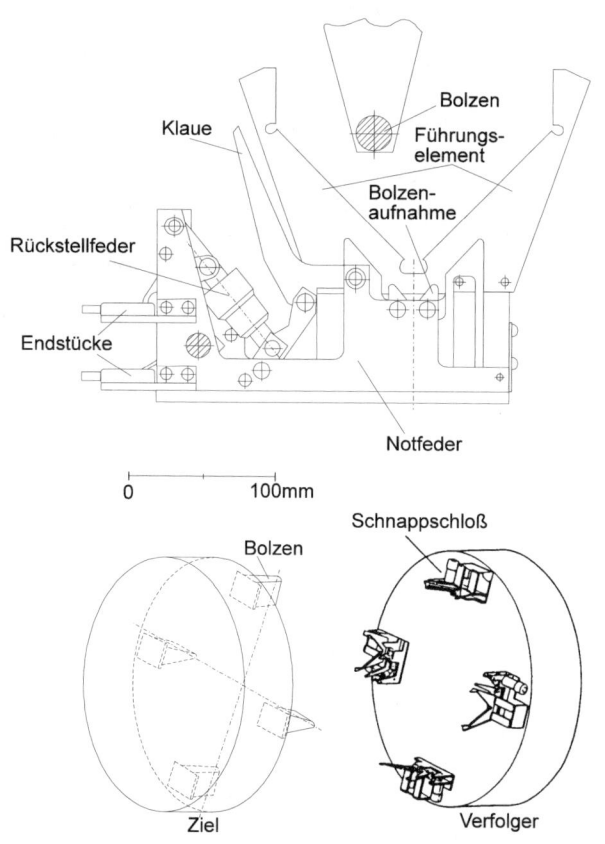

Abb. 4.24. Beispiel einer Kopplungsvorrichtung.

$$m\vec{b} = \sum \vec{K} = \vec{G} + \vec{Z} + \vec{C} + \vec{F} \ , \tag{4.89}$$

mit $\vec{G}$ als Gravitationskraft, $\vec{Z}$ der Zentrifugal- und $\vec{C}$ der Corioliskraft und $\vec{F}$ dem Raketenschub, die Fahrzeugbeschleunigung in x- und y- Richtung zu

$$m\ddot{x} = \left(mr\omega^2 - \frac{\gamma Mm}{r^2}\right) \underbrace{\frac{x}{r}}_{\sin\psi} + 2m\omega\dot{y} + F_x \ , \tag{4.90}$$

$$m\ddot{y} = \left(mr\omega^2 - \frac{\gamma Mm}{r^2}\right) \underbrace{\frac{r_Z + y}{r}}_{\cos\psi} - 2m\omega\dot{x} + F_y \ . \tag{4.91}$$

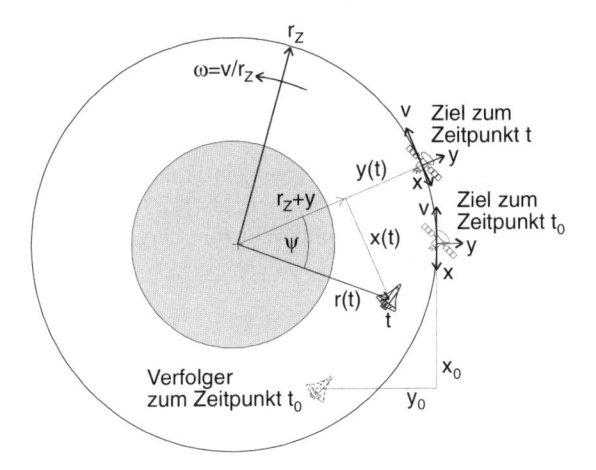

Abb. 4.25. Koordinatensystem für das Rendezvous-Manöver.

Nun gilt $r^2 = (r_Z + y)^2 + x^2 = r_Z^2 \left(1 + 2\frac{y}{r_Z} + \underbrace{\frac{y^2}{r_Z^2} + \frac{x^2}{r_Z^2}}_{\text{vernachl.}}\right) \approx r_Z^2 \left(1 + 2\frac{y}{r_Z}\right)$, (4.92)

da x und y in der Größenordnung von 100 km liegen und der Bahnradius des Zielfahrzeugs mindestens 6378 km beträgt. Damit folgt für den Bahnradius

$$r^{-3} = r_Z^{-3}\left(1 + 2\frac{y}{r_Z}\right)^{-3/2} = r_Z^{-3}\left(1 - \frac{3}{2}\frac{2y}{r_Z} + \underbrace{\frac{15}{8}\left(\frac{2y}{r_Z}\right)^2 \mp \ldots}_{\text{vernachl.}}\right) = r_Z^{-3}\left(1 - 3\frac{y}{r_Z}\right)$$,(4.93)

und so: $\quad \omega^2 - \dfrac{\gamma M}{r^3} = \omega^2 - \dfrac{\gamma M}{r_Z^3}\left(1 - 3\dfrac{y}{r_Z}\right) = 3\omega^2 \dfrac{y}{r_Z}$. (4.94)

Dabei ist die Winkelgeschwindigkeit mit

$$\omega^2 = \frac{\gamma M}{r_Z^3} \quad ,$$ (4.95)

definiert. Damit folgt schließlich

$$\ddot{x} = \overbrace{3\omega^2 \frac{y}{r_Z}}^{\text{klein}} x + 2\omega\dot{y} + \frac{F_x}{m} \quad ,$$ (4.96)

$$\ddot{y} = 3\omega^2 \frac{y}{r_Z} r_Z + \underbrace{3\omega^2 \frac{y}{r_Z} y}_{\text{klein}} - 2\omega\dot{x} + \frac{F_y}{m} \quad . \tag{4.97}$$

Mit den vorangegangenen Vernachlässigungen ergeben sich die Bewegungsgleichungen für das Rendezvousmanöver, erstmals im Jahre 1960 im Rahmen des Mercury-Programms von Clohessy und Wiltshire hergeleitet, bei Einbeziehungen der räumlichen Koordinate zu

$$\begin{bmatrix} \ddot{x} \\ \ddot{y} \\ \ddot{z} \end{bmatrix} = 2\omega \begin{bmatrix} \dot{y} \\ -\dot{x} \\ 0 \end{bmatrix} + \omega^2 \begin{bmatrix} 0 \\ 3y \\ -z \end{bmatrix} + \frac{1}{m} \begin{bmatrix} F_x \\ F_y \\ F_z \end{bmatrix} \quad . \tag{4.98}$$

Beide Flugkörper werden hier so aufgefaßt, als ob sie sich im Zustand der Schwerelosigkeit befinden. Dies ist natürlich nur für das Zielfahrzeug exakt erfüllt, da das Verfolgerfahrzeug einen Schub erfährt. Bemerkenswert ist auch, daß die dritte Komponente von den beiden anderen Bewegungen entkoppelt ist. Trotzdem ist zu beachten, daß die Bewegung in der x-y-Ebene gekoppelt ist, d.h. daß ein Schub in x-Richtung auch eine Beschleunigung in y-Richtung bewirkt.

Für den Sonderfall des antriebslosen Fahrzeugs (F = 0) ist die Lösung bekannt:

$$\begin{bmatrix} x \\ y \\ z \end{bmatrix} = \frac{\sin\omega t}{\omega} \begin{bmatrix} 4\dot{x}_0 - 6\omega y_0 \\ \dot{y}_0 \\ \dot{z}_0 \end{bmatrix} + \frac{\cos\omega t}{\omega} \begin{bmatrix} -2\dot{y}_0 \\ 2\dot{x}_0 - 3\omega y_0 \\ \omega z_0 \end{bmatrix} + t \begin{bmatrix} 6\omega y_0 - 3\dot{x}_0 \\ 0 \\ 0 \end{bmatrix} + \frac{1}{\omega} \begin{bmatrix} \omega x_0 + 2\dot{y}_0 \\ 4\omega y_0 - 2\dot{x}_0 \\ 0 \end{bmatrix} \quad , \tag{4.99}$$

mit dem Anfangszustand x_0, y_0, z_0 (Relativposition) bzw. der Relativgeschwindigkeit $\dot{x}_0, \dot{y}_0, \dot{z}_0$. Für ein Rendezvous wird nun $x = y = z = 0$ gefordert. Bei Vorschrift einer Übergangszeit τ kann also bei Kenntnis von x_0, y_0, z_0 die erforderliche Anfangsgeschwindigkeit $\dot{x}_0^*, \dot{y}_0^*, \dot{z}_0^*$ bestimmt werden, um in dieser vorgegebenen Zeitspanne das Ziel zu erreichen. Es ergibt sich

$$\dot{x}_0^* = \frac{x_0\omega\sin\omega\tau + y_0\omega[6\omega\tau\sin\omega\tau - 14(1-\cos\omega\tau)]}{3\omega\tau\sin\omega\tau - 8(1-\cos\omega\tau)} \quad ,$$

$$\dot{y}_0^* = \frac{2x_0\omega(1-\cos\omega\tau) + y_0\omega[4\sin\omega\tau - 3\omega\tau\cos\omega\tau]}{3\omega\tau\sin\omega\tau - 8(1-\cos\omega\tau)} \quad ,$$

$$\dot{z}_0^* = \frac{-\omega z_0}{\tan\omega\tau} \quad . \tag{4.100}$$

Falls nun die tatsächliche Geschwindigkeit des Verfolgerfahrzeugs in Betrag oder Richtung von dieser erforderlichen Geschwindigkeit abweicht, kann das benötigte Geschwindigkeitsinkrement $\Delta\vec{v} = \vec{v}_0^* - \vec{v}_0$, welches das Verfolgerfahrzeug erfahren muß, in Betrag und Richtung bestimmt werden. Diese Lösung weist gute Genauigkeiten für Transferzeiten $\tau<1/4T_u$ mit Umlaufperiode T_u auf (das heißt Umlaufwinkel $\theta<\pi/2$).

Im Zielpunkt muß dann auch die aus Gl. (4.99) durch Differentiation bestimmbare Relativgeschwindigkeit für das Andockmanöver beseitigt werden.

Bei Voraussetzung schneller Übergänge $\theta<\pi/8$ können für den Nahbereich vorstehende Gleichungen weiter vereinfacht werden. Die Linearisierung der Gl. (4.99) mit $\sin\omega\tau \approx \omega\tau$, $\cos\omega\tau \approx 1$ liefert die Näherungslösung

$$\begin{bmatrix} x(t) \\ y(t) \\ z(t) \end{bmatrix} = \begin{bmatrix} x_0 \\ y_0 \\ z_0 \end{bmatrix} + t \begin{bmatrix} \dot{x}_0 \\ \dot{y}_0 \\ \dot{z}_0 \end{bmatrix} , \qquad (4.101)$$

die in den einzelnen Achsen entkoppelte Bewegungen aufweist. Im Nahbereich (d.h. Relativdistanz der Fahrzeuge kleiner als einige 100 m) kann daher die Translationsbewegung längs der einzelnen Achsen getrennt betrachtet werden. Für die x-Achse ergibt sich stellvertretend

$$\ddot{x} = \frac{F_x}{m} \quad \Rightarrow \quad \dot{x} = \dot{x}_0 + \frac{F_x}{m}t \quad \Rightarrow \quad x = x_0 + \dot{x}_0 t + \frac{1}{2}\frac{F_x}{m}t^2 . \qquad (4.102)$$

Bei Elimination des Zeitparameters t erhält man für den angetriebenen Flugkörper parabelförmige Bewegungstrajektorien der Form

$$\dot{x}^2 - \dot{x}_0^2 = 2\frac{F_x}{m}(x - x_0) , \qquad (4.103)$$

in der $x, \dot{x}$-Phasenebene, in der sich die Bewegungsabläufe besonders anschaulich verfolgen lassen (Abb. 4.26). Hier bedeuten Δv_1 die Beschleunigung in Richtung Ziel und Δv_2 die Abbremsung in Zielnähe. Das Phasenbild in Abb. 4.27 zeigt

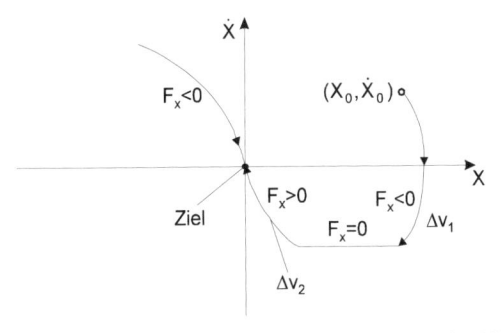

Abb. 4.26. Phasenbild der Rendezvous-Translationsbewegung im Nahbereich.

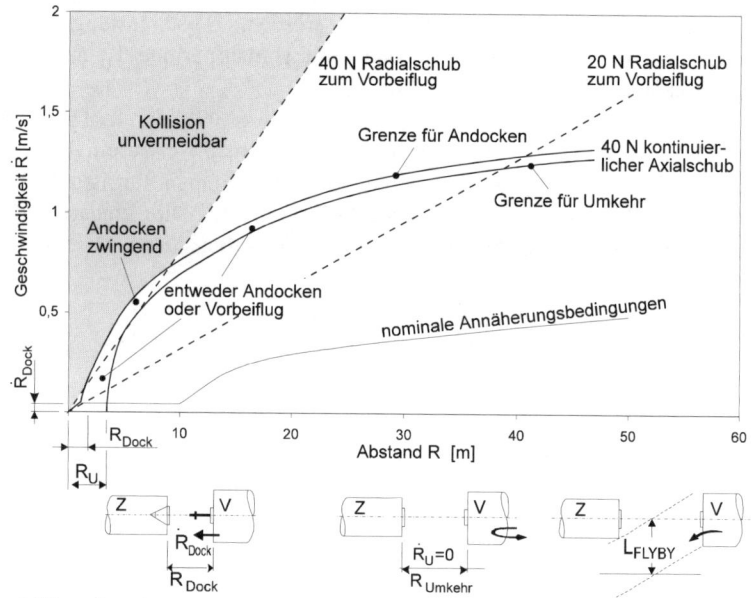

Abb. 4.27. Annäherung des Verfolgers an das Ziel und Verbotsbereiche.

typische Nahbereichsmanöver einschließlich zulässiger Beschränkungsbereiche um die Fahrzeugachse, die die Kopplungseinrichtungen enthält. Die Begrenzungen sind notwendig, um gegenseitige Beschädigungen der Fahrzeuge zu vermeiden. Die aufgeführten Schubhöhen dürfen nur in Verbindung mit der Fahrzeugmasse gesehen werden!

4.5.4 Restbeschleunigung in einem Raumfahrzeug

Eine wichtige Frage in der Mikrogravitationsforschung betrifft die Restbeschleunigung, die ein Experiment an Bord eines Raumfahrzeuges erfährt. Es ist offensichtlich, daß diese Restbeschleunigung im Schwerpunkt des Systems verschwindet. Allerdings können nicht alle Experimente im Schwerpunkt untergebracht werden. Die resultierende Beschleunigung in Abhängigkeit vom Abstand zum Schwerpunkt erhält man, wenn in Gl. (4.98) die Relativgeschwindigkeiten $\dot{x} = \dot{y} = \dot{z} = 0$ gesetzt werden (Experiment sei zunächst in Ruhe). Es ergibt sich

$$\vec{a}_{rel} = \begin{bmatrix} \ddot{x} \\ \ddot{y} \\ \ddot{z} \end{bmatrix} = \omega^2 \begin{bmatrix} 0 \\ 3y \\ -z \end{bmatrix} . \quad (4.104)$$

Dies bedeutet, daß auf der Achse in Flugrichtung (x-Achse) keine Störbeschleunigungen auftreten. Senkrecht dazu in der Bahnebene (y-Achse) aber auch senkrecht zur Bahnebene treten Störbeschleunigungen auf. Befindet sich z.B. ein

Experiment auf einer Raumstation, und diese wiederum in einer 400 km-Kreisbahn um die Erde ($\omega = v/r = 1{,}13 \cdot 10^{-3}\,s^{-1}$), dann erfährt es auf der y-Achse in Abhängigkeit von seinem Abstand zum Schwerpunkt eine Beschleunigung von

$$\frac{\partial \ddot{y}}{\partial y} = 3\omega^2 = 3{,}84 \cdot 10^{-6}\,s^{-2} \approx 0{,}4\,\frac{\mu g}{m}\,, \qquad (4.105)$$

die das Experiment „nach außen" beschleunigt (d.h. wenn das Experiment in der Station frei schwebt, tendiert es den Abstand zum Zentrum zu vergrößern, wenn es hingegen fest installiert ist, erfährt es eine resultierende Kraft). In z-Richtung erfolgt umgekehrt die Beschleunigung „nach innen", die auch um den Faktor 3 geringer ausfällt.

4.5.5 Antriebsbedarf einiger Rendezvousmanöver

Beispielhaft seien die Manöver und der Antriebsbedarf typischer Rendezvousmanöver von Subsatelliten mit einer Raumstation (SOC **S**pace **O**peration **C**enter) betrachtet. Solche Subsatelliten können in der Bahnebene der Raumstation in der Umgebung (20-30 km) oder in größerer Entfernung voraus- bzw. nachfolgend gegebenenfalls in Gruppen positioniert werden, wie in Abb. 4.28 skizziert. Für Versorgungs- und Wartungsaufgaben müssen diese Fahrzeuge zur Raumstation zurückgeführt und anschließend neu positioniert werden. Die Sequenz solcher Rendezvous-Manöver und der erforderliche Antriebsbedarf sind in Abb. 4.29 aufgeführt.

Abschließend sei noch die Reparatur-Mission (Solar-Max während des STS-41 Fluges, Februar 1984) eines mit einem MMU ausgerüsteten Astronauten illustriert (MMU **M**anned **M**aneuvering **U**nit). Die Mission, deren geometrische Verhältnisse in Abb. 4.30 skizziert sind, erfordert Manöver zum Umfliegen des Satelliten wie in Abb. 4.31 schematisch angedeutet. Die von den Astronauten geflogenen Relativgeschwindigkeiten sind nach Tabelle 4.1 meist sehr klein, d.h. der Antriebsbedarf kann für diese Nahbereichsmanöver ebenfalls niedrig gehalten werden.

4.5.6 Ankoppeln (Docking) und Landung auf einem Planeten

Die Voraussetzung zum Docking wurde bereits erwähnt; gleicher Fluggeschwindigkeitsvektor zum Zeitpunkt des Dockings. Daraus ergibt sich, daß die Steuerung sehr schwierig ist. Das Manöver wird deshalb nur sehr langsam vollzogen und braucht somit relativ viel Treibstoff.

Die Landung auf Planeten oder Monden ist noch schwieriger als das Docking im Orbit oder der Start von einem Planeten. Die Schwierigkeit ergibt sich aus den sehr schmalen Toleranzbereichen. Diese sind bedingt durch den kurzen Zeitraum der Landung, um treibstoffzehrende Schwebeverluste zu vermeiden und der Voraussetzung des zeitlich genauen Vorhandenseins des Flugkörpers an einem bestimmten Ort mit einer bestimmten Geschwindigkeit. Beim Start sind

Geschwindigkeitsfehler von 0,1% (ca. 10 m/s) kein Problem, bei der Landung könnte so ein Fehler katastrophale Folgen haben.

- Gruppierung ("Nesting")
  - Eine **lokale Gruppe** ist eine Gruppe, in deren Zentrum sich die Raumstation (SOC) befindet
  - Eine **nichtlokale Gruppe** ist eine Gruppe, derer Zentrum ein Fixpunkt ist, der sich entweder vor oder hinter der Position der Raumstation auf gleicher Höhe befindet

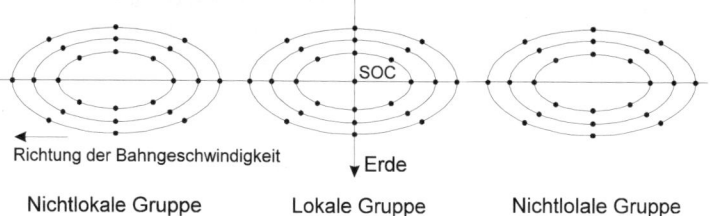

SOC ... Space Operation Center

Abb. 4.28. Co-orbiting Raumfahrzeuge.

Rendezvousmanöver mit der Raumstation von einer nichtlokalen Gruppe aus und zurück

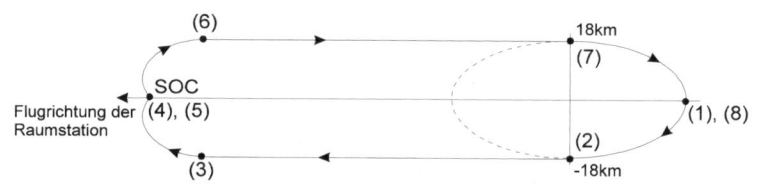

	Verstrichene Zeit (h:min)	Manöver	v [m/s]
(1)	00:00	Rotationsmanöver in die SOC-Ebene	10
(2)	00:23	Einschwenkimpuls in Sub - Kreisorbit	12
(3)	05:23	Abbremsmanöver	7
(4)	05:55	Annäherungsmanöver bis zum relativen Stillstand an SOC	8
(5)	00:00	Startimpuls zur Rückkehr	8
(6)	00:35	Einschwenkimpuls in Sub – Kreisorbit	7
(7)	05:35	Einschwenkimpuls für den Gruppenorbit	12
(8)	06:58	Rotationsmanöver in die Gruppenebene	10
		Summe	74

Abb. 4.29. Rendezvous mit einer Raumstation.

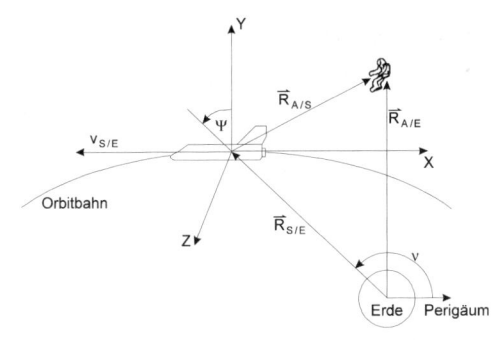

Abb. 4.30. Geometrische Verhältnisse einer Wartungsmission.

Translationsgeschwindigkeiten	
Abstand zum Shuttle [m]	Mittl. Geschwindigkeit [m/s]
19-22	0,07
22-25	0,20
25-41	0,20
41-60 (Stop bei 50)	0,15
60-75	1,41
75-81	0,25
81-87	0,35
87-91	0,09
91-95	0,15
95-101	0,22
101-83	0,25
83-70	0,26
70-50	0,22
50-32	0,21

Tabelle 4.1. Relativgeschwindigkeiten der Astronauten zum Space Shuttle während eines typischen EVA-Manövers (ExtraVehicular Activity - Außeneinsatz).

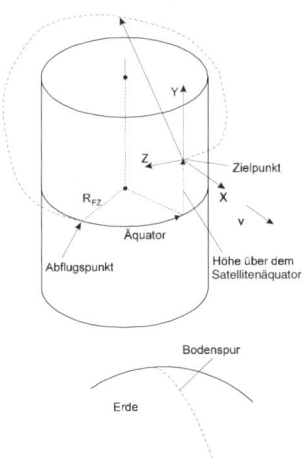

Abb. 4.31. Manöver zum Umfliegen eines Satelliten.

4.6 Gravity-Assist- oder Swingby-Manöver

Unter dem angelsächsischen Begriff „Gravity-Assist" versteht man ein interplanetares Manöver, bei dem der Raumflugkörper mit einem Planeten oder Himmelskörper in Wechselwirkung tritt und dadurch eine Änderung seiner kinetischen Energie relativ zur Sonne erfährt. Dieses Manöver ist in der Literatur auch unter den Namen „Swingby", „Planet Flyby" und „Planetary Attraction" bekannt.

4.6.1 Zur Entwicklung der Gravity-Assist-Technologie

Bis 1961 wurde die Hohmann-Transferbahn, die Walter Hohmann 1925 entdeckt hatte, als das antriebsbedarfgünstigste Manöver zum Erreichen eines anderen Planeten angesehen. Diese Transferbahn ist eine Halbellipse, die die Umlaufbahnen von Ausgangs- und Zielplanet verbindet, ähnlich wie die Hohmann-Bahn für Satelliten im Erdgravitationsfeld den Transfer vom Ausgangs- zum Zielorbit beschreibt. Mögliche Gravitationseinflüsse von dritten Planeten wurden dabei als störend empfunden, und es war geplant, diese durch Raketenantrieb zu kompensieren. Der Nachteil einer Hohmann-Transferbahn besteht im relativ hohen Antriebsbedarf und vor allem in der langen Reisezeit. So benötigt ein Raumflugkörper für den Flug zum Neptun auf einer Hohmann-Bahn etwa 31 Jahre, zum Pluto über 45 Jahre.

Im Jahre 1961 führte dann ein Mathematikstudent in Kalifornien die erste numerische Berechnung des sogenannten „Drei-Körper-Problems" durch. Dabei geht es um den Einfluß eines Planeten auf die Bahn eines Raumflugkörpers im Sonnengravitationsfeld. Durch diese Berechnung wurde entdeckt, daß beim Vorbeiflug an einem Planeten Energie zwischen Raumflugkörper und Planet ausgetauscht werden. Je nach Flugbahn läßt sich dieser Effekt zur gezielten Richtungsänderung und zur Beschleunigung ausnutzen („Gravity Propulsion"). Sogar Satelliten, die im Orbit der Erde operieren, können durch Wechselwirkung mit dem Mond („Lunar-Swingby") die Inklination ihrer Umlaufbahn mit vergleichsweise geringem Antriebsbedarf ändern. Damit war das Konzept des Gravity-Assist-Manövers geboren, das dann erstmals 1962 beim Vorbeiflug an der Venus mit Mariner 2, der ersten Sonde zu einem anderen Planeten, überprüft wurde. Zum Erreichen eines weiteren Planeten wurde das Manöver erstmals mit Mariner 10 durchgeführt (gestartet am 03.11.1973, Venus-Swingby am 05.02.1974, Zielplanet Merkur erstmals erreicht am 29.03.1974).

4.6.2 Übergang vom heliozentrischen ins planetenfeste System

In Abb. 4.32 ist dargestellt, wie ein Raumflugkörper das Gravitationsfeld der Erde mit der Geschwindigkeit v_1 relativ zur Sonne verläßt. Alle hier betrachteten Bahnen liegen in einer gemeinsamen Ebene. Während des Fluges zum Gravity-Assist-Planeten entlang einer heliozentrischen Bahn sollen die Kraftfelder der Planeten vernachlässigbar sein. Der Radius r_E der Einflußsphäre wird so groß gewählt, daß am Rande dieser Sphäre der Absolutbetrag der Anziehungskraft des

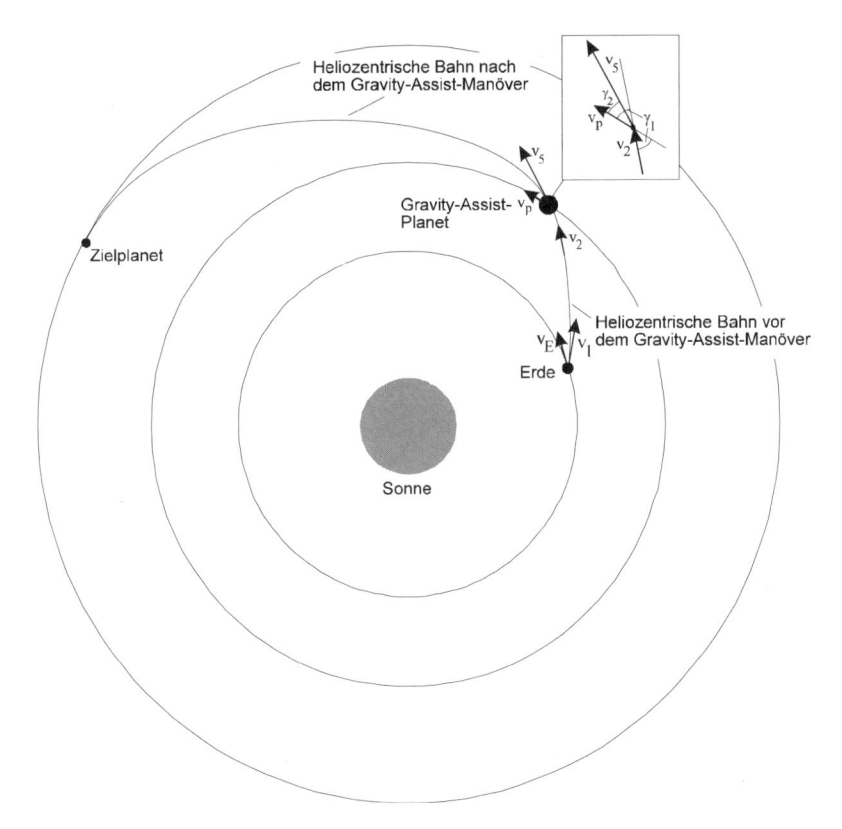

Abb. 4.32. Gravity-Assist-Flugbahn im heliozentrischen System.

Gravity-Assist-Planeten gleich der Anziehungskraft der Sonne ist (r_P ist der Abstand Sonne-Planet)

$$\frac{r_E}{r_P} = \left(\frac{M_P}{M_S}\right)^{\frac{1}{2}} . \qquad (4.106)$$

Für den Jupiter zum Beispiel ist r_E/r_P etwa 1/33. Am Rande der Einflußsphäre angekommen, besitzt der Raumflugkörper die heliozentrische Geschwindigkeit v_2 im Winkel γ_1 zur Bahn des Gravity-Assist-Planeten. Jetzt, am Punkt E in Abb. 4.33, wird die Betrachtungsweise auf das planetenfeste Bezugssystem umgeschaltet. Der Raumflugkörper hat nun die Geschwindigkeit

$$\vec{v}_3 = \vec{v}_2 - \vec{v}_P . \qquad (4.107)$$

Den Betrag von $\vec{v}_3$ liefert der Cosinussatz:

144 4 Manöver zur Bahnänderung

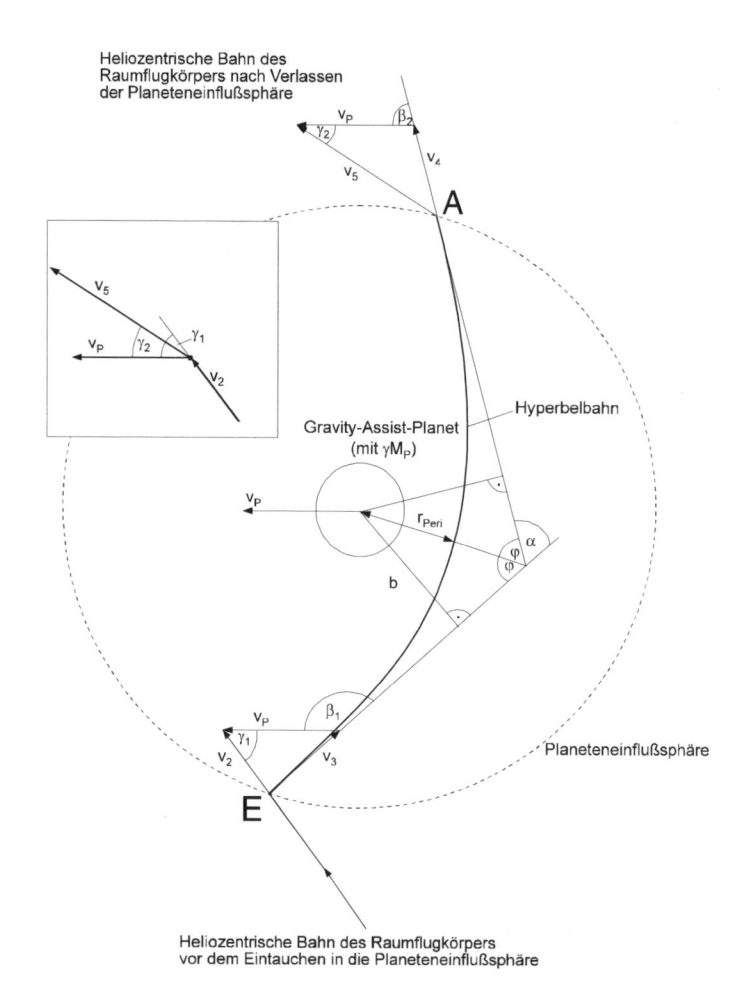

Abb. 4.33. Gravity-Assist-Flugbahn im planetenfesten System.

$$v_3^2 = v_2^2 + v_P^2 - 2v_2 v_P \cos\gamma_1 \ . \tag{4.108}$$

Der Vorbeiflug des Raumflugkörpers am Planeten erfolgt auf einer Hyperbelbahn. Zur Berechnung dieser Bahn können die Punkte E und A als unendlich weit vom Planeten entfernt angenommen werden. Außerdem wird der Einfluß der Sonne auf Planet und Raumflugkörper für die Zeit des Vorbeifluges vernachlässigt, so daß das Planetengravitationsfeld für den Raumflugkörper ein ruhendes, zentrales Kraftfeld darstellt.

Aus der Energieerhaltung für dieses Zentralfeld folgt, daß die Geschwindigkeitsbeträge beim Eintritt (E) und Austritt (A) identisch sind, d.h.

$$v_3 = v_4 \ . \tag{4.109}$$

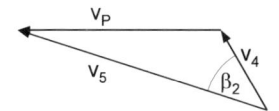

Abb. 4.34. Zur Berechnung von v .

Nach dem Verlassen der Gravitationssphäre des Planeten (Punkt A) wird wieder vom planetenfesten ($\vec{v}_4$) ins heliozentrische System ($\vec{v}_5$) transformiert:

$$\vec{v}_5 = \vec{v}_4 + \vec{v}_P \ . \tag{4.110}$$

Für den Betrag von $\vec{v}_5$ ergibt sich unter Verwendung von Gl. (4.109) (Abb. 4.34)

$$v_5^2 = v_4^2 + v_P^2 - 2v_4 v_P \cos(180° - \beta_2) = v_3^2 + v_P^2 + 2v_3 v_P \cos\beta_2 \ . \tag{4.111}$$

4.6.3 Berechnung der Geschwindigkeitsänderung

Es stellt sich nun die Frage wie groß v_5 im Vergleich zur Geschwindigkeit v_2 vor dem Manöver ist. Gegeben sind zunächst
 – Planetenmasse M_P,
 – Bahngeschwindigkeit des Planeten v_P,
 – Anflugbedingungen: $v_2, \gamma_1 \rightarrow v_3$ nach Gl. (4.108)
Außerdem soll die geringste Distanz, der „Perizentrumsabstand" r_{Peri}, zwischen Raumflugkörper und Planet vorgegeben sein. Aus diesen Größen soll nun v_5 berechnet werden. Wie Gl. (4.111) zeigt, fehlt zuerst dazu $\cos\beta_2$. Aus geometrischen Überlegungen folgt

$$\beta_2 = \beta_1 - \alpha = \beta_1 + 2\phi - 180° \ , \tag{4.112}$$

und $\quad \cos\beta_2 = \cos\beta_1 \left(1 - 2\cos^2\phi\right) + 2\cos\phi\sqrt{1-\cos^2\phi}\sqrt{1-\cos^2\beta_1} \ . \tag{4.113}$

In diese Gleichung wird $\cos\beta_1$ aus dem Dreieck v_2-v_3-v_P eingesetzt

$$\cos\beta_1 = \frac{v_2^2 - v_P^2 - v_3^2}{2 v_P v_3} \ . \tag{4.114}$$

Die Größe $\cos\phi$ folgt aus der Hyperbelgleichung für die Raumflugkörper-Bahn (s. Abb. 4.35):

$$\cos\phi = \frac{1}{1 + \dfrac{r_{Peri}}{\mu_P} v_3^2} \ . \tag{4.115}$$

Polarkoordinatendarstellung der Flugbahn

$$r(\theta) = \frac{a(e^2-1)}{1+e\cos\theta} \;,$$

$$e = \sqrt{1 + \frac{2h^2}{\mu_P^2}\varepsilon_0} \;;\; \varepsilon_0 = \frac{v_3^2}{2} \;.$$

Der massenspezifische Drehimpuls h ist

$$h = bv_3 = r_{Peri} v_{max} \;.$$

Am Rand der Planeteneinflußsphäre geht $r \to \infty$ und $\theta \to 180° - \phi$. Es ergibt sich

$$\cos(180° - \phi) = -\frac{1}{e} \quad \Rightarrow \quad \cos\phi = \frac{1}{e} = \frac{1}{\sqrt{1 + \frac{b^2 v_3^4}{\mu_P^2}}} \;.$$

Aus der Vis-Viva-Gleichung folgt dann

$$\frac{v_3^2}{2} = \frac{v_{max}^2}{2} - \frac{\mu_P}{r_{Peri}} = \frac{b^2 v_3^2}{2 r_{Peri}^2} - \frac{\mu_P}{r_{Peri}} \;,$$

Durch Einsetzen kann b eliminiert werden und man erhält:

$$\cos\phi = \frac{1}{\sqrt{1 + \frac{r_{Peri}^2 v_3^4}{\mu_P^2} + 2\frac{r_{Peri} v_3^2}{\mu_P}}} = \frac{1}{\left(1 + \frac{r_{Peri} v_3^2}{\mu_P}\right)}$$

Abb. 4.35. Berechnung von $\cos\phi$ aus der Hyperbelgleichung.

Wenn jetzt $\cos\beta_1$ und $\cos\phi$ in Gl. (4.113) und das resultierende $\cos\beta_2$ in Gl. (4.111) eingesetzt werden, ergibt sich schließlich

$$v_5^2 = v_2^2 - 2\frac{k_1}{k_2^2} + \frac{4v_3 v_P}{k_2}\sqrt{1 - \frac{1}{k_2^2}}\sqrt{1 - \left(\frac{k_1}{2v_P v_3}\right)^2}$$

$$k_1 = v_2^2 - v_P^2 - v_3^2 \qquad\qquad\qquad\qquad (4.116)$$

$$k_2 = 1 + \frac{r_{Peri}}{\mu_P} v_3^2$$

mit dem Winkel γ_2, unter dem der Raumflugkörper seinen Flug im heliozentrischen System fortsetzt

$$\cos\gamma_2 = \frac{v_5^2 + v_P^2 - v_4^2}{2v_P v_5} \;. \qquad (4.117)$$

4.6.4 Maximaler Energiegewinn im heliozentrischen System

Betrachtet wird nun die Änderung der Energie des Raumflugkörpers im heliozentrischen System, welche aus dem Gravity-Assist-Manöver resultiert:

$$\Delta E = \frac{1}{2} v_5^2 - \frac{\mu_S}{r_5} - \left(\frac{1}{2} v_2^2 - \frac{\mu_S}{r_2} \right) . \tag{4.118}$$

Da die Differenz der Sonnenabstände bei Ein- und Austritt des Raumflugkörpers vernachlässigbar klein ist (r_2-$r_5 \approx 0$), folgt

$$\Delta E \approx \frac{1}{2} \left(v_5^2 - v_2^2 \right) . \tag{4.119}$$

Mit v_5^2 aus Gl. (4.111) und unter Verwendung von Gl. (4.114) läßt sich der Energiegewinn als Funktion zweier Parameter x und β_1 formulieren:

$$\Delta E = v_P \sqrt{\frac{\mu_P}{r_{Peri}}} \frac{2x}{\left(1+x^2\right)^2} \left(x\sqrt{2+x^2} \sin\beta_1 - \cos\beta_1 \right) , \tag{4.120}$$

mit

$$x = \sqrt{\frac{r_{Peri}}{\mu_P}} v_3 . \tag{4.121}$$

Der normierte Energiegewinn

$$\Delta E^* = \frac{\Delta E}{v_P \sqrt{\mu_P / r_{Peri}}} , \tag{4.122}$$

ist in Abb. 4.36 als Funktion von x und β_1 dargestellt. Die eingezeichnete Linie $\Delta E^* = 0$ grenzt den Bereich des Energiegewinns von dem des Energieverlustes ab, d.h. für kleine Werte von (x, β_1) wirkt das Gravity-Assist-Manöver nicht als Beschleunigungs-, sondern als Bremsmanöver. Man kann zeigen, daß der Raumflugkörper beim Vorbeiflug hinter dem Planeten (β_1 groß) relativ zur Sonne beschleunigt wird bzw. beim Vorbeiflug vor dem Planeten abgebremst wird. Es gibt außerdem einen Punkt M, für den der Energiegewinn maximal wird. Aus

$$\frac{\partial \Delta E}{\partial x} = \frac{\partial \Delta E}{\partial \beta_1} = 0 , \tag{4.123}$$

folgt für dieses Maximum $\beta_{1,max} = 120°$, $x_{max} = 1$. $\tag{4.124}$

148 4 Manöver zur Bahnänderung

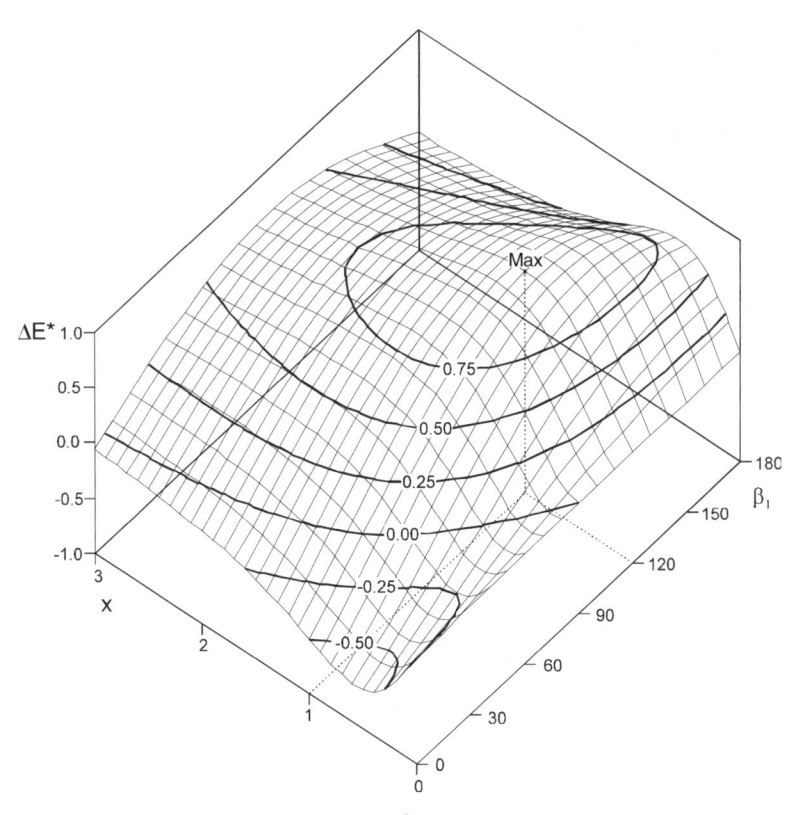

Abb. 4.36. Normierter Energiegewinn ΔE^*, aufgetragen über x und β .

Somit kann für gegebene Größen M_P, r_{Peri} und v_P auch die Anfluggeschwindigkeit bestimmt werden, für die das Gravity-Assist-Manöver den maximalen Energiegewinn bringt

$$v_{3,max} = \sqrt{\frac{\mu_P}{r_{Peri}}} \quad . \tag{4.125}$$

Einsetzen der Maximalwerte in Gl. (4.120) ergibt den Betrag dieses Energiegewinns zu

$$\Delta E_{max} = v_P \sqrt{\frac{\mu_P}{r_{Peri}}} = v_P v_{3,max} \quad . \tag{4.126}$$

In der Tabelle 4.2 sind für die Daten des Planetensystems die maximal möglichen Energieänderungen dargestellt. Daraus folgt, daß ein Gravity-Assist-Manöver mit dem Planeten Jupiter die größte Energieänderung hervorrufen kann, mit der Venus die zweitgrößte, usw. (Rangfolge siehe ganz rechte Spalte).

Planet	Geschwind. v_P [km/s]	Masse M_P [kg]	Entf. zur Sonne r_p [10^6 km]	Einfluß-sphäre r_E [10^6 km]	r_{peri} [km]$\approx$ Äquatorra-dius	$v_{3,extr}$ [km/s]	$\Delta\varepsilon_{max}$ [J/kg]	
Merkur	47,87	$3,28 \cdot 10^{23}$	57,9	0,024	2.439	2,99	$1,43 \cdot 10^8$	5
Venus	35,02	$4,87 \cdot 10^{24}$	108,2	0,169	6.051	7,33	$2,57 \cdot 10^8$	2
Erde	29,78	$5,97 \cdot 10^{24}$	149,6	0,259	6.378	7,90	$2,35 \cdot 10^8$	4
Mars	24,13	$6,42 \cdot 10^{23}$	228,0	0,130	3.394	3,55	$0,86 \cdot 10^8$	8
Ceres	17,9	$1,20 \cdot 10^{21}$	414,4	0,010	525	0,4	$0,07 \cdot 10^8$	9
Jupiter	13,06	$1,90 \cdot 10^{27}$	778,4	24,05	71.400	42,1	$5,50 \cdot 10^8$	1
Saturn	9,648	$5,69 \cdot 10^{26}$	1.425,5	24,10	60.000	25,2	$2,43 \cdot 10^8$	3
Uranus	6,799	$8,68 \cdot 10^{25}$	2.870,4	18,96	25.650	15,0	$1,02 \cdot 10^8$	6
Neptun	5,430	$1,03 \cdot 10^{26}$	4.501,1	32,38	24.780	16,7	$0,91 \cdot 10^8$	7
Pluto	4,7	$1,27 \cdot 10^{22}$	5.900	0,471	1.150	0,86	$0,04 \cdot 10^8$	10

Tabelle 4.2. Max. theoretische Energieänderungen bei Gravity-Assist-Manövern.

4.6.5 Maximierung der Austrittsgeschwindigkeit

Eine andere Fragestellung als bei der Maximierung des Energiezuwachses ΔE ergibt sich, wenn bei gegebenen Anflug-Größen v_2 und γ_1, durch geschickte Wahl des Abstandes r_{Peri} beim Vorbeiflug die Geschwindigkeit v_5, die der Raumflugkörper nach Verlassen der Einflußsphäre im heliozentrischen System besitzt, maximiert werden soll. Dazu wird Gl. (4.111) noch einmal wiederholt:

$$v_5^2 = v_3^2 + v_P^2 + 2v_3 v_P \cos\beta_2 \quad . \tag{4.111}$$

Durch v_2, γ_1 und v_P liegt v_3 nach Gl. (4.108) fest. v_5 wird also maximal für

$$\cos\beta_2 = 1, \text{ d.h. } \beta_2 = 0 \quad . \tag{4.127}$$

Dies bedeutet, daß der Raumflugkörper nach Verlassen der Planetensphäre zunächst parallel zur Planetenbahn weiterfliegt. Gl. (4.111) vereinfacht sich damit zu

$$v_{5,max} = v_3 + v_P \quad . \tag{4.128}$$

Jetzt bleibt noch der nächste Abstand r_{Peri}, aus der Bedingung von Gl. (4.127) zu berechnen. Aus der Geometrie einer hyperbolischen Flugbahn folgt

$$r_{Peri} = a(1-e) = \frac{\mu_P}{v_3^2}(e-1) \quad , \tag{4.129}$$

mit
$$e = \frac{1}{\cos\phi} \; . \tag{4.130}$$

Aus Gl. (4.112) folgt mit $\beta_2 = 0$

$$\phi = 90° - \frac{\beta_1}{2} \; , \tag{4.131}$$

$$\cos\phi = \cos\left(90° - \frac{\beta_1}{2}\right) = \sin\left(\frac{\beta_1}{2}\right) \; . \tag{4.132}$$

Der Winkel β_1 kann aus Gl. (4.114) bestimmt werden. Damit gilt für den nächsten Vorbeiflugabstand zur Maximierung von v_5

$$r_{Peri} = \frac{\mu_P}{v_3^2}\left[\frac{1}{\sin(\beta_1/2)} - 1\right] \; . \tag{4.133}$$

Dieser Abstand muß natürlich durch geschickte Wahl der Anflugparameter größer als der Planetenradius sein.

Abschließend sei erwähnt, daß viele interplanetare Missionen erst durch die Entdeckung und Beherrschung des Gravity-Assist-Manövers realisiert werden konnten. Dies gilt nicht nur wegen der sonst benötigten großen Zeitspanne zum Erreichen der äußeren Planeten, sondern auch wegen der wesentlichen Reduktion der benötigten Treibstoffmasse, die überhaupt erst eine nennenswerte Nutzlast zuläßt. Beispielsweise nutzte die Galileo-Sonde drei solcher Manöver (eines an der Venus, zwei an der Erde), um von der Erde zum Jupiter zu gelangen. Die Voyager 2 Mission, gestartet am 20.08.1977, führte Swingby-Manöver am Jupiter (09.07.1979), Saturn (25.08.1981), Uranus (24.01.1986) und Neptun (25.08.1989) durch und hat dadurch sogar auf Fluchtgeschwindigkeit aus unserem Sonnensystem beschleunigt.

Einige weitere Zahlenbeispiele über die Ersparnis an Antriebsbedarf für verschiedene Missionen sind in Kapitel 4.9 zusammengefaßt.

4.7 Sonnensegel

Schon 1873 erkannte der Physiker James Clerk Maxwell, daß Licht, das von einem Spiegel zurückprallt, einen Druck auf diesen ausübt. Im Jahre 1905 trug Albert Einstein unwissentlich zu dem Antriebskonzept Sonnensegel bei, indem er erkannte, daß Lichtquanten einen Impuls besitzen. Der Gedanke, den solaren Strahlungsdruck zur Bewegung eines großflächigen Segels im Weltraum zu nutzen, wurde bereits Anfang des Jahrhunderts nach 1920 von Konstantin Ziolkowsky formuliert (s. Abb. 4.37).

Die Bezeichnung „Solarsegel" ist zweideutig, da die Solarstrahlung, ausgehend von der Sonne, aus dem Strom der Photonen besteht. Entscheidend ist jedoch der Impuls der elektromagnetischen Strahlung. Das Sonnensegel unterscheidet sich wesentlich von den übrigen Antriebskomponenten durch die Tatsache, keinen Treibstoff auszustoßen, sondern eine durch solaren Strahlungsdruck erzeugte Kraftkomponente zur Fortbewegung zu nutzen. Damit kann das Gesetz nach Ziolkowsky in der gegebenen Version nicht benutzt werden; vielmehr muß die Ermittlung der Bewegung eines Segels nach Gesetzen der interplanetaren Bahnmechanik erfolgen.

Das Sonnensegel besteht aus einem sehr leichten Rahmen, der eine extrem dünne und damit leichte aber auch hochreflektierende Membranfolie aufspannt, sowie aus einer zur Stabilisierung des Segels verwendeten Seilverspannung. Zur vollständigen Nutzung des Strahlungsdruckes muß die Membranfolie auf der Sonnenseite eine aufgedampfte, hochreflektierende Metallschicht besitzen.

Die charakteristische Beschleunigung des Segels ist dann (s. Abb. 4.38)

$$a_{ch} = \frac{F}{m_{Segel}} = \frac{p_S(2-\alpha)A_{Segel}}{m_{Segel}} \ . \qquad (4.134)$$

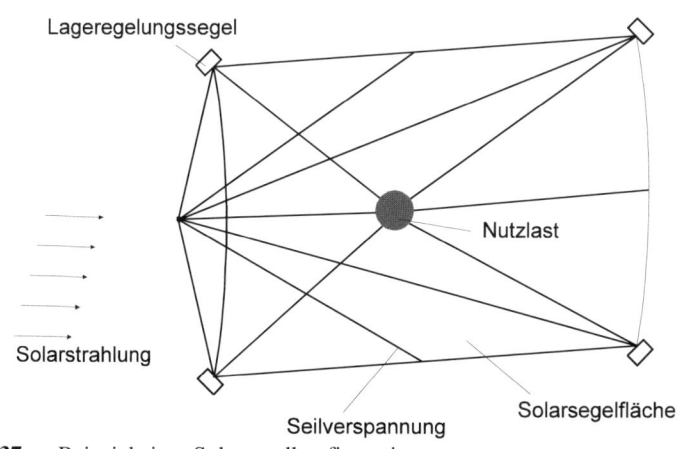

Abb. 4.37. Beispiel einer Solarsegelkonfiguration

152   4 Manöver zur Bahnänderung

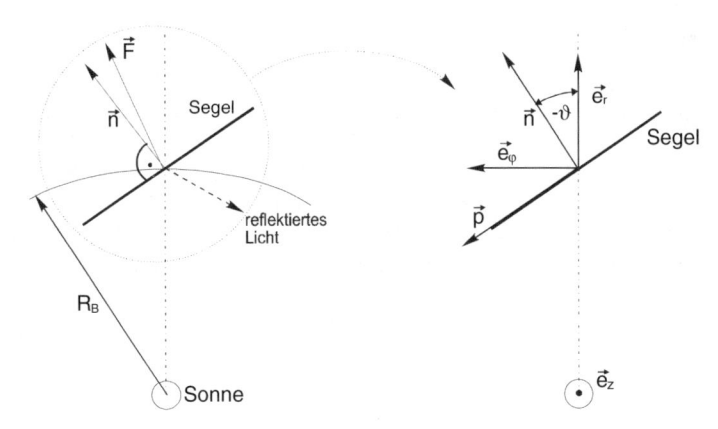

Abb. 4.38.   Kräfteverhältnisse an einem Solarsegel im Inertialsystem.

Hierbei stellen a_{ch} die charakteristische Beschleunigung bei senkrechter Stellung zur Sonne, p_S den Strahlungsdruck (in Erdnähe p_{SE} = 4,5·10⁻⁶ Nm⁻²), α den Absorptionsgrad, A_{Segel} die Segelfläche und m_{Segel} die Segelmasse dar.

In einem Inertialsystem gilt für den Kraftvektor F, der am Segel angreift

$$\vec{F}_S(r) = p_S(r) A_S \left[(2-\alpha)\cos^2\vartheta \vec{n} + \frac{\alpha}{2}\sin 2\vartheta \vec{p} \right] ,\quad (4.135)$$

mit r als Sonnenabstand, ϑ als Auslenkung der Segelnormalen zur Richtung der Solarstrahlung sowie $\vec{n}$ und $\vec{p}$ als Normalen- bzw. Tangentialvektor zum Segel. Der solare Strahlungsdruck $p_S(r)$ als Funktion der Entfernung zur Sonne ergibt sich aus

$$p_S(r) = \frac{\sigma}{c} T_S^4 \left(\frac{R_S}{r}\right)^2 = p_S(R_E)\left(\frac{R_E}{r}\right)^2 ,\quad (4.136)$$

mit dem Radius der Sonne R_S, der Stefan-Boltzmann-Konstante σ, der Lichtgeschwindigkeit c, der Oberflächentemperatur der Sonne $T_s \approx$ 6000°C und der Entfernung der Erde zur Sonne R_E (= 1 AE).

Für den Gravitationsvektor $\vec{G}(r)$ gilt

$$\vec{G}(r) = -m_S g_S(R_E)\left(\frac{R_E}{r}\right)^2 \vec{e}_r ,\quad (4.137)$$

mit der Gravitationsbeschleunigung der Sonne bei 1AE $g_s(R_E)$ und dem Einheitsvektor in radialer Richtung $\vec{e}_r$. Für die Kraftkomponente durch Strahlung in radialer (r) und azimuthaler (φ) Richtung folgt

$$F_{S,r} = m_S \left(\frac{R_E}{r}\right)^2 a_{ch} \cos\vartheta \left[\cos^2\vartheta + \frac{\alpha}{2-\alpha} \sin^2\vartheta\right] \ , \quad (4.138)$$

$$F_{S,\varphi} = -m_S \left(\frac{R_E}{r}\right)^2 a_{ch} \sin\vartheta \cos^2 \frac{2(1-\alpha)}{2-\alpha} \ , \quad (4.139)$$

wobei
$$a_{ch} = \frac{|\vec{F}_S(\vartheta = 0)|}{m_S} = p_S(R_E) A_S \frac{2-\alpha}{m_s} \ , \quad (4.140)$$

die Beschleunigung des Segels bei $\vartheta = 0$ darstellt. Die Bewegungsgleichungen aus dem Impulssatz in Polarkoordinaten ergeben sich dann zu

$$m(\ddot{r} - r\dot{\varphi}^2) = \sum K_r \ , \quad (4.141)$$

$$m(r\ddot{\varphi} + 2\dot{r}\dot{\varphi}) = \sum K_\varphi \ , \quad (4.142)$$

$$\dot{v}_r = \ddot{r}, \quad v_r = \dot{r}, \quad \dot{v}_\varphi = r\ddot{\varphi} + \dot{r}\dot{\varphi}, \quad v_\varphi = r\dot{\varphi} \ , \quad (4.143)$$

$$\dot{v}_r = \frac{v_\varphi^2}{r} + \left(\frac{R_E}{r}\right)^2 \left[a_{ch} \cos\vartheta \left(\cos^2\vartheta + \frac{\alpha}{2-\alpha} \sin^2\vartheta\right) - g_S(R_E)\right] \ , \quad (4.144)$$

$$\dot{v}_\varphi = -\frac{v_r v_\varphi}{r} - \left(\frac{R_E}{r}\right)^2 a_{ch} \cos^2\vartheta \sin\vartheta \frac{2(1-\alpha)}{2-\alpha} \ . \quad (4.145)$$

mit den Anfangsbedingungen an der Erde

$$v_r(0) = 0, \quad v_\varphi(0) = v_{KE}, \quad \dot{v}_r(0) = 0, \quad \dot{v}_\varphi(0) = 0 \ , \quad (4.146)$$

und den Zielbedingungen

$$v_r(0) = 0, \quad v_\varphi(0) = v_{KZ}, \quad \dot{v}_r(0) = 0, \quad \dot{v}_\varphi(0) = 0 \ . \quad (4.147)$$

Als Sonderfall wird nun der Fall $\vartheta = 0$ betrachtet. Hierfür ergibt sich

$$\dot{v}_r = \frac{v_\varphi^2}{r} + \left(\frac{R_E}{r}\right)^2 [a_{ch} - g_S(R_E)] \ , \quad (4.148)$$

$$\dot{v}_\varphi = -\frac{v_r v_\varphi}{r} \ . \quad (4.149)$$

Vor dem Lösen des Differentialgleichungssystems trifft man noch einige Annahmen. So ist es ist sinnvoll für die Gesamtmassenbestimmung des Sonnensegels, eine Unterteilung in diverse Untermassen vorzunehmen

$$m_{Segel} = m_{Filmmasse} + m_{Rahmen} + m_{Seilverspannung} + m_{Rest}(+m_L) \quad (4.150)$$

mit den Massen für den Film ($m_{Film}/A_{Segel} = 3.3\text{-}5$ g/m²), den Rahmen ($m_{Rahmen}/A_{Segel} = 1.6\text{-}6$ g/m²), der Seilverspannung ($m_{Seil}/A_{Segel} = 0{,}25$ g/m²) sowie etwas Rest für die Avionik und als Massenreserve. Bemerkenswert ist hier, daß der spezifische Impuls eines Sonnensegels unendlich groß wird, da die Masse des Treibstoffs $m_T = 0$ ist.

Ein Beispiel für die Nutzung des solaren Strahlungsdruckes über Sonnensegel zum Transport von unbemannten Nutzlasten ist der Flug von der Erdbahn in rund 545 Tagen zur Marsumlaufbahn. Mit einem spezifischem Flächengewicht von $(m/A)_{Segel} = 9{,}3$ g/m² ($g_{Film}=4$ g/m², $g_{Rahmen}=5$ g/m², $g_{Seil}=0{,}3$ g/m²) könnte eine Nutzlast von 20.000 kg bei einer Segelfläche von 4 km² und einer charakteristischen Beschleunigung auf der Erdbahn von $a_{0,ch} = 0{,}543$ mm/s² von der Erde zum Mars mit einer Stellung der Segelkonfiguration von 46° zur Sonnennormalen befördert werden. Die Masse des Transportsystems beträgt dann konstant 64,94 Tonnen, womit ein Nutzlastfaktor von $\mu_L = 0{,}286$ erreicht werden würde. Erst nach Erreichen der Marsbahn, die vom Segel zunächst überschritten wird, erfolgt eine Segelstellungsänderung, mit der ein tangentiales Anfliegen an die Zielbedingungen und ein Anpassen der Bewegungsgeschwindigkeiten an die Zielgeschwindigkeiten erreicht wird. Dabei wird näherungsweise eine kreisförmige Bahn des Mars und der Erde um die Sonne angenommen.

Um die Zeiten für einen Übergang von der Erde zum Mars in vernünftigen Grenzen zu halten, erfolgt der Start von der Erde zunächst durch Beschleunigung des unentfalteten Segelsystems auf Fluchtgeschwindigkeit mittels eines chemischen Verlustgerätes.

Eine weitere, jedoch hinsichtlich der Missionszeiten sehr ungünstige Methode für die Startphase, ist das Erreichen der Fluchtgeschwindigkeit durch Aufspiralen nach Aufbau des Segelkomplexes in einer niederen Umlaufbahn. Hier ist die charakteristische Beschleunigung kleiner. Die Beschleunigungsphase ist eingeschränkt, da das Sonnensegel bestenfalls für eine halbe Umlaufphase zur Schuberzeugung genutzt werden kann. Nach Ankunft in der Marsbahn und einem Einfangen des Segels, kann entweder ein Einspiralen oder eine „drucklose" Stellung des Segels, zur Sonne erfolgen. Die Landung der Nutzlast am Mars erfolgt wieder mit „Verlustgeräten". Ein einmaliger Rückflug des Segels zur Erdbahn, der in etwa 570 Tagen reiner Flugzeit erfolgen könnte, wäre sinnvollerweise nur dann vorzuziehen, wenn dabei eine neue Nutzlast am Mars aufgenommen und zur Erde transportiert werden soll.

Ein grundsätzlicher Nachteil beim Sonnensegel ist, daß die Segelfläche, aufgrund der erforderlichen Anstellung, nie in vollem Maße zur Schuberzeugung genutzt werden kann. Ein weiterer Nachteil sind verschiedene Umwelteinflüsse, wie die Beschädigung durch die kosmischen Teilchen, den Solarwind, die Alterungsprozesse und die photoelektrischen Effekte.

Die das Sonnensegel auszeichnenden Vorteile liegen zunächst in der geringen Masse und der Tatsache, keinen Treibstoff zu benötigen. Damit entfällt ein wesentlicher kostenverursachender Anteil für das Transportszenario. Unter der Voraussetzung, daß die Herstellung von Filmmaterialien mit den geforderten niedrigen Flächenmassen in großen Mengen möglich ist, kann mit vergleichsweise moderaten Entwicklungskosten gerechnet werden. Der Vergleich der Segelmassen und Kosten mit den übrigen Antriebskonzepten weist auf eklatante Unterschiede hin. So werden für die betrachteten Segelgrößen durchweg die niedrigsten Startmassen in LEO erreicht. Da auch die spezifischen Transportkosten im Vergleich sehr günstig liegen, könnte das Sonnensegel als reiner Lastentransporter ein sehr attraktives Gerät darstellen.

4.8 Tethers (Seile) im Gravitationsfeld

Orbitale Fesselseilsysteme bestehen aus zwei oder mehr Raumflugkörpern, die durch ein langes, dünnes Seil (engl. Tether) miteinander verbunden sind. Das Verhalten derartiger Seilstrukturen ist seit über 100 Jahren bekannt und wurde schon in den 60er Jahren während zweier Gemini-Flügen untersucht. Der Italiener Guiseppe Colombo hat 1976 vorgeschlagen, Luftproben aus der Atmosphäre mittels einer an einem Tether befestigten Sonde zu entnehmen. Dies führte zusammen mit anderen Ideen in der Folge zu einem NASA-Programm, in dem gemeinsam mit italienischen Experten die neuartigen Möglichkeiten von Seilkonstruktionen im All untersucht werden. Bis heute liegen zahlreiche Missionsvorschläge auch seitens der ESA vor. Einige Experimente konnten bereits erfolgreich durchgeführt werden. Stellvertretend seien hier genannt:

- *Small Expendable Tether Deployment System (SEDS)*: Seillänge 20 km, niederer Erdorbit (Delta-Oberstufe), SEDS-1 (März 1993), ungeregelter Ausspulvorgang und Abwurf der Endmasse; SEDS-2 (März 1994), geregelter Ausspulvorgang.
- *Tethered Satellite System (TSS)*: Seillänge 20 km, niederer Erdorbit (Shuttle Orbiter), TSS-1 (Juli 1992) und TSS-1R (Februar 1996), jeweils geregeltes Aussetz- und Einholmanöver sowie Seilstabilisierung, Untersuchungen zu elektrodynamischen Wechselwirkungen (Ionosphärenwiderstand), lediglich Teilerfolge.
- *Tether Physics and Survivability (TiPS):* Seillänge 4 km, Bahnhöhe 1000 km, Langzeitmission, Start 1996, Untersuchungen zu Systemdynamik und Lebensdauer von Fesselseilsystemen.

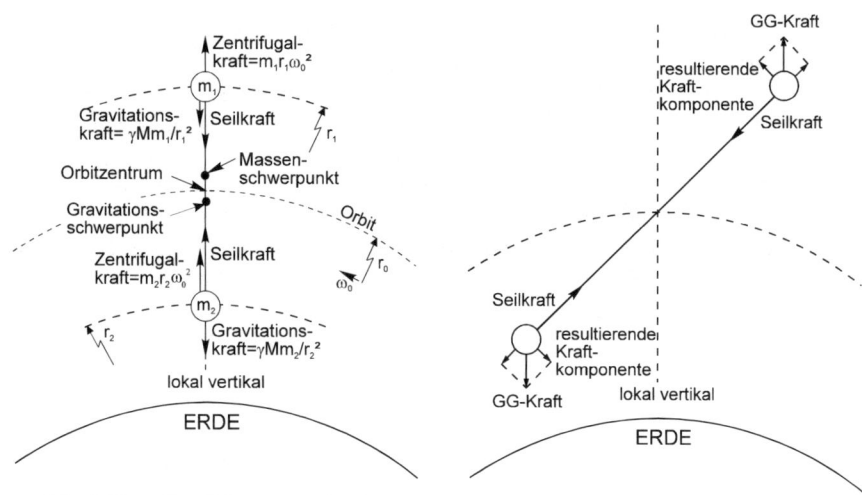

Abb. 4.39. Zur Erläuterung des Gravitationsgradienten.

4.8.1 Der Gravitationsgradient

Wir betrachten zunächst einen Satelliten auf einer kreisförmiger Umlaufbahn mit Radius r_0. Dieser bewegt sich mit der Orbitalfrequenz

$$\omega_0^2 = \frac{\gamma M}{r_0^3} \quad . \tag{4.151}$$

Diese Beziehung ergibt sich aus der Forderung, daß sich entlang der kreisförmigen Keplerbahn die Zentrifugalkraft und die Gravitationskraft gerade aufheben.

Die Abb. 4.39 zeigt zwei Massen, m_1 und m_2, die bei vertikaler Separation durch ein Seil miteinander verbunden sind. Entlang des Seils existiert ein Ort, an dem sich wiederum gerade Zentrifugalkraft und Gravitationskraft aufheben. Diesen Ort nennt man Orbitzentrum r_{co} oder Metazentrum. Für ihn gilt obige Beziehung analog. Demnach bewegt sich das seilgefesselte Gesamtsystem, bestehend aus den Endmassen und dem Seil, mit der gemeinsamen Orbitalfrequenz ω_0. Weiterhin kann ein Gravitationsschwerpunkt r_{cg} definiert werden, an dem die resultierende Gravitationskraft als vektorielle Summe der Gravitationskräfte auf das Seil und die Endmassen angreift. Da die Gravitationsbeschleunigung nichtlinear mit dem Abstand von der Erde abnimmt, fällt der Gravitationsschwerpunkt des Seilsystems nicht genau mit dem Orbitzentrum zusammen. Für vergleichsweise kurze Seile (< 100 km) ist diese Differenz jedoch sehr klein. Beide Positionen sind zudem näherungsweise identisch mit der Lage des Massenschwerpunkts r_{cm}. Im folgenden sei die Seilmasse vernachlässigbar und es gelte:

4.8 Tethers (Seile) im Gravitationsfeld

$$r_{co} \approx r_{cg} \approx r_{cm} = \frac{\sum m_i r_i}{\sum m_i} \qquad (4.152)$$

Diese Position entlang des Seils wollen wir in Zukunft mit r_0 bezeichnen und nur noch vom Orbitzentrum sprechen. Aus obiger Gleichung kann folgende Beziehung abgeleitet werden:

$$\begin{aligned} r_0 \cdot (m_1 + m_2) &= r_1 \cdot m_1 + r_2 \cdot m_2 \\ &= (r_0 + L_1) \cdot m_1 + (r_0 - L_2) \cdot m_2 \end{aligned} \qquad (4.153)$$

Hier bezeichnen L_1 und L_2 die Abstände der oberen Endmasse m_1 sowie der unteren Endmasse m_2 vom Orbitzentrum. Es folgt

$$m_1 \cdot L_1 = m_2 \cdot L_2 \,, \qquad (4.154)$$

wobei sich die gesamte Seillänge zu

$$L = L_1 + L_2 \,, \qquad (4.155)$$

berechnet. Für gegebene Endmassen und eine gegebene Seillänge kann somit die Position des Orbitzentrums entlang des Seils berechnet werden.

Wären nun die beiden Massen auf ihren jeweiligen kreisförmigen Keplerbahnen ohne Seilverbindung, dann würde gelten

$$\omega_1^2 = \frac{\gamma M}{(r_0 + L_1)^3} \quad \text{und} \quad \omega_2^2 = \frac{\gamma M}{(r_0 - L_2)^3} \,, \qquad (4.156)$$

bzw.

$$v_1^2 = \frac{\gamma M}{r_0 + L_1} \quad \text{und} \quad v_2^2 = \frac{\gamma M}{r_0 - L_2} \,, \qquad (4.157)$$

oder

$$v_1 = (r_0 + L_1)\omega_1 \quad \text{und} \quad v_2 = (r_0 - L_2)\omega_2. \qquad (4.158)$$

Gegenüber der gemeinsamen Orbitalfrequenz ω_0 des seilgefesselten Systems hätte die obere Masse m_1 eine kleinere Geschwindigkeit, die untere Masse m_2 eine größere. Mit Seilverbindung ist also die obere Masse zu schnell und die untere zu langsam für den jeweiligen Orbit. Das Seil beschleunigt demnach die obere Masse und bremst die untere. Für die obere Masse überwiegt dadurch die Zentrifugalkraft F_Z gegenüber der Gravitationskraft F_G, für die untere Masse ist das Gegenteil der Fall. Die resultierende Kraft wird Gravitationsgradientenkraft $F_{GG} = F_Z - F_G$ genannt und richtet das Gesamtsystem in radialer Richtung aus. Diese radiale Ausrichtung ist stabil für nicht allzu große Auslenkungen.

Für die Masse m_1 oberhalb des Orbitzentrums gilt unter Verwendung von Gl. (4.151)

158   4 Manöver zur Bahnänderung

$$F_{GG1} = m_1\omega_0^2(r_0+L_1) - \frac{\gamma M m_1}{(r_0+L_1)^2} = \gamma M m_1\left(\frac{r_0+L_1}{r_0^3} - \frac{1}{(r_0+L_1)^2}\right)$$

$$= \gamma M m_1\left(\frac{(r_0+L_1)^3 - r_0^3}{r_0^3(r_0+L_1)^2}\right) = 3L_1\gamma M m_1\left(\frac{r_0(r_0+L_1) + \frac{L_1^2}{3}}{r_0^3(r_0+L_1)^2}\right) \quad (4.159)$$

Da meist $L_1 \ll r_0$ angenommen werden kann, folgt

$$F_{GG1} \approx 3L_1\gamma M m_1 \frac{1}{r_0^3} = 3L_1 m_1 \omega_0^2 \quad . \quad (4.160)$$

Für die untere Masse ergibt eine analoge Rechnung

$$F_{GG2} \approx -3L_2 m_2 \omega_0^2 \quad . \quad (4.161)$$

Unter Berücksichtigung von Gl. (4.154) gilt somit

$$|F_{GG1}| = |F_{GG2}| \quad . \quad (4.162)$$

Die Gravitationsgradientenkraft (GG-Kraft) wirkt demnach oberhalb des Orbitzentrums nach oben, unterhalb nach unten und nimmt in beiden Richtungen mit zu-

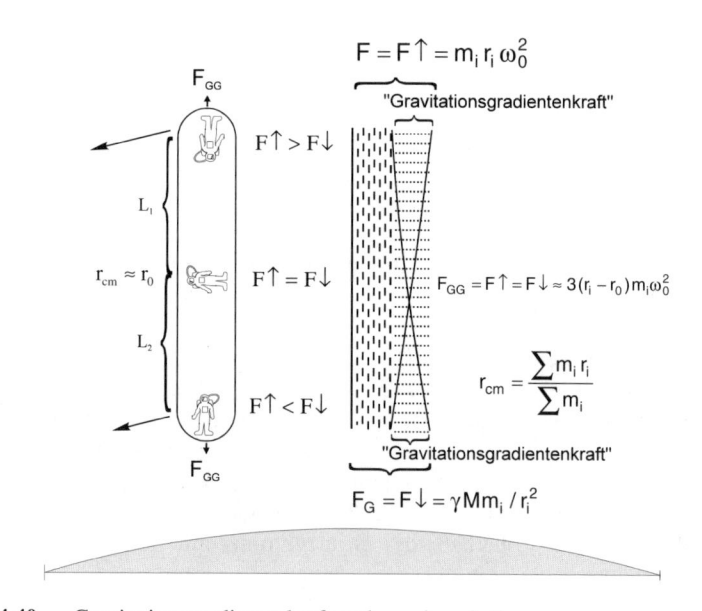

Abb. 4.40.   Gravitationsgradientenkraft entlang eines Seils.

nehmendem Abstand zu. Im Orbitzentrum selbst ist die GG-Kraft null. Anschaulich kann man sich anstelle des Fesselseilsystems ein langgestrecktes Modul vorstellen, welches ebenfalls eine stabile vertikale Ausrichtung aufweist und in dessen Inneren ein Astronaut Gravitationsgradientenkräfte erfährt und zum oberen bzw. unteren Ende des Moduls hin beschleunigt wird (s. Abb. 4.40).

Die GG-Kraft ist proportional zum Quadrat der Orbitalfrequenz ω_0 und ist somit nach Gl. (4.151) unabhängig von der Größe des Planeten aber linear abhängig von dessen spezifischer Dichte. Die korrespondierende GG-Beschleunigung ist am größten bei den inneren Planeten und dem Erdmond (0,3-0,4·10^{-3} g_0/km für niedere Orbits) und etwa 60-80 % geringer bei den äußeren Planeten. Mit zunehmendem Orbitradius nimmt sie zudem schnell ab, z.B. auf 1,6·10^{-6} g_0/km im geostationären Orbit.

Die Masse eines sehr langen Seils kann nicht mehr vernachlässigt werden (Abb. 4.41). Um diese jedoch zu minimieren, kann der Seilquerschnitt durch Anpassung an die erforderliche Zugfestigkeit variiert werden, bei hoher Zugfestigkeit durch einen vom Orbitzentrum nach außen exponentiell abnehmenden Durchmesser.

4.8.2 Schwingungsverhalten und Störkräfte

Obwohl die radiale Orientierung eines Fesselseilsystems stabil ist, kann es aufgrund der folgenden Kräfte und Erscheinungen zu Schwingungen um diese Gleichgewichtslage kommen:
- Gravitationskräfte: ungleichmäßige Massenverteilung der Erde, Erdabplattung
- Luftwiderstandskräfte: differentieller Atmosphärenwiderstand (abnehmende Luftdichte entlang des Seils sowie unterschiedliche Luftdichten nördlich und südlich der Äquatorebene durch Sonneneinstrahlung)
- elektrodynamische Kräfte: nur bei elektrisch leitenden Seilen (siehe Abschnitt 4.8.4)
- Lagekontrollmanöver der seilgefesselten Satelliten

Durch diese Störungen werden Pendelbewegungen angeregt, denen weitere Schwingungsformen überlagert sind. Die Eigenfrequenz der Pendelschwingung beträgt $\sqrt{3}\omega_0$ in der Orbitebene und $2\omega_0$ senkrecht zur Orbitebene. Bei einer Auslenkung des Seils existiert eine Rückstellkraft, die auf der GG-Kraft beruht und linear mit der Seillänge zunimmt. Dadurch sind die Eigenfrequenzen der Pendelschwingung unabhängig von der Seillänge. Seilsysteme schwingen daher wie eine Hantel. Falls die Winkelauslenkung größer als 60° bis 65° in der Bahnebene wird, kann es vorkommen, daß das Seil nicht mehr gespannt ist. Schlaffe Seile sind nicht kontrollierbar und zeigen chaotische Bewegungen. Durch aktive Regelung der Seillänge mittels einer Winde können Schwingungen gedämpft werden und es kann zudem verhindert werden, daß das Seil schlaff wird.

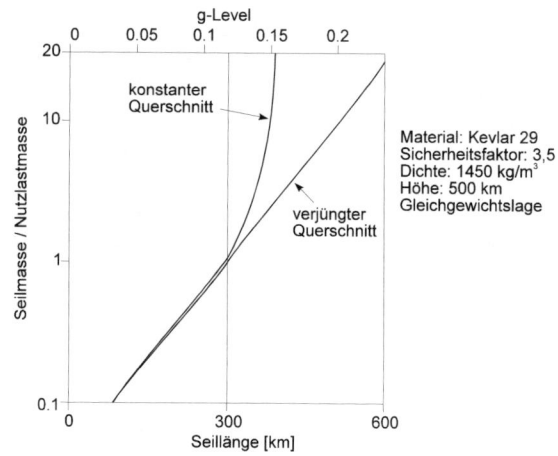

Abb. 4.41. Abhängigkeit der Seilmasse von Länge und Querschnittsform.

4.8.3 Bahnmechanische Anwendung

Neben einer stabilen radialen Ausrichtung bieten orbitale Fesselseilsysteme weitere Vorteile. Hierzu zählt die Möglichkeit einer bahnmechanischen Impulsübertragung. Schneidet man das in Abb. 4.39 dargestellte und sich auf einer Kreisbahn befindliche Seil durch, so begeben sich die beiden Massen, die ursprünglich auf Kreisbahnen waren, nun auf elliptische Bahnen. Dabei ist der Perigäumsabstand der oberen Masse $r_{p1} = r_1 = r_0 + L_1$. Man kann zeigen, daß für den zukünftigen Apogäumsabstand r_{a1} gilt:

$$r_{a1} - r_{p1} = \frac{2\left(r_{p1} - \frac{\gamma M}{v_{p1}^2}\right) \cdot r_{p1} v_{p1}^2}{2\gamma M - r_{p1} v_{p1}^2} = \frac{2\left[(r_0 + L_1)^4 - r_0^3(r_0 + L_1)\right]}{2r_0^3 - (r_0 + L_1)^3} \approx 6L_1 \quad ,(4.163)$$

unter der Annahme $L_1 \ll r_0$. Daraus folgt weiterhin

$$r_{a1} - r_0 = r_{a1} - (r_{p1} - L_1) \approx 7L_1 \quad . \qquad (4.164)$$

Eine entsprechende Rechnung kann für die untere Masse durchgeführt werden. Nur entspricht hier der Apogäumsabstand $r_{a2} = r_2 = r_0 - L_2$ und für den zukünftigen Perigäumsabstand findet man entsprechend $r_0 - r_{p2} \approx 7L_2$. Unter Berücksichtigung von Gl. (4.154) ist die Bahnänderung für die größere Endmasse kleiner als für die kleinere. Für gleiche Massen $m_1 = m_2$ hingegen gilt $L_1 = L_2$, wodurch die Apogäumsanhebung der oberen Masse der Perigäumsabsenkung der unteren Masse entspricht.

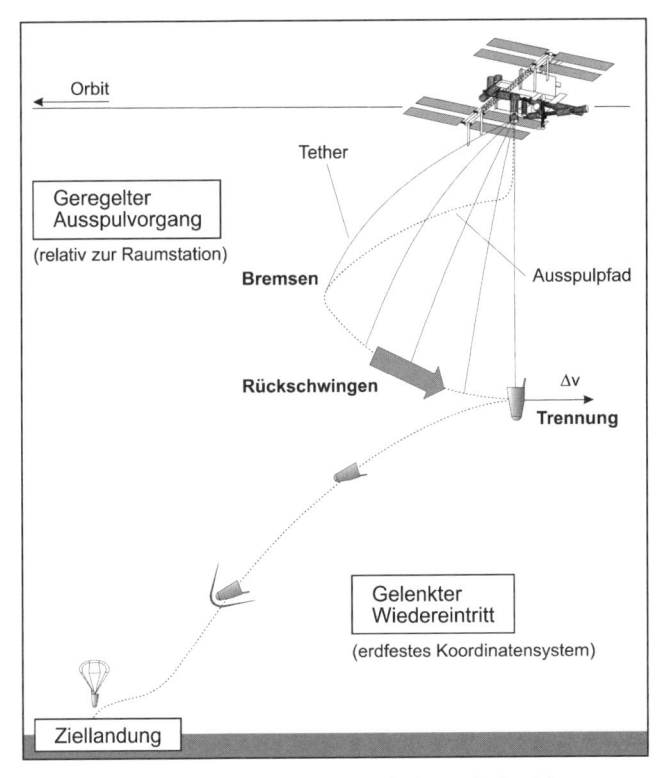

Abb. 4.42. Das seilgestützte Deorbitmanöver mit dynamischer Trennung.

Als Beispiel sei die sogenannte seilgestützte Rückkehrmission erwähnt (Abb. 4.42), bei der eine Nutzlastkapsel ($m_2 \approx 170$ kg) mittels eines Seils von einer Raumstation ($m_1 \approx 415$ t) abgeworfen wird. Es ergibt sich hier bei geringer Apogäumsanhebung der Station eine hohe Perigäumsabsenkung für die Kapsel. Dabei gibt es generell zwei Möglichkeiten, ein seilgestütztes Deorbitmanöver durchzuführen, die statische und die dynamische Trennung. Bei der statischen Trennung wird das Seil nahe der Vertikalen bis zu einer vordefinierten Länge ausgespult und die Kapsel vom Seil getrennt. Bei geeigneter Wahl der Seillänge geht die Kapsel auf einen elliptischen Transferorbit über, der die Atmosphäre schneidet und somit den Wiedereintritt und gelenkten Rückkehrflug zu einem Zielpunkt ermöglicht.

Aufgrund orbitmechanischer Kopplungseffekte regt allerdings ein Ausspulen des Seils immer eine Bewegung der Kapsel in der Orbitebene in Flugrichtung an. Im Falle der dynamischen Trennung wird dieser Effekt bewußt ausgenutzt und das Seil entlang eines vordefinierten Ausspulpfades zu großen Winkelauslenkungen θ in der Bahnebene ausgespult. Nach erfolgtem Abbremsen des Ausspulvorganges mittels eines Ausspulmechanismus an Bord der Station bewirkt die rückstellende Komponente der GG-Kraft ein Rückschwingen entgegen der Flugrichtung. Hierbei

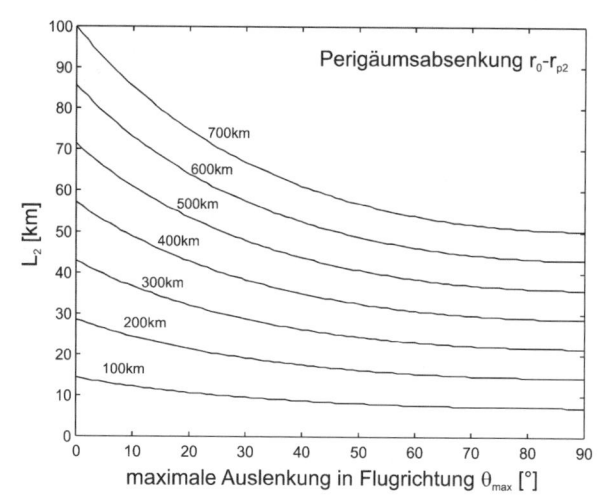

Abb. 4.43. Erforderliche Seillänge in Abhängigkeit der Perigäumsabsenkung und der maximalen Auslenkung in Flugrichtung.

wird eine konstante Seillänge beibehalten und die Kapsel nahe der lokalen Vertikalen vom Seil getrennt. Die dadurch erzielte zusätzliche Abbremsung der Kapsel erhöht die Perigäumsabsenkung gegenüber einer statischen Trennung. Diese berechnet sich zu

$$r_0 - r_{p2} \approx \left(7 + 4\sqrt{3}\sin\theta_{max}\right)L_2 \quad , \tag{4.165}$$

wobei aufgrund des sehr geringen Abstands des Orbitzentrums von der Station der Abstand L_2 mit der Seillänge L gleichgesetzt werden kann.

Umgekehrt kann bei einer vorgegebenen Perigäumsabsenkung die notwendige Seillänge reduziert werden. Diese ist in Abb. 4.43 in Abhängigkeit der maximal erzielten Auslenkung in Bahnebene θ_{max} für verschiedene Werte der Perigäumsabsenkung $r_0 - r_{p2}$ aufgetragen. Es zeigt sich, daß im Falle einer gewünschten Absenkung um beispielsweise 400 km ein Winkel von $\theta_{max} = 45°$ eine Reduktion der Seillänge ($\approx L_2$) von ≈ 57 km auf ≈ 34 km ermöglicht. Aufgrund des nichtlinearen Einflusses erlauben Werte $\theta_{max} > 45°$ keine wesentliche weitere Reduktion.

4.8.4 Elektrodynamische (leitende) Seile

Neben rein mechanischen Seilanwendungen weisen elektrisch leitende Seile ein zusätzliches interessantes Anwendungspotential auf. Der typische Aufbau eines solchen Seiles ist in Abb. 4.44 dargestellt. Im wesentlichen besteht es aus einem isolierten Kupferkern und einem tragenden Fasergewebe. Bewegt sich dieser isolierte Leiter mit orbitaler Geschwindigkeit $\vec{v}$ durch das Erdmagnetfeld, wird in ihm eine Spannung induziert:

$$U_{ind.} = (\vec{v} \times \vec{B}) \cdot \vec{L} \quad , \tag{4.166}$$

wobei $\vec{B}$ die magnetische Induktion bezeichnet. Diese Spannung bewirkt eine Potentialdifferenz entlang des Seiles, außen positiv und innen negativ. Sind an den Enden des Seils Plasmakontaktoren befestigt, um den elektrischen Kontakt mit dem Umgebungsplasma zu gewährleisten, werden Elektronen außen gesammelt, wandern zum unteren Seilende und werden dort wieder abgegeben (s. Abb. 4.45). Die Elektronen wandern entlang der Magnetfeldlinien und die Stromschleife wird über die Ionosphäre der Erde geschlossen. Bei hergestelltem Strom durch das Seil bildet sich eine Lorentzkraft aus

$$\vec{F}_{ed.} = (I \cdot \vec{L}) \times \vec{B} \quad , \tag{4.167}$$

die der Orbitbewegung entgegen gerichtet ist. In dieser sogenannten passiven Konfiguration wird demnach Bahnenergie in elektrische Energie umgewandelt, die z.B. während der Schattenphase einem Verbraucher zugeführt werden kann. Hierbei spricht man auch vom Generatormodus.

Von einer aktiven Konfiguration spricht man hingegen, wenn z.B. während der Sonnenphase überschüssige elektrische Bordenergie zugeführt und die Stromrichtung umgekehrt wird. Dadurch wird elektrische Energie in Bahnenergie umgewandelt, was eine Kompensation des Luftwiderstandes oder gar eine Bahnanhebung ermöglicht. Man spricht daher auch vom Antriebsmodus (s. Abb. 4.45). Nachteilig ist die in beiden Modi akkumulierte Bahnexzentrizität.

Das Erdmagnetfeld kann durch einen um 11,3° gegenüber der Erdachse geneigten magnetischen Dipol angenähert werden. Am günstigsten für einen Tetherbetrieb zur Stromerzeugung ist somit eine Orbitebene geringer Inklination. In diesem

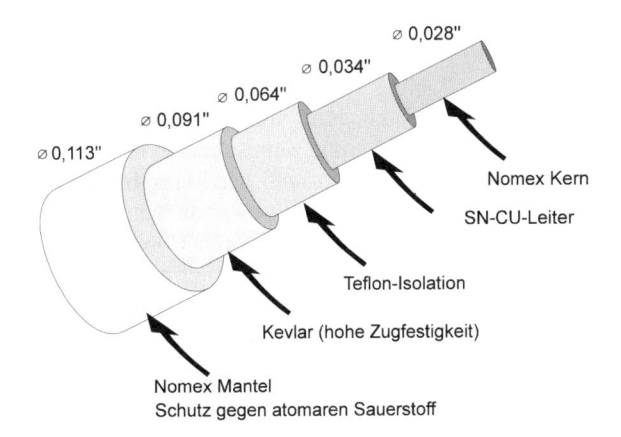

Abb. 4.44. Typischer Seilaufbau bei elektrodynamischen (leitenden) Seilen.

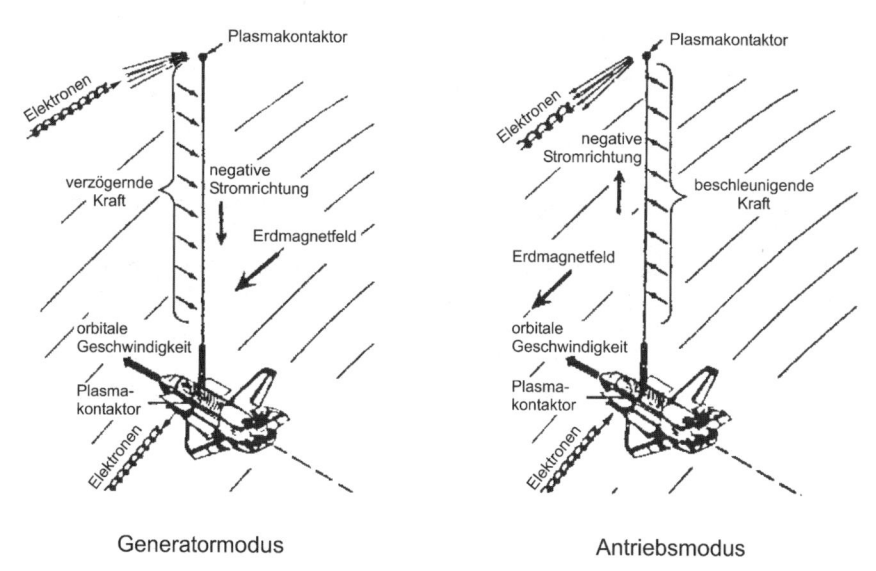

Abb. 4.45. Elektrodynamisches (leitendes) Seil im Orbit: Umwandlung kinetischer in elektrische Energie als Generator oder umgekehrt als Antrieb.

Fall weist die horizontale Komponente der magnetischen Induktion B_h im Mittel große Werte auf.

Unter Vernachlässigung der Neigung der Dipolachse gegenüber der Erdachse kann eine skalare Betrachtung angestellt werden. Die induzierte Spannung berechnet sich zu $U_{ind.} = vB_hL$, wobei unter Annahme eines äquatorialen Kreisorbits das Seil senkrecht zur Bahngeschwindigkeit ausgerichtet sei. Für typische Werte $v = 8$ km/s, $L = 20$ km, $B_h = 3,0 \cdot 10^4$ nT berechnet sich die induzierte Spannung zu 4,8 kV. Die Bremskraft auf das Seil berechnet sich unter den getroffenen Annahmen zu $F = ILB_h$ und die erzeugte elektrische Leistung zu $P = F_{ed}v = U_{ind.}I$. Letztere ist proportional zu $r_0^{-3,5}$. Diese Abhängigkeit wird jedoch erst bei großen Bahnhöhen oder hohen Bahninklinationen deutlich. Im Falle der Internationalen Raumstation mit einer Bahninklination von 51,6° wird die elektrische Leistung bereits auf etwa die Hälfte des Maximalwertes reduziert.

Die Fläche der Plasmakontaktoren muß der Ionosphärenstromdichte angepaßt sein. Gegenwärtig ist noch nicht klar, ob es nicht günstiger wäre, durch aktive Elektronenkanonen am unteren Ende oder durch Hohlleiter an beiden Seilenden eine bessere Anpassung zu erhalten. Die Hohlleitermethode verspricht zudem den Vorteil, daß mittels Bordenergie und Gaszufuhr durch den Hohlleiter die Umkehrung der Stromrichtung realisiert werden kann. Hierdurch wird neben der energetischen auch eine aktorische Anwendung denkbar, beispielsweise zur Dämpfung von Seilschwingungen. Erst zukünftige Experimente können das Anwendungspotential vollends offenlegen.

4.8.5 Konstellationen und künstliche Schwerkraft

Werden mehr als zwei Massen über Seile miteinander verbunden, können sich statisch und dynamisch stabilisierbare Konstellationen ergeben. Drei Massen übereinander bilden eine Basis für ein µg-Labor mit variabler Beschleunigung, falls die mittlere Masse, ähnlich einem Aufzug, entlang des Seils bewegt werden kann. In einem frei fliegenden Labor könnte man mittels Winden seilgefesselte Massen ausbringen und dadurch die Schwerpunktlage im Labor verändern (Abb. 4.46).

Die Anwendung von Fesselseilsystemen erlaubt neben der Reduktion von Störbeschleunigungen, die von der nichthomogenen Massenverteilung der Erde herrühren, auch eine Zweiachsenstabilisierung von Raumstationen. Dadurch wird der Treibstoffbedarf für Lagekontrollmanöver reduziert und künstliche Schwerkraft erzielt. Im Vergleich zu rotierenden Systemen treten dabei keine allzu großen Coriolisbeschleunigungen auf. Die künstliche Schwerkraft ermöglicht eine einfachere Handhabung der Lebenserhaltungssysteme (Duschen, Toiletten, Klimaanlage, etc.) und bringt neben operationellen Vorteilen (keine schwebenden Objekte, Nachfüllen von Treibstoffen, etc.) evtl. biologische und medizinische Vorteile mit sich.

Abstand vom Gravitationszentrum (CG)	Gravitation [g]
200 km	10^{-1}
20 km	10^{-2}
2 km	10^{-3}
200 m	10^{-4}
20 m	10^{-5}
2 m	10^{-6}
20 cm	10^{-7}
2 cm	10^{-8}

Mikrogravitation: $< 10^{-4} g_0$
Minigravitation: 10^{-1} bis $10^{-4} g_0$
Hypergravitation: $> g_0$

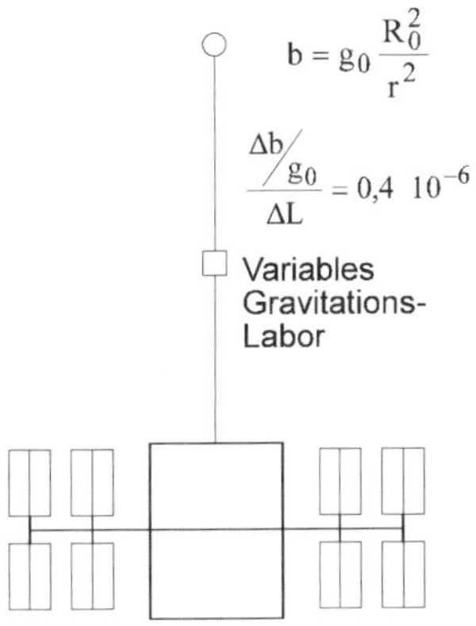

$$b = g_0 \frac{R_0^2}{r^2}$$

$$\frac{\Delta b / g_0}{\Delta L} = 0{,}4 \cdot 10^{-6}$$

Variables Gravitations-Labor

Abb. 4.46. Seilunterstützte Variation der Schwerpunktlage in einem orbitalen Labor.

4.9 Zahlenwerte für verschiedene Missionen

1) Niedere Kreisbahn um die Erde: (Parking Orbit) 300 km Höhe

Aus der Energiegleichung folgt:	$\Delta v_{ch,ideal}$	= 8,096 km/s
Dazu kommen: Schwebeverluste (typisch)	Δv_g	= 1,4 km/s
Luftwiderstand (typisch)	Δv_W	= 0,15 km/s
Bahnkorrekturen	Δv_K	= 0,05 km/s
Verluste gesamt		= 1,60 km/s
Treibstoffreserven	Δv_{Res}	$\approx 0{,}03 \cdot \Delta v_{Mission,ideal}$

Zusätzlicher Antriebsbedarf bei Berücksichtigung der Erdrotation (am Äquator):
$$\Delta v_{Rot} = \pm 0{,}470 \text{ km/s}$$

Damit
$\Delta v_{ch,ideal}$ = 8,096 km/s
Δv_{Res} = 0,24 km/s
$\Delta v_{Verluste}$ = 1,60 km/s
Bei Start nach Osten: Δv_{Rot} = -0,47 km/s

$$\Delta v_{ch,ges} = 9{,}466 \text{ km/s}$$

2) Übergang von erdnaher Kreisbahn in Synchron-Bahn (Synchronsatellit)
   Sterntag (siderial) = 86164s = 23h 56min 04s
   Daraus folgt die Höhe der Synchronbahn zu H_{synch}=35800 km. In älteren Büchern fälschlich oft auf einen Sonnentag bezogen und somit die Angabe H_{synch}=35875 km, was nicht ganz korrekt ist.

2a) Hohmann-Übergang von 300 km auf Synchronbahn
   $r_1 = R_0 + 300 = 6670$ km $r_2 = R_0 + 35800 = 42168$ km
   Damit ist $\Delta v_{Hohmann} = 0{,}505 \cdot v_{K1} = 0{,}505 \cdot 7{,}724 = 3{,}90$ km/s

2b) Aufspiralen von 300 km auf Synchronbahn:

$$\Delta v_{Aufspiralen} = v_{K1}\left(1 - \sqrt{\frac{r_1}{r_2}}\right) = 7{,}724 \cdot 0{,}6023 = 4{,}65 \text{ km/s}$$

3) Erde-Mond-Erde - Missionen

Erdumlaufbahn (200 km)	$\approx$ 9,0 km/s
Beschleunigung zum Mond	$\approx$ 3,0 km/s
Abbremsen und Landen	$\approx$ 3,0 km/s
Vom Mond zurück zur Erde	$\approx$ 2,5 km/s
Manöver zum Wiedereintritt	$\approx$ 0,5 km/s
Δv_{ch}	$\approx$ 18 km/s

Das ist weniger als die zweifache Fluchtgeschwindigkeit (11,2 km/s) von der Erde, weil beim Wiedereintritt die atmosphärische Abbremsung benützt wird.

4) Erde-Mars-Erde - Missionen

$$\Delta v_{ch} \approx 25 \text{ km/s}$$

5) Interplanetare Missionen
Der Antriebsbedarf von typischen „Einweg-Forschungssonden" (Jet Propulsion Lab-Bericht) ist im nächsten Diagramm dargestellt.

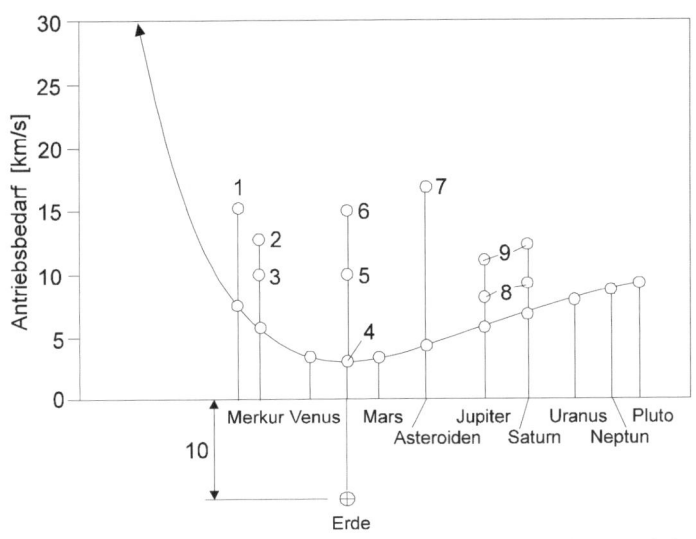

1 Rendezvous mit Kometen
2 Merkur-Kreisorbit 300 km Höhe
3 Ellipt. Bahn mit 2fachen Venus-Swingby
4 Verlassen der Erdeinflußsphäre
5 Verlassen der Erde-Sonne Ekliptik um 90° mit Jupiter-Swingby
6 Verlassen der Ekliptik um 35° bei 1 AE
7 Rendezvous mit Asteroiden
8 Elliptische Umlaufbahnen
9 Kreisförmige Umlaufbahnen
10 500 km Kreisorbit (v=7,6 km/s)

Abb. 4.47. Antriebsbedarf für „Einweg-Missionen" aus einem 500 km-Orbit.

Aus NASA „Planetary Flight Handbook" - NASA SP-35:
Planetenmissionen, (Minimalgeschwindigkeiten innerhalb eines Jahres) für die Missionen Erde, 185 km Kreisbahn ⟶ Planetenkreisbahn, wobei

1) Direkt (Hohmann) oder 2) mit $\overrightarrow{\text{Swing-by}}$

Merkur (1973):
1) Erde ⟶ Merkur (1000 km Kreisbahn): $\Delta v_{ch} \approx 15{,}81$ km/s
2) Erde, $\overrightarrow{\text{Venus}}$, Merkur (1000 km Kreisbahn): $\Delta v_{ch} \approx 12{,}53$ km/s

Saturn (1976):
1) Erde ⟶ Saturn (Kreisbahn): $\Delta v_{ch} \approx 13{,}68$ km/s
2) Erde, $\overrightarrow{\text{Jupiter}}$, Saturn (1000 km Kreisbahn): $\Delta v_{ch} \approx 11{,}68$ km/s

Uranus (1978):
1) Erde ⟶ Uranus (Kreisbahn): $\Delta v_{ch} \approx 12{,}65$ km/s
2) Erde, $\overrightarrow{\text{Jupiter}}$, Uranus (1000 km Kreisbahn): $\Delta v_{ch} \approx 11{,}12$ km/s

Neptun (1978):
1) Erde ⟶ Neptun (Kreisbahn): $\Delta v_{ch} \approx 12{,}97$ km/s
2) Erde, $\overrightarrow{\text{Jupiter}}$, Neptun (1000 km Kreisbahn): $\Delta v_{ch} \approx 12{,}65$ km/s

Pluto (1976):
1) „Unzumutbare Reisezeit"
2) Erde, $\overrightarrow{\text{Jupiter}}$, Pluto: $\Delta v_{ch} \approx 9{,}56$ km/s

Grande Tour (1976):
2) Erde, $\overrightarrow{\text{Jupiter}}$, $\overrightarrow{\text{Saturn}}$, $\overrightarrow{\text{Uranus}}$, Pluto: $\Delta v_{ch} \approx 13{,}05$ km/s

Der Antriebsbedarf einiger planetarer Missionen ist in folgender Tabelle zusammengefaßt.

Mission	Δv_{ch} [km/s]	μ_L
Aufstieg in erdnahe Kreisbahn	9	$4{,}0 \cdot 10^{-2}$
Flucht aus dem Erdschwerefeld	12,5	$1{,}6 \cdot 10^{-2}$
Aufstieg in eine erdnahe Kreisbahn mit Hohmann-Übergang in eine geostationäre Bahn	13	$1{,}5 \cdot 10^{-2}$
Erde-Mond-Erde	18	$2{,}5 \cdot 10^{-3}$
Grande Tour	23	$3{,}5 \cdot 10^{-4}$
Erde-Mars-Erde	23	$2{,}5 \cdot 10^{-4}$
Encke-Komet-Rendezvous	25	$2{,}5 \cdot 10^{-4}$
Außer-Ekliptik-Mission (35°)	26	$1{,}6 \cdot 10^{-4}$
Erde-Mars-Erde mit weicher Landung	34	$1{,}0 \cdot 10^{-5}$
Sonnen-Einschuß oder Rückkehr Encke	40	$0{,}5 \cdot 10^{-5}$

Tabelle 4.3. Antriebsbedarf Δv_{ch} und Nutzlastverhältnis μ_L für Missionen von der Erde aus in einer einzigen Mission.

5 Thermische Raketen

5.1 Einteilung

Als „thermische Raketen" bezeichnen wir alle Triebwerke, in denen die in der Energiequelle enthaltene Energie in *Wärme* umgewandelt und damit ein Treibstoff aufgeheizt wird. Anschließend wird diese Wärme im Treibstoffgas durch Expansion so gut wie möglich in „gerichtete kinetische Energie" der Treibstoffteilchen (Schubstrahlenergie) umgewandelt.

Die thermischen Raketen umfassen bei weitem den größten Teil aller jetzt und in der nahen Zukunft praktisch brauchbaren Antriebe für die Raumfahrt. Im Gegensatz zu den thermischen Raketen stehen speziell gewisse elektrische Raketen, bei denen der Treibstoff durch Einwirkung von elektrostatischen oder elektromagnetischen Kräften beschleunigt wird. Mit diesen elektrischen Beschleunigungsmethoden kann man fast beliebig hohe Austrittsgeschwindigkeiten (oder spezifische Impulse) erreichen, die Leistungsdichten und daher der Schub pro Masseneinheit des Antriebssystems sind aber meist sehr begrenzt. Bei den thermischen Raketen dagegen sind die Leistungsdichten und die massenspezifischen Leistungen generell wesentlich höher, dafür sind aber die Austrittsgeschwindigkeiten mehr begrenzt, ausgenommen vielleicht die Kernfusionsraketen der weiteren Zukunft.

5.1.1 Methoden der Treibstoffheizung

Unter „direkter Heizung" verstehen wir die Fälle, in denen die Energiewandlung in Wärme im Treibstoff selbst stattfindet (Abb. 5.1), z.B.:

- Chemische Reaktion im Treibstoff,
- Wandlung von elektrischer bzw. elektromagnetischer Energie in Wärme direkt im Treibstoff durch Lichtbogen, RF-Entladung, Elektronenstrahl, Laser usw.;

und die noch nicht praktisch realisierbaren Möglichkeiten:

- Nukleare Reaktion wie Kernspaltung oder Kernfusion im Treibstoff oder Antimaterieantrieb sowie
- Strahlungsabsorption durch den Treibstoff, d.h. Wandlung von Strahlung in Teilchenenergie im Treibstoff, etwa durch Sonnenstrahlung, eine Kernspaltungsreaktion oder durch Laser.

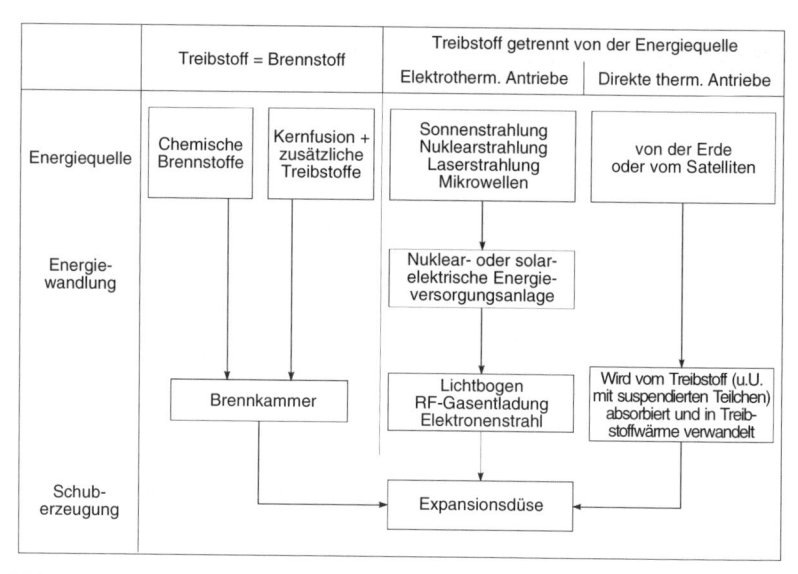

	Treibstoff = Brennstoff		Treibstoff getrennt von der Energiequelle	
			Elektrotherm. Antriebe	Direkte therm. Antriebe
Energiequelle	Chemische Brennstoffe	Kernfusion + zusätzliche Treibstoffe	Sonnenstrahlung Nuklearstrahlung Laserstrahlung Mikrowellen	von der Erde oder vom Satelliten
Energie-wandlung			Nuklear- oder solar-elektrische Energie-versorgungsanlage	
	Brennkammer		Lichtbogen RF-Gasentladung Elektronenstrahl	Wird vom Treibstoff (u.U. mit suspendierten Teilchen) absorbiert und in Treib-stoffwärme verwandelt
Schub-erzeugung			Expansionsdüse	

Abb. 5.1.   Direkt geheizte thermische Raketen.

Im Falle der direkten Treibstoffheizung können relativ hohe Treibstofftempera-turen und Leistungsdichten erreicht werden, d.h. es besteht keine scharf de-finierbare Grenze der erreichbaren Treibstofftemperatur und daher des erreichbaren spezifischen Impulses. Allerdings muß die Brennkammer, in der die Energie-wandlung stattfindet, die Wärmebelastung ertragen können. Unter Umständen kann das heiße Treibstoffgas wenn es in ionisierter Form vorliegt (Plasma) durch Magnetfelder von den Wänden der Brennkammer ferngehalten werden („magnetic containment"). Jedenfalls begrenzen in den heute realisierbaren Fällen allein schon die Strahlungsverluste die technisch erreichbaren Treibstofftemperaturen, z.B. bei der Lichtbogenheizung auf maximal ca. 50.000 K.

Unter „indirekter Heizung" verstehen wir die Wärmeübertragung auf den Treib-stoff von einem festen, in Zukunft eventuell flüssigen oder sogar gasförmigen Wärmeüberträger, in dem die Strahlungs- oder elektrische Energie schon in Wärme umgewandelt worden ist (Abb. 5.2), z.B.:

- Kernspaltungsreaktor mit festen Brenn– und Moderatorelementen, die den Wärmetauscher bilden. In der Zukunft ist eventuell flüssiger oder gasförmiger Uranbrennstoff denkbar.
- Elektrische Widerstandselemente (Feststoff) als Wärmetauscher („Resistojets").
- Sonnenstrahlungsgeheizte feste Wärmetauscher.

Bei indirekter Heizung muß der Wärmetauscher heißer als der Treibstoff sein. Daher ist die erreichbare Treibstofftemperatur durch den Dampfdruck und den Schmelzpunkt des Wärmetauschers begrenzt, zur Zeit auf etwa 3.000 K.

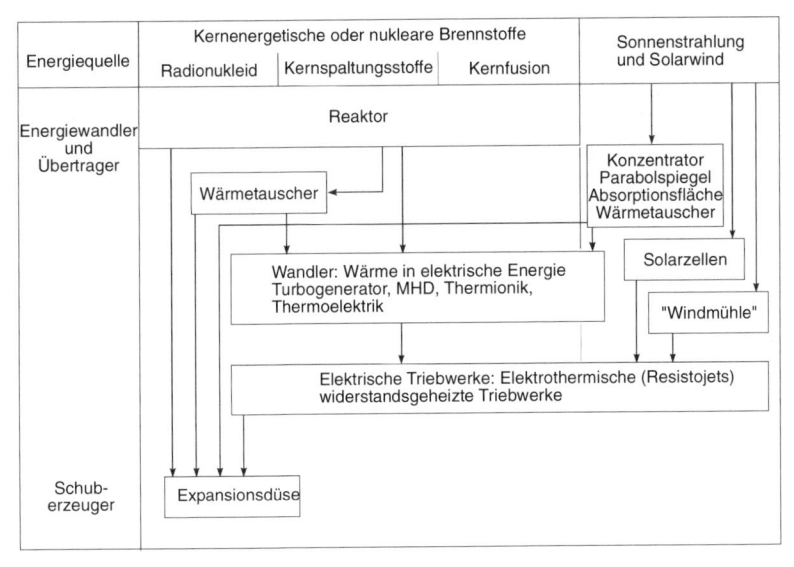

Abb. 5.2. Indirekt geheizte thermische Raketen (Treibstoff getrennt von der Energiequelle).

5.1.2 Thermische Raketen mit geschlossener Heiz- oder Brennkammer

Die wichtigste Gruppe der thermischen Raketentriebwerke bilden die Triebwerke, in denen die Aufheizung in einer Heiz- oder Brennkammer erfolgt, an die sich ein Ausströmen und Beschleunigen des geheizten Gases in einer Expansionsdüse (Abb. 5.3) anschließt, im Gegensatz zur „offenen" Expansion.

Die bis jetzt wichtigsten Beispiele thermischer Raketen mit geschlossener Brenn– oder Heizkammer sind:

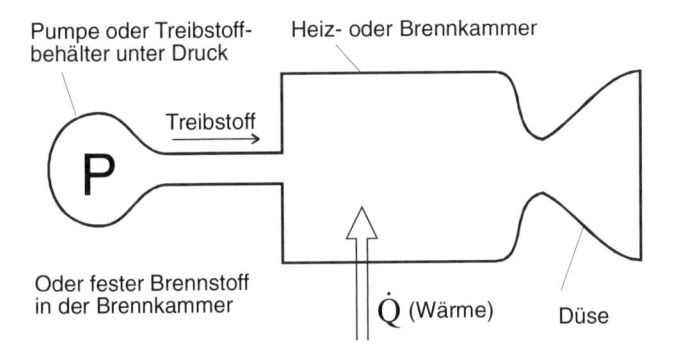

Abb. 5.3. Triebwerk mit geschlossener Brennkammer.

- *Chemische Raketen*
  In den chemischen Raketen findet entweder eine chemische Kombination (Verbrennung) oder ein exothermer Zerfall statt, induziert durch einen Katalysator oder durch Wärme (z.B. Hydrazin). In chemischen Raketen wird also die chemische Reaktionsenergie (Enthalpie) eines Brennstoffgemisches zuerst in einer Brennkammer in Wärmeenergie und dann in einer Expansionsdüse in kinetische Energie derselben Verbrennungsgase umgewandelt. Den Schub des Triebwerks bildet die Reaktionskraft der ausströmenden Verbrennungsgase, d.h. die Brennstoffe (Energiequelle) werden sofort nach der Verbrennung auch als Treibstoff („Stützmasse") verwendet. Die reagierenden Stoffe können vor der Verbrennung in festem, flüssigem oder eventuell sogar gasförmigem Zustand sein. In manchen Fällen werden zusätzliche Treibstoffsubstanzen (z.B. Wasserstoff, Aluminium, etc.) in der Brennkammer beigemischt. Diese Substanzen müssen nicht selbst verbrennen, sollen aber die Verbrennung der anderen Komponenten entweder beschleunigen und/oder die Energiewandlung in der Düse verbessern. Eine verbesserte Verbrennung bedeutet eine höhere Wärmeausbeute in der Brennkammer oder in der Expansionsdüse. Eine nähere Beschreibung der chemischen Raketen und der eingesetzten Treibstoffe folgt in Kapitel 5.7.
- *Siederaketen*
  In Siederaketen erfolgt die Verdampfung einer überhitzten Flüssigkeit, z.B. von Wasser. Sie werden wegen ihres begrenzten spezifischen Impulses nur als Starthilfe benutzt, da es hier nicht auf das Gewicht ankommt, z.B. zur Beschleunigung von Raketenschlitten und Flugzeugstarthilfen.
- *Kaltgas-Triebwerke*
  In Kaltgas-Triebwerken erfolgt lediglich eine Expansion komprimierten kalten Gases. Sie werden trotz geringem spezifischen Impuls (<100 s) wegen ihrer Einfachheit und Zuverlässigkeit zur Lageregelung und -stabilisierung der meisten Satelliten verwendet, z.B. mit Stickstoff als Treibstoff.
- *Nuklear geheizte Raketen*
  Nuklear geheizte Raketen, basierend sowohl auf radioaktivem Zerfall (Radionukleide; meist Plutonium, Abb. 5.4, 5.5), oder auch durch Kernspaltungsreaktoren wurden bis beinahe zur Einsatzreife entwickelt, dann jedoch aus verschiedenen Gründen, z.B. geänderte Missionsanforderungen und Sicherheitsaspekte, vorläufig aufgegeben. In die Kategorie der nuklear geheizten Raketen fallen auch potentielle Kernfusionsantriebe der weiteren Zukunft.
- *Elektrothermische Raketen*
  In der Klasse der elektrothermischen Raketen sind die widerstandsgeheizten Resistojets auf speziellen Satelliten zur Lageregelung im Einsatz. Lichtbogentriebwerke (Arcjets) wurden in den letzten Jahren bis zur Einsatzreife entwickelt; sie finden derzeit bei verschiedenen Missionen auch eine Marktnische. Sie sind aber aufgrund mangelnder elektrischer Bordleistung in ihrem Einsatzbereich beschränkt. In der ehemaligen UdSSR sind etliche Gasentladungs-(Plasma)–Triebwerke im Einsatz. Eine detaillierte Beschreibung der verschiedenen elektrischen Antriebe ist im Kapitel 6 zu finden.

- *Sonnenstrahlungsgeheizte Raketen*
  Sonnenstrahlgeheizte Raketen (Abb. 5.6) wurden nicht über Studien und erste Versuche hinaus entwickelt, da die Entfaltung und genaue Ausrichtung der benötigten großen Parabolspiegel einen sehr hohen Aufwand erfordert.
- *Hybride*
  Darunter versteht man gemischte Energiequellen, beispielsweise eine chemische Rakete in Kombination mit zusätzlicher elektrischer Energiezufuhr, z.B. Hydrazin-Arcjet.
- *Antimaterie-Raketen*
  In ähnlich weit entfernter Zukunft wie für die Kernfusionsraketen ist auch die Antimaterie-Annihilation, die in vielen Science-Fiction-Romanen bereits heute eine Anwendung findet, als potentielle Energiequelle denkbar. Sie stellt praktisch die Grenze an massenspezifischer Energiespeicherung dar, da die gesamte Masse in Energie „umgewandelt" wird.

5.1.3 Thermische Raketen ohne geschlossene Heizkammer

Die in den nachfolgenden Kapiteln angeführten Gleichungen und Resultate gelten nur beschränkt für thermische Raketen, in denen die Wärmezufuhr und die folgende Expansion mehr oder weniger im „offenen Raum" erfolgt (Abb. 5.7), wie z.B.

- explodierender Draht oder Film,
- offene Elektronenstrahl– oder Laserheizung,
- Atombomben oder Miniatur-„Kernfusionsbomben" Antriebe.

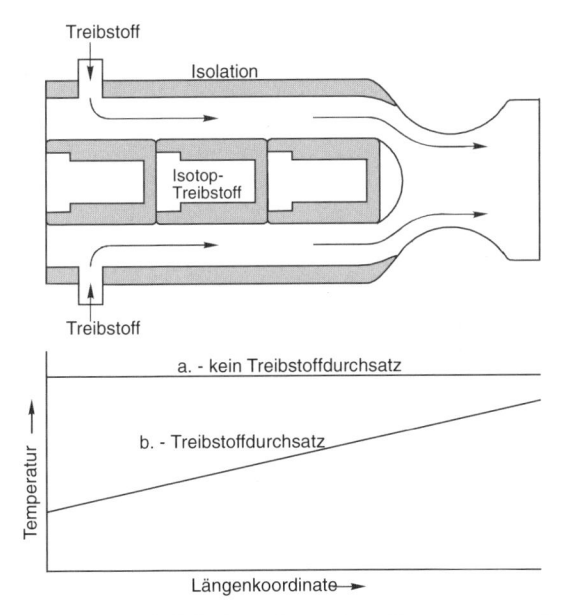

Abb. 5.4. Isotopentriebwerk, Prinzip und normierte Temperaturverteilung.

174   5 Thermische Raketen

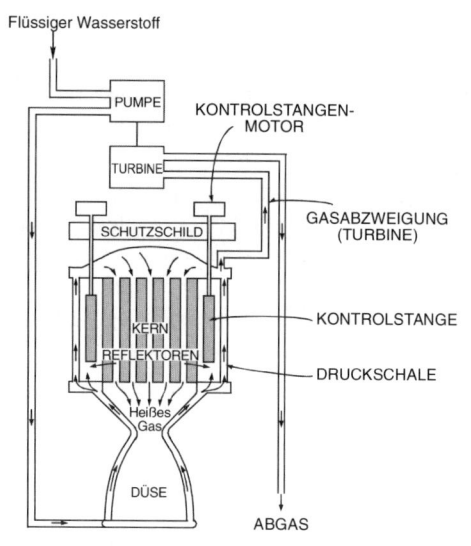

Abb. 5.5.   Schematische Darstellung einer Feststoff-Nuklear-Rakete.

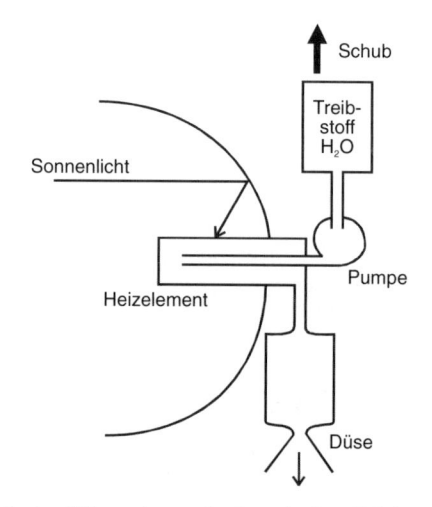

Abb. 5.6.   Schematische Skizze eines solarthermischen Triebwerkes.

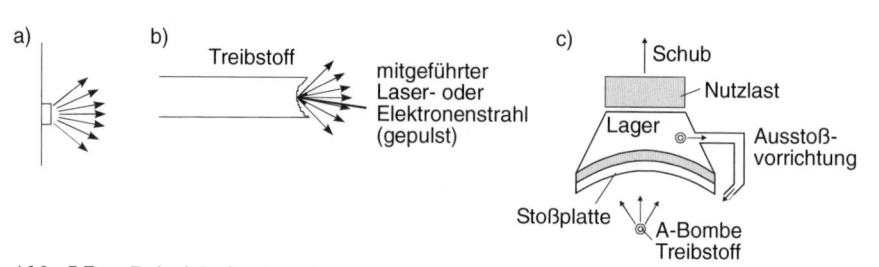

Abb. 5.7.   Beispiele für thermische Raketen mit „offener Expansion".

5.2 Bemerkungen über die Vorgänge in thermischen Raketen

Die Wärmezufuhr- und die Expansionsströmungsprozesse sind bei den meisten Arten von thermischen Raketen äußerst komplex. Das gilt besonders für die turbulente Mischung und Verbrennung der Treibstoffe und die folgende Gasexpansion in den chemischen Raketentriebwerken. Diese Prozesse können bis heute noch keineswegs exakt analysiert oder berechnet werden. Bevor die stark vereinfachenden Gleichungen für die Beschreibung der Vorgänge hergeleitet werden, soll deshalb ein kurzer Überblick über die real stattfindenden Phänomene und die Schwierigkeiten in ihrer analytischen Beschreibung gegeben werden.

Die Verbrennungs- und Expansionsströmungsprozesse sind zunächst sehr instationär, d.h. es bestehen starke Schwankungen von Druck, Temperatur, Dichte, Gaskomposition und Geschwindigkeit an jedem Punkt in der Brennkammer und auch in der angeschlossenen Düse. Diese Schwankungen, die in der starken Lärmausstrahlung von Raketen zum Ausdruck kommen, entstehen durch die grundsätzliche Instabilität des Verbrennungsprozesses selbst, gekoppelt mit ungleichmäßiger Brennstoffzufuhr und -mischung. Bei großen Triebwerken im Entwicklungsstadium werden häufig diese Verbrennungsschwankungen („rough burning") so stark, daß sie das Triebwerk in kurzer Zeit zerstören. Zusätzliche Strömungsschwankungen können in der Düse nahe am Düsenaustritt durch Grenzschichtablösung entstehen.

Für die meisten thermischen Raketen müßte deshalb die Strömung eigentlich als instationär behandelt werden. Zur angenäherten stationären Behandlung muß man sich die integrale Impulsgleichung sowie die integralen Formen der Massenstrom- und der Energiegleichung als Integrale auch über die Zeitvariable denken und auf diesem Weg statistische *(zeitliche) Mittelwerte* vom Massenstrom, Impuls und Energiestrom bilden. Die erste Näherung ist also die der *stationären Behandlung*.

Die nächste Näherung oder Vereinfachung ist die *örtliche Mittelwertbildung*, die durch Integrale über Querschnittsflächen der Rakete zu der sogenannten *„eindimensionalen"* gasdynamischen Beschreibung führt. Dieser sehr radikale Schritt der Vereinfachung, bei dem außerdem die Geschwindigkeitskomponenten normal zur Raketenachse vernachlässigt werden, ist für die Behandlung der sehr komplizierten Brennkammerströmung ebenso notwendig wie die stationäre Näherung. Nur in wenigen Forschungsarbeiten für Wärmeübertragungs– und Feststoffabbrandrechnungen wird die Brennkammerströmung genauer behandelt. Die Strömung in der Expansionsdüse dagegen wird in der Praxis ohne zu großen Aufwand genauer, d.h. als zweidimensionale oder axisymmetrische Strömung behandelt.

Unabhängig davon kann die chemische Zusammensetzung bzw. der thermodynamische Zustand des Gases entlang einer Stromlinie mit verschiedenen Graden der Genauigkeit rein analytisch oder halbempirisch beschrieben bzw. angenähert werden.

Für alle größeren Triebwerke sind die mittleren Reynoldszahlen der Düsenströmung so groß, daß Reibungs- und Wärmeaustauscheffekte nach außen, ausgenommen eventuell Strahlungsverluste, nur in einer relativ dünnen Wandgrenzschicht berücksichtigt werden müssen, und daß entlang der Stromlinien außerhalb dieser Grenzschicht Reibungs- und Wärmeverluste vernachlässigbar sind. In den genaueren axisymmetrischen Düsenströmungsrechnungen werden diese Verluste durch Grenzschichtrechnungen berücksichtigt. Bei der Analyse fortschrittlicher Düsenkonzepte, wie z.B. Expansions-Deflektions-Düsen oder Plug-Düsen, muß aufgrund der meist vorhandenen starken Wechselwirkung zwischen der reibungsfreien Kernströmung und der Grenzschicht sogar auf diese Vereinfachung verzichtet werden (s. Abb. 5.8).

Bei eindimensionalen Näherungen können dagegen Verluste entweder pauschal über sogenannte Verlustkoeffizienten oder überhaupt nicht beschrieben werden.

Für die genaue Behandlung der inneren Strömung zwischen Heizkammer und Düsenaustritt muß man die Veränderungen der chemischen Zusammensetzungen über die auftretenden chemischen Reaktionen und der Anregung verschiedener Energiezustände (Vibration, Rotation, angeregte Elektronen) des Gases entlang einer Stromlinie in der Energie und der Zustandsgleichung Schritt für Schritt berücksichtigen. Der an jedem Punkt anzutreffende Gaszustand wird mit den endlichen Reaktionsgeschwindigkeiten aller möglichen Reaktionen und Relaxationen berechnet, soweit diese Reaktionsgeschwindigkeiten überhaupt bekannt sind. Diese aufwendige Rechenmethode nennt man „exakte" reaktionskinetische Beschreibung der Expansionsströmung.

Bei solchen Rechnungen und bei experimentellen Messungen stellt sich heraus, daß für die meisten thermischen Raketen das expandierende Gas zunächst nahe am chemischen und thermodynamischen Gleichgewicht bleibt und dann bei sinkendem Druck entlang der Düse mehr und mehr vom Gleichgewicht abweicht, d.h. die Reaktionen und Relaxationen werden zu langsam relativ zu den Temperatur- und Dissoziationsabfallraten in der Düse, um Gleichgewichtsbedingungen aufrecht erhalten zu können. Generell ist bei hohen Brennkammerdrücken, relativ niedrigen Temperaturen und großen Triebwerken eher gleich-

Erhaltungsgleichungen - Strömungsbereiche in den Düsen	
konventionelle Düsen (voll fließend, keine Ablösung)	fortschrittliche Düsen
sub-, trans- und supersonische Expansionsströmung	sub-, trans- und supersonische Expansionsströmung
viskose Einflüsse auf Wandgrenzschicht beschränkt	starke Interaktion von reibungsfreien und viskosen Strömungsbereichen Ablösung, Rezirkulationsgebiete, Verdichtungsstöße
⇓	⇓
entkoppelte Behandlung reibungsfreier und viskoser Strömungsbereiche	gekoppelte Behandlung
Euler- und Grenzschichtgleichungen	**Navier-Stokes Gleichungen**

Abb. 5.8. Simulation von Düsenströmungen.

gewichtsnahe Strömung zu erwarten, bei hohen Temperaturen, niederen Drücken und kleinen Triebwerken eher eine nahezu „eingefrorene" Strömung ohne wesentliche Relaxation der Gleichgewichtsabweichungen.

In der Praxis werden die in Abb. 5.9 dargestellten vereinfachenden Näherungen zur *analytischen* Beschreibung der Expansionsströmung verwendet. Der physikalischen Beschreibung der Expansionsströmung entsprechen die unterschiedlichen Ansätze zur thermodynamischen Behandlung nach Abb. 5.8. Die relativ einfach zu berechnenden Fälle 1a) und b), sowie die numerisch schon aufwendigere Methode (2) grenzen die tatsächlichen Verhältnisse in der Düse nach unten und nach oben ab. Die Ansätze 1a) und 1b) liefern zu kleine, die Annahme (2) meist zu hohe Austrittsgeschwindigkeiten und Schubwerte.

Für die Berechnung mit der *Bray-Näherung* 3b), die oft erstaunlich genaue Ergebnisse liefert, muß man den *Braypunkt* aus der Relaxationsgeschwindigkeit derjenigen Teilreaktion errechnen, die auf die Enthalpie den größten Einfluß hat. Diese und die „exakte" Berechnung mit Reaktionskinetik 3c) gehen über den Rahmen des hier behandelten Stoffes hinaus. Die vereinfachte Form der Bray-Näherung 3a), die meist realistischere Ergebnisse liefert als (1) oder (2), ergibt sich aus der Annahme, daß der Bray-Punkt im Düsenhals liegt.

Für eine sehr vereinfachte *halbempirische* Beschreibung der Expansionsströmung, d.h. für Fälle, in denen die Endergebnisse aus experimentellen Messungen und/oder genaueren Rechnungen schon bekannt sind, verwendet man häufig die *polytrope Zustandsänderung* eines idealen Gases in der Form

$$\frac{p}{p_0} = \left(\frac{\rho}{\rho_0}\right)^n = \left(\frac{h}{h_0}\right)^{\frac{n}{n-1}}. \quad (5.1)$$

Obwohl formell identisch mit der Näherung (1) oben, mit n anstelle von κ, ist die physikalische Bedeutung sehr verschieden. Man kann für zwei gegebene Punkte

(1) gefroren		(2) gleitendes Gleichgewicht	(3) kinetisch kontrolliert		
a) c_p, c_v = konst. κ = konst. (kalorisch ideal)	b) c_p, c_v = f(T) (thermisch ideal)		a) vereinfachte Bray-Näherung (Gleichgewicht bis zum Düsenhals danach eingefroren)	b) Bray-Näherung	c) vollständige Reaktionskinetik
gering	moderat	hoch	hoch	hoch	hoch
Realitätszunahme bei Düsen von H_2-O_2-Hochdruckraketenantrieben (⟶ Zunahme von links nach rechts ⟶)					
gering	gering	hoch	hoch	hoch	sehr hoch
Rechnerischer Aufwand zur Beschreibung des Gaszustandes					

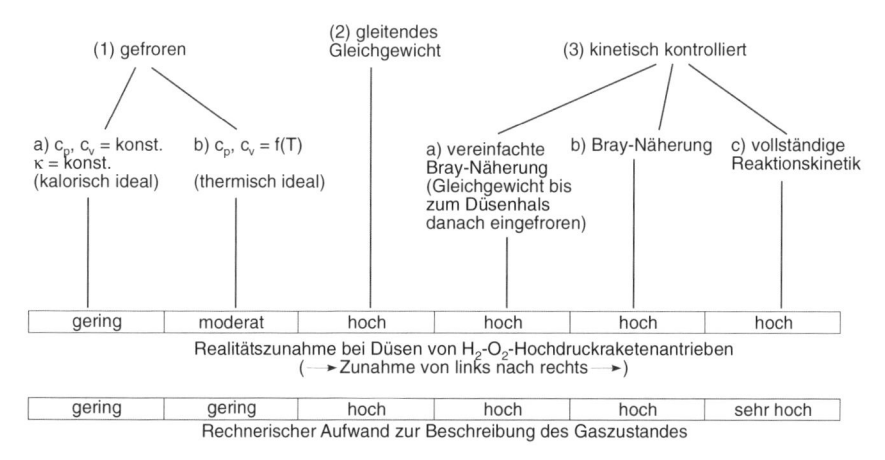

Abb. 5.9. Physikalische Beschreibung des Gaszustandes während der Expansion.

einer Düsenströmung des realen Gases je zwei Variablen (wie z.B. Schubkoeffizient und Flächenverhältnis) immer durch eine geeignete Wahl von n korrelieren, was allerdings nur für diesen speziellen Fall und die gegebenen zwei Punkte (wie Brennkammer und Düsenaustritt) genau zutrifft. Andere Variablen an denselben Stellen oder anderen Punkten entlang der Düse werden mit der gleichen Polytrope bestenfalls angenähert beschrieben. Demnach ist die polytrope Beschreibung mit empirischen n–Werten nützlich für Extrapolationen und Vergleiche von experimentellen Daten sowie für grobe Abschätzungen, wenn schon eine Datenbasis für Triebwerke und Treibstoffe vorliegt.

Generell muß allerdings darauf hingewiesen werden, daß viele dieser Näherungen auf fraglicher theoretischer Basis stehen und nur dadurch gerechtfertigt sind, daß ingenieurmäßig brauchbare Ergebnisse erzielt werden, die durch experimentelle und genauere theoretische Arbeiten untermauert sind. Der Grenzfall der Gleichgewichtsexpansion ist theoretisch einwandfrei und durch die passende Isentrope in einem Mollier–Diagramm oder gleichwertigen thermodynamischen Tabellen beschrieben (sofern diese Daten für die gegebene Gasmischung und den interessierenden Zustandsbereich vorhanden sind!).

Dagegen ist die angenäherte Beschreibung einer „eingefrorenen" Strömung mit den Gleichungen der idealen Gasdynamik fragwürdig, da die thermodynamischen Zustandsgrößen zunächst nur für Gleichgewichtszustände definiert sind. Die Gasmischung am Einfrierpunkt wird (trotz der Präsenz von freien Radikalen) hypothetisch als Mischung nicht chemisch reagierender Gase behandelt, also konstante chemische Zusammensetzung während der Expansion (thermodynamische Zustandsgrößen aus Idealformeln, c_p, c_v und κ mit Translations-, Rotations- und Vibrationsfreiheitsgraden, aber ohne Reaktionswärmen gerechnet).

Den Gasdruck und die mittlere Strömungsgeschwindigkeit an verschiedenen Querschnitten der Düse sowie die totale Enthalpie $\left(h + w^2/2\right)$ kann man allerdings experimentell messen, so daß man die für den Schub wichtigsten Ergebnisse der (fragwürdigen) Näherungen zusammen mit dem Schub selbst experimentell überprüfen kann.

Die Näherung einer reagierenden Strömung durch einen Polytropenprozess eines idealen Gases wäre theoretisch gerechtfertigt, wenn

- die Reaktion im wesentlichen nahe am Gleichgewicht erfolgt und
- sich das mittlere Molekulargewicht des Gases nicht sehr stark ändert, d.h. hauptsächlich nur eine Wärmezufuhr stattfindet.

Für Strömungen mit starken Abweichungen vom Gleichgewicht und wesentlichen Veränderungen des Molekulargewichts (Verbrennung, Rekombination) ist die Annäherung durch Idealgas-Polytropen tatsächlich sehr grob und nur durch ihre Einfachheit gerechtfertigt.

In Kapitel 5.5 werden die Gleichungen der verlustlosen Strömung eines thermisch und kalorisch idealen Gases zusammengefaßt und auf Raketen angewandt. Diese Gleichungen können dann, wie schon angedeutet, auf zwei verschiedenen Weisen interpretiert bzw. angewendet werden:

- Als rein analytische vereinfachte Beschreibung, die physikalisch dem Grenzfall einer voll eingefrorenen Strömung nahe kommt, wenn das entsprechende κ gewählt wurde.
- Als polytrope Beschreibung einer reagierenden Strömung. Diese trifft genaugenommen nur für die Korrelation zweier Variablen an zwei Punkten zu, nähert aber auch andere Variablen derselben Strömung oder andere Fälle für den gleichen Treibstoff und ähnliche thermodynamische Eingabewerte an, allerdings mit nicht im Voraus abschätzbarer Genauigkeit.

Die eindimensionale Gasdynamik ermöglicht so einen schnellen Einblick in die Zusammenhänge zwischen den wichtigsten Triebwerks- und Treibstoffvariablen. Insbesondere ermöglicht sie eine ziemlich genaue Berechnung der Einflüsse von Düsenvariablen (Expansionsverhältnis), Brennkammer zu Düsenhalsquerschnitt, Druck, Temperatur und Molekulargewicht auf den Schub, den spezifischen Impuls und den Wirkungsgrad eines Triebwerks.

Außerdem liefert die einfache Gasdynamik nützliche Parameter für die Darstellung, Auswertung und Korrelation von experimentellen Daten. Einen Überblick über die Methoden zur analytischen Behandlung von Düsenströmungen gibt Tabelle 5.1. Dabei nimmt die Genauigkeit einer Behandlungsmethode von oben nach unten zu. Man erhält aber dennoch ungenaue Ergebnisse, wenn man von einer Spalte eine genaue Methode verwendet, von der anderen aber eine einfachere. Am günstigsten ist eine gleichmäßige Verbesserung von thermodynamischer und strömungsmechanischer Behandlungsweise, was allerdings nur sehr schwer zu verwirklichen ist.

Thermodynamische Behandlung	Strömungsmechanische Behandlung
• kalorisch ideales Gas, κ=konst.	• eindimensionale Analyse • reibungsfrei • stationär
• thermisch ideales Gas, κ≠konst.	• eindimensionale Analyse • reibungsbehaftet • stationär
• Gemisch idealer Gase • chemisches und thermisches Gleichgewicht	• mehrdimensionale Analyse (2-D) • reibungsfrei • stationär
• Gemisch idealer Gase • vereinfachte Bray-Näherung • chemisches Gleichgewicht bis hinter Düsenhals, dann eingefroren	• mehrdimensionale Analyse (2-D) • reibungsbehaftet, laminar • stationär
• Gemisch idealer Gase • Bray-Näherung • chemisches Gleichgewicht bis hinter Düsenhals, dann eingefroren	• mehrdimensionale Analyse (2-D) • reibungsbehaftet, turbulent • stationär
• Gemisch idealer Gase • chemisches und thermisches Nichtgleichgewicht	• mehrdimensionale Analyse (3-D) • reibungsbehaftet, turbulent • instationär

Tabelle 5.1. Methoden zur Behandlung von Düsenströmungen.

5.3 Raketenschub – Details

Für die Berechnung des Raketenschubes werden zunächst die folgenden Bezeichnungen eingeführt (Abb. 5.10):

ρ .... Dichte
h .... Enthalpie
A ... Querschnittsfläche
$\vec{q}$ ... Geschwindigkeitsvektor
c_e ... „effektive" Austrittsgeschwindigkeit

p .... Druck
V ... Volumen
S .... Oberfläche
w ... z-Komponente von $\vec{q}$

Als Indizes werden verwendet:

0 .... Ruhe- /Brennkammerzustand
e .... Düsenende (exit)

t ... Düsenhals (throat)
a .. Umgebungszustand (ambient)

Außerdem sind die folgenden Annahmen notwendig:

- Inertiales Bezugssystem – die abgeleiteten Gleichungen gelten nicht unverändert für eine beschleunigte Rakete (relativ kleine Korrekturen nötig).
- Volumenkräfte auf das Gas (wie Gravitation) werden vernachlässigt.
- Stetige Strömung (stetige Mittelwerte).
- Axialsymmetrie.

Unter diesen Voraussetzungen läßt sich zeigen, daß die Integrale des Druckes und des Impulsstromes über der Austrittsfläche A_e den gesamten Schub einschließlich Reibungskräfte ergeben, ohne daß man diese oder die Druckverteilung in der Rakete genau kennen muß. Es ist also

$$F = \iint_{A_e} (\rho w) w \, dS + \iint_{A_e} (p - p_a) \, dS \quad . \tag{5.2}$$

Mit der Einführung von Mittelwerten über dem Düsenaustrittsquerschnitt folgt dann

$$F = \tilde{\rho}_e \tilde{w}_e^2 A_e + (\tilde{p}_e - p_a) A_e = \dot{m} \tilde{w}_e + (\tilde{p}_e - p_a) A_e = \dot{m} c_e \quad . \tag{5.3}$$

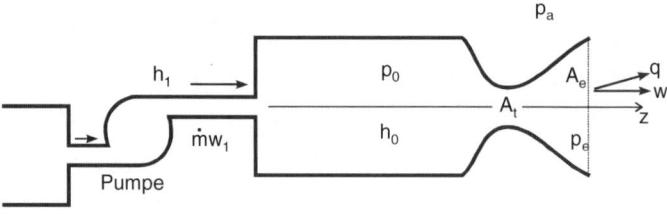

Abb. 5.10. Zur Erläuterung der Impulsgleichung.

Die *effektive Austrittsgeschwindigkeit* c_e ist daher

$$c_e = \frac{F}{\dot{m}} = \tilde{w}_e + \frac{(\tilde{p}_e - p_a)}{\dot{m}} A_e \quad . \tag{5.4}$$

Bei nicht angepaßter Düse ist c_e die mittlere Geschwindigkeitskomponente in z– (oder Schub–) Richtung außerhalb der Düse, wenn kein Impulstransport zwischen Abgasstrahl und Umgebung stattfindet (d.h. wenn keine Mischung oder Reibung auftritt, wie z.B. bei der Expansion ins Vakuum mit $p_a=0$).

In dimensionsloser Form dargestellt, ergibt sich aus der Schubgleichung der *Schubkoeffizient* c_F

$$c_F = \frac{F}{p_0 A_t} = \frac{\dot{m}\tilde{w}_e}{p_0 A_t} + \frac{A_e}{A_t}\frac{(\tilde{p}_e - p_a)}{p_0} = \frac{\dot{m}}{p_0 A_t} c_e \quad . \tag{5.5}$$

Der Schub hat sein Maximum, wenn $p_e \approx p_a$ ist (angepaßte Düse). Wenn p_e kleiner als p_a wird, dann sinkt der Schub wieder ab. Das Integral

$$\iint (p - p_a) dS \quad , \tag{5.6}$$

wird für diesen Düsenteil dann negativ. Wenn p_e größer als p_a wird, steigt zwar der Anteil des Druckglieds und damit auch der Schub, aber die Austrittsgeschwindigkeit ist nicht so optimal, wie sie bei diesen Bedingungen sein könnte, um den maximal möglichen Schub zu erzielen.

Neben den ursprünglichen vereinfachenden Annahmen (stetige Strömung, Vernachlässigung der Beschleunigungs– und Gravitationskräfte im Impulssatz) beinhalten die letzten drei Gleichungen die weitere Annahme, daß die Flächenintegrale durch passende Mittelwerte von $\tilde{p}_e$, $\tilde{\rho}_e$ und $\tilde{w}_e$ ersetzt werden können.

5.4 Ergebnisse aus der Energiegleichung

Im vorhergehenden Kapitel wurde mittels der integralen Impulsgleichung der Schub der Rakete dem Impulsstrom des ausströmenden Gases plus der Druckkraft auf die Austrittsfläche gleichgesetzt. Dadurch wurde das relativ schwierig zu berechnende Integral der Druck– und Reibungskräfte in Raketenkammer und Düse (minus der Druckkraft von außen, p_a bei stationärem Prüfstandtest) ersetzt durch den verhältnismäßig leicht meß– oder errechenbaren Austrittsdruck und Impulsstrom aus der Düse. Zur Verwendung der dort abgeleiteten Gleichungen, z.B. (5.3) oder (5.5), müssen aber drei der vier Größen F, $\dot{m}$, w_e und (p_e-p_a) schon aus Messungen oder anderen Rechnungen bekannt sein, da die Impulsgleichung allein natürlich nicht genügt, mehr als eine dieser unbekannten Variablen zu bestimmen.

In diesem Kapitel befassen wir uns kurz mit dem Zusammenhang zwischen Enthalpieabfall und kinetischer Energie des Strahles durch und aus der Düse, gegeben durch die Energiegleichung. Wie zuvor bei der Impulsgleichung kann man natürlich aus dieser Gleichung allein (oder auch zusammen mit der Impulsgleichung) ebenfalls nicht die expandierende Strömung berechnen. Dazu bräuchte man die Massen-, Impuls- und Energieerhaltungsgleichungen zusammen mit Gaszustandsgleichungen (oder Tabellen) und möglicherweise noch Gleichungen aus der Reaktionskinetik (s. Kapitel 5.2 und 5.5).

Wichtig ist, daß die Energiegleichung, wie auch die Impulsgleichung in Kapitel 5.3, gültig ist für jedes Gas oder jede Gasmischung einschließlich aller Reaktionen, solange die Reaktionsenergien in der Anfangsenthalpie h_0 mit berücksichtigt werden. Es ist also für diese Gleichungen keinerlei Annahme über die Zustandsgleichung des Gases (wie z.B. Idealgas) notwendig. Auch behalten diese Gleichungen ihre Gültigkeit im Falle von Stoßwellen- und Reibungsverlusten, bei Reibung allerdings die Energiegleichung nur, solange die durch Reibung in Wärme umgesetzte Energie (oder Leistung) nicht durch die Wandkühlung abgeführt wird.

Es wurde bereits erwähnt, daß in Raketenexpansionsströmungen die konvektiven Wärmeverluste auf eine für die meisten Fälle relativ dünne Wandgrenzschicht beschränkt sind und daß Strahlungsverluste relativ klein sind (d.h. bei unserer Übersichtsbetrachtung vernachlässigbar). Sehr kleine widerstandsgeheizte (Resistojet) und Lichtbogen–Plasmatriebwerke sind allerdings wegen der kleinen Reynoldszahlen ihrer Düsenströmung von den obigen Feststellungen ausgenommen. Die Vernachlässigung der Wärmeverluste an die Brennkammer- und Düsenwände für grobe Rechnungen ist für regenerativ gekühlte Flüssigbrennstoff–Raketen und für die Brennkammer und Graphitdüsen von Feststoffraketen auch dadurch gerechtfertigt, daß die von den Wänden absorbierte Wärme zum größten Teil in den Treibstoff zurückgeht, so daß mit aufgeheiztem Brennstoff die Enthalpie h_0 anfänglich etwas größer wird als man für kalten Brennstoff rechnen würde

$$h_0 = h_1 + (\Delta h)_R - (\Delta h)_K \quad , \tag{5.7}$$

wobei $(\Delta h)_R$ die Verbrennungs(reaktions)wärme bei konstantem Druck ist und h_1 die gemittelte Enthalpie der (des) Brennstoffe(s) vor der Verbrennung, die die durch Regenerativkühlung zurückgeführte Wärme enthält.

Mit den Annahmen einer stetiger Strömung und keine Wärme- und Reibungsverluste entlang einer Stromlinie wird die Energiegleichung bekanntlich zu:

$$\frac{q^2}{2} + h = h_0 = \text{const. entlang einer Stromlinie} \, . \tag{5.8}$$

Für die gemittelte eindimensionale Strömung, wieder unter Vernachlässigung der nichtaxialen Geschwindigkeitskomponenten folgt die Beziehung

$$\tilde{w}_e = \sqrt{2(h_0 - h_e)} \ . \tag{5.9}$$

Im Idealfall der Expansion ins Vakuum a) mit einer unendlich großen verlustfreien Düse und b) Expansion in chemischem und thermodynamischem Gleichgewicht würden p_e, T_e, h_e alle gleich Null, d.h. die gesamte Anfangsenthalpie h_0 würde umgewandelt in kinetische Energie des Strahles (die theoretische – wenn auch technisch nicht verwirklichbare – Möglichkeit einer Expansion bis auf $p_e=0$, $T_e=0$, d.h. eines Carnot Wirkungsgrades von 1, scheint nur im Vakuum des Weltraumes zu existieren). Für diesen Idealfall würden wir bekommen

$$w_{max} = \sqrt{2h_0} \ , \tag{5.10}$$

und
$$F_{max} = F_{ideal(Vak)} = \dot{m} w_{max} = \dot{m}\sqrt{2h_0} \ . \tag{5.11}$$

Zum Beispiel ist für ein Flüssig-Wasserstoff/Flüssig-Sauerstoff-Triebwerk (LH_2 / LOX) die Bildungsenthalpie des entstehenden Wassers (H_2O) $h_0=13{,}4$ MJ/kg und somit die maximal erreichbare Geschwindigkeit $w_{max} = \sqrt{2h_0} = 5177$ m/s. Der spezifische Impuls wäre also bestenfalls bei $I_s = 526$ s, in der Praxis werden allerdings maximal 450–475 s erreicht.

Im folgenden Kapitel 5.5 wird gezeigt, daß zumindest in der Näherung durch die idealisierte Gasdynamik bei unvollständiger Expansion (in einen Umgebungsdruck p_a) die tatsächliche Ausströmgeschwindigkeit w_e immer proportional ist zu w_{max} multipliziert mit einem Faktor (< 1) für die unvollständige Expansion. Auch der Schub ist für eine „angepaßte Düse" proportional zu F_{max}. Diese idealen Werte w_{max} und F_{max} sind daher nützlich als Vergleichsgrößen, da sie leicht und eindeutig errechenbar sind.

Es ist wichtig zu erkennen, daß w_{max} (und für einen gegebenen Massenstrom auch F_{max}) nur von h_0 abhängt, also *nicht direkt* von den *Gaseigenschaften* wie z.B. dem Molekulargewicht. Für chemische Raketen muß man, um einen hohen spezifischen Impuls zu erzielen, zunächst die Brennstoffkombination und die Mischungsverhältnisse suchen (nämlich die stöchiometrischen), die die höchstmögliche Verbrennungsenthalpie h_0 liefert. In der Praxis stellte sich allerdings heraus, daß z.B. bei Wasserstoff-Sauerstoff- (LH_2/LOX–) Raketen der tatsächlich erreichte höchste spezifische Impuls bei etwas Wasserstoff–Überschuß gegenüber der stöchiometrischen Mischung erreicht wird. In diesem Fall werden zwar die theoretischen Werte von h_0 und w_{max} etwas vermindert, aber die Umwandlung der chemischen Energie in kinetische bei gegebener Brennkammer und Düse verbessert sich, d.h. h_e wird gering gehalten.

Bei indirekt geheizten Raketen, wo die maximale Heizkammertemperatur T_0 durch einen Wärmetauscher vorgegeben ist, erreicht man normalerweise die höchsten Ausströmgeschwindigkeiten mit Gasen, die bei T_0 die kleinsten effektiven Molekulargewichte und damit auch die höchsten Werte von h_0 haben.

184 5 Thermische Raketen

Mit den Referenzgrößen w_{max} und F_{max} bekommen wir einen Gütegrad für eine Rakete, der alle Schubverluste einschließlich den durch den äußeren Atmosphärendruck beinhaltet. Es ist

$$\frac{F}{F_{max}} = \frac{c_e}{w_{max}} = \frac{c_e}{\sqrt{2h_0}} = \frac{F}{\dot{m}\sqrt{2h_0}} = \frac{c_F}{c_{F,max}} = \frac{c_F}{c_{F,Vak}} \quad . \tag{5.12}$$

Der entsprechende Leistungswirkungsgrad (der sogenannte „innere Wirkungsgrad" der Rakete, vgl. Kap. 2.4) ist

$$\eta_I = \left(\frac{c_e}{c_{e,ideal}}\right)^2 = \left(\frac{F}{F_{max}}\right)^2 \quad . \tag{5.13}$$

Wichtig für die Praxis ist, daß alle Größen in diesen Gleichungen entweder meßbar oder leicht und eindeutig errechenbar sind. Die Verluste, die in diesem Wirkungsgrad enthalten sind, gliedern sich auf in:

1. Radiale Geschwindigkeitskomponente am Düsenaustritt, sog. Divergenzverluste
2. Räumlich und zeitlich nicht gleichförmige Geschwindigkeit, sog. Profilverluste
3. Reibungsverluste
4. Wärmeverluste nach außen und Treibstoff –Leckverluste
5. Unvollständige Expansion $p_e > 0$
6. Unvollständige Verbrennung und Reaktionen (d.h. Nicht-Gleichgewicht) in der Expansionsströmung

Die Verluste 1–3 sind rein mechanischer Natur. Die Verluste 5–6 zeigen sich in der nicht umgewandelten Wärme (einschließlich Reaktions– und Kondensationswärmen) im Austrittsstrahl. Aus der Impuls– und der Energiegleichung ist ersichtlich, daß bei angepaßter Düse ($p_e = p_a$) h_e die nicht in Schub umgewandelte Enthalpie, also die Summe der Verluste 5. und 6. darstellt. Bei nicht angepaßter Düse mit $p_e > p_a$ steigt h_e noch an, aber ein Teil der Verluste wird durch das Druckglied ($p_e - p_a$) A_e in der Schubformel zurückgewonnen.

Der innere Wirkungsgrad, den eine Rakete erreichen kann, hängt nach der oben gegebenen Definition vom Umgebungsdruck p_a, also von der Flughöhe ab. In der Praxis ist es aber auch sinnvoll, einen zweiten inneren Wirkungsgrad zu definieren, der sich als Vergleichsgröße auf den ideal möglichen Höchstwert des Schubes bei Außendruck p_a bezieht:

$$\eta_{I,p_a} = \left(\frac{F}{F_{id_{(p_e=p_a)}}}\right)^2 \quad . \tag{5.14}$$

Dieser ideale Schub bei $p_a>0$ ist leider nicht so leicht und eindeutig zu berechnen; man benötigt dazu Annahmen über den Ablauf des Expansionsprozesses. Normalerweise rechnet man deshalb $F_{id}(p_e=p_a)$ mit einer idealisierten Gleichgewichtsexpansion.

5.5 Idealisierte Rakete mit idealem Gas als Treibstoff

5.5.1 Grundgleichungen der eindimensionalen reibungsfreien Strömung

Für eine vereinfachte Beschreibung einer reibungsfreien eindimensionalen Strömung ohne Wärmeverluste in thermischen Raketen, sind die Verläufe der vier Variablen Geschwindigkeit w, Temperatur T, Dichte ρ und Druck p zu bestimmen. Sie ergeben sich aus vier Grundgleichungen, der Gasgleichung (ideales Gas)

$$p = \rho RT \; , \tag{5.15}$$

mit R als der spezifischen Gaskonstante, dem Energiesatz

$$\frac{w^2}{2} = h_0 - h = c_p(T_0 - T) \; , \tag{5.16}$$

bzw. $\qquad\qquad w dw + c_p dT = w dw + dh = 0 \; , \tag{5.17}$

worin die spezifische Wärmekapazität bei konstantem Druck c_p als von der Temperatur unabhängig angenommen wurde, dem Impulssatz

$$w dw + \frac{1}{\rho} dp = 0 \; , \tag{5.18}$$

und der Kontinuitätsgleichung

$$\dot{m} = \rho w A = \text{const.} \; , \tag{5.19}$$

bzw. $\qquad\qquad \dfrac{d\rho}{\rho} + \dfrac{dw}{w} + \dfrac{dA}{A} = 0 \; . \tag{5.20}$

Aus Gl. (5.17) und Gl. (5.18) eliminieren wir die Geschwindigkeit w und es folgt

$$dh - \frac{dp}{\rho} = 0 \; . \tag{5.21}$$

Mit dem zweiten Hauptsatz der Thermodynamik gilt aber für die Entropieänderung

$$T ds = dh - \frac{dp}{\rho} \; , \tag{5.22}$$

und es ergibt sich so ds = 0, d.h. s=const., also liegt unter obigen Annahmen eine isentrope Strömung vor. Für eine isentrope Zustandsänderung gilt demnach

$$dh - \frac{dp}{\rho} = 0 = c_p dT - \frac{dp}{\rho} \quad . \tag{5.23}$$

Mit dem Verhältnis der spezifischen Wärmen bei konstantem Druck bzw. konstantem Volumen aus $c_p / c_v = \kappa$, $c_p - c_v = R$ und daher

$$c_p = R \frac{\kappa}{\kappa - 1} \quad , \tag{5.24}$$

sowie Gl. (5.15) erhalten wir (adiabat–isentrope Zustandsänderung)

$$\frac{\kappa}{\kappa - 1} \frac{dT}{T} = \frac{dp}{p} \quad , \tag{5.25}$$

d.h.
$$\frac{p}{p_0} = \left(\frac{T}{T_0}\right)^{\frac{\kappa}{\kappa - 1}} \quad . \tag{5.26}$$

Mit der idealen Gasgleichung (5.15) folgt sofort

$$\frac{\rho}{\rho_0} = \left(\frac{T}{T_0}\right)^{\frac{1}{\kappa - 1}} \quad . \tag{5.27}$$

und
$$\frac{p}{\rho^\kappa} = \frac{p_0}{\rho_0^\kappa} = \text{konst.} \quad . \tag{5.28}$$

Die Geschwindigkeit ergibt sich aus dem Energiesatz (5.17) und der spezifischen Wärmekapazität aus Gl. (5.24) zu

$$w^2 = 2c_p(T_0 - T) = 2\frac{\kappa RT}{\kappa - 1}\left(\frac{T_0}{T} - 1\right) \quad . \tag{5.29}$$

Mit der Schallgeschwindigkeit und der Machzahl definiert als

$$a^2 = \kappa RT = \left(\frac{\partial p}{\partial \rho}\right)_s \quad , \tag{5.30}$$

und
$$Ma^2 = \frac{w^2}{a^2} \quad , \tag{5.31}$$

ergeben sich dann sofort die Verhältnisse von Temperatur, Druck und Dichte entlang der betrachteten Stromlinie in Abhängigkeit von der an der jeweiligen Position erreichten Machzahl zu

$$\frac{T_0}{T} = 1 + \frac{\kappa-1}{2}\text{Ma}^2 \quad , \qquad (5.32)$$

$$\frac{p_0}{p} = \left(1 + \frac{\kappa-1}{2}\text{Ma}^2\right)^{\frac{\kappa}{\kappa-1}} \quad , \qquad (5.33)$$

und
$$\frac{\rho_0}{\rho} = \left(1 + \frac{\kappa-1}{2}\text{Ma}^2\right)^{\frac{1}{\kappa-1}} \quad . \qquad (5.34)$$

Ersetzt man das Temperaturverhältnis in der Gleichung für die Geschwindigkeit w (5.29) durch das Druckverhältnis, das wesentlich einfacher experimentell zu bestimmen ist, ergibt sich schließlich

$$w = \sqrt{\frac{2\kappa}{\kappa-1}RT_0\left(1-\left(\frac{p}{p_0}\right)^{\frac{\kappa-1}{\kappa}}\right)} \quad . \qquad (5.35)$$

5.5.2 Bestimmung der Lavalbedingungen

Für die Bestimmung der Zustände im engsten Querschnitt einer Düse, den sogenannten Lavalbedingungen, wird die flächenspezifische Massenstromdichte aus dem Impulssatz (5.18) und der Kontinuitätsgleichung (5.20) verwendet, d.h.

$$\frac{\dot{m}}{A} = \rho w = -\frac{dp}{dw} \quad , \qquad (5.36)$$

Im Düsenhals tritt die maximale Stromdichte auf, d.h.

$$\frac{d(\rho w)}{dp} = \rho\frac{dw}{dp} + w\frac{d\rho}{dp} \equiv 0 \quad . \qquad (5.37)$$

Mit der Definition der Schallgeschwindigkeit für ein ideales Gas aus Gl. (5.30) erhält man mit der flächenspezifischen Massenstromdichte

$$\Rightarrow w = a = a_t = w_t \quad , \qquad (5.38)$$

d.h. im Lavalquerschnitt erreicht die Strömungsgeschwindigkeit des Gases genau die dortige Schallgeschwindigkeit (Ma_t=1) mit

$$a_t = \sqrt{\left(\frac{2}{\kappa+1}\right)\kappa RT_0} = \sqrt{\frac{2}{\kappa+1}}a_0; \quad a_0 = \sqrt{\kappa RT_0} \quad . \qquad (5.39)$$

5.5.3 Abhängigkeiten von der Querschnittsänderung

Für die Bestimmung der Abhängigkeit der Querschnittsänderung von der Machzahl folgt zunächst aus dem Impulssatz (5.18) und der Definition der Schallgeschwindigkeit aus Gl. (5.30)

$$\frac{d\rho}{\rho} = -\frac{w}{a^2} dw \quad . \tag{5.40}$$

Eingesetzt in die Kontinuitätsgleichung (5.20) folgt

$$\frac{dA}{A} + \frac{dw}{w} - \frac{w}{a^2} dw = 0 \quad , \tag{5.41}$$

oder
$$\frac{dA}{A} = \frac{dw}{w}\left(\frac{w^2}{a^2} - 1\right) = \frac{dw}{w}\left(Ma^2 - 1\right) \quad . \tag{5.42}$$

Diese Gleichung gibt das Querschnittsverhältnis der Düse für verschiedene Strömungsmachzahlen an bzw. umgekehrt das für das Erreichen einer bestimmten Machzahl notwendige Querschnittsverhältnis der Düse. Es können prinzipiell drei Fälle unterschieden werden (Unterschall-, Überschall- und Lavalzustand), auf die wiederum eine Querschnittänderung unterschiedliche Auswirkungen hat (s. Abb. 5.11).

Für das auf den engsten Querschnitt bezogene Flächenverhältnis ergibt sich insbesondere

$$\frac{A}{A_t} = \frac{1}{Ma}\left[\left(\frac{2}{\kappa+1}\right)\left(1 + \frac{\kappa-1}{2} Ma^2\right)\right]^{\frac{\kappa+1}{2(\kappa-1)}} \quad . \tag{5.43}$$

Im Vorgriff auf Kapitel 5.6 sei hier erwähnt, daß eine optimale Auslegung der Düse auftritt, wenn für ein bestimmtes Druckverhältnis zwischen Brennkammer und Umgebung p_0/p_a, der Austrittsquerschnitt so gewählt wird, daß am Düsenaustritt ebenfalls Umgebungsdruck vorliegt ($p_e = p_a$). Die optimale Machzahl am Düsenaustritt ist also aus Gl. (5.33) gegeben, d.h.

$$\frac{p_0}{p_a} = \frac{p_0}{p_e} = \left(1 + \frac{\kappa-1}{2} Ma_e^2\right)^{\frac{\kappa}{\kappa-1}} \quad , \tag{5.44}$$

oder
$$Ma_e^2 = \frac{2}{\kappa-1}\left(\left(\frac{p_0}{p_a}\right)^{\frac{\kappa-1}{\kappa}} - 1\right) \quad . \tag{5.45}$$

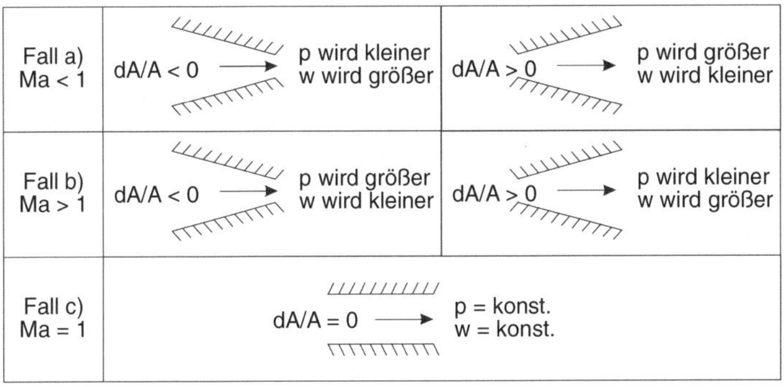

Fall a) Ma < 1	dA/A < 0 →	p wird kleiner w wird größer	dA/A > 0 →	p wird größer w wird kleiner
Fall b) Ma > 1	dA/A < 0 →	p wird größer w wird kleiner	dA/A > 0 →	p wird kleiner w wird größer
Fall c) Ma = 1		dA/A = 0 →	p = konst. w = konst.	

Abb. 5.11. Beziehung zwischen Machzahl und Querschnittsänderung.

Damit aber diese Machzahl auftreten kann, muß gleichzeitig das sogenannte *Expansionsverhältnis* ε „angepaßt" werden mit

$$\varepsilon = \frac{A_e}{A_t} = \frac{1}{Ma_e}\left[\left(\frac{2}{\kappa+1}\right)\left(1+\frac{\kappa-1}{2}Ma_e^2\right)\right]^{\frac{\kappa+1}{2(\kappa-1)}}. \qquad (5.46)$$

Man spricht in diesem Fall von einer auf den Umgebungsdruck „angepaßten Düse".

Mit der Machzahl lassen sich dann auch die Verläufe von Temperatur, Druck, Dichte und Geschwindigkeit nach den Gleichungen (5.32)-(5.35) bestimmen, wenn Brennkammerdruck und –temperatur gegeben sind. Ein Beispiel ist in Abb. 5.12 illustriert.

5.6 Ideale Rakete

Die im vorangehenden Kapitel erarbeiteten Gleichungen sollen nun auf eine „ideale Rakete" übertragen werden. Dazu werden noch folgende Annahmen getroffen:

- Sehr großer Brennkammerquerschnitt: Verbrennung (Wärmezufuhr) bei Geschwindigkeit ≈ 0, danach isentrope Expansion entsprechend dem Energie- und dem Impulssatz (Gleichungen (5.17) und (5.18)) ohne Reibungs– oder Wärmeverluste.
- Thermisch und kalorisch ideales Gas: Konstante spezifische Wärmen (c_p, c_V=const., $\kappa = c_p/c_V$=const.)

190   5 Thermische Raketen

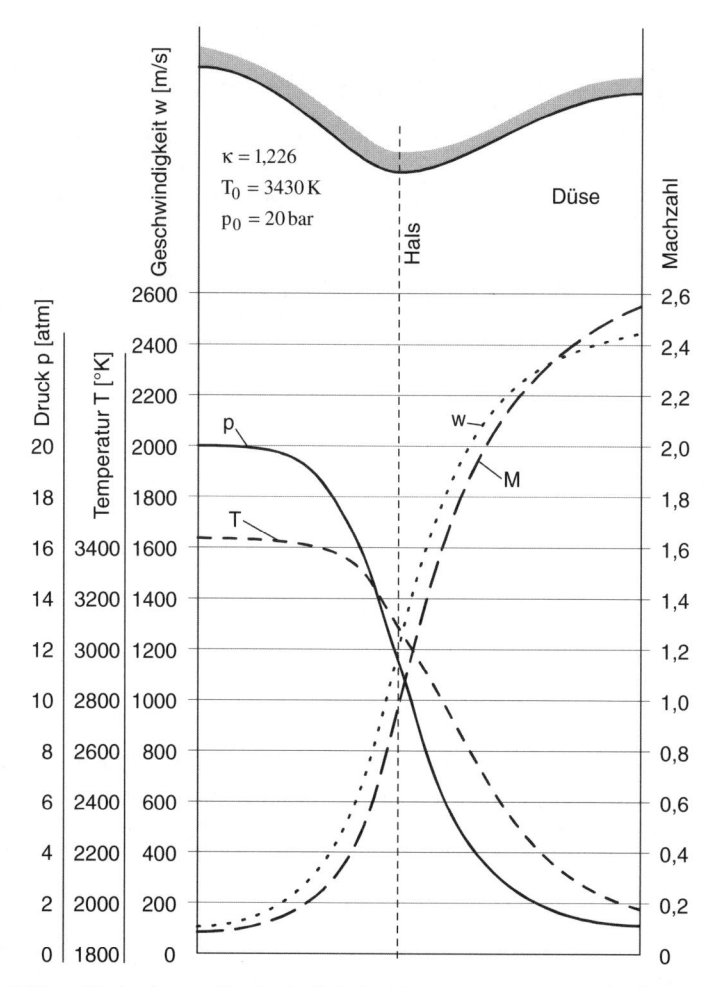

Abb. 5.12. Verlauf von Geschwindigkeit, Machzahl, Temperatur und Druck längs einer Düse für die Zahlenwerte: $T_0 = 3430$ K, $\kappa = 1.226$ und $p_0 = 20$ bar.

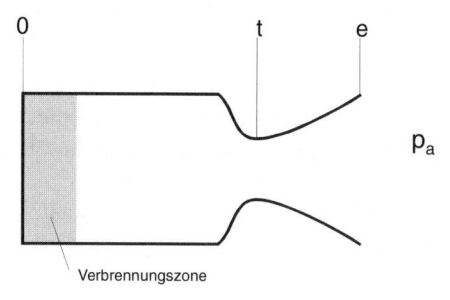

Abb. 5.13. Bereiche einer idealen Rakete.

5.6.1 Massenstrom und Schub einer idealen Rakete

Für ein ideales Gas gilt im Düsenhals (bei $Ma_t=1$) bei adiabater Strömung für den Massenstrom:

$$\dot{m} = \rho_t a_t A_t = \underbrace{\rho_0 \left(\frac{2}{\kappa+1}\right)^{\frac{1}{\kappa-1}}}_{\rho_t} \underbrace{a_0 \sqrt{\frac{2}{\kappa+1}}}_{a_t} A_t = \frac{p_0}{RT_0} \sqrt{\kappa RT_0} A_t \left(\frac{2}{\kappa+1}\right)^{\frac{\kappa+1}{2(\kappa-1)}} ,$$

und so
$$\dot{m} = \frac{p_0 A_t}{\sqrt{RT_0}} \Gamma \quad , \tag{5.47}$$

mit
$$\Gamma = \sqrt{\kappa \left(\frac{2}{\kappa+1}\right)^{\frac{\kappa+1}{\kappa-1}}} \quad . \tag{5.48}$$

Diese Abkürzung Γ ist eine reine Funktion des Verhältnisses der spezifischen Wärmen κ. Der Massenstrom durch eine Düse mit Schalldurchgang im engsten Querschnitt ist also direkt proportional zum Brennkammerdruck und der Querschnittsfläche am Düsenhals sowie invers proportional zur Quadratwurzel der Brennkammertemperatur. Die Brennkammertemperatur ist allerdings bei chemischen Raketen durch die gewählte Treibstoffkombination in einem engen Bereich vorgegeben. Für eine bestimmte Düsenkonfiguration ist somit der Massenstrom limitiert durch den maximal in der Brennkammer zulässigen Druck.

Für die Ausströmgeschwindigkeit der Treibstoffgase erhält man

$$w_e = \sqrt{2(h_0 - h_e)} = \sqrt{2h_0} \sqrt{1 - \frac{h_e}{h_0}} \quad . \tag{5.49}$$

Dieser Ausdruck für w_e ist generell für eindimensionale Strömungen mit oder ohne Reibung gültig. Bei isentroper (reibungsfreier) Entspannung eines idealen Gases mit $R = c_p(\kappa-1)/\kappa$ ist

$$\left(\frac{p}{p_0}\right)^{\frac{\kappa-1}{\kappa}} = \frac{T}{T_0} = \frac{h}{h_0} \quad , \tag{5.50}$$

und
$$2h_0 = 2c_p T_0 = \frac{2\kappa}{\kappa-1} RT_0 \quad , \tag{5.51}$$

so daß für die Austrittsgeschwindigkeit folgt

$$w_e = \sqrt{2h_0}\sqrt{1-\left(\frac{p_e}{p_0}\right)^{\frac{\kappa-1}{\kappa}}} = \sqrt{RT_0}\sqrt{\frac{2\kappa}{\kappa-1}}\sqrt{1-\left(\frac{p_e}{p_0}\right)^{\frac{\kappa-1}{\kappa}}} \quad . \tag{5.52}$$

In Kapitel 5.3 hatten wir bereits folgende Formel für den Schub ermittelt:

$$F = \dot{m}w_e + A_e(p_e - p_a) \tag{5.53}$$

Mit den obigen Werten von $\dot{m}$ und w_e erhalten wir dann

$$F = p_0 A_t \left\{ \Gamma \sqrt{\frac{2\kappa}{\kappa-1}} \sqrt{1-\left(\frac{p_e}{p_0}\right)^{\frac{\kappa-1}{\kappa}}} + \frac{A_e}{A_t}\left(\frac{p_e - p_a}{p_0}\right) \right\} , \tag{5.54}$$

oder dimensionslos für den Schubkoeffizient

$$c_F = \underbrace{\frac{F}{p_0 A_t}}_{\text{Definition}} = \Gamma \sqrt{\frac{2\kappa}{\kappa-1}} \sqrt{1-\left(\frac{p_e}{p_0}\right)^{\frac{\kappa-1}{\kappa}}} + \frac{A_e}{A_t}\left(\frac{p_e - p_a}{p_0}\right) . \tag{5.55}$$

Übliche Werte für c_F sind $c_F \approx 1{,}8-2{,}1$. Wie noch gezeigt wird, hat diese Funktion ihr Maximum bei $p_a = p_e$, man spricht von einer „angepaßten Düse"

$$c_F|_{p_a=p_e} = c_F^0 = \Gamma\sqrt{\frac{2\kappa}{\kappa-1}}\sqrt{1-\left(\frac{p_a}{p_0}\right)^{\frac{\kappa-1}{\kappa}}} \quad . \tag{5.56}$$

Die Abb. 5.14 zeigt c_F^0 für angepaßte Düsen ($p_a=p_e$) und verschiedene κ als Funktion des Druckverhältnisses p_0/p_e. Wenn $p_e = p_a = 0$ wird (sogenannte „voll für Vakuum angepaßte Düse"), bekommen wir als Grenzfall

$$c_{F,\text{Vak.}} = \frac{\dot{m}\sqrt{2h_0}}{p_0 A_t} = \Gamma\sqrt{\frac{2\kappa}{\kappa-1}} \quad . \tag{5.57}$$

Wichtig ist, daß der mit p_0 und A_t dimensionslos gemachte Schub nicht explizit von der Enthalpie (bzw. der Temperatur) des Gases abhängt, sondern nur noch von $\kappa(T)$, also vom Gastyp; diese Abhängigkeit ist jedoch relativ schwach.

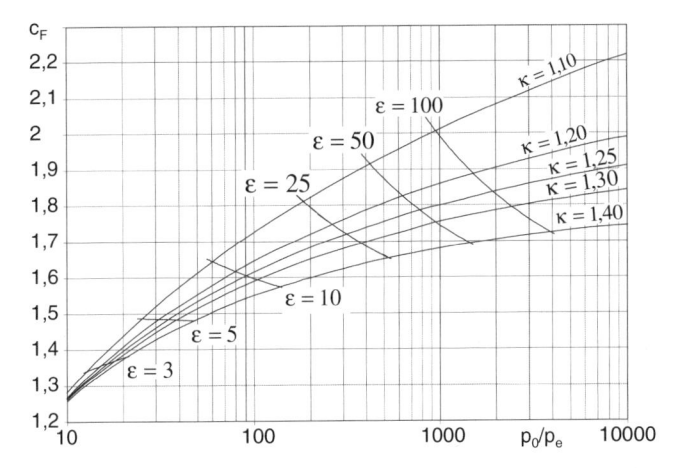

Abb. 5.14. Schubkoeffizient c_F als Funktion des Druckverhältnisses, des Flächenverhältnisses und des Temperaturverhältnisses für optimale Expansionsbedingungen.

5.6.2 Spezifischer Impuls einer idealen Rakete

Für den spezifischen Impuls folgt aus der Definition in Kapitel 2 und mit der bereits abgeleiteten Beziehung für die Austrittsgeschwindigkeit Gl. (5.52)

$$I_s = \frac{F}{g_0 \dot{m}} = \frac{c_e}{g_0} \overset{\underset{\text{angepaßte Düse}}{\downarrow}}{\equiv} \frac{w_e}{g_0} = \frac{1}{g_0}\sqrt{\frac{2\kappa}{\kappa-1}}\sqrt{\frac{\Re}{M_M}T_0}\sqrt{1-\left(\frac{p_e}{p_0}\right)^{\frac{\kappa-1}{\kappa}}}. \quad (5.58)$$

Hierbei sind M_M die mittlere Molmasse der expandierenden Gase und $\Re = 8{,}314 \, \text{J}/(\text{mol K})$ die universelle Gaskonstante. Diese Gleichung zeigt deutlich, daß für einen möglichst hohen spezifischen Impuls, die Brennkammertemperatur T_0 hoch und die mittlere Molmasse klein zu wählen sind. Andererseits ist aber die Brennkammertemperatur bei chemischen Raketen durch den spezifischen Energieinhalt des Brennstoffes und des Oxidators vorgegeben, so daß praktisch keine größeren Optimierungsmöglichkeiten bestehen. Der bestmögliche spezifische Impuls ist also größtenteils bereits durch die Wahl der Treibstoffkombination in einem engen Bereich festgelegt.

5.6.3 Wirkungsgrad des idealen Triebwerks

Oftmals wird der innere Wirkungsgrad des idealen Triebwerks basierend auf der kinetischen Energie am Düsenaustritt definiert, d.h.

$$\eta_{KE} = \left(\frac{w_e}{w_{max}}\right)^2 = 1 - \left(\frac{p_e}{p_0}\right)^{\frac{\kappa-1}{\kappa}} . \tag{5.59}$$

Logischer ist es jedoch, den Wirkungsgrad für ein Raketentriebwerk zu definieren, der auf dem gesamten Schub einschließlich Druckglied basiert

$$\eta_I = \left(\frac{F}{F_{max}}\right)^2 = \left[\sqrt{1 - \left(\frac{p_e}{p_0}\right)^{\frac{\kappa-1}{\kappa}}} + \frac{1}{\Gamma}\sqrt{\frac{\kappa-1}{2\kappa}}\frac{A_e}{A_t}\left(\frac{p_e - p_a}{p_0}\right)\right]^2 . \tag{5.60}$$

Für die angepaßte Düse erhalten wir dann

$$\eta_{I, p_e = p_a} = 1 - \left(\frac{p_a}{p_0}\right)^{\frac{\kappa-1}{\kappa}} , \tag{5.61}$$

was dem oben erwähnten η_{KE} entspricht.

5.6.4 Einfluß des Flächenverhältnisses $\varepsilon = A_e/A_t$ auf den Schub

Ersetzt man in der bereits abgeleiteten Gleichung (5.46) für das Expansionsverhältnis die Machzahl durch das Druckverhältnis p_0/p_e nach Gleichung (5.33) erhalten wir für das Expansionsverhältnis ε:

$$\varepsilon = \frac{A_e}{A_t} = \Gamma \left(\frac{p_e}{p_0}\right)^{-\frac{1}{\kappa}} \left\{\frac{2\kappa}{\kappa-1}\left[1 - \left(\frac{p_e}{p_0}\right)^{\frac{\kappa-1}{\kappa}}\right]\right\}^{-\frac{1}{2}} . \tag{5.62}$$

Zusammen mit der Beziehung für den Schubkoeffizienten aus Gl. (5.55) erhalten wir eine Beziehung $c_F = f(\varepsilon)$, die nicht mehr explizit darstellbar ist. In der Abb. 5.15 ist diese Funktion für ein typisches κ und verschiedene Druckverhältnisse p_0/p_a als Parameter graphisch dargestellt. Es wird deutlich, daß für ein vorgegebenes Druckverhältnis p_0/p_a der maximale Schub nur bei einem bestimmten Expansionsverhältnis auftritt. Umgekehrt bedeutet dies, daß eine gegebene Düsenkonfiguration mit Expansionsverhältnis ε nur für ein bestimmtes Druckverhältnis p_0/p_a

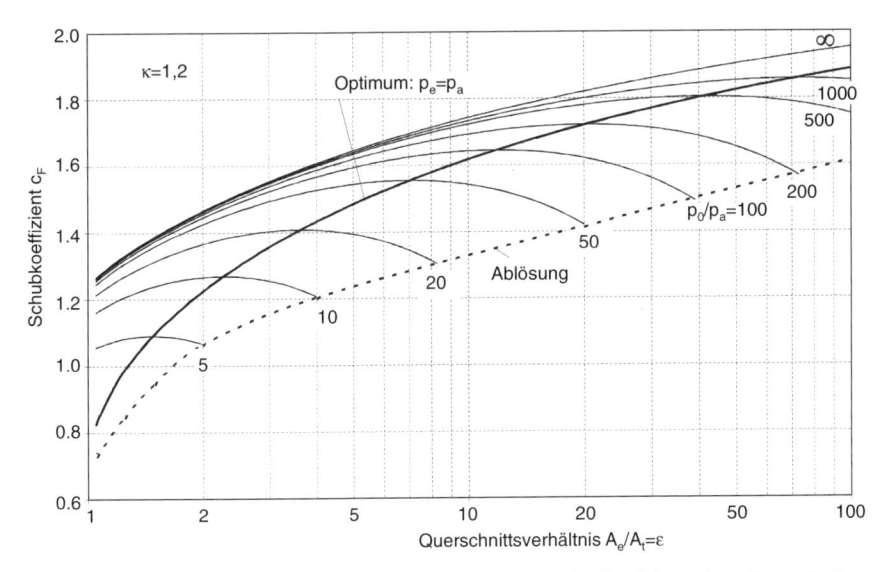

Abb. 5.15. Veränderung des Schubkoeffizienten als Funktion des Querschnittsverhältnisses A_e/A_t für verschiedene Druckverhältnisse p_0/p_a.

optimal ausgelegt ist (und zwar exakt bei $p_e = p_a$). Ist für dieses ε der Umgebungsdruck höher (p_0/p_a kleiner) so wird der Schub geringer und wenn der Umgebungsdruck kleiner (p_0/p_a größer) wird, so wird der Schub zwar erhöht aber er erreicht nicht den optimalen Wert, der für das vorliegende Druckverhältnis möglich wäre. Die Kurven sind allerdings in der Nähe ihrer Maxima ziemlich flach, d.h. das Flächenverhältnis muß nicht sehr exakt eingestellt werden, um einen annähernd maximalen Schub zu erhalten.

5.6.5 „Abgesägte" Düse

Eine weitere im Versuchsbetrieb brauchbare Größe, vor allem bei reinen Brennkammertests, ist der Schub einer Raketenbrennkammer mit einer nur konvergenten Düse, d.h. die Düse endet am Düsenhals. Für diesen Schub gilt:

$$F_{Konv.} = \dot{m}w_t + (p_t - p_a)A_t = \left[2\left(\frac{2}{\kappa+1}\right)^{\frac{1}{\kappa-1}} - \frac{p_a}{p_0}\right]p_0 A_t \quad . \quad (5.63)$$

Für die effektive Austrittsgeschwindigkeit einer nur konvergenten Düse gilt

$$c_{e,Konv.} = \frac{F_{Konv.}}{\dot{m}} = \frac{p_0 A_t}{\dot{m}}\left[2\left(\frac{2}{\kappa+1}\right)^{\frac{1}{\kappa-1}} - \frac{p_a}{p_0}\right] \quad . \quad (5.64)$$

Der Schubgewinn durch die Expansionsdüse ergibt sich aus dem Verhältnis

$$\frac{F}{F_{Konv.}} = \frac{\Gamma\sqrt{\frac{2\kappa}{\kappa-1}}\sqrt{1-\left(\frac{p_e}{p_0}\right)^{\frac{\kappa-1}{\kappa}}} + \frac{A_e}{A_t}\left(\frac{p_e - p_a}{p_0}\right)}{2\left(\frac{2}{\kappa+1}\right)^{\frac{1}{\kappa-1}} - \frac{p_a}{p_0}} , \quad (5.65)$$

d.h.
$$\frac{F}{F_{Konv.}} = f\left(\frac{p_e}{p_0}, \frac{p_a}{p_0}, \kappa\right) = f\left(\frac{p_a}{p_0}, \kappa, \varepsilon\right) . \quad (5.66)$$

Dieses Verhältnis ist in der Abb. 5.16 aufgetragen (für einen typischen κ-Wert = 1,20 und verschiedene p_a/p_0). Der maximal erreichbare Schubgewinn durch eine Düse liegt für diesen κ-Wert bei 1,809.

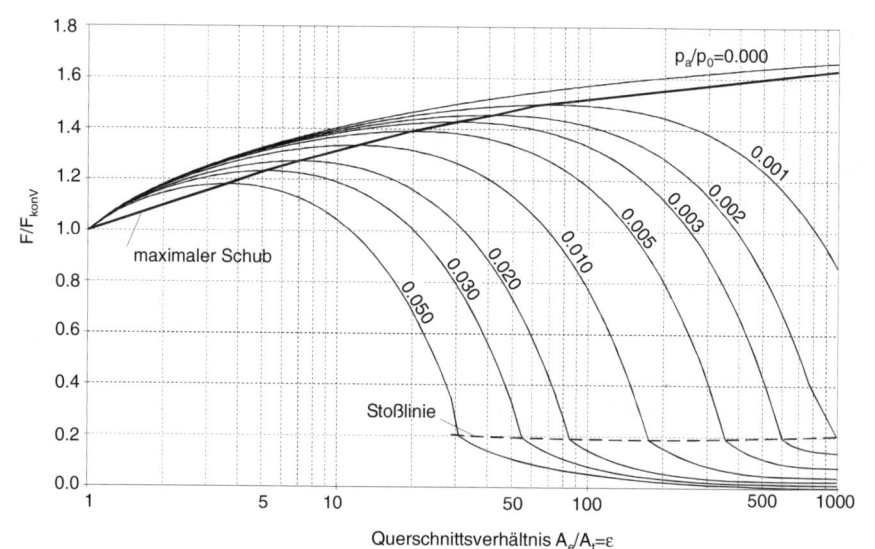

Abb. 5.16. Leistungscharakteristik von Raketendüsen mit κ=1,2.

5.7 Reale (verlustbehaftete) Düsen

Im vorherigen Kapitel wurde die ideale Düse mit eindimensionaler Strömung behandelt, ein Fall, der in der Praxis nie erreicht und auch nicht angestrebt wird. In realen Düsen sind neben dem schon behandelten eindimensionalen Einfluß der unvollständigen Expansion (nicht angepaßte Düse) auch die räumliche (meist axisymmetrische) Geschwindigkeitsverteilung (Divergenzverluste, Profilverluste, eventuell Ablösungs- und Stoßverluste), sowie die bisher vernachlässigten Wandreibungs- und Wärmeverluste und Realgaseffekte (Nichtgleichgewichtsexpansion) zu beachten. Bei der Auslegung von Raketendüsen müssen daher einige weitere Gesichtspunkte berücksichtigt werden. Für kurze und kleine Düsen spricht beispielsweise:

- Gewicht der Düse
- Begrenzung der Gesamtlänge der Rakete
- Reibungs- und Wärmeverluste geringer
- Widerstand in der Atmosphäre geringer

Nachteilig wirken sich jedoch in diesem Fall aus:

- Schub- bzw. Wirkungsgradverluste durch ungenügende und Nichtgleichgewichtsexpansion
- Divergenzverluste größer
- Profilverluste größer

Neben diesen Verlusten treten in Düsen jedoch noch weitere auf, die im Zusammenhang diskutiert werden.

5.7.1 Mechanische Verluste

a) Anpassungsverluste, $p_e \neq p_a$

Eine konventionelle Raketendüse ist immer nur für eine Flughöhe, d.h. einen Außendruck angepaßt ($p_e = p_a$), da für Raketen veränderliche Düsen, wie sie z.T. bei Turboflugtriebwerken üblich sind, zu aufwendig wären. Außerdem würden für große Verhältnisse $\varepsilon = A_e/A_t$ die Düsen zu groß und damit zu schwer. Die Schubverluste durch Fehlanpassung können leicht 10% und mehr erreichen und daher auch den Wirkungsgrad deutlich vermindern (u.U. um Werte > 20%). Die Abb. 5.17 zeigt die verschiedenen auftretenden Zustände, wenn am Düsenende der Außendruck kontinuierlich sinkt (z.B. Aufstieg einer Rakete). Zunächst herrscht für einen Außendruck, der nahe dem Kesseldruck liegt, in der ganzen Düse eine Unterschallströmung (Fall a). Wird der Außendruck weiter erniedrigt, erreicht man einen Punkt, in dem am engsten Querschnitt zwar gerade Schallgeschwindigkeit erzielt wird, sonst aber weiterhin insgesamt eine subsonische Strömung vorliegt (b). Bei weiterer Erniedrigung von p_a erhält man eine Überschallströmung stromab der engsten Stelle (c). Damit aber der Druck am Düsenaustritt mit dem Umgebungsdruck übereinstimmt, muß ein Verdichtungsstoß innerhalb der Düse entstehen. Als ein weiterer Grenzfall kann dieser Stoß direkt am Düsenaustritts-

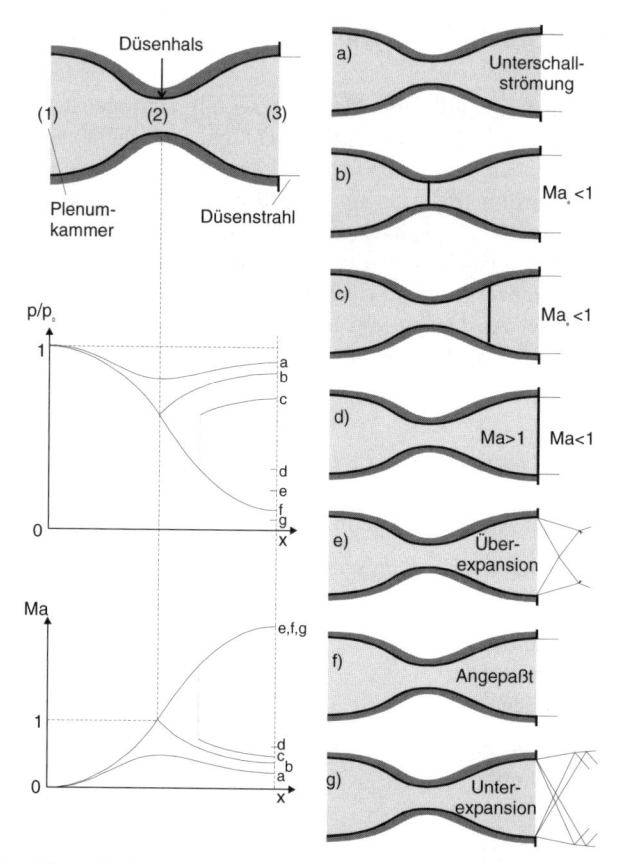

Abb. 5.17. Verschiedene Strömungsformen in und nach einer konvergent-divergenten Düse.

querschnitt auftreten (d). Wird der Umgebungsdruck nun weiter verringert, entsteht aus dem senkrechten ein schräger Verdichtungsstoß (e). Im Idealfall ist der Umgebungsdruck gleich dem Druck am Düsenaustritt (f). Bei noch weiterer Erniedrigung des Umgebungsdrucks paßt sich die Düsenströmung dem Zustand durch eine Expansionsströmung an, die an den Kanten der Düse beginnt (g). Die Fälle (e) und (g) stellen also Fehlanpassungen der Düse dar, die zu Verlusten führen:

- Unvollständige Expansion $p_e > p_a$, d.h. der Austrittsquerschnitt A_e ist zu klein. Die Entspannung des Gases in der Düse ist unvollständig und wird außerhalb der Düse fortgesetzt. Man spricht deshalb von einer Überexpansion.
- Unterexpansion $p_e < p_a$. Das Gas wird auf einen kleineren Druck als Umgebungsdruck entspannt. A_e ist zu groß.

5.7 Reale (verlustbehaftete) Düsen

b) Divergenzverluste

Zur Veranschaulichung der Divergenzverluste nehmen wir eine konische Düse mit Öffnungswinkel α an, die einfach und gewöhnlich leicht herzustellen ist. Allerdings treten durch die radialen Geschwindigkeitskomponenten im Strahl Verluste auf. Als Rechenmodell nehmen wir eine Quellenströmung an. Man berechnet dann den Anteil der kinetischen Energie, der nicht zum Schub beiträgt, mit

$$\lambda = \frac{F}{F_{\alpha=0}} \quad . \tag{5.67}$$

Wäre α=0°, so folgt

$$F_{\alpha=0} = \dot{m} w_e = \rho w_e^2 A_e \quad . \tag{5.68}$$

Der Schub F bei einem Öffnungswinkel α ergibt sich aus (s. auch Abb. 5.18)

$$F = \int_{A_e} (\rho w_z) w_z dA \quad . \tag{5.69}$$

Die z-Komponente der Geschwindigkeit ist dabei

$$w_z(\alpha^*) = w_e \cos \alpha^* \quad . \tag{5.70}$$

Das Flächenelement dA ergibt sich in Abhängigkeit vom Radius zu

$$dA = 2\pi r^* dr^* \quad , \tag{5.71}$$

mit der Fläche des Austrittsquerschnittes $A_e = \pi r^2$. Zur Integration der Gl. (5.69) werden noch die folgenden Bedingungen benötigt:

$$r = L \sin \alpha, \quad r^* = L \sin \alpha^*, \quad dr^* = L \cos \alpha^* d\alpha^* \quad . \tag{5.72}$$

Es folgt dann

$$\lambda = \frac{\int_{\alpha^*=0}^{\alpha} (\rho w_e \cos \alpha^*) \, w_e \cos \alpha^* \, 2\pi L \sin \alpha^* \, L \cos \alpha^* d\alpha^*}{\rho w_e^2 \pi L^2 \sin^2 \alpha}$$

$$= \frac{2 \int_{\alpha^*=0}^{\alpha} \cos^3 \alpha^* \sin \alpha^* d\alpha^*}{\sin^2 \alpha} = \frac{1}{2}(1 + \cos^2 \alpha) \tag{5.73}$$

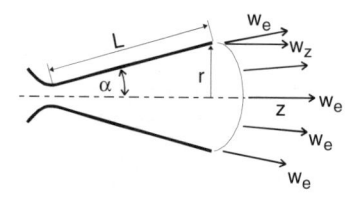

Abb. 5.18. Veranschaulichung der Divergenzverluste.

Öffnungswinkel α	λ	Schubverlust 1-λ (in %)	Leistungsverlust 1-η_{Div} (%)
0	1	0	0
4	0,9976	0,24	0,49
8	0,9903	0,97	1,93
12	0,9784	2,16	4,28
16	0,9620	3,80	7,45
20	0,9415	5,85	11,36
24	0,9173	8,27	15,86

Tabelle 5.2. Divergenzverluste einer konischen Düse.

Die Ergebnisse für verschiedene Öffnungswinkel sind in Tabelle 5.2 zusammengefaßt. Der Wirkungsgrad wird also durch Divergenzverluste abgesenkt und zwar um den Faktor

$$\eta_{Div} = \left(\frac{F}{F_{\alpha=0}}\right)^2 = \lambda^2 \ . \tag{5.74}$$

c) Profilverluste

Durch die Abweichung des Geschwindigkeitsprofils des Abgasstrahles von einem Rechteckprofil, wie es für die ideale Rakete angenommen wurde, können ebenfalls Verluste auftreten (s. Abb. 5.19), die ähnlich wie die Divergenzverluste angegeben werden können. Hierzu ist aber die Kenntnis der radialen Verläufe der Geschwindigkeit und anderer Zustandsgrößen über den Radius notwendig.

Die Profilverluste sind bei größeren chemischen Raketen nur einige Prozent groß, können aber bei elektrischen (Lichtbogen–, MHD–, Ionen–) Triebwerken erheblich werden.

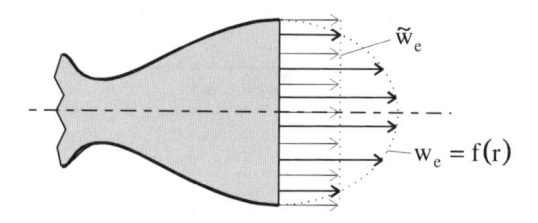

Abb. 5.19. Veranschaulichung der Profilverluste.

d) Reibungsverluste

Reibungsverluste hängen stark von der Triebwerksgröße und dem Massenstrom, d.h. von der mittleren Reynoldszahl der Düsenströmung ab. Sie sind bei großen chemischen Raketen sehr klein, können jedoch bei kleinen Lageregelungstriebwerken erheblich werden (ca. 10 – 50%). So ist es bei kleinen Plasmatriebwerken (unter 1 kW Leistung oder 1/10 N Schub) oft vorteilhaft, die Expansionsdüse nach dem Düsenhals ganz wegzulassen.

5.7.2 Thermische Verluste

Darunter versteht man direkte Wärmeverluste an die Düsenwand. Bei großen chemischen Raketen gehen ca. 2% der Gesamtleistung als direkte Wärmeverluste an die Düsenwand verloren. Diese Verluste hängen vor allem von folgenden Triebwerkseigenschaften ab:

- Triebwerksgröße (Reynoldszahl)
- Art der Kühlung:
  regenerativ: geringe Verluste
  Ablation: geringe Verluste
  Transpiration: geringe Verluste
  Strahlung: die Verluste können beachtlich sein
- Geometrie und Art der Düse, d.h. von der relativen Größe der umströmten Fläche.

Bei kleinen chemischen sowie den thermischen elektrischen Triebwerken können diese Wärmeverluste wesentlich werden.

5.7.3 Chemische Verluste

Abweichungen vom chemischen Gleichgewicht in der Düse (eingefrorene Strömung), wie die unvollständige Reaktion von Verbrennungsprodukten und unvollständige Kondensation (Metalle, Oxyde, Wasser), führen ebenfalls zu Verlusten. Für chemische Raketen können sie schwerwiegend sein und erhöhen sich bei folgenden Voraussetzungen:

- erhöhte Temperatur
- niedriger Brennkammerdruck
- kleine Triebwerke
- kurze, steil expandierende Düse

Bei elektrischen und nuklearen Raketen stellen sie einen großen Teil der auftretenden Verluste dar. Die Verluste durch unvollständige Expansion zusammen mit den chemischen Verlusten stellen die nicht umgewandelte Wärmeenergie im Abgasstrahl dar.

Abb. 5.20 zeigt die typischen Energieflüsse eines chemischen Triebwerks, während die Abb. 5.21 die obigen Ausführungen zusammenfassend darstellt.

202 5 Thermische Raketen

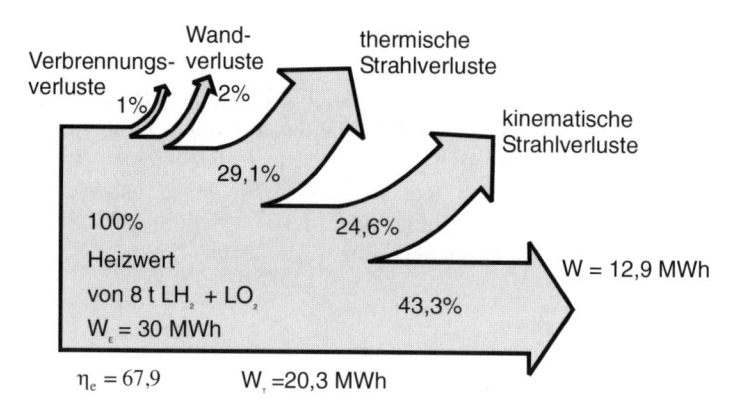

```
                    Wand-
    Verbrennungs- verluste    thermische
    verluste                  Strahlverluste
              1%    2%
                                          kinematische
                         29,1%            Strahlverluste

    100%              24,6%
    Heizwert                               W = 12,9 MWh
    von 8 t LH₂ + LO₂
    Wₑ = 30 MWh          43,3%

    ηₑ = 67,9    W_r = 20,3 MWh
```

Abb. 5.20. Energiefluß des Triebwerks der 3. Stufe der Ariane 1.

		Typische Größenordnungen			
		große chemische	kleine chemische	nuklear-thermische	elektrische (Plasma)
	Wärmeverluste nach außen	sehr klein 1-2 %	klein	klein	erheblich
	Leckverluste und Verluste durch Treibstoff-Turbopumpe (sofern zutreffend)	minimal bei neueren Typen		klein	klein
	Unvollständige Mischung und Verbrennung (Chem. Energie)	sehr klein 1-2%	kann wichtig sein	nicht zutreffend	nicht zutreffend
	Unvollständige Rekombination in der Düse (eingefrorene Strömung)	erheblich	erheblich	erheblich	groß bis sehr groß (-50%)
	Unvollständige Expansion	erheblich	erheblich	relativ klein	kann groß sein
	Reibungsverluste	sehr klein einige %	sehr klein einige %	sehr klein einige %	kann sehr groß sein
	Divergenzverlust Profilverlust	ca. 4-10%	eventuell größer	vergleichbar mit chemischen	kann groß sein
	Nützliche Schubleistung als Anteil der aufgewendeten Leistung W	ca 40-70%		ca. 60-80%	ca. 20-50% Plasma ca. 50-90% Resistojet

Abb. 5.21. Klassifikation und Größenordnung der Verluste in realen Düsen.

5.8 Chemische Raketentreibstoffe

5.8.1 Theoretische Leistungen chemischer Raketentreibstoffe

Aus der Raketengrundgleichung (Ziolkowsky–Gleichung) geht hervor, daß das Antriebsvermögen eines Raketenantriebsystems vom Massenverhältnis und von der effektiven Austrittsgeschwindigkeit c_e bestimmt wird. Diese wiederum ergibt sich unter Berücksichtigung bauartbedingter Verluste und Gewinne aus der durch die verfügbare spezifische Energie bestimmten theoretischen Ausströmgeschwindigkeit w_e (plus dem Druckglied am Düsenende). Diese wiederum folgt aus dem Energieerhaltungssatz

$$w_e = \sqrt{2(h_0 - h_e)} \ . \tag{5.75}$$

Mithin soll (nicht nur) bei chemischen Raketen die Enthalpie der Masseneinheit im Triebwerk im Ruhezustand möglichst hoch, am Düsenende nach Ende des Beschleunigungsvorganges möglichst klein sein. In chemischen Raketentriebwerken findet folgender Energiewandlungsprozeß statt: die latente chemische Energie der Treibstoffkomponenten (deren Wärmeenergie meist nur eine untergeordnete Rolle spielt) verwandelt sich durch chemische Reaktionen in der Brennkammer in den Reaktionsprodukten anhaftende Wärmeenergie. Diese wird bei der anschließenden Expansion durch die Düse zusammen mit der gegebenenfalls durch Änderungen des Aggregatzustandes und weiterer Reaktionen frei werdenden Energie teilweise in kinetische Energie verwandelt.

5.8.2 Treibstoffauswahl

Aus den oben genannten Bedingungen folgt, daß die Treibstoffe vom Standpunkt der Energieausbeute so zu wählen sind, daß die Reaktionsprodukte am Düsenende eine im Vergleich zu den Ausgangsstoffen möglichst geringe Enthalpie besitzen. Dies bedeutet, daß die Bildungswärme chemischer Verbindungen, definiert als die bei ihrer Bildung aus den Elementen unter bestimmten Bedingungen frei werdende Wärmemenge (sog. Standardbildungsenthalpie), ein Kriterium für die Auswahl wünschenswerter Reaktionsprodukte und damit auch der Ausgangsstoffe ist. Als Übersicht hierzu enthält die Tabelle 5.3 die 18 chemischen Verbindungen mit den höchsten bekannten Bildungswärmen pro Masseneinheit.

Mit Ausnahme des Bornitrids (BN) handelt es sich bei diesen Rekordhaltern ausnahmslos um Oxide und Fluoride, wobei jene bestimmter Metalle an der Spitze liegen, gefolgt von Wasserstoff und Kohlenstoff.

Die Verbrennung von Metallen bereitet in der Praxis erhebliche technische Schwierigkeiten. Für den Einsatz in Raketentreibstoffen sind die Spitzenreiter Beryllium, Lithium, Bor und Aluminium zunächst wegen der hohen Bildungsenthalpien interessant. Da Beryllium und die meisten seiner Verbindungen extrem

Formel	Bildungswärme [MJ/kg]	Aggregatzustand	Schmelzpunkt [°C]	Siedepunkt [°C]	$w_{e, max}$ [m/s]
BeO	29,670	fest	2.550	3.850	6.921
LiF	23,606	fest	848	1.767	6.869
BeF_2	21,495	fest	547	1.170	6.554
Li_2O	19,986	fest	1.427	2.997	6.320
B_2O_3	18,352	fest	450	2.217	6.056
AlF_3	17,766	fest	—	1.279	5.959
MgF_2	17,640	fest	1.263	1.357	5.937
BF_3	16,676	gasförmig	- 129	-101	5.773
Al_2O_3	16,425	fest	2.045	2.700	5.729
SiF_4	15,000	gasförmig	- 90	—	5.475
MgO	14,958	fest	2.642	2.800	5.468
SiO_2	14,623	fest	1.610	2.727	5.406
HF	14,192	gasförmig	- 85	19	5.326
NaF	13,576	fest	992	1.704	5.209
H_2O	13,442	gasförmig	0	100	5.183
CF_4	10,391	gasförmig	- 184	- 128	4.557
BN	9,805	fest	—	(2.327)	4.427
CO_2	8,967	gasförmig	- 58	-79(Sub.)	4.233

Tabelle 5.3. Bildungswärmen von ausgewählten Verbindungen.

giftig sind, Lithium wegen seiner Reaktionsfreudigkeit schwer als Treibstoffkomponente zu handhaben ist und Bor wegen der Bildung von undurchlässigen Oxidschichten kaum vollständig zu verbrennen ist, wurde bisher nur Aluminium als energiesteigender Metallzusatz zu Raketentreibstoffen (und zwar nur zu festen) eingesetzt.

Alle in der Raketentechnik eingesetzten chemischen Brennstoffe basieren daher auf Wasserstoff und dessen Verbindungen mit Kohlenstoff und Stickstoff. Da Fluor wegen seiner hohen Aggressivität ebenso wie die genannten Metalle das Experimentalstadium nie verlassen hat, basieren andererseits alle Oxidatoren auch nur auf Sauerstoff und seinen Verbindungen, so daß die Anzahl der praktisch eingesetzten Raketentreibstoffe relativ gering ist (Tabellen 5.4 - 5.7)

Unter diesen Treibstoffen dominieren einige wenige Brennstoff–Oxidator-Kombinationen bei weitem, was ihre mengenmäßige Anwendung und die Zahl der praktischen Einsätze betrifft. Es sind dies bei den flüssigen Kombinationen die Systeme H_2/LOX, RP1/LOX und AZ50/N_2O_4, bei den festen Treibstoffen wird fast ausschließlich AP (Ammoniumperchlorat) mit den verschiedenen Kunststoffen (wobei PB überwiegt) und Al–Zusätzen verwendet.

Bei allen bisher genannten Treibstoffen ist der Energielieferant eine Verbrennungsreaktion (Oxidation) zwischen zwei Komponenten. Eine Ausnahme bilden Hydrazin und Wasserstoffperoxid, die beide für sich in der Lage sind, unter Energiefreisetzung zu zerfallen. Vor allem Hydrazin wird in kleinen Raketentriebwerken als Einkomponentensystem verwendet. Die Zersetzung wird dabei oft katalytisch eingeleitet.

5.8 Chemische Raketentreibstoffe

Stoff	kryo-gen	erd-lager-fähig	raum-lager-fähig	Schmelz-punkt [°C]	Siede-punkt [°C]	Dichte [kg/l]	Bemerkung
Wasserstoff H_2	•			-259,21	-252,78	0,0711	beim Siedepunkt
Kohlenwasserstoffe C_xH_y		•	•		177–275	0,80	bei 15,5°C
Hydrazin N_2H_4			•	2,0	113,5	1,015	bei 15°C und mit 3% H O
Aerozin 50* AZ50		•	•				
Dimethylhydrazin $N_2H_2(CH_3)_2$		•	•	-58	63	0,8008	bei 15°C
Methylhydrazin $N_2H_3CH_3$		•	•	-52,4	87,5	0,876	bei 20°C

* Aerozin 50: 50% N_2H_4 + 50% $N_2H_2(CH_3)_2$

Tabelle 5.4. Flüssige Brennstoffe.

	Beispiele	
Kunststoffe als Binder in Festtreibstoffen	• Polyäthylen • Polybutadien • Polyurethan • Polyacrylnitril	PE PB PU PAN
Additive	• Aluminium • Magnesium • Bor (seltener)	Al Mg B

Tabelle 5.5. Feste Brennstoffe.

Stoff	Sym-bol	kryogen	erd- / raum-lagerfähig	Schmelz-punkt F_p [°C]	Siedepunkt K_p [°C]	Dichte [kg/l]
Sauerstoff / fl. Sauerstoff	O_2 LOX	•		-218,7	-182,97	am Siedepunkt 1,14
Wasserstoff-peroxyd	H_2O_2		• / -	-0,43	150	bei 20°C: 1,447
Salpeter-säure	HNO_3		• / •	-51,59	84	bei 20°C: 1,513
Distickstoff-tetroxid	N_2O_4		- / •	-11,2	21,15	bei 20°C: 1,447

Tabelle 5.6. Flüssige Oxidatoren.

Stoff	Bemerkungen
NH_4NO_3	Ammoniumnitrat (erleidet im Bereich der Erdlagertemperaturen Phasenumwandlungen, die durch Additive unterdrückt werden müssen)
NH_4ClO_4	Ammoniumperchlorat (AP)

Tabelle 5.7. Feste Oxidatoren.

5.9 Antriebssysteme chemischer Raketen

5.9.1 Einteilung nach dem Aggregatzustand der Treibstoffe

Aus der Kombination von flüssigen und festen Brennstoffen und Oxidatoren ergeben sich vier Klassen von Raketenantrieben (Tabelle 5.8). Darunter haben aber die inversen Hybridantriebe keine Bedeutung erlangt. Die Abb. 5.5 zeigt eine schematische Darstellung der drei Antriebstypen.

Flüssigkeitsantriebe brauchen zwei Tanks, aus denen die Treibstoffe durch ein mit Absperr– und Regelventilen versehenes Rohrleitungssystem über ein doppeltes Einspritzsystem in das Triebwerk gefördert werden (z.B. durch Pumpen). Die Wahl der Treibstoffe wird durch die Bedingung der Förderbarkeit begrenzt. Flüssige Treibstoffe mit Metallpulver–Additiven etwa in Form von Suspensionen oder thixotropen Gelen haben das Experimentalstadium nie verlassen. Bei den meisten Flüssigkeitsantrieben steht der Brennstoff als Regenerativkühlmittel zur Verfügung. Das Mischungsverhältnis ist in weiten Grenzen willkürlich wählbar. Schubvariation durch Veränderung der Fördermengen ist möglich, die Brenndauer von Flüssigkeitsantrieben ist theoretisch unbegrenzt.

Brennstoff	Oxidator	Bezeichnung
flüssig	flüssig	Flüssigkeitsantriebe
fest	flüssig	normale Hybridantriebe
flüssig	fest	inverse Hybridantriebe
fest	fest	Feststoffantriebe

Tabelle 5.8. Kombinationen flüssiger und fester Brennstoffe und Oxidatoren.

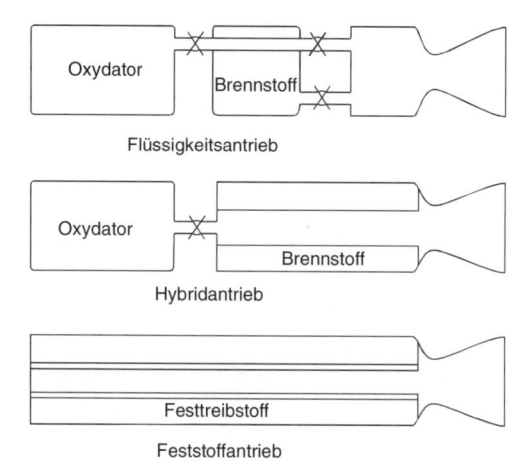

Abb. 5.22. Schematische Darstellung der drei Antriebssysteme.

Bei *Hybridantrieben* (auch Lithergolantriebe genannt) sitzt im Normalfall der feste Brennstoff, bei inversen der feste Oxidator als Klotz mit sorgfältig zu wählender geometrischer Form im Triebwerk, welches somit einen Tank ersetzt und deshalb erheblich größer ausfällt. Ein Förder–, Regel– und Einspritzsystem ist nur für die flüssige Komponente erforderlich. In der Wahl der Treibstoffe besteht hier die größte Freiheit. Da einerseits die besten Oxidatoren flüssig sind (z.B. Fluor), andererseits die Verbrennung von Metallpulvern, die in einen festen Binder eingebettet sind, deren Förderung vermeidet, gibt der Hybridabbrand unter bestimmten Bedingungen die Möglichkeit, bis an die obere Leistungsgrenze chemischer Treibstoffe zu gehen. Für die Kühlung von Hybridtriebwerken ist der flüssige Oxidator in der Regel ungeeignet, doch wird der größte Teil des Triebwerks ohnehin durch den Brennstoff geschützt. Das Mischungsverhältnis wird durch die Gesetze des heterogenen Grenzschichtabbrandes bestimmt und verändert sich im Laufe des Betriebs in gesetzmäßiger Weise, Schubvariation ist auf einfachste Weise durch Beeinflussung des Oxidators erzielbar. Die Brenndauer von Hybridtriebwerken ist durch die Brennstoffmenge begrenzt, eine Veränderung der Mengen bedingt eine neue Triebwerksentwicklung.

Feststoffantriebe sind ohne alle Fördervorrichtungen und mechanisch bewegten Teile die einfachsten Systeme. Die beiden festen Treibstoffkomponenten bilden ein inniges heterogenes Gemisch, welches das Triebwerk ausfüllt. Der spezifische Impuls ist durch die sehr geringe Treibstoffauswahl begrenzt. Die Kühlung der Düse kann nicht regenerativ erfolgen. Das Mischungsverhältnis ist vorbestimmt und bleibt konstant.

Schubvariation ist mit einfachen Mitteln nicht möglich, auch die Brenndauer eines gegebenen Triebwerks ist fixiert.

Feststoffantriebe setzen sich wegen ihrer Unkompliziertheit und damit großen Zuverlässigkeit durch, Flüssigkeitsantriebe wegen ihrer Vielseitigkeit.

5.9.2 Einteilung nach dem spezifischen Impuls

Wegen der Abhängigkeit der Ausströmgeschwindigkeit vom Entspannungsverhältnis bezieht man sich bei Vergleichen international auf ein Verhältnis $p_0/p_e = 68$ (entsprechend ca. 1000 psi/1 atm). Bei theoretischen Werten muß zudem immer die Rechenmethode angegeben werden (also z.B. E = equilibrium flow für Gleichgewichtsströmung, F = frozen flow für eingefrorenes Gleichgewicht). Man spricht bei 68 : 1, E von

- niederenergetischen Treibstoffen, wenn ihr I_S unter 280 s liegt,
- mittelenergetischen Treibstoffen, wenn er zwischen 280 und 330 s liegt, und
- hochenergetischen Treibstoffen, wenn er über 330 s liegt.

5.9.3 Einteilung nach der Zahl der Treibstoffkomponenten

Danach unterscheidet man

- Einstoffsysteme oder Monergole,
- Zweistoffsysteme oder Diergole,
- Dreistoffsysteme oder Triergole.

Mehr als drei Komponenten sind bei keiner Treibstoffkombination erforderlich, und selbst Triergole wurden nur in der Forschung untersucht, aber nicht praktisch eingesetzt. Aus diesen Parametern ergibt sich die in Tabelle 5.9 dargestellte, mit Beispielen oder Typenbezeichnungen belegte Nomenklatur–Matrix.

Der Begriff „Komponenten" ist hier grundsätzlich so definiert, daß alle Treibstoffe, die gemeinsam gefördert werden, nur eine Komponente bilden, auch wenn die geförderte Mischung u. U. heterogen ist. Dies bedeutet, daß die Zahl der Tanks (bei Hybriden und Feststoffantrieben einschließlich der Triebwerke) identisch mit der Zahl der Komponenten ist.

Zweikomponentensysteme, auch *Diergole* genannt, bilden die Regel. Hierzu gehören alle Hybride und Flüssigkeitsantriebe, soweit sie Brennstoff und Oxidator getrennt einsetzen. Die Tabelle 5.10 zeigt den spezifischen Impuls der wichtigsten Diergole. Im Einsatz befindliche Kombinationen sind dabei unterstrichen. Bislang nur experimentell eingesetzte Systeme sind hell schattiert. Hierher gehören vor allem alle Kombinationen mit Fluor oder Fluorverbindungen, darunter auch das theoretisch leistungsstärkste Diergol H_2/F_2, sowie alle Hybride. Abb. 5.23 zeigt die erzielbaren spezifischen Impulse in Abhängigkeit vom Entspannungsverhältnis.

RP1 bzw. auch andere Kohlenwasserstoffe werden zumeist mit LOX eingesetzt, auch mit H_2O_2 im englischen Trägerprogramm „Black Knight". Flüssiger Sauerstoff, LOX, ist auch der Oxidator für die bezüglich des spezifischen Impulses beste im Einsatz befindliche Kombination: H_2/O_2 (Centaur, Saturn SII, Saturn SIVB, Space Shuttle). Der einzige weitere Brennstoff für LOX ist unsymmetrisches Dimethylhydrazin UDMH (Kosmos–Träger in der GUS eingesetzt).

	Flüssigkeits-antrieb	Feststoff-antriebe	Fest-Flüssig-Treibstoffsysteme	Gastreibstoff-systeme
Moner-gole	• Hydrazin Lageregelungsantriebe • Wasserstoffperoxid Hilfsantriebe	• Doppelbasistreibstoffe • Komposits	—	• Kaltgasantriebe (Feinlageregelung)
Diergole	• erdlagerfähige, raumlagerfähige, kryogene Kombinationen	—	• Reguläre Hybride • Inverse Hybride • Feststoffantriebe mit Flüssigkeitseinspritzung ⊗	• Kaltgas–Diergole (z.B. H_2/O_2 ⊗)
Trier-gole	• F /Li/H ⊗	—	• Tribride ⊗	—

⊗ kennzeichnet nur experimentell betriebene Systeme

Tabelle 5.9. Typenbezeichnungen verschiedener Antriebssysteme.

5.9 Antriebssysteme chemischer Raketen

Brennstoff	Oxidator						
	HNO$_3$	N$_2$O$_4$	H$_2$O$_2$	O$_2$	F$_2$O	FLOX	F$_2$
H$_2$		342	325	391	410		410
BeH$_2$		350	374	370	382		394
B$_2$H$_6$			331	344	364		371
N$_2$H$_4$	278	291	287	313	345		364
UDMH	275	286	277	310	351	344	343
RP1 („Refined Petrol")	263	276	278	300	349	362	326
AZ50		288		312			
LiH	260	249	261	262	326		364
PB, PE	256	275	276	299	349	342	324
I_S (68:1,E) von Diergolen							

	nicht ratsam
	experimentell eingesetzt
999	Im Einsatz bzw. wurde bereits eingesetzt

Tabelle 5.10. Spezifischer Impuls von Diergolen.

Als bester lagerfähiger Oxidator wird N$_2$O$_4$ vor allem bei Langzeitmissionen dem flüssigen Sauerstoff LOX vorgezogen. Hydrazin, UDMH und wegen seiner Befähigung zur Regenerativkühlung vor allem AZ50 (50% N$_2$H$_4$+50% UDMH) sind seine praktisch eingesetzten Brennstoffpartner.

Hoher spezifischer Impuls bei guter Lagerfähigkeit war es auch, der das experimentelle Studium von „exotischen" flüssigen Treibstoffen wie Diboran B$_2$H$_6$ und Difluoroxid F$_2$O stimulierte. Unter den Festbrennstoffen für Hybride sind die beiden Metallhydride (LiH, BeH$_2$) nicht weniger exotisch und werden mit Sicherheit nicht zum Einsatz kommen. Dagegen sind feste organische Verbindungen gut

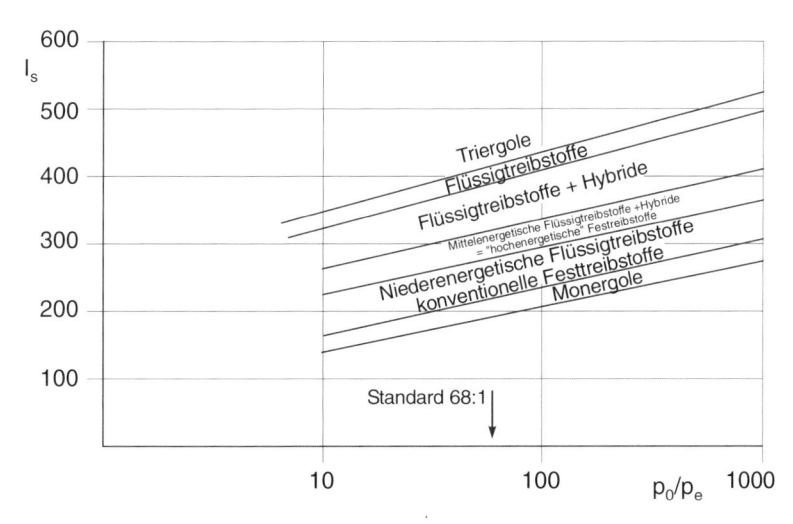

Abb. 5.23. Mit den Kombinationen erzielbare spezifische Impulse in Abhängigkeit vom Entspannungsverhältnis.

beherrschbare Hybridbrennstoffe. Hier, wie bei den meisten Brennstoffen, die Kohlenstoff und Wasserstoff nebeneinander enthalten, ergibt die Verwendung einer Mischung von Fluor und Sauerstoff, FLOX, besonders hohe Leistungen.

Nach der oben genannten Definition sind die Feststoffantriebe offenbar als *Einkomponentensysteme* anzusprechen. Die Bezeichnung *Monergole* ist hier jedoch nach einer ungeschriebenen Regel den flüssigen Treibstoffen vorbehalten worden. Als wichtigstes Monergol wird Hydrazin in zahlreichen Kleintriebwerken meist für Lageregelungszwecke von Satelliten eingesetzt. Sein exothermer Zerfall wird durch iridiumhaltige Katalysatoren eingeleitet und folgt zwischen 400 und 800 K der chemischen Reaktionsgleichung

$$3N_2H_4 \rightarrow 4(1-x)NH_3 + (1+2x)N_2 + 6xH_2 \ , \quad (5.76)$$

wobei x von 0 bis 1 ansteigt, so daß bei hohen Temperaturen kein Ammoniak NH_3 mehr entsteht, wodurch dann die Energieausbeute und der spezifische Impuls ansteigen. Dieser beträgt im genannten Bereich 210 bis 260 s. Durch Wasseranteile und vor allem durch niedrige Brennkammerdrücke und instationären (kalten) Pulsbetrieb werden in der Praxis jedoch nur 190 bis 220 s erreicht.

Da Hydrazin neben seiner Eigenschaft als Diergol–Brennstoff immer auch als Monergol verwendet werden kann, sind die in Tabelle 5.10 gezeigten Hydrazin–Systeme prinzipiell *bimodal*. Beispielsweise benötigen Raumsonden ein Antriebssystem zur Erbringung des Transfer–Impulses und der Mittkurs–Korrekturen, die Lageregelung wird daneben von kleinen Monergoltriebwerken übernommen. Das Transfertriebwerk wird dabei als *Schub–bimodal* bezeichnet, wenn es in zwei Schubstufen monergol oder diergol betrieben werden kann, dagegen heißt das ganze Antriebssystem *Treibstoff–bimodal*, wenn unter Einsparung von Strukturmasse Haupt– und Hilfstriebwerke aus denselben Tanks mit Hydrazin gespeist werden.

Eine Variante dieser Hydrazinanwendung stellt das Trimodal–System N_2H_4/H_2O_2 dar, das wegen der Monergoleigenschaften des Oxidators H_2O_2 diergol und zweifach monergol gefahren werden konnte (es handelte sich um einen Hilfsraketenantrieb für Flugzeuge). H_2O_2 wird in der Raumfahrt als Monergol für Rollkontroll–Triebwerke von Trägerraketen verwendet. Sein spezifischer Impuls liegt nur bei 165 s (68:1, E), mit 10 % Wasser sogar nur bei 148 s. Obwohl noch zahlreiche andere Monergole bekannt sind, werden praktisch nur N_2H_4 und H_2O_2 eingesetzt.

Mischungen fester Brennstoffe und Oxidatoren sind zweifellos auch monergole Einkomponentensysteme, werden jedoch ausschließlich als *Festtreibstoffe* bezeichnet. Abgesehen von einer feineren Unterteilung nach Herstellungsmethoden unterscheidet man prinzipiell drei Klassen von Festtreibstoffen (s. auch Tabellen 5.11 und 5.12).

- *Composit-Treibstoffe* sind heterogene Mischungen eines feinverteilten anorganischen Oxidators mit einem als Binder dienenden organischen Brennstoff. Als Oxidator wird fast ausschließlich Ammoniumperchlorat (AP), seltener Ammoniumnitrat (NH_4NO_3) verwendet. Eine typische Mischung enthält ca. 80 % Oxidator. Die Brennstoffe sind verschiedene preßfähige oder aushärtbare Kunststoffe, z.B. Polyurethan, Polybutadien, Plexiglas oder Polysulfide. Als energiesteigernder Zusatz wird Aluminiumpulver, in strategischen Raketen auch Beryllium verwendet.
- *Doppelbasis–Treibstoffe* sind kolloidale Lösungen von Nitrozellulose in Nitroglycerin. Diese Grundzusammensetzung ist ein homogenes, festes Monergol. Dieser Treibstoff-Typ wird in kleineren Raketentriebwerken ungelenkter Flugkörper und vor allem als Treibmittel in Munition aller Art eingesetzt.
- *CMDB–Treibstoffe* („Composit Modified Double Base") haben die selbe Zusammensetzung wie Composits, verwenden aber Nitroverbindungen wie die Doppelbasis–Treibstoffe als Binder.

	Composit	Doppelbasis	CMDB
I_S, 68:1, E [s]	170 - 260	170 - 220	240 - 270
$\dot{r}$ [cm/s]	0,12 - 38,0	0,5 - 2,0	0,75 - 2,5
T_0[K]	1.400 – 3.800	1.900 – 3.000	über 4.000
ρ [kg/l]	1,50 - 1,90	1,50 - 1,64	1,70 - 1,90

Tabelle 5.11. Einige charakteristische Werte von Festtreibstoffen.

	Oxidator	Brennstoff	Additive	Einsatz
Composits	NH_4ClO_4 (AP) NH_4NO_3 Heterogene Mischungen	PB, PU Al, Mg, Be	Vernetzer, Oxidationsschutz, Abbrandkatalysatoren (Eisenpulver), Stabilisatoren	Shuttle SRB´s
Double – Base	Kolloidale Lösungen von Nitroglycerin (NG) und Nitrozellulose (NC)		Vernetzer, Oxidationsschutz, Abbrandkatalysatoren, Stabilisatoren	Kleine Raketentriebwerke ungelenkter Flugkörper
Composit Modified Double Base (CMDB)	AP NG + NC als Bindemittel	Al, Mg	Vernetzer, Oxidationsschutz, Abbrandkatalysatoren, Stabilisatoren	

Tabelle 5.12. Festtreibstoff-Typen.

Charakteristisch ist der niedrige spezifische Impuls, der beim Einsatz von Festtreibstoffen nur durch ihre Unkompliziertheit, die auch zu Masseneinsparungen führt, teilweise ausgeglichen wird. Die Regressionsgeschwindigkeit $\dot{r}$ der Brennstoffoberfläche ist ein verhaltensbestimmender, druckabhängiger Abbrandparameter. Zusammen mit der Geometrie des Treibsatzes bestimmt er das Schub–Zeit Diagramm des Antriebs. Treibsatzquerschnitte werden als *progressiv*, *neutral* oder *regressiv* bezeichnet, je nachdem, ob die Oberfläche im Verlaufe des Abbrands größer wird, gleich bleibt oder sich verkleinert. Ein innen brennender Hohlzylinder, wie er bei den Shuttle- und Ariane 5-Boostern verwendet wird, verhält sich also progressiv.

5.9.4 Einteilung nach sonstigen Betriebsparametern

Nach der *Lagerfähigkeit* der Komponenten unterscheidet man

- *erdlagerfähige Kombinationen,* die zwischen ca. -30° C und +80° C unverändert gelagert werden können. (Wichtig für militärische Anwendungen.) Hierher gehören die Festtreibstoffe.
- *Raumlagerfähige Kombinationen*: Wegen der im Weltraum herrschenden Strahlungsverhältnisse bei fehlender Konvektion lassen sich leicht sehr tiefe Lagertemperaturen erzielen, im erdnahen Raum auch nahe der Zimmertemperatur. Durch die Entwicklung von Superisolationsmaterialien sind alle verflüssigten Gase außer H_2 ohne allzu große Abdampfraten raumlagerfähig.
- *Kryogene Kombinationen,* die verflüssigte Gase als mindestens eine Komponente enthalten. Diese Bezeichnung wird unbeschadet der Raumlagerfähigkeit eines Teils dieser Treibstoffe verwendet.

Je nachdem, ob die *Zündung* bei Kontakt der Komponenten spontan erfolgt, oder ob Zündhilfen erforderlich sind, unterscheidet man *hypergole* und *nicht–hypergole* Kombinationen.

Raketentriebwerke werden nach dem Brennkammerdruck eingeteilt in:

- Niederdrucktriebwerke : p_0 unter ca. 20 bar
- Mitteldrucktriebwerke : p_0 20 bis 100 bar
- Hochdrucktriebwerke : p_0 über 100 bis 200 bar und mehr.

Bei Triebwerken mit *Pumpenförderung* unterscheidet man *Hauptstromtriebwerke*, bei welchen die Turbinenabgase in das Triebwerk zurückgeleitet werden, und *Nebenstromtriebwerke*, bei welchen sie anderweitig abgeleitet werden.

Die Antriebsturbinen der Pumpen werden im Normalfall von eigenen Gasgeneratoren angetrieben. Falls einer der im Regenerativkühlsystem des Triebwerks aufgeheizten Treibstoffe dazu eingesetzt wird, spricht man von *Topping–Cycle Triebwerken*.

5.9.5 Einteilung nach Art der Anwendung

Raketenantriebe können auch je nach Ausgangspunkt und Ziel in verschiedene Klassen eingeteilt werden (s. auch die Tabellen 5.13 und 5.14):

- *Flugkörper* starten von der Erde (im weitesten Sinne) zu einem Ziel auf der Erde. Sie umfassen alles vom Feuerwerkskörper mit 1 N Schub bis zum interkontinentalen ballistischen Geschoß mit 100.000 N Schub und mehr. Da ihre Flugbahn ganz oder teilweise in der Atmosphäre verläuft, können solche Raketentriebwerke brennstoffreich mit Nachverbrennung durch von außen zugeführte Luft ausgelegt werden. Solche „luftatmenden Raketentriebwerke" erzielen effektive spezifische Impulse bis zu 1.500 s.
- *Trägerraketen* starten von der Erde in eine Erdumlaufbahn. Ihre Antriebe umfassen die größten bisher gebauten Triebwerke mit bis zu 700 t Schub.
- *Transferantriebe* werden zum Orbitwechsel eingesetzt. Im Bereich hoher Geschwindigkeitsinkremente liegen die sogenannten Kickstufenantriebe, die als Oberstufe einer Rakete den Satelliten auf seine endgültige Bahn bringen. Bei geringen Unterschieden zwischen Start- und Zielorbit spricht man von Bahnkorrektur- und Positionierungsantrieben.
- *Landetriebwerke* bremsen den Flug von einer Parkbahn zur Planetenoberfäche ab. Die GUS verwenden hier weitgehend UDMH/N_2O_4-Triebwerke, die USA für die Viking-Mission ein N_2H_4–Monergoltriebwerk.
- *Hilfsantriebe* sind Lageregelungstriebwerke für Trägerraketen, hier vorzugsweise zur Rollwinkelkontrolle, wobei sehr oft H_2O_2–Monergoltriebwerke verwendet werden. Zur Regelung des Nick- und des Gierwinkels wird dagegen vielfach der Schubvektor der Haupttriebwerke verändert. Weiterhin fallen Brems- und Vorbeschleunigungstriebwerke zur Stufentrennung in diese Kategorie.
- *Lageregelungsantriebe* sorgen für die dreidimensionale Ausrichtung des Raumfahrzeuges, z.B. zur Ausrichtung der Antennen und des Hauptantriebs. Wenn die Feinausrichtung mit Hilfe von Kreiseln und Schwungrädern durchgeführt wird, bringen solche Antriebe das Gegenmoment auf, wenn die Räder nach längerem Gebrauch an die Grenze des Drehzahlbereichs kommen und elektrisch angetrieben oder gebremst werden müssen (Kap. 7). Sie übernehmen auch die Positionskontrolle von Erdsatelliten gegen langfristig wirkende Störkräfte. Bei der Positionierung selbst arbeiten sie praktisch als Transferantrieb.

	Start	Ziel	Schubbereich [N]
Flugkörperantriebe	Erde	Erde	$1–10^5$
Trägerraketen	Erde	Orbit	$10^5–10^7$
Transferantriebe	Orbit	Orbit	$10–10^5$
Landetriebwerke	Orbit	Oberfläche	$10^4–10^5$
Hilfsantriebe	(Lageregelung)		$1–10^3$

Tabelle 5.13. Missionstypen chemischer Antriebe.

System	Masse [kg] Struktur + Triebwerke	Treibstoffe [kg]	Triebwerke / Schub
Orbiter	68.000		3 x (170–213) t
OMS	–	–10.830(+420) N_2O_4/MMH	2 x 2,72 t
RCS	–	1.980 N_2O_4/MMH	(14 + 2 x 12) x 0,394 t
			6 x 111 N
Externer Tank	35.000	703.000 H_2/O_2	–
SRB	2 x 81.900	2 x 584.600	2 x 1.200 t
Summe	266.800	1.885.430	
		2.152,5+29,5=2.182 t	2.910 t (Start)

Tabelle 5.14. Beispiel mit verschiedenen Triebwerken: Das US-Space-Shuttle. Der Solid Rocket Booster (SRB)-Treibstoff besteht aus Al-Puder (16%), AP (70%), Eisenoxid-Puder (0,17%) als Katalysator, PB-Binder (12%) und Epoxy (2%) als Härter.

5.9.6 Komponenten und Prozesse

In diesem Abschnitt werden die wichtigsten Charakteristika der Komponenten von Raketenantrieben und der darin ablaufenden Prozesse geschildert. Auf detaillierte Auslegungsfragen kann hier allerdings nicht eingegangen werden. Als Komponenten sind zu nennen:

- Treibstoffe,
- Tanks,
- Treibstoff–Förderung: Leitungen, Ventile, Pumpen,
- Triebwerk: Einspritzsystem, Brennkammer, Düse.

Die einzelnen Prozesse sind

- Zündung,
- Verbrennung,
- Kühlung.

a) Treibstoffbehälter

Bei Hybrid– und Feststoffantrieben übernehmen die Brennkammern die Funktion von Tanks für einen Teil oder alle Treibstoffe. Bei Flüssigkeitsantrieben müssen die Tanks einen größeren Druck als die Brennkammer aushalten, wenn die Treibstoffe durch Überdruck eingespritzt werden, andernfalls kann er erheblich kleiner als p_0 sein, wenn mit Pumpen gefördert wird. Einen Überblick über verschiedene Tankanordnungen gibt Abb. 5.24, Tabelle 5.15 enthält eine Zusammenfassung der eingesetzten Tankmaterialien.

5.9 Antriebssysteme chemischer Raketen   215

Alle Tanks sind prinzipiell mit Anschlüssen zur Be– und Enttankung in der flüssigen und in der Gasphase ausgerüstet. Bei großen Tanks von Trägerraketen ist der Treibstoffanschluß zum Triebwerk mit einer Antivortex–Einrichtung versehen, um die Ausbildung von Tromben zu verhindern. Solche Tanks brauchen meist auch eine Ausstattung (z.B. eingezogene Blechringe) gegen das Schwappen des Inhalts, um störende Massenkräfte während des Fluges zu vermeiden.

Brennstoff- und Oxidatortanks werden seltener parallel angeordnet (z.B. Saturn-IB), häufiger sitzen sie übereinander. Im letzteren Fall werden aus Kostengründen entweder verschieden lange Tanks ansonsten gleicher Bauart verwendet, oder es wird zur Gewichtsreduzierung die teurere Integralbauweise gewählt, wobei ein gemeinsamer Zwischenboden die beiden Treibstoffe trennt (Saturn V, Ariane V). Entwürfe mit konzentrischer Tankanordnung sind ebenfalls bekannt. Kleine Tanks von Lageregelungssystemen sind meist kugelförmig und müssen mit einer Einrichtung zur Förderung unter 0-g-Bedingungen ausgerüstet sein. Wegen des hohen Anteils der Tankmasse an der Strukturmasse von Raketen kommt dem Tankentwurf besondere Bedeutung zu.

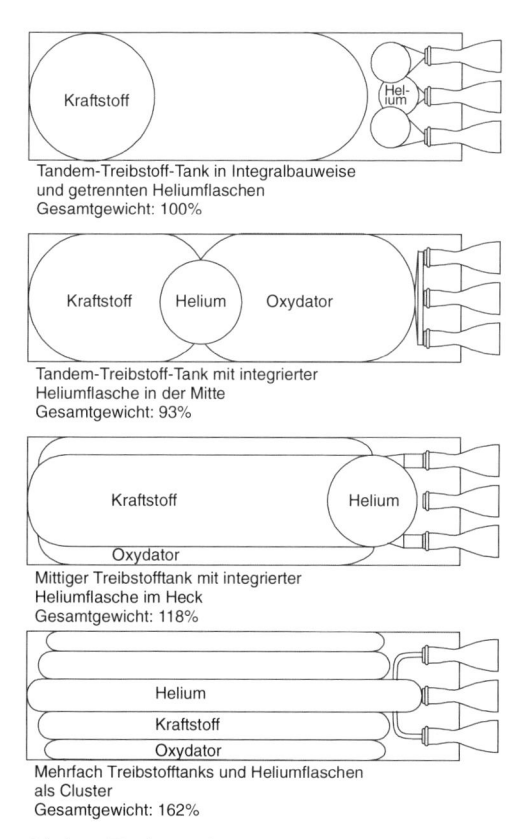

Tandem-Treibstoff-Tank in Integralbauweise und getrennten Heliumflaschen
Gesamtgewicht: 100%

Tandem-Treibstoff-Tank mit integrierter Heliumflasche in der Mitte
Gesamtgewicht: 93%

Mittiger Treibstofftank mit integrierter Heliumflasche im Heck
Gesamtgewicht: 118%

Mehrfach Treibstofftanks und Heliumflaschen als Cluster
Gesamtgewicht: 162%

Abb. 5.24. Verschiedene Tankanordnungen.

Lagerfähige Treibstoffe	Kryogene	Gasdruckbehälter
a) N_2O_4 / RFNA: Aluminium, Edelstahl (Ariane: Normalstahl + Al – Anstrich) MON = N_2O_4 + 25% NO: Titan	d) LOX: Aluminium NiCr – Edelstahl (kein Titan!)	Hochfester Stahl Faserverbundwerk- stoffe
b) RP1: alle Materialien	e) LH2: Aluminium / Magnesium, Titan, C – armer Edelstahl	
c) Hydrazin, UDMH, MMH, AZ50: Aluminium, Edelstahl (kein Cu, Mb!)		

RFNA: „Red Fuming Nitric Acid" = HNO_3 + 14% N_2O_4 + 2% H_2O
UDMH: Unsymmetrisches Dimethylhydrazin   MMH: Monomethylhydrazin
Tabelle 5.15. Tankmaterialien.

b) Fördermethoden

Man unterscheidet prinzipiell *Pumpenförderung* und *Druckförderung*, wobei daneben noch die *Kapillar–* und die *Gravitationsförderung* eine geringe Bedeutung haben. Die Pumpenförderung hat folgende Vorteile:

- leichtere Tankbauweise
- genauere Regelbarkeit

Nachteilig sind

- Kompliziertheit und damit Störanfälligkeit
- Eigenbedarf an Energie.

Pumpenförderung wird vorzugsweise in großen Raketen und/oder Triebwerken mit hohem Kammerdruck angewendet. Ein Pumpenfördersystem besteht aus den Treibstoffpumpen, die über ein Getriebe mit einer Antriebsturbine verbunden sind, einer Energiequelle zum Anlassen und Betreiben der Turbinen und dem Treibstoffeingangs– und Ausgangsverteiler. Alle rotierenden Teile müssen bei kontrollierter Drehzahl geschmiert werden. Abb. 5.25 zeigt die Druckverhältnisse in einem Pumpenfördersystem.

Die notwendige Leistung (Förderhöhe) ergibt sich aus der Druckdifferenz zwischen Pumpen–Ausgang und –Eingang:

$$\Delta H = H_a - H_e \ . \qquad (5.77)$$

Der erforderliche Ausgangsdruck H_a ergibt sich aus dem gewünschten Brennkammerdruck p_0 und dem Druckgefälle zwischen Triebwerk und Pumpenausgang, der sich aus Leitungsverlusten und Einspritzdruckgefälle $p_{injection}$ zusammensetzt:

$$H_a = p_0 + \Delta p_a \ . \qquad (5.78)$$

5.9 Antriebssysteme chemischer Raketen 217

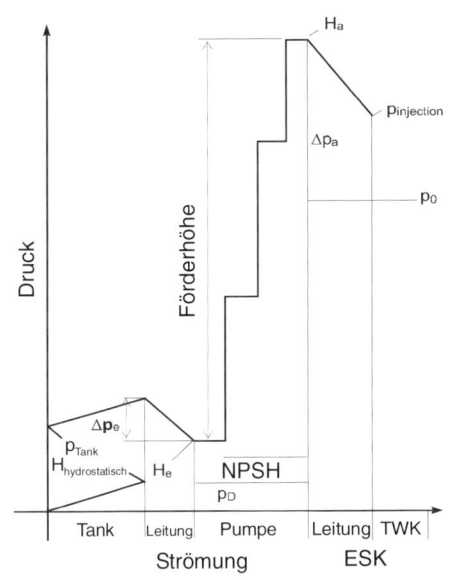

Abb. 5.25. Druckverhältnisse in einem Pumpenfördersystem.

Der Eingangsdruck H_e ergibt sich aus dem Druck am Tankausgang, zusammengesetzt aus dem Gasdruck p_{Tank} und dem beschleunigungsabhängigen hydrostatischen Druck, abzüglich der Leitungsverluste bis zur Pumpe:

$$H_e = p_{Tank} + H_{hydrostatisch} - \Delta p_e \quad . \tag{5.79}$$

Die verfügbare positive Nettosaughöhe (net positive suction head), NPSH, ist um den Dampfdruck p_D des Förderguts geringer

$$NPSH = H_e - p_D \quad , \tag{5.80}$$

da bei dessen Unterschreiten die Flüssigkeit ins Sieden geraten würde.

Jede Pumpe hat eine charakteristische, notwendige Mindest–NPSH, bei deren Unterschreiten Kavitation an einzelnen rasch bewegten Teilen auftritt. Die verfügbare NPSH muß stets größer sein.

Alle in Raketen eingesetzten Pumpen sind Turbopumpen. Es werden Axial- und Radialpumpen verwendet. Axialpumpen haben eine höhere spezifische Drehzahl N_S und werden vor allem bei Flüssigwasserstoff wegen der dort auftretenden großen Volumenströme Q eingesetzt. Die spezifische Drehzahl ist definiert als:

$$N_S = N \frac{\sqrt{Q}}{\Delta H^{3/4}} \quad , \tag{5.81}$$

mit N als Antriebsdrehzahl. Neben dieser Kenngröße wird zur Charakterisierung von Turbopumpen noch die spezifische Ansauggeschwindigkeit S („suction specific speed") verwendet:

$$S = \frac{N\sqrt{Q}}{(NPSH)^{3/4}} = \frac{N_S}{\delta^{0,75}} \quad . \tag{5.82}$$

Darin ist δ der sog. „Thomaparameter", auch Ansaugparameter oder kritische Kavitationszahl genannt. Die Pumpenleistung ist dem Produkt aus Massenstrom ($Q\rho$) und Förderhöhe proportional.

$$P \approx Q\rho\Delta H \tag{5.83}$$

Die Pumpenmasse steigt mit der Leistung nach folgendem Ansatz:

$$\text{Pumpenmasse} = \text{konst.} \frac{\text{Leistung}}{S^{1,35}(NPSH)^{1,2}} \tag{5.84}$$

Daraus folgt, daß Turbopumpen mit möglichst hoher Drehzahl betrieben werden sollten. Dagegen werden radial fördernde Zentrifugalpumpen bei großen Förderhöhen bevorzugt und werden bei fast allen anderen Treibstoffen hauptsächlich eingesetzt.

Die Pumpen der einzelnen Treibstoffkomponenten werden meist von einer gemeinsamen Turbine angetrieben, die entweder über ein Getriebe mit ihnen verbunden ist oder (häufig auch) auf derselben Welle sitzt. Man unterscheidet Impuls- und Reaktionsturbinen, auf deren Bauweisen hier nicht näher eingegangen werden soll, wohl aber auf ihre raketenspezifischen Antriebsweisen. Es ist wichtig festzuhalten, daß der Wirkungsgrad einer Turbine vom Verhältnis der mittleren Umfangsgeschwindigkeit der Schaufeln zur Geschwindigkeit der Gase am Schaufeleinlauf abhängt, welches 0,25 bis 0,5 betragen soll. Raketenturbinen werden mangels besserer Möglichkeiten meistens unteroptimal bei 0,07 bis 0,15 mit nur 20 – 40 % Wirkungsgrad betrieben.

Die Antriebsgase für die Turbine werden prinzipiell auf eine von drei möglichen Weisen erzeugt (s. auch Abb. 5.26):

- Gasgeneratoren
- Topping–Cycle Verfahren
- Brennkammeranzapfung

wobei je nach technischer Realisierung zwischen Hauptstrom- und Nebenstromverfahren unterschieden werden kann. Nach der Arbeitsleistung in der Turbine werden die Abgase beim *Hauptstromverfahren* in das Triebwerk geleitet, wo sie an der Schuberzeugung teilnehmen, beim *Nebenstromverfahren* werden sie dagegen für verschiedene andere Zwecke weiterverwendet (z.B. Tankbedrückung, Rollkontrolle), oder einfach ins Freie entlassen. Zwischen den beiden Verfahren steht

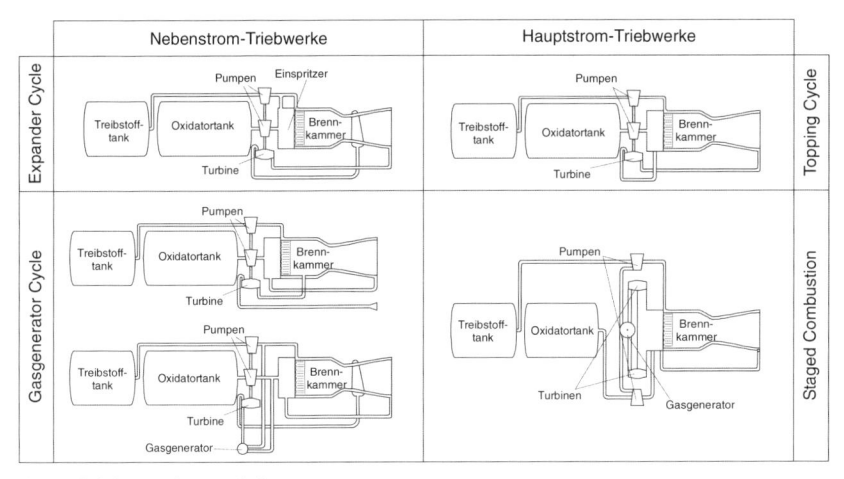

Abb. 5.26. Triebwerkskonzepte.

die Einblasung der Turbinenabgase in den Überschallteil des Haupttriebwerks, wodurch Schubvektorveränderungen erzielt werden können.

Gasgeneratoren erzeugen Gas durch chemische Reaktionen, z.B. wurde Dampf aus Kaliumpermanganat und H_2O_2 schon in der V2/A4 erzeugt, durch Monergolzerfall oder insbesondere auch durch Verbrennung der Haupttreibstoffkomponenten. Im letzten Fall wird entweder ein kleiner Bruchteil (1 – 5 %) des Massenstroms abgezweigt oder es wird in sogenannter *zweifacher* oder *stufenweiser Verbrennung* (Dual– bzw. Staged Combustion) der gesamte Brennstoff mit einem Teil des Oxidators verdampft (und/oder umgekehrt). Diese Abart des Hauptstromverfahrens wird z.B. im Hochdrucktriebwerk des Space-Shuttles angewendet.

Im *Topping–Cycle Verfahren* treibt der im Regenerativkühlsystem des Triebwerks verdampfte Brennstoff (meist H_2) die Turbine an, bevor er im Triebwerk verbrannt wird. Es ist dies also ein Hauptstromverfahren, auch wenn häufig kleine Anteile der Abgase zum Bedrücken des Brennstofftanks abgezweigt werden.

Die Verwendung heißer Brennkammergase durch *Brennkammeranzapfung* ist ein selten gebrauchtes Nebenstromverfahren.

Druckförderung hat folgende Vorteile:

- Unkompliziertheit,
- leichte Gesamtbauweise durch Wegfall von Komponenten

Nachteilig sind

- der Druckabfall,
- die schlechtere Regelbarkeit.

Man setzt sie immer dann ein, wenn die Tanks nicht zu groß sind. Bei der direkten Druckbeaufschlagung ist das Druckgas in direktem Kontakt mit dem Fördergut. Sie wird bei größeren Geräten und beim Start von der Erdoberfläche eingesetzt.

Die indirekte Beaufschlagung wird in kleineren Tanks und beim Start unter schwerelosen Bedingungen eingesetzt: ein Kolben, eine Membran oder Bälge treiben das Fördergut aus dem Tank (sogenannte „Positive Expulsion").

Nach der Herkunft der Treibgase können drei Fälle unterschieden werden:
- Druckgas als Gas gelagert
  - häufigster Anwendungsfall: das Gas kommt aus einem Hochdrucktank (bis 400 bar) über einen Druckminderer in den Tank;
  - zweithäufigster Anwendungsfall: das Druckgas bildet eine Gasblase im Tank, deren Entspannung die Treibstoffe austreibt („Blow Down" Verfahren mit sinkendem Druck).
- Druckgaserzeugung durch Flüssigkeitsverdampfung
  - recht häufig: Treibstoffverdampfung (nur Wasserstoff) im Triebwerkskühlsystem, seltener in anderen Wärmeaustauschern;
  - theoretisch möglich: Einspritzung verflüssigter Inertgase.
- Druckgaserzeugung durch chemische Reaktionen
  - Gasgeneratoren aller Art: Monergol–, Feststoff– und Flüssigkeitsbrennkammern, Turbinenabgase;
  - Direkteinspritzung hypergoler Flüssigkeiten, die durch Reaktion mit dem Fördergut den Austreibdruck aufbauen.

c) Einspritzung und Treibstoffaufbereitung

Um eine vollständige Verbrennung auf möglichst kleinem Raum zu erzielen, müssen die Treibstoffe rasch verdampft und gut gemischt werden. Diese Aufgabe hat der Einspritzkopf, der in der Regel den planaren, stromauf gelegenen Abschluß der zylindrischen Brennkammer bildet. Daneben besteht noch die Bedingung einer stabilen, möglichst schwingungsarmen Verbrennung. Einspritzköpfe sind daher im wesentlichen ein System mehr oder weniger feiner Bohrungen mit entsprechenden Zuleitungen. Die Treibstoffzerstäubung erfolgt entweder durch die Instabilität frei fliegender Flüssigkeits–Strahlen oder –Filme, die durch Oberflächenspannung und Reibung am umgebenden Medium zu Schwingungen angeregt werden, durch die sie zerrissen werden, oder durch deren Aufprall untereinander oder auf Wände.

Abb. 5.27 zeigt Beispiele für Bohrungsanordnungen. Allgemein gehören Einspritzköpfe zu den Elementen von Triebwerken, die ein Höchstmaß an feinmechanischer Fertigungsgenauigkeit erfordern. Die vier grundsätzlichen Einspritztypen sind:
- Brauseköpfe („Showerhead injectors") erzeugen Parallelstrahlen, wobei die Treibstoffkomponenten alternieren.
- Koaxialeinspritzköpfe werden bei Gas/Flüssigkeits–Verbrennung eingesetzt, wobei die flüssige Komponente im Zentrum eines Gasstrahls austritt.
- Prallstrahlelemente zerstäuben durch Zusammenspritzen von Strahlen, wobei die Strahlen von derselben („like on like") oder einer anderen Komponente („unlike impinging") sein können. Bei Triplets haben drei, bei Pentad–Köpfen fünf Strahlen einen gemeinsamen Fokus. Prallplatten–Köpfe sind eine Untergattung dieses Typs.

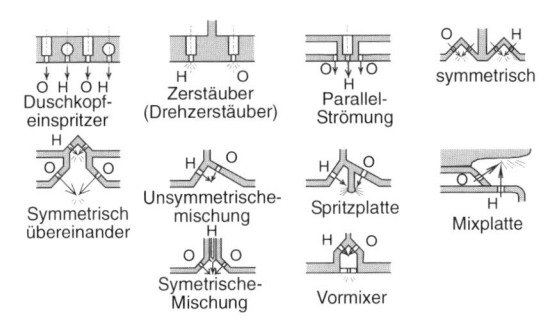

Abb. 5.27. Mögliche Bohrungsanordnungen.

- Wirbeleinspritzköpfe („swirl atomizers") versetzen die Flüssigkeit vor dem Austritt in die Brennkammer in Rotation, wobei ein kegelförmiger Film entsteht. Die beiden Komponenten können dabei in manchen Fällen vorher gemischt werden.

d) Zündung

Generell wird zwischen selbstzündenden („*hypergolen*") und nicht selbstzündenden Treibstoffkombinationen unterschieden. Es gibt zahlreiche Substanzen, die bei gegenseitigem Kontakt spontan miteinander reagieren. Die Tabelle 5.16 zeigt die Eigenschaften der in der Raumfahrt eingesetzten Oxidatoren. Treibstoffe mit dieser Eigenschaft benötigen keine Zündvorrichtung, sie sind beliebig wiederzündfähig. Andererseits hängt die Zeit zwischen Kontakt und Reaktion, abgesehen von der chemischen Natur der beteiligten Stoffe, auch von vielen Umgebungsparametern (Druck und Geometrie) ab, so daß diese „Zündverzugszeit" nicht beliebig frei gewählt werden kann. Größere Treibstoffansammlungen vor der Zündung können außerdem zur Zerstörung des Triebwerks führen. Zündhilfen für nicht–hypergole Systeme sind:

- Pyrotechnische Zünder (Pulversätze, Zündfackeln). Diese werden vor allem für Feststoffmotoren verwendet.
- Elektrische Zündkerzen, Glühkerzen, Glühdrähte.
- Zündung durch gasdynamische Aufheizung schwingender Gas–Säulen in Hohlräumen mit abgestimmten Abmessungen, sog. Resonanzzündung. Diese eignet sich besonders gut für die Kombination H_2/O_2.
- Zersetzung und Zündung an Katalysatoroberflächen, eingesetzt in besonderen Fällen z.B. H_2O_2 und N_2H_4.

Oxidator	Hypergol
LOX	mit keinem Brennstoff
H_2O_2	nach Vorzersetzung mit allen Brennstoffen, sonst nicht
HNO_3, N_2O_4	mit Hydrazin, MMH, UDMH, Furfurylalkohol, Anilin
F_2, ClF_3	mit allen Brennstoffen

Tabelle 5.16. Hypergole Eigenschaften von Oxidatoren.

- Hypergoler Vorlauf und hypergolisierende Zusätze. Ersterer bewirkt einmalige Zündung, indem vor dem eigentlichen Treibstoff kurzzeitig ein anderer, hypergoler eingespritzt wird. Letztere verwandeln nicht–hypergole Kombinationen in hypergöle (z.B. Spuren von Lithium in Ammoniak gelöst, hypergolisieren diesen gegenüber N_2O_4).

e) Verbrennung, Treibstoffumsetzung

Die Treibstoffumsetzung in Raketentriebwerken ist prinzipiell ein Problem der heterogenen Verbrennung in Diffusionsflammen. Vorgemischte Flammen spielen eine untergeordnete Rolle. Die existierende Literatur zur Theorie beschäftigt sich vordringlich mit dem Problem der Produktion brennbarer Gase durch Verdampfung und Pyrolyse von Treibstofftröpfchen und festen Treibstoffoberflächen und deren Transport zur Flammenzone. Beides sind Probleme des Energie– und Materialtransports in Grenzschichten. Diffusionsflammen umhüllen in Flüssigkeitstriebwerken die einzelnen Treibstofftröpfchen in einer Grenzschicht, ebenso liegt eine turbulente oder laminare Grenzschicht über der Brennstoffoberfläche von Hybriden und desgleichen sind die einzelnen festen Oxidator– und Brennstoffpartikel in der Reaktionszone von Festtreibstoffen von einer Flammengrenzschicht umhüllt. Während bei Diergolen die Reaktionspartner in all diesen Grenzschichten von verschiedenen Seiten zur Flammenfront gelangen, wird sie bei Monergolen natürlich nur von einer Seite genährt. Diese Monergolverbrennung spielt auch bei Diergolen in der Zündphase und im stationären Betrieb, ständig auch in der Nähe des Einspritzkopfes eine Rolle, wo durch Mischung der flüssigen wie auch der verdampften Treibstoffe vorgemischte Flammen in begrenztem Umfang zugegen sind. Auch bei der Festtreibstoffverbrennung spielt die exotherme Selbstzersetzung von Ammoniumperchlorat (AP) eine der Monergolverbrennung ähnliche Rolle.

Die theoretische und experimentelle Behandlung der Flammstruktur und der Kinetik brennender Flüssigkeiten ist äußerst komplex und wird hier nicht weiter betrachtet. Als flächenhafter Prozeß ist der Feststoffabbrand leichter empirisch zu beschreiben als die Treibstoffumsetzung in Flüssigkeitstriebwerken. Er wird vor allem durch die Regressionsgeschwindigkeit der Treibstoffoberfläche charakterisiert. Nach einer empirischen Beziehung von Robert und Vieille gilt hier:

$$\dot{r} = a\left(\frac{p_0}{p_{ref}}\right)^n ; \quad p_{ref} = \text{Bezugsdruck (z.B. 1 bar)} . \qquad (5.85)$$

Dabei sind a und n empirische, treibstoffabhängige Konstanten. Der Verbrennungsindex n beschreibt die Druckabhängigkeit des Abbrandvorgangs, kann in der Praxis Werte zwischen 0,006 und 0,12 annehmen und ist nur in bestimmten Druck– und Temperaturbereichen konstant. Der Faktor a beschreibt den Unterschied zwischen der Lagertemperatur T_i und der spontanen Zündtemperatur T_Z des Treibstoffes:

$$a = \frac{a_0}{T_Z - T_i} . \qquad (5.86)$$

f) Brennkammer - Verbrennungsinstabilitäten

Schwingungen der Temperatur und vor allem des Drucks in der Brennkammer haben ihre Ursache in Störungen, die von einzelnen Verbrennungszentren ausgehen. Amplituden von 5 – 15 % des nominalen p_0 werden im allgemeinen hingenommen. Stärkere Schwingungen, die bis zur Zerstörung des Triebwerkes führen können, haben zweierlei Ursachen:

- Dynamische Kopplungen zwischen der Brennkammer und den Treibstoffzuleitungen führen zu niederfrequenten Schwingungen (10 – 100 Hz).
- Akustische Resonanzen innerhalb der Brennkammer führen zu axialen, tangentialen und radialen Schwingungen höherer Frequenz (100 – 4000 Hz).

Daher müssen Raketentriebwerke ggf. mit speziellen Einrichtungen (Zwischenwände, Perforationen, etc.) zur Unterdrückung der *instabilen Verbrennung* ausgerüstet werden.

g) Brennkammervolumen

Das Brennkammervolumen wird von der zur Erzielung des chemischen Gleichgewichts erforderlichen Aufenthaltsdauer t_{comb} der Gase bestimmt. Die in der Brennkammer (die hier definitionsgemäß bis zum Düsenhals reicht) quasistationär vorhandene Masse m ist daher bei gegebenem Massendurchsatz $\dot{m}$

$$m = t_{comb} \dot{m} \quad . \tag{5.87}$$

Für das Volumen dieser Masse beim Brennkammerdruck p_0 folgt aus der Gasgleichung

$$V_0 = \frac{t_{comb} \dot{m}}{p_0} RT_0 = \frac{t_{comb} A_t}{c^*} RT_0 = t_{comb} A_t \Gamma \sqrt{RT_0} \quad , \tag{5.88}$$

$$\text{(wegen } \dot{m} = \frac{p_0 A_t}{c^*} \text{ und } c^* = \frac{\sqrt{RT_0}}{\Gamma} \text{)}.$$

Um Brennkammern verschiedener Form miteinander vergleichen zu können, benützt man die „charakteristische Länge" L^* der Brennkammer

$$L^* = \frac{V_0}{A_t} \quad . \tag{5.89}$$

Da t_{comb} allenfalls geschätzt werden kann, muß es in Brennversuchsserien experimentell optimiert werden, indem Mischungsverhältnis und Brennkammervolumen systematisch verändert werden. Die Tabelle 5.17 zeigt Erfahrungswerte für charakteristische Längen, Abb. 5.28 den Einfluß der Triebwerksgröße auf L^*. Die Verbrennungszeit ergibt sich aus

Oxidator	Brennstoff	L* [cm]
RFNA, NTO	Hydrazin, AZ, MMH, UDMH	70–90
LOX	LH_2	70–90
LOX	GH_2	50–70
LOX	RP1	100–130

Tabelle 5.17. Typische charakteristische Längen L*.

$$p_0 V_0 = m R T_0 \quad , \tag{5.90}$$

$$m = \dot{m} t_{comb} \quad , \tag{5.91}$$

bei vollständiger Verbrennung gerade bis zum Düsenhals. Die Abb. 5.29 zeigt Beispiele für mögliche Brennkammergeometrien.

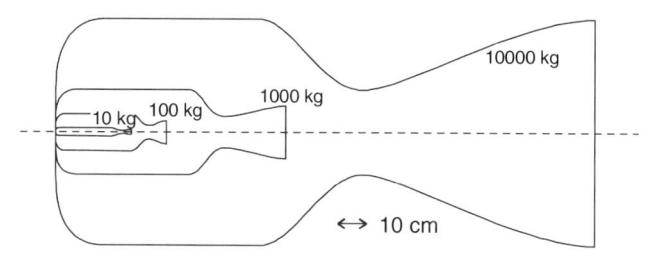

Raketenmotoren mit 10, 100, 1000, 10.000 kg Schub, entworfen für einen Kammerdruck von 25 kg/cm²

Abb. 5.28. Abnahme von L^* mit steigender Triebwerksgröße.

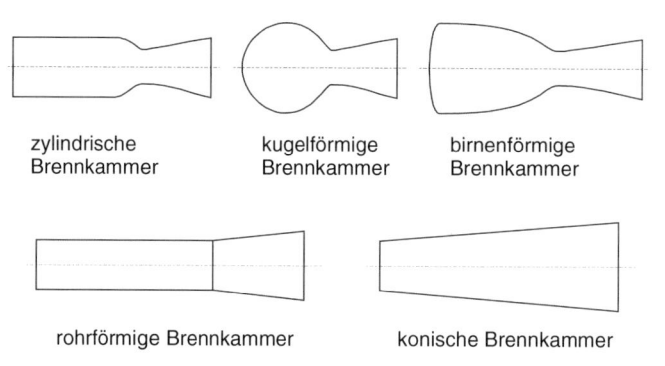

zylindrische Brennkammer   kugelförmige Brennkammer   birnenförmige Brennkammer

rohrförmige Brennkammer   konische Brennkammer

Abb. 5.29. Typische Brennkammergeometrien.

h) Düsen

In der Düse werden die Feuergase zunächst auf Schallgeschwindigkeit, dann weiter auf Überschallgeschwindigkeit beschleunigt. Die klassische Ausführungsform, die sogenannte *Laval – Düse*, ist dadurch gekennzeichnet, daß jeder Querschnitt der Düse Kreisform hat. *Unkonventionelle Düsen* haben auch andere Querschnittsformen. Sie werden je nach der Strömungsrichtung im Schallquerschnitt in ED-Düsen (Expansion-Deflection Nozzles) mit auswärts gerichteter Strömung und in Plug-Düsen (wegen des wie ein Stöpsel im Ringhals sitzenden Überschall-Konturkörpers) mit konvergierender Strömung eingeteilt. Eine Zwischenform stellt die Ringhals-Düse mit achsenparalleler Strömung (sog. Spike-Nozzle) dar. Wesentliche Vorteile solcher Düsenformen sind die bessere Anpaßbarkeit an mit der Flughöhe variierende Außendruckbedingungen und kürzere Baulängen.

Die Abbildungen 5.30-5.32 zeigen typische Düsenformen, wie sie z.B. beim Deutschen Zentrum für Luft- und Raumfahrt (DLR) in Lampoldshausen untersucht werden. In der Praxis werden Triebwerke mit unkonventionellen Düsen wegen der nicht vollständig gelösten technischen Probleme noch nicht eingesetzt.

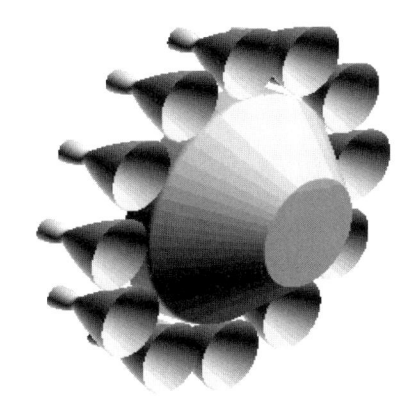

Abb. 5.30. Unkonventionelle Düsen, „Cluster"-Anordnung.

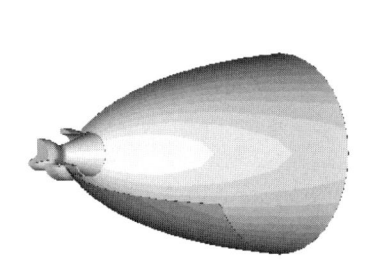

Abb. 5.31. Unkonventionelle Düsen, „Dual"-Anordnung.

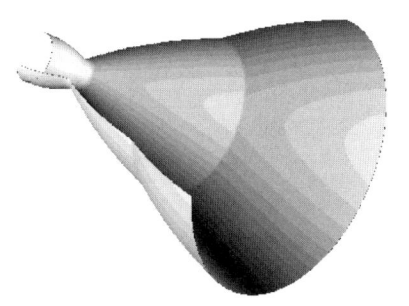

Abb. 5.32. Unkonventionelle Düsen, „Bell"-Anordnung.

i) Kühlverfahren

Alle Triebwerksteile, die den Feuergasen ausgesetzt sind, müssen gekühlt werden. Dabei werden verschiedene Verfahren angewandt:

i1) Kühlung durch Hemmung des Wärmeübergangs

- Filmkühlung: Durch spezielle Bohrungen im Einspritzkopf oder in der Brennkammerwand wird ein Flüssigkeitsfilm erzeugt, der die Wand schützt, solange dieser nicht verdampft und verbrannt ist. Ein ähnlicher Effekt wird erzielt, wenn das Mischungsverhältnis am Rande so eingestellt wird, daß die Flammentemperatur dort niedrig bleibt. Diese Methode wird auch bei Festtreibstoffen eingesetzt (Abb. 5.33).
- Ablativkühlung: Hier werden schlecht wärmeleitende Schutzschichten (z.B. Asbest, Phenolharze etc.) unter Energieverbrauch durch Pyrolyse und Verdampfung langsam abgetragen. Diese Methode verwendet man in Flüssigkeitstriebwerken besonders einfacher Bauart, um entweder die Kosten zu senken oder die Zuverlässigkeit zu erhöhen (Abb. 5.34).

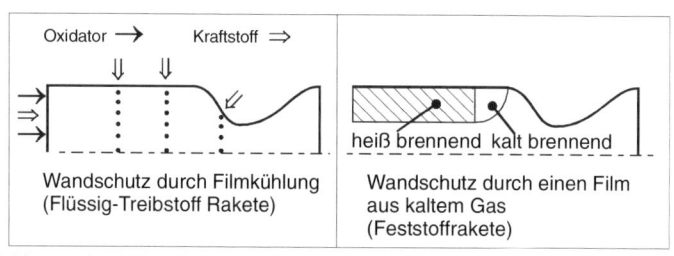

Abb. 5.33. Prinzip der Filmkühlung.

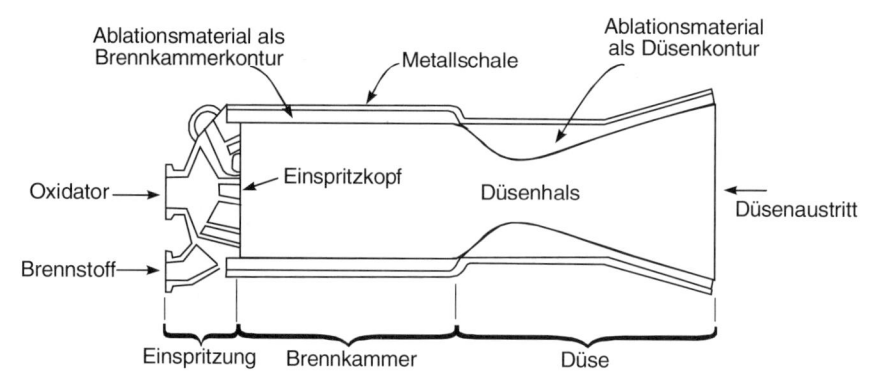

Abb. 5.34. Prinzip der Ablativkühlung.

i2) Kühlung durch Wärmeabfuhr

- Kapazitivkühlung: Experimentaltriebwerke können im instationären Kurzbetrieb ohne Kühlung gefahren werden, solange das massive Brennkammermetall die Wärme aufnimmt.
- Strahlungskühlung: Für Triebwerksteile, die weniger heißen Feuergasen ausgesetzt sind, wie z.B. die Expansionsteile von Höhendüsen, existieren Hochtemperaturmaterialien, welche die Gleichgewichtstemperatur bei stationärem Betrieb ertragen können. Die Wärmeabfuhr erfolgt durch Abstrahlung an die Umgebung.
- Flüssigkeitskühlung: Experimentaltriebwerke können durch Wasser gekühlt werden, bei Fluggeräten wird eine Treibstoffkomponente zur Kühlung herangezogen. In letzterem Fall ist diese *Regenerativkühlung* wegen der notwendigen Kühlmittelmenge nur bei größeren Triebwerken mit über 1000 – 2000 N Schub möglich. Flüssiger Wasserstoff ist ein hervorragendes Kühlmittel. Auch Kohlenwasserstoffe und AZ50 (50% Hydrazin, 50% UDMH) sind recht gut geeignet, solange Überhitzung und Zersetzung vermieden werden kann. Man unterscheidet Schalen– und Röhrchenbauweise (siehe Abbildungen 5.36-5.38). Der Triebwerksaufbau in Röhrchenbauweise ist technisch aufwendiger, führt aber zu sehr hohen Wärmeübergangsraten. In beiden Fällen wird der Treibstoff nach Verlassen des Kühlsystems entweder direkt oder auf dem Umwege über den Pumpenantrieb („Topping Cycle") in das Triebwerk eingespritzt. Einen Sonderfall stellt das „Dump Cooling" dar, bei welchem der zur Kühlung verwendete Treibstoffanteil am Düsenrand austritt und ungenutzt bleibt. Die Abb. 5.35 zeigt Beispiele für auf diese Art und Weise gekühlte Wandflächen.

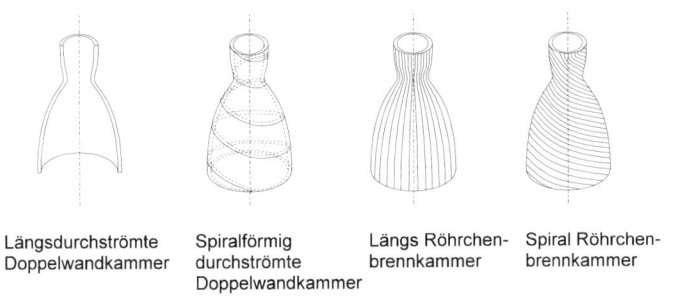

Längsdurchströmte Doppelwandkammer   Spiralförmig durchströmte Doppelwandkammer   Längs Röhrchenbrennkammer   Spiral Röhrchenbrennkammer

Abb. 5.35. Typische „dump-cooled" Brennkammern

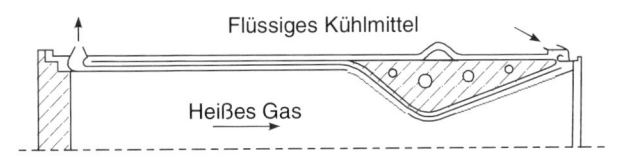

Abb. 5.36. Regenerativkühlung in Schalenbauweise.

228   5 Thermische Raketen

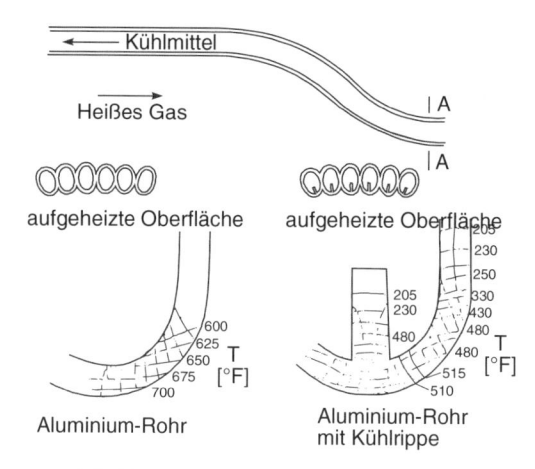

Abb. 5.37.   Regenerativkühlung in Röhrchenbauweise.

Abb. 5.38.   J2-Triebwerk (Fa. Rocketdyne, Calif.) der Trägerrakete Saturn V, 5 Stück in der zweiten, 1 Stück in der dritten Stufe, LH_2/LOX, 103 t Schub, spezifischer Impuls 430 s, Regenerativkühlung in Röhrchenbauweise.

6 Elektrische Antriebe

6.1 Definition

Aus der Diskussion in den Kapiteln 2 und 5 wurde deutlich, daß bei chemischen Raketenantrieben das Antriebsvermögen durch die Limitierung im möglichen Energiegehalt des Treibstoffes begrenzt ist. Die maximal erreichbaren Austrittsgeschwindigkeiten der chemischen Treibstoffe liegt deshalb bei ca. 4 bis 5 km/s. Eine Möglichkeit diese Beschränkung zu überwinden, ist die Einkopplung zusätzlicher Energie, z.B. in Form von elektrischer Energie. Unterschiedliche Konzepte wurden in der Vergangenheit diskutiert und vorgestellt, da man prinzipiell die elektrische Energie in verschiedenen Formen einbringen kann (rein thermisch, elektrostatisch und elektromagnetisch). In diesem Kapitel soll nun ein Überblick über die grundlegende Funktionsweise dieser unkonventionellen Triebwerkstechnologie gegeben werden. Als *elektrische Antriebe* können allgemein die folgenden Arten definiert werden:

- Die Energiequelle ist vom Treibstoff getrennt und
- dem Treibstoff wird elektrische Energie zugeführt.

Die Abb. 6.1 vergleicht das elektrische Triebwerk mit einem konventionellen chemischen Triebwerk. Die wesentlichen Unterschiede sind:

- Bei elektrischen Triebwerken ist der Massenstrom sehr viel kleiner, die

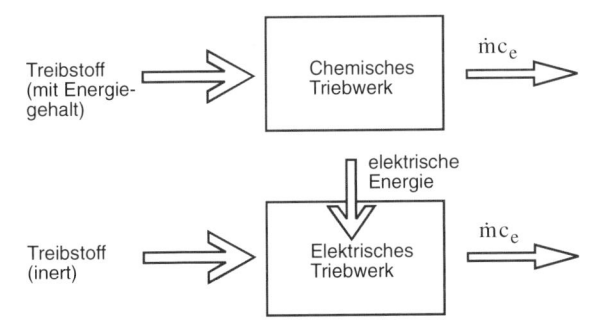

Abb. 6.1. Antriebsprinzip eines chemischen und eines elektrischen Triebwerks.

effektive Austrittsgeschwindigkeit c_e jedoch größer als bei chemischen Antrieben.
- Nachteilig ist das geringe Schubniveau, bezogen auf die Anfangsmasse m_0 des Triebwerks (F/m_0).

6.2 Vorteile elektrischer Antriebe

Die Vorteile elektrischer Antriebe sind zusammengefaßt:

- Das Antriebsvermögen kann durch Erhöhung der Ausströmgeschwindigkeit c_e und gleichzeitiger Verringerung des Treibstoffanteils $\mu_T = m_T / m_0$ vergrößert werden. Dies wird aus der Ziolkowsky-Raketengleichung deutlich

$$\Delta v = c_e \ln\left(\frac{m_0}{m_0 - m_T}\right) = -c_e \ln(1 - \mu_T) \ . \tag{6.1}$$

Man kann somit Δv-Werte erreichen, die mit chemischen Raketen nicht erreicht werden können. Dies ist in Abb. 6.2 dargestellt. Hier wurde angenommen, daß die letzte Stufe einer dreistufigen chemischen Rakete (c_e=3.000 m/s für alle Stufen, σ_1=0,05, σ_2=σ_3=0,06) durch ein elektrisches Triebwerkssystem, aller-

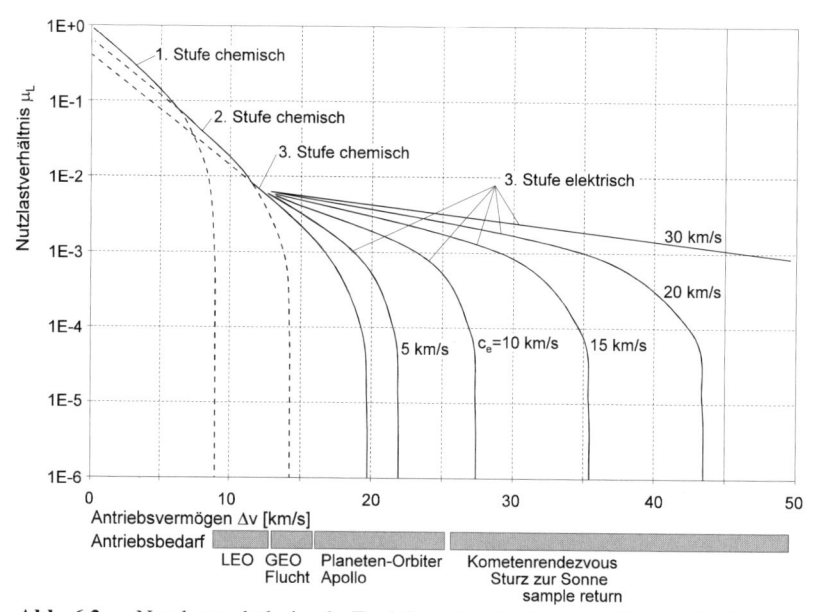

Abb. 6.2. Nutzlastverhältnis als Funktion des Antriebsvermögens mit chemischer oder elektrischer Drittstufe.

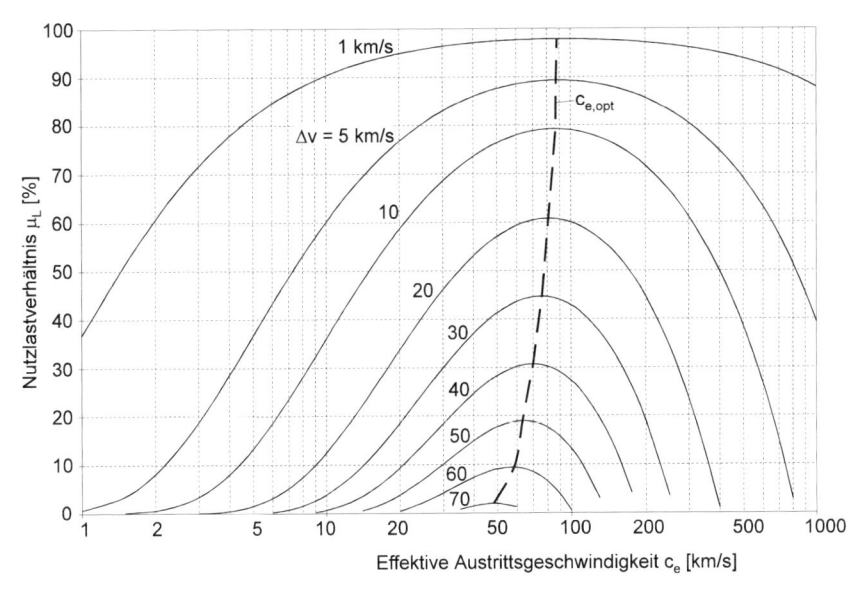

Abb. 6.3. Nutzlastverhältnis als Funktion der Treibstoffgeschwindigkeit c_e. Parameter: Antriebsvermögen in km/s; Gestrichelt: optimale Treibstoffgeschwindigkeit $c_{e,opt}$.

dings mit einem höheren Strukturmassenanteil von $\sigma_3=0{,}20$ ersetzt wird. Außerdem wurde angenommen, daß die Rakete für ein Nutzlastverhältnis von $\mu_L=0{,}001$ optimiert ist. Es wird deutlich, daß mit elektrischen Antrieben z.T. eine deutliche Erhöhung des Antriebsvermögens erzielt werden kann. Es sollte aber nochmals betont werden, daß das Schubniveau geringer ist und damit eine Missionsdurchführung mit kontinuierlichem Antrieb notwendig ist, womit wiederum teilweise ein wesentlich höherer Antriebsbedarf entsteht.

- c_e kann durch geeignete Triebwerkswahl und Energiezufuhrvariation für eine spezifische Flugaufgabe optimal gewählt werden, so daß z.B. das Nutzlastverhältnis maximal wird. Jedoch ist hier zu beachten, daß mit wachsendem c_e die Flugzeit τ deutlich ansteigen kann. Als Beispiel ist das Ergebnis für ein Ionenantriebssystem mit einer spezifischen Leistung von 182 W/kg und für eine Missionsdauer von 320 Tagen in Abb. 6.3 dargestellt.
- Im Prinzip ist jeder Treibstoff möglich, wobei der Energieinhalt des Treibstoffes nicht genützt werden muß („Biowaste").
- Bei manchen Missionen kann man zu Korrekturmanövern die für andere Zwecke installierte elektrische Leistung benutzen. Dies führt durch die damit verbundenen Treibstoffeinsparungen zu einer Vergrößerung der Nutzlast.

Die Abbildungen 6.2 und 6.3 zeigen beispielhaft den Einfluß der effektiven Austrittsgeschwindigkeit auf das Nutzlastverhältnis μ_L. Die Tabellen 6.1 und 6.2 geben eine Übersicht elektrischer Triebwerke, die im weiteren kurz vorgestellt werden.

	Betriebszustand	Treibstoffe	Ionisationsgrad
• Elektrothermische Antriebe		möglichst leicht	
Widerstandsbeheiztes Triebwerk (Resistojet)	stationär	alle im T-Bereich gasförmige Stoffe (z.B. Biowaste)	0
Lichtbogentriebwerk (Arcjet)	stationär, gepulst	alle gasförmigen Stoffe, die die Kathode nicht zerstören	gering
• MPD Antriebe		möglichst leicht	
Eigenfeldbeschleuniger	stationär, gepulst	Gase, Teflon	0.5-1
Fremdfeldbeschleuniger	stationär, gepulst	leicht verdampfbare Metalle, Gase	<1
Hallionenbeschleuniger	stationär	Gase, Metalle, möglichst schwer	<1
• Elektrostatische Antriebe		möglichst schwer	
Ionentriebwerk	stationär	leicht verdampfbare Metalle, Edelgase	vollst.<1
Feldemissionstriebwerk	stationär, gepulst	leicht verdampfbare Metalle	vollst.<1

Tabelle 6.1. Übersicht von elektrischen Triebwerken.

Typ	Typischer spez. Impuls [s]	Typischer Schub [N]	Wirkungsgrad
Resistojet	300-800	0,5	0,3
Arcjet (1 kW-Klasse)	500	0,2	0,3
Arcjet (10 kW - 100 kW-Klasse)	1.000	5,0	0,3
gepulste elektrothermische Triebwerke	1.500	0,1	0,4
Eigenfeld-MPD-Triebwerk	5.000	10-100	0,5
Fremdfeld-MPD-Triebwerk (100 kW)	1.300	4,0	0,2
Ionenantriebe	2.000 – 10.000	0,01 - 10	bis 0,9

Tabelle 6.2. Übersicht der Leistungsdaten von elektrischen Triebwerken.

6.3 Widerstandsbeheizte Triebwerke (Resistojet)

Bei einem elektrothermischen Triebwerk wird der Treibstoff durch Zufuhr von elektrischer Energie aufgeheizt. Zwei verschiedene Aufheizungsmechanismen müssen hier unterschieden werden: die Widerstandsheizung und die Lichtbogenheizung. Ähnlich wie bei chemischen Antrieben ist auch hier die effektive Austrittsgeschwindigkeit abhängig von der mittleren Molmasse des Treibstoffes:

$$c_e \propto \frac{1}{\sqrt{M_M}} \quad , (M_M : \text{mittleres Molekulargewicht}) . \quad (6.2)$$

Bei widerstandsbeheizten Triebwerken werden Widerstandskörper aufgeheizt, die ihre Energie in Form von Wärme an den umgebenden Treibstoff abgeben. Die Abb. 6.4 zeigt mögliche Konzepte, die Tabelle 6.3 einige Daten von experimentell betriebenen Resistojets. Die Vorteile von Resistojets sind:

- Einfachheit des Gesamtsystems (keine Energieaufbereitung),
- hohe Zuverlässigkeit,
- hohe Schubdichte (Schub im mN-Bereich),
- hoher Entwicklungsstand: flugerprobt (z.B. für Lageregelung von Satelliten),
- hoher Wirkungsgrad (bis ca. 80%) bei stationärem Betrieb,
- großes Spektrum an möglichen Treibstoffen.

Der Nachteil gegenüber anderen elektrischen Raketen ist:

- geringer spezifischer Impuls, begrenzt durch die Wandtemperatur: $c_{e,max} < 10$ km/s.

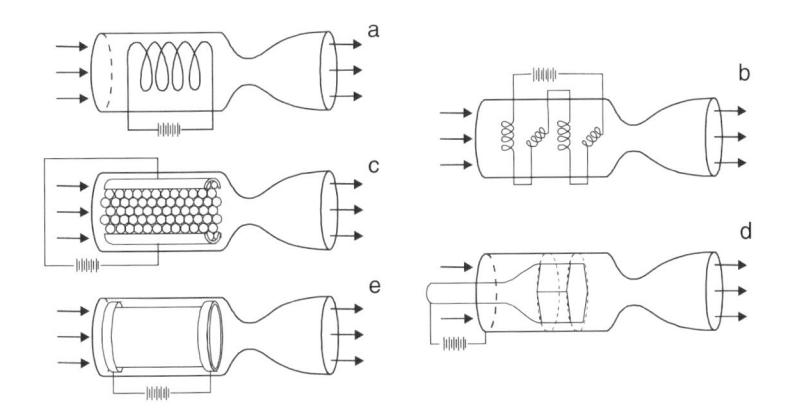

Abb. 6.4. Beispiele für Resistojet-Anordnungen:
a: Spule parallel zur Strömungsrichtung,
b: Spulensystem quer zur Strömungsrichtung,
c: Wolframkugeln, durch die Strom fließt,
d: Strom wird über scharfe Kanten vom Körper innen zur Wand geleitet,
e: Die Wände der Gaskammer selbst werden widerstandsbeheizt.

Hersteller	Leistung [kW]	Treibstoff	Konfiguration des Heizers	Schub [N]	spez. Impuls [s]	Schubwirkungsgrad	Kammerdruck [bar]
AVCO	0,01	NH_3	Einfacher Zylinder	0,0005	250		0,3
Giannini	1,0	H_2	konzentrischer Kontakt	0,176	729	0,63	3,9
Marquardt	3,0	H_2	konzentrischer Zylinder	0,652	840	0,88	8,8
AVCO	3,0	H_2	querangestr. Spule	0,534	838	0,74	2,4
Giannini	12,3	NH_3	konz. Kontakt	2,93	423	0,5	2,4
Giannini	30,0	H_2	konz. Kontakt	6,04	846	0,85	4,1

Tabelle 6.3. Leistungsdaten von Resistojets.

6.4 Grundlagen für Lichtbogentriebwerke

Die in Kapitel 5.5 für eine thermische Rakete abgeleiteten Grundgleichungen müssen hier zur Beschreibung eines Plasmatriebwerkes um die elektromagnetische Terme erweitert werden, da die ohmsche Heizung und elektromagnetische Volumenkräfte mitberücksichtigt werden müssen. Unter dem Begriff *Plasmaantriebe* wird die Art von elektrischen Triebwerken verstanden, in denen dem Treibstoff eine so hohe spezifische Energie zugeführt wird, daß ionisierte Gasteilchen vorliegen (*Plasma*). Für viele Probleme müssen außerdem als zusätzliche Grundgleichungen auch die Maxwellgleichungen und das ohmsche Gesetz berücksichtigt werden. Diese sollen aber hier nicht näher behandelt werden.

Unter der Annahme einer eindimensionalen stationären Düsenströmung eines idealen Gases und unter Vernachlässigung von Strahlungsverlusten, Wärmeleitungsverlusten und Viskositätseffekten sind die folgenden Grundgleichungen gültig (s. auch Abb. 6.5):

id. Gasgleichung:
$$p = \rho RT \ . \tag{6.3}$$

Kontinuitätsgleichung:
$$\dot{m} = \rho w A = \text{konst.} \ . \tag{6.4}$$

Energiesatz:
$$\rho w \frac{\partial}{\partial z}\left(\frac{w^2}{2} + h\right) = \frac{j^2}{\sigma} + \vec{w}\left(\vec{j} \times \vec{B}\right)_z \ . \tag{6.5}$$

Impulssatz:
$$\rho w \frac{\partial w}{\partial z} + \frac{\partial p}{\partial z} = \left(\vec{j} \times \vec{B}\right)_z \ . \tag{6.6}$$

6.4 Grundlagen für Lichtbogentriebwerke

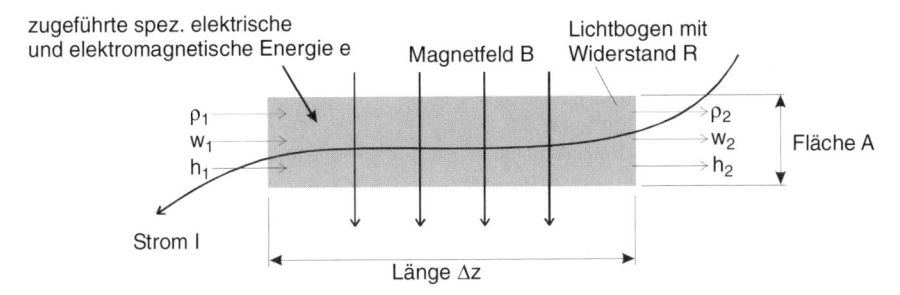

Abb. 6.5. Definitionen für die Behandlung der Lichtbogenentladung.

Hier wurden die flächenspezifische Stromdichte mit

$$\vec{j} = \frac{I}{A} \quad , \tag{6.7}$$

und die spezifische Leitfähigkeit des Plasmas

$$\sigma = \frac{\Delta z}{RA} \quad , \tag{6.8}$$

eingeführt. Durch Ineinandereinsetzen und geeignete Umformung erhält man ähnlich wie in Kapitel 5.5 beschrieben:

$$\frac{1}{w}\frac{\partial w}{\partial z} = \frac{1}{1-\text{Ma}^2}\left\{\underbrace{\frac{\kappa-1}{\rho w a^2}\frac{j^2}{\sigma}}_{>0} - \underbrace{\frac{1}{\rho a^2}\underbrace{(\vec{j}\times\vec{B})_z}_{>0}}_{} - \frac{1}{A}\frac{\partial A}{\partial z}\right\} \quad , \tag{6.9}$$

mit $\kappa = c_p/c_v > 1$ und der Schallgeschwindigkeit $a = \sqrt{dp/d\rho}$; im Fall adiabater Schallausbreitung gilt $a = \sqrt{\kappa p/\rho}$. Die genaue Betrachtung dieser Gleichung zeigt unter welchen Bedingungen das Gas in einem elektrischen Triebwerk in die gewünschte z-Richtung beschleunigt wird:

a) Im Unterschallbereich Ma<1 gilt:
   1. durch Ohmsche Heizung findet eine Beschleunigung statt;
   2. die Lorentzkraft $(\vec{j}\times\vec{B})_z$ bewirkt nur dann eine Beschleunigung, wenn sie in die entgegengesetzte z-Richtung weist;
   3. solange der Querschnitt in z-Richtung kleiner wird, findet eine Beschleunigung statt, ein sich vergrößernder Querschnitt bewirkt eine Verzögerung.

b) im **Überschallbereich** Ma>1 gilt:
1. durch Ohmsche Heizung wird die Strömung verzögert.
2. die Lorentzkraft bewirkt nur dann eine Beschleunigung, wenn sie in Strömungsrichtung weist.
3. solange der Querschnitt in z-Richtung zunimmt, findet eine Beschleunigung statt.

Die Ohmsche Heizung (prinzipiell jede Art Heizung) hat also die Tendenz, das Gas bzw. Plasma auf Ma=1 zu beschleunigen. Ebenso bewirkt die Lorentzkraft, wenn sie in die entgegengesetzte Richtung weist, eine Beschleunigung auf Ma=1. Eine positive Querschnittsänderung bewirkt eine Verzögerung. Umgekehrt bewirkt eine Verkleinerung des Querschnitts in Strömungsrichtung eine Beschleunigung, solange Ma<1.

Beim Bau eines Plasmabeschleunigers ist es daher vorteilhaft, den Treibstoff im Unterschallbereich ohmisch aufzuheizen und im Überschallbereich durch Lorentzkräfte und geeignete (positive) Querschnittsänderungen weiter zu beschleunigen.

6.5 Elektrothermisches Lichtbogentriebwerk (Arcjet)

Bei einem *elektrothermischen Lichtbogentriebwerk* oder *Arcjet* wird vor allem die ohmsche Heizung eines Lichtbogens zur Schuberzeugung ausgenutzt. Die Stromstärken im Lichtbogen sind so gering, daß die Lorentzkräfte keinen nennenswerten Schubanteil liefern. Die Leistungen von Arcjets liegen im Bereich 1-100 kW. Als Treibstoffe können prinzipiell alle Gase eingesetzt werden. Die Kathode muß jedoch vor starker Erosion (z.B. durch Sauerstoff) geschützt werden. Bevorzugt eingesetzt werden H_2, Hydrazin und Ammoniak. Es gibt jedoch auch gepulste Arcjets mit H_2O als Treibstoff. Die erreichbaren Austrittsgeschwindigkeiten betragen hier 6.000-15.000 m/s.

Der Übergang zu den *magnetoplasmadynamischen Triebwerken*, die im nächsten Kapitel behandelt werden, ist fließend. In dieser Triebwerksart spielen auch die Lorentzkräfte eine entscheidende Rolle. Da die ohmsche Heizung nach Gl. (6.9) nur im Unterschall beschleunigend wirkt und die Lorentzkräfte außer acht gelassen werden, wird bei der Auslegung von Arcjets darauf geachtet, daß die wirksame Anodenfläche sich nicht wesentlich über den engsten Querschnitt hinaus erstreckt (Abb. 6.6). Das Interesse an Arcjets hat Mitte der 60'er Jahre stark nachgelassen. Dieser Triebwerkstyp wird allerdings in neuerer Zeit wieder verstärkt untersucht. Momentan werden hierzu Arbeiten in verschiedenen Ländern durchgeführt:

USA: NASA, JPL, Air Force, Rocket Research, Primex
Europa: ESA, BPD, Inst. für Raumfahrtsysteme, Univ. Stuttgart, DASA
Japan: ISAS, Osaka Universität

Am Institut für Raumfahrtsysteme der Universität Stuttgart (IRS) hat die Untersuchung dieses Triebwerkstyps einen Forschungsschwerpunkt. Neben Labor-

6.5 Elektrothermisches Lichtbogentriebwerk (Arcjet)

Triebwerk	ATOS	ARTUS	MARC-X	HIPARC
Leistung	0,7 kW	1 - 2 kW	4 - 12 kW	30 - 120 kW
c_e [km/s]	4,8	5 - 6 (10)	6 - 7 (12)	10 - 20
Schub [N]	0,12	0,18 – 0,25	0,3 – 1,1	2 - 6
Treibstoffe	NH_3	NH_3, N_2H_4, (H_2)		H_2
Status (Stand 99)	Strahlungsgekühlte Ingenieurmodelle		Modulare Labormodelle	
	Flugeinsatz auf AMSAT P3D, (geplant)	qualifikationsfähiges Prototypsystem	regenerative Kühlung, neue Konstriktorkonzepte	wasser- und strahlungsgekühlte Triebwerke
Diagnostik	Emissionsspektroskopie, Langmuir-Sonden, Temperaturfeldvermessung u.v.a.m.			
Theorie	Strömungsmodellierung mit elektrodynamischer Kopplung und chemischen Reaktionen, Thermal- und Strukturanalyse			
Partner	DARA, DLR	DARA, DLR, DASA	(NASA)	DFG

Tabelle 6.4. Aktivitäten zur Entwicklung von elektrothermischen Lichtbogentriebwerken am Institut für Raumfahrtsysteme.

modellen im höheren Leistungsbereich werden auch Triebwerke für den Flugeinsatz qualifiziert. Die Tabelle 6.4 stellt die momentanen Aktivitäten am IRS zusammen. Während die Triebwerksfamilien MARC (Medium Power Arcjet) und HIPARC (High Power Arcjet) mehr Grundlagenuntersuchungen dienen, strebt das Projekt ARTUS (Arcjet-Triebwerk der Univ. Stuttgart) die Qualifikation eines Prototypen bis zur Einsatzreife an.

Die Abbildungen 6.7-6.10 zeigen schematische Darstellungen dieser Triebwerke. Eine Weiterentwicklung der ARTUS-Triebwerke des IRS ist das mit Ammoniak betriebene ATOS-Triebwerk (Arcjet-Triebwerk auf Oscar-Satelliten, Abb. 6.7). Dieses ist flugqualifiziert und wird zur Bahn-Feinregelung des Amateurfunk-Satelliten AMSAT-P3D eingesetzt werden, der voraussichtlich mit einer Ariane 5 gestartet wird.

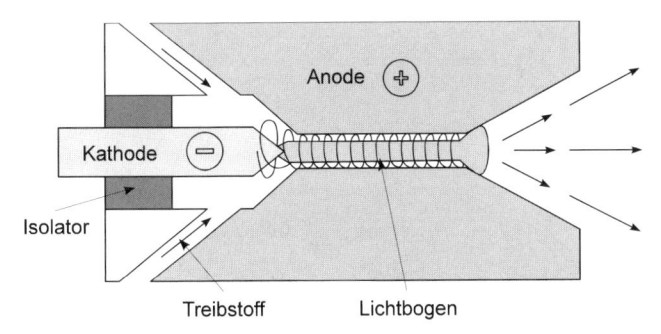

Abb. 6.6. Schemazeichnung eines thermischen Lichtbogentriebwerks (Arcjet).

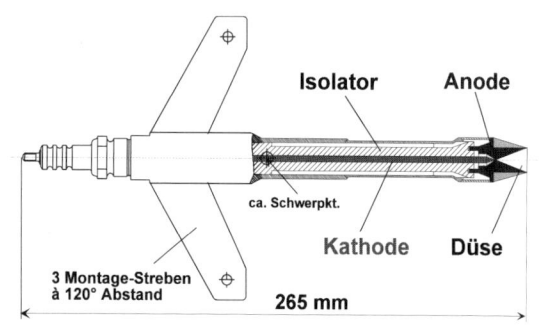

Abb. 6.7. Das ATOS-Triebwerk.

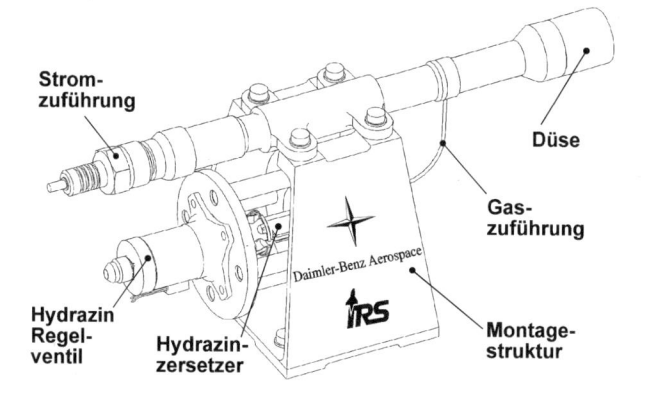

Abb. 6.8. Das ARTUS-Triebwerk (Ingenieurmodell II).

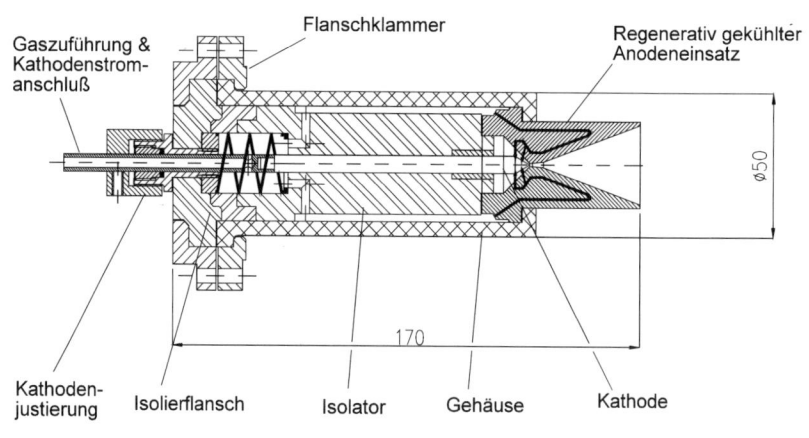

Abb. 6.9. Das MARC-4-Triebwerk.

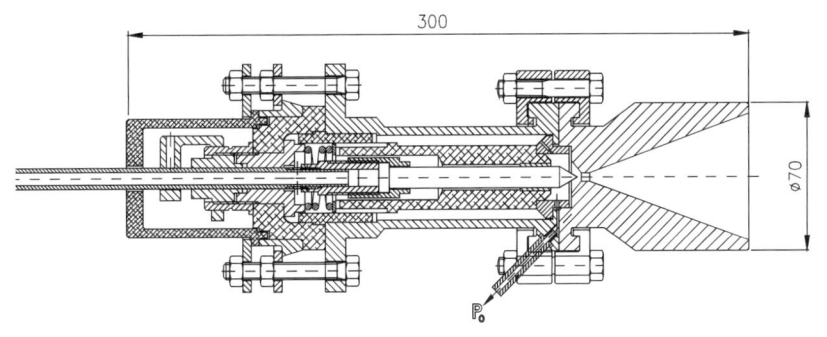

Abb. 6.10. Das HIPARC-R -Triebwerk.

6.6 Magnetoplasmadynamische Triebwerke

Bei den *magnetoplasmadynamischen Triebwerken* steht die Ausnutzung elektromagnetischer Kräfte zur Erhöhung des spezifischen Impulses im Vordergrund, die ohmsche Aufheizung spielt eine untergeordnete, aber nicht zu vernachlässigende Rolle. Es werden drei Haupttypen unterschieden, der Eigenfeld-, der Fremdfeld- und der Hallionenbeschleuniger. Der Treibstoff sollte auch bei diesem Triebwerk möglichst leicht sein.

6.6.1 Eigenfeldbeschleuniger

Bei Eigenfeldbeschleunigern wird das durch den im Lichtbogen transportierten Strom induzierte Magnetfeld zur Beschleunigung ausgenutzt (s. Abb. 6.11). Zur Erzeugung einer Lorentzkraft in Strömungsrichtung muß also ein radialer Strom-

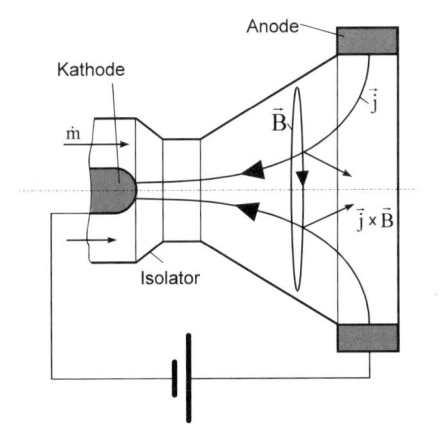

Abb. 6.11. Schema eines MPD-Eigenfeldbeschleunigers.

240 6 Elektrische Antriebe

anteil vorhanden sein. Die Lorentzkraft hat dann eine Komponente in Axialrichtung, die möglichst groß sein soll und eine nach innen gerichtete r-Komponente (pinch-Effekt), die zu einer Begrenzung des Gerätes führt, wenn vor der Anode nicht mehr genügend Ladungsträger vorhanden sind. Durch Integration des Impulses über den gesamten Brennraum kann man den Schub eines magnetoplasmadynamischen Eigenfeldbeschleunigers berechnen zu:

$$\vec{F}_{MPD} = -\left\{ \underbrace{p_0 A_t c_{F,el}}_{\text{thermischer Schubanteil}} + \underbrace{\frac{\mu_0}{4\pi} I^2 \left(\frac{3}{4} + \ln \frac{r_A}{r_K} \right)}_{\text{magnetischer Schubanteil}} \right\} \vec{e}_z \quad . \quad (6.10)$$

A_T: Düsenhalsquerschnitt
$c_{F,el}$: Schubkoeffizient
μ_0: magn. Feldkonstante

Der elektromagnetische Schubanteil steigt quadratisch mit der Stromstärke und hängt vom Radienverhältnis der Elektroden ab. Daher versucht man beim MPD-Triebwerk, den Anodenradius r_A möglichst groß zu gestalten, auch wenn man dann im Überschall ohmisch aufheizt. Der Kathodenradius r_K liegt durch die nötige Elektronenemission weitgehend fest.

Man muß zusätzlich beachten, daß durch eine Verlängerung des Bogens die Spannung und somit die eingebrachte Leistung steigt, ohne daß eine Steigerung

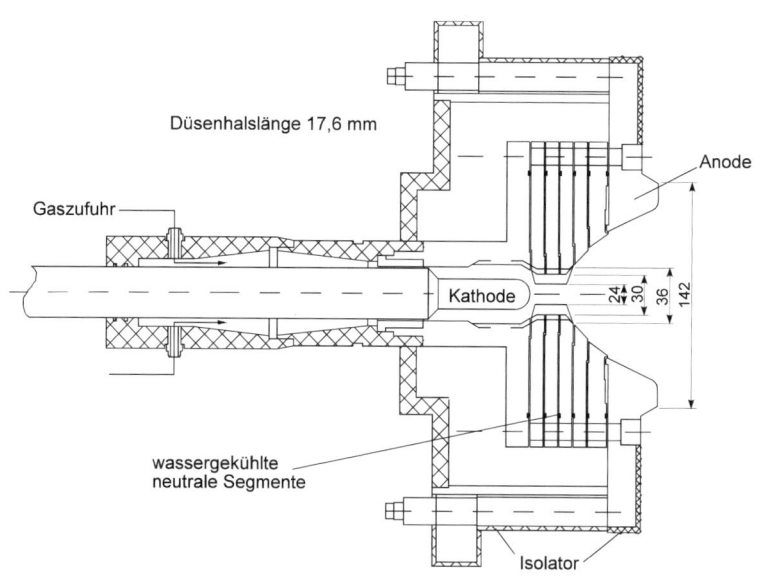

Abb. 6.12. Düsenförmige MPD-Eigenfeldbeschleuniger DT-IRS mit Düsenhalsdurchmesser von 24mm (DT2), 30mm (DT5) und 36mm (DT6).

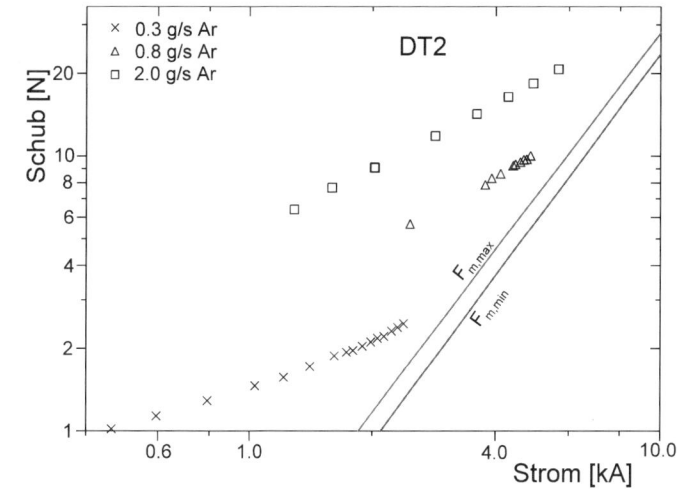

Abb. 6.13. Schub F als Funktion des Stromes mit Argon als Treibstoff bei verschiedenen Massendurchsätzen mit dem Triebwerk DT2-IRS. $F_{m,max}$ und $F_{m,min}$ sind die elektromagnetischen Schübe für den maximal bzw. minimal möglichen Anodenradius.

des magnetischen Schubanteils erfolgt (wenn man I festhält). Die Abb. 6.12 zeigt schematisch den Aufbau von am IRS entwickelten MPD-Experimentaltriebwerken, die Abb. 6.13 Schub-Strom-Meßwerte eines derartigen Triebwerkes. Typische MPD-Triebwerksdaten sind:

Leistung: einige 100 kW - MW
Schub: < 100 N
Wirkungsgrade: < 40 %
Betriebsarten: stationär
quasistationär gepulst (ms-Pulse)
instationär gepulste (µs-Pulse): hier werden auch dynamische Effekte ausgenutzt.

Instationär gepulste Triebwerke PTT (Pulsed Teflon Thruster, s. Abb. 6.14) mit Teflon als Treibstoff werden schon zur Lageregelung eingesetzt.

6.6.2 Fremdfeldbeschleuniger

Beim Fremdfeldbeschleuniger wird zusätzlich zum Eigenfeld ein „externes" magnetisches Feld zur Erhöhung des spezifischen Impulses ausgenutzt. Dieses Fremdfeld kann durch Permanentmagnete oder Magnetspulen erzeugt werden. Die Abb. 6.15 zeigt das Prinzip eines Fremdfeldbeschleunigers. Zur Erklärung des Beschleunigungseffektes benötigen wir das Ohmsche Gesetz für Plasmen in einer einfachen Form

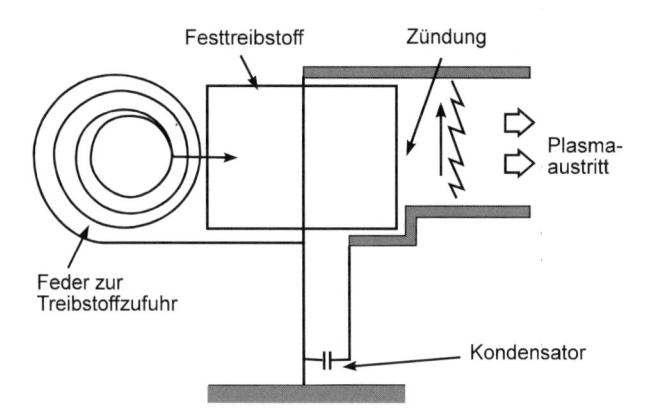

Abb. 6.14. Prinzip eines PTT-Triebwerks.

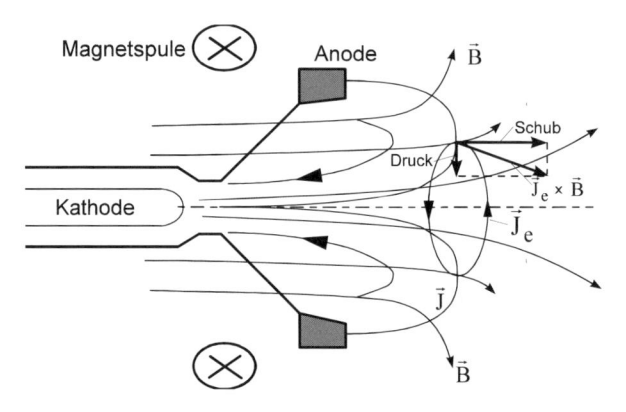

Abb. 6.15. Prinzip eines Fremdfeldbeschleunigers mit koaxialem Feld.

$$\vec{j} = \sigma\left[\vec{E} + \vec{w} \times \vec{B}\right] - \frac{\omega\tau}{B}\left[\vec{j} \times \vec{B}\right], \qquad (6.11)$$

mit dem Magnetfeld als Summe von Fremd- und Eigenfeld

$$\vec{B} = \vec{B}_f + \vec{B}_e, \text{ wobei } |\vec{B}_f| \gg |\vec{B}_e| . \qquad (6.12)$$

Durch das axiale Magnetfeld wird nun ein azimuthaler, sogenannter Hallionenstrom j_θ induziert (Teilchen im $\vec{E} \times \vec{B}$-Feld), der wiederum mit dem Magnetfeld eine Lorentzkraftkomponente in Strömungsrichtung ergibt.

Die Hallströme können sich allerdings nur bei kleinen Dichten ausbilden, wenn die einzelnen Teilchen selten zusammenstoßen. Ein für diese Triebwerke charakteristischer Parameter ist dann der sogenannte Hallparameter $\omega\tau$:

$$\omega\tau = \frac{\omega}{\nu} = \frac{\text{Zyklotronfrequenz}}{\text{Stoßfrequenz}} \quad . \tag{6.13}$$

Dieser Parameter $\omega\tau$ soll sehr viel größer als 1 sein. Die Zyklotronfrequenz ist dabei proportional zum Magnetfeld B:

$$\omega = \frac{eB}{m} \quad . \tag{6.14}$$

Die Stoßfrequenz ν ist proportional zum Druck p, daraus folgt $\omega\tau \sim B/p$. Typische Daten dieser Triebwerke sind $B > 0{,}1T$, Schub $< 1N$, Leistung einige kW, spezifischer Impuls ≤ 30 km/s, Wirkungsgrade (ohne Berücksichtigung der Magnetfelderzeugung) $\leq 50\%$. Als Treibstoffe kommen möglichst leichte Gase, aber auch Lithium, Natrium und Kalium in Frage.

6.6.3 Hallionenbeschleuniger

Das Hallionentriebwerk besitzt wie der Fremdfeldbeschleuniger ein äußeres Magnetfeld, das hier jedoch vorwiegend radial gerichtet ist, s. Abb. 6.16.

Das Plasma kann bei diesen Triebwerken wie bei den später behandelten elektrostatischen Triebwerken auf unterschiedliche Weise erzeugt werden (z.B. Radiofrequenzionisation oder Glimmentladungsionisation). Es stellt also den Übergang zu den elektrostatischen bzw. Ionen-Triebwerken dar. Die geladenen Teilchen führen aufgrund der E_z und B_r-Felder eine Driftbewegung in $\vec{E} \times \vec{B}$-Richtung aus. Die leichten Elektronen umlaufen dabei nahezu stationäre Kreisbahnen. Die Ionen werden aufgrund ihrer schweren Masse kaum in azimuthale Richtung abgelenkt, jedoch durch das angelegte elektrische Feld axial beschleunigt. Sie verlassen das Triebwerk und erzeugen somit Schub. Zur Vermeidung von Raumladungen hinter dem Triebwerk müssen sie mit Elektronen

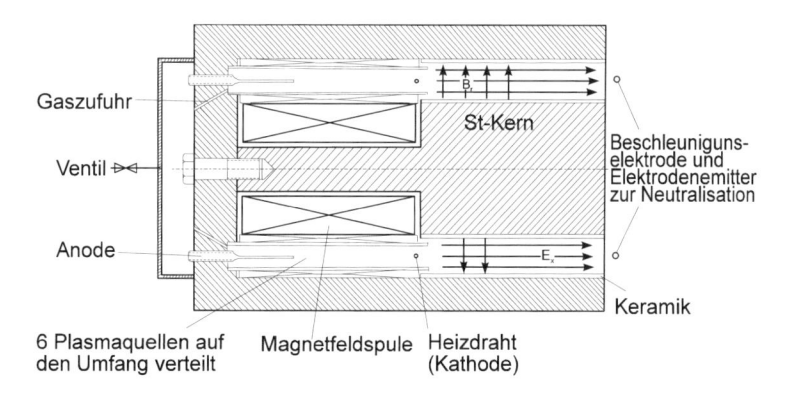

Abb. 6.16. Prinzip eines Hallbeschleunigers.

neutralisiert werden. Ein bereits realisiertes Hallionentriebwerk ist in Abb. 6.17 dargestellt, die Triebwerksdaten sind:

Magnetfeld: B < 0,2 T
Schub: mN
Leistung: ≤5kW
spezifischer Impuls: ≤30 km/s
Entwicklungsstand: in der GUS flugerprobt
Treibstoffe: möglichst schwer, Gase, Metalle

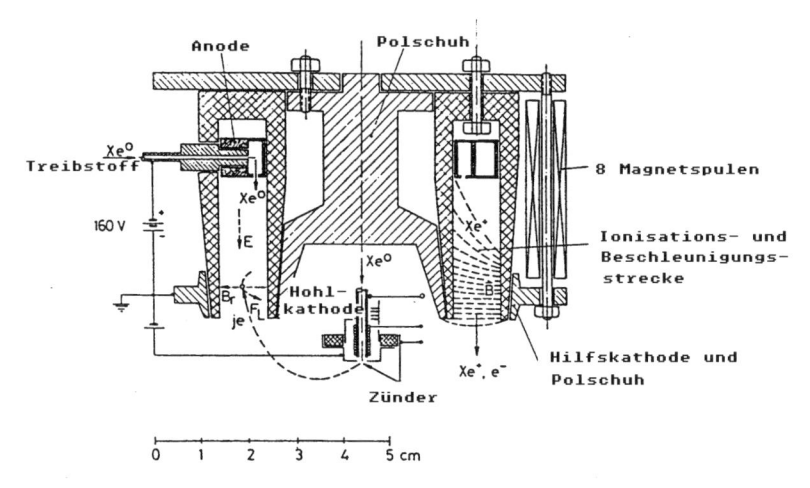

Abb. 6.17.   Hallionentriebwerk aus der GUS.

6.7 Elektrostatische Triebwerke

In *elektrostatischen Antrieben* wird zunächst ebenfalls ein Plasma erzeugt; durch axiale elektrische Felder werden dann die Ionen beschleunigt, verlassen das Gerät und werden zur Verhinderung von Raumladungen außerhalb mit Elektronen neutralisiert (s. Abb. 6.18). Die einzelnen Triebwerkstypen unterscheiden sich vor allem in der Plasmaerzeugung. Man unterscheidet drei Haupttypen: Bei den ersten beiden erfolgt die Plasmaerzeugung durch Elektronenstoßionisation, beim sogenannten Kaufman-Triebwerk wird im Lichtbogen ionisiert, beim Typ RIT mit Hilfe von Radiofrequenz. Beim sogenannten Feldemissionstriebwerk werden durch Anlegen einer besonders hohen Spannung Ionen direkt aus flüssigem Metall gezogen (elektrostatisches Sprayen).

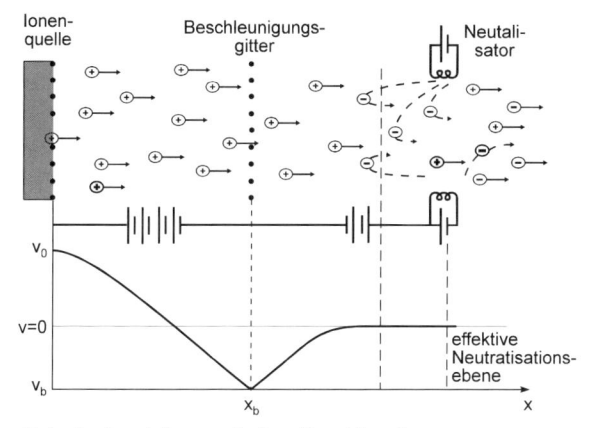

Abb. 6.18. Prinzip der elektrostatischen Beschleunigung.

6.7.1 Grundlagen zu elektrostatischen Triebwerken

In einem elektrostatischen Triebwerk werden Ionen der Ladung q_i und der Masse m_i einer Beschleunigungsspannung U ausgesetzt. Nach Durchlaufen der Beschleunigungsstrecke haben sie eine Geschwindigkeit w_i, die aus dem Energiesatz folgt

$$\frac{1}{2} m_i w_i^2 = q_i U \quad , \tag{6.15}$$

und

$$c_e \leq w_i = \sqrt{2 \frac{q_i}{m_i} U} \quad . \tag{6.16}$$

Dies stellt eine obere Grenze für die Austrittsgeschwindigkeit dar. Sie wird erreicht, wenn keine Verluste, z.B. durch unvollständige Ionisation, zu berücksichtigen wären. Der Schub F eines elektrostatischen Triebwerkes berechnet sich zu

$$\vec{F} = -\frac{dm_i}{dt} \vec{w}_i \quad , \tag{6.17}$$

wobei der Treibstoffdurchsatz

$$\frac{dm_i}{dt} = \frac{m_i}{q_i} I_i \quad , \tag{6.18}$$

ist, mit I_i als Ionenstrom. Berücksichtigt man für w_i die Gl. (6.16), so ergibt sich

$$F = I_i \sqrt{2 \frac{m_i}{q_i} U} \quad . \tag{6.19}$$

Man erkennt hier, daß der Schub proportional zum Ionenstrom ist, mit der Quadratwurzel der angelegten Spannung ansteigt und daß m_i/q_i (d.h. meist m_i) möglichst groß sein soll. Aus Gl. (6.16) folgt jedoch, daß c_e mit steigendem m_i sinkt.

Leider hängt der Ionenstrom I_i nicht nur von der Ergiebigkeit des Ionisators ab, er wird durch sich aufbauende Raumladungen begrenzt. Da sich gleichnamig geladene Teilchen, hier Ionen, infolge Coulombscher Wechselwirkung abstoßen, kann durch einen Strahlquerschnitt A bei angelegter Beschleunigungsspannung U und Länge d der maximale Ionenstrom $I_{i,max}$ durchgesetzt werden

$$I_{i,max} = \frac{4}{9}\varepsilon_0 \sqrt{\frac{2q_i}{m_i}} \frac{U^{3/2}}{d^2} A \quad . \tag{6.20}$$

Dies ist das sogenannte *Langmuir-Schottky-Gesetz*. Die Raumladungsbegrenzung nimmt also mit steigender Länge der Beschleunigungsstrecke zu.

6.7.2 Kaufman-Triebwerk

Beim Kaufman-Ionenbeschleuniger wird mit Hilfe einer Lichtbogenentladung ionisiert. Ein Magnetfeld hält dabei das Plasma von den Wänden fern (s. Abb. 6.19).

Triebwerksdaten (Beispiel):
    Durchmesser: 30 cm   Treibstoff : Hg
    Leistung   : 4 kW   Strom   : 4 A
    Spannung   : 1100 V   Schub   : 0,217 N
    spez. Impuls : 24,6 km/s η : 0,66

Entwicklungsstand: einsatzfähig in den USA und in Japan; erfolgreiche Raumtests. Treibstoffe: Xe, Hg (evtl. Argon).

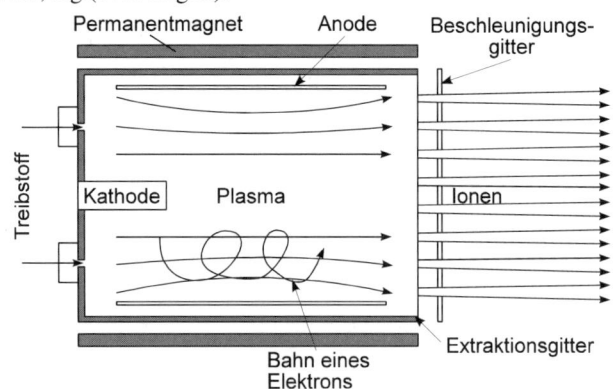

Abb. 6.19. Prinzip des Kaufman-Triebwerks.

6.7.3 RIT-Triebwerk

Beim RIT-Triebwerk wird mit Hilfe von Radiofrequenz ionisiert (s. Abb. 6.20). Typische Leistungsmerkmale dieser Triebwerksart sind in Tabelle 6.5 dargestellt.

System	Typ	Treibstoff	Schub	I_{sp}	el. Leistung
RITA 10	Hochfrequenz el. stat. Ionen-TW	Hg Xe	10 mN	29,4 km/s 34,3 km/s	350 W 450 W
RITA 35	Hochfrequenz el. stat. Ionen-TW	Hg	200 mN	31,4 km/s	300 W

Tabelle 6.5. Leistungsmerkmale von RIT-Triebwerken.

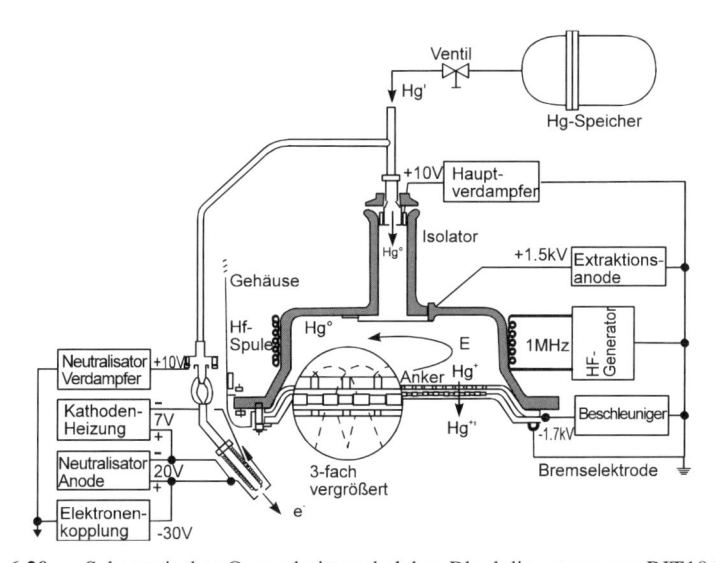

Abb. 6.20. Schematischer Querschnitt und elektr. Blockdiagramm von RIT10 EPS.

6.7.4 Feldemissions-Triebwerk

Beim Feldemissionsantrieb wird durch Anlegen eines hohen elektrischen Feldes ionisiert. Eine schematische Darstellung ist in Abb. 6.21 gegeben.
FEEP Feldemissionstriebwerk:
Treibstoff : Cs
Schub : 5mN
I_{sp} : 58,9 km/s
el.Leistung : 275 W

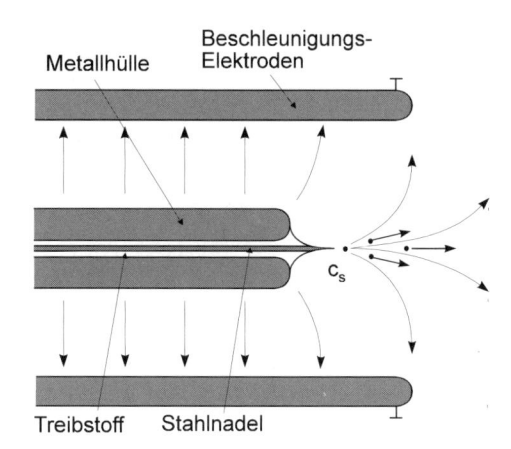

Abb. 6.21. Prinzip eines Feldemissionstriebwerks.

7 Antriebssysteme für die Lage- und Bahnregelung

7.1 Einführung

In diesem Kapitel werden die grundlegenden Gleichungen für die Beschreibung der Lage- und Bahnregelung von Satelliten und insbesondere die dazugehörigen Antriebssysteme diskutiert. Diese Satellitenantriebe gehören zur Klasse der sekundären Antriebssysteme, deren augenfälligstes Unterscheidungsmerkmal zu Hauptantriebssystemen in der Kleinheit des Triebwerksschubes und des Antriebsvermögens besteht. Gegenüber Primärantrieben weisen sie eine Reihe spezifischer Charakteristiken auf, die sich aus dem Einsatzgebiet in der Schwerelosigkeit und der Aufgabenstellung ergeben.

Es sollte allerdings betont werden, daß zum eigentlichen Lage- und Bahnregelungssystem noch verschiedene andere Subsysteme gehören, die im folgenden nur kurz vorgestellt werden. Ganz allgemein hat das Lage- und Bahnregelungssystem zu gewährleisten, daß der Raumflugkörper während aller Missionsphasen die gewünschte Lage und Bahn einhält, damit die Nutzlast ihre Aufgaben erfüllen kann. Der prinzipielle Aufbau ist in Abb. 7.1 dargestellt. Auf jeden Satelliten wirken äußere oder innere Störungen ein, die seine momentane Lage oder Bahn beeinflussen. Die Größe der auftretenden Störkräfte und –momente ist dabei abhängig von der Bahn und dem Design des Satelliten. Beispiele für äußere Störungen sind:

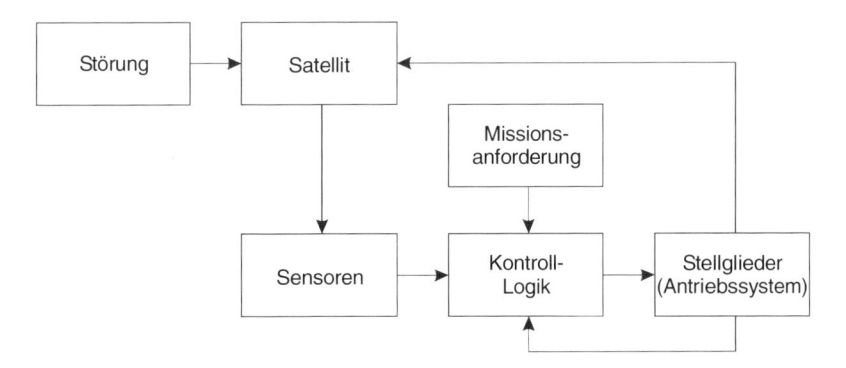

Abb. 7.1. Allgemeine Aufgabenstellung in der Lage- und Bahnregelung.

- Widerstand durch Restatmosphäre,
- Magnetfelder, die magnetische Momente durch Baugruppen des Satelliten bewirken können,
- Gravitationsgradientenkräfte (s. auch Kap. 4.8),
- Masseverteilung der Erde (Abweichung von der Kugelgestalt),
- Strahlungsdruck (s. auch Kap. 4.7),
- Gravitationseinflüsse von Sonne, Mond und Planeten.

Zu den inneren Störungen zählen insbesondere

- thermische Spannungen durch unterschiedliche Sonneneinwirkung,
- bewegliche Satellitenbauteile, z.B. Ausleger oder Roboterarme,
- andere bewegliche Massen, wie z.B. Bandlaufwerke,
- Treibstoffbewegung,
- Bewegung der Astronauten,
- Schubachsenausrichtung.

Die Auswirkungen dieser Störungen müssen dann durch geeignete Meßsysteme bzw. Sensoren erfaßt und einer Kontrollogik mitgeteilt werden. Diese wiederum vergleicht den momentanen Zustand des Flugkörpers mit den gegebenen Missionsanforderungen und aktiviert bzw. steuert das Antriebssystem zur Beseitigung eventuell auftretender Abweichungen. Als Sensoren kommen in Abhängigkeit von der Stabilisierungsart (drall- oder dreiachsenstabilisiert), der geforderten Genauigkeit der Ausrichtung des Satelliten und der zur Verfügung stehenden Masse und Energie verschiedene Systeme zum Einsatz, die in Tabelle 7.1 zusammengefaßt sind.

Zum gesamten Lage- und Bahnregelungssystem gehören also Sensoren, Triebwerke, Triebwerksüberwachung, Tanks, Treibstoff-Förderung, Rechner, Anschluß zum Bordrechner, zugehörige Software, etc. Es ist demnach ein sehr komplexer Bestandteil jeder Raumflugmission. Wir wollen uns im folgenden allerdings auf die Anforderungen für die Triebwerksauswahl beschränken, um beispielhaft die verschiedenen Stabilisierungsarten zu diskutieren und die teilweise sich widersprechenden Randbedingungen zu erörtern.

7.2 Abgrenzung der Sekundär- gegenüber den Primärsystemen

Die Bezeichnung „sekundäre Antriebe" charakterisiert der Benennung nach zunächst Hilfssysteme, die in einem Fluggerät in Ergänzung zu einem Haupt- bzw. Primärantriebssystem installiert sind. Sekundäre Antriebssysteme (SAS) werden verbreitet eingesetzt zur

- Steuerung der Rollbewegung von Trägerfahrzeugen,
- Stufentrennung,
- Aufspinnen drallstabilisierter Oberstufen,

Sensorart	Funktionsprinzip	Vor- und Nachteile	Typische Daten
Sonnensensoren	Messung der Richtung zur Sonne (meist) im sichtbaren Spektrum	Zuverlässig und genau bei geringem Energieverbrauch, erfordern allerdings freien Blick zur Sonne (Schattenphasen müssen anders überbrückt werden)	Genauigkeit: $0{,}005°-3°$ Masse: $0{,}5-3$ kg Energie: $0-3$ W
Sternsensoren	Messung der Richtung zu einem oder mehreren Fixsternen	Große erzielbare Genauigkeit, erfordert aber ebenfalls freies Blickfeld	Genauigkeit: $0{,}003°-0{,}01°$ Masse: $2-8$ kg Energie: $5-25$ W
Erdhorizontsensoren	Messung des Erdhorizonts (2 Winkel) im Infraroten, daraus Berechnung der Richtung zum Erdmittelpunkt	robust und leicht, relativ ungenau	Genauigkeit: $0{,}1°-1°$ Masse: $2-5$ kg Energie: $0{,}5-15$ W
Magnetsensoren	Messung der Richtung und Stärke des Magnetfeldes	robust und leicht, ungenau	Genauigkeit: $0{,}5°-3°$ Masse: $0{,}6-1$ kg Energie: ca. 1 W
Meßkreisel	Nutzung des „Beharrungsvermögens" rotierender Körper in einem Inertialsystem (oft in Kombination mit Beschleunigungsmessern als inertiale Meßsysteme)	Systeme können sehr genau sein, haben aber hohe Kosten-, Massen- und Energiebedarf. Außerdem treten Driftphänomene auf; Korrektur der Information mit anderen Sensoren erforderlich.	Genauigkeit: ca. $0{,}001$ Masse: $3-25$ kg Energie: $10-200$ W

Tabelle 7.1. Überblick über die Eigenschaften verschiedener Sensoren für die Lage- und Bahnregelung. Weitere Möglichkeiten zur Lage- und Positionsbestimmung sind gegeben durch das Global Positioning System (GPS) bzw. Differential GPS, über Kameras (z.B. durch die Aufnahme von Küstenlinien), Funk, etc.

- Vorbeschleunigung von Raketenoberstufen in einer Null-g-Umgebung zwecks Orientierung des Flüssig-Treibstoffs,
- Lageregelung von Raumfluggeräten (einschließlich der Fluglageregelung von Trägerraketen mit nicht schwenkbaren Haupttriebwerken zur Schubvektorsteuerung oder während Freiflugphasen),
- Bahnregelung bzw. Ausführung von Bahnkorrekturen.

Für die Flugregelung kommen Flüssigtreibstoff- und/oder Gassysteme zum Einsatz, für die sonstigen Aufgaben vorwiegend Feststoffraketen. In Abb. 7.2 ist das Schubdüsensystem für die Lage- und Bahnregelung des Space Shuttle Orbiters illustriert, dessen drei Haupttriebwerke („Space Shuttle Main Engines", SSME) nach dem Trägeraufstieg nicht mehr verwendet werden.

Die Bezeichnung „sekundäre Antriebssysteme" hat sich auch für Antriebe von Satelliten und Raumsonden eingebürgert, obwohl die Benennung hier irreführend sein kann, da diese Geräte vielfach nur über *ein* Antriebssystem verfügen.

Die Klassifizierung nach der Δv-Antriebskapazität und der Schubhöhe F unterteilt die Antriebe in

- Primärsysteme:
  - Trägerraketen-Antriebssysteme mit
    $\Delta v \approx 7\text{-}11$ km/s $F \approx$ MN-Bereich
  - Bahnänderungs-Antriebe (z.B. für Orbittransfer)
    $\Delta v \approx 1$ bis einige km/s
    $F \approx$ kN-Bereich, N-Bereich für elektrische Raketen (Zukunftsoption)
- Sekundärsysteme:
  - Bahnkorrektursysteme
    $\Delta v \approx 10\text{-}600$ m/s $F \approx 0{,}5$ bis einige daN
  - Lageregelungssysteme
    $\Delta v \approx 20$ m/s $F \approx 1$ mN bis einige N

Eine gewisse Sonderstellung nehmen die Antriebssysteme für die Flugregelung von bemannten Raumflugkörpern und zukünftigen Raumtransportsystemen ein, die bis in den kN-Bereich ausgelegt werden. Die wichtigsten Einsatzgebiete für Satellitenantriebe sind in Abb. 7.3 aufgeführt.

Tabelle 7.2 gibt einen Überblick der Erfordernisse verschiedener Missionen auf das Lage- bzw. Bahnkorrektursystem. Aus der Forderung, daß unkontrollierte Taumelbewegungen bei Raumflugkörpern stets beseitigt werden müssen, ergibt sich die Konsequenz, daß alle hier aufgelisteten Satelliten- und Sondenmissionen ein Lageregelungssystem benötigen. Über die Methode der Stabilisierung wird dabei nichts ausgesagt. Demgegenüber kommen eine Reihe von Missionen ohne ein Bahnkorrektursystem aus.

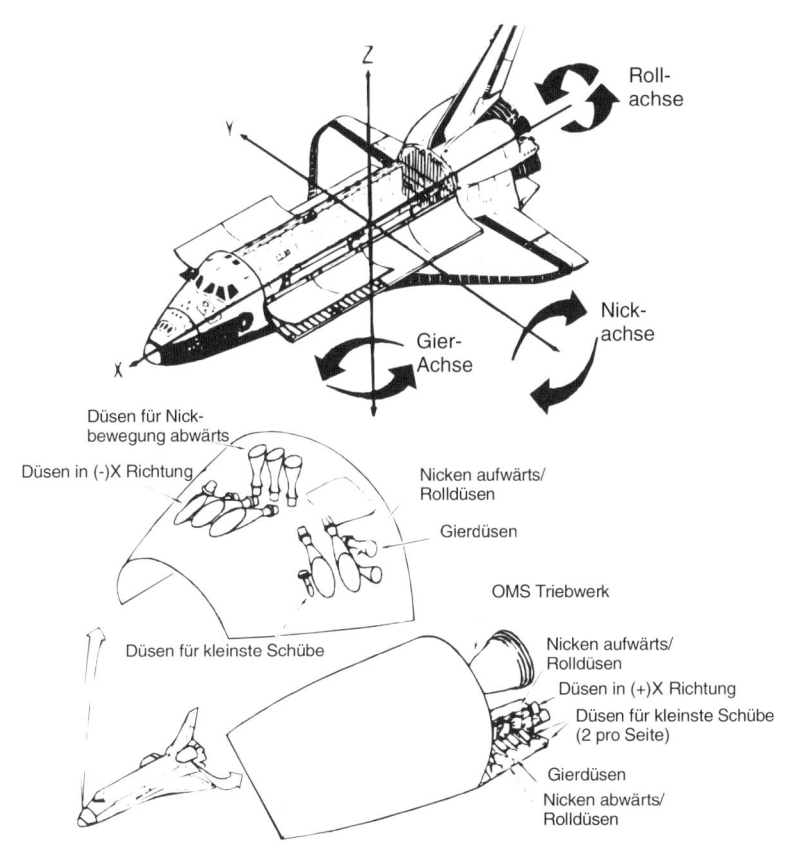

7.2 Abgrenzung der Sekundär- gegenüber den Primärsystemen   253

Abb. 7.2.   Das Stellsystem des Space Shuttle Orbiters für Lage- und Bahnregelung.

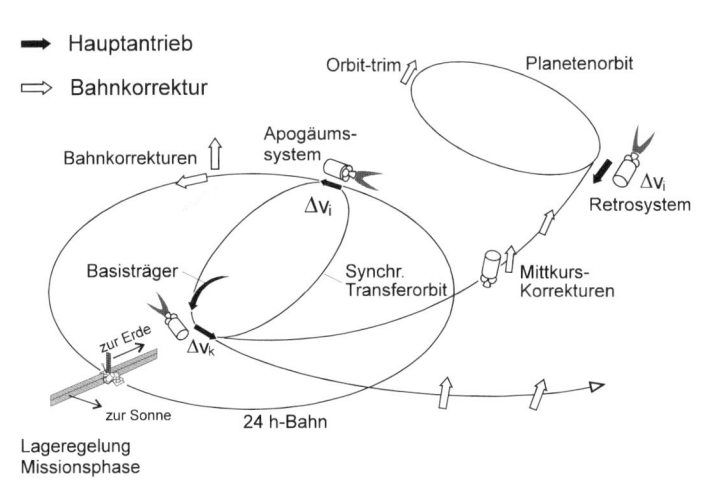

Abb. 7.3.   Einsatzgebiete für Satelliten-Antriebssysteme.

Missionskategorien		Bahntyp	Korrektursystem	
			Bahn	Lage
Anwendungs-satelliten	Kommunikation	geostationär od. Molniya-Typ	*	*
	Mobilfunk	unterschiedlich, (LEO, MEO)	(*)	*
	Navigation	unterschiedlich, GEO	*	*
	Meteorologie	geostationär bis polar	(*)	*
	Erderkundung	unterschiedlich	(*)	*
Wissenschaftliche Satelliten	Astronomie	unterschiedlich	(*)	*
	Aeronomie	unterschiedlich	(*)	*
	Astrophysik	unterschiedlich	(*)	*
Wissenschaftliche Interplanetare Sonden	Sonne	heliozentrisch	(*)	*
	Mond	baryzentrisch	*	*
	Planeten	heliozentrisch / planetozentrisch	*	*
	Kometen	heliozentrisch	*	*
	Asteroiden	heliozentrisch	*	*
Teleoperator	Service	geostationär	*	*
Transportsysteme	Trägerraketen	Aufstiegsbahn in unterschiedlichen Zielorbits	*	*
	Space Shuttle	Aufstiegsbahn in niedrige Kreisbahn	*	*
	OTV	unterschiedliche Transferbahn	*	*
Raumstationen	bemannt	niedrige Kreisbahn	*	*

* muß vorhanden sein, (*) kann vorhanden sein (missionsabhängig)

Tabelle 7.2. Überblick über Satelliten- und Sondenmissionen.

7.3 Aufgaben und Anforderungen

Die wichtigsten Aufgaben der Satellitenantriebe bestehen in der Stellmomentenerzeugung für die Lageregelung und in der Erzeugung von Schubkräften für Bahnkorrekturen. Bei der Beurteilung der Eignung eines Antriebssystems für eine gegebene Aufgabenstellung (Mission) sind neben weiteren Forderungen folgende Kriterien von Bedeutung:

- Antriebsbedarf und Systemgewicht,
- erforderlicher Schubbereich,
- Wiederzündbarkeit, Pulsfähigkeit,
- Pulshäufigkeit (bestimmend für Zuverlässigkeit und Lebensdauer).

Um diesbezüglich Aufschluß über missionsbedingte Anforderungen an die Antriebe für Lage- und Bahnkorrektursystem zu gewinnen, sollen nachstehend die Bewegungen von Raumfluggeräten betrachtet werden. Die allgemeine räumliche Bewegung eines starren Körpers läßt sich durch seine Schwerpunktbewegung (Bahn) und Drehbewegung um den beliebig bewegten Schwerpunkt mit Hilfe des Impulssatzes (Translation)

$$\frac{d\vec{I}}{dt} = \frac{d}{dt}(m\vec{v}) = \vec{K} \quad , \tag{7.1}$$

d.h. $\qquad m\ddot{\vec{r}} = \vec{K}, \quad$ für m=const. $\qquad$ (7.2)

und des Drehimpuls- bzw. Drallsatzes

$$\frac{d\vec{D}}{dt} = \frac{d}{dt}(\bar{\Theta}\vec{\omega}) = \vec{M} \quad , \tag{7.3}$$

d.h. $\qquad \bar{\Theta}\dot{\vec{\omega}} = \vec{M}, \quad$ für Θ=const. $\qquad$ (7.4)

beschreiben. Darin steht d/dt bzw. der Punkt für die zeitliche Ableitung in einem *absoluten* Koordinatensystem. Es bedeuten $\vec{I}$ der Impuls, m bzw. $\vec{v}$ die Flugkörpermasse bzw. Geschwindigkeit, $\vec{r}$ der Ortsvektor des Massenzentrums und $\vec{K}$ die auf den Körper wirkende Kraft. Weiter bezeichnen $\vec{D}$ den Drallvektor, $\bar{\Theta}$ den Trägheitstensor, $\vec{\omega}$ den Drehvektor und $\vec{M}$ das auf den Flugkörper ausgeübte Moment.

Für die folgenden Überlegungen können wir die Dreh- und Translationsbewegung als voneinander unabhängig betrachten und daher getrennt behandeln.

7.4 Die Lageregelung von Raumfahrzeugen

7.4.1 Die Eulerschen Gleichungen

Das Lageregelungssystem erzeugt für die Regelung der räumlichen Winkellage eines Fluggerätes die Stellmomente zur Beeinflussung der Drehbewegung des Körpers. Diese Drehbewegung wird im Inertialraum durch den Drehimpulssatz beschrieben.

In der Satellitentechnik ist es zweckmäßig, den Drall $\vec{D}$ in einem rotierenden, körperfesten xyz-Koordinatensystem (o) darzustellen. Bezeichnet $\vec{\omega}$ den Drehvektor des rotierenden Systems gegenüber dem Inertialsystem (i), dann gilt für die zeitliche Ableitung

$$\left.\frac{d\vec{D}}{dt}\right|_i = \left.\frac{d\vec{D}}{dt}\right|_0 + \vec{\omega} \times \vec{D} \ . \tag{7.5}$$

Darin steht $d\vec{D}/dt\big|_0$ für die Ableitung der Komponenten von $\vec{D}$ nach der Zeit im bewegten Koordinatensystem. Der Drallsatz führt damit auf die *Euler-Gleichungen der Drehbewegung* in Vektorform

$$\left.\frac{d\vec{D}}{dt}\right|_0 + \vec{\omega} \times \vec{D} = \vec{M} \ , \tag{7.6}$$

wobei der Drall durch $\vec{D} = \ddot{\Theta}\vec{\omega} = \begin{bmatrix} \Theta_{xx} & \Theta_{xy} & \Theta_{xz} \\ \Theta_{yx} & \Theta_{yy} & \Theta_{yz} \\ \Theta_{zx} & \Theta_{zy} & \Theta_{zz} \end{bmatrix} \cdot \begin{bmatrix} \omega_x \\ \omega_y \\ \omega_y \end{bmatrix} \ , \tag{7.7}$

gegeben ist. Wenn man als körperfeste Achsen die Hauptträgheitsachsen des Flugkörpers wählt, verschwinden die Deviationsmomente $\Theta_{ij} = 0$ und man erhält daraus mit den Hauptträgheitsmomenten Θ_x, Θ_y, Θ_z *die Eulerschen Gleichungen in skalarer Schreibweise*

$$\begin{aligned} \Theta_x \dot{\omega}_x - (\Theta_y - \Theta_z)\omega_y \omega_z &= M_x \\ \Theta_y \dot{\omega}_y - (\Theta_z - \Theta_x)\omega_z \omega_x &= M_y \\ \Theta_z \dot{\omega}_z - (\Theta_x - \Theta_y)\omega_x \omega_y &= M_z \end{aligned} \ , \tag{7.8}$$

in Komponenten des körperfesten xyz-Bezugsystems (o). Die Bewegungsgleichungen sind nur in wenigen Sonderfällen geschlossen lösbar.

7.4.2 Aufgaben der Lageregelung, Stabilisierungsarten, Stellglieder

Die Betrachtung der in den Abbildungen 7.4 und 7.4 skizzierten Missionsabläufe der Höhenforschungssonden ASTRID (Drallstabilisierung) und DACHS (Dreiachsenstabilisierung) läßt folgende Aufgaben des Lageregelungssystems erkennen, die nach der Trennung von der Trägerrakete und Verlassen der Erdatmosphäre nacheinander ausgeführt werden:

1. Geschwindigkeitsdämpfung bzw. -regelung: Beseitigung und/oder Regelung einzelner oder aller Komponenten des Drehvektors, insbesondere Dämpfung von Nutations- bzw. Taumelbewegungen.
2. Zielausrichtung, Akquisitionsmanöver: Überführen des Fluggerätes aus einer anfangs beliebigen räumlichen Orientierung in die geforderte Ziellage.
3. Lagestabilisierung: Stabilisierung in der Zielorientierung, Kompensation von Störmomenten, gegebenenfalls Entsättigung von Drallrädern oder Stellkreisen.
4. Steuerung von Nickbewegungen: Geschwindigkeitsregelung zum optischen Abtasten eines räumlichen Winkelbereiches.

Die Stabilisierung eines Raumfluggerätes in einer vorgeschriebenen Orientierung kann entweder aktiv durch Aufbringen bordseitig erzeugter Stellmomente (aktive Stabilisierung = Lageregelung) oder passiv durch Ausnützung natürlicher äußerer Einflüsse (passive Stabilisierung) bzw. durch eine Kombination beider Maß-

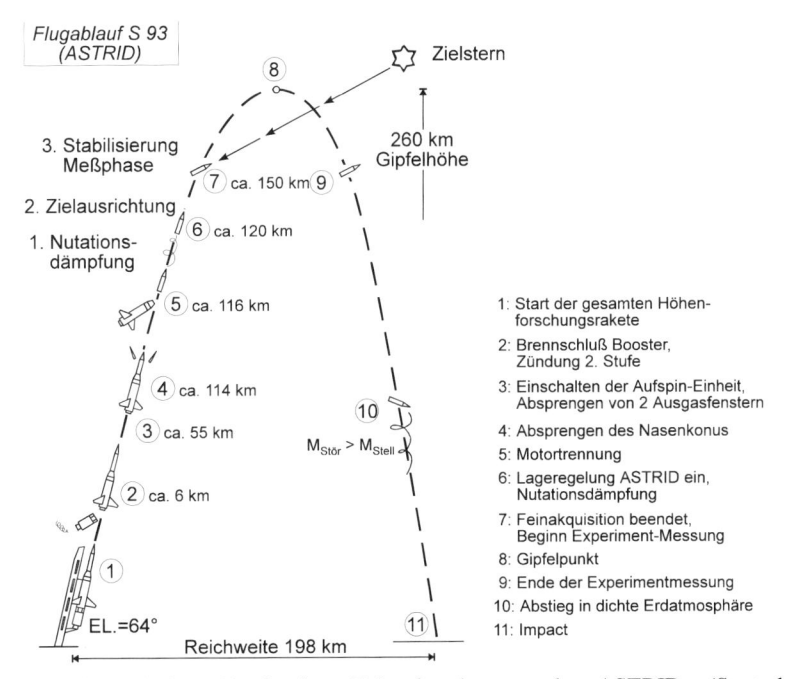

Abb. 7.4. Missionsablauf der Höhenforschungssonde ASTRID (Startrakete zunächst aerodynamisch, dann mittels Drall passiv stabilisiert).

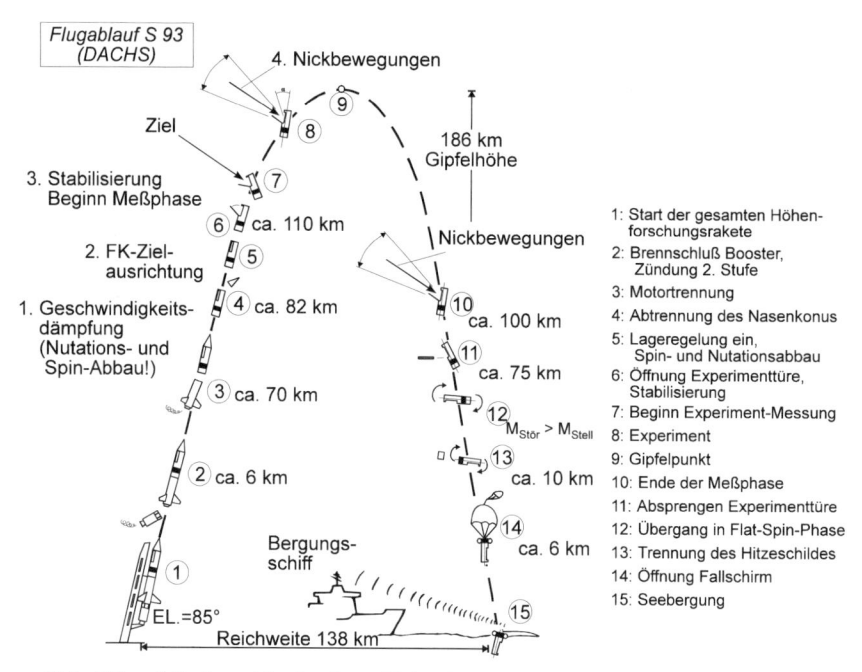

258   7 Antriebssysteme für die Lage- und Bahnregelung

Abb. 7.5. Missionsablauf der Höhenforschungssonden DACHS (Startrakete zunächst aerodynamisch, dann dreiachsenstabilisiert).

nahmen (semipassive oder semiaktive Stabilisierung) erfolgen.

Passive Stabilisierungsmethoden nutzen entweder das Beharrungsvermögen rotierender Körper (passive Drallstabilisierung) oder äußere Momente aus, die das Bestreben haben, den Flugkörper in einer bestimmten Weise auszurichten. Der Flugkörper ist hierbei (z.B. bezüglich seiner Masseverteilung oder Aerodynamik) so auszulegen, daß die Umwelteinflüsse (z.B. Gravitationskräfte oder Erdatmosphäre) auf stabilisierende Drehmomente bezüglich einer Gleichgewichtslage des Körpers führen, die der durch die Mission vorgeschriebenen Sollorientierung entspricht.

Für erdnahe Raumflugkörper kommen neben der nur beschränkt anwendbaren passiven Drallstabilisierung vor allem die Gravitationsstabilisierung und die passiv-magnetische Stabilisierungsmethode in Betracht. Für große Bahnhöhen (z.B. geostationäre Bahnen) und interplanetare Missionen bietet sich die Stabilisierung mit Hilfe des solaren Strahlungsdruckes an. Die Nutzung der Restatmosphäre der Erde zur passiven aerodynamischen Stabilisierung ist nur in einem Höhenbereich möglich, wo der Satellit zugleich stark verzögernden Widerstandskräften ausgesetzt ist und verbietet sich meist aus Gründen der starken Bahnbeeinflussung.

Passive Stabilisierungsverfahren kommen ohne Regeleinrichtungen, Sensoren und Stellglieder aus und erfordern keine Energiequellen. Sie sind daher einfach, billig, zuverlässig und von theoretisch unbegrenzter Lebensdauer. Die passive Stabilisierung ist jedoch starr und nur für spezielle Aufgaben einsetzbar. Sie ist

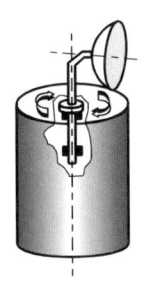

| Spinstabilisierung | Stabilisierungs-schwungrad "momentum wheel" | Reaktions-schwungräder "reaction wheels" | Momenten-kreisel "control moment gyro" |

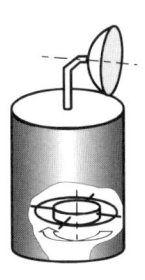

Abb. 7.6. Stellglieder.

zudem ungenau. Aus diesen Gründen ist die passive Stabilisierung zunehmend durch aktive Stabilisierungsmethoden verdrängt worden. Passive Maßnahmen werden jedoch häufig zur Unterstützung eines aktiven Lageregelungssystems eingesetzt, wodurch ein geringerer Treibstoff- bzw. Energieverbrauch und eine größere Lebensdauer erzielt wird.

Die *aktive Lageregelung* kann im Idealfall ein Raumfluggerät in jeder beliebigen Orientierung mit hoher Genauigkeit stabilisieren, wobei die Zielorientierung während unterschiedlicher Missionsphasen variieren kann.

Die Lageregelung unterscheidet zwischen der *Drallstabilisierung*, bei der ein Hauptkörper des Raumfahrzeugs um eine (Symmetrie-) Achse rotiert, und der *Dreiachsenstabilisierung* mit eindeutiger Orientierung aller drei Flugkörperachsen. Dabei müssen jeweils die Einflüsse äußerer Störmomente (aerodynamische und magnetische Störmomente, Gravitationsmomente, Strahlungsdruckmomente, Störeinflüsse von Meteoritentreffern u.a.) und innerer Störmomente (z.B. mechanisch bewegter Teile von Aufzeichengeräten, Bewegung der Besatzung, Momente infolge von Schubvektorfehlern bei Bahnkorrekturmanövern oder infolge Lecks pneumatischer Systeme) durch Steuermomente beseitigt werden.

Zur Erzeugung von Stellmomenten für die Steuerung der Drehbewegung des Flugkörpers verwendet die Lageregelung im wesentlichen vier Arten von Stellgliedern (Abb. 7.6):

1. Reaktionsdüsen (Drehimpulserzeuger)
2. Stellmagnete (Drehimpulserzeuger)
3. Drallräder (Drallachse satellitenfest, Drehimpulsspeicher)
4. Stellkreisel (kardanische Aufhängung, Drehimpulsspeicher)

Die Methoden 3 und 4 kommen nur in Verbindung mit einem Stellsystem nach 1 oder 2 (meist 1) vor, da die Drehgeschwindigkeiten der Drallräder bei nicht periodisch wirkenden äußeren Störmomenten zum Abbau des akkumulierten Dralls von Zeit zu Zeit vermindert werden müssen (sogenanntes Entsättigungsmanöver). Die kombinierte Verwendung von Drehimpulsspeichern und Dreh-

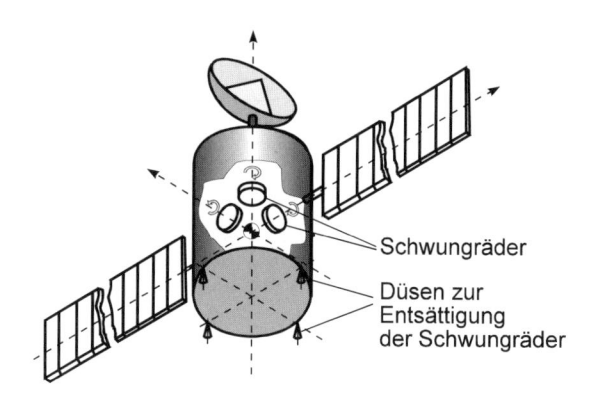

Abb. 7.7. Kombinierte Lageregelungssysteme mit Schwungrädern und Schubdüsen.

impulserzeugern nach Abb. 7.7 bietet Vorteile in bezug auf Treibstoffbedarf, Lebensdauer und erreichbare Ausrichtgenauigkeit. Soweit nicht das Prinzip der Drallstabilisierung (Beispiel: INTELSAT VI) angewendet wird, verwenden daher alle modernen Anwendungssatelliten Drallspeicher in Verbindung mit einem Schubdüsensystem (Beispiel: TV-Sat, DFS-Kopernikus).

7.4.3 Anforderungen der Drallstabilisierung

Die Drehbewegung eines um eine Körperachse mit konstanter Winkelgeschwindigkeit rotierenden Flugkörpers kann unterteilt werden in eine sogenannte Nutations- und eine Präzessionsbewegung.

Nutationsbewegung und Nutationsdämpfung (Regelphase I)

Die in Abb. 7.8 skizzierte Nutationsbewegung beschreibt die Bewegung der Figurenachse z um die momentane Drallrichtung $\vec{D}$, die bei fehlenden Momenten fest ist. Für Momente $M_x=M_y=M_z=0$ und Trägheitsmomente $\Theta_x=\Theta_y$ folgt aus den Eulergleichungen ω_z=const. und

$$\omega_x = \omega_q \sin \Omega t \quad , \tag{7.9}$$

$$\omega_y = \omega_q \cos \Omega t \quad , \tag{7.10}$$

mit
$$\omega_q = \sqrt{\omega_x^2 + \omega_y^2} = \text{const.} \tag{7.11}$$

und
$$\Omega = \frac{\Theta_x - \Theta_z}{\Theta_x} \omega_z \tag{7.12}$$

7.4 Die Lageregelung von Raumfahrzeugen

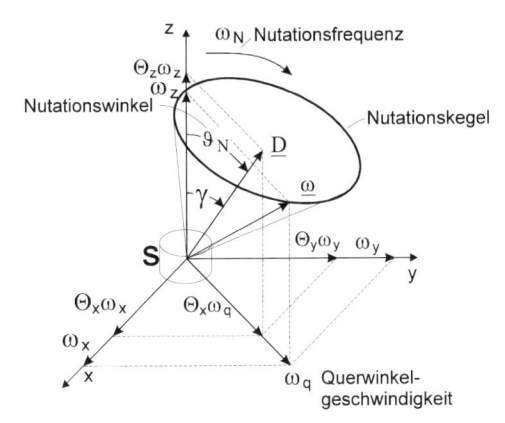

Abb. 7.8. Geometrische Deutung der Nutationsbewegung eines kräftefreien, symmetrischen Satelliten.

Die z-Achse beschreibt mit der Kreisfrequenz ω_N der Nutationsbewegung den sogenannten Nutationskegel, dessen halber Öffnungswinkel ϑ_N

$$\vartheta_N = \arctan\frac{\Theta_x \omega_q}{\Theta_z \omega_z} = \arctan\frac{\omega_q}{\omega_N} \quad , \tag{7.13}$$

mit
$$\omega_N = \frac{\Theta_z \omega_z}{\Theta_x} \quad , \tag{7.14}$$

die Genauigkeit der Orientierung beeinträchtigt.

Die aktive Nutationsdämpfung (d.h. die Beseitigung der Querwinkelgeschwindigkeiten ω_x bzw. ω_y) erfordert nun Stellmomente, deren Vorzeichen mit der Kreisfrequenz Ω wechseln und deren Dauer $t_{an} < \pi/\Omega$ beträgt. Der Impuls-Antriebsbedarf ist im Idealfall

$$\Delta I = \frac{\Theta_x \omega_q}{l} \quad , \tag{7.15}$$

wobei l der Hebelarm der verwendeten Düsen ist. Die aktive Nutationsdämpfung kommt wegen der hohen Aktivierungsfrequenz (Ω) der Schubdüsen nur für kurze Missionen bzw. für kurze Missionsphasen in Betracht.

Deshalb wird bei Langzeitmissionen zur Verminderung der Stellmomentschaltzahlen und des Energie- bzw. Treibstoffverbrauchs eine passive Nutationsdämpfung durch Energiedissipation eingesetzt (s. Abb. 7.9). Beispielsweise wird durch Flüssigkeitsdämpfer wird die Nutation exponentiell gedämpft:

$$\vartheta_N = \vartheta_N(t_0)\exp\left(-\frac{t}{T_D}\right) \quad . \tag{7.16}$$

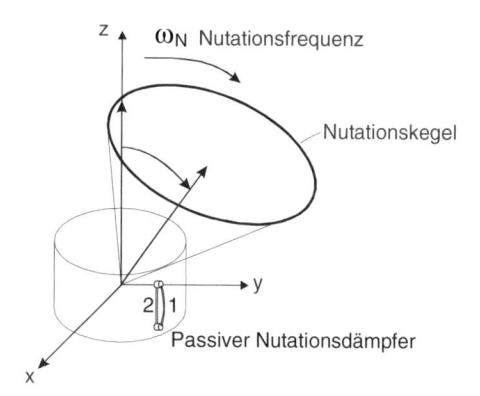

Abb. 7.9. Zur Erläuterung der passiven Nutationsdämpfung: Die Energiedissipation erfolgt durch die Bewegung einer Flüssigkeit, z.B. Quecksilber, im Rohr 1. Rohr 2 dient hier als Druckausgleich.

Darin sind T_D eine Dämpfungskonstante, t die Zeit und $\vartheta_N(t_0)$ der Anfangswert des Nutationswinkels. Voraussetzung für die Verwendung passiver Dämpfer ist, daß die Rotationsachse z zugleich Achse des größten Trägheitsmomentes ist, d.h. $\Theta_z / \Theta_x > 1$ (Ausnahme: Dual-Spin-Satelliten).

Präzessionsbewegung und Zielausrichtung (Regelphase II)

Die Nutation ist im allgemeinen Fall einer Präzessionsbewegung überlagert, welche die Änderung des Drehimpulsvektors bei Einwirken eines äußeren Momentes beschreibt. Zur Zielausrichtung des Flugkörpers (Akquisitionsmanöver) muß zunächst der Drallvektor gemäß Abb. 7.10 in Zielrichtung orientiert und anschließend eine vorhandene Nutationsbewegung beseitigt werden.

Unter der vereinfachenden Annahme $\omega_x = \omega_y = 0$, d.h. z-Figurenachse und Drallvektor fallen zusammen, folgt aus Abb. 7.11 für die zeitliche Richtungsänderung des Drallvektors $\vec{D}$

$$\omega_P = \frac{d\delta}{dt} = \frac{M \sin\gamma}{D} \quad , \tag{7.17}$$

bzw.

$$\vec{\omega}_P = \frac{\vec{D} \times \vec{M}}{D^2} \quad , \tag{7.18}$$

in Vektorform, wobei voraussetzungsgemäß $D = \Theta_z \omega_z$ ist. Der Anteil $M\cos\gamma\, dt$ des Momentes führt auf eine unerwünschte betragsmäßige Dralländerung um die Figurenachse z, so daß - auch aus Gründen des Antriebsbedarfs - das Stellmoment $\vec{M}$ zweckmäßig senkrecht zum Drallvektor $\vec{D}$ aufgebracht wird, d.h. also $\gamma = 90°$.

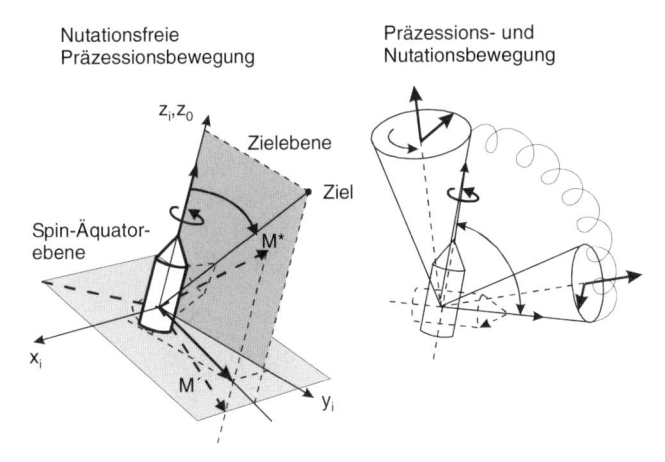

Abb. 7.10. Präzessionsbewegung und Zielausrichtung eines drallstabilisierten Flugkörpers.

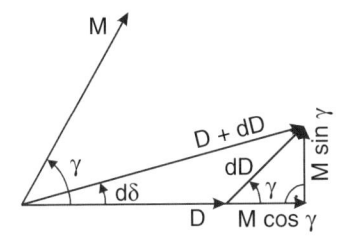

Abb. 7.11. Skizze zur Dralländerung.

Gemäß Gl. (7.18) muß für die Zielausrichtung des Flugkörpers das resultierende Stellmoment in der durch $\vec{D}$ und die Zielrichtung aufgespannten Zielebene erzeugt werden. Da für die Momenterzeugung eine endliche Zeitspanne dt benötigt wird, während welcher der Flugkörper eine Rotation $\omega_z dt$ ausführt, kann nur die in der Zielebene wirkende Komponente $M\cos\alpha$ des Stellmomentes für die Drallrichtungsänderung genutzt werden, wobei α den Winkel zwischen $\vec{M}$ und der Zielebene anzeigt.

Die Änderung der Drallrichtung um einen Winkel δ mit Hilfe von Schubdüsen erfordert daher einen um die sogenannten cos-Verluste erhöhten Antriebsbedarf

$$\Delta I = F\Delta t = \sum_i \Delta I_i = \frac{\delta \Theta_z \omega_z}{l} \frac{\alpha}{\sin\alpha} \quad . \tag{7.19}$$

Darin steht Δt für die gesamte Blasdauer der Düse(n) und ΔI_i für den während einer Flugkörperumdrehung erzeugten Stellimpuls, α für den halben Zündwinkelbereich gemessen gegenüber der Zielebene und l für den Hebelarm der Düse(n). (Beachte: für $\alpha \to 0$ wird $\alpha/\sin\alpha \to 1$).

Die Akquisitionsphase kann gegebenenfalls zunächst eine Grobausrichtung des Fluggerätes (auf z.B. 2 Grad) und eine anschließende Feinakquisition beinhalten, wobei unter Umschaltung auf ein genaueres Lagemeß-System und eventuell auf ein Stellsystem mit kleineren Schüben bzw. Stellmomenten die Orientierungsfehler - z.T. bis in den Bogensekundenbereich hinein - weiter vermindert werden. Der zeitliche Ansatz der Stellimpulse muß daher sehr genau sein.

Die Vorschrift einer Ausrichtgenauigkeit δ_G führt auf die Forderung eines Minimalimpulses ΔI_{min} (im allgemeinen im mNs-Bereich !), den das Stellsystem realisieren muß

$$\Delta I_{min} = (F \Delta t_{min}) \ll \frac{\delta_G \Theta_z \omega_z}{l} \frac{\alpha}{\sin \alpha} \quad . \tag{7.20}$$

Der zeitliche Ansatz der Stellimpulse muß z.T. sehr genau sein.

Lagestabilisierung (Regelphase III)

Auf den Flugkörper wirkende Störmomente $\vec{M}_{St}$ führen auf eine Änderung der Drallrichtung und damit auf zunehmende Orientierungsfehler, wenn die Störeinflüsse nicht kompensiert werden (Kreiseldrift !).

Aus diesem Grunde ist die passive Drallstabilisierung, die ohne ein Lageregelungssystem auskommt, nur beschränkt und zwar nur während kurzer Missionsphasen anwendbar. Sie wird beispielsweise während des Satelliten-Transfers in den geostationären Orbit eingesetzt. Die Kompensation der Störmomente erfolgt bei der aktiven Drallstabilisierung durch ein Schubsystem, welches zur Beseitigung der durch die Störungen $\vec{M}_{St}$ verursachten Winkelfehler von Zeit zu Zeit aktiviert wird.

Während einer Missionszeit T wird hierfür ein Impuls-Antriebsbedarf

$$\Delta I = \frac{\int_0^T M_{St} dt}{l} \frac{\alpha}{\sin \alpha} \quad , \tag{7.21}$$

bzw. eine Treibstoffmenge m_T

$$m_T = \frac{\Delta I}{I_s g_0} \quad , \tag{7.22}$$

benötigt. Hierbei stehen l für den Hebelarm der Düse(n), 2α für den während eines Schubpulses überstrichenen Drehwinkelbereichs (hier als konstant angenommen), I_s für den spezifischen Impuls des Antriebes und g_0 für die Erdbeschleunigung am Boden.

7.4.4 Anforderungen der Dreiachsenstabilisierung

Bei dreiachsenstabilisierten Flugkörpern werden alle drei Achsen ausgerichtet und stabilisiert. Da die Komponenten des Drehvektors $\bar{\omega}$ in diesem Fall gering sind (idealerweise Null), können die Eulergleichungen linearisiert werden, und man erhält für die Drehbewegung des Fluggerätes um die einzelnen körperfesten Hauptträgheitsachsen Ausdrücke der Form

$$\Theta\dot{\omega} = \Theta\ddot{\varphi} = M \quad , \tag{7.23}$$

wobei Θ das als konstant anzusehende Trägheitsmoment, φ die Winkelbeschleunigung und M das um die betrachtete Achse wirkende Moment bezeichnen. Die folgende Betrachtung der Bewegung um eine Flugkörperachse gilt entsprechend für die beiden anderen Achsen.

Geschwindigkeitsdämpfung (Regelphase I)

Eine nach dem Trennvorgang von der Trägerrakete vorhandene Drehbewegung des Raumflugkörpers (Taumelbewegung i.a. $\omega \leq 1°/s$; engl.: „tip-off-rate") erfordert zur Beseitigung einen Impuls-Antriebsbedarf

$$\Delta I = F\Delta t = \frac{\Theta\Delta\omega}{l} \quad , \tag{7.24}$$

worin F der Schub, l der Hebelarm und $\Delta\omega$ die Winkelgeschwindigkeitsänderung ist. Für die Geschwindigkeitsdämpfung kommen im allgemeinen nur konventionelle Antriebe (z.B. Kaltgas- oder Hydrazinsystem) in Betracht, da eine Verwendung elektrischer Triebwerke wegen ihres niedrigen Schubes F (mN-Bereich) auf zu lange Antriebszeiten Δt (1 bis 10 Stunden) führen würde. Während so langer Zeiten kann der elektrische Energiebedarf der Triebwerke nicht durch die Bordbatterie gedeckt werden. Die Solarpanels können erst nach Abschluß der Regelphase I entfaltet werden!

Zielausrichtung, Akquisitionsphase (Regelphase II)

Während der Antriebsphasen führt der Düsenschub auf eine konstante Winkelbeschleunigung des Flugkörpers um die betrachtete Achse

$$\ddot{\varphi} = \pm m \equiv \pm\frac{M}{\Theta} = \pm\frac{Fl}{\Theta} \quad , \tag{7.25}$$

worin Störmomente gegenüber dem Stellmoment M vernachlässigt sind.

Darin ist m das auf das Trägheitsmoment normierte Stellmoment. Zweimalige Integration über t und Elimination des Zeitparameters t liefert

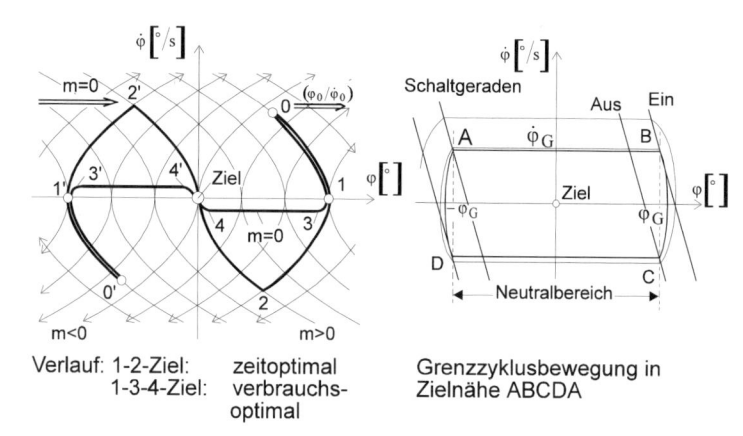

Abb. 7.12. Trajektorienverlauf des Akquisitionsvorgangs (links) und der Grenzzyklusbewegung (rechts) in der Phasenebene.

$$\dot{\varphi}^2 - \dot{\varphi}_0^2 = \pm 2m(\varphi - \varphi_0) \ . \tag{7.26}$$

Danach stellt sich die Drehbewegung um eine Flugkörper-Achse bei Einwirken eines Momentes in der $\varphi\dot{\varphi}$-Phasenebene der Abb. 7.12 als Parabel dar, die durch die Anfangswerte φ_0 bzw. $\dot{\varphi}_0$ für Lagewinkel und Geschwindigkeit und durch m festgelegt wird. Für Kurzzeitmissionen wird meist die skizzierte zeitschnelle, für Langzeitmissionen die quasi-verbrauchsoptimale Steuerung des Akquisitionsmanövers verwendet. Die Zielausrichtung erfordert insgesamt einen Impuls-Antriebsbedarf

$$\Delta I = F\Delta t = \frac{2\Theta\omega_m}{l} \ , \tag{7.27}$$

wo ω_m die für die jeweilige Steuerung erreichte maximale Winkelgeschwindigkeit $\dot{\varphi}$ bezeichnet und Θ das Trägheitsmoment, l den Hebelarm der Düse(n), F den Gesamtschub, Δt die gesamte Zündzeit der Düse(n).

Eine Begrenzung des Lagesensor-Sichtfeldes auf einen Bereich $\Delta\varphi_M$ erfordert ein Mindeststellmoment und damit eine Mindestschubhöhe F

$$F > \frac{\omega_A^2 \Theta}{2\Delta\varphi_M l} \tag{7.28}$$

dessen Wert i.a. die Verwendung elektrischer Triebwerke ausschließt. Darin steht ω_A für die Suchgeschwindigkeit des Akquisitionsmanövers, die in der Satellitentechnik oft zu 0,2°/s gewählt wird (Phase 3 - 4 in Abb. 7.12).

Lagestabilisierung (Regelphase III, Grenzzyklusphase)

Für Impulssysteme ist ein Ziel- bzw. Sollzustand $\varphi_z = \dot{\varphi}_z = 0$ nicht exakt erreichbar. Vielmehr stellt sich bei fehlenden Störmomenten eine bezüglich des Ziels symmetrische Grenzzyklusbewegung ein, vgl. Abb. 7.12. Hierbei werden aus Gründen geringer Düsen-Schaltzahlen und des Treibstoffverbrauchs längs der φ-Achse langgestreckte schmale Grenzzyklen angestrebt, für die lange antriebslose Phasen innerhalb der Neutralzone kennzeichnend sind. Eine solche Grenzzyklusbewegung erfordert die Realisierung reproduzierbarer Minimalimpulse $\Delta I_{min} = (F\Delta t)_{min}$ im mNs-Bereich, d.h. möglichst kleine Schübe F und kurze Aktivierungszeiten der Düsen. Die Forderung nach kleinen Schüben steht im Gegensatz zu den vergleichsweise hohen Schubforderungen der Regelphasen I und II.

Unter der Voraussetzung eines kleinen Verhältnisses von Antriebs-/Driftzeit<<1 bestimmt sich der Impuls-Antriebsbedarf der symmetrischen Grenzzyklusbewegung (fehlende Störmomente) aus

$$\Delta I = \sum_{i=1}^{n} \Delta I_i = n\Delta I_{min} = n(F\Delta t)_{min} \quad [Ns], \tag{7.29}$$

wobei ΔI_i die Einzelimpulse am linken bzw. rechten Rand der Neutralzone bezeichnet, die im stationären Betrieb gerade dem technisch realisierbaren Minimalimpuls ΔI_{min} entsprechend gewählt werden. Die Anzahl n der Stellimpulse

$$n = T \frac{\Delta I_{min} l}{4\Theta \varphi_G} \quad , \tag{7.30}$$

während einer gegebenen Missionszeit T stellt eine kritische Entwurfsgröße für das Schubsystem dar, da sie als Maß für die Schaltzahl der Düsenventile (=n/2) bestimmend ist für deren Funktions- bzw. Lebensdauer. (Bei mehrjährigem Satellitenbetrieb können leicht Schaltzahlen $n \geq 10^6$ erreicht werden !)

Der Treibstoffverbrauch folgt zu

$$m_T = T \frac{\Delta I_{min}^2 l}{4 g_0 \Theta I_s \varphi_G} \quad , \tag{7.31}$$

und ist damit proportional dem Quadrat des Minimalimpulses ΔI_{min}, aber nur proportional dem Kehrwert des spezifischen Impulses I_s des Schubsystems und der geforderten Ziel-Ausrichtgenauigkeit φ_G, Abb. 7.12. In dieser Gleichung ist Θ wieder das Trägheitsmoment um die betrachtete Flugkörperachse, l der Hebelarm der Düse(n) und g_0 die Erdbeschleunigung. Beachte: Im Gegensatz zur Drallstabilisierung wird für die Dreiachsenstabilisierung auch bei fehlenden Störmomenten Treibstoff verbraucht!

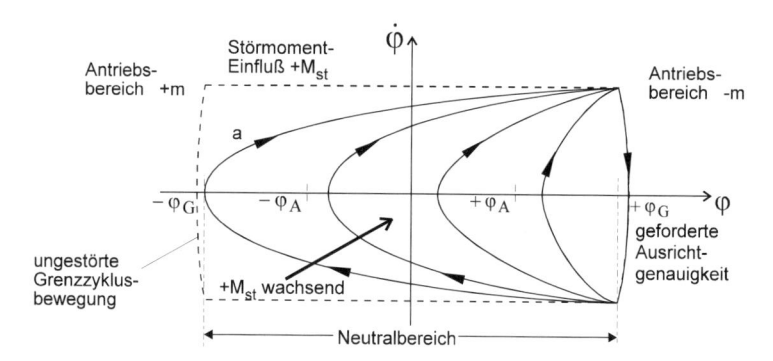

268   7 Antriebssysteme für die Lage- und Bahnregelung

Abb. 7.13. Unsymmetrische Grenzzyklusbewegung bei Gegenwart eines äußeren Störmoments.

Bei Einwirken eines Störmomentes $M_{St} \neq 0$ wird für wachsende M_{St} die ursprünglich symmetrische Grenzzyklusbewegung mehr und mehr verformt. Die Verhältnisse sind in Abb. 7.13 für positive Störmomente veranschaulicht. Je nach Größe von M_{St} wird die durch einen Stellimpuls ΔI_i bewirkte Winkelgeschwindigkeits-Änderung $2\dot\varphi_G$ innerhalb der Neutralzone durch das Störmoment unterschiedlich schnell umgekehrt. Am günstigsten wäre Trajektorienverlauf a, da in diesem Fall sowohl der Treibstoffverbrauch als auch die Düsen-Schaltzahl minimal sind.

Wegen technischer Schwierigkeiten (Realisierungsaufwand!), den Stellimpuls ΔI_i der Steuerdüsen den während der Missionszeit veränderlichen Störmomenten anzupassen, werden in kombinierten Lageregelungssystemen in zunehmendem Maße Schubsysteme in Verbindung mit Drehimpulsspeichern eingesetzt, s. Abb. 7.7. Dabei wird die durch Störmomente bewirkte Dralländerung zunächst in einem Drallrad gespeichert und von Zeit zu Zeit mit Hilfe des Schubsystems beseitigt (Entsättigungsmanöver). In diesem Fall wird für die Kompensation des Störmomenteinflusses ein Antriebsbedarf ΔI benötigt:

$$\Delta I = \frac{1}{l} \int_0^T M_{St} dt \quad [Ns] \tag{7.32}$$

Dies gilt auch bei einseitigem Grenzzyklusbetrieb für das reine Schubsystem (d.h. Stellimpulse nur an einem Rand der Neutralzone bei genügend großen Störmomenten!).

7.5 Bahnregelung und Bahnkorrektur

7.5.1 Übersicht

Die Aufgaben des Bahnkorrektur- bzw. Bahnregelungssystems von Raumfluggeräten sind:
- Kompensation von Injektionsfehlern
- Positionierung und Positionswechsel geostationärer Satelliten
- Bahnregelung zur Kompensation von Störungen, insbesondere die Positionsregelung geostationärer Satelliten (Station Keeping) sowie für Rendezvous- und Andockmanöver
- Bahnkorrekturen interplanetarer Sonden

Im Sprachgebrauch wird zwischen Bahnregelung und Bahnkorrekturen bei Satelliten oft nicht unterschieden. In strengerem Sinne kann von einer Bahnregelung dann gesprochen werden, wenn der Regelkreis an Bord des Satelliten apparativ geschlossen ist. Dies ist in der Satellitentechnik meist nicht der Fall, da die Bahnvermessung und die Entscheidung zu Bahnkorrekturen sowie die Wahl der Korrekturstrategie durch eine Bodenstation und nicht bordautonom erfolgen. Der „Bahnregelkreis" wird somit funktechnisch über die Bodenstation geschlossen.

Bahnkorrekturen erfordern zur Ausrichtung des Schubvektors stets eine Lageregelung, die auch die Störmomente von Schubvektorfehlern kompensieren muß. Bei nicht paarweise angeordneten Lageregelungstriebwerken wie im skizzierten Beispielfall der Abb. 7.14 führt eine Düsenaktivierung zur Stellmomenterzeugung auf Störungen der Translationsbewegung, so daß die Lageregelungstriebwerke oft paarweise installiert werden (auch aus Gründen der Redundanz).

Zur Verwendung gepulster Plasmatriebwerke oder Ionenantriebe, für die niedrige Schubniveaus (wenige mN) kennzeichnend sind, ist festzustellen, daß parallel ein konventionelles Antriebssystem (z.B. Kaltgassystem, Hydrazinsystem) mit um etwa zwei Größenordnungen größeren Schubhöhen (z.B. 0,5N) vorgesehen werden muß, um Manöver mit höherem Schubbedarf auszuführen (Dämpfung von Winkelgeschwindigkeiten, Akquisition).

7.5.2 Kompensation von Injektionsfehlern und Positionierung

Der Einschuß von Satelliten bzw. Raumflugsonden in eine Zielbahn ist wegen Brennschluß- und Schubrichtungsfehlern der Raketenoberstufe im allgemeinen fehlerbehaftet. Die Beseitigung solcher Injektionsfehler erfolgt mit dem Bahnkorrektursystem und erfordert je nach verwendetem Trägersystem und Einschußverfahren einen Antriebsbedarf von $\Delta v < 5$ m/s.

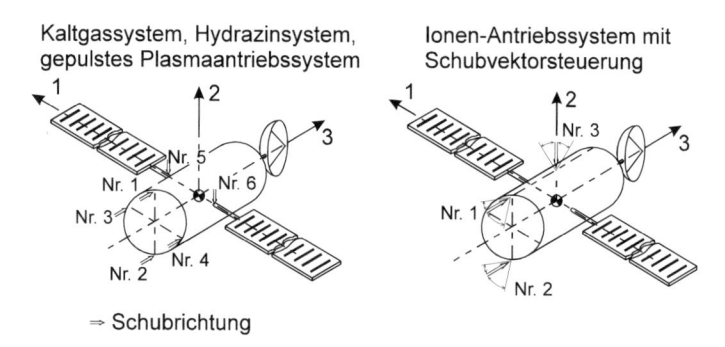

270 7 Antriebssysteme für die Lage- und Bahnregelung

Abb. 7.14. Mögliche Anordnung der Triebwerke für einen Satelliten.

Die Vorgehensweise der Positionierung eines geostationären Satelliten ist in Abb. 7.15 für impulsförmigen und in Abb. 7.16 für kontinuierlichen Antrieb skizziert. Bei Verwendung eines kontinuierlichen Antriebs (elektrische Raketen) wird für eine longitudinale Positionsänderung um $\Delta\lambda$ während der Zeitspanne Δt (Transferzeit) der Antriebsbedarf

$$\Delta v = \frac{4}{3} R_S \frac{\Delta\lambda}{\Delta t} \quad , \tag{7.33}$$

(R_S Bahnradius GEO) benötigt.

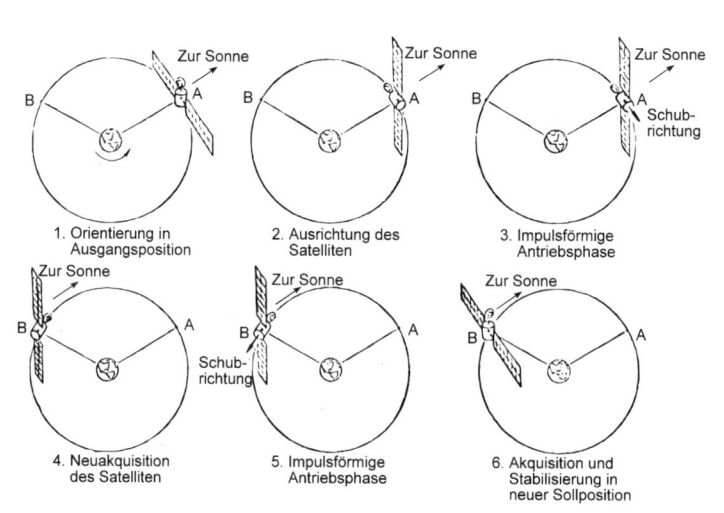

Abb. 7.15. Antriebsmanöver für Positionswechsel geostationärer Satelliten, Strategie für impulsförmige Geschwindigkeitsänderungen.

7.5 Bahnregelung und Bahnkorrektur   271

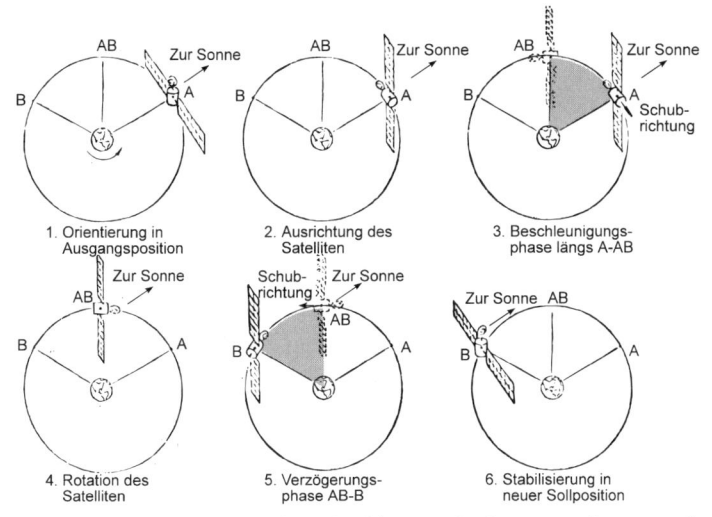

Abb. 7.16. Antriebsmanöver für Positionswechsel geostationärer Satelliten, Strategie für kontinuierliche Geschwindigkeitsänderungen.

Während der gesamten Übergangszeit muß dabei die Schubrichtung der Bahnkorrekturtriebwerke durch die Lageregelung kontrolliert werden. Die Antriebserfordernisse Δv sind in Abb. 7.17 in Abhängigkeit von der Transferzeit für verschiedene Schubniveaus und Positionswechsel am Beispiel eines Satelliten mit 765 kg Masse gezeigt. Der Δv-Antriebsbedarf halbiert sich beim Einsatz chemischer Satellitenantriebe, d.h. bei impulsförmigen Bahnübergängen unter Voraussetzung einer gleichen Transferzeit.

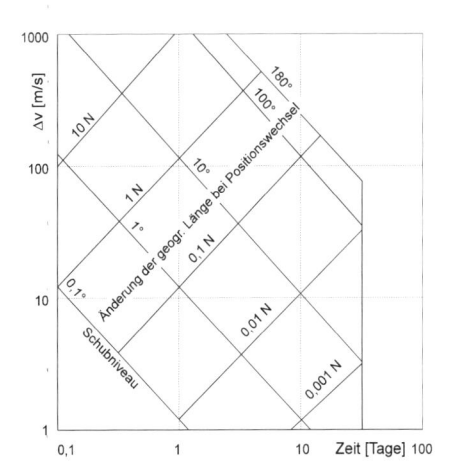

Abb. 7.17. Geschwindigkeitsbedarf für Positionswechsel bei kontinuierlichem Antrieb (Satellit 765 kg) in Abhängigkeit von der Transferzeit.

272   7 Antriebssysteme für die Lage- und Bahnregelung

7.5.3 Bahnregelung geostationärer Satelliten

Die Aufgaben und Vorgehensweise der Bahnregelung (Positionsregelung, Station Keeping) sind in Abb. 7.18 veranschaulicht und lassen die drei Antriebsmanöver der sogenannten Winkelkorrektur, der Translationskorrektur und der Exzentrizitätskorrektur unterscheiden.

Kompensation der Nord-Süd-Störung (Winkelkorrektur)

Gravitationseinflüsse von Sonne und Mond verursachen eine langperiodische Störung der Bahninklination i, die nach Abb. 7.19 momentan etwa 0,76°/Jahr (1998) beträgt. Eine Bahnneigung i≠0 führt auf eine täglich oszillierende Relativbewegung des Satelliten bezüglich seiner geostationären Sollposition in Nord-Südrichtung mit der Amplitude i. Eine Inklinationsänderung der Größe Δi erfordert

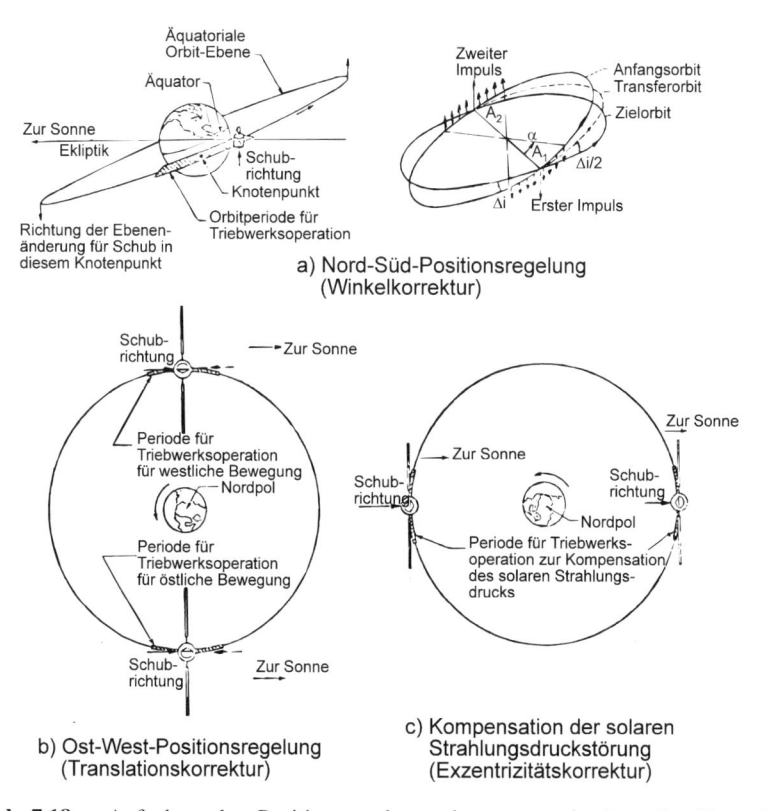

Abb. 7.18.   Aufgaben der Positionsregelung eines geostationären Satelliten. Die Triebwerkskonfiguration des betrachteten Satelliten läßt nur Schubrichtungen in Richtung Nord bzw. zur Sonne zu. Bei Wegfall dieser Beschränkungen ist eine Aktivierung der Düsen mit Schubrichtung auch in entgegengesetzter Richtung möglich.

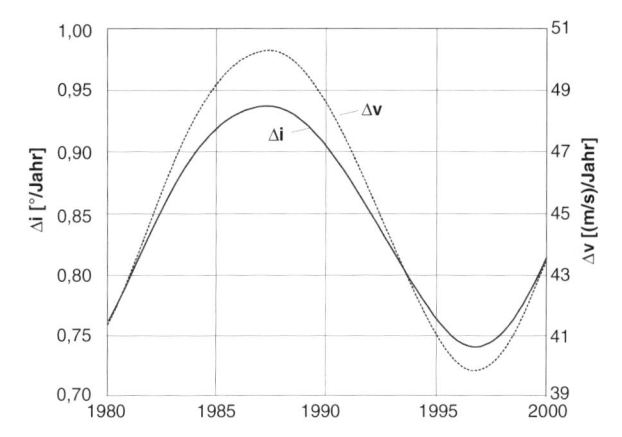

Abb. 7.19. Jährliche Inklinationsstörung Δi und Korrekturerfordernisse Δv bei impulsförmigen Manövern.

einen Δv-Antriebsbedarf

$$\Delta v_{NS} = v_S \Delta i \frac{\alpha}{\sin \alpha} \quad , \tag{7.34}$$

normal zur Bahnebene. Darin bezeichnet v_S=3074 m/s die Geschwindigkeit auf der Synchronbahn und 2α den Bahnwinkelbereich, innerhalb dessen die Korrekturmanöver ausgeführt werden. Die Winkelkorrektur wird zur Vermeidung von cos-Verlusten im Bereich der aufsteigenden und absteigenden Knoten der Bahn gemäß Abb. 7.18 durchgeführt (Für impulsive Manöver $\alpha \to 0$ strebt $\alpha/\sin\alpha \to 1$!).

Kompensation der Ost-West-Drift (Translationskorrektur)

Die ungleiche Massenverteilung der Erde führt auf eine Störbeschleunigung b_λ des Satelliten in östlicher oder westlicher Richtung je nach geographischer Länge λ

$$b_\lambda = 5{,}568 \cdot 10^{-8} \sin 2(\lambda - \lambda_S) \quad [\text{m/s}^2], \tag{7.35}$$

wo λ_S die benachbarte der beiden stabilen Positionen λ_S=75,3° Ost bzw. λ_S=104,7° West bezeichnet, vgl. Abb. 7.20. Infolgedessen erfährt ein Satellit eine longitudinale Driftbeschleunigung entsprechend

$$\ddot{\lambda} = -0{,}00168 \sin 2(\lambda - \lambda_S) \quad [°/\text{Tag}^2] \quad , \tag{7.36}$$

die eine langperiodische ($\approx$ 2,2 Jahre) Schwingung der Längenkoordinate λ und der Bahnhöhe verursacht. Um ein Wegwandern des Satelliten von seiner Sollposition zu verhindern, muß während der Missionszeit T ein Antriebsbedarf von

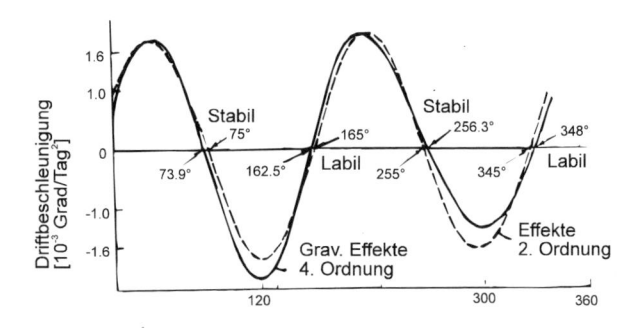

Abb. 7.20. Geschwindigkeitsbedarf der Ost-West-Positionsregelung als Funktion der geostationären Satellitenposition.

$$\Delta v_T = b_\lambda T \quad [m/s], \qquad (7.37)$$

für die Translationsmanöver in östlicher oder westlicher Richtung bereitgestellt werden. (Bemerkung: Diese Näherungen berücksichtigen Gravitationseffekte lediglich bis zur zweiten Ordnung.)

Kompensation des solaren Strahlungsdruckes (Exzentrizitätskorrektur)

Im Gegensatz zu den bisher diskutierten Bahnstörungen ist die Störung durch den solaren Strahlungsdruck von Satellitenparametern - insbesondere vom Fläche-Masseverhältnis - abhängig. Der solare Strahlungsdruck führt auf eine Änderung der Bahnexzentrizität e und der Lage der Apsidenlinie, wobei die Umlaufzeit nicht merklich beeinflußt wird. Die induzierte Exzentrizität e zieht eine tägliche longitudinale Oszillation der Amplitude 2e des Satelliten sowie eine Schwingung gleicher Periode um den nominalen Bahnradius R_S mit einer Amplitude entsprechend eR_S nach sich.

Der Strahlungsdruck der Sonne erteilt einem Erdsatelliten der Masse m und der Fläche A eine Störbeschleunigung vom Betrage

$$b_S = S(1+\sigma)\frac{A}{m} = SG \qquad (7.38)$$

mit $\qquad G = (1+\sigma)\frac{A}{m} \qquad (7.39)$

Darin ist $S=p_S$=solarer Strahlungsdruck (in Erdnähe $S = 4,5 \cdot 10^{-6} N/m^2$) und σ steht für den mittleren Reflexionskoeffizienten des Satelliten. Ausgehend von einer kreisförmigen Bahn baut sich im Laufe der Zeit als Folge obiger Störbeschleunigung eine Exzentrizität e näherungsweise gemäß

7.5 Bahnregelung und Bahnkorrektur

$$e(t) = e_A \left| \sin\left(\frac{1}{2}\dot{\lambda}_E t\right) \right| \quad , \qquad (7.40)$$

mit der Amplitude
$$e_A = \frac{3SG}{v_S \dot{\lambda}_E} = 0,022 G \qquad (7.41)$$

auf. (v_S=3074 m/s nominale Satellitengeschwindigkeit, $\dot{\lambda}_E \approx 1,9914 \cdot 10^{-7}$ rad/s mittlere Winkelgeschwindigkeit der Erdbewegung um die Sonne, Satellitenparameter G in [m²/kg]).

Für die Kompensation der solaren Strahlungsdruckstörung sind verschiedene Methoden bekannt. Ein Verfahren beseitigt den Störungseinfluß des Strahlungsdruckes durch ständiges Gegenblasen z.B. mittels elektrischer Triebwerke, deren Schub gerade die Störbeschleunigung des Satelliten $b_S = SG$ kompensiert. Hierfür muß ein jährlicher Antriebsbedarf von

$$\Delta v_S = b_S t_{Jahr} = SG\frac{2\pi}{\dot{\lambda}_E} \quad , \qquad (7.42)$$

gedeckt werden (ohne Berücksichtigung von Schattenphasen).

Einen Überblick über den Antriebsbedarf geostationärer Flugkörper gibt Tabelle 7.3.

Art der Korrektur	Ursache	Störeffekt	Kompensation	max. Geschwindigkeitsbedarf pro Jahr
Bahnkorrektur	Injektionsfehler	Ost- oder Westdrift (da Apogäumshöhe fehlerhaft und Nord-Süd-Oszillation)	Schub in Ost- oder West-richtung und Nord- oder Südrichtung	0 - 5 m/s
	Positionswechsel (z.B. $\Delta\lambda=180°$)	Drift missionsbedingt	Schub in Ost- oder West-richtung	35 - 110 m/s abhängig von Driftzeit (10 bis 30 Tage)
Winkelkorrektur	Gravitationseinflüsse von Sonne und Mond	Nord-Süd-Oszillation mit wechselnder Amplitude	alternierend Schub in Nord- und Südrichtung	40 - 51 m/s zeitabhängig
Translationskorrektur	ungleiche Massenverteilung der Erde (Triaxialität)	Drift in Ost- bzw. Westrichtung	Schub in West- oder Ostrichtung	bis zu 2 m/s positions- und zeitabhängig
	Strahlungsdruck der Sonne	periodisch, klein	Schub in Richtung zur Sonne oder Ost/West	konfigurationsabhängig 0 - 30 m/s
	innere Störungen, insbes. Schubvektorfehler der Bahnkorrekturtriebw.	destabilisierend, Rotation um Gierachse	Schubvektorkontrolle oder Stellmoment um Gierachse	3 - 6 m/s konfigurationsabhängig
Lagekorrektur	Strahlungsdruck der Sonne	Rotation um alle 3 Satellitenachsen	stabilisierende Stellmomente um alle 3 Achsen	bis zu 2 m/s konfigurationsabhängig
	Gravitationsgradient	Rotation um Roll- und Nickachse	Stellmomente um Roll- und Nickachse	bis zu 1 m/s konfigurationsabhängig

Tabelle 7.3. Erfordernisse der Bahn- und Lageregelung eines dreiachsen-stabilisierten geostationären Satelliten (für impulsförmige Korrekturen)

7.6 Systemanforderungen

Neben den von den Hauptantrieben bekannten Forderungen nach geringem Gewicht, hoher Zuverlässigkeit, geringen Kosten, Regelbarkeit des Schubes beispielsweise - die auch für Bahn- und Lageregelungssysteme gelten - sind letztere durch eine Reihe von Merkmalen ausgezeichnet, die nachstehend skizziert werden sollen:

- Gesamtimpuls $<10^6$ Ns, vergleichsweise gering,
- Schubniveau im Bereich weniger mN bis einige N,
- spezifischer Impuls z.T. um eine Zehnerpotenz größer (elektrische Raketen) als bei chemischen Primärantrieben,
- hohe Zuverlässigkeit bei langer Lebensdauer für Missionen von z.T. mehr als 12 Jahren Dauer,
- minimaler Impulsbit bis $<10^{-4}$ Ns,
- Pulsbetrieb; variable Pulsdauer von wenigen Millisekunden bis mehreren Minuten,
- hohe Pulsanzahl von z.T. $>10^6$; die Schaltspiele der Steuerventile können leicht eine Zahl von 200 000 pro Jahr übersteigen,
- gute Zündbarkeit sowohl bei heißem als auch bei kaltem Triebwerk,
- gute Reproduzierbarkeit des Schubprofils,
- geringe Zündverzugszeiten, Schubaufbau- und Abbauzeiten von wenigen ms,
- Umweltkompatibilität: die Treibstoffe müssen über lange Zeiten und über einen weiten Temperaturbereich in einer Null-g-Umgebung bei verschwindend geringen Ausgasungs- und Leckverlusten lagerfähig sein,
- gute Abgaseigenschaften: Treibstoffe bzw. ihre Zerfallsprodukte dürfen sich nicht in den Ventilen oder Düsen sowie auf optischen Flächen (z.B. Fenster für Lagesensoren und Experimente) niederschlagen.

Diese Betriebsbedingungen stellen hohe Anforderungen an Treibstoffventile und Fördersysteme, an Steuer- und Regeleinrichtungen sowie andere Komponenten. Viele in Primärantriebssystemen bewährte Treibstoffe kommen wegen mangelnder Lagerfähigkeit, Zündverzug oder anderen Schwierigkeiten von vornherein für Bahn- und Lagekorrektursysteme nicht in Betracht. Die folgenden Tabellen 7.4-7.6 stellen die Leistungsdaten von möglichen sekundären Antriebssystemen zusammen.

Nr	Treibstoff	Betriebs-art	Schub [N]	Spezifischer Impuls [s]	Min. Impulsbit [Ns]
1	Kaltgas (N_2)	D/P	0,005 - 5	72	$1 \cdot 10^{-5}$
2	Hydrazin - Druckgas	D/P	0,005 - 0,3	110	$1 \cdot 10^{-4}$
3	thermisch zersetz. Hydrazin	D/P	0,1 - 0,25	175	$5 \cdot 10^{-4}$
4	Katalytisch zers. Hydrazin	D/P	0,5 - 2	170 - 230	$3 \cdot 10^{-3}$
5	Zweistoff (N O – Aerozin 50)	D/P	> 2	295 - 310	> 0,1

Tabelle 7.4. Leistungsdaten von chemischen Steuertriebwerken.

Typ-Nr.	Triebwerksystem	Erforderliche Zyklenzahl / Betriebszeit	Ursache der Lebensdauerbeschränkung	Nachgewiesene Zyklenzahl / Betriebszeit	Lebensdauererwartung
1	Kaltgas-System	ca. 10^6 Zyklen	Leck am Ventil	ca. 10 Jahre	> 10 Jahre
2	Hydrazin-Druckgassystem	ca. 10^6 Zyklen in 7 - 10 Jahren	Vergiftung Katalysatorbett, Leck am Ventil	> 3 Jahre	7 - 10 Jahre
3	thermisches Hydrazinsystem	$2\text{-}3 \cdot 10^3$ Kaltstarts, ca. 10^6 Impulse	ggf. Heizelement	-	7 - 10 Jahre
4	Katalyt. Hydrazinsystem	ca. 10^6 Impulse	Schwund, Verbacken, Vergiftung Katalysator	10^6 heiße Impulse	15 Jahre
5	5 mN - Ionentriebwerk	$3\text{-}4 \cdot 10^3$ Kaltstarts, $<10^4$ Stunden	Erosion Beschleunigungsgitter; Kathodenhalterung; elektronischer Bauteilausfall	Neutralisator: $12 \cdot 10^3$ Std; TW: $3{,}8 \cdot 10^3$ Std	$15 \cdot 10^3$ Std.

Tabelle 7.5. Lebensdauer von Steuertriebwerken.

Triebwerkstyp	Solargenerator	Thermalkontroll-Oberflächen	Sensoren
Kaltgas - Triebwerk	keine Beeinträchtigung	keine Beeinträchtigung	ggf. Anpassung durch Gasauswahl notwendig
Hydrazin - Triebwerk	keine Beeinträchtigung durch Reaktionsprodukte N_2, H_2, NH_3	keine Beeinträchtigung durch Reaktionsprodukte N_2, H_2, NH_3	Kompatibilität von Fall zu Fall nachzuweisen
Cäsium - Ionentriebwerk	Kapton H-Folie, Teflon FEP und Weichlot wird von Cäsium angegriffen	Kapton H-Folie wird stark von Cäsium angegriffen	Optische Oberflächen können durch Cs-Ionen degradieren
Quecksilber - Ionentriebwerk	keine wesentliche Beeinträchtigung durch Quecksilber, wenn Weichlot vermieden wird. Starke Solarzellendegradation durch zerstäubtes Gittermaterial: 10 A-Molybdän-Schicht mindert Solarzellenleistung um 50 %	keine wesentliche Beeinträchtigung durch Quecksilber. Starke Beeinträchtigung des Wärmehaushalts möglich: 50 A-Molybdän-Schicht auf Solargeneratorrückseite bewirkt 25 % Leistungsminderung durch erhöhte Zellentemperatur	Optische Oberflächen können durch Hg-Ionen degradieren

Tabelle 7.6. Chemische Verträglichkeit von Triebwerks-Abgasen.

7.7 Arten sekundärer Antriebssysteme

In diesem Abschnitt soll eine knappe Übersicht über Antriebssysteme für die Bahn- und Lageregelung gegeben werden, wobei nur die Schubsysteme Berücksichtigung finden. Die Bedeutung, die derartige Antriebe erlangt haben, hat sich in einer Vielzahl von Antriebsprinzipien niedergeschlagen, die bereits weltraumerprobt sind oder sich in einem z.T. fortgeschrittenen Stadium der Entwicklung oder Erprobung befinden. Gemäß Tabelle 7.7 lassen sich die diskutierten Antriebe in folgende Hauptgruppen einteilen:

- Festtreibstoffsysteme
- Flüssigtreibstoffsysteme
- Gassysteme
- hybride Antriebssysteme
- elektrische Antriebssysteme

Die hybriden Antriebe (Heißgas-, Elektrolysesysteme und sog. Radioisojets) nehmen eine Sonderstellung zwischen den konventionellen und den elektrischen Antrieben ein und werden gelegentlich auch den elektrischen Antriebssystemen (den elektrothermischen Antrieben) zugerechnet, die bei einem hohen elektrischen Energieverbrauch vergleichsweise hohe spezifische Impulse aufweisen. Die Hybridsysteme stellen jedoch lediglich eine Verbesserung der herkömmlichen Feststoff-, Flüssigstoff- oder Gassysteme dar, wobei der Leistungsgewinn durch einen relativ bescheidenen Aufwand an zusätzlicher elektrischer oder thermischer Energie erkauft wird. Da bei elektrischen Antrieben (Ionen-, Plasmatriebwerke), denen der Treibstoff lediglich als Arbeitsmedium dient, die Antriebsenergie fast ausschließlich von der elektrischen Energiequelle aufgebracht wird, während hierzu im Gegensatz bei hybriden Systemen die Vortriebsenergie noch zu einem erheblichen Anteil von der inneren Energie des Treibstoffes stammt, soll die oben vereinbarte Unterscheidung hier beibehalten werden.

Die Tabelle 7.7 gibt Hinweise über den spezifischen Impuls, das bevorzugte Schubniveau und über den elektrischen Energiebedarf der verschiedenen Antriebssysteme. Die Übersicht ist im übrigen nicht vollständig und läßt eine Reihe von Nebenentwicklungen unberücksichtigt. In der Tabelle 7.8 sind einige charakteristische Eigenschaften einer Reihe von sekundären Antrieben zusammengestellt.

Als Beispiel ist in Abb. 7.21 ein Hydrazin-Katalyse-Lageregelungstriebwerk dargestellt. Für die Praxis ist es dabei von Bedeutung, die in Abb. 7.22 dargestellten Daten über den spezifischen Impuls in Abhängigkeit von der Länge eines Schubpulses und der Häufigkeit der Pulse möglichst genau zu kennen. Ein typisches Gesamtsystem kann, wie in Abb. 7.23 dargestellt, aus mehreren einzelnen Triebwerken bestehen, die alle von einem gemeinsamen Tank versorgt werden.

In Abhängigkeit von den geforderten Pulszeiten kann es außerdem vorteilhaft werden, Treibstoffe bzw. Triebwerke zu wählen, die bei einem stationären Betrieb schlechtere Leistungsdaten aufweisen. Dieser Sachverhalt ist in Abb. 7.24 illustriert.

280   7 Antriebssysteme für die Lage- und Bahnregelung

Schließlich ist, unter Hinweis darauf, daß die elektrischen Triebwerke Gegenstand von Kapitel 6 sind, lediglich eine Übersicht der elektrischen Antriebe in Tabelle 7.9 gegeben.

Antriebsart	spez. Impuls [s]	bevorzugter Schubbereich [N]	Energiebedarf	Status[1]
Festtreibstoffsysteme[2]	≤ 300	10^{-5} - 10		
Sublimationstriebwerk (mit Aufheizung)	50 -85 190		2 - 3 kW/N	O
Flüssigtreibstoffsysteme		0,1 - 5	5 - 10 W	
Einstoffsystem H_2O_2	160	0,1 - 10	vernachl.	O
Einstoffsystem N_2H_4	230	0,2 - 10	- " -	O
Plenumsystem N_2H_4	110 - 150	0,005 - 0,5	- " -	O
Zweistoffsystem N_2O_4/MMH	290 - 310	1 - 10	- " -	O
Verdampfungssystem NH_3 (auch Wasser oder Propan)	70 - 100	0,01 - 0,5	- " -	O
Gassysteme			5 W	
Einstoffsystem (z.B. N_2, Ar)	60 - 75	0,01 - 5	vernachl.	O
Zweistoffsystem (z.B. O_2/H_2)	350 - 405	10 - 100	- " -	LE
Hybridsysteme				
Aufheizungssysteme (Resistojet)(PACT, HIPEHT)[3]	130 - 500	0,05 - 0,5	< 500 W	O LE
Elektrolysesyst. H_2O (N_2H_4)	350 - 400	0,1 - 50	3 - 8 Wh/Ns	LE
Radioisojet	700 - 900	< 0,1		LE
Elektrische Antriebe	500 - 10000	0,01 - 5		
elektrothermische Lichtbogenantriebe (Arcjets)	450 - 2000	0,05 - 5	1 - 100 kW	O, LE
elektrostatische Triebwerke	3000–10000	0,01 - 0,1	0,5 - 5 kW	O
elektromagn. Triebwerke (gepulst u. kontinuierlich)	1000 – 4000	0,01 - 20	10 - 500 kW	LE (O)

[1] O: Operationell, LE: Laborentwicklung
[2] ohne praktische Bedeutung für die Satelliten-Lage- und Bahnregelung
[3] PACT: Power Augmented Catalytic Thruster; HIPHET: High Performance Electrothermal Thruster

Tabelle 7.7.   Übersicht der Antriebssysteme für die Lage- und Bahnregelung.

7.7 Arten sekundärer Antriebssysteme

SAS - Typ	Impulseigenschaften, Komplexität Zuverlässigkeit	Bemerkungen
Feststoffsysteme	nieder- bis mittelenergetisch, einfacher, kompakter Aufbau, hohe Zuverlässigkeit	gute Treibstofflagerfähigkeit, keine bzw. schlechte Pulsfähigkeit, daher für Lage- und Bahnregelungsaufgaben ohne praktische Bedeutung
Flüssigstoffsysteme	nieder- bis hochenergetisch	derzeit wichtigste Klasse der SAS! evtl. komplexes Tank-/ Fördersystem
Monergole H_2O_2, N_2H_4	niederenergetisch, vglw. einfach, gute Zuverlässigkeit	raumlagerfähige Treibstoffe, spontane katal. Zersetzung; sehr gute Impuls- und gute Minimalimpulseigenschaften;
Zweistoffsysteme N_2O_4/MMH	mittelenergetisch, vglw. komplex, zuverlässig	raumlagerfähige Treibstoffe, hypergol, gute Pulseigenschaften, mäßige Minimalimpulse
LOX/LH$_2$	hochenergetisch, komplex, nicht operationell	kryogene Treibstoffe, nicht raumlagerfähig, nicht hypergol
Kaltgassysteme (N , Ar, He, NH u.a.)	schlechte spez. Impulseigenschaften, niedriger Gesamtimpuls, geringe Komplexität, hohe Zuverlässigkeit	ausgezeichnete Pulseigenschaften, kleine Minimalimpulse, Hochdruck-Gasspeicherung, hohes Tankgewicht, keine Beeinträchtigung von Solargeneratoren und Thermalkontrollflächen
Hybridsysteme Resistojet	mittel- bis hochenergetisch, zusätzlicher Heizungsaufwand beeinträchtigt Zuverlässigkeit	Leistungssteigerung durch elektr. Energiezufuhr, begrenzt auf Niedrigschubsysteme
Elektrolysesystem H_2O	hochenergetisch (O_2/H_2), hohe Komplexität, nicht anwendungsreif	kompakte Treibstofflagerung, Zündschwierigkeiten, vglw. hoher Energiebedarf
Elektrische Raketenantriebe	hohe bis sehr hohe I_{sp}	hoher elektr. Leistungsbedarf
elektrothermische (Arcjets)	hohe spez. Impulse, komplex	nicht pulsfähig, kleiner Schub, geringe operationelle Erfahrungen, Elektrodenerosion
elektrostatische (Ionen-TW)	sehr hohe spez. Impulse, hoher Komplexitätsgrad, begrenzte Zuverlässigkeit	nicht pulsfähig, begrenzte Kaltstartfähigkeit und Lebensdauer
MPD - Antriebe	sehr gute I_{sp}, hoher Aufwand, komplex	noch nicht anwendungsreif, Forschungs- und Entwicklungsbedarf (Ausnahme: gepulste MPD-Triebwerke)

Tabelle 7.8. Eigenschaften einiger sekundärer Satellitenantriebssysteme.

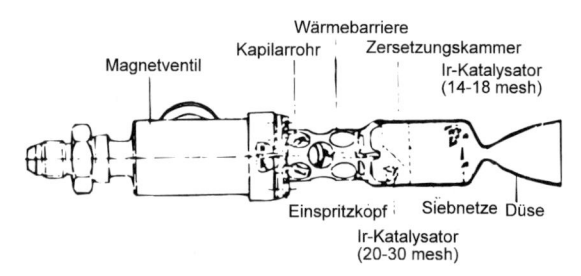

Abb. 7.21. N_2H_4 - Katalyse - Lageregelungstriebwerk. Die Zersetzung des in die Katalysatorkammer eingebrachten Hydrazins folgt dem Zusammenhang
$3N_2H_4 \rightarrow N_2 + 4NH_3 + 335$ kJ, $\quad 4NH_3 \rightarrow 2N_2 + 6H_2 - 184$ kJ.

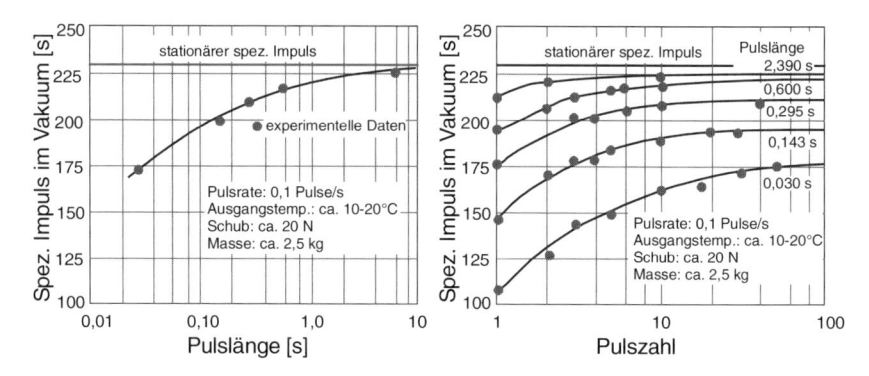

Abb. 7.22. Spezifischer Impuls in Abhängigkeit von der Länge eines Schubpulses und der Häufigkeit der Pulse für ein Hydrazin-Katalyse-Triebwerk.

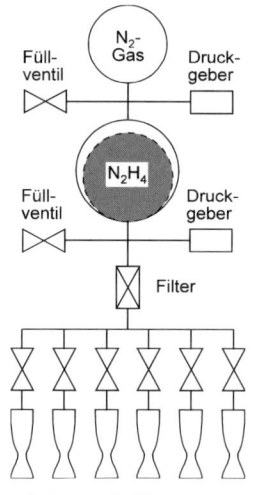

Abb. 7.23. Hydrazin - System (schematisch).

7.7 Arten sekundärer Antriebssysteme

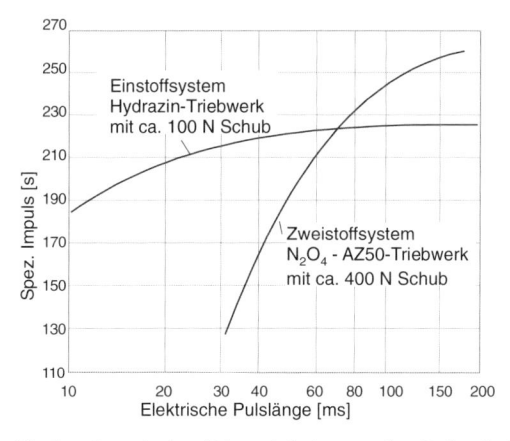

Abb. 7.24. Spezifischer Impuls in Abhängigkeit von der Pulszeit für ein Einstoff- und ein Zweistofftriebwerk.

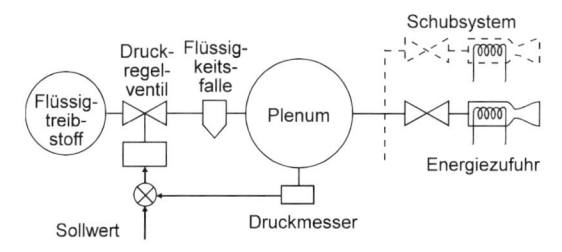

Abb. 7.25. Antriebssystem mit elektrischer Energiezufuhr zur Erhöhung des spezifischen Impulses (Resistojet).

Triebwerksart	Rückstoßmasse	spez. Impuls [sec]	Char. spez. Schub [N/kW]	char. Lebensdauer [h]	Gesamtwirkungsgrad [%]
A. Elektrothermisch	Plasma, Heißgase	200 -2000	0,01 - 0,25	500 - 1000	bis 70
Widerstands-Heizung	Heißgase	200 - 800	0,05 - 0,25	1000	< 70
Lichtbogen-Heizung	Plasma	400 - 2000			30 - 40
B. Elektrostatisch	Ionen	3000 - 10000	ca. $2 \cdot 10^{-2}$		70 - 80
Gasentladungsionenquelle	Ionen	3000 - 6000		5000	70 - 80
HF - Beschleuniger	Ionen	3000 - 6000	ca. 10^{-3}		70 - 80
FEEP	Ionen	6000 - 10000			
C. Elektromagnetisch	Plasma		$2 \cdot 10^{-2} - 10^{-1}$	1000	20 - 40
Magneto-Plasma-Dyn.	Plasma	800 - 4000			20 - 30
Hall-Ionenbeschl.	Plasma	2000 - 4000			30 - 60

Tabelle 7.9. Klassifizierung elektrischer Antriebe.

7.8 Vergleich der wichtigsten Triebwerkssysteme

In Ergänzung zu den im Zusammenhang mit der Diskussion der Systemanforderungen gemachten Angaben zu Leistungsdaten, Lebensdauer und chemischer Verträglichkeit einiger Triebwerkssysteme werden abschließend die z.Z. wichtigsten Triebwerkssysteme (katalytische Hydrazin-, Zweistoff- und Druckgassysteme sowie elektrothermische und elektrostatische Raketen) bezüglich der maßgebenden Beurteilungsgrößen, Schubbereich, spezifischer Impuls, Minimalimpuls, erreichbare Zyklenzahl und Systemgewicht diskutiert.

1. Schubbereich

   Für Lageregelungsaufgaben von Satelliten sind Triebwerksschübe unterhalb von 50 mN zweckmäßig, während der bevorzugte Schubbereich für die Ausführung von Bahnkorrekturen oberhalb etwa 0,05 bzw. 0,5 N liegt, je nachdem ob elektrische oder chemische Antriebe für die Bahnregelung eingesetzt werden. Für große Raumplattformen, Raumstationen sowie bemannte Raumfahrzeuge sind höhere Triebwerksschübe notwendig. Die niedrigen Schubforderungen der Lageregelung typischer Satelliten können mit Druckgassystemen gut erfüllt werden, doch sind diese durch schlechte Verbrauchseigenschaften (I_{sp}<75 s) gegenüber den anderen Systemen deutlich benachteiligt. Die Niedrigschubsysteme (elektrothermische Antriebe, Ionentriebwerke) kommen für die Lageregelung wegen mangelnder Pulsfähigkeit nicht in Betracht. Ihr Einsatzfeld ist die Bahnregelung, deren hohe Δv-Erfordernisse Antriebe mit hohen spezifischen Impulsen bevorzugen, wobei der Nachteil kleiner Schubbeschleunigungen wegen der Möglichkeit längerer Schubphasen nicht ins Gewicht fällt. Die Schubwerte von Flüssigtreibstoffsystemen reichen bei Einstofftriebwerken mit katalytischer Zersetzung des Hydrazins und bei Zweistofftriebwerken (z.B. N_2O_4/MMH) bis in den Schubbereich von etwa 0,2 N bzw. 1 N herab, wobei mittlere Impulswerte von ca. 200 bis 300 s bei sehr guten bis guten Pulseigenschaften erreicht werden. Die diese Triebwerke einen guten Kompromiß bezüglich der Anforderungen der Lage- und Bahnregelung bieten, werden sie verbreitet eingesetzt und stellen die derzeit wichtigsten Satellitenantriebe dar. Dabei treten Zweistoffsysteme trotz des höheren Systemaufwands wegen der günstigeren Verbrauchseigenschaften zunehmend an die Stelle von Einstoffsystemen, weil durch den Trend zu kombinierten Lageregelungssystemen unter Verwendung von Schubdüsen und Drehimpulsspeichern die Forderung nach Kleinheit des Triebwerksschubes und kurzen Schubpulsen an Bedeutung verliert. In diesem Fall kann der Einfluß von Störmomenten auf die Lageregelung durch die Drallspeicherung kompensiert und der akkumulierte Störungsdrall gesammelt im Rahmen eines Entsättigungsmanövers auch mit höheren Triebwerksschüben abgebaut werden. So verwenden beispielsweise der TV-Sat und DFS-Kopernikus (Zweistoff-) Triebwerke von 10 N Schub sowohl für die Lage- als auch die Bahnregelung.

2. Spezifischer Impuls:

   Die spezifischen Impulse elektrothermischer Raketen liegen um einen Faktor 2 bis 3 und von Ionenantrieben um eine Größenordnung über den Werten konventioneller chemischer Triebwerkssysteme. Diese Vorteile können in zukünftigen Missionen vor allem für Aufgaben der Bahninklinationsregelung genutzt werden. Am unteren Leistungsende sind die Einstoff-Druckgassysteme angesiedelt. Gasförmige Zweistoffsysteme lassen in der Paarung Wasserstoff-Sauerstoffgas günstige spezifische Impulseigenschaften von über 400 s erwarten, haben aber noch nicht die Anwendungsreife erreicht (Zündprobleme).

3. Minimalimpuls:
Sehr kleine Minimalimpulse $\Delta I_{min} < 10^{-5}$ Ns wie sie für die Lageregelung für hohe Ausrichtgenauigkeiten und einen minimalen Treibstoffverbrauch wünschenswert sind, lassen sich mit Druckgastriebwerken und (elektrisch beheizten) Resistojets realisieren. Diesbezüglich sind auch gepulste Plasmatriebwerke günstig, die bisher jedoch noch keine praktische Bedeutung erlangt haben. Mit ca. 10^{-3} bis 10^{-4} Ns weisen thermische Hydrazintriebwerke noch günstige Minimalimpulseigenschaften auf, welche die weltweiten Anstrengungen zur Entwicklung solcher Systeme während der letzten Dekade erklären. Diese Entwicklungsarbeiten sind inzwischen jedoch eingestellt worden. Einstofftriebwerke mit katalytischer Hydrazinzersetzung sowie Zweistofftriebwerke erreichen dagegen lediglich Minimalwerte oberhalb ca. 10^{-2} Ns bzw. 0,1 Ns. Allerdings gelten hier die obigen Bemerkungen, daß die Forderung nach kleinen Schüben und Minimalimpulsen durch den Trend zu Lageregelungskonzepten mit kombinierten Stellsystemen (Schubdüsen, Drallräder) an Bedeutung verliert.

4. Pulshäufigkeit:
Die erreichbare Zyklenzahl ist ein Maß für die Einsatz- bzw. Entwurflebensdauer eines Triebwerkssystems. Die hohe erreichbare Zyklenzahl $>10^6$ von Druckgassystemen spiegelt wieder, daß dieser Antrieb als voll entwickelt gilt. In den gleichen Bereich reichen katalytische Hydrazintriebwerke und Zweistofftriebwerke, die inzwischen für lange Missionsdauern von 15 Jahren (z.B. Intelsat 7) qualifiziert sind. Demgegenüber sind elektrothermische Lichtbogentriebwerke bisher lediglich für ca. eintausend bis einige Tausend Kaltstarts weltraumqualifiziert und damit für Aufgaben der Bahnregelung einsatzreif, für die im Vergleich zu Lageregelungsanforderungen kleinere Pulszahlen notwendig sind. Ionentriebwerke wurden bis zu 3000 Kaltstarts und einer Betriebsdauer von 10000 Std. in Bodentests erprobt und qualifiziert, haben aber im Weltraum den Nachweis ihrer Anwendungsreife noch nicht erbringen können. In Europa wird ihr Einsatz auf dem derzeit in Entwicklung befindlichen geostationären Fernmeldesatelliten ARTEMIS geplant, dessen ursprünglich für 1996 vorgesehener Start um 1 bis 2 Jahre verschoben worden ist.

5. Systemmassen:
Ein wesentliches Auswahlkriterium stellt für gegebene Missionsanforderungen die Antriebsgesamtmasse dar, die neben den Triebwerken, Treibstofftanks, Rohrleitungen, Ventilen, etc. auch die benötigten Treibstoffmengen einschließt. Die Systemmasse wächst mit dem ΔI-Antriebsbedarf linear um so steiler an je ungünstiger die spezifischen Impuls- bzw. Verbrauchseigenschaften eines Triebwerkssystems sind. Diesbezüglich sind die Kaltgassysteme am schlechtesten und elektrische Triebwerke am günstigsten. Umgekehrt verhält es

sich mit den Trockenmassen, die als ungefähres Maß für die Kostenaufwendungen angesehen werden können. Dabei ist darauf hinzuweisen, daß sich die Systemleermassen und Verbrauchseigenschaften durch technologische Fortschritte verbessern können und nicht als statische Werte interpretiert werden dürfen. Für Missionen mit vergleichsweise niedrigem Antriebsbedarf (z.B. Kurzzeitmissionen) stellt das Kaltgassystem die zweckmäßige Lösung dar. Im Bereich von etwa 10^3 bis 10^4 Ns Gesamtimpulsbedarf können zukünftig möglicherweise thermische Hydrazinsysteme angewendet werden, da sie den katalytischen Hydrazin- und Zweistoffsystemen hinsichtlich Pulsfähigkeit und Minimalimpuls überlegen sind. Bei höheren Antriebsanforderungen weisen Einstofftriebwerke mit katalytischer Zersetzung des Hydrazins sowie insbesondere Zweistoffsysteme zunehmend Vorteile auf. Oberhalb ca. 5×10^4 Ns werden elektrische Raketenantriebe attraktiv. Bei zunehmenden Missionsdauern und entsprechend wachsenden Antriebserfordernissen für die Lage- und Bahnregelung erklärt sich die Tendenz, elektrische (Ionen-) Antriebe für die Aufgaben mit hohem Antriebsbedarf einzusetzen, wie es z.B. bei geostationären Satelliten bei der Bahnregelung und zwar insbesondere der Nord-Süd-Positionshaltung auftritt. Dabei ist zu beachten, daß parallel zur Installation eines elektrischen Niedrigschubsystems an Bord eines Satelliten immer ein konventionelles chemisches Triebwerkssystem für Teilaufgaben mit höheren Schubanforderungen vorgesehen werden muß.

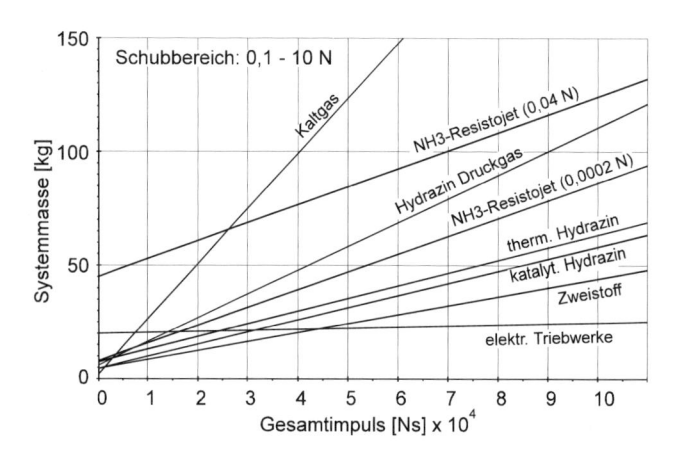

Abb. 7.26. Charakteristische Geraden verschiedener Satellitenantriebssysteme.

8 Energieversorgungsanlagen

8.1 Allgemein

Jedes Raumfahrzeug und jeder Satellit benötigt elektrische Energie zum Betrieb der Subsysteme für Lage- und Bahnregelung, Thermalkontrolle, Bordrechner, Daten- und Kommunikationsverbindungen, Nutzlastbetrieb usw. und bei von Astronauten betriebenen Raumfahrzeugen und Raumstationen insbesondere für das Lebenserhaltungssystem. Ein Energieversorgungssystem muß wie alle anderen Untersysteme sicher, zuverlässig und möglichst über einen langen Zeitraum betrieben werden können. Es kann, wie in Abb. 8.1 dargestellt, in drei Komponenten unterteilt werden: Primäre Energiequelle, Energiemanagement- und Verteilungssystem und Energiespeicherung.

8.1.1 Leistungsbedarf von Raumfahrzeugen

In Abb. 8.2 ist der Anstieg des elektrischen Leistungsbedarfs zur Bordversorgung logarithmisch seit Beginn der Raumfahrt dargestellt.. Die ersten russischen und amerikanischen Satelliten benötigten nur wenige Watt an elektrischer Leistung zum Betrieb der Meßgeräte, zur Speicherung von Daten und zum Betrieb der Telemetrie- und Sendeanlagen. Der Leistungsbedarf der Nachrichtensatelliten der ersten Generation, Molniya, Telestar, Syncom usw., lag zwischen 10 und 100 W. Demgegenüber benötigten die Mond- und Planetensonden Ranger, Surveyor,

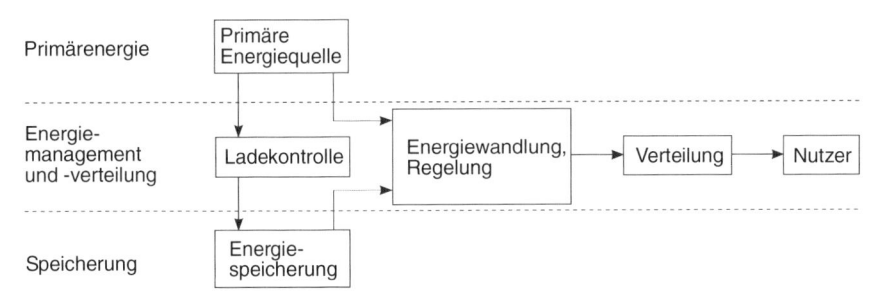

Abb. 8.1. Wesentliche Komponenten eines Energieversorgungssystems von Raumfahrzeugen.

288 8 Energieversorgungsanlagen

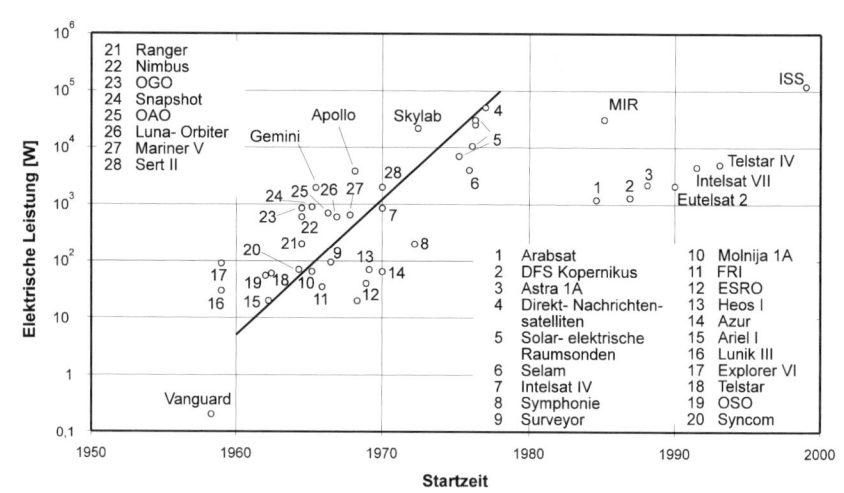

Abb. 8.2. Elektrische Leistung an Bord verschiedener Raumflugkörper.

Luna-Orbiter und Mariner sowie die geophysikalischen, astronomischen und meteorologischen Satelliten Bordversorgungsanlagen zwischen 100 und 1.000 W. Der Energieverbrauch der bemannten Gemini- und Apollo-Kapseln überschritt erstmals die Kilowatt-Grenze, die erste amerikanische Raumstation Skylab die 10 kW-Grenze. Die russischen Raumstationen Salyut 1-7 und Mir überschritten nur mit der letzteren diese Marke, und - von wenigen Ausnahmen abgesehen - werden erst nach 2000 Telekommunikations- und direktverteilende Fernseh- und Rundfunksatelliten 10 kW und mehr erzeugen können. Eine Ausnahme in jeder Hinsicht stellt die Internationale Raumstation mit mindestens 110 kW elektrischer Leistung dar.

Die Abb. 8.3 zeigt die für den Betrieb von Raumstationen bereitgestellte elektrische Soll-Dauerleistung, das ist die Leistung, die im zeitlichen Mittel für den Betrieb garantiert wird. Man entnimmt für den derzeitigen Stand der Technologie etwa einen Bedarf von 250 W/t Stationsmasse und einen für die eigentliche Nutzung (Experimente) verfügbaren Anteil von maximal 45%. Moderne Nachrichtensatelliten, wie etwa der Hughes 7001-Satellit, benötigen deutlich mehr spezifische elektrische Leistung.

Für Bahnen zwischen LEO und GEO und interplanetare Wegstrecken werden zunehmend elektrische Triebwerke vorgesehen. Ihr Leistungsbedarf erstreckt sich je nach Flugaufgabe zwischen 1 kW und einigen 10 kW.

8.1.2 Mögliche Energiesysteme für Raumfahrtzwecke

Eine Energiequelle für Weltraumzwecke sollte unter anderem folgenden Forderungen genügen:

1. Sie muß verfügbar sein, d.h. Entwicklungszeitraum und Einsatzzeitpunkt müssen aufeinander abgestimmt sein.

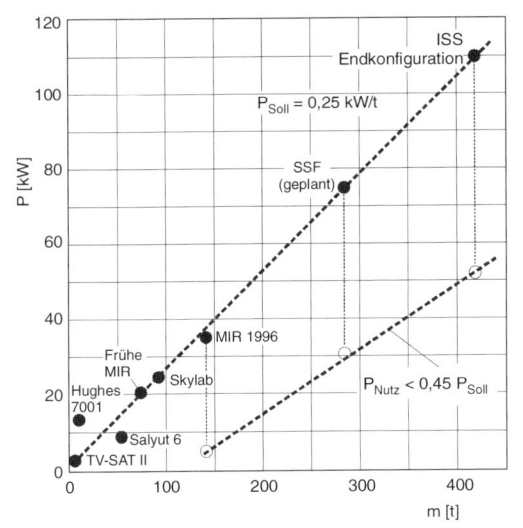

Abb. 8.3. Elektrische Soll- und Nutzleistung von Raumstationen.

2. Sie muß raumflugtauglich, möglichst kompakt und in das Fahrzeug integrierbar sein.
3. Technik, Betriebserfahrung und ein einfacher Aufbau sollen Zuverlässigkeit, Betriebssicherheit, Wartungsfreiheit und eine der Missionszeit entsprechende Lebensdauer garantieren.
4. Die Bordversorgungsanlage muß eine möglichst hohe massenspezifische elektrische Leistung besitzen.
5. Die Kosten pro Watt installierter Leistung sollten niedrig gehalten werden.

Das Ziel, elektrische Energie für Raumfahrzeuge zur Verfügung zu stellen, kann auf einer Vielzahl von Wegen erreicht werden. Diese Möglichkeiten sind in der Abb. 8.4 als Blockdiagramm dargestellt. Wir müssen dabei zwei grundsätzliche Typen von Energieversorgungsanlagen unterscheiden:

1. Die Energiequelle wird mitgeführt.
2. Die Energie wird von außen zugeführt (bis jetzt lediglich in Form von Sonnenenergie).

Die Umwandlung von Primärenergie in elektrische erfolgt entweder direkt durch Fotoeffekt in Solarzellen sowie chemoelektrisch in galvanischen Elementen (Batterien und Brennstoffzellen) oder indirekt durch thermische Energie. Die Wandlung von Wärmeenergie in elektrische kann statisch mit Thermo- und Thermionikelementen erfolgen oder dynamisch, d.h. über kinetische Energie mit MHD-Generatoren oder turboelektrischen Wärmekraftmaschinen mit z.B. Gasturbinen (Brayton- oder Stirling) und Dampfturbinen- (Clausius-Rankine-) Kreisprozessen.

Eine Übersicht über mögliche Energiequellen und ihre Energiedichten gibt Tabelle 8.1. Unter physikalischen Energiequellen verstehen wir Materialien, die

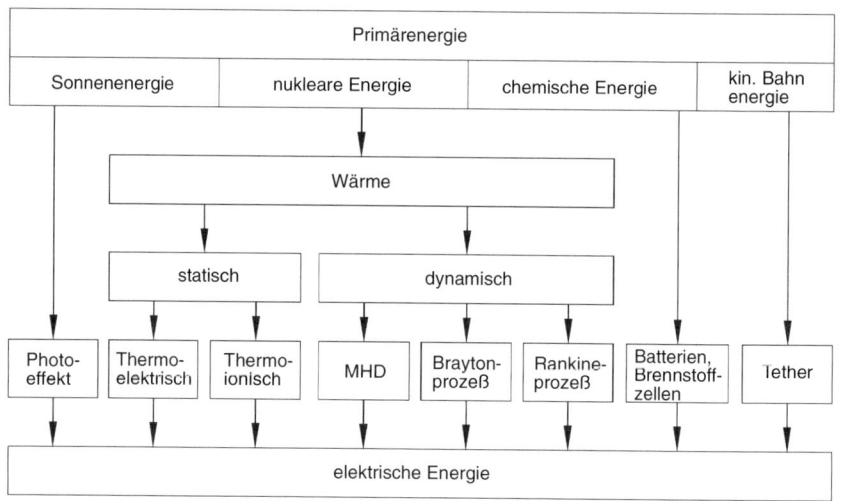

```
                            Primärenergie
   Sonnenenergie    nukleare Energie    chemische Energie    kin. Bahn
                                                             energie
                                │
                             Wärme
                      ┌─────────┴─────────┐
                   statisch           dynamisch
   ┌─────┬──────┬──────┬──────┬──────┬──────┬──────┬──────┐
  Photo- Thermo- Thermo-  MHD  Brayton- Rankine- Batterien, Tether
  effekt elektrisch ionisch   prozeß  prozeß   Brennstoff-
                                              zellen
   └─────┴──────┴──────┴──────┴──────┴──────┴──────┴──────┘
                         elektrische Energie
```

Abb. 8.4. Möglichkeiten, elektrische Energie zu erzeugen.

unter Änderung ihrer physikalischen Eigenschaften Energie speichern bzw. abgeben, ohne daß dabei ihre chemischen Eigenschaften geändert werden.

a) Physikalische Energiespeicher (-quellen)

- Elektrische kapazitive und induktive Energiespeicher haben sehr geringe Energiedichten und kommen deshalb für Raumfahrzeuge nur zur Zwischenspeicherung z.B. für gepulste elektrische Raketen in Betracht.
- Energiespeicherung in Form elastischer Energie (Federn) ist wegen der geringen Energiedichte für Raumfahrtzwecke weniger von Interesse.
- Verdichtete Luft und Rotationsenergie (in Form von Drallrädern) werden in der Raumfahrt zur Lageregelung verwendet.
- Konstanttemperaturwärmespeicher benutzen die Erstarrungs- bzw. Schmelzwärme zur Energieänderung. Sie werden zur Speicherung von Solarenergie für Raumfahrt- und terrestrische Zwecke entwickelt.
- Energiespeicherung in Form von atomarem Wasserstoff (Abgabe durch Rekombination) und von metastabil angeregtem Helium (Abgabe durch Rückführung in den Grundzustand) sind wegen der extrem hohen Energiedichte von Interesse (20-30 mal höher als chemische Verbrennung), jedoch ist bis heute eine nennenswerte Stabilisierung dieser Stoffe nicht erreicht worden.

	kJ/kg	Wh/kg
A. *Physikalische Quellen*		
Öl-Kondensator[1]	0,045	$1,257 \times 10^{-2}$
Induktivität	0,075	$2,094 \times 10^{-2}$
Stahlfeder	0,45	$1,257 \times 10^{-2}$
Gummi-Band	7,5	2,094
Komprimiertes Gas mit Behälter	100	27,558
Drallrad (optimal)	209	58,202
NaCl mit Behälter (Schmelzwärme bei 803°C)	198	55,116
Be mit Behälter (Schmelzwärme bei 1284°C)	476	$1,323 \times 10^2$
LiH mit Behälter (Schmelzwärme bei 685°C)	1.000	$2,976 \times 10^2$
H· (Wasserstoff Radikale-Rekombination)	214.260	$5,952 \times 10^4$
He* (Metastabiles Helium auf Grundzustand)	473.500	$1,315 \times 10^4$
B. *Chemische Quellen*		
Hg-Primärzelle[1]	435	$1,213 \times 10^2$
NiCd-Sekundärzelle[1]	135	22,0-37,0
NiH$_2$-Sekundärzelle[1]	80	44,0-66,0
AgZn-Primärzelle (langsame Entladung)[1]	635	$1,764 \times 10^2$
AgZn-Primärzelle (schnelle Entladung)[1]	120	33,069
N$_2$H$_4$ (Hydrazin monergol)	1580	$4,409 \times 10^2$
H$_2$O$_2$ (Wasserstoffperoxid Zersetzung)	4050	$1,125 \times 10^3$
Benzin mit Luft	10000	$2,778 \times 10^3$
Li+H$_2$	11300	$3,139 \times 10^3$
H$_2$+F$_2$	14180	$3,937 \times 10^3$
H$_2$+O$_2$	13430	$3,703 \times 10^3$
B+F$_2$	16400	$4,554 \times 10^3$
Li+F$_2$	23500	$6,528 \times 10^3$
C. *Nukleare Zerfallsquellen*		
1. Radioisotope		
$_{58}Ce^{144}_{210}$ (290d)	$1,8 \times 10^8$	$5,071 \times 10^7$
$_{84}Po_{208}$ (138d)	$2,43 \times 10^9$	$6,614 \times 10^8$
$_{84}Po$ (2.93y)	$2,36 \times 10^9$	$6,614 \times 10^8$
$_1H^3$ (12.3y)	$5,78 \times 10^8$	$1,609 \times 10^8$
$_{55}Cs^{134}$ (2.3y)	$4,7 \times 10^8$	$1,301 \times 10^8$
$_{96}Cm^{242}$ (163.5d)	$2,5 \times 10^9$	$6,834 \times 10^8$
$_{38}Sr^{90}$ (27.7y)	$3,1 \times 10^9$	$1,168 \times 10^9$
$_{94}Pu^{238}$ (86.4y)	$2,3 \times 10^9$	$6,393 \times 10^6$
2. Uran-Spaltung	$8,0 \times 10^{10}$	$2,205 \times 10^{10}$
3. Fusion	$4,2 \times 10^{11}$	$1,102 \times 10^{11}$
4. Materie Annihilation (Zerstrahlung)	$8,3 \times 10^{13}$	$2,205 \times 10^{13}$

[1] Energie als elektrische Energie.

Tabelle 8.1. Mögliche Energiequellen und ihre Energiedichten.

b) Chemische Energiequellen

- Galvanische Elemente: verhältnismäßig niedere Energiedichte, aber als Batterien und Akkumulatoren nicht ersetzbar.
- Zersetzung (katalytischer Zerfall) und chemische Oxidation dienen in der Raumfahrt als hauptsächliche Energieträger für Antriebsaufgaben (Monergole und Diergole).

c) Nukleare Energiequellen

- Zerfall von Radioisotopen wird in der Raumfahrt als Energiequelle für Radioisotopenbatterien benutzt.
- Atomspaltung - Kernreaktoren: Verwendung sowohl in der Raumfahrt als auch vor allem zur Energiegewinnung für terrestrische Zwecke.
- Fusion und Materiezerstrahlung sind bis jetzt nicht in verwendbarer Form verwirklicht, geben aber die ultimativen Grenzen der Energiedichte an.

Diese großen Unterschiede in den Energiequellen und die verschiedenen Energiewandlungsmöglichkeiten zeigen, daß für bestimmte Aufgaben sich die Vielzahl von möglichen Energieversorgungsanlagen auf einige reduziert, die ihre bestimmten optimalen Bereiche vor allem hinsichtlich ihrer Einsatzdauer haben. Diese sind in der Abb. 8.5 dargestellt.

Die Bereiche überlappen sich natürlich in gewissem Maße und geben nur Anhaltswerte. Die chemische Verbrennung dient bis heute nur als Antriebsenergie, die eingezeichneten theoretisch möglichen Reaktor- und solardynamischen Bereiche sind bis heute nicht verwirklicht.

Eine grobe Einteilung nach der Einsatzdauer ergibt sich, wenn wir als Grenze ungefähr einen Monat nehmen und somit Batterien und Brennstoffzellen als Kurzzeitspeicher, die anderen als Langzeitspeicher definieren.

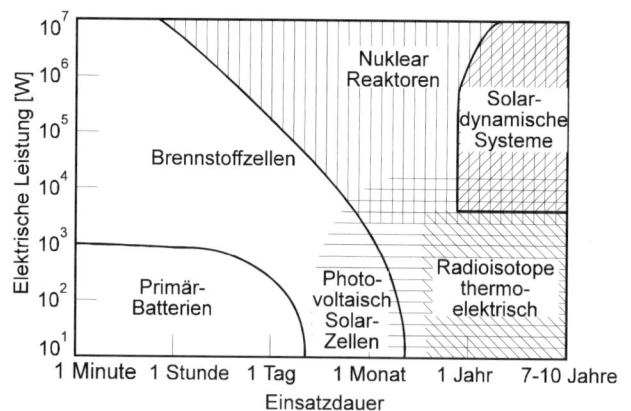

Abb. 8.5. Leistungsbereiche und Lebensdauer von Energiequellen und Energiewandlern.

Technologie		P [kW]	m_{sp} [kg/kW]
Photovoltaische Zellen	– Si & NiCd Batterien	25	188
	– GaAs & NiH$_2$ Batterien	25	111
Solardynamische Anlagen	– Brayton Zyklus	25	271
Radioisotopengenerator	– thermoelektrisch	20	187-227
	– Brayton	20	100
Nuklearer Brayton	– UO$_2$/Na/SS	20	110
	– UO$_2$/HeXe/HRA	20	105
	– UN/Li/Mo-Re	20	100
Tether	– Al, 20km, η=0,6		
	– NiH$_2$ Batterie, I$_{sp}$=447s	20	>300 (?)

Tabelle 8.2. Spezifische Massen verschiedener Energieversorgungsanlagen der 20 kW Klasse.

	Konversion	Wandler
direkte Umsetzung der Energie (einstufig)	chemisch - elektrisch	Brennstoffzelle, Batterie
	Strahlung – elektrisch	photovoltaische Zelle
	kinetisch – elektrisch	elektrodynamischer Tether im Erdmagnetfeld
Wandlung über Zwischenstufen (mehrstufig)	nuklear – thermisch - elektrisch	Radioisotopenbatterie
	nuklear – thermisch - mechanisch – elektrisch	Reaktor oder Isotopenbatterie mit Turbine
	Strahlung – thermisch – mechanisch – elektrisch	solardynamischer Generator mit Turbine

Tabelle 8.3. Möglichkeiten der Energiekonversion.

Mit Hilfe von Wandlern wird die Primärenergie in die an Bord benötigte elektrische Energie transformiert (s. Tabelle 8.3). Je nach Art des Umwandlungsprozesses kann hier die verarbeitete Energie nicht nur elektrisch, sondern auch in günstigeren Energieformen gespeichert werden. Für eine Langzeitanwendung, wie für Raumstationen, sind gewöhnlich Brennstoffzellen und chemische Batterien als Primärquellen wegen ihres hohen Massebedarfs auszuschließen. Beispielsweise würde die Energieversorgung der Internationalen Raumstation durch die besten nichtnuklearen Brennstoffzellen (H$_2$/O$_2$-Zellen mit 2.200 Wh/kg) in 30 Tagen etwa 36 t H$_2$/O$_2$ erfordern, was alle zur Verfügung stehenden Versorgungsflüge aufzehren würde.

8.1.3 Typische Missionen und deren Erfordernisse

Zu Beginn einer Raumflugmission muß die Energieversorgungsanlage „überdimensioniert" sein, damit etwa wegen der Degradation von Solarzellen oder des

Zerfalls von nuklearen Materialien die Soll-Leistung auch am Ende der Mission noch erreicht wird. Daneben gibt es noch andere Faktoren, die beim Entwurf eines Energiesystems für Raumfahrzeuge zu berücksichtigen sind, z.B. Energieprofil über die Mission, Lastzyklen bei unterschiedlicher Inanspruchnahme durch die Subsysteme und Nutzlastsysteme, die Entfernung von der Sonne, Schattenphasen in der Nähe von Planeten, Lebensdauer, Umwelteinflüsse und wie immer auch Zuverlässigkeit und Sicherheit. Typische Anforderungen an die elektrische Leistung sind:

- 1-10 kW für Kapseln und Rückkehrfahrzeuge aus dem LEO und Satelliten mittlerer Leistung.
- 10-20 kW für wiederverwendbare Raumtransportfahrzeuge; hier muß auch unterschieden werden zwischen Grundversorgung und Nutzlastbetrieb (7 kW für Space-Shuttle und zusätzlich 7-14 kW für Betrieb des Spacelabs bzw. der Nutzlast).
- 10-30 kW für solarelektrische Sonden.
- 30-50 kW für bemannte Transferfahrzeuge zum Mars.
- 25-100 kW für Basisbehausungen (Habitats) auf Mond und Mars, 160 kW bei der Gewinnung von Rohstoffen auf Planetenoberfläche.
- 110 kW für die Internationale Raumstation (250 W/t bei 6-7 Astronauten).

Die Bahn bzw. der Ort eines Raumfahrzeuges und die jeweiligen, teilweise stark variierenden Umgebungsbedingungen haben verständlicherweise einen großen Einfluß auf den Entwurf.

Erd- oder Mond-Orbit: Zu berücksichtigen sind u.a. Schattenphasen (Eklipsen), die z.B. im niedrigen Erdorbit ein Drittel der Umlaufzeit dauern und sich mit zunehmender Höhe verringern, d.h. mit entsprechenden Zyklen für das Energie- und Thermalkontrollsystem. Im niedrigen Erdorbit ist außerdem die Wirkung des atomaren Sauerstoffs, bei Höhen über 1.000 km diejenige der radioaktiven Strahlung auf die Materialien zu berücksichtigen.

Mond-Oberfläche: Für den größten Teil der Oberfläche dauert die lunare Nacht 354 Stunden. Zusätzliche Schwierigkeiten für den Betrieb eines Energiesystems ergeben sich durch die reduzierte Schwerkraft (1/6 der Erdoberfläche) und hohe Temperaturen von bis zu 100°C am Tag.

Mars-Oberfläche: Energieversorgungssysteme auf dem Mars haben von einer 12,3 Stunden dauernden Nacht, saisonalen und vom Breitengrad abhängigen Variationen der Tag-Nacht-Zyklen und allgemein niedrigen Temperaturen (vor allem Nachts und im Winter) auszugehen. Staubstürme schwächen die im Vergleich zur Erdbahn ohnehin schwächere Solarstrahlung weiter ab und führen zu Ablagerungen von Sand auf Solarzellen und Radiatoren.

Äußere Planeten: Außerhalb der Marsbahn sinkt die Solarstrahlung weiter ab, Radioisotopen-Batterien oder nukleare Energiequellen werden bevorzugt, trotz eines mit abnehmender Temperatur zunehmenden Wirkungsgrades der Solarzellen. In der Nähe des Jupiters befinden sich außerdem starke Strahlungsgürtel.

Innere Planeten: Missionen in Richtung Venus und Merkur haben das umgekehrte Problem, nämlich starke Solarstrahlung und hohe Temperaturen.

Geeignete Abschirmungen müssen deshalb die entsprechenden Effekte moderieren und ausreichend große Betriebszeiten sichern.

Die flächenspezifische Strahlungsleistung der Sonne wird üblicherweise auf die Erdbahn (Bahnexzentrizität sei hier vernachlässigt) bezogen und es gilt

$$M_{Sonne}(r) = (1371 \pm 10) \left[\frac{W}{m^2}\right] \cdot \left(\frac{r_E}{r}\right)^2 . \tag{8.1}$$

Die nutzbare Strahlungsleistung pro Fläche A, deren Normale zur Sonnenrichtung um den Winkel Θ abweicht, ist

$$P(r, \Theta) = M_{Sonne}(r) \eta A \cos \Theta , \tag{8.2}$$

wobei η der Wirkungsgrad der Konversion in nutzbare (z.B. elektrische) Leistung ist. Er hängt bei Solarzellen von der Temperatur ab. Für Überschlagsrechnungen kann dieser Effekt in Gleichung (8.2) berücksichtigt werden, indem der Exponent 2 durch 1,8 ersetzt wird.

8.1.4 Einfluß der Schattenphase auf solare Energieversorgungssysteme

Abhängig von der Position der Erde zur Sonne und den Bahnparametern eines Satelliten ergeben sich verschiedene Eklipsenzeiten, die für einen niedrigen Orbit über 40% der Gesamtumlaufzeit betragen können (s. Tabelle 8.4 und Abb. 8.6).

Die Schattenphase für eine Kreisbahn berechnet sich nach

$$\frac{t_E}{t_u} = \frac{2\alpha}{360°} , \text{ mit } \quad t_u = 2\pi \sqrt{\frac{R_0}{g_0}} \left(\frac{R_0 + h}{R_0}\right)^{3/2} \tag{8.3}$$

Der halbe überstrichene Schattenwinkel α ergibt sich aus:

$$\alpha = \arcsin\left(\frac{\sqrt{\left(\frac{R_0}{r}\right)^2 - \sin^2 \beta}}{\cos \beta}\right) , \text{ für } \quad \beta < \left|\arcsin\left(\frac{R_0}{r}\right)\right| . \tag{8.4}$$

In anderen Fällen gibt es keine Schattenphase. β berechnet sich aus

$$\sin \beta = \cos \Theta \sin \Omega \sin i - \sin \Theta \cos i_E \cos \Omega \sin i + \sin \Theta \sin i_E \cos i . \tag{8.5}$$

R_0 ist dabei der Erdradius, r der Radius der Satellitenbahn, θ der Winkel in der Ekliptik zwischen dem Frühlingspunkt und der Sonne, Ω der Winkel der Knotenlinie von Orbitalebene und Äquator, i die Inklination und $i_E = 23{,}5°$ die

h [km]	200	300	400	500	600	700	GEO
Sonnenzeit [%]	57,9	59,6	61,0	62,2	63,3	64,2	94,4
Schattenzeit [%]	42,1	40,4	39	37,8	36,7	35,8	5,6

Tabelle 8.4. Minimale Sonnenzeiten und maximale Schattenzeiten im Erdobit als Funktion der Bahnhöhe.

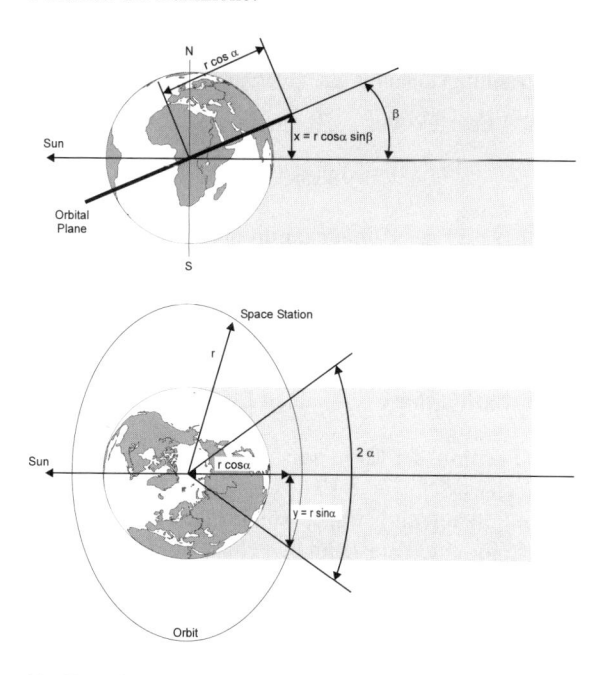

Abb. 8.6. Zur Berechnung der Eklipsenzeit.

Neigung der Ekliptik gegenüber dem Äquator. Hierbei bildet β den Winkel zwischen der Orbitalebene und der Ebene der einfallenden Sonnenstrahlung. Bei senkrechtem Einfall der Sonnenstrahlung zur Orbitalebene ist β= 90°. Für Inklinationen i< 90° erhält man unter Berücksichtigung der Neigung der Ekliptik eine maximale (minimale) Eklipsendauer für β= i-23,5° (bzw. i+23,5°). Für eine Bahnhöhe von 500 km und i= 28,5° sind die Eklipsendauern demnach 35,6 bzw. 27,6 Minuten. Der Einfluß der Atmosphäre kann mit einer Vergrößerung des Erdradiusses um 30 km simuliert werden.

Solare Energiesysteme müssen deshalb so ausgelegt werden, daß pro Bahnumlauf genügend Energie gewandelt wird, um den durch den Planeten abgeschatteten Bahnteil, in dem keine solare Strahlungsenergie zur Verfügung steht, mitzuversorgen (Abb. 8.7).

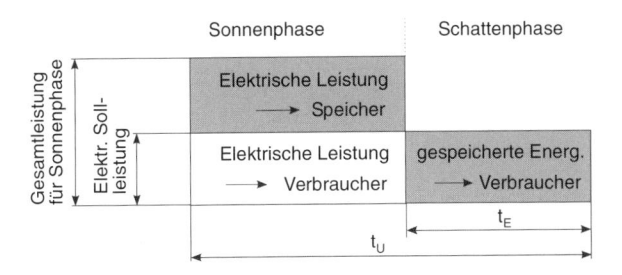

Abb. 8.7. Energieversorgungssystem mit Speicher für die Schattenphase, Flächen im Leistungs- Zeit- Diagramm.

Die zur permanenten Versorgung notwendige Kollektorfläche läßt sich in zwei Teilflächen unterteilen. Die Teilfläche A_1 des Kollektors für die Energie in der Schattenphase berechnet sich aus:

$$P \cdot t_E = A_1 \cdot \Phi \cdot \eta_{EVA} \cdot \eta_{Sp} \cdot (t_U - t_E) \ , \quad (8.6)$$

mit
- P geforderte elektrische Ausgangsleistung
- t_E Eklipsenzeit (Schattenphase)
- t_U Umlaufzeit
- Φ Solarer Strahlungsfluß (Minimalwert bei maximalem Abstand zur Sonne: 1371 W/m²)
- η_{EVA} Wirkungsgrad der Energieversorgungsanlage
- η_{SP} Speicherwirkungsgrad (beinhaltet Ladung und Entladung)

d.h.
$$A_1 = \frac{P}{\Phi \cdot \eta_{EVA} \cdot \eta_{Sp}} \cdot \frac{t_E}{t_U - t_E} \ . \quad (8.7)$$

Eine weitere Fläche, die Teilfläche A_2, repräsentiert die Energieversorgung während der Sonnenphase.

$$A_2 = \frac{P}{\Phi \cdot \eta_{EVA}} \ . \quad (8.8)$$

Aus den Gleichungen 8.7 und 8.8 ergibt sich als Summe die notwendige gesamte „Energiesammelfläche" der Energieversorgungsanlage

$$A = \frac{P}{\Phi} \cdot \frac{1}{\eta_{EVA}} \cdot \left(1 + \frac{1}{\eta_{Sp}} \cdot \frac{t_E}{t_U - t_E}\right) \cdot \frac{BOL}{EOL} \ , \quad (8.9)$$

wobei es sich bei dem Term BOL/EOL (Begin of Life / End of Life) um einen Degradationsfaktor handelt, der zu Beginn des Anlagenbetriebes als Overload-Faktor zusätzlich zur Verfügung steht.

Der Energiespeicher muß so ausgelegt sein, daß er die geforderte Ausgangsleistung während der Schattenzeit erbringen kann. Entsprechend ergibt sich der Energieinhalt (in Ws) des Speichers zu:

$$W_{Sp} = \frac{P \cdot t_E}{\eta_{Sp} \cdot DOD} \qquad (8.10)$$

Hierbei steht DOD für „Depth of Discharge", den tatsächlich für einen Lade- bzw. Entladezyklus genutzten Anteil am gesamten Energieinhalt des Speichers. Insbesondere bei elektrischen Speichern ist diese Größe ausschlaggebend für die erreichbare Zyklenzahl und damit für die Lebensdauer des Speichers.

Die gesamte Kollektorfläche und der Energieinhalt erlauben weiterhin, unter Kenntnis der spezifischen Technologiekennzahlen wie flächenspezifische Masse des Kollektors (kg/m^2) oder spezifische Masse des Speichers (kg/Wh) die Systemmassen für Kollektor und Speicher abzuschätzen.

8.2 Übersicht über Kurzzeit-Anlagen

Für den Kurzzeiteinsatz haben sich die galvanischen Elemente durchgesetzt. Wir unterscheiden zwei Typen:

a) sogenannte *Primärzellen*, die nur einmal entladen werden, wobei auch die Brennstoffzellen dazugerechnet werden,
b) wiederaufladbare Batterien (Akkus), sogenannte *Sekundärzellen*, die hauptsächlich zur Pufferung solarer Anlagen (im Erdschatten) dienen.

8.2.1 Primärzellen

a) Batterien

Kurze Missionen (einige Stunden bis einige Wochen) vertrauen weiterhin auf elektrochemische Systeme, wobei Silberzink- und Quecksilber-Batterien mit Kaliumhydroxid (KOH) als Elektrolyt hauptsächlich eingesetzt werden.

Die Größe dieser Batterien schwankt beträchtlich, von 0,7 kg-Zellen, die hauptsächlich für die Startphase benutzt werden, bis zu großen 75 kg-Batterien (800 Ah) für niedrig fliegende Militärsatelliten. Entsprechend der Größe schwanken auch die Energiedichten, so für Silber-Zink-Batterien:

- für eine Kapazität < 1 Ah: Energiedichten zwischen 3,5 und 15 Wh/kg,
- für eine Kapazität zwischen 100 und 800 Ah: Energiedichten zwischen 45 und 250 Wh/kg.

Eine aussichtsreiche Neuentwicklung stellen Lithium-Trockenbatterien dar, die Energiedichten von 450 Wh/kg bei 650 Ah erreichen.

Normaler Leistungsbereich	563 - 1440 W
Spitzenleistung (Notbedarf)	2295 W bei 20,5 V
Spannung	31 - 27 V
Thermischer Wirkungsgrad	etwa 0,5
Höhe	0,95 m
max. Durchmesser	0,42 m
Masse	etwa 100 kg
Lebensdauer unter Last	mehr als 1000 h

Tabelle 8.5. Typische Daten des Apollo Brennstoffelementsystems.

b) Brennstoffzellen

Brennstoffzellen sind die andere, hauptsächliche primäre elektrochemische Zellenart, die für Raumflüge eingesetzt werden, so im Gemini-, Apollo-, Apollo-Soyuz-Programm und beim Space Shuttle (Tabelle 8.5).

Brennstoffzellen gleichen im Aufbau galvanischen Elementen. Jedoch werden die reagierenden Elemente, meist Wasserstoff und Sauerstoff, von außen zugeführt. Eine H_2-O_2-Brennstoffzelle stellt die Umkehr der elektrolytischen Wasserzersetzung dar und liefert unter Freisetzung von Wasser elektrische Energie. Ein großer Vorteil der Brennstoffzellen sind die hohen spezifischen Leistungen, die in den letzten Jahren extrem verbessert werden konnten. Einige Daten: Gemini: $\alpha = 4$ W/kg, Apollo: $\alpha = 13$ W/kg und Space-Shuttle: $\alpha = 66$ W/kg.

Die US Air Force führte Studien über Brennstoffzellen für militärische Einsätze durch, die für wenige Minuten wiederholbar bei einer spezifischen Leistung von 5000 W/kg eine Leistungsabgabe im MW-Bereich erreichten.

8.2.2 Sekundärzellen

Wir verstehen darunter wiederaufladbare galvanische Zellen zu Speicherungszwecken. Die Entwicklung von Sekundärzellen wurde parallel mit dem zunehmenden Einsatz von Solarzellenanlagen vorangetrieben, da sie bei manchen dieser Anlagen 50 - 60 % des Gewichtes der Energieversorgungsanlagen ausmachen. Die hauptsächlich angewandten Akkus sind Ni-Cd-Zellen, die eine ausgezeichnete Lebensdauer und Zuverlässigkeit haben, jedoch mit einer Energiedichte von < 50 Wh/kg bei 20 Ah Zellen verhältnismäßig schwer sind.

Zunehmend werden auch Ni-H_2-Zellen auf großen Satelliten und Raumstationen eingesetzt ($\varepsilon > 55$ Wh/kg und günstige Regeleigenschaften, s. Abb. 8.12 und 8.13) und regenerative Brennstoffzellen, bei denen das Reaktionsprodukt Wasser wieder in die Ausgangsprodukte zerlegt wird, so daß ein geschlossener Kreislauf entsteht.

300   8 Energieversorgungsanlagen

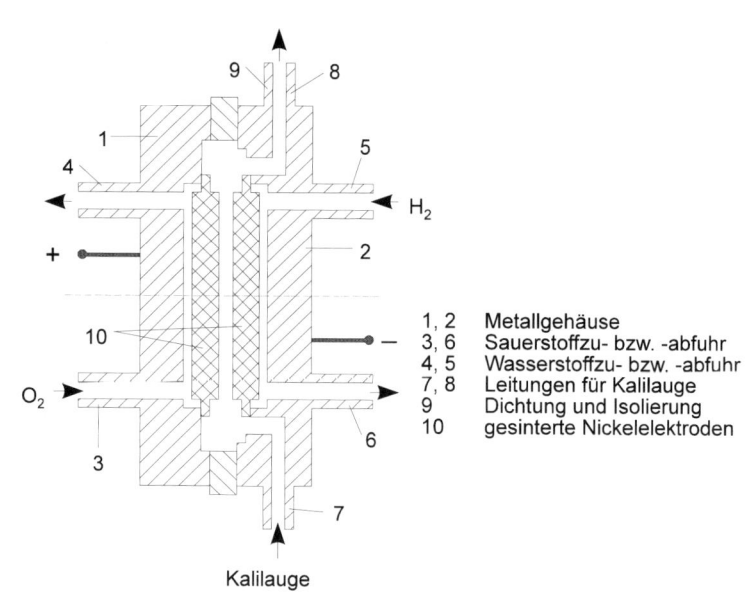

1, 2   Metallgehäuse
3, 6   Sauerstoffzu- bzw. -abfuhr
4, 5   Wasserstoffzu- bzw. -abfuhr
7, 8   Leitungen für Kalilauge
9   Dichtung und Isolierung
10   gesinterte Nickelelektroden

Abb. 8.8.   Prinzip der BACON-Hochdruckzelle.

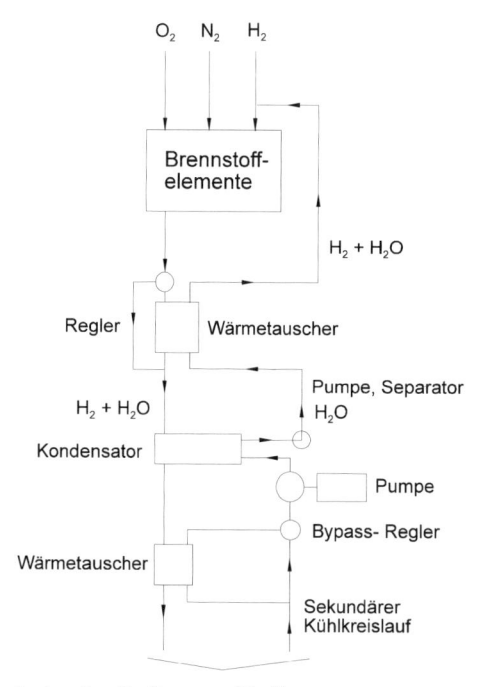

Abb. 8.9.   Prinzip des Apollo-Brennstoffzellensystems.

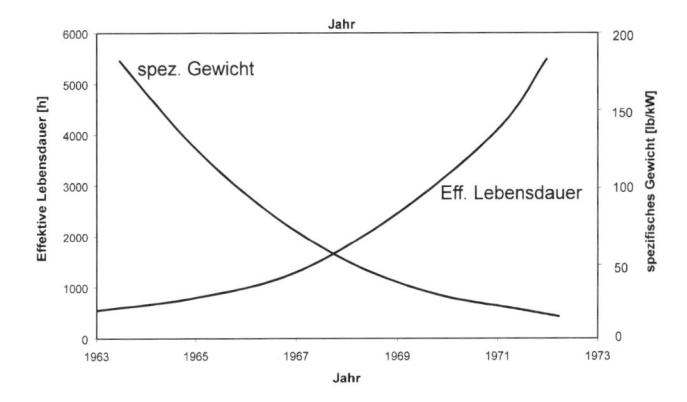

Abb. 8.10. Entwicklung der Lebensdauer und der spezifischen Masse von Brennstoffzellen.

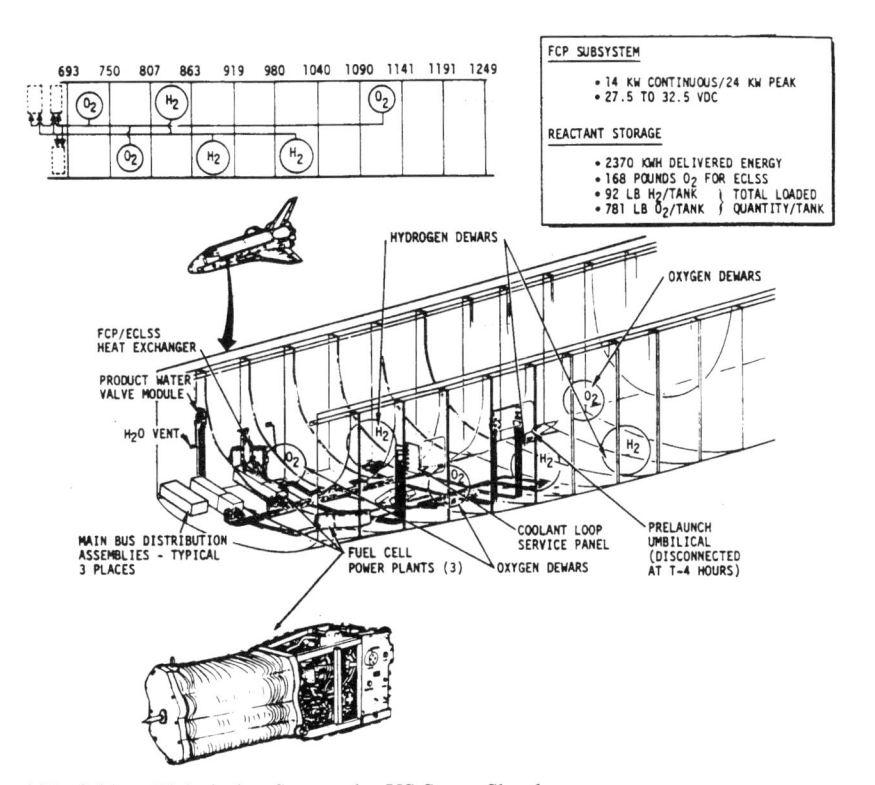

Abb. 8.11. Elektrisches System des US Space-Shuttle.

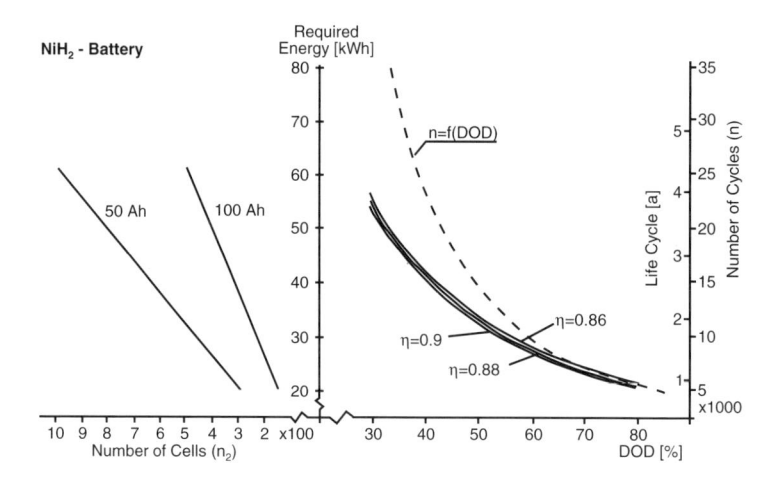

Abb. 8.12. Installierte Energie und Zellenzahl von NiH_2-Batterien als Funktion von Lebensdauer, Wirkungsgrad des Entladepfades und der Entladungstiefe zur Bedarfsdeckung von 14,6 kWh, d.h. einer angenommenen Sollleistung von 25 kW_e.

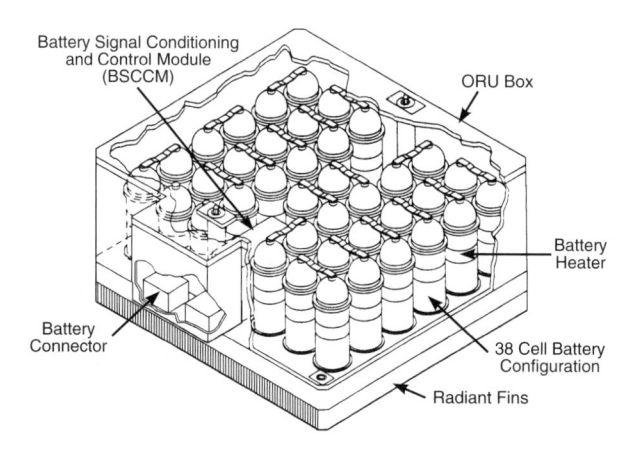

Abb. 8.13. NiH_2-Zellen für den amerikanischen ISS-Teil werden als ORU (Orbit Replace Unit) ausgetauscht. ein solches ORU enthält mindestens 30 Zellen (35% Entladungstiefe), 3 ORUs sind als Batterie geschaltet, 5 Batterien stellen eine Einheit (Unit) dar und entsprechen 81 Ah.

8.3 Übersicht über Langzeit-Anlagen

8.3.1 Solarzellenanlagen

Der überwältigende Anteil aller Energieversorgungsanlagen für Raumfahrzeuge benutzt wenigstens zum Teil Solarzellengeneratoren, die für die Gestalt eines Satelliten zu einem bestimmenden Faktor geworden sind. Solarzellen sind ein Neben- („Abfall"-) Produkt der Transistorentwicklung und wurden zum ersten Mal 1958 auf dem Vanguard-Satellit mit einer Leistung von 5 mW eingesetzt. Die lange Zeit größte geflogene Solarzellenanlage war in Skylab 1973/74 mit 23 kW Leistung installiert. Seit ca. 1996 ist die Solarzellenanlage der MIR-Station jedoch doppelt so leistungsfähig. Mit 110 kW wird die ISS-Anlage ab dem Jahr 2005 eine (vorläufigen ?) Höhepunkt der Entwicklung darstellen.

8.3.2 Das Prinzip der Solarzelle

Einleitend soll kurz auf die Grundlagen des sog. Sperrschichtphotoeffekts hingewiesen werden. In einem Photoelement sind für die Umwandlung von Licht in elektrische Energie im wesentlichen zwei Prozesse maßgebend. Einmal die Absorption der Strahlung in einem Halbleiterkristall und die damit verbundene Erzeugung von Elektron-Lochpaaren und zum anderen die Trennung dieser erzeugten Elektronen und Löcher in dem elektrischen Feld einer Sperrschicht, die zu einer Photo-EMK bzw. einem äußeren Photostrom führt.

Die Abb. 8.14 zeigt das Prinzip eines p/n-Sperrschichtelements. Charakteristisch für ein solches Photoelement ist ein großflächiger Halbleiterkristall, in dem dicht unter der Oberfläche ein p/n-Übergang angeordnet ist. Durch Bestrahlung mit Lichtquanten werden oberhalb und unterhalb des p/n-Übergangs Elektron-Lochpaare erzeugt. Die Minoritätsträger, d.h. die Elektronen im p-Bereich und die Löcher im n-Bereich, die durch Diffusion zur p/n-Sperrschicht gelangen, werden

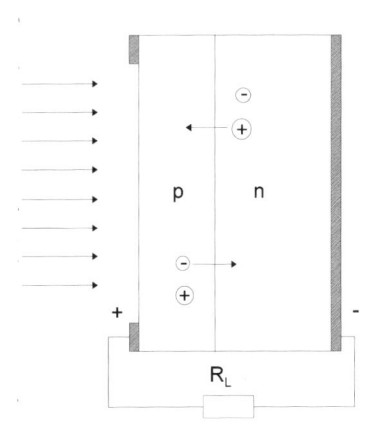

Abb. 8.14. Prinzip eines p/n-Sperrschichtelements.

304   8 Energieversorgungsanlagen

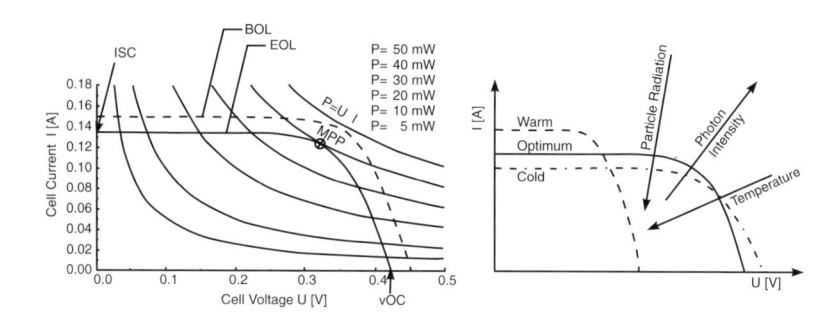

Abb. 8.15. Typisches Kennlinienverhalten von Siliziumzellen. MPP ist der „Maximum Power Point". Der Kurzschlußstrom I_{SC} (U=0) nimmt mit der Photonenintensität zu und der Partikelstrahlung ab. Die Leerlaufspannung UOC (I=0) steigt logarithmisch mit der Photonenintensität an und fällt linear mit der Temperatur ab. Die maximale Leistung erhöht sich annähernd linear mit der Bestrahlung und sinkt stark mit steigender Temperatur.

durch das dort bestehende elektrische Feld über den p/n-Übergang hinweggetrieben. Dadurch wird der n-Bereich negativ und der p-Bereich positiv aufgeladen und es bildet sich eine Photo-EMK, bzw. in einem äußeren Stromkreis ein Photostrom aus.

Fast überwiegend werden Siliziumzellen eingesetzt, weitere untersuchte und teilweise verwendete Materialien sind Galliumarsenid (GaAs), Cadmiumtellurid (CdTe), Cadmiumselenid (CdSe), Galliumindiumphosphit (GaInP) und andere mehr.

Die in Tabelle 8.6 dargestellten Wirkungsgrade für kristalline Zellen bei 25°C Umgebungstemperatur liegen zwischen 11 und 25 %, abhängig vom Material. Mit zunehmender Temperatur nimmt er stark ab (Störung des Sperrschichteffekts). Der in Gleichung (8.2) eingeführte Konversionswirkungsgrad η ist

$$\eta = \eta_0 \left(1 + T_c^{-1} [T - T_0] \right) \qquad (8.11)$$

mit dem in Tabelle 8.6 enthaltenen Zellenwirkungsgrad η_0 und dem normalisierten Temperaturkoeffizienten T_c^{-1}. Außerdem sinkt er mit dem Alter wegen der Schädigung durch kosmische Strahlung (Abb. 8.15). Erreicht werden Wirkungsgrade von 12 % (Standardzellen) bis 15 - 20 % (ausgesuchte Zellen).

Die normale Größe einer Zelle ist 2 x 1 cm oder häufiger 2 x 2 cm. Die Dicke beträgt ungefähr 0,2 mm und kleiner. Das Prinzip des Aufbaus einer Solarzelle auf ein Substrat ist in Abb. 8.16 dargestellt.

Solarzellentyp	effektiver Zellen- wirkungs- grad η [%]	Spannung bei maximaler Leistung [V]	normalisierter Temp.- koeffizient T^{-1}	Bester Labor- wirkungsgrad [%]
in Produktion				
Silizium	14,8	0,5	-4,5	20,8
GaAs	18,5	0,85	-2,2	21,8
Konzentratoren	20,5 *)	2,2	-1,9	27,0
in Entwicklung				
GaInP dual-junction	22,5	2,1	-2,0	26,9
InP	18,0	0,75	-2,6	19,9
Dünnfilm a-Si	8,0	1,0	-1 bis -2	12,0
Dünnfilm CIS	11,0	0,5	-6	13,0
Triple-junction	25,0	2,3	-2,3	23,3
*) einschl. optischer Verluste von 15%				

Tabelle. 8.6. Solarzellen und ihre Eigenschaften. Die Wirkungsgrade für Solarzellenanlagen sind ca. 25% niedriger als die einzelner Zellen.

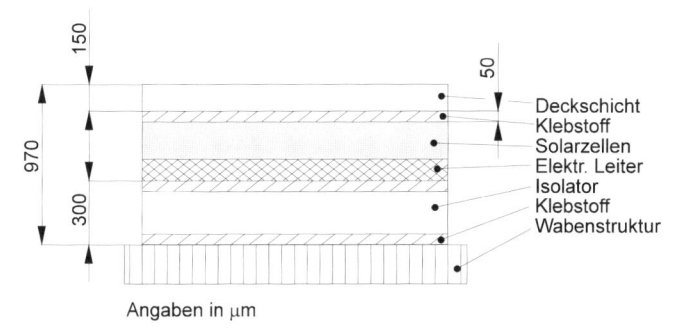

Abb. 8.16. Prinzip des Aufbaus einer Sonnenzelle auf das Substrat.

8.3.3 Ausgeführte Anlagen

Form (Größe) und Wirkungsgrad von Solarzellenanlagen hängen natürlich von der geforderten Leistung und der Art der Lageregelung des Satelliten ab.

a) Drallstabilisierte Satelliten

Früher gebräuchlich war die Anordnung der Solarzellen auf der Außenhaut von kugelförmigen (z.B. FR-1) oder walzenförmigen (z.B. Tiros) Satelliten; letztere wurden wegen eines Patents hauptsächlich von der US-Firma Hughes gebaut.

Als vorteilhaft erwies sich hier, daß eine eigene Struktur für Solarzellen entfällt. Nachteilig ist, daß nur ein Teil (höchstens die Hälfte) der Zellen in jedem

306   8 Energieversorgungsanlagen

Augenblick an der Energiekonversion teilnimmt. Außerdem ist die zur Verfügung stehende Fläche durch Form und Größe des Satelliten begrenzt.

In vielen Fällen reicht die Oberfläche des Satelliten für die Unterbringung der Solarzellen nicht aus. Diese werden dann auf paddelartigen Flächen untergebracht, die beim Start der Rakete eingeklappt sind und erst im Orbit ausklappen.

b) Dreiachsenstabilisierte Satelliten (bzw. Solarzellenflächen).

Bei diesen Konfigurationen werden die auf sog. Paneelen (engl. panels) angeordneten Solarzellen stets zur Sonne hin orientiert. Diese Anordnung gewährleistet den höchsten Flächenwirkungsgrad, da das Sonnenlicht immer senkrecht einfällt. Die Solarzellenflächen sind entweder auf ausklappbaren, ausfaltbaren oder ausrollbaren Feldern angeordnet. Als Beispiel sind in Abb. 8.18 die ausklappbaren Panels beim Eutelsat II-Satelliten (1990 gestartet) dargestellt. In einem weiteren Beispiel zeigt Abb. 8.19 die geplante Internationale Raumstation mit ihren Photovoltaik-Modulen.

Anordnungen, die sehr kleine Konzentratoren (einige Zentimeter groß) mit Galliumarsenidzellen und leitenden Kühlrippen verwenden, erscheinen vielversprechend. Ein typisches Konzept zeigt Abb. 8.20. Mit einem angestrebten Wirkungsgrad von 20 % der Galliumarsenid-Zelle und 80 % optischem Wirkungsgrad kann ein Netzwerk von 16 % Wirkungsgrad erhalten werden, verglichen mit ca. 12 % für Silizium. Weil der Sonnenlichtanteil 100 oder größer ist, benötigen die GaAs-Zellen relativ wenig Fläche.

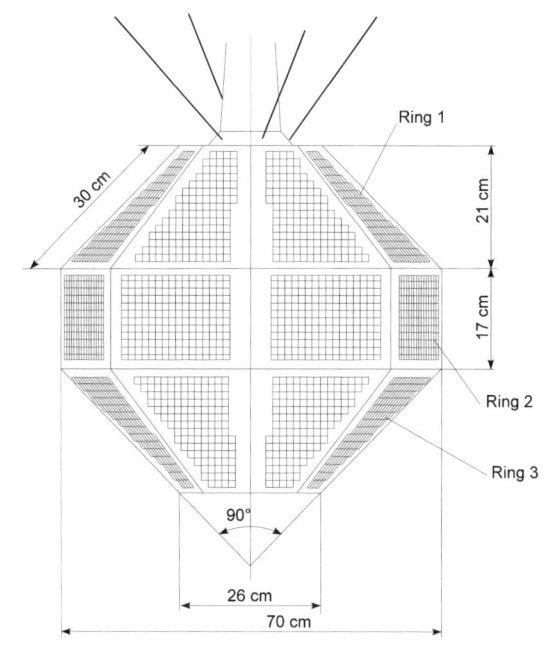

Abb. 8.17. Schematische Darstellung des französischen Satelliten FR-1 von 1965; 3840 Si-Zellen (2 x 1 cm); 17 W installierte Leistung; η = 1,6%.

8.3 Übersicht über Langzeit-Anlagen   307

Abb. 8.18. Geostationärer, dreiachsenstabilisierter Satellit: Eutelsat II, gestartet 1990, el. Leistung 3kW, η=12%.

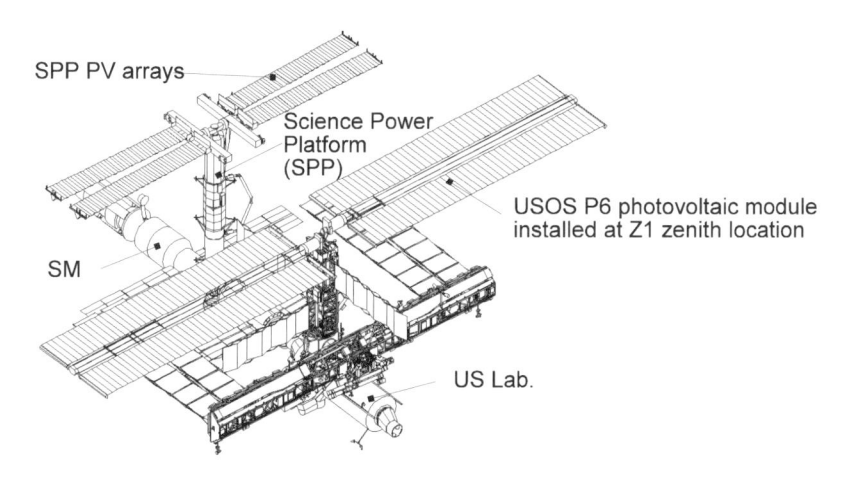

Abb. 8.19. Konfiguration der Internationalen Raumstation nach Flug 11A (urspr. gepl. Jan. 2000) mit US-amerikanischen und russischen Solarkollektoren.

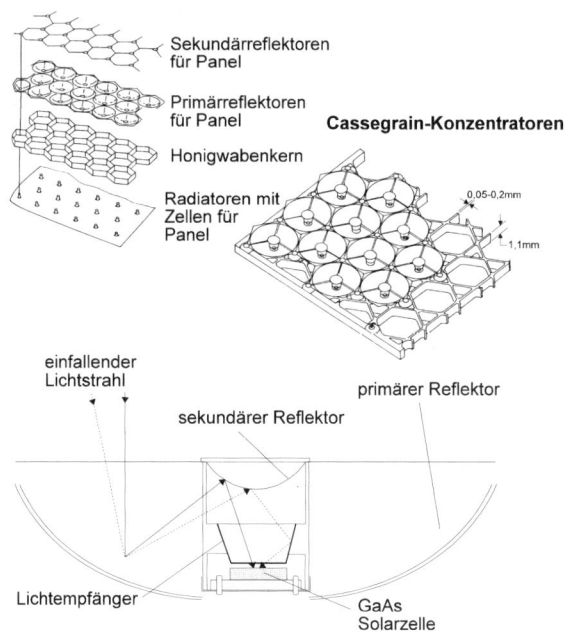

Abb. 8.20. Doppelspiegel-Konzentrator.

8.3.4 Nukleare Anlagen

Für Missionen zu den äußeren Planeten und auch für einige militärische, niedrigfliegende Aufklärungssatelliten (z.B. der Kosmosserie der Russen) haben sich nukleare Energiequellen durchgesetzt. Diese primäre nukleare Energie wird freigesetzt entweder durch

1. Zerfall von Radioisotopen oder
2. Spaltung von Atomen in Reaktoren.

Diese Energie fällt als Wärme an und muß in elektrische Energie gewandelt werden. Dabei sind wieder alle Möglichkeiten offen wie Thermionik, Thermoelektrik, MHD, Turbinenprozesse u.a.

8.3.5 Thermoelektrische Wandlung

Alle bisher geflogenen nuklearen Energieversorgungsanlagen benutzen thermoelektrische Wandler, die den Vorteil der Einfachheit und Zuverlässigkeit besitzen (d.h. keine bewegten Teile), jedoch als Nachteil einen inhärent schlechten Wirkungsgrad.

Zunächst zum Prinzip der thermoelektrischen Wandlung (Abb. 8.21): Bei einem Leiterkreis aus zwei oder mehreren verschiedenen Metallen oder halbleitender Materialien, deren Verbindungsstellen auf von einander verschiedenen Temperaturen gebracht werden, wird infolge des *Seebeckeffekts* eine Thermospannung induziert und liefert bei Schließung des Stromkreises über einen Widerstand einen Strom. (Gegensatz: *Peltiereffekt* → Abkühlung bei fließendem Strom). Da die Thermospannung bei Halbleitern Größenordnungen über jenen von Metallen liegen, werden für Stromerzeugung nur Halbleiter (z.B. SiGe/PbTe) benutzt und nur für Meßzwecke wegen besserer Linearität Metalle. Die Tatsache, daß ein Thermoelement reversibel zwischen Wärmesenke und Wärmequelle arbeitet, qualifiziert es als eine echte Carnotmaschine, für die als maximaler Carnotwirkungsgrad gilt:

$$\eta_C = \frac{T_1 - T_4}{T_1} \quad . \tag{8.12}$$

Der reale Wirkungsgrad hängt jedoch auch von den Materialeigenschaften ab, die durch eine Gütezahl M beschrieben werden, so daß er nur ungefähr 10 - 20 % des Carnotwirkungsgrades, also gerade 3-6 % (M=1,8) erreicht werden. Es gilt:

$$\eta_{max} = \eta_C \frac{M-1}{M+1-\eta_C} \quad . \tag{8.13}$$

Dies ist mit ein Grund, daß Thermoelemente nicht für terrestrische Zwecke angewendet werden. Für Raumfahrtzwecke wird dieser Nachteil jedoch durch die Wartungs- und Verschleißfreiheit und die einfache Anwendung aufgehoben.

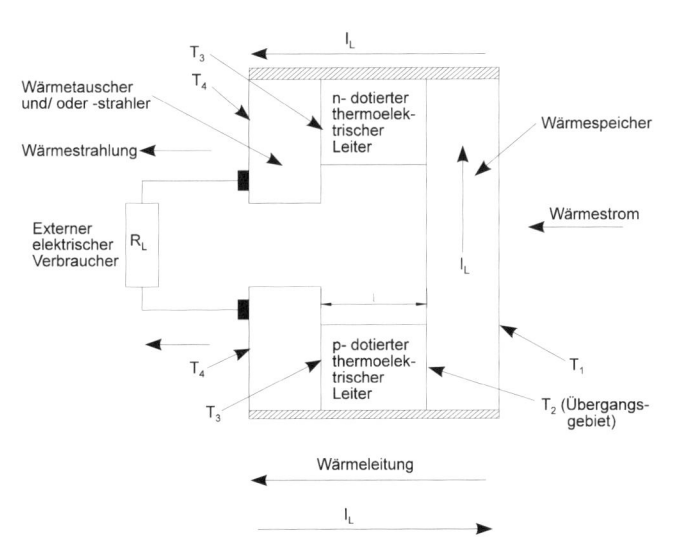

Abb. 8.21. Schema eines thermoelektrischen Wandlers.

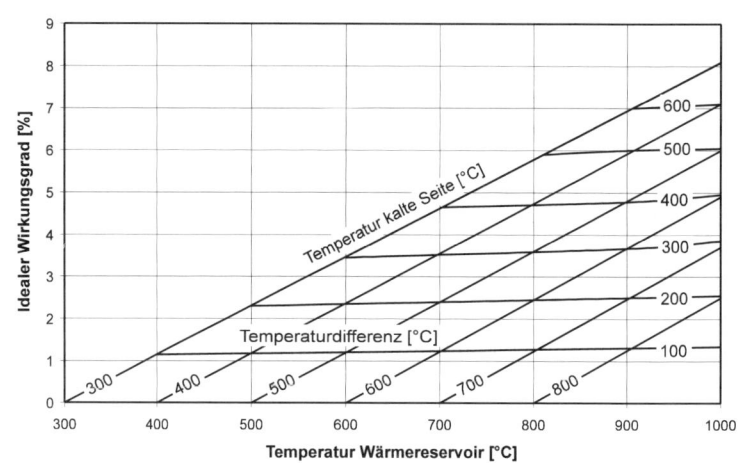

Abb. 8.22. Wirkungsgrad von thermoelektrischen SiGe-Wandlern.

8.3.6 Radioisotopenbatterien

Vor allem für Missionen in sonnenfernen Planetenräumen und auch für einige Militär-Missionen werden Radioisotopenbatterien (englisch: Radioisotope Thermal Generator, RTG) eingesetzt (s. Tabelle 8.7 und Abb. 8.23). Dabei wird die Zerfallswärme von radioaktiven Materialien („Radioisotopen") benutzt, um über thermoelektrische Wandler elektrischen Strom zu erzeugen. RTG's werden so ausgelegt, daß auch bei Zerstörung des Satelliten durch Explosion oder Wiedereintritt in die Atmosphäre und Verglühen kein radioaktives Material austritt.

Die erste Radioisotopenbatterie flog schon 1961 im Transit IVb, einem militärischen Nachrichtensatelliten, die sogenannte SNAP3 (System for Nuclear Auxiliary Power). Einige Daten dieser ersten nuklearen EVA: Leistung 260 W thermisch bei BOM (begin of mission), 3 W elektrisch bei BOM, Wirkungsgrad η = 1,1 %, Treibstoff Polonium 210, spezifische Leistung α = 1,5 W/kg. Eine Weiterentwicklung stellt die in Abb. 8.24 dargestellte SNAP 9A Batterie dar. Sehr bekannt ist auch SNAP 27 geworden, die auf dem Mond zurückgelassen worden ist. Einige Daten moderner amerikanischer RTG's, die z.T. noch in Entwicklung sind (BIPS und KIPS) sind in Tabelle 8.8 zusammengefaßt.

Charakteristisch für alle Radioisotopenbatterien ist der zeitlich exponentielle Leistungsabfall. Mit P_{ES} und τ als Anfangsleistung bzw. Halbwertszeit folgt die Leistung P_E zur Zeit t:

$$P_E(t) = P_{ES} 2^{-t/\tau} = P_{ES} e^{-t/\tau \ln 2} \qquad (8.14)$$

Bei relativ großen Halbwertszeiten ^{90}Sr und ^{238}Pu spielt dieses radioaktive Zerfallsgesetz keine Rolle; dagegen macht sich der Aktivitätsabfall bei ^{144}Ce, ^{210}Po und ^{242}Cm bemerkbar. Deshalb (und aus Kostengründen) sind heute die meisten Radioisotopenbatterien mit ^{238}Pu ausgestattet.

Isotop	Strahlung	Halbwerts-zeit	Benützte chem. Form	Spez. Leistung in der benützten chem. Form		Zersetzungs- bzw. max. Arbeitstemp.
				W/g	W/cm^3	
Co 60	β	5.24 a	Metall	1.7	15.5	1480 °C
Sr 90	β	27.7 a	SrTiO$_3$	0.24	0.96	1910 °C
Cs 137	β	30 a	Glas	0.067	0.24	1275 °C
Ce 144	β	284.5 d	CeO$_2$	3.8	24.5	2680 °C
Pm 147	β	2.67 a	Pm$_2$O$_3$	0.27	2.03	2350 °C
Tm 170	β	127 d	Tm$_2$O$_3$	1.75	15.1	1600 °C
Ac 227	β	21.3 a	Ac$_2$O$_3$	12.5	104	2000 °C
Th 228	α	1.91 a	ThO$_2$	141	1270	3050 °C
U 232	α	74 a	UO$_2$	3.3	33	2800 °C
Pu 238	α	89.8 a	PuO$_2$	0.35	3.5	2360 °C
Cm 242	α	163 d	Cm$_2$O$_3$	98	1150	1950 °C
Cm 244	α	18.4 a	Cm$_2$O$_3$	2.5	26.4	1950 °C
Po 210	α	138.4 d	Metall	135	1250	254 °C

Tabelle 8.7. Charakteristische Daten von Radioisotopen.

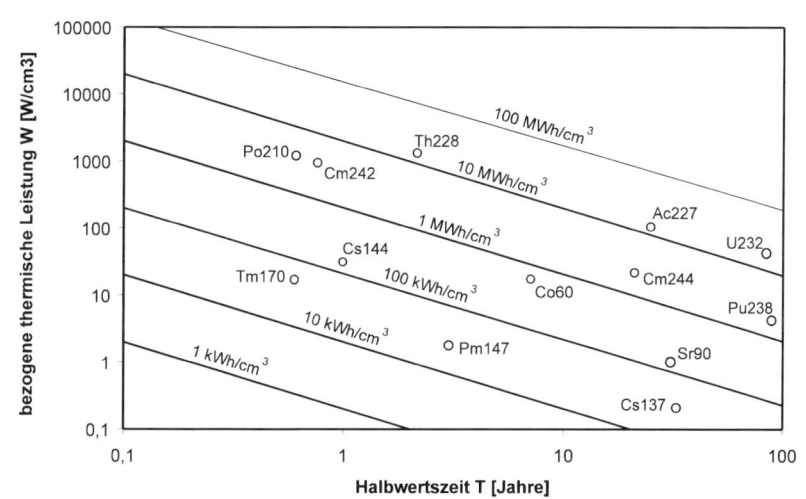

Abb. 8.23. Auf die Volumeneinheit bezogene thermische Leistung verschiedener Radioisotopen als Funktion der Halbwertszeit T.

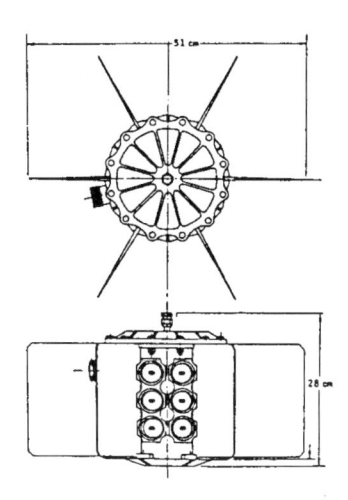

Abb. 8.24. SNAP 9A, Brennstoff: 1 kg Pu 238; Leistung: 550 W thermisch; 25 W elektrisch; $\rightarrow \eta = 4{,}6\ \%$; spezifische Leistung: $\alpha = 2$ W/kg.

TYP	Wirkungsgrad [%]	elektrische Leistung [W]	spez. Leistung [W/kg]
RTG´s			
Viking	6,3	43	2,6
Mariner Jupiter Saturn	6,3	159	6,5
Selenide Isotope Generator (SIG)	10 - 13	25 – 500 (1981 – 1985)	6,6 - 8,8
BIPS (Brayton Isotope Power System)	27 (120 V)	500 – 2000 (1300 nom.)	6,38
KIPS (Kilowatt Isotope Power System)	18,2 (28,4 V) 19,6 (100 V~)	500 – 2000 (1300 nom.)	6,07

Tabelle 8.8. Ausgeführte Radioisotopenbatterien.

8.3.7 Nukleare Reaktoren

Für hohe elektrische Leistungen bei begrenzter Satellitengröße stehen nur nukleare Spaltreaktoren zur Wahl. Auch bei Nuklearreaktoren fällt die Spaltungsenergie als Wärme an, die wiederum auf verschiedene Weise in elektrische Energie gewandelt werden kann. Soweit bekannt, waren alle bisher geflogenen Reaktoren aus Gründen der Einfachheit und Zuverlässigkeit mit thermoelektrischen Wandlern ausgerüstet.

1965 schossen die Amerikaner mit SNAP 10A den ersten Reaktor auf dem Satelliten „Snapshot" in den Weltraum (Abb. 8.25 und 8.26). Seine Daten:

thermische Leistung:	30 kW
elektrische Leistung:	500 W
Uranmasse:	4,3 kg
α_{el} (ohne Abschirmung)	$\approx$ 2 W/kg
Abschirmung:	150 - 350 kg $\rightarrow \alpha <$ 1 W/kg
Kühlmittel:	flüssiges Metall NaK
Temperatur im Kern:	567°C
Radiatortemperatur:	317°C

SNAP 10A ist ein thermischer Reaktor. In ihm werden die bei der Spaltung von Uran 235 entstehenden Neutronen durch Moderatoren, hier Zirkoniumhydrid, abgebremst. Als Kühlmittel dient eine Natrium-Kaliumlegierung. Der Kern ist mit einem 5 cm dicken Berylliummantel als Reflektor umgeben. SNAP 10A war der bisher einzige amerikanische Reaktor, der im Weltraum verwendet wurde. Wegen der großen Fortschritte in den Solarzellenanlagen, der bei Reaktoren inhärenten Gefahr der radioaktiven Kontamination bei Abstürzen und nicht zuletzt aus finanziellen Gründen wurden Reaktorentwicklungen in den USA zunächst eingestellt. Vor einigen Jahren, im Zusammenhang mit SDI, wurde ein neuer Reaktor, der SP-100 (**S**pace **P**ower with **100** kW electric power) entwickelt, dessen erste Versionen ebenfalls mit thermoelektrischen Wandlern ausgerüstet war. Im Gegensatz zu SNAP 10A ist der SP-100 ein schneller unmoderierter Urannitridreaktor mit Flüssiglithiumkühlung (Abb. 8.27). Der Reflektor besteht aus Be_2C mit B_4C Absorbern auf einer Seite. Die Thermoelemente sind SiGe-GaP Zellen. Der Erstflug war für 1995 geplant, wurde aber bis heute nicht ausgeführt.

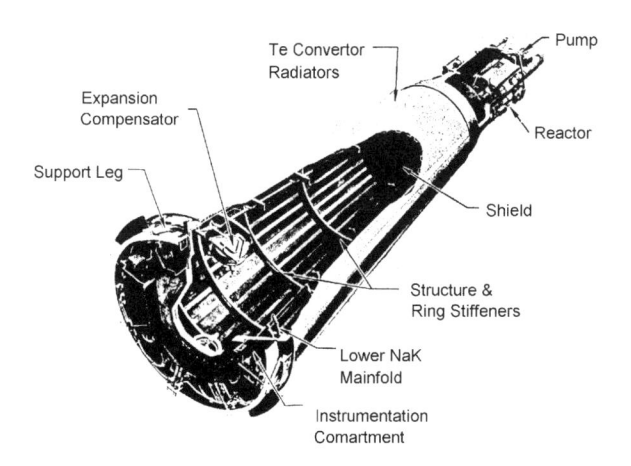

Abb. 8.25. SNAP 10A - System.

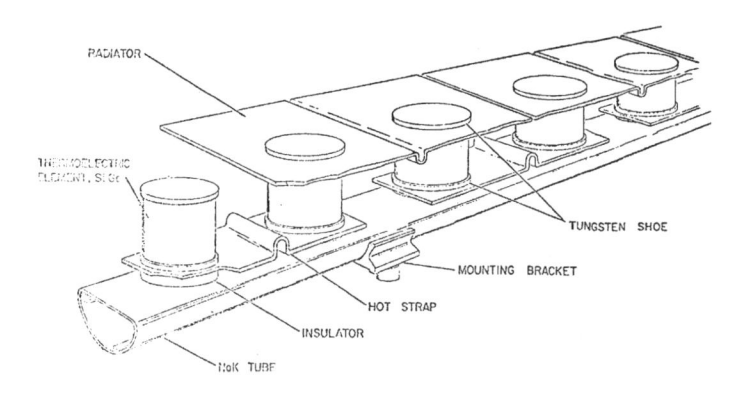

Abb. 8.26. SNAP 10A - Thermoelektrisches Wandlermodul.

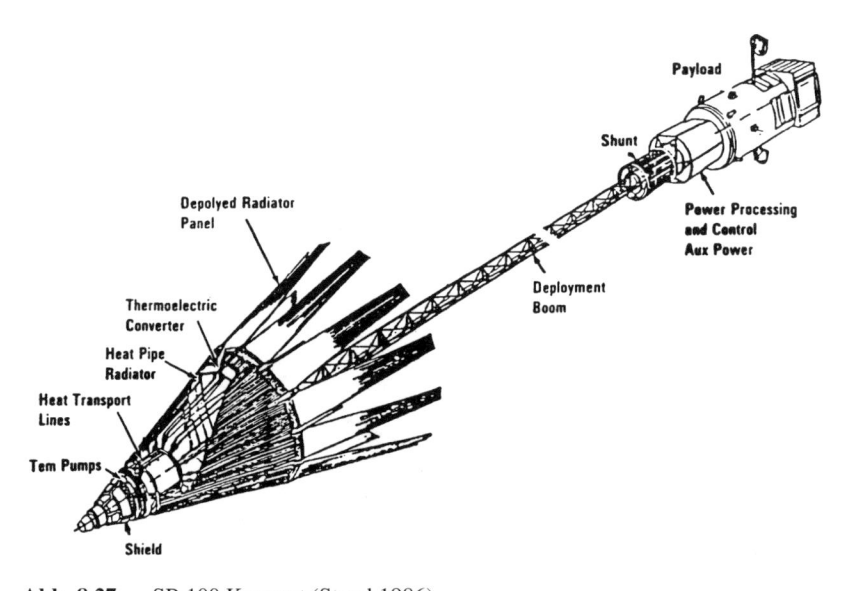

Abb. 8.27. SP-100 Konzept (Stand 1986).

Im Gegensatz zu den USA waren in der ehemaligen Sowjetunion Reaktoren regelmäßig im Einsatz, hauptsächlich auf militärischen Satelliten. Bekannt ist der Absturz des Satelliten Kosmos 954 mit einem Reaktor des Typs Romashka (s. Abb. 8.28) an Bord über Kanada im Jahr 1978. Er ist ebenfalls ein schneller Reaktor, bei dem im Gegensatz zu den thermischen Reaktoren die Neutronen nicht abgebremst werden, weshalb höhere Neutronenverluste auftreten, mehr spaltbares

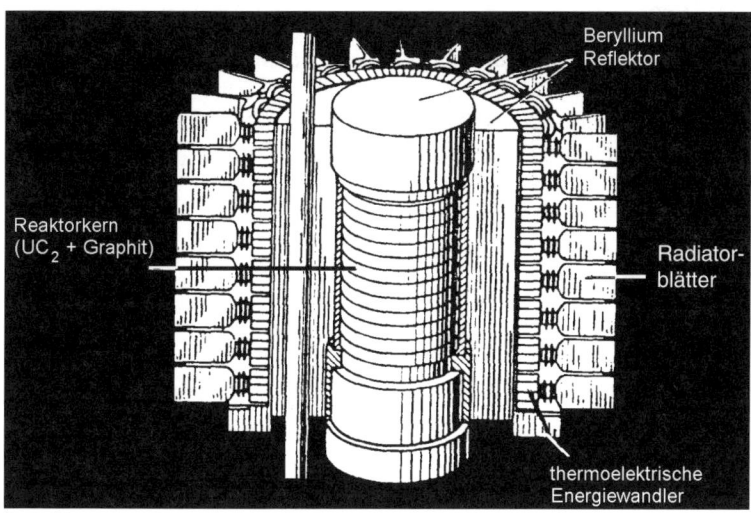

Abb. 8.28. Russischer Romashka-Reaktor.

Material (hier: ca. 50 kg) benötigt wird, aber den Moderator spart. Die ungefähren Daten dieses Reaktors:
thermische Leistung: 40 kW, elektrische Leistung: 0,5 kW $\to \eta = 1{,}25\,\%$
spezifische Leistung (ohne Abschirmung): $\alpha \approx 1$ W/kg
Kerntemperatur: 1900°C
kein Kühlmittel, Kühlung erfolgt direkt durch Abstrahlung

8.4 Andere untersuchte Energieversorgungssysteme

8.4.1 Solardynamische Energieversorgungsanlagen

Das Blockdiagramm in Abb. 8.4 zeigt noch viele weitere Wandler-Energiequellen-Kombinationen, die jedoch durch die Verbesserung und kostengünstigere Produktion der Solarzellen zunächst zurückgestellt worden sind. Dabei wurden die solarthermischen Energieversorgungsanlagen am weitesten entwickelt. Solardynamische Anlagen, entweder mit Dampf-(Rankine) oder Gas-(Brayton) Turbinenprozesse werden für die Internationale Raumstation als zu den Solarzellenanlagen zusätzliche Energieversorgungsanlagen entwickelt. Abb. 8.29 zeigt die prinzipielle Konfiguration einer solardynamischen Anlage für die Raumfahrt, die Abb. 8.30 das Blockschaltbild.

Die Vorteile des solardynamischen Prinzips gegenüber der Photovoltaik sind:

- Höherer Wirkungsgrad vor allem durch günstigere Leistungsdaten eines Primärenergiespeichers (Wärmespeicher) gegenüber einem Sekundärenergiespeicher (Batterie).
- Höhere Flächenleistung und dadurch geringerer Restwiderstand im Low Earth Orbit (LEO), geringerer Treibstoffverbrauch für Lage- und Bahnregelung und geringere Wahrscheinlichkeit für Meteoridenschäden.
- Neben elektrischer Energie ist auch thermische Energie verfügbar.

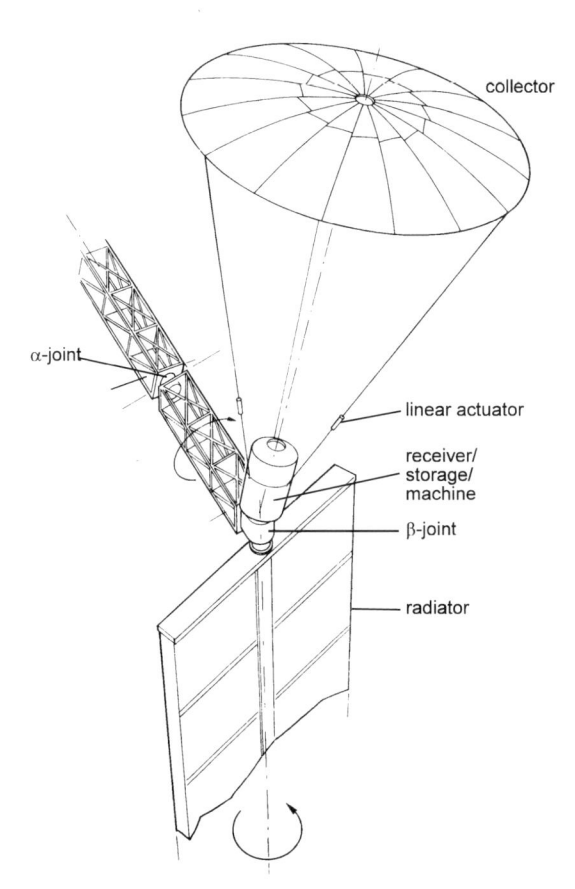

Abb. 8.29. Prinzipielle Konfiguration einer solardynamischen Anlage für die Raumfahrt.

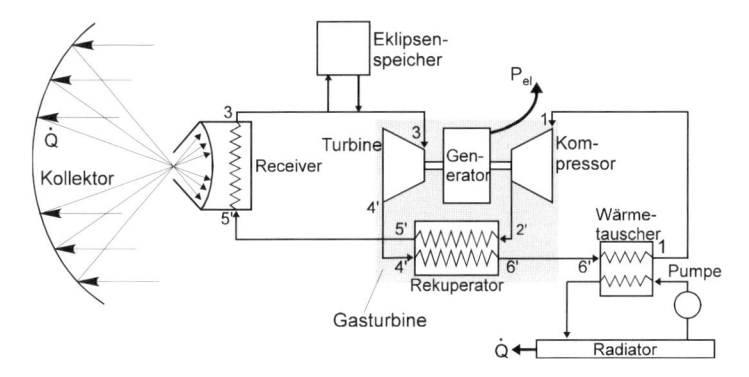

Abb. 8.30. Blockschaltbild einer solardynamischen Anlage.

8.4.2 Vergleich Photovoltaik - Solardynamik für eine Raumstation

Das folgende Beispiel dient dazu, die in den vorangegangenen Abschnitten vorgestellten Systeme anhand der auftretenden Wirkungsgrade zu vergleichen. Als Vertreter der Photovoltaik wird ein fortschrittliches Siliziumzellen-System herangezogen und mit einer solardynamischen Anlage mit einer Brayton-Gasturbine und einem Latentwärmespeicher verglichen.

a) Photovoltaik

Die in Tabelle 8.9 genannten Sekundärspeicher unterscheiden sich bezüglich ihrer Strukturmasse, dem Strukturvolumen, ihrer Haltbarkeit, Entladungstiefe, usw. Der Gesamtwirkungsgrad der photovoltaischen Energieversorgungsanlage ergibt sich zu:

$$\eta_{EVA,PV} = \eta_{PV} = \eta_{Blanket} \cdot \eta_D = 0,11 \cdot 0,9 \approx 0,1 \qquad (8.15)$$

$$\eta_{Sp,PV} = 0,75 \qquad (8.16)$$

So ergibt sich beispielsweise für ein photovoltaisches System mit einer elektrischen Leistung von 25 kW bei einer Bahnhöhe von 500 km und einem typischen Degradationsfaktor BOL/EOL = 1,2 (10-jährige Betriebsdauer) aus Gleichung (8.9)

$$A_{PV} = \frac{25 \text{kW}}{1371 \text{W}/\text{m}^2} \cdot \frac{1}{0,1} \cdot \left(1 + \frac{1}{0,75} \cdot \frac{26'}{95' - 36'}\right) \cdot 1,2 \qquad (8.17)$$

bzw. als Ergebnis $A_{PV} = 397 \text{m}^2$.

b) Solardynamik

Im Falle des solardynamischen Systems multiplizieren sich die Wirkungsgrade zu:

$$\eta_{EVA,SD} = \eta_{SD} = \eta_{Kollektor} \cdot \eta_{Receiver} \cdot \eta_{Brayton} \cdot \eta_D = 0,9 \cdot 0,9 \cdot 0,4 \cdot 0,94 \quad (8.18)$$

$$\eta_{Sp,SD} = 0,305 \quad (8.19)$$

Für ein System mit einer elektrischen Leistung von 25kW bei gleichem Orbit wie im Photovoltaik-Beispiel ergibt sich die notwendige Kollektorfläche zu:

$$A_{PV} = \frac{25kW}{1371W/m^2} \cdot \frac{1}{0,305} \cdot \left(1 + \frac{1}{0,95} \cdot \frac{26'}{95'-36'}\right) \cdot 1,2 \quad (8.20)$$

bzw. als Ergebnis $A_{SD} = 118m^2$.

Hierbei wurde ebenfalls ein Degradationsfaktor BOL/EOL = 1,2 angesetzt, da bei einem solardynamischen System sowohl die Kollektorfläche als auch die Radiatorfläche degradieren, was zu einem schlechteren Reflexionsgrad bzw. zu schlechteren Abstrahlbedingungen, einem höheren unteren Temperaturniveau und damit einem niedrigeren Wirkungsgrad des Brayton-Prozesses führt.

Wirkungsgrad		Bemerkung
$\eta_{Laborzelle}$	bis 30%	Bedingt höchste Sauberkeit und Reinheit; wird nur bei ausgewählten Einzelzellen erreicht; keine reproduzierbaren Produktionsbedingungen und keine Serienkontaktierung der Zelle.
η_{Cell}	≈17-20%	Reproduzierbarer Wirkungsgrad, Produktionsbedingungen mit Kontaktierung.
η_{Panel}	≈15-20%	Wirkungsgrad inklusive Verschaltungsverlusten bei Panelgrößen bis zu 0,25m².
$\eta_{Blanket}$	≈10-12%	Gesamtflügel (bis einige m²), verschaltet und verdrahtet inklusive Verdrahtungsverlusten (hohe Ohmsche Verluste). Außerdem Berücksichtigung von nicht mit Zellen belegter Strukturfläche.
$\eta_{Collection\ efficiency}$	≈80-90%	Berücksichtigt das Verhältnis von Zellenfläche zur Strukturfläche. Ist in $\eta_{Blanket}$ bereits berücksichtigt.
η_D	≈90%	Power processing and distribution efficiency. Gleichstrom- Wechselstrom- Umwandlungsverluste, sowie Verluste bei Transformation auf Nutzspannung
$\eta_{Sp,PV}$	≈75-80% ≈70-80% ≈85% ≈55-60%	NiH2-Batteriesysteme NiCd-Batteriesysteme NaS-Batteriesysteme RFC-Systeme (Regenerative Fuell Cells) *)
*) Kombiniertes Elektrolyse-Brennstoffzellen-System. die Brennstoffzelle wird nicht im Umkehrprozeß betrieben, sondern es wird eine getrennte Elektrolyse-Apparatur verwendet.		

Tabelle 8.9. Wirkungsgraddefinitionen eines Siliziumzellen-Systems.

Wirkungsgrad		Bemerkung
$\eta_{Brayton}$	≈40%	Der Prozeßwirkungsgrad ist abhängig vom minimalen und maximalen Temperaturniveau, von der Leistungsgröße (Schaufelverluste) usw.
$\eta_{Kollektor}$	≈90%	Berücksichtigt die Reflektivität des Spiegels, evtl. der Struktur usw.
$\eta_{Receiver}$	≈90%	Die Receiververluste setzen sich aus Rückstrahlverlusten, Reflexionsverlusten und thermischen Abstrahlverlusten durch Aperatur und Oberfläche zusammen.
η_D	≈94%	Power processing and distribution efficiency. Da die Gasturbine (Rotationsmaschine) bereits im Generator Wechselstrom erzeugt, werden Umwandlungsverluste vermieden.
$\eta_{Sp,SD}$	≈95%	Verluste des Latentwärmespeichers (Primärspeicher) sind vor allem durch die schlechte Isolation und treibende Temperaturdifferenzen beim Be- und Entladen bedingt.

Tabelle 8.10. Wirkungsgraddefinitionen der solardynamischen Energieversorgungsanlage mit einer Brayton-Gasturbine und Latentwärmespeicher.

c) Vergleich beider Systeme

Bildet man aus den Ergebnissen das Kollektorflächenverhältnis, so erhält man folgenden Wert:

$$\frac{A_{PV}}{A_{SD}} \approx 3,4 \quad . \tag{8.21}$$

Bei Verwendung des Sekundärspeichers wie beim PV-System würde man für das solardynamische System eine Kollektorfläche $A_{SD} = 137m^2$ erhalten und daraus ein Kollektorflächenverhältnis von 2,90. Dies deutet zunächst klar auf eine Verschlechterung des SD-Systems hin. Jedoch steht in diesem Fall die Wärmekraftmaschine während der Schattenphase still, da die elektrische Leistung vom Sekundärsystem bezogen wird. Dies führt sowohl zu geringeren Abstrahlverlusten des Receivers sowie einem Gewinn durch die verstärkte Abkühlung des Radiators in der Schattenphase.

Die genannten Effekte führen zu einer Verbesserung der Werte des solardynamischen Systems. Dem entgegen wirken jedoch Haltbarkeitsprobleme, Zyklenfestigkeit und Materialprobleme im Receiver, die Auslegung der Gasturbine (Spaltverluste), usw., was zu einer Verschlechterung der Werte führt.

Aus den obigen Betrachtungen folgt, daß ein Hauptvorteil des solardynamischen Systems in der thermischen Speicherung der Energie für die Schattenphase auf der Primärseite des Energiewandlers liegt.

8.4.3 Solare Kraftwerksatelliten

Seit einigen Jahrzehnten wird ein etwas utopisches, aber durchaus im Rahmen der Technik realisierbares Konzept eines sog. Solarkraftwerks diskutiert. Dabei sollen im geostationären Orbit Kraftwerke mit 1 GW elektrischer Leistung installiert werden, sogenannte (Solar Power Satellites: SPS), die diese Leistung über große Antennen im Mikrowellenbereich zu Bodenstationen abstrahlen. Zwei verschiedene Richtungen werden verfolgt:

1. photovoltaisches SPS und
2. solardynamische SPS, entweder mit Dampfturbinen (Rankine) oder Gasturbinen (Brayton).

Sehr viele Probleme, auch ökologische, z.B. die Wirkung der sehr starken Mikrowellenkonzentrationen auf zufällig kreuzende Tiere oder Flugzeuge, sind noch nicht gelöst. Da auch die extremen Transportleistungen logistisch auf absehbare Zeit nicht zu bewältigen sind, ist es um die SPS in der letzten Zeit ruhiger geworden.

9 Thermalkontrollsysteme

9.1 Grundlagen der Wärmeübertragung durch Strahlung

Als Bezeichnung für die Regulierung des Wärmehaushaltes wird inzwischen allgemein der aus dem Englischen („thermal control") abgeleitete Begriff Thermalkontrolle verwendet. In der Raumfahrt bezeichnet man damit die Bereitstellung und Aufrechterhaltung der von Besatzung, Geräten und Subsystemen geforderten thermalen Umgebung während allen Phasen einer Raumflugmission, auch unter Berücksichtigung eventuell auftretender Extremsituationen während der Mission. Dieses Kapitel stellt nach einer kurzen Einführung in die Grundlagen der Wärmeübertragung und einer Beschreibung der thermalen Umgebung im Weltall den Entwurfsprozeß, die Analyse und den Test von Thermalsystemen dar. In einem weiteren Abschnitt werden momentan verwendete Thermalkontrollsysteme kurz vorgestellt und beschrieben.

Ein Satellit kann mit seiner Umgebung aufgrund der meist fehlenden äußeren Atmosphäre Wärme nur in Form von Strahlung austauschen. Das Temperaturniveau eines solchen Flugkörpers bestimmt sich daher vor allem aus dem Gleichgewicht zwischen absorbierter und emittierter Strahlung. Im Inneren der meisten Satelliten herrscht während ihres Betriebes Vakuum, so daß hier Wärme außer durch Strahlung nur noch durch Wärmeleitung übertragen werden kann. In druckbeaufschlagten Modulen sind darüber hinaus erzwungene und freie Konvektion möglich. Wegen der großen Bedeutung der Strahlung für den Wärmehaushalt eines Raumfahrzeuges werden nun einige Grundgesetze der Wärmestrahlung behandelt.

9.1.1 Der schwarze Strahler

Als *schwarzer Strahler* wird ein Strahler bezeichnet, der bei einer Temperatur die größtmögliche Energie abstrahlt. Aus dem Planckschen Strahlungsgesetz ergibt sich für einen Strahlung emittierenden Körper die *spektrale Intensitätverteilung* $M_{\lambda s}(\lambda, T)$ über der Wellenlänge

$$M_{\lambda s}(\lambda, T) = \frac{2\pi h c^2}{\lambda^5 \left(e^{\frac{hc}{\lambda kT}} - 1 \right)} \quad [W/m^3], \tag{9.1}$$

mit dem Planckschen Wirkungsquantum h=6,62·10^{-34} Js, der Lichtgeschwindigkeit c=2,9979·10^8 m/s und der Boltzmann-Konstante k=1,381·10^{-23} J/K. Die Abb. 9.1 gibt diese Verteilung mit der absoluten Temperatur als Parameter wieder. Die gestrichelte Linie verbindet die Maxima von $M_{\lambda s}(\lambda,T)$ für T= konst., deren Lage sich durch das *Wiensche Verschiebungsgesetz* beschreiben läßt.

$$\lambda_{max}T = 2898 \ \mu m \ K \ . \qquad (9.2)$$

Mit dieser Beziehung kann die Temperatur eines Körpers (z.B. eines Fixsternes) aus der Intensitätsverteilung seines Strahlungsspektrums berechnet werden, sofern dieser Körper als schwarzer oder *grauer Strahler* betrachtet werden kann. Für die Sonne ergibt sich mit $\lambda_{max}\approx 0,48$ μm eine mittlere Oberflächentemperatur von 5800 ÷ 6000 K.

Der für thermale Aspekte wichtige Spektralbereich der elektromagnetischen Strahlung liegt im sichtbaren und infraroten Bereich (λ zwischen 0,3 μm und 1000 μm). Um die von einem schwarzen Körper über alle Wellenlängen in den Halbraum emittierte Strahlung (*spezifische Ausstrahlung* M_s) zu ermitteln, integriert man Gl. (9.1) und erhält damit das *Stefan-Boltzmann Gesetz*:

$$M_s = \int_0^\infty M_{\lambda s}(\lambda,T) d\lambda = \sigma T^4 = C_s \left(\frac{T}{100}\right)^4 \ [W/m^2] \qquad (9.3)$$

mit
$$\sigma = \frac{2\pi^5 k^4}{15 c^2 h^3} = 5,67 \cdot 10^{-8} \ \frac{W}{m^2 K^4} \qquad (9.4)$$

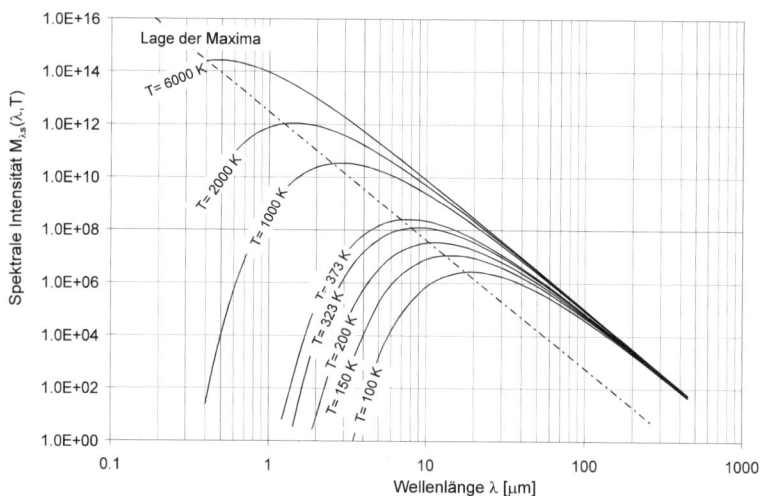

Abb. 9.1. Spektrale Intensitätsverteilung nach dem Planckschen Gesetz in logarithmischer Darstellung.

und $$C_s = 10^8 \sigma \quad [W/m^2] \qquad (9.5)$$

Das Stefan-Boltzmann Gesetz gilt streng nur für schwarze und graue Strahler. Es wird aber für viele technische Oberflächen, bei denen die abgestrahlte Energie ungefähr mit der vierten Potenz der Temperatur zunimmt, angewandt (Ausnahme: Metalle, z. B. bei Platin mit der fünften Potenz!). Zur Berechnung von Gas- oder Flammstrahlung setzt man für die *Stefan-Boltzmann Konstante* σ bzw. C_s eine empirische Gleichung in Abhängigkeit von der Temperatur an.

9.1.2 Optische Eigenschaften von Materialien

Trifft Strahlung auf einen Körper, so wird ein Teil davon in den Körper eindringen (*Absorption, Absorptionsvermögen* α) und der Rest wieder in den Halbraum zurückgesandt (*Reflexion, Reflexionsgrad* ρ). Bei teildurchlässigen Medien wie z.B. Glas kommt ein Anteil der durch das Material hindurchtretenden Strahlung hinzu (*Transmission*, Transmissionsgrad τ). Für die beschriebenen Strahlungsanteile gilt:

$$\alpha + \rho + \tau = 1 \quad , \qquad (9.6)$$

mit $$\alpha = \frac{M_\lambda}{M_{ges}}, \rho = \frac{M_\rho}{M_{ges}}, \tau = \frac{M_\tau}{M_{ges}} \quad , \qquad (9.7)$$

Die zurückgeworfene Strahlung kann entweder spiegelnd (blanke Oberfläche) oder diffus (matte Oberfläche) reflektiert werden. Der gespiegelte Anteil verläßt die Oberfläche als scharf abgegrenzter Strahl mit gleichem Winkel gegen die Flächennormale, mit der er auf die Oberfläche getroffen ist. Eine diffus reflektierende Oberfläche (z. B. oxidierte Metalloberfläche) verwandelt den einfallenden Strahl in ein gleichmäßig über den Halbraum verteiltes Strahlenbündel. Sowohl ρ als auch α werden meist als Funktion von Wellenlänge und Temperatur $\rho(\lambda,T)$, $\alpha(\lambda,T)$ angesetzt, sind aber zusätzlich auch von der Richtungsverteilung der Strahlung abhängig und damit keine Stoffwerte. Das *hemisphärische spektrale Absorptionsvermögen* innerhalb eines Wellenlängenbereiches ergibt sich so zu:

$$\alpha(\lambda_1,\lambda_2,T) = \frac{\int_{\lambda_1}^{\lambda_2} \int_{\psi=0}^{2\pi} \int_{\theta=0}^{\pi/2} M_{\lambda,s}(\lambda,T) \cos\theta \sin\theta\, d\theta\, d\psi\, d\lambda}{\int_{\lambda_1}^{\lambda_2} \int_{\psi=0}^{2\pi} \int_{\theta=0}^{\pi/2} \alpha_{\lambda,\Omega} M_{\lambda,s}(\lambda,T) \cos\theta \sin\theta\, d\theta\, d\psi\, d\lambda} \quad , \qquad (9.8)$$

Abb. 9.2 veranschaulicht diese Gleichung. Es sind $\alpha_{\lambda,\Omega}$ das gerichtete spektrale Absorptionsvermögen, Ω : Raumwinkel ($d\Omega = \sin\theta\, d\theta\, d\psi$) und θ Einfallswinkel.

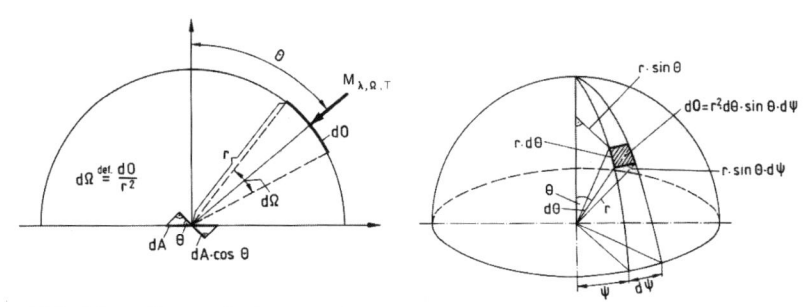

Abb. 9.2. Geometrische Verhältnisse zur Ermittlung des Absorptionsvermögens.

9.1.3 Graue Strahler und technische Oberflächen

Das Plancksche Strahlungsgesetz gibt für jede Temperatur und Wellenlänge die maximal emittierbare Strahlung eines Körpers wieder. Strahler, die diese Maximalwerte über alle Wellenlängen nicht erreichen, nennt man *technische Oberflächen*. *Graue Strahler* sind technische Oberflächen mit konstanter Emisionszahl kleiner als eins.

Die *monochromatische oder spektrale Emissionszahl* $\varepsilon_\lambda(\lambda,T)$ beschreibt den von einer technischen Oberfläche emittierten Strahlungsanteil, zu dem eines schwarzen Strahlers gleicher Temperatur für eine bestimmte Wellenlänge:

$$\varepsilon_\lambda(\lambda,T) = \frac{M_\lambda(\lambda,T)}{M_{\lambda,s}(\lambda,T)} \leq 1 \quad \text{bzw.} \quad \varepsilon(T) = \frac{M(T)}{M_s(T)} \leq 1 \tag{9.9}$$

mit der über alle Wellenlängen integrierten *Emissionszahl* $\varepsilon(T)$. Diese Emissionszahlen sind keine reinen Stoffwerte, da sie auch von der Beschaffenheit der Strahleroberfläche und dem Emissionswinkel abhängen. In der Literatur wird meist die *hemispherische Emissionszahl* ε_h oder die auf *Normalenrichtung bezogene Emissionszahl* ε_n angegeben (vgl. Abb. 9.2):

$$\varepsilon_h(\lambda,T) = \varepsilon_\lambda(\lambda,\psi,\theta,T) = \frac{1}{\pi}\int_{\lambda=0}^{\infty}\int_{\psi=0}^{2\pi}\int_{\theta=0}^{\pi/2}\varepsilon_{\lambda,\Omega}\cos\theta\sin\theta d\theta d\psi d\lambda$$

bzw.
$$\varepsilon_n = \varepsilon_\lambda(\lambda,0,0,T) \tag{9.10}$$

Für blanke Metalloberflächen kann im Mittel $\varepsilon_h=1{,}2\varepsilon_n$, für sonstige Strahler bei glatter Oberfläche $\varepsilon_h=0{,}95\varepsilon_n$, bei rauher Oberfläche $\varepsilon_h=0{,}98\varepsilon_n$, gesetzt werden. Bei Metallen nimmt das Verhältnis dieser Emissionszahlen mit steigender Temperatur leicht zu, bei nichtmetallischen Strahlern in der Regel eher ab.

Zur näherungsweisen Berechnung der Wärmeübertragung durch Strahlung ist es oft ausreichend, für technische Oberflächen das Strahlungsverhalten des grauen Strahlers vorauszusetzen. Die von einem grauen Strahler in den Halbraum ausgesandte Strahlung berechnet sich zu:

$$M = \int_0^\infty M_{\lambda s}(\lambda, T) d\lambda = \varepsilon M_s = \varepsilon \sigma T^4 \quad [W/m^2] \quad (9.11)$$

Das *Kirchhoffsche Gesetz* beschreibt den Zusammenhang von Emissionsvermögen $\varepsilon(\lambda, T)$ und Absorptionsvermögen $\alpha(\lambda, T)$ eines Körpers für konstante Wellenlängen bei thermischem Gleichgewicht:

$$\varepsilon(\lambda, T) = \alpha(\lambda, T) \quad (9.12)$$

Da für Wellenlängen im Bereich des sichtbaren Lichtes die Temperatur des Körpers meist nicht mit der des (solaren) Strahlers übereinstimmt, gilt diese Gleichung dort streng genommen nicht, da kein thermisches Gleichgewicht herrscht. In der Praxis wird dieser Sachverhalt häufig vernachlässigt, bei optischen Vermessungen von Oberflächen ist die Einhaltung des thermischen Gleichgewichtes aber wichtig. Zur Kennzeichnung der Gültigkeit für unterschiedliche Wellenlängenbereiche verwendet man für $\alpha(\lambda, T)$ häufig den Begriff *solares Absorptionsvermögen* mit α_s ($\lambda = 0{,}3 \div 0{,}7 \mu m$) und für $\varepsilon(\lambda, T)$ den Begriff *thermisches Emissionsvermögen* ε_λ ($\lambda = 0{,}7 \div 1000 \mu m$).

Für graue Strahler ist die monochromatische Emissionszahl $\varepsilon_\lambda(\lambda, T)$ nur temperaturabhängig $\varepsilon_\lambda(\lambda, T) = \varepsilon_\lambda(T)$, sie wird oft zur Vereinfachung aber auch mit $\varepsilon_\lambda(\lambda, T) = \varepsilon = \varepsilon_n$, als konstant angesetzt. Ein besonderes Kennzeichen der grauen Strahlung ist, daß die Maxima der Isothermen gegenüber der schwarzen Strahlung nicht verschoben sind (vgl. Abb. 9.4), also auch nach dem Wienschen Verschiebungsgesetz berechnet werden können. Elektrische Nichtleiter und Halbleiter können in sehr guter Näherung als graue Strahler aufgefaßt werden. Die Strahlung von Metallen, selektiven Strahlern, sowie Gasen und Dämpfen kann dagegen merklich von diesem Strahlungsverhalten abweichen.

Bei selektiven Oberflächen hängen Emissions-/Absorptionsvermögen von der Wellenlänge ab. Materialien mit niederem Absorptionsgrad im Solarspektrum werden als Solarreflektoren eingesetzt. Da sich die thermo-optischen Eigenschaften selektiver Strahler unter Weltraumbedingungen sehr stark ändern können, werden solche Materialien eher selten eingesetzt.

Die von einem schwarzen Strahler emittierte Energie ist isotrop, d.h. es wird keine Strahlungsrichtung bevorzugt (Lambertsches Kosinusgesetz). Die von einem Flächenelement dA nach jeder Richtung in gleiche Raumwinkel dΩ emittierte (absorbierte) Strahlung ist proportional zum Kosinus des Winkels zwischen Strahlrichtung und der Flächennormalen des Flächenelementes (vgl. Abb. 9.2). Daraus folgt für die über alle Wellenlängen integrierte gerichtete spezifische Ausstrahlung (mit dem Einfallswinkel θ der einfallenden Strahlung):

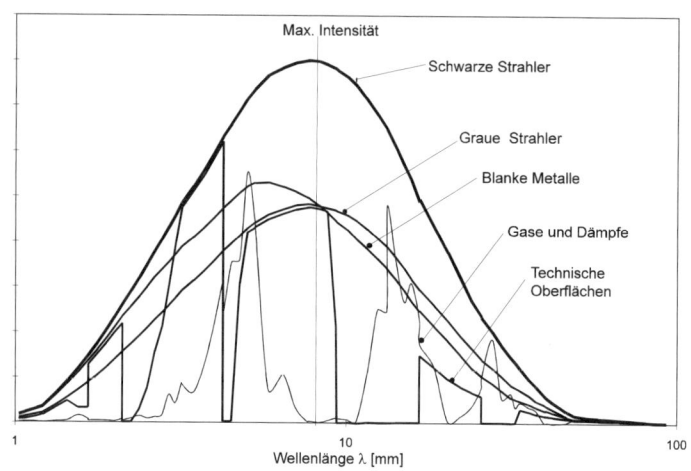

Abb. 9.4. Schematische Darstellung der spektralen Intensitätsverteilung verschiedener Strahler bei gleicher Temperatur

$$M_s(T,\theta) = \frac{1}{\pi}\sigma T^4 \cos\theta \quad [W/m^2/sr]. \tag{9.13}$$

Für technische Oberflächen ergibt sich die Winkelverteilung durch eine Verzerrung der Verteilung des schwarzen Strahlers entsprechend Gl. (9.9). In der Abb. 9.3 ist das typische Verhalten der winkelabhängigen Emissionszahlen von technischen Strahlern dargestellt (vgl. Gl. (9.10)). Für ideale graue Strahler gilt das Kosinusgesetz, bei Nichtleitern ist die Emissionszahl ϵ bis zu Winkeln von $\theta \approx 70°$ nahezu winkelunabhängig. Da bei großen θ der Kosinus sehr klein wird, ist der Fehler gering, wenn man hier $\epsilon(\theta) = \epsilon = $ konst. setzt. Bei Metallen ist das Verhalten umgekehrt. Bei großen Winkeln nimmt die Emissionszahl hohe Werte an, so daß man das Abstrahlverhalten bei Annahme konstanter Emissionszahlen unterschätzen würde.

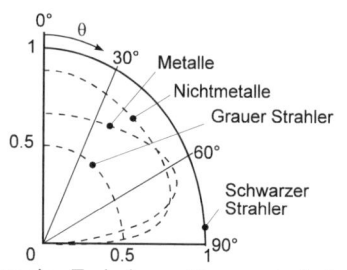

Abb. 9.3. Winkelabhängige Emissionszahlen von technischen Oberflächen.

9.2 Umweltbedingungen

Der Wärmehaushalt von Raumfahrzeugen wird im besonderen Maße von äußeren Wärmequellen beeinflußt. Die bestimmende Strahlungs- bzw. Wärmequelle in unserem Sonnensystem stellt die Sonne dar. Raumstationen und Satelliten im erdnahen Orbit unterliegen vor allem der direkten Solarstrahlung, der von der Erde reflektierten Strahlung (*Albedo-Strahlung*) und der Erdeigenstrahlung (vgl. Abb. 9.5). Solar- und Albedo-Strahlung liegen dabei im Wellenlängenbereich des sichtbaren Lichtes, die thermische Eigenstrahlung im Infrarotbereich. Für Bahnhöhen unter 200 km sollte zusätzlich die aerodynamische Aufheizung durch die Restatmosphäre berücksichtigt werden. Bei planetaren Missionen stellt in großer Entfernung von der Erde die Sonne praktisch die einzige Strahlungsquelle dar. In der Nähe von Planeten sind dann wie bei der Erde die Albedo- und Eigenstrahlung zu berücksichtigen. Der Weltraumhintergrund dient mit einer Strahlungstemperatur von ca. 3 K als thermische Senke. Nachfolgend werden die verschiedenen Einflüsse näher beschrieben.

9.2.1 Solarstrahlung

Für thermische Betrachtungen kann man die Sonne hinreichend exakt als schwarzen Strahler mit $T_{Sun} \approx 5762$ K beschreiben. Nur für wellenlängenabhängige Prozesse (z. B. photovoltaische Umwandlung) ist die spektrale Verteilung zu berücksichtigen. Die Intensität der Solarstrahlung hängt vom Sonnenabstand ab

$$M_{Sun}(r) = \sigma T_{Sun}^4 \left(\frac{R_{Sun}}{r}\right)^2 . \qquad (9.14)$$

mit dem Abstand r zur Sonne und dem Sonnenradius R_{Sun}. Auf der Erdbahn (r=1AE=149,5·10^6 km) beträgt sie M_0=1371(±10) W/m² und wird als eine Solar-

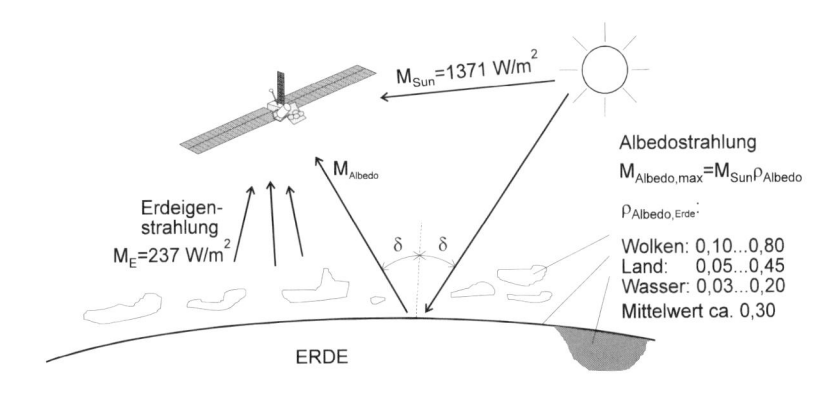

Abb. 9.5. Thermale Umgebung von Raumfahrzeugen im erdnahen Orbit.

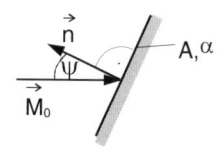

Abb. 9.6. Jahreszeitliche Änderung des Sonneneinfallswinkels.

konstante bezeichnet. Die Toleranz ergibt sich aufgrund natürlicher Schwankungen und Meßungenauigkeiten. Wegen der Exzentrizität der Erdbahn variiert der Energiefluß über das Jahr hinweg um ca. 3,3%, mit einem Maxima im sonnennächsten Punkt (Anfang Januar) und einem Minimum im sonnenfernsten Punkt (Anfang Juli).

In der Tabelle 9.1 sind die spezifischen thermalen Daten für die Planeten unseres Sonnensystems zusammengefaßt. In großer Entfernung zur Sonne kann die Solarstrahlung näherungsweise als Parallelstrahlung angenommen werden. Der Strahlungsstrom $\dot{Q}_S$ auf eine beliebig orientierte planare Fläche dA mit Absorptionsgrad α ist dann proportional zum Kosinus des Winkels ψ zwischen Flächennormalen und dem Einheitsvektor in Sonnenrichtung (s. Abb. 9.6).

$$\dot{Q}_S = M_0 \alpha \cos \psi \, dA \qquad (9.15)$$

Für Raumfahrzeuge im Erdorbit spielt die Abschattung aufgrund des Eintritts in den Erdschatten eine große Rolle für den Thermalhaushalt. Betrachtet ein Beobachter die Sonne von der Erde aus, so sieht er diese unter einem Öffnungswinkel von 0,5°. Die Sonnenstrahlen verlaufen also nicht parallel. Dadurch besitzt der Erdschatten keine zylindrische Gestalt, sondern zeichnet sich durch die drei in der Abb. 9.7 gezeigten Schattenzonen aus.

Da sich der Kernschatten bis ca. 220 Erdradien in den Weltraum hinaus erstreckt, kann man den Erdschatten im erdnahen Orbit nahezu als zylindrisch ($r_{zylinder} = R_0$) ansehen. Für niedere Umlaufbahnen berechnet sich die maximale Dauer der Schattenphase für den Sonderfall eines kreisförmigen Orbits innerhalb der Erdekliptik zu:

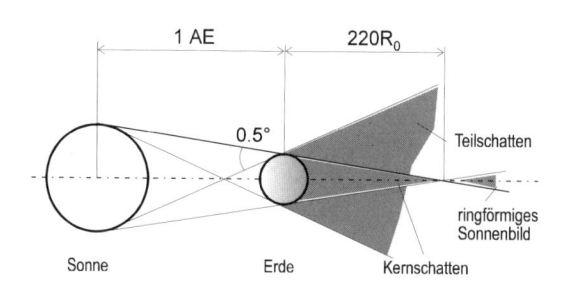

Abb. 9.7. Aufbau des Erdschattens.

$$\frac{t_E}{t_u} = \frac{1}{\pi} \arcsin\left(\frac{R_0}{R_0 + h}\right) \qquad (9.16)$$

Hierin sind R_0 der Erdradius und h die Flughöhe des Raumfahrzeuges, t_E ist die Eklipsendauer und t_u die Periode des Umlaufes.

9.2.2 Albedostrahlung

Albedostrahlung ist der Teil der Solarstrahlung, den die Atmosphäre oder die Oberfläche eines Planeten diffus in den Weltraum reflektiert. Der diffuse *Albedoreflexionsgrad* ρ_{Albedo} hängt also stark von geographischen Gegebenheiten, wie hellen Schneeflächen, dunklen Meeresflächen und der Wolkenbedeckung ab und kann für verschiedene Inklinationen der Abb. 9.8 entnommen werden. Häufig wird vereinfacht der in Tabelle 9.1 angegebene Mittelwert verwendet, der sich auf eine mittlere Oberfläche und Wolkenbedeckung bezieht. Zur Berechnung des ortsabhängigen Strahlungsstromes $\dot{Q}_{Albedo}$ aufgrund der Albedostrahlung eines Planeten auf eine Satellitenfläche A_S ist das Integral über die sichtbare, beleuchtete Kugelkappe *F* zu lösen:

$$\dot{Q}_{Albedo} = \frac{\rho_{Albedo} M_0 A_S}{\pi} \iint \frac{1}{s^2} (\vec{R}_{0,0} \cdot \vec{s}_0)(\vec{s}_0 \cdot \vec{n}_0)(\vec{R}_{0,0} \cdot \vec{r}_0) dF \qquad (9.17)$$

Die Größe der sichtbaren, beleuchteten Kugelfläche hängt dabei neben der Höhe h und der Lage ψ der Satellitenfläche zusätzlich von der Konstellation des Systems Sonne, Satellit und Erde ab (siehe Abb. 9.8).

Näherungsweise kann der aus der Albedostrahlung resultierende Wärmestrom auf eine Raumfahrzeugfläche aus

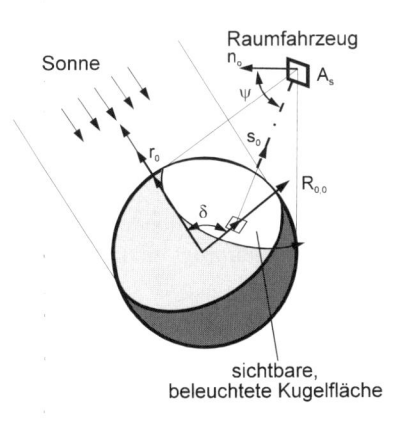

Abb. 9.8. Albedostrahlung auf eine Satellitenfläche.

$$\dot{Q}_{Albedo} = M_0 A_S \rho_{Albedo} \left(\frac{R_0}{R_0 + h}\right)^2 \cos\psi \cos\delta \qquad (9.18)$$

bestimmt werden. Diese Beziehung liefert für Flughöhen h bis max. 1000 km, für kleine ψ, $\delta < 90°$ und fernab der Schattenzonen recht gute Ergebnisse, da der Anteil der erleuchteten Erdkugel das Gesichtsfeld der Satellitenfläche fast vollständig ausfüllt.

9.2.3 Erdeigenstrahlung

Die Erde absorbiert Solarstrahlung mit $\alpha_s \approx 0{,}7$ und emittiert Strahlung im infraroten Wellenlängenbereich aufgrund ihrer Eigentemperatur. Im Strahlungsgleichgewicht gilt die Gleichung:

$$\dot{Q}_{abs} = \alpha_S M_{Sun} \pi R_0^2 = M_E 4\pi R_0^2 \qquad (9.19)$$

$$\Rightarrow M_E = \frac{1}{4} \alpha_S M_{Sun} = 240 \frac{W}{m^2} \qquad (9.20)$$

Die Erdinfrarotstrahlung $\dot{Q}_{IR}$ auf eine Satellitenfläche läßt sich in Anlehnung an Abb. 9.8 und Gl. (9.18) näherungsweise angeben:

$$\dot{Q}_{IR} = M_E \left(\frac{R_0}{R_0 + h}\right)^2 \cos\psi A_S \qquad (9.21)$$

M_E ist der mittlere Strahlungsfluß der Erde und deckt sich mit einer äquivalenten Schwarzkörperstrahlung von T=255 K. Satellitenmessungen ergaben einen mittleren Strahlungsfluß von 237 W/m² (vgl. Abb. 9.9). Dies entspricht einer Strahlungstemperatur von 277 K auf der Tagseite und 248 K auf der Nachtseite. Tatsächlich besitzt die Erdstrahlung ein kompliziertes Spektrum mit einer spektralen Verteilung, die sich näherungsweise als Schwarzkörperstrahlung bei ca. 220 K (Absorption in der Atmosphäre) mit einem Fenster bei 287 K (in etwa die mittlere Erdtemperatur) zwischen $\lambda=8{,}5$ und 11 µm angeben läßt. Die Abb. 9.10 zeigt den abnehmenden Einfluß von Albedostrahlung und Erdinfrarotstrahlung bei zunehmender Bahnhöhe eines Orbits.

Genauere Berechnungen von Erd- und Albedostrahlung werden heute fast ausschließlich mittels spezieller Computerprogramme zur Bestimmung von Sichtfaktoren durchgeführt. Für erste Abschätzungen und zur Überprüfung der mittels Computerprogramme gewonnenen Ergebnisse (evtl. Fehler bei der Dateneingabe etc.), eignen sich obige Gleichungen aber durchaus.

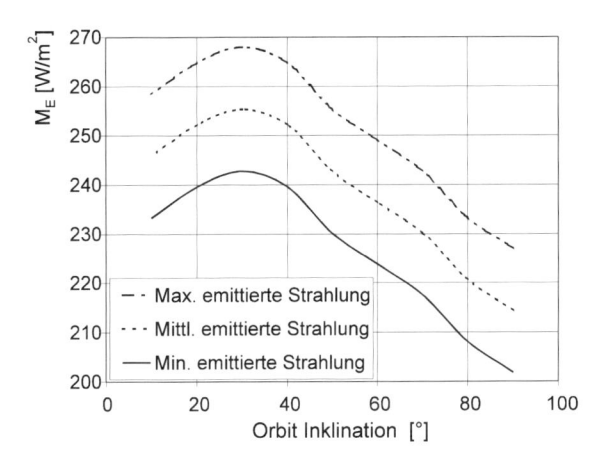

Abb. 9.9. Mittlerer Strahlungsfluß der Erdinfrarotstrahlung für variierende Inklinationen.

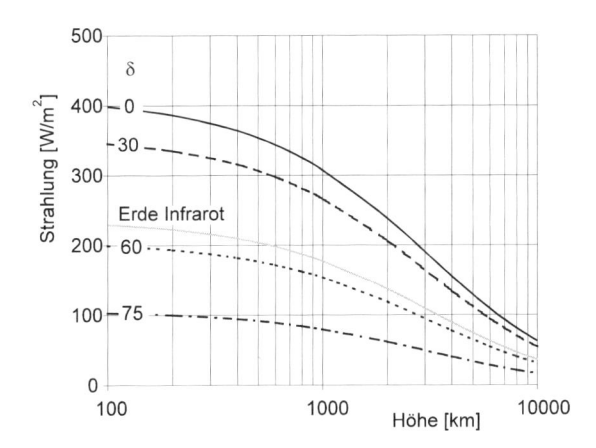

Abb. 9.10. Veränderung von Albedo und IR-Strahlung über der Flughöhe.

9.2.4 Aerodynamische Aufheizung

Die aerodynamische Aufheizung spielt bei sehr niederen Umlaufbahnen sowie beim Wiedereintritt und Aufstieg von Flugkörpern eine Rolle. In einer Höhe von ca. 150 km erreicht die aerodynamische Aufheizung die Größenordnung der Solarkonstante, um bei zunehmender Höhe dann schnell abzufallen. Bei 200km Höhe liegt dieser Anteil bei ca. 10%, bei 300km nur noch bei ca. 1% der Solarstrahlung.

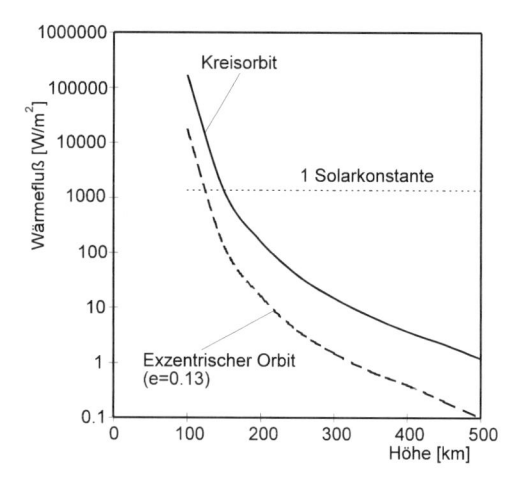

Abb. 9.11. Aerodynamische Aufheizung in niederer Erdumlaufbahn.

Himmels-körper	Solar-konstante $M_{Sun}(r)$ [W/m²]	Mittlerer Erdalbedo-Reflexionsgrad ρ_{Albedo} [-]	mittl. planeta-rer Strahlungs-fluß im Infrarotbereich M_P [W/m²]	Äquivalente mittl. Planeten-temperatur T_P [K]
Merkur	9034	0,53	2139	440
Venus	2588	0,76	155	228
Erde	1371±10	0,30±0,02	240±7	255
Mars	585	0,16	123	215
Jupiter	51	0,73	3,4	88
Saturn	15	0,76	0,9	63
Uranus	3,6	0,93	0,063	32
Neptun	1,5	0,84	0,06	22
Pluto	0,89	0,14	0,191	42
Mond	1353	0,067	316	273

Tabelle 9.1. Relevante Thermaldaten für die Planeten des Sonnensystems.

9.3 Entwurf von Thermalkontrollsystemen

Das Thermalkontrollsystem (*Thermal Control System, TCS*) verursacht bei typischen Raumfahrtmissionen Kosten in Höhe von 3% bis 5% der Gesamtkosten und besitzt einen Anteil zwischen 3 und 10 % der gesamten Systemmasse. Der typische Energiebedarf liegt bei ca. 1% bis 2% der installierten elektrischen Leistung.

Am Beginn des Entwurfes steht die Problemidentifikation und Konzeptdefinition für das Thermalkontrollsystem. Dazu sind z. B.

- grundsätzliche Anforderungen (z. B. Art der Mission, Redundanzen, Kosten)

- Missions-Ziele/Randbedingungen (z. B. Dauer, Umgebung, Flughöhe, Orbitmanöver)
- systembestimmende Faktoren (z. B. bemannt, unbemannt, Wiedereintritt, planetar)
- Schnittstellen (z. B. Triebwerke, Energieversorgung, ECLSS)
- Temperaturlimits und Wärmedissipation von Geräten

zu identifizieren und Zeit-Leistungsprofile für Nutzlasten und Housekeeping aufzustellen. *Low Performance* Systeme und Kurzzeitmissionen kommen fast immer mit rein passiver Temperaturkontrolle aus, während bei bemannten und *High Performance Systemen* zusätzlich aktive Kontrollmethoden eingesetzt werden müssen. Die maximal abzuführende, thermale Leistung kann im Bereich der installierten elektrischen Leistung angesiedelt werden (typisch: 60 bis 99% der installierten Leistung). Abb. 9.12 zeigt exemplarisch den Vorentwurf von Thermalsystemen.

Typischerweise ändern sich diese Anforderungen innerhalb der im Entwurf notwendigen Iterationszyklen. Um den dadurch verursachten Verzögerungen und den damit einhergehenden Kostenanstieg möglichst zu vermeiden, sind die großen Raumfahrtagenturen bemüht, den Entwurfsprozeß zu standardisieren bzw. zu formalisieren. Die ESA arbeitet z. B. an der ECSS-E-30-01 *(European Cooperation for Space Standardisation)*.

Tabelle 9.2 faßt die kritischen Missionsanforderungen für z. B. erdnahe und interplanetare Missionen zusammen.

Bei Wiedereintrittskörpern spielt so, neben den hohen externen Wärmelasten während des Wiedereintritts, auch die bereits frühzeitig nachlassende Wirkung von Superisolationen durch eine zunehmende Atmosphärendichte eine Rolle. Bei der Internationalen Raumstation muß dagegen darauf geachtet werden, daß die Radiatoren auch während des Dockings eines Shuttles an die Station weder von der Sonne, der Erde oder heißen Shuttle-/Stationsteilen bestrahlt werden.

Die Tabelle 9.3 zeigt solche Temperaturgrenzen für einige typische Komponenten in Raumfahrzeugen.

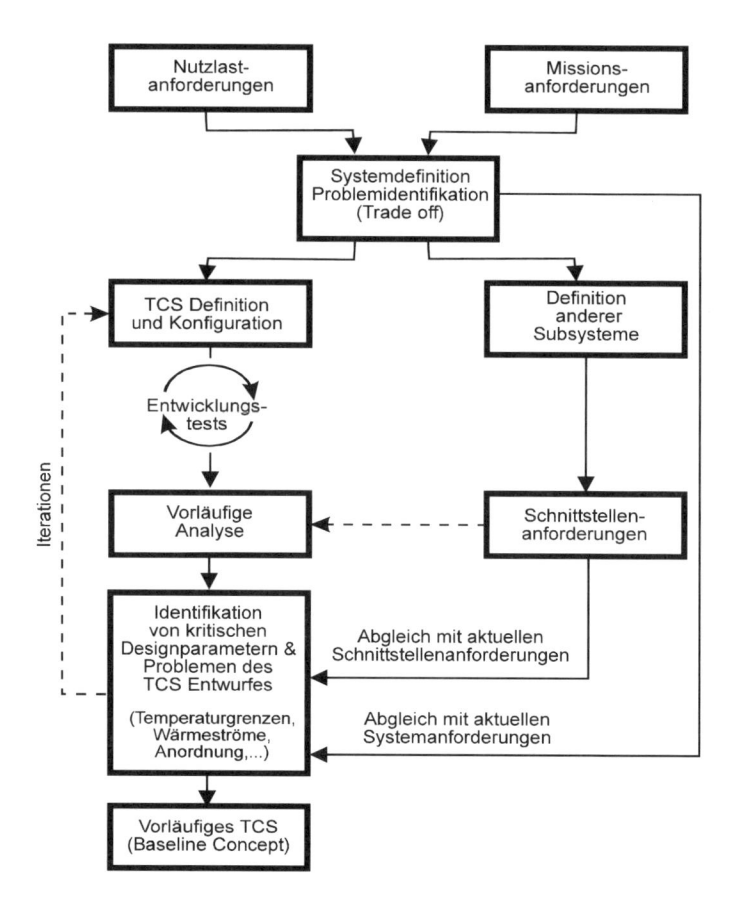

Abb. 9.12. Vorentwurf eines Thermalkontrollsystems.

Missionstyp	Kritische Einflußgrößen

erdnaher Orbit	— Orbit
	(Orbithöhe, Exzentrizität, Inklination, Perigäumsabstand, maximale Eklipsendauer)
	  Art der Lage und Bahnkontrolle, Orientierung des Raumfahrzeuges
	(3-achsen stabilisiert, drallstabilisiert, sonnenorientiert, erdorientiert)
	  Relativbewegung von Flugkörperteilen (z. B. Solargenerator, Antennen, Module) im Bezug auf das Gesamtsystem zur Berücksichtigung von Abschattungseffekten
	  Orbitmanöver (Rendezvous und Docking)

planetare Missionen	Transferbahn
	(thermische Einstrahlbedingungen, Ausrichtung, kalte Umgebung, Mikrometeroiden, Strahlung)
	  Art der Lage und Bahnkontrolle
	(3-achsen stabilisiert, drallstabilisiert)
	  Bahnmanöver (Swing-by, Wiedereintritt)

Tabelle 9.2. Kritische Einflußgrößen für zwei typische Missionen.

Subsystem	Komponente	Temperaturgrenzen [°C]	
		operating	non-operating
Energieversorgung	Batterien	-5÷15	-10÷25
	Laderegler	-15÷45	-30÷60
	Energieverteilung	-15÷45	-20÷60
	Solargenerator (Si)	-65÷80	-100÷100
Antriebssystem	Tanks, Ventile Einstoff-Systeme	5÷40	
	Tanks, Ventile Zweistoff-Systeme	0÷40	
Lage- und Bahnregelung	Drallräder	-5÷45	-15÷55
	Elektronik	-5÷45	-20÷65
	Computer	-15÷45	-30÷60
Nutzlast	Experimente	-10÷30	-25÷40

Tabelle 9.3. Temperaturgrenzen für Raumfahrtkomponenten.

9.4 Thermalanalyse

Mit der Thermalanalyse wird die Erfüllung der an das System gestellten Anforderungen überprüft und der Entwurf iterativ angepaßt. Häufig werden dazu Knotenmodelle erstellt. Nachfolgend wird deren Aufbau und die Durchführung der Analyse kurz beschrieben.

9.4.1 Durchführung von Thermalanalysen

Bei einer Analyse werden grundsätzlich zwei Modelle angelegt: ein *geometrisch-mathematisches Modell* (*GMM*) und ein *thermal-mathematisches Modell* (*TMM*). Mit dem GMM wird eine Strahlungsanalyse durchgeführt, in der die Strahlungskopplungen unter Berücksichtigung von Abschattung und Reflexion ermittelt werden. Außerdem werden hiermit auch die Einflüsse der externen Wärmelasten von Sonne, Erde oder anderen zu berücksichtigenden, externen Strahlungsquellen errechnet. Die Ergebnisse dieser Analyse werden dann als Eingabe für die Berechnungen mit dem thermal-mathematischen Modell benutzt.

Im TMM werden die transienten oder stationären Energiegleichungen gelöst, um die Temperaturverteilung des Satelliten zu ermitteln. Der transienten Rechnung wird oft eine stationäre Rechnung vorausgeschickt, da hier die Rechenalgorithmen und die Art der Differentialgleichungssysteme im Gegensatz zu den instationären Gleichungen deutlich vereinfacht sind. Außerdem kann man diese aufgrund der Informationen aus der stationären Rechnung und einer geschickten Wahl der Anfangsbedingungen für die transiente Rechnung dann beschleunigen und schon frühzeitig die Qualität des Modells beurteilen (Fehler bei der Modellerstellung, Genauigkeiten, Testerfordernisse u. ä.).

Die für den Komponenten- und Subsystementwurf zu erstellenden GMM's und TMM's müssen in der Regel nach einem vom Gesamtsystem-Verantwortlichen zu

Entwurfsphase	Genauigkeit der Temperaturberechnung
Phase A	±15 K
Phase B	±10 K
Phase C/D	±8 K (±5K nach Thermal Balance Test und Korrelation mit TMM)

Tabelle 9.4. Typische Genauigkeitsanforderungen für Thermalanalysen in den unterschiedlichen Entwicklungsphasen.

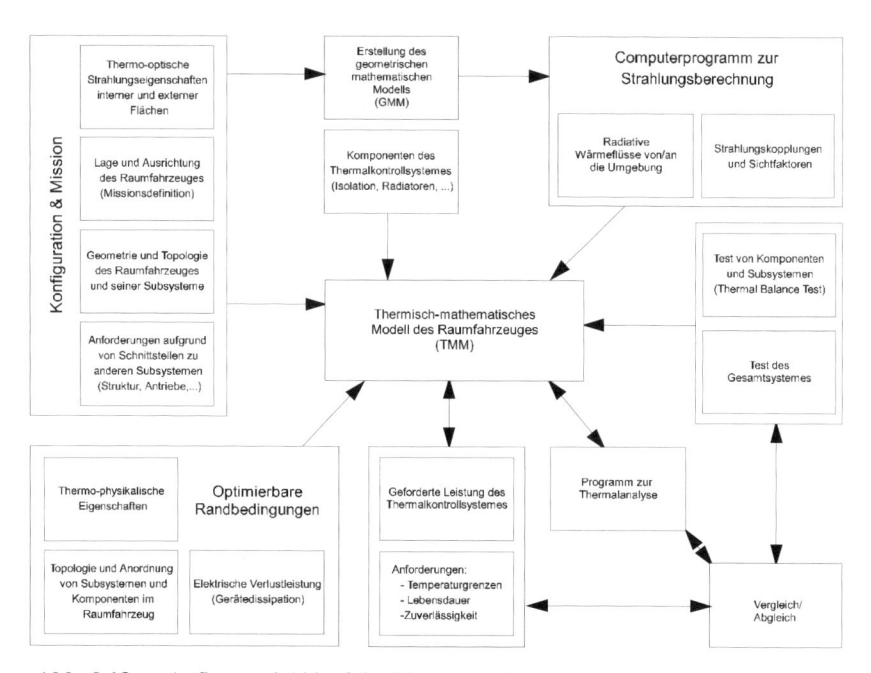

Abb. 9.13. Aufbau und Ablauf der Thermalanalyse.

definierenden Schema erstellt werden, damit später eine einfache Integration in das übergeordnete System TMM/GMM möglich ist. Häufig sind dazu reduzierte „Interface"-Modelle aus den Detailmodellen zu kondensieren, um die Größe des übergeordneten Systemmodelles in Grenzen zu halten. Ein im Zusammenhang mit internationalen Projekten häufig auftretendes Problem ist die Kopplung der mathematischen Modelle der einzelnen Partner bzw. die Definition und Schaffung eines geeigneten Interfaces. Die beteiligten Organisationen benutzen meist unterschiedliche Software für die Erstellung von Modellen und für die Durchführung der Analysen. Eine Schnittstelle/Kopplung ist z.B. notwendig, um für die Entwicklung und Tests der eigenen Komponenten eine entsprechende Umgebung simulieren zu können, die alle relevanten, thermalen Systeminformationen enthält.

Für die Thermalanalyse werden im allgemeinen verschiedene Analysefälle (Tabelle 9.4) definiert, die zumeist mindestens einen sogenannten *hot case*, einen *cold case* und einen nominellen Fall beinhalten. Für thermale Rechnungen ist der *hot case* als Analysefall mit maximalen Wärmelasten und der *cold case* mit guter Kopplung zum Weltraum und geringeren Wärmelasten definiert. Der nominale Fall befindet sich im allgemeinen zwischen den Grenzwerten. Die Genauigkeitsanforderungen für die Temperaturberechnung in den einzelnen Entwicklungsphasen sind in Tabelle 9.4 angegeben.

9.4.2 Wärmebilanz

Außer den behandelten äußeren Energieflüssen wird auch innerhalb eines Raumfahrzeuges durch den Betrieb von elektrischen Geräten zusätzlich Wärme dissipiert. Um ein thermisches Gleichgewicht aufrecht zu erhalten, strahlt der Satellit daher ständig Wärme ab. Plötzliche thermische Lastwechsel (z. B. Ein- und Austritt in den Erdschatten) führen dabei zu rascher Aufheizung oder Abkühlung des Satelliten. Deshalb sind sowohl stationäre als auch instationäre Rechnungen für den Wärmehaushalt eines Raumfahrzeuges notwendig. Die Gesamtwärmebilanz läßt sich für ein homogenes Massenelement wie folgt beschreiben:

$$\dot{Q}_{zu} - \dot{Q}_{ab} + \dot{Q}_{gen} = mc\frac{\partial T(t)}{\partial t} \quad (9.22)$$

mit dem absorbierten Energiefluß $\dot{Q}_{zu}$, der emittierten Leistung $\dot{Q}_{ab}$ und der im Flugkörper generierten Leistung $\dot{Q}_{gen}$. Die Masse des Körpers ist mit m und seine Wärmekapazität mit c und die örtliche bzw. zeitliche Temperaturverteilung ist durch T(t) gekennzeichnet. Setzt man eine solche Bilanz integral für den gesamten Satelliten an, dann muß die folgende Gleichung gelöst werden:

$$\overbrace{M_{Sun}\iint \alpha_S f_S(\psi_S)dA_S}^{\text{Solarstrahlung}} + \overbrace{M_{Albedo}\iint \alpha_S f_A(h,\psi_E,\delta)dA_A}^{\text{Albedostrahlung}} +$$

$$+ \overbrace{M_E\iint \epsilon f_E(h,\psi_E)dA_E}^{\text{Erdinfrarotstrahlung}} + \overbrace{\dot{Q}_{gen}}^{\Sigma \text{ aller Wärmedissipationen}} \quad (9.23)$$

$$-\underbrace{\iint \epsilon\sigma T^4 dA}_{\text{Abstrahlung}} = \underbrace{\iiint c\frac{\partial T(\vec{x},T)}{\partial t}dm}_{\text{Aufheizung oder Abkühlung}}$$

Hierin sind ψ_S, ψ_E die Winkel zwischen jeder einzelnen Flächennormalen der Satellitenoberfläche und dem Vektor zur Sonne bzw. zur Erde. Die Funktionen f_S, f_A, und f_E sind die höhen-, positions- und geometrieabhängigen Sichtfaktoren für Solar-, Erdinfrarot- bzw. Albedostrahlung. Die Flächen dA_S, dA_A, dA_E bezeichnen die jeweils im Strahlungsquerschnitt der unterschiedlichen Strahlungsquellen liegenden Flächenanteile.

Für die Raumstation oder einen kompliziert aufgebauten Satelliten ist es kaum möglich, die einzelnen Integrale dieser Gleichung analytisch zu lösen. Darüber hinaus liefert diese Gleichung noch keine Vorschrift zur Ermittlung der räumlichen bzw. zeitlichen Temperaturverteilung. Hierzu müßte dann auch für jedes Volumenelement innerhalb des Raumfahrzeuges die Energiebilanz unter Einbeziehung des Wärmeaustausches durch Strahlung, Leitung und evtl. Konvektion aufgestellt werden. In der Praxis benutzt man zur näherungsweisen Lösung die _Finite Volumen Methode_ (FVM-Knotenmethode, engl. *lumped parameter method*), in neuerer Zeit auch FEM-Methoden. Zur Erzielung vergleichbarer Genauigkeit sind bei den FEM- Methoden oft wesentlich mehr Elemente notwendig; zudem sind die Rechenverfahren der verfügbaren Software meist auf Probleme der Strukturanalyse hin optimiert.

9.4.3 Gleichgewichtstemperaturen

Schon mittels sehr einfacher Ansätze lassen sich erste Anhaltswerte für Temperaturen und erforderliche Oberflächeneigenschaften eines geplanten Raumfahrzeuges gewinnen. Dazu betrachtet man das Energiegleichgewicht an einem homogenen Körper. Im einfachsten Fall gilt hier für eine senkrecht von der Sonne beschienene Platte:

$$\alpha_S M_{Sun} A_S = \sigma \varepsilon T^4 A \tag{9.24}$$

$$T_{GG} = \left(\frac{\alpha_S}{\varepsilon} \frac{A_S}{A} \frac{M_{Sun}}{\sigma} \right)^{0,25} \tag{9.25}$$

mit der vom Sonnenlicht beschienenen Fläche A_S und der gesamten strahlungsaktiven Fläche A. Das Verhältnis A_S/A hat dabei die Werte $A_S/A = 1$ (Platte, thermisch isolierte Rückseite), $A_S/A = 0,5$ (Platte, Wärmeabstrahlung auf Vorder- und Rückseite), $A_S/A = 0,25$ (kugelförmiger Körper).

Die Temperatur hängt hierbei nur wenig von den Absolutwerten α_S, ε ab, jedoch stark vom Verhältnis Absorption zu Emission. In der Tabelle 9.7 sind die Gleichgewichtstemperaturen nach obiger Formel für verschiedene Materialien eingetragen. Es wird angesichts der Temperaturdifferenz von bis zu 450 °C deutlich, daß man allein durch die Wahl des Oberflächenmaterials stark das Temperaturniveau eines Satelliten beeinflussen kann. Die Abb. 9.14 zeigt die Abhängigkeit der Gleichgewichtstemperatur vom Sonnenabstand bei konstantem Verhältnis $\alpha_S/\varepsilon=1$. Bei Missionen zum Jupiter und darüber hinaus sinkt die Temperatur bis auf unter 100 K, weshalb Sonden hier beheizt werden müssen.

Die Abb. 9.15 zeigt für platten- und kugelförmige Körper die Abhängigkeit der Gleichgewichtstemperatur vom α/ε -Verhältnis nach Gl. (9.25) bei einem Sonnenabstand von 1AE. Diese Kurven können für erste Abschätzungen zur Wahl der Oberflächenbeschichtungen zur passiven Thermalkontrolle von Solargeneratoren, Radiatoren oder Raumfahrzeugen genutzt werden.

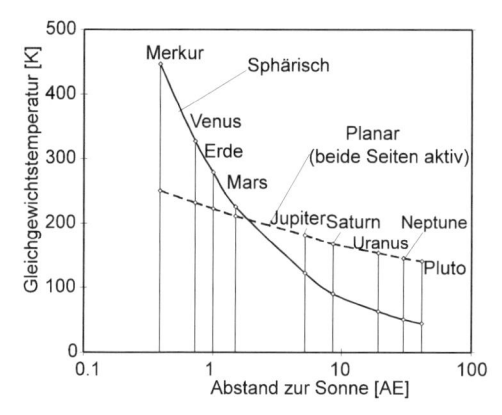

Abb. 9.14. Gleichgewichtstemperaturen in Abhängigkeit vom Sonnenabstand.

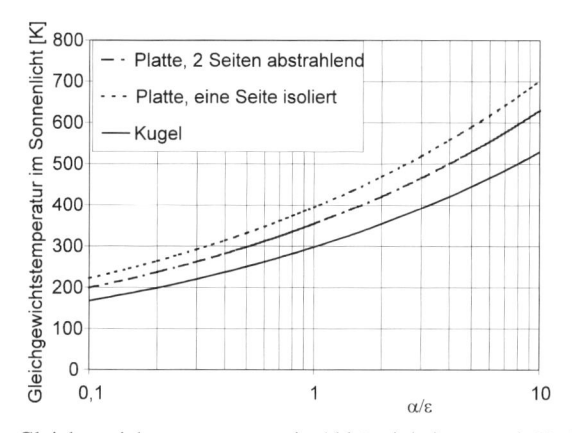

Abb. 9.15. Gleichgewichtstemperaturen in Abhängigkeit vom α/ε Verhältnis.

9.4.4 Mathematische Modellierung

Die Knotenmethode wird benutzt, um die Temperatur eines Raumfahrzeuges näherungsweise zu bestimmen. Dazu werden die massenbehafteten Teile in isotherme Knoten (Laufvariable i) zerlegt. Dies sind Abschnitte der Außenhülle, der Struktur, einzelner Geräte oder Teile davon, denen man näherungsweise eine einheitliche Temperatur T_i und einheitliche Oberflächeneigenschaften (α_{Si}, ε_i) zuordnen kann. Außerdem ist jeder Knoten durch seine Masse m_i, seine mittlere Wärmekapazität $c_{p,i}$ und seine freie Oberfläche A_i gekennzeichnet. An den Stellen, an denen Wärmeflüsse zwischen Knoten möglich sind, müssen diese gekoppelt werden. Durch die Kopplungen entsteht ein ganzes Netzwerk - ähnlich einem elektrischen Netz - für das betrachtete Raumfahrzeug. Die Temperatur zwischen zwei Knoten wird linear interpoliert, so daß ein stetiger Temperaturverlauf entsteht. Die Bilanzgleichung (9.23) zerfällt mit diesem Ansatz in ein System von

Differentialgleichungen. Durch eine zusätzliche Diskretisierung der Zeit sind auch instationäre Rechnungen mit iterativen Berechnungsmethoden lösbar. Die Wärmebilanzgleichung für den i-ten Knoten eines aus n Knoten bestehenden Netzwerkes lautet:

$$M_{Sun}\alpha_{S,i}F_{S,i}A_{S,i} + M_{Albedo}\alpha_{S,i}F_{A,i}A_{A,i} + M_E\varepsilon_i F_{E,i}A_{E,i} + \dot{Q}_{gen,i}$$
$$- \sum_{k=1,k\neq i}^{n} R_{i,k}\left(T_i^4 - T_k^4\right)\sigma - \sum_{k=1,k\neq i}^{n} K_{i,k}(T_i - T_k) = \iiint c_i m_i \frac{\Delta T}{\Delta t} \quad (9.26)$$

d.h. Solarstrahlung+Albedostrahlung+Erdinfrarotstrahlung+Summe Wärmedissipationen - Abstrahlung - Wärmeleitung = Aufheizung oder Abkühlung. Die Flächenanteile $A_{S,i}$, $A_{A,i}$, $A_{E,i}$ des Knotens i bezeichnen die jeweils im Strahlungsquerschnitt der unterschiedlichen Strahlungsquellen liegenden Flächen. Die Funktionen $F_{S,i}$, $F_{A,i}$ und $F_{E,i}$ sind die Sichtfaktoren für Solar-, Erdinfrarot- bzw. Albedostrahlung, während die $R_{i,k}$ Strahlungskopplungen zwischen den Knoten kennzeichnen. Für $T_k=3$ K läßt sich der Wärmeaustausch mit dem Weltall erfassen. In die den Knoten i verlassende Strahlung ist auch die indirekte über Reflexion ausgetauschte thermische Strahlung mit eingeschlossen. Die Wärmeleitzahl $K_{i,k}$ zwischen zwei benachbarten Knoten mit Kontaktfläche $A_{i,k}$ ergibt sich zu:

$$K_{i,k} = \frac{A_{i,k}}{d_i/\lambda_i + d_k/\lambda_k}, \quad d_{i,k} = d_i + d_k \quad (9.27)$$

Die Variablen d_i, d_k bezeichnen den Abstand der Knoten bis zur Kontaktfläche, $d_{i,k}$ den Abstand zwischen den beiden Knoten und λ_i, λ_k die Wärmeleitfähigkeiten der Materialien. Besteht keine Kopplung zu einem festen Körper sondern zu einem Fluid (z. B. Kühlkreislauf, Atmosphäre innerhalb eines bedruckten Moduls), muß statt der Wärmeleitfähigkeit die Wärmeübergangszahl $h_{i,k}$ bestimmt werden.

Die Berechnung von Wärmekapazitäten $c_{p,i}$, Wärmeleitfähigkeiten und Übergangswiderständen erfolgt meistens analytisch, während für die Berechnung der Strahlungsaustauschfaktoren Computerprogramme eingesetzt werden. In beiden Fällen müssen Dimensionen, physikalische Eigenschaften und Zeit-Leistungskurven für die einzelnen Betriebszustände bekannt sein.

Die Anzahl der Knoten für ein vorliegendes Problem ist sowohl nach oben als auch nach unten begrenzt. Um möglichst isotherme Bereiche zu erhalten, ist man bestrebt; viele Knoten zu erstellen. Die Zahl der zu bestimmenden Kopplungsgrößen wächst aber nicht einfach linear mit der Knotenzahl, da jeder Knoten mehr als nur eine Kopplung zu nur einem anderen Knoten besitzen kann. Werden zu wenig Knoten gewählt, nimmt die Ungenauigkeit stark zu. Für Bereiche mit hoher Wärmeleitfähigkeit ist es möglich, nur wenige Knoten zu modellieren. Bereiche mit hohen Temperaturgradienten oder geringen Wärmeströmen müssen dagegen feiner modelliert werden. Da nicht immer alle Informationen zu Beginn einer Analyse bekannt sind, wird mittels eines iterativen Prozesses mit einem groben Modell begonnen und dieses nach und nach immer mehr verfeinert (vgl. Tab 9.5).

Nach einem Test in einer Simulationskammer kann das mathematische Modell abgeglichen und verbessert werden.

Entwurfsphase	Typ. Größe der Knotenmodelle*)
Erste Abschätzungen	1-20 Knoten
Fortgeschrittener Vorentwurf	10-100 Knoten
Endentwurf: Satelliten	200-1.000 Knoten
Endentwurf: Raumstation	1.000-10.000 Knoten

*) entsprechend Komplexitätsgrad

Tabelle 9.5. Die Größe von Knotenmodellen in verschiedenen Designphasen.

Die vollständige Knotengleichung kann nur numerisch gelöst werden. Hierzu werden die Gleichungen linearisiert. Im stationären Fall (dT/dt=0) wird für jeden Knoten die Temperatur aus einer iterativen Berechnung mit der Temperatur des vorangegangenen Iterationsschrittes berechnet. Dazu wählt man mit $\Delta T \ll T_{i,j}$ den Ansatz

$$T_{i,j+1} = T_{i,j} + \Delta T_i, \qquad (9.28)$$

$$T_{i,j+1}^4 \approx 4T_{i,j}^3 T_{i,j+1} - 3T_{i,j}^4, \qquad (9.29)$$

hierin bezeichnet $T_{i,j}$ die Temperatur des Knoten i zum j-ten Iterationsschritt, ΔT_i ist die Änderung der Temperatur innerhalb eines Iterationsschrittes, und $T_{i,j+1}$ die Temperatur zum Beginn der folgenden Iteration. Mit der Wahl eines geeigneten Startvektors kann dann das nichtlineare algebraische Gleichungssystem aus Gl. (9.26) gelöst werden. Übliche Lösungsalgorithmen liefern die Gauss-Jordan Methode oder die Gauss-Seidel Methode.

Im instationären Fall (dT/dt≠0) wird die Wärmebilanzgleichung zu einem nichtlinearen (T^4-Term) Differentialgleichungssystem 1. Ordnung. Auch hier stehen eine Fülle von Verfahren mit festen oder veränderlichen Zeitschritten Δt zur Verfügung, um die Temperaturänderung für jeden Zeitschritt zu berechnen.

9.4.5 Thermische Massen

Bei der Modellierung des thermalen Netzwerkes wird das System in Subvolumina aufgeteilt, deren thermale Eigenschaften man auf einen zentralen Punkt, den thermischen Knoten konzentriert. Dieser Knoten besitzt eine thermische Masse, die wesentlich das zeitliche Verhalten der Knotentemperatur beeinflußt. Die thermische Masse eines Subvolumens, die aus *n* einzelnen Materialien mit dem Volumen V_j, der Dichte ρ_j und der Wärmekapazität c_j besteht, folgt aus

$$m_{ci} = \sum_{j=1}^{n} V_j \rho_j c_j, \qquad (9.30)$$

Viele Analysewerkzeuge führen verschiedene Typen von thermalen Massen ein. Die am häufigsten verwendeten sind in Tabelle 9.6 wiedergegeben. Für die Modellierung „normalen" Materials werden Diffusionsknoten eingesetzt. Ergeben sich für einen Knoten sehr kleine thermische Kapazitäten im Vergleich zum Restsystem, simuliert man diesen üblicherweise als arithmetischen Knoten, um die Rechenzeit zu verkürzen. Die Zahl der arithmetischen Knoten sollte weniger als 20% am Gesamtmodell betragen. Randknoten werden zur Simulation (stückweise) konstanter Temperaturen (oder unendlich großer Kapazität) eingesetzt.

9.4.6 Wärmetransportmechanismen

Im allgemeinen kann in Raumfahrzeugen Wärme durch Wärmeleitung, Konvektion und Strahlung übertragen werden. Während in unbemannten Systemen die Konvektion nur selten berücksichtigt werden muß (Ausnahme: Tanks, Flüssigkeitskreisläufe), spielt sie in bemannten Systemen eine größere Rolle. Da hier z. B. größere Mengen Luft in den druckbeaufschlagten Modulen umgewälzt werden, können ähnlich hohe Strömungsgeschwindigkeiten auftreten, wie unter 1g-Atmosphäre. Für die Wärmeübertragung durch Konvektion zwischen einer umströmten Wand mit Temperatur T_W und einem strömenden Fluid mit Temperatur T_F gilt

Masseknoten	Eigenschaften
Arithmetische Knoten	- besitzen die thermische Masse Null, - können keine Wärme speichern, - ermittelte Temperaturen sind immer Gleichgewichtstemperaturen, - dienen meist als zusätzliche Stützstellen im Modell - typische Knoten: dünne Schichten, kleine Gasvolumina
Diffusionsknoten	- herkömmliche thermische Masse, - können thermische Energie speichern, - können durch Wärmequellen belastet sein - typische Knoten: Filme, Schichten
Randknoten	- ohne thermische Masse, - hat oft fest aufgeprägtes Temperatur-Zeit-Profil oder konstante Temperatur (=Festtemperaturknoten), - keine Wärmelasten aufprägbar, - typischer Knoten: Deep Space, Filme, Schichten

Tabelle 9.6. Unterschiedliche Massenknoten bei der thermalen Modellierung.

$$\dot{Q}_C = hA(T_F - T_W), \qquad (9.31)$$

mit der Wärmeübergangszahl bzw. dem Filmkoeffizienten h in (W/m²/K) und der überströmten Wandfläche A.

In Systemen mit geschlossenen Flüssigkeitskreisläufen wird Wärme durch den Massenstrom eines Kühlmittels transportiert. Für die Auslegung solcher Kreisläufe wird ein separates Knotenmodell erforderlich. Dieses Modell kann in den meisten Fällen eindimensional gestaltet werden. In einem Rohr wird zwischen zwei Knoten bei konstantem Massenstrom die Wärmemenge:

$$\dot{Q}_F = \dot{m}_F c_F (T_i - T_j), \qquad (9.32)$$

transportiert. Hierin sind $\dot{m}_F$ der Massenstrom zwischen den Knoten i und j, T_i und T_j deren Temperaturen und c_F die Wärmekapazität des strömenden Fluids.

9.4.7 Formfaktoren, Strahlungskopplungen

Die Bestimmung der Strahlungskopplungen $R_{i,k}$ wird vielfach durch Computerprogramme übernommen. Hierzu werden die Geometrie des Raumfahrzeuges erstellt, die thermo-optischen Eigenschaften der Materialien festgelegt und anschließend die Formfaktoren (engl. view factors) bestimmt.

Der Formfaktor oder Sichtfaktor ist ein dimensionsloser Quotient und gibt den Anteil der von einer Fläche i emittierten Strahlung wieder, der direkt auf die Fläche k fällt. Ihr Wert liegt zwischen 0 und 1, die Höhe dieses Wertes bestimmt sich alleine aus den vorliegenden geometrischen Verhältnissen.

Für den Wärmestrom, der von einer Fläche A_i diffus emittiert und von der Fläche A_k absorbiert wird, gilt nach der Zwei-Kosinus-Formel:

$$\dot{Q}_{ik} = \varepsilon_i \varepsilon_k \sigma T^4 F_{ik}, \qquad (9.33)$$

$$F_{ik} = \frac{1}{\pi} \int_{A_k} \int_{A_i} \frac{\cos\theta_i \cos\theta_k}{L^2} dA_i dA_k, \qquad (9.34)$$

mit den Parametern für zwei beliebig im Raum liegenden Flächen A_i und A_k aus der Abb. 9.16 und dem Sichtfaktor F_{ik} zwischen den beiden Flächen. Die

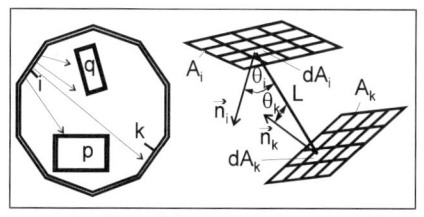

Abb. 9.16. Bestimmung des Formfaktors zwischen zwei Flächen A_i und A_k.

Gl. (9.34) ist nur dann ausreichend genau, wenn L^2 sehr viel größer als die Fläche dA_k ist. Wenn der direkte Verbindungsvektor durch einen Körper p oder q gestört ist, wird der Sichtfaktor aus Gl. (9.34) gleich 0 gesetzt. Um den gesamten Sichtfaktor zwischen A_i und A_k zu bestimmen, muß obige Gleichung vierfach (über die jeweiligen Raumkoordinaten der Flächen) integriert werden. Die Austauschzahl R_{ik} berechnet sich dann zu:

$$R_{ik} = A_i F_{ik}, \qquad (9.35)$$

Es gilt für die Sichtfaktoren außerdem das Reziprozitätstheorem:

$$A_i F_{ik} = A_k F_{ki}, \qquad (9.36)$$

und das Additionstheorem:

$$(A_1 + A_2) F_{1+2,3+4} = A_1 F_{1,3} + A_1 F_{1,4} + A_2 F_{2,3} + A_2 F_{2,4}, \qquad (9.37)$$

Beide Theoreme werden benutzt, wenn komplexere Flächen durch einfache Teilflächen ersetzt werden sollen. Für eine geschlossene Hülle muß für jede Fläche innerhalb dieser Hülle die Summe aller Sichtfaktoren gleich 1 sein.

Meist erfolgt die Emission nach komplizierten Gesetzen und nicht als rein diffuse Reflexion. Bei gleichzeitig auftretender spiegelnder Reflexion müssen andere Algorithmen benutzt werden, als dies bei diffuser Reflexion möglich ist (Lambertsches Kosinusgesetz Gl. (9.13) gilt nicht!). Bisher wurden dafür die *Mirror Imaging-Methode* und die *Monte-Carlo-Methode* entwickelt.

Am häufigsten wird das Raytracing nach der Monte-Carlo-Methode verwendet. Statt der Definition aus Gl. (9.34) wird der Sichtfaktor hier als Verhältnis der von der Fläche A_i emittierten Strahlen zu der Anzahl der von der Fläche A_j absorbierten Strahlen betrachtet. Über Zufallszahlen wird mehrmals die Richtung eines von der Fläche A_i ausgesendeten Strahles ermittelt. Der Strahl wird solange verfolgt, bis er entweder den Hohlraum verläßt oder vollständig absorbiert ist. Im Schnitt muß die Anzahl der emittierten Strahlen sehr hoch sein (bis zu 50000), um auch bei kleinen Sichtfaktoren und mehrfacher Abschattung eine noch ausreichende Genauigkeit zu liefern. Ein Vorteil der Monte-Carlo-Methode liegt darin, daß damit auch komplexere Abschattungsprobleme berechnet werden können.

9.4.8 Software-Werkzeuge

Viele Firmen benutzen eigene Programme, um diese Analysen durchzuführen. Darüber hinaus gibt es aber einige international eingesetzte Programme, deren Einsatz von den Raumfahrtagenturen für spezielle Projekte oft vorgeschrieben wird. Für die Erstellung der geometrisch-mathematischen Modelle wird im amerikanischen Raum zumeist TSS, TRASYS, NEVADA oder RADCAD eingesetzt, während in Europa ESARAD oder PATRAN zum Einsatz kommen. Für die Analysen wird dann SINDA (NASA), ESATAN (ESA) oder auch ANSYS eingesetzt. Der Trend geht momentan hin zu integrierten Tools, wie z. B.: ISEAS, Thermal Desctop, ESABASE und THERMICA, die neben der Zusammenführung der beiden oben genannten Fähigkeiten z. B. auch dazu benutzt werden können, den Orbit zu berechnen und zu visualisieren.

Die Benutzung solcher Programme vereinfacht bzw. ermöglicht überhaupt erst die Berechnung größerer und komplexerer Modelle. Der Ingenieur wird bei der Eingabe der Modelldaten durch eine einfache und verständlich gestaltete Oberfläche unterstützt, eine Kontrolle und Visualisierung der Modelldaten ist meist durchführbar. Häufig ist bereits die Übernahme von Geometriedaten aus CAD-Werkzeugen möglich, wodurch der Entwicklungsprozeß beschleunigt werden kann. Im Augenblick geht der Trend dazu, die Verschmelzung und Integration von CAD-Software und (Thermal-)Analyse-Software zu forcieren. In modernen Paketen wie IDEAS werden außer CAD-Modellerstellung und Thermalanalyse auch Strukturanalyse, Kinematik-Werkzeuge und Post-Processing-Tools (Datenmanagement, Test, Auswertung, Präsentation) integriert.

9.5 Arten von Thermalkontrollsystemen

Prinzipiell unterscheidet man zwischen *passiver* und *aktiver* Thermalkontrolle. Passive Thermalkontrolle (*Passive Thermal Control*) setzt voraus, daß die Temperatur eines Raumfahrzeuges oder eines Subsystems über die geometrische Anordnung und die Verwendung von Oberflächenmaterialien mittels Wärmeleitung und Strahlung kontrolliert werden kann. Falls passive Systeme nicht mehr ausreichen, müssen aktive Systeme zusätzlich eingesetzt werden. Große Satelliten und vor allem bemannte Systeme kommen meist nicht mehr ohne aktive Thermalkontrolle (*Active Thermal Control*) aus.

9.5.1 Passive Thermalkontrolle

Zu den passiven Systemen gehören solche, die ohne Massen-, Informations- oder (elektrische) Energieströme ihre Funktionen erfüllen und daher auch keine Steuer- oder Regeleinrichtungen benötigen. Deshalb sind passive Systeme in der Regel sehr zuverlässig und kostengünstig. Darüber hinaus hält ihr Einsatz die Systemmasse und den Energieverbrauch niedrig und vermeidet Störeinflüsse durch Pumpenschwingungen (wichtig bei Forderung nach hoher µg-Qualität) oder Gefährdungen durch Leckagen. Der ausschließliche Einsatz von passiven Temperaturkontrollsystemen kann nur dann erfolgen, wenn

- die thermale Umgebung eines Raumfahrzeuges sehr gleichförmig ist und sich die Lage des Raumfahrzeuges im Bezug auf externe Strahlungsquellen nur gering oder periodisch ändert,
- die intern dissipierten Leistungen nur gering oder zeitlich relativ konstant sind,
- die Anforderungen interner Komponenten an die Temperaturführung (Temperatur, Gradienten der Temperaturänderung) sehr moderat sind.

Zu den passiven Methoden der Temperaturkontrolle zählen Oberflächenbeschichtungen (Farben, selektive Strahler, Spiegel), thermische Isolationen, Wärmebarrieren, Wärmesenken, latente Wärmespeicherung, Füllmaterial zur Reduzierung des Wärmeübergangswiderstandes und passive Radiatorflächen.

- *Beschichtungen und selektive Oberflächen (Coatings & Selective Surfaces).*
  In der Abb. 9.18 werden die optischen Eigenschaften typischer Oberflächenbeschichtungen gezeigt und in Tabelle 9.7 Emissions- und Absorptionszahlen einiger häufig in der Raumfahrt eingesetzter Materialien aufgeführt. Bei längeren Raumfahrtmissionen verschiebt sich die Gleichgewichtstemperatur von passiven Systemen durch die Degradation und vor allem Kontamination der Oberflächen hin zu höheren Temperaturen, da die Absorptionszahl α durch UV- und Teilchenbestrahlung zunimmt, während die Emissionszahlen auch über längere Missionszeiträume nur sehr kleine Änderungen erfahren. Deshalb werden häufig die optischen Eigenschaften für Anfang und Ende der Nutzungsdauer, bzw. Mittelwerte angegeben (*BOL: Begin of Life; EOL: End of Life*). Das in Abb. 9.17 qualitativ dargestellte Degradationsverhalten von Materialien für geostationäre Bahnen spiegelt für niedere Umlaufbahnen eher konservative Verhältnisse wider, da die Degradationseffekte sich hier weniger stark auswirken. Weitere Auswahlkriterien für das Material sind die Kontamination der Umgebung aufgrund von Ausgasung, die Neigung zu elektrostatischer Aufladung und die Langzeitstabilität des Werkstoffes (bei Kontamination durch die Umgebung, Partikel- und UV-Bestrahlung).

Da sich die Werte des thermischen Emissionsvermögens je nach Material stark

Material	ε_n/T_B [-/K]	$\alpha_{s,BOL}$ [-]	$\alpha_{s,BOL}/\varepsilon_n$ [-] bei T_B	Gleichgewichtstemperatur der Oberfläche im Erdorbit T [K]
Weiße Farbe (ZnO)	0,929/295, 0,889/646	0,12 ÷ 0.18	0,129	236,3
Schwarze Farbe	0,95/293	0,86	0,905	384,6
Quarzglas, versilbert	0,807/295	0,050	0,062	196,8
Teflon Folie, alumin.	0,75/293	0,15	0,20	263,7
NiCr Folie (Inconel X)	0,15/293	0,66	4,44	572,4
AlMgSiCu (Al 6061), blank	0,18/294	0,08	2,25	483,0
Gold, plattiert	0,03/295	0,25	8,3	669,3
Mylar MLI 75 µm, neu (degradiert)	0,78/293 (0,78/293)	0,24 (0,50)	0,3 (0,64)	291,8 (352,7)
Kapton 3 mil. (MLI)	0,79/293	0,44	0,56	347,0
Second Suface Mirror (SSM)	0,8/293	0,08	0,1	221,7
Solar Array, operating	0,82/230	0,77	0,94	388,3

Tabelle 9.7. Thermisches Emissionsvermögen und solares Absorptionsvermögen von technischen Oberflächen.

mit der Temperatur ändern können, ist hier die Bezugstemperatur immer mit angegeben. Für viele Metalle und Nichtmetalle gilt vereinfacht:

$\alpha_s / \varepsilon_\lambda < 1$: Nichtmetall
$\alpha_s / \varepsilon_\lambda > 1$: blankes Metall.

Benötigt man thermo-optische Eigenschaften, die nicht durch ein vorliegendes Material oder durch eine einfache Beschichtung der Oberfläche erreicht werden können, ist es notwendig, eine entsprechende, meist selektive Oberfläche zu entwerfen. Zu den selektiven Oberflächen gehören hauptsächlich Metalloxide, z. B. durch Galvanisierung als dünne Schichten auf ein Metallsubstrat aufgebracht oder durch natürliche Oxidation entstanden. Während die Beschichtung hier das Absorptionsspektrum bestimmt, legt das Metallsubstrat das Emissionsverhalten fest z. B. NiO (α_s=0,9) auf Ni (ε=0,1). Verwandt werden häufig Schwarzchrom CrO_x und Schwarznickel. Typische Herstellungsverfahren sind Galvanisieren, Aluminisieren, Versilbern oder Aufdampfen (PVD,CVD); Vorschaltung von optischen Filtern (z. B. bei Solarzellen), eine Mikrostrukturierung (z. B. Sandstrahlen) oder metallische Pigmentierung. Bei selektiven Oberflächen ändert sich das Absorptionsverhalten sehr stark aufgrund der Degradation unter Weltraumbedingungen. Die aufwendigen Herstellungsprozesse und vor allem die fehlende Langzeitstabilität unter UV-Bestrahlung schränken deren praktischen Einsatz deshalb stark ein.

- *Second Surface Mirror (SSM).*
Second Surface Mirror werden sehr häufig bei Radiatoren verwendet, die trotz einfallender Solarstrahlung viel Energie abstrahlen sollen. SSM's bestehen aus einem Trägermaterial (oft Polyesterfolien oder Gläser), auf das ein Metall z. B. Silber oder Aluminium aufgedampft ist. Davor befindet sich eine für Solarstrahlung stark transparente Schicht aus Quarzglas, Teflon, oder transparentem Kunststoff. Die Metallschicht absorbiert nur einen geringen Teil des Sonnenlichtes ($\alpha_{S,BOL}$=0,08...0,14). Die Deckschicht strahlt aber mit hohem Emissionsvermögen ab (ε_h=0,6...0,85). Sehr leistungsfähige SSM's werden aus Cerium dotiertem Borsilikat-Glas hergestellt. Diese SMM's verringern bei sehr niederem Absorptionsvermögen ($\alpha_{S,BOL}$=0,05) die Gefahr elektrostatischer Entladung und sind sehr widerstandsfähig gegen Partikel- und UV-Bestrahlung. Innerhalb eines Zeitraumes von 10 Jahren muß je nach Mission aufgrund von Kontaminationen mit einer Erhöhung des Absorptionsvermögens um 50 bis 100% gerechnet werden.

- *Superisolationen (MLI, Multi Layer Insulation).*
Superisolationen verhindern sowohl eine zu starke Aufheizung des Satelliteninneren durch äußere Strahlungsströme, als auch eine zu starke Abkühlung durch Wärmeabflüsse. Sie bestehen aus mehreren Lagen ein- oder zweiseitig metallisch beschichteter Kunststoffolien (Kapton, Mylar). Als Beschichtungsmaterial werden Aluminium oder Gold eingesetzt. Die Folien werden durch thermisch schlecht leitende Kunststoffgewebe *(Spacer: Dacron net, Tissueglas paper, silk)* oder durch bloßes Knittern der einzelnen Lagen voneinander getrennt. Im Vakuum läßt sich dadurch die Wärmeleitung fast vollständig unter-

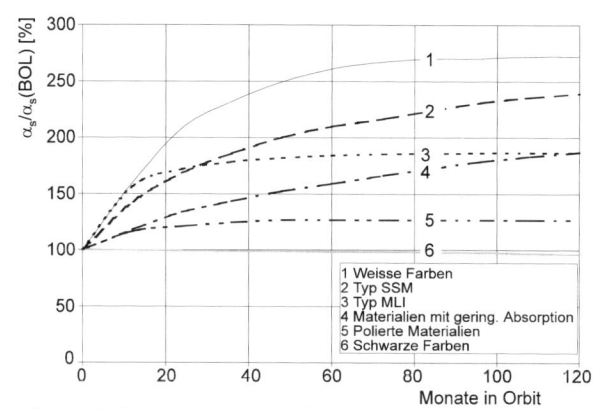

Abb. 9.17. Degradation typischer Raumfahrtmaterialien (GEO).

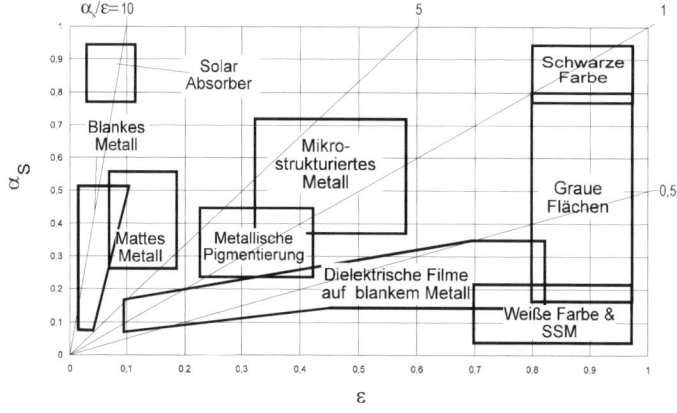

Abb. 9.18. Optische Eigenschaften von Oberflächen (BOL).

drücken. Die Wärme wird dann im wesentlichen durch Strahlung in der Superisolation übertragen. Die einzelnen Lagen wirken dabei wie Strahlungsschutzschilder. Die Dicke einer Isolation wird in *mil* angegeben, wobei 1mil einer Dicke von 25,4 µm entspricht. Durch eine n-lagige Superisolation mit den Emissionszahlen ε_A auf der Vorderseite und ε_B auf der Rückseite jeder Folie fließt zwischen zwei Körpern mit den Temperaturen $T_A > T_B$ nur noch der Wärmestrom (vgl. Abb. 9.19):

$$\dot{Q} = \sigma \varepsilon_{eff} A \left(T_A^4 - T_B^4 \right), \quad (9.38)$$

$$\varepsilon_{eff} = \frac{1}{\frac{1}{\varepsilon_A} + \frac{1}{\varepsilon_B} - 1}, \quad \varepsilon_{eff} \leq 0{,}3 \quad (9.39)$$

mit der mittleren effektiven Emissionszahl ε_{eff} zwischen zwei unendlich großen, parallelen Flächen A.

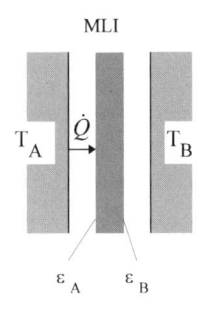

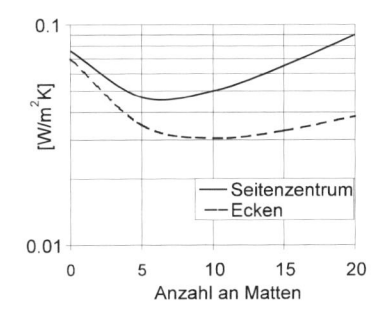

Abb. 9.19. Wärmeübergang an MLI's.   **Abb. 9.20.** Wärmeübergangskoeffizient von MLI Matten.

Wie Abb. 9.20 zeigt, läßt sich die effektive Emissionszahl und damit die Wärmeübergangszahl einer MLI-Matte aber nicht beliebig erhöhen. Ab einer bestimmten Lagenzahl ist die Packungsdichte dann so groß, daß der Flächenkontakt zwischen den einzelnen Schichten trotz Trenngitter wieder zunimmt. Deshalb liegen typische Ausführungen solcher MLI-Blankets bei 6 bis 30 Einzelschichten. Die kupferfarbenen, feuerfesten Kapton-Folien können für Temperaturen bis zu 200 °C (kurzzeitig bis 260 °C) eingesetzt werden, während die Einsatzgrenze für aluminisiertes Mylar (Polyester) bei ca. 120 °C liegt. Da Mylar außerdem nicht UV-beständig ist, wird es in der Regel nur im Fahrzeuginneren eingesetzt. Der Atmosphärendruck muß für optimale Einsatzbedingungen (vernachlässigbare Wärmeleitung) unter 10^{-7} bar liegen. Die Matten werden häufig am Rand gesäumt, um die Handhabung und die Montage zu ver-einfachen. Um das rasche Entweichen der Luft während des Aufstieges zu ermöglichen, sind die Folien oft perforiert. Zur Befestigung werden Druckknöpfe, Klettverschlüsse, Kleber, Bänder oder Schraubverbindungen eingesetzt. Superisolationsmatten (sog. MLI-Blankets) werden in der Raumfahrt sehr häufig eingesetzt, typischerweise zur thermischen Isolation der Flugkörperaußenhaut, von Treibstofftanks und Leitungen oder Triebwerken. Für mechanisch anspruchsvollere Einsatzgebiete (z. B. Shuttle-Ladebucht) und zum Schutz vor Debris, atomarem Sauerstoff und hohen Temperaturen werden Materialien wie z. B. teflonbeschichtetes Glasfasergewebe (sog. β-cloth: $\alpha_{S,BOL}=0{,}22$; $\epsilon=0{,}9$) verwendet.

- *Füller (Joint Filler, Thermal Filler).*
  Geräte mit hoher Wärmedissipation müssen gut wärmeleitend mit Kühlkomponenten verbunden werden. Die Größe des Übergangswärmewiderstandes hängt dabei sowohl vom Anpreßdruck der Verbindung als auch von der Oberflächengüte der zu verbindenden Teile ab. Hoher Anpreßdruck läßt sich z.B. durch eine große Anzahl von gleichmäßig verteilten Bolzen erreichen. Durch gut wärmeleitende, plastische Stoffe wie Silikon-Kautschuk, Graphit-/Indium-Folien oder Fette zwischen den Verbindungsflächen läßt sich der Wärmeübergang dann bis auf 8 kW/m^{2}K erhöhen. Die Filler füllen dann die

Räume zwischen den Kontaktstellen der Oberflächen aus, in denen die Wärme sonst nur durch Strahlung übertragen werden kann.

- *Wärmebarrieren (Heat Barrier, Thermal Isolator).*
Wärmebarrieren sollen zwischen zwei Komponenten einen möglichst hohen Temperaturgradienten aufrecht erhalten. Sie werden z. B. bei Einstofftriebwerken eingesetzt, um die katalytische Brennkammer (~1000°C) mit dem angeschlossenen Ventil (~20°C) zu verbinden, ohne gleichzeitig die hohen Wärmeströme auf das Ventil zu übertragen.

- *Wärmesenken (Heat Sink).*
Als Wärmesenken werden Materialien mit hoher thermischer Kapazität bezeichnet. Bei engem thermischen Kontakt sorgt diese für eine hohe thermische Isothermie der Komponente. Wärmesenken werden vor allem in elektronischen Boxen benutzt, die einer zyklischen Wärmedissipation ausgesetzt sind.

- *Latente Wärmespeicher (Heat Capacity).*
Diese Wärmespeicher basieren auf der Phasenumwandlung eines Festkörpers zur Flüssigkeit und umgekehrt. Dabei bleibt die Temperatur des Materials im Gegensatz zu Wärmesenken nahezu konstant. Die Auswahl der verwendeten Wachse richtet sich nach der Lage ihres Schmelzpunktes und muß zum geforderten Temperaturbereich passen. Die genaue Regelung funktioniert nur solange, bis das ganze Wachs geschmolzen ist. Latentwärmespeicher werden meist in Elektronikboxen eingesetzt, die eine sehr hohe Temperaturkonstanz aufweisen müssen und zyklischen Wärmelasten ausgesetzt sind.

- *Passive Radiatoren (Passive Radiators).*
Unter passiven Radiatorsystemen versteht man beschichtete Oberflächen mit guten Emissionsvermögen, die auf der einen Seite direkt in den Weltraum weisen und auf der anderen Seite über geeignete Verbindungen (thermal links, heat pipes) mit der zu kühlenden Nutzlast verbunden sind. Bei der Raumstation werden diese Radiatoren für extern angebrachte Ausrüstungsteile verwandt, die moderate Temperaturanforderungen stellen und direkt über eine zum Weltall orientierte Fläche gekühlt werden können.

- *Thermalschutz (Thermal Protection).*
Thermale Schutzschilder werden dort eingesetzt, wo sehr hohe Temperaturen oder Wärmeströme erwartet werden. Für den Wiedereintritt werden ablative oder wiederverwendbare Schilde genutzt, die die Temperaturen im Fahrzeuginneren erträglich halten sollen. Keramische Materialien besitzen einen sehr hohen Schmelzpunkt und schlechte Wärmeleitungseigenschaften bei relativ niedrigem Gewicht, während Ablatoren durch Pyrolyse abgetragen werden. Meist ist man bestrebt, nur sehr wenige wärmeleitende Verbindungen zur restlichen Fahrzeugstruktur zu schaffen (Problem: Wärmespannungen, niederes Temperaturniveau). Der Schutzschild wird in Form von Kacheln, Matten oder Platten (z. B. aus Verbundwerkstoffen mit Schäumen, Filzen oder Geweben, und Sonderkeramiken aus ZrO_2, SiO_2, Al_xO_4 mit C/SiC Deckplatten) an das Raumfahrzeug angebracht oder als Integral-Bauteil hergestellt (z.B. C/SiC-Nosecap).

9.5.2 Aktive Thermalkontrolle

Der typische Energiebedarf moderner großer Satelliten liegt zwischen 1 und 6 kW, für die Internationale Raumstation bei über 100 kW. Zukünftige Satelliten werden eher noch größer und schwerer werden und mehr elektrische Energie benötigen. Damit nimmt dann auch die abzuführende Wärme zu. Für die zu dissipierende Wärmemenge kann man überschlägig zwischen 80 und 95 % der installierten elektrischen Leistung ansetzen. Deshalb werden bereits bei herkömmlichen Satelliten immer häufiger aktive Systeme eingesetzt. Zu den aktiven Komponenten eines Thermalkontrollsystems gehören Blendensysteme, elektrische Heizer, Radiatoren, Kühlplatten, Thermostate, Ein- und Zweiphasenkreisläufe, Wärmerohre und kapillargepumpte Kreisläufe.

- *Blendensysteme (Jalousien, Louvers).*
  Über einer Radiatorfläche mit geringem α/ε-Verhältnis sind drehbar gelagerte Metalllamellen (ε≈ 0,05) angebracht. Diese sollen sich bei einer Temperaturänderung öffnen oder schließen. Im geschlossenen Zustand wird der Radiator vollständig abgeschirmt. Die Lamellen werden einzeln oder integral über Bi-Metallfedern oder Aktuatoren verstellt. Durch eine Einzelverstellung kann die Oberflächentemperatur sehr fein geregelt werden.

- *Flüssigkeitskreisläufe (Fluid Loops).*
  Gepumpte Flüssigkeitskreisläufe werden z.B. dazu benutzt, um die dissipierte Wärme von den auf Kühlplatten montierten Nutzlasten zu einem Radiator oder einem Wärmetauscher zu transportieren. Der Nachteil von Fluid Loops besteht darin, daß die immer notwendigen Pumpen Energie benötigen, Schwingungen verursachen, zusätzliche Masse bedeuten und eine begrenzte Lebensdauer besitzen. Von Vorteil ist, daß diese Systeme im operationellen Betrieb sehr flexibel hinsichtlich Leistungsführung, Aufbau und Ausbau (*flexible connectors*) sind.

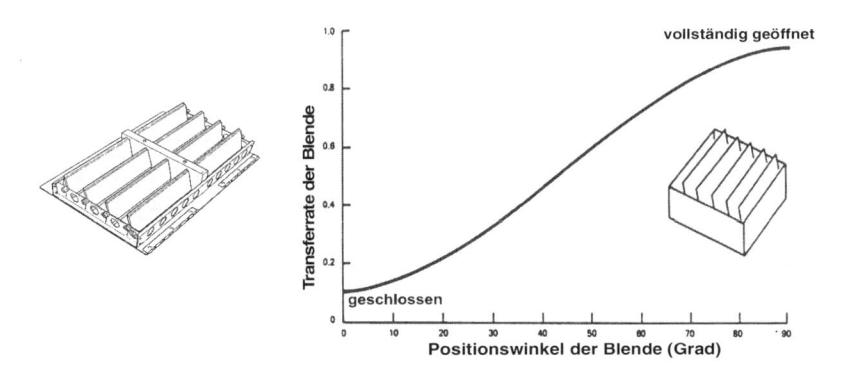

Abb. 9.21. Blendensystem.

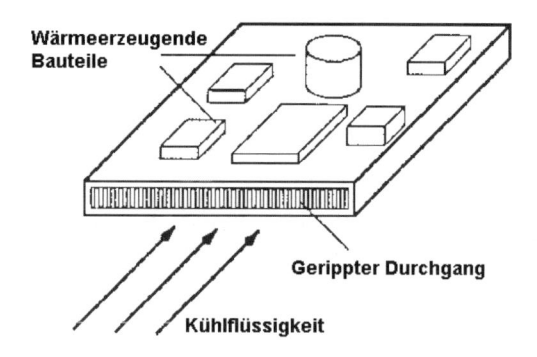

Abb. 9.22. Cold Plate Konfiguration.

- *Kühlplatten (Cold Plates)*
  Kühlplatten sind flache, flüssigkeitsdurchströmte Bauteile mit meist berippter innerer Struktur. Geräte und Nutzlasten können direkt darauf montiert werden. Typische Eintrittstemperaturen bewegen sich in Abhängigkeit vom eingesetzten Medium zwischen 15 und 40°C. Die Art der Berippung beeinflußt stark den Wirkungsgrad und die übertragbare Kühlleistung zwischen Nutzlast und Kühlkreislauf. Eine Temperaturerhöhung von ca. 10°C zwischen Ein- und Auslaß ist erlaubt. Es treten maximale Übertragungsraten von 2-4 kW/m^2/K bei Flächenbelegungen von ca. 50 kg/m^2 auf.

- *Radiatoren (Radiators).*
  Radiatoren sind einseitige Wärmetauscher (vgl. Cold Plates), die die Wärme in den freien Raum dissipieren. Um die Leistungsfähigkeit auch bei solarer Bestrahlung auf hohem Niveau zu halten, werden die emittierenden Oberflächen mit SSM's belegt. Spezielle Radiatoren wurden entwickelt, um höhere Wärmeleistungen (bis zu 4 kW/m^2/K, bei Wärmeströmen bis zu 50 kW) abzustrahlen, die Radiatorflächen isothermer zu gestalten (höherer Gesamtwirkungsgrad bei Verwendung von Heat Pipe Radiatoren) und die Montage oder Demontage der Radiatoren im Orbit zu ermöglichen (*Orbit Replaceable Units*). Weitere Optimierungsmöglichkeiten bestehen in der Verringerung der Massenbelegung (momentan bei 1,5 bis 5 kg/m^2) und der Anfälligkeit für Debris. Der bestimmende Faktor für die Leistungsfähigkeit ist der optische Absorptionskoeffizient α (bzw. das α/ε–Verhältnis), der sich in Abhängigkeit von Orbithöhe, Inklination und Stabilisierungsart durch die natürliche Degradation (vgl. Beschichtungen, SMM) bis zu 0,02/Jahr verschlechtern kann. Inzwischen hat man Werkstoffe für die Belegung der Radiatoroberflächen gefunden, die für SSM-ähnliche thermo-optische Eigenschaften bei höherer Resistenz gegen UV-Bestrahlung und Partikelbeschuß aufweisen (Ceriumoxid beschichtete Polyether-Imide, Silber-Aluminium-Kieselerde) und für die Radiatoren der Internationalen Raumstation Verwendung finden.

- *Elektrische Heizer und Thermostate (Electrical Heaters).*
  Diese Komponenten kontrollieren gewöhnlich Regionen, die als sogenannte *Cold Bias* definiert sind, d.h. ohne Heizer eine Temperatur unterhalb der gewünschten Temperatur einnehmen würden. Typisches Einsatzgebiet sind Aufwärmvorgänge vor dem Hochfahren von Systemen, die Temperaturregulierung während Non-Operating- oder Cold-Case-Phasen und die sehr feine Temperatursteuerung von empfindlichen Komponenten.
- *Wärmerohre (Heat Pipes).*
  Wärmerohre transportieren sehr große Wärmemengen von bis zu 3 kWm über Entfernungen vom Zentimeterbereich bis zu einigen Metern bei sehr geringem Temperaturabfall. Außerdem sind sie leicht, arbeiten ohne mechanisch bewegte Teile wie Pumpen und kommen ohne Schwerkraft aus. Ein Wärmerohr ist ein evakuiertes, an den Enden geschlossenes, gerades oder gebogenes Rohr, dessen Innenwände mit einer Kapillarstruktur ausgekleidet sind. Diese Kapillarstruktur (Docht) besteht aus einem aufgelegten, feinen Drahtnetz oder aus meist rechteckigen Längsrillen.

  Der Kapillaraufbau ist mit einem flüssigen Wärmeträger gesättigt. Das eine Ende des Rohres wird beheizt, das andere gekühlt. Dazwischen befindet sich die Transportzone. Aus dem Docht wird Flüssigkeit in der Heizzone verdampft. Der Dampf strömt durch das Rohr und kondensiert am kalten Ende des Rohres wieder. Die Flüssigkeit versickert im Docht und wird durch Kapillarkräfte wieder an das heiße Ende gesaugt. Die Arbeitstemperatur wird durch die Wahl des Arbeitsfluids bestimmt. Typischerweise kommen je nach Einsatztemperatur Ammoniak, Methanol, Frigen, bei sehr hohen Temperaturen auch Alkalimetalle oder flüssiges Silber zum Einsatz.

  Außer den Wärmerohren mit festen Wärmeleitungseigenschaften (*Fixed Conductance Heat Pipes*) existieren noch Heat Pipes mit variabler Wärmeleitung (*Variable Conductance Heat Pipes*). Ein Gasreservoir mit nicht

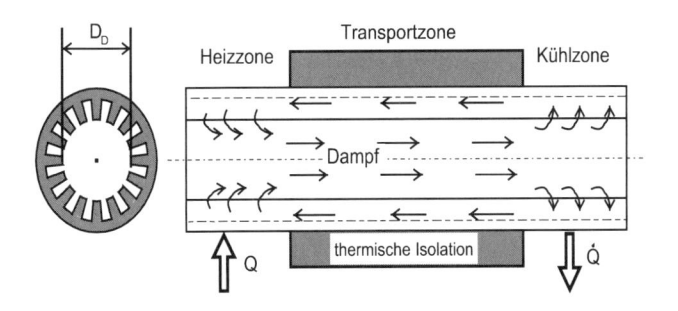

Abb. 9.23. Funktionsprinzip von Heat Pipes.

kondensierbarem Gas (z. B. Stickstoff, Argon, Helium) am kalten Ende des Wärmerohres kontrolliert hierbei die Länge der Kühlzone. Je nach Verdampfungsrate in der Heizzone verschiebt sich die Grenze zwischen Dampfpolster und Inertgas näher zum kalten Ende des Wärmerohres. Dadurch läßt sich der Massenstrom durch den Wärmestrom in der Heizzone regeln. Eine zusätzliche temperaturabhängige Regelungsmöglichkeit besteht durch die kontrollierte Beheizung des Gasreservoirs (Temperatursensor an der Heizzone). Der Vorteil von VCHP ergibt sich dadurch, daß man für kritische Komponenten die Anzahl der notwendigen Heizer während kalten Missionsphasen (z. B. Eklipse) oder Non-operating-Phasen reduzieren kann und Temperaturanforderungen auf diese Weise genauer ($\pm 1°C$, zwischen 0 und 30°C) einzuhalten sind. Da die notwendige Heizleistung häufig ausschlaggebend für die zu installierende Batterieleistung darstellt, läßt sich so die Batteriemasse reduzieren.

- Mechanisch und kapillar gepumpte Zweiphasen-Kreisläufe (Pumped / Capillar Pumped Two Phase Loop).
  Wärmerohre sind in ihrem Leistungsvermögen durch die maximal zulässigen Massenströme bzw. Dampfgeschwindigkeiten begrenzt. Um hohe Wärmeübertragungsraten durch Verdampfungsprozesse realisieren zu können, werden in Zweiphasen-Kreisläufen Flüssigkeit und Dampf in getrennten Kanälen transportiert (Vermeidung von Entrainment-Effekten). Der Flüssigkeitstransport erfolgt dabei durch eine mechanische Pumpe (MPL) oder mittels Kapillarsysteme (CPL). Bei gegebener Wärmelast ist der Massenstrom definiert durch die Verdampfungswärme; deshalb kann die installierte Pumpenleistung unter der von Einphasen-Kreisläufen liegen (kleinere Pumpenmasse, geringere Schwingungen, geringere Batteriemassen).
  Für Systeme, die hohe µg-Anforderungen erfüllen müssen, oder ausgedehnte Strukturen, die durch gleichförmige Pumpenvibrationen zum Schwingen angeregt werden können, ist deren Einsatz nur bedingt möglich. Für den Betrieb der Pumpen wird ständig Energie benötigt und zudem besteht bei den bewegten Teilen die Gefahr des Verschleißes und des Auftretens von Leckagen. Andererseits haben gepumpte Systeme den Vorteil hoher Wärmeübertragungsraten ohne Begrenzung der Massenströme aufgrund der kapillaren Leitfähigkeit oder Entrainment-Effekte wie bei kapillaren Systemen.
  Eine Alternative stellen kapillargepumpte Kreisläufe (_Capillar Pumped Fluid Loops_) dar, in denen die Umwälzung des Arbeitsfluids allein durch Kapillarkräfte aufrecht erhalten wird (s. Abb. 9.24). Im Gegensatz zu Heat Pipes wird hier kein Gegenstromkonzept realisiert. Flüssigkeit und Dampf fließen also in getrennten Rohrleitungssegmenten zum Verdampfer bzw. zum Kondensator. Die Porengröße des Dochtes ist wesentlich kleiner als bei Heat Pipes, dadurch tritt eine sehr hohe Kapillarwirkung auf. Als Dochtmaterial wird gesintertes Metall, poröser Kunststoff oder Quarz /Siliziumfasermaterialien benutzt und als Arbeitsmedium häufig Ammoniak oder Methanol eingesetzt. Die Wärmeübergangskoeffizienten liegen typischerweise bei $7,5 kW/m^2/K$ bei Wärmeströmen bis zu $150 kW/m^2$ und einer Arbeitstemperatur zwischen 5 und 45°C.

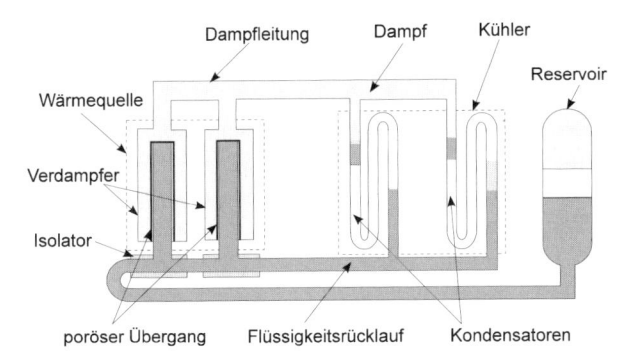

Abb. 9.24. Schema eines kapillar gepumpten Kreislaufes.

In der Tabelle 9.8 sind für häufig verwendete, aktive Systeme die Übertragungsleistungen zusammengestellt. Für eine geforderte Kühlleistung $\dot{Q}$ läßt sich aus einer Abschätzung für die mittlere Länge der Übertragungswege eine erste Auswahl der Systeme vornehmen.

System	typ. leistungsbezogene Masse [kg/W]	typ. übertragbare Leistung[kW m]
Wärmerohre mit konstanter Wärmeleitfähigkeit (*Fixed Conduct. Heat Pipes*)	0,002...0,01	0,3...0,8
Wärmerohre mit variabler Wärmeleitfähigkeit (*Var. Conduct. Heat Pipes*)	0,005...0,03	0,5...3,0
Flüssigkeitskreisläufe	0,10...0,25	10...100
Gepumpte Zweiphasen-Kreisläufe (*Pumped Two-Phase Loops*)	0,08...0,17	50...1000
Kapillargepumpte Zweiph.-Kreisläufe (*Capillar Pumped Two-Phase Loops*)	0,07...0,20	30...80

Tabelle 9.8. Leistungsdaten aktiver Wärmetransportsysteme

9.6 Thermaltests

In der Raumfahrt werden hauptsächlich die in Tabelle 9.9 und Abb. 9.25 aufgeführten Tests angewandt. Jeder dieser Tests ist auf eine spezielle Fragestellung hin angepaßt. Je nach Temperaturbereich innerhalb dessen der Test stattfindet und nach dem zeitlichen Auftreten im Entwurfsprozeß, spricht man von *Design Development, Thermal Acceptance* oder *Thermal Qualification Test*. Für Design Development Tests wird keine, für Acceptance Tests fast immer Flughardware eingesetzt. Die Verwendung von Prototypen oder speziellen Thermalmodellen bieten einige Vorteile. Tests können schon in einem frühen Entwicklungsstadium durchgeführt werden. Entwurfsmodifikationen lassen sich direkt am Modell vornehmen und testen, ohne besondere Rücksicht auf die Testhardware nehmen zu müssen. Außerdem läßt sich das „Dummy" (thermal mock-up) effektiver mit Meßtechnik ausstatten, als dies beim späteren Flugmodell möglich ist, da man bei letzterem auf keinen Fall die Flugfähigkeit einschränken darf. Meistens sind Abweichungen zwischen einer Prototypenversion und des späteren Fluggerätes nicht so groß, daß die gewonnenen Aussagen nicht übertragbar wären.

Design Development Tests sollen die Analyse und den Entwurfs- und Herstellungsprozeß schon in einer recht frühen Phase unterstützen. Als Ergebnis liefern solche Tests üblicherweise Informationen über Entwurfsparameter, Leistungsfähigkeit, Lebensdauer, Betriebsgrenzen und thermale Charakteristik von Komponenten.

Qualification Tests dienen zur Qualifikation der Hardware und sollen Zustände aufdecken, die zum Versagen des thermalen Entwurfs führen. Auf Komponentenebene führt oft schon der Hersteller diese Tests durch, um seine Geräte für einen bestimmten Temperaturbereich (Qualification Temperature Range), innerhalb dessen er die Funktionsfähigkeit garantiert, zuzulassen. Da dieser Temperaturbereich die größte Spanne besitzt, stellen solche Tests die höchsten Anforderungen an die Hardware.

Acceptance Tests werden innerhalb des Acceptance Temperature Range durchgeführt. Die Grenzen dieses Temperaturbereiches darf das System oder die Komponente zwar erreichen, sollte dies aber während allen Missionsphasen

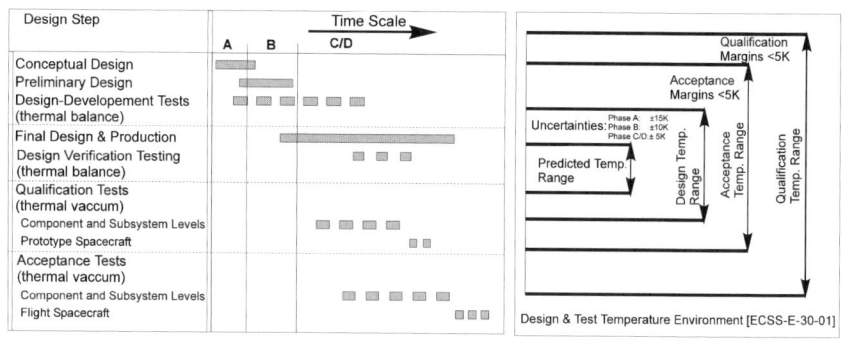

Abb. 9.25. Zeitpunkt und Kategorien von Thermaltests.

	Thermal Tests			
Test Level	Thermal Cycle	Thermal Vacuum	Thermal Balance	Special
Komponentenebene	X	X	-	X
Subsystemebene	X	X	(X)	X
Systemebene	(X)	X	X	X
Testausführung	Qualfication Test (TQT) & Acceptance Test (TAT)		Frame of Reference Cases	-
Testrandbedingungen	-Vakuum -Umgebungsdruck	Vakuum	-Vakuum -Umgebungsdruck	*)
Test-Equipment	-Heizer -Kaltwand (Space Simulator)		-Sonnensimulator –Infrarottestkammer –Space Simulator	*)

*) entsprechend Testanforderung

Tabelle 9.9. Kombination und Bezeichnung von Thermaltests.

(einschließlich Start) nie tun. Der Test soll die Qualität der Hardware nachweisen und ungünstige Effekte auf den Thermalhaushalt aufdecken, die auf Materialfehler oder Fertigungs-/Herstellungsfehler basieren. Der Acceptance Test gilt deshalb allgemein als Abnahmetest vor der Auslieferung von Flughardware.

Der *Thermal Cycle Test* wird vorwiegend auf Komponentenebene oder Subsystemebene durchgeführt und dient dazu, die Funktionsfähigkeit der TCS/Systemhardware unter wechselnden thermischen Lasten zu überprüfen. Man möchte mit dem Test Fertigungs-, Integrations- und Materialfehler aufdecken („Workmanship Errors"). Der *Thermal Vaccum Test* dient dagegen vor allem zum Nachweis, daß das System innerhalb definierter (insbesondere extremer) thermischer Bedingungen zufriedenstellend arbeitet. Die Grenzen zwischen Thermal Cycle und Thermal Vaccum Test sind aber fließend.

Im *Thermal Balance Test* wird der Satellit unter möglichst realistischen Missionsbedingungen getestet. Zunächst soll damit das Thermalkontrollsystem für das Raumfahrzeug qualifiziert werden (Nachweis, daß das Thermalkontrollsystem in der Lage ist, die thermale Umgebung des Systems/Raumfahrzeugs innerhalb den für Struktur, Nutzlast und Subsystem spezifizierten Grenzen zu halten). Desweiteren dient dieser Test auch zur Qualifikation und Korrektur des mathematischen Modells. Ziel ist es, die Parameter im TMM durch den Test so zu bestimmen, daß zukünftig eine exaktere Vorhersage des thermalen Verhaltens während des Fluges bzw. des Experimentes möglich ist. Es werden dann drei bis vier Referenzfälle herausgegriffen, die möglichst repräsentativ für die auftretenden Belastungen sind (häufig ein oder zwei hot cases, ein cold case, ein non-operating mode und mindestens einen transienten Verlauf). Eine Abweichung zwischen Testergebnis und Analyse von 3 bis 5 K im Niveau gilt im allgemeinen nach der Korrelation als akzeptabel. Thermal Vaccum Test werden typischerweise in Sonnensimulatoren oder Infrarottestkammern (mit Quarzlampen und Wärmefolien) durchgeführt.

Im Sonnensimulationstest (*Solar Simulation Test*) soll die Sonnenstrahlung möglichst gut hinsichtlich Intensität, spektraler Verteilung, Gleichförmigkeit (zeitlich) und Parallelität reproduziert werden. Das Licht wird hier meist durch mehrere Xenon-Lampen erzeugt und mittels Kollimationsspiegel auf den Satelliten

Testmethode	Vorteile	Nachteile
Cold Black Space Simulator (Kaltwand ε>0,92)	kostengünstig, Test einzelner Komponenten sehr einfach möglich	gleichförmige Wärmeströme oder nur einheitliche Umgebungstemperatur einstellbar
Solar Simulator	reproduziert sehr gut solare und planetare Umgebung	sehr teuer und aufwendig, Abschattungseffekte können nur schwer berücksichtigt werden
Infrarot Simulator mit Quarz-Lampen	hohe Wärmelasten simulierbar	Strahlung sehr ungleichförmig, viele Lampen notwendig, Spektrum von Lampenleistung abhängig,
Infrarot Simulator mit Oberflächenelementen oder Heizern	räumliche und temperaturabhängige Wärmelasten simulierbar	sehr komplexer Testaufbau, sehr genaue Testvorbereitung erforderlich

Tabelle 9.10. Simulationsmethoden für Thermaltests.

geworfen. Dieser ist innerhalb der Kammer auf einer Halterung drehbar gelagert. Die Kammerwände werden dabei durch flüssigen Stickstoff auf ca. 80-100 K herabgekühlt. Die Emissions- und Absorptionszahlen der Kammeroberflächen müssen sehr nahe bei 1 (üblich: 0,9) liegen, damit weder Sonnenlicht noch Infrarotstrahlung des Satelliten von den Wänden reflektiert werden können (Vermeidung von Mehrfachreflexion). In den Kammern wird typischerweise ein Vakuum von ca. 10^{-8} bar erreicht. Die drei größten Sonnensimulationskammern in Europa stehen bei der Fa. IABG, Ottobrunn (WSA-TV ca. 340 m^3 Testvolumen), bei der ESTEC in Noordwijk (LSS, ca. 1000 m^3) und bei der CNES in Toulouse (SIMLES, ca. 180 m^3). Größere Anlagen sind inzwischen auch in Rußland verfügbar (bis zu 3000 m^3 Testvolumina).

Sowohl Sonnensimulationstest als auch Infrarottests finden immer im Vakuumtestkammern statt, die über eine Kaltwand gekühlt wird. Ohne Infrarot- oder Solarbeleuchtung lassen sich diese als *Cold Black Space Simulator* bezeichneten Testkammern auch für die Untersuchung von z. B. Abkühlvorgangen (z. B. Eintritt eines Satelliten in die Eklipse) benutzen.

Da die Kosten für Erstellung und Wartung von Infrarottestkammern im Vergleich zu Sonnensimulationsanlagen nur die Hälfte betragen, sind diese weiter verbreitet. Beim Infrarot-Test handelt es sich um die Simulation von solarer und planetarer Strahlung mittels lokaler Heizflächen am oder in der Nähe des Satelliten. Meist werden 50-100 Quarz-Wolfram Lampen (ca. 500 W/Lampe) rund um den Satelliten auf einem Käfig angebracht und auf den Satelliten gerichtet. Der Satellit kann über die Zwischenräume dann immer noch Wärme mit den kalten Kammerwänden austauschen. Eine andere Methode besteht darin, elektrische Heizer in Form von Matten, Folien, Bänder oder Stäben auf oder in der Nähe des Raumfahrzeuges zu befestigen. Bei der direkten Befestigung ist es von Vorteil, daß fast die gesamte zugeführte elektrische Leistung in die Wärmebilanz des Satelliten eingeht. Dagegen bieten nicht direkt montierte Heizflächen die Möglichkeit, während des Tests Satellitenteile speziell „auszuleuchten".

10 Raumtransportsysteme

10.1 Einleitung

Ziel dieses Kapitels ist es, ein größeres Verständnis für die Technologien zukünftiger Raumtransportsysteme zu gewinnen. Zuerst werden frühere und gegenwärtige Trägersysteme beschrieben, wobei insbesondere auf die Entwicklung des Ariane-Programmes eingegangen wird. Schließlich werden zukünftige Raumtransportkonzepte vorgestellt, um einen Überblick der technischen Entwicklungsrichtungen zu geben.

Seit dem 12. April 1981 ist das amerikanische Space–Shuttle–Transportsystem das fortschrittlichste Trägerfahrzeug. Es ist der erste teilweise wiederverwendbare Raumtransporter der Welt. Im Jahre 1988 starteten die Russen das Energia/ Buran–System, das entsprechend dem amerikanischen Space–Shuttle eine wiederverwendbare Orbiterstufe trug. Mit Ausnahme dieser Transportsysteme sind alle verwendeten Träger konventionelle Raketen ähnlich der im Jahre 1957 erstmals eingesetzten russischen A–Trägerrakete (SL–1). Seither laufen alle Entwicklungstrends zu steigendem spezifischen Impuls und zur Reduzierung des Fahrzeugstrukturgewichtsanteils. Eine Verbesserung des spezifischen Impulses wird durch Verwendung der hochenergetischen Wasserstoff/Sauerstoff – Reaktion und Erhöhung des Brennkammerdrucks erreicht.

Erwähnenswert ist, daß die Atlasrakete das niedrigste Strukturmassenverhältnis von $\sigma=5{,}03\%$ von allen bislang existierenden Startgeräten hat. Die Atlas–Agena–Rakete hat 1958 den ersten Kommunikationssatelliten der Welt gestartet!

10.2 Momentaner Stand

10.2.1 Überblick

Die momentan verfügbaren Raumtransportkapazitäten sind wie folgt zu charakterisieren:
- Japan: Die H-II-Rakete wird von der National Space Development Agency (NASDA) zur Verfügung gestellt und löst die bisher verwendete H-I-Rakete ab.

Die Nutzlastmasse, die nach LEO transportiert werden kann, beträgt 10.500 kg. (Abbildungen 10.1 und 10.2). Diese, für den kommerziellen Markt zu teure Rakete, soll modifiziert und als H-IIA (GTO: 4.400 kg) kostengünstiger produziert werden.

- Indien, Israel: Die Nutzlastkapazität der Shavit (Israel) und des ASLV (Indien) Startgerätes beträgt bis zu 160kg nach LEO. Die dreistufigen Shavitbooster verwenden Festtreibstoffe. Auch das Augmented Satellite Launch Vehicle (ASLV) verwendet in allen vier Stufen Festtreibstoffe (Abbildungen 10.1 und 10.3). Das PSLV-System stellt den heutigen Stand der indischen Entwicklung dar.

- China: Die Trägerfamilie Long March hat eine LEO-Nutzlastkapazität von 3.200kg bis 13.600kg. Diese Raketen verwenden konventionelle Flüssigkeitstreibstoffe in den Startstufen und Wasserstoff-Sauerstoff-Treibstoffe in der dritten Stufe. Einfache unbemannte Wiedereintrittskapseln werden seit etwa 1985 eingesetzt (Abbildungen 10.4 und 10.5).

- USA: Die Nutzlastkapazitäten aller amerikanischen Startsysteme reichen von 150kg bis zu 30.000kg nach LEO. Kryogene Treibstoffe werden in den Oberstufen und dem Space–Shuttle–Hauptriebwerk (SSME) verwendet. Für Kapseln und das Space–Shuttle haben sich Wiedereintrittstechnologien etabliert (Abbildungen 10.6-10.9).

- GUS: Die russische Raumfahrtflotte hat eine Nutzlastkapazität von 600kg bis 88.000kg nach LEO. LH_2 / LOX wird in den Oberstufen sowie bei der Energia in der Zentralstufe, die von Boden- bis Weltraumbedingungen arbeitet, verwendet. Die Russen beherrschen die Wiedereintrittstechnologie für Kapseln und geflügelte Systeme, siehe den unbemannten Kosmos 1445 und den Buran-Raumgleiter (Abbildungen 10.10 und 10.12).

- Europa: Das Ariane IV-Transportsystem verfügt über eine Kapazität von 2.600 kg bis 6.800kg nach GTO (Geosynchronous Transfer Orbit). Konventionelle Motoren für Fest- und Flüssigkeitstreibstoffraketen sind verfügbar. Kryogene Treibstoffe werden in der dritten Stufe verwendet (HM7). Die Ariane-V-Rakete ist seit ihrem erfolgreichen kommerziellen Erstflug mit dem ESA-Röntgenteleskope XMM am 10. Dezember 1999 bereit, in den nächsten drei bis vier Jahren die Ariane-IV-Rakete abzulösen. Europa hat momentan keine umfassende Erfahrung in der Wiedereintrittstechnologie geflügelter Systeme (Abb. 10.13).

10.2 Momentaner Stand 361

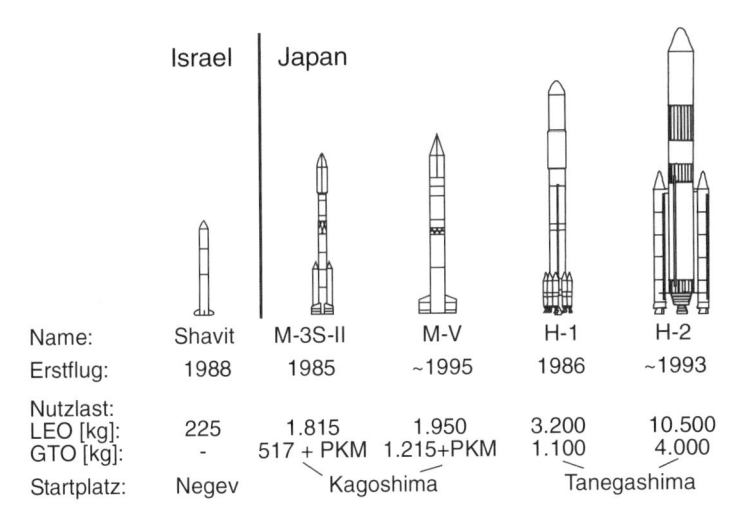

	Israel	Japan			
Name:	Shavit	M-3S-II	M-V	H-1	H-2
Erstflug:	1988	1985	~1995	1986	~1993
Nutzlast:					
LEO [kg]:	225	1.815	1.950	3.200	10.500
GTO [kg]:	-	517 + PKM	1.215+PKM	1.100	4.000
Startplatz:	Negev	Kagoshima		Tanegashima	

Abb. 10.1. Raketenentwicklungen in Israel und Japan.

SHUTTLE ISAS

ISAS hat eine Shuttle Studie entwickelt, die mit einer ballistischen Rakete gestartet wird. Eine verbesserte Version der H II kann ein 1.500 kg Shuttle starten.

Startmasse 258.000 kg
Höhe (gesamt)   48 m

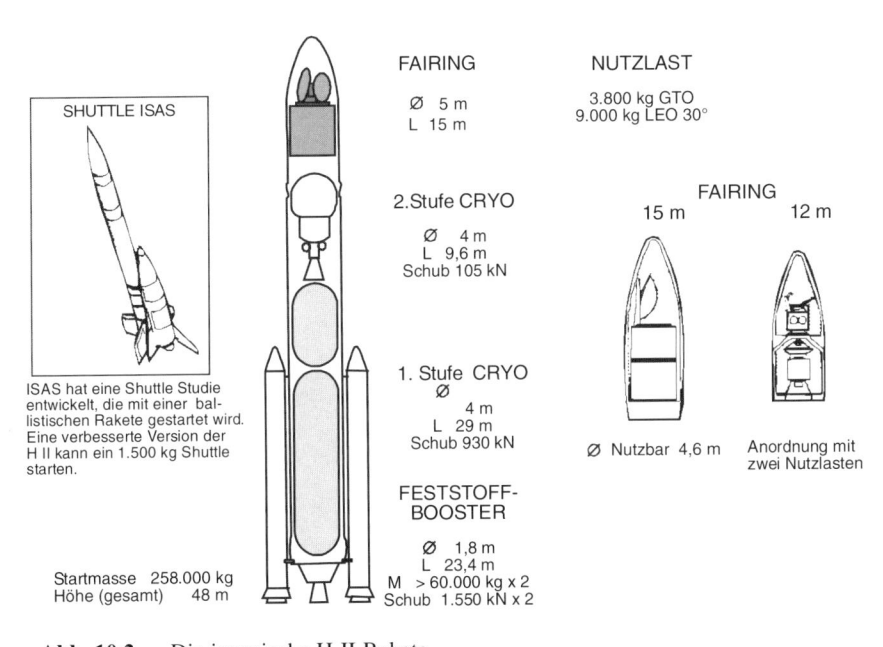

FAIRING
Ø 5 m
L 15 m

2.Stufe CRYO
Ø 4 m
L 9,6 m
Schub 105 kN

1. Stufe CRYO
Ø 4 m
L 29 m
Schub 930 kN

FESTSTOFF-
BOOSTER
Ø 1,8 m
L 23,4 m
M > 60.000 kg x 2
Schub 1.550 kN x 2

NUTZLAST
3.800 kg GTO
9.000 kg LEO 30°

FAIRING
15 m   12 m

Ø Nutzbar 4,6 m   Anordnung mit zwei Nutzlasten

Abb. 10.2. Die japanische H-II-Rakete.

Indien

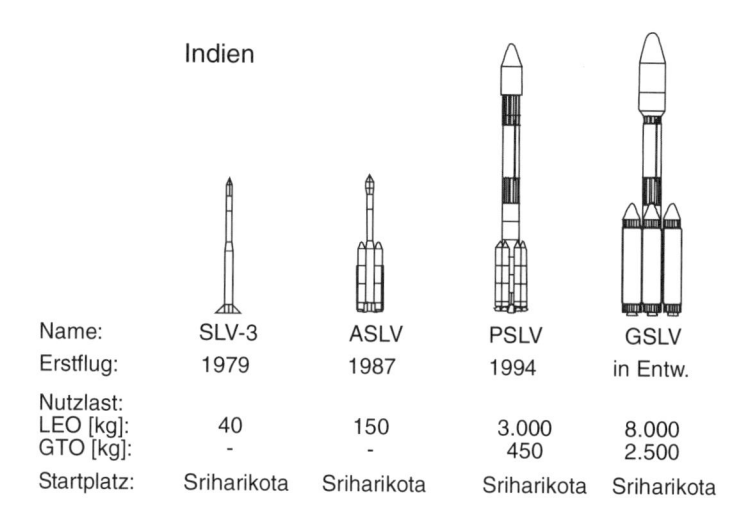

Name:	SLV-3	ASLV	PSLV	GSLV
Erstflug:	1979	1987	1994	in Entw.
Nutzlast:				
LEO [kg]:	40	150	3.000	8.000
GTO [kg]:	-	-	450	2.500
Startplatz:	Sriharikota	Sriharikota	Sriharikota	Sriharikota

Abb. 10.3. Raketenentwicklungen in Indien.

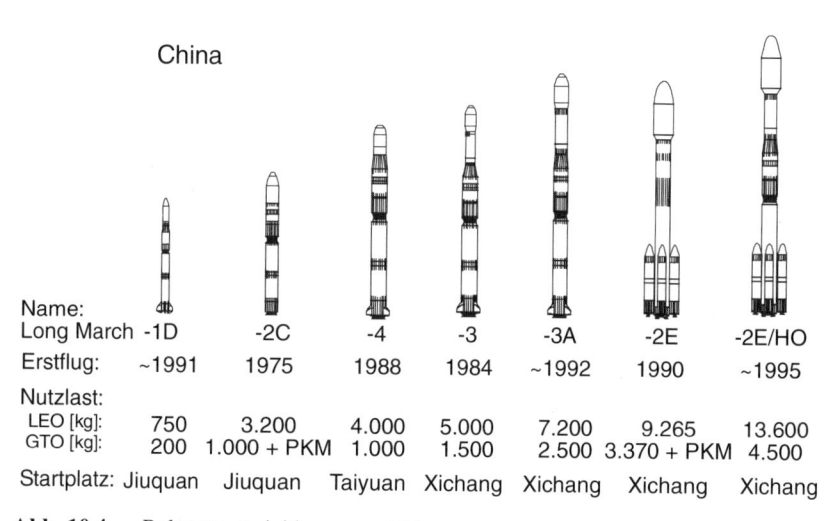

China

Name: Long March	-1D	-2C	-4	-3	-3A	-2E	-2E/HO
Erstflug:	~1991	1975	1988	1984	~1992	1990	~1995
Nutzlast:							
LEO [kg]:	750	3.200	4.000	5.000	7.200	9.265	13.600
GTO [kg]:	200	1.000 + PKM	1.000	1.500	2.500	3.370 + PKM	4.500
Startplatz:	Jiuquan	Jiuquan	Taiyuan	Xichang	Xichang	Xichang	Xichang

Abb. 10.4. Raketenentwicklungen in China.

10.2 Momentaner Stand   363

CZ3-4L

CZ3

NUTZLAST
1.300 kg GTO

FAIRING
Ø   3 m
L   7,27 m

3. STUFE CRYO
Ø   2,25 m
L   9,69 m
Schub 11,25 kN x 4
(YF73) (wiederentzünbar)

2. STUFE (N₂O₄UDMH)
Ø   3,35 m
L   7,5 m
Schub 710 kN (YF2) fixiert
+12,50 kN x 4 mit +/- 10°

1. STUFE
Ø   3,35 m
L   22,22 m
Schub 710 kN x 4
mit +/- 10°

NUTZLAST
3.000 kg GTO

FAIRING
Ø   4 m
L   13 m

3. STUFE CRYO
Ø   3,35 m
L   m
Schub   kN

2. STUFE
Ø   3,35 m
L   m
Schub 710 kN

1. STUFE
Ø   3,35 m
L   23,30 m
Schub 2840 kN

4 FESTSTOFF-
BOOSTER
(nicht abwerfbar)
         1,65 m
L   m
Schub 710 kN

Ø (nutzbar)   2,32 m   2,72 m
H (nutzbar)   4 m   5,3 m

Startmasse   202.000 kg   420.000 kg
Höhe (Gesamt)   44,70 m   54,3 m

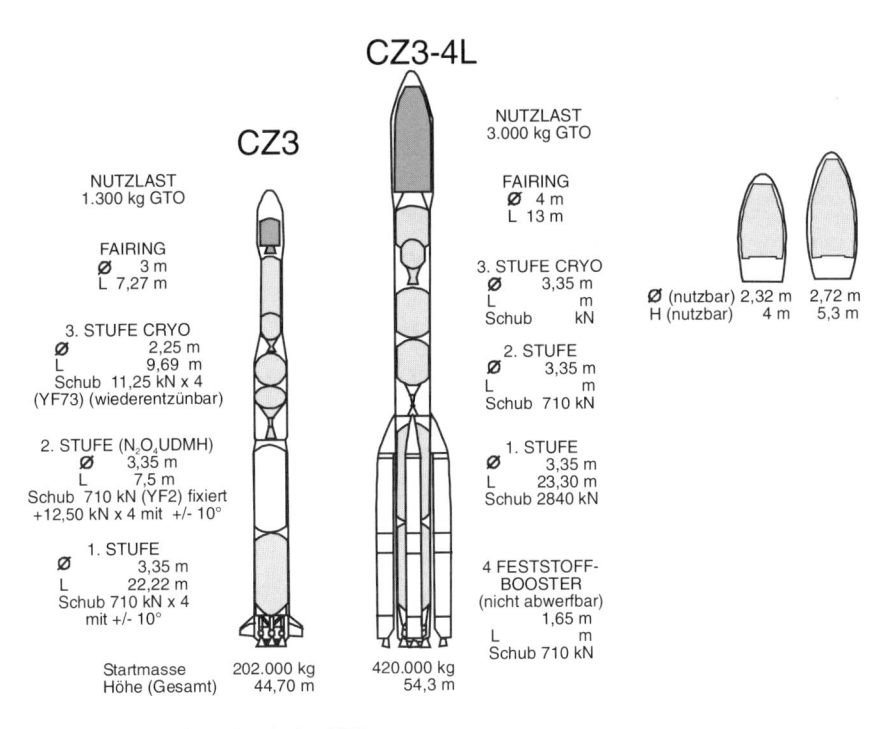

Abb. 10.5.   Die chinesische CZ3.

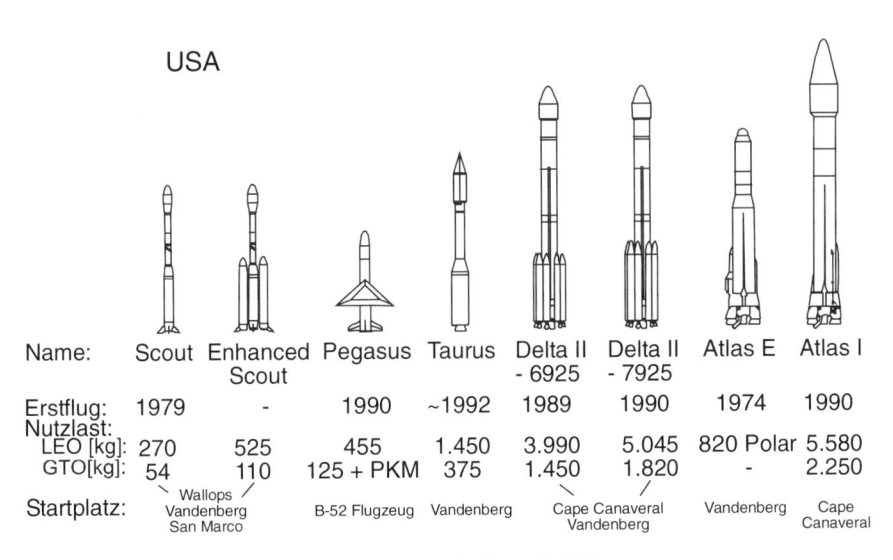

USA

Name:	Scout	Enhanced Scout	Pegasus	Taurus	Delta II - 6925	Delta II - 7925	Atlas E	Atlas I
Erstflug:	1979	-	1990	~1992	1989	1990	1974	1990
Nutzlast:								
LEO [kg]:	270	525	455	1.450	3.990	5.045	820 Polar	5.580
GTO[kg]:	54	110	125 + PKM	375	1.450	1.820	-	2.250
Startplatz:	Wallops Vandenberg San Marco		B-52 Flugzeug	Vandenberg	Cape Canaveral Vandenberg		Vandenberg	Cape Canaveral

Abb. 10.6.   Raketenentwicklungen in den U.S.A. (Teil 1).

364 10 Raumtransportsysteme

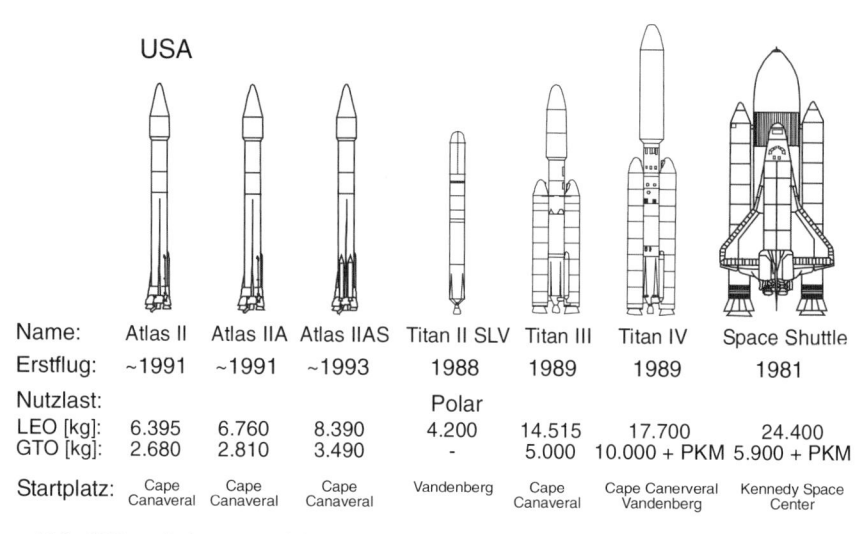

USA

Name:	Atlas II	Atlas IIA	Atlas IIAS	Titan II SLV	Titan III	Titan IV	Space Shuttle
Erstflug:	~1991	~1991	~1993	1988	1989	1989	1981
Nutzlast:				Polar			
LEO [kg]:	6.395	6.760	8.390	4.200	14.515	17.700	24.400
GTO [kg]:	2.680	2.810	3.490	-	5.000	10.000 + PKM	5.900 + PKM
Startplatz:	Cape Canaveral	Cape Canaveral	Cape Canaveral	Vandenberg	Cape Canaveral	Cape Canaveral Vandenberg	Kennedy Space Center

Abb. 10.7. Raketenentwicklungen in den U.S.A. (Teil 2).

TITAN III   TITAN IV

Nutzlast (Cape Kennedy)
14.350 kg LEO 28°5
1.905 kg GEO mit IUS
12.247 kg Pol. 185 km
(Vandenberg)

FAIRING
Ø 3 m   4,3 m   5 m
L 18 m   12 m

2. STUFE (N$_2$O$_4$ Aerozine 50)
Ø   3 m
L   9,45 m
Schub 458 kN

1. STUFE (N$_2$O$_4$ Aerozine 50)
Ø   3,05 m
L   23,7 m
Schub 2.400 kN

FESTSTOFFBOOSTER
              3,05 m
LØ   27,6 m
M   34.000 kg/Stück
Schub 6.300 kN/Stück

Startmasse 800.000 kg
Höhe (Gesamt)   51 m

NUTZLAST (Cape Kennedy)
17.500 kg LEO 28°5
4.530 kg GEO (Centaur G')

FAIRING
Ø 5,08 m   4,56 m
L 26,2 m   20,5 m

2. STUFE (N$_2$O$_4$ Aerozine 50)
Ø   3,05 m
L   9,9 m
Schub 458 kN

1. STUFE (N$_2$O$_4$ Aerozine 50)
Ø   3,05 m
L   26,4 m
Schub 2.480 kN

FESTSTOFFBOOSTER
              3,05 m
Ø   34,3 m
M   17.000 kg
Thrust   7.200 kN

Startmasse 860.000 kg
Höhe (Gesamt) 63,1 m

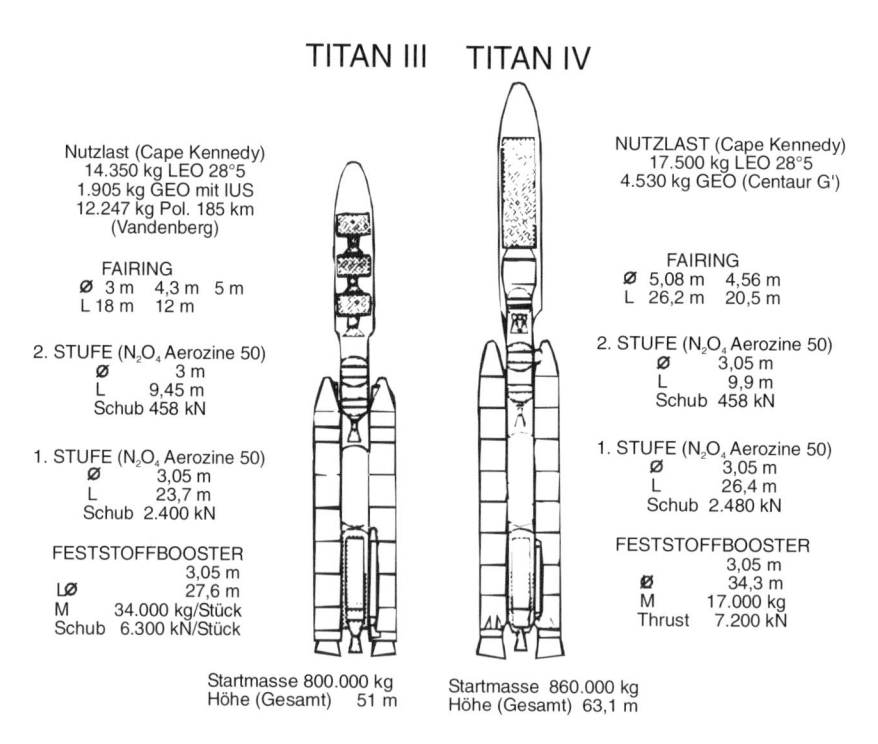

Abb. 10.8. Die amerikanischen Titan-Raketen.

10.2 Momentaner Stand 365

NUTZLAST
29.500 kg   LEO 28°5
1.558 kg x 4 GTO (PAMD II)
8.000 kg   GTO (IUS)

LADEBUCHT
Ø 4,6 m
L 18,3 m

EXTERNER TANK
Ø 8,5 m
L 47 m
M 749.000 kg

SHUTTLE
Spannweite   23,7 m
L   37,2 m
M (Landung) 84.000 kg
Schub   2100 kN x 3

FESTSTOFFBOOSTER
Ø 3,7 m
L 45,5 m
M 588.000 kg x 2
Schub 12.000 kN x2

Startmasse 2.060.000 kg
Höhe (Gesamt) 56,2 m

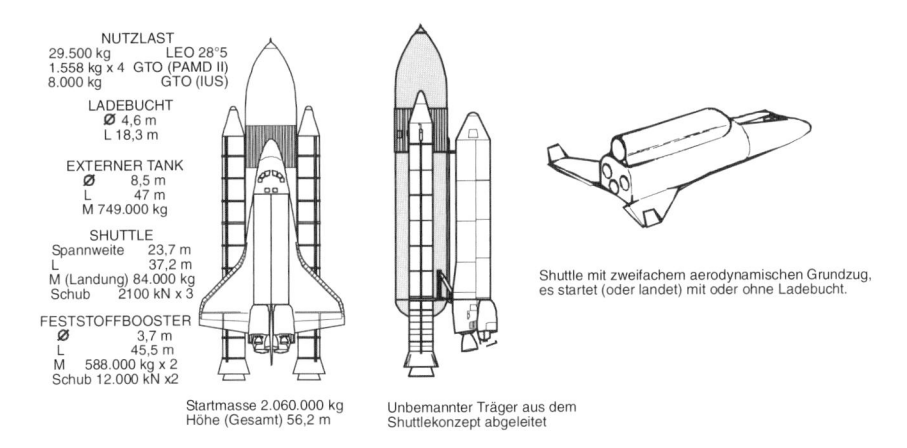

Unbemannter Träger aus dem Shuttlekonzept abgeleitet

Shuttle mit zweifachem aerodynamischen Grundzug, es startet (oder landet) mit oder ohne Ladebucht.

Abb. 10.9. Das amerikanische Space-Shuttle-System und davon abgeleitete unbemannte Transportsysteme (Studienkonzepte 90er Jahre).

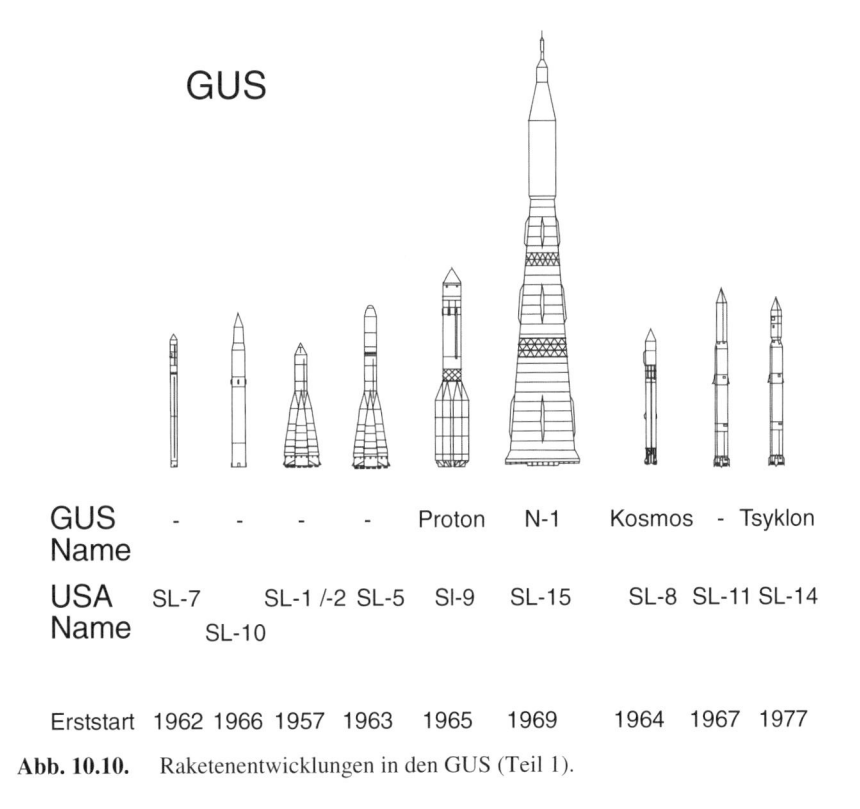

GUS

GUS Name	-	-	-	-	Proton	N-1	Kosmos	-	Tsyklon
USA Name	SL-7	SL-1 /-2	SL-5	Sl-9	SL-15		SL-8	SL-11	SL-14
		SL-10							
Erststart	1962	1966	1957	1963	1965	1969	1964	1967	1977

Abb. 10.10. Raketenentwicklungen in den GUS (Teil 1).

GUS

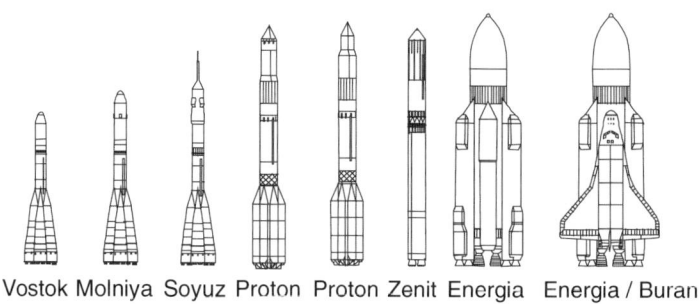

GUS Name	Vostok	Molniya	Soyuz	Proton	Proton	Zenit	Energia	Energia / Buran
USA Name	SL-3	SL-6	SL-4	SL-12	SL-13	SL-16	SL-17	SL-17
Erststart	1959	1961	1963	1967	1968	1985	1987	1988

Abb. 10.11. Raketenentwicklungen in den GUS (Teil 2).

SLX 16

ist die Entwicklung eines neuartigen kryogenen Trägersystems mit einem Schub von 6.000 kN (Meeresspiegels) in der UdSSR.

Mit 15.000 kg Nutzlastkapazität für LEO ist die SLX 16 vergleichbar mit der Ariane 5. Durch Cluster-Bildung von mehreren Einheiten kann eine Kapazität von 100.000 kg für LEO erreicht werden.

NUTZLAST
20.000 kg LEO (dreistufig)
2.000 kg GTO (vierstufig)
4.600 kg zum Mars

3. STUFE (N_2O_4+UDMH)
ø   4 m
L   9 m
Schub 570 kN

2. STUFE (N_2O_4 + UDMH)
ø   4 m
L   15 m
Schub 570 kN x 4

1. STUFE (N_2O_4 + UDMH)
ø   4 m + 1,8 m x 2
L   18m
Schub 9.200 kN (6 Motoren)

Startmasse 700.000 kg
Höhe (Gesamt)   60 m

Abb. 10.12. Die russische Proton-Rakete.

Europa

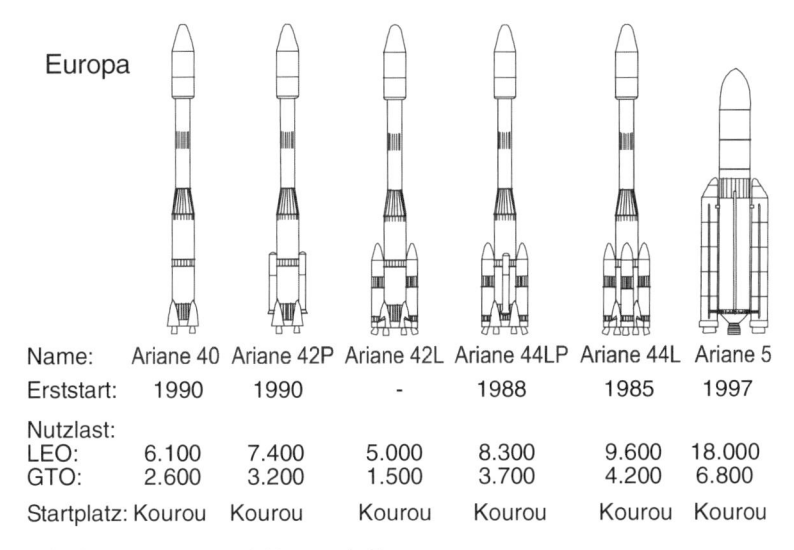

Name:	Ariane 40	Ariane 42P	Ariane 42L	Ariane 44LP	Ariane 44L	Ariane 5
Erststart:	1990	1990	-	1988	1985	1997
Nutzlast:						
LEO:	6.100	7.400	5.000	8.300	9.600	18.000
GTO:	2.600	3.200	1.500	3.700	4.200	6.800
Startplatz:	Kourou	Kourou	Kourou	Kourou	Kourou	Kourou

Abb. 10.13. Raketenentwicklungen in Europa.

10.2.2 Einteilungskriterien von Trägerraketen

Man kann Trägerraketen prinzipiell nach folgenden Gesichtspunkten einteilen:

- *Stufenzahl*: Mehrstufer (bis zu 5, z.B. Titan 3E – Centaur)
  Einstufer (SSTO : Single Stage to Orbit)
- *Stufungsart*: Tandemstufung (z.B. Ariane)
  Parallelstufung (z.B. STS–Booster)
- *Wiederverwendbarkeit*: Nicht wiederverwendbare (Expendables)
  Wiederverwendbare (Re–usables)
- *Startmodus*: Senkrecht (VTO: Vertical take–off)
  Waagerecht (HTO: Horizontal take–off)
- *Landemodus*: Senkrecht (VTOVL: ballistische Landung oder Fallschirmlandung)
  Waagerecht (VTOHL: z.B. Space Shuttle)

10.2.3 Zur Zeit in Einsatz befindliche Trägerraketen

USA	:	Delta-II bis Delta-IV, Atlas-II und Atlas-III, Zenit-Sea-Launch (mit Ukraine) und nach wie vor das Space-Shuttle-System
GUS	:	B1, C1 („Kosmos"), F1, Soyuz, D1 (Proton), Proton-M
Europa	:	Ariane-IV, Ariane-V
Japan	:	Mu–V, H2 (Erststart 1994), H2-A (vorauss. 2003)
Indien	:	PSLV–3, in Entwicklung: GSLV
VR–China	:	Long March 3, 4

10.3 Das Ariane–Programm

Das Ariane–Programm begann 1973 mit der Entwicklung der Ariane-I, die eine Nutzlast von 1.835 kg (geplant waren 1.500 kg) in den geostationären Transferorbit (GTO, d.h. Perigäum erdnah, Apogäum bei ca. 36.000 km Höhe) transportieren konnte. Der Erststart war am 24.12.1979. Dieses Programm wurde stufenweise ausgedehnt, so konnte die Ariane-III schon Satelliten mit einer Masse von bis zu 2.650 kg in GTO transportieren. Der Erststart der Ariane-IV war 1988. Diese Rakete ist ein sehr flexibles Konzept mit 6 verschiedenen Versionen und kann bis zu 4.200 kg Nutzlast in den GTO transportieren. Danach wurde die Ariane-V ab 1990 entwickelt und gebaut; sie ist seit 1999 kommerziell verfügbar. Ziel der Ariane-Entwicklung war es stets, große Nutzlasten (Satelliten) transportieren und zugleich der wachsenden weltweiten Konkurrenz standhalten zu können, also leistungsstarke Raketen mit verbesserter Kosten–Effektivität und Zuverlässigkeit zur Verfügung zu stellen. Ariane-V war ursprünglich als ein teilweise wiederverwendbares Transportsystem vorgesehen, mit dem auch bemannte Raumflüge mit Kapseln oder später vielleicht auch mit kleinen Raumgleitern des Typs Hermes durchgeführt werden können.

Ariane-Raketen wurden von Anfang an für den Transport von Satelliten in die geostationäre Umlaufbahn optimiert. Dies ermöglicht die günstige Startposition Kourou in Französisch- Guyana (5° nördlicher Breite). Im Vergleich zu einem Start in Cape Canaveral (28,5° nördliche Breite) oder in Tanegashima, Japan (30° nördliche Breite) kann die Nutzlastmasse um mehr als 10 % gesteigert werden. Außerdem konnten die drei Stufen der Ariane so entworfen werden, daß der Schub der letzten Stufe im Perigäum über dem Äquator gestoppt und eine ballistische Flugbahnphase mit erneuter Zündung dieser Stufe vermieden werden konnte.

Wichtige Vorgaben der ESA im Ariane-Programm waren: Die geplante kommerzielle Nutzungsphase im Ariane–Programm soll auf private Unternehmensbasis gestellt und der europäischen Raumfahrt–Industrie übertragen werden. „Arianespace" wurde daraufhin aus über 35 Firmen, die an der Ariane–Produktion beteiligt waren, gegründet.

Die Ausführung der Ariane soll stets an die Marktnachfrage angepaßt werden. Dies führte zur Entwicklung der Varianten Ariane-II und Ariane-III. Die Ausführung der Ariane-I war ursprünglich ein Kompromiß zwischen US–Trägerraketen Thor–Delta und Atlas–Centaur.

Die Ariane-II wurde mit folgenden Verbesserungen von der Ariane-I abgeleitet: Der Schub wurde für alle 3 Stufen um rund 10% vergrößert. Die Treibstoff–Kapazität der 3. Stufe wurde von 8 t auf 10 t erhöht. Die Ariane-II ermöglichte den Transport einer 2.175 kg schweren Nutzlast nach GTO (von Kourou) und übertraf die Atlas–Centaur damals um gut 250 kg.

Als nächster Schritt wurde die Ariane-III gebaut, die zur ersten Stufe zusätzlich zwei Feststoff–Booster erhielt, um die Nutzlastkapazität auf 2.600 kg (auf GTO) zu steigern. Das war ungefähr doppelt soviel wie die der US–Startrakete Thor–Delta, mit der die große Mehrheit aller westlicher Satelliten seit den 60er Jahren gestartet wurden, besonders die Intelsat-Kommunikationssatelliten der ersten, zweiten und dritten Generation. Die Ariane-III konnte sogar mit 2 Satelliten dieses Typs gleichzeitig starten. Aufgrund der großen Wirtschaftlichkeit dieser "Doppelstarts" konnte die Ariane große Marktanteile in dieser Satellitenklasse erreichen, zu der 2/3 aller kommerziellen Satelliten gehören. In den frühen 80er Jahren trat Ariane zunehmend in Konkurrenz zu den für nicht–militärische Zwecke dienenden amerikanischen Trägerraketen Thor–Delta und Atlas–Centaur.

Mit der Ariane-IV ergaben sich folgende Modifikationen: Die Treibstoffkapazität der ersten Stufe wurde um 50% ausgedehnt. Abgesehen von strukturellen Verstärkungen blieben die zweite und dritte Stufe unverändert. Vier oder fünf Booster konnten in fünf verschiedenen Kombinationen an der ersten Stufe angebracht werden. Die Booster sind sowohl als Feststoffbooster – mit etwas mehr Treibstoff (9,5 t) als bei der Ariane-III (7,3 t) – als auch als große Flüssigtreibstoff–Boosters mit je 39 t Treibstoff (in der Größe vergleichbar mit der zweiten Stufe) verfügbar. Neue Entwicklungen brachten eine größere Nutzlastbucht (4 m Durchmesser) mit einer neuen Nutzlastverkleidung und einem neuen Doppelstartsystem „Spelda" für größere Satelliten bis zu 2,5t.

Ariane-IV verkörpert selbst eine Untergruppe innerhalb der Ariane–Trägerfamilie. Mit den verschiedenen Konfigurationen können Nutzlasten zwischen 2.600 kg und 4.200 kg in GTO transportiert werden. Diese Flexibilität ist eine besondere Stärke der Ariane-IV; mit diesem Konzept konnte sie sich einen Marktanteil von über 50 % sichern.

Die Neuentwicklungen der Ariane-V waren:

a) P 230 Stufe (p: franz. poudre = Pulver)

Länge:	30 m	Durchmesser:	3 m
Treibstoffmasse:	230 t	Strukturgewicht der Booster	39 t
Schub bei Zündung	750 t	Brennzeit	125 s

Die Stufe besteht aus einem vorderen und hinteren Segment, einem Booster, einem Verbindungsstück und einem Trennsystem. Sie wird von der H155–Stufe durch Aktivierung des pyrotechnischen Systems getrennt und durch das Zünden von Bündeln kleiner Raketen fortbewegt, die an Front und Heck der Stufe angebracht sind. Sie ist mit einer schwenkbaren Düsen–Einheit ausgerüstet, die die Flugkontrolle während der Flugphase mit den P230 Boostern ermöglicht. Außerdem besitzt sie alle notwendigen elektronischen und pyrotechnischen Systeme für die Flugkontrolle, Trennung, Sicherheitsmaßnahmen, Bergung, Messungen und Telemetrie und ist mit dem Boden und der H155 Stufe durch elektrische, pneumatische und pyrotechnische Leitungen verbunden. Aus Größen– und Gewichtsgründen wird die P230 Stufe in Guyana integriert; vordere und hintere Anordnung sowie die Boostersegmente werden in Europa montiert. Dies erleichtert die Handhabung und den Transport. Die Stufe ist so entworfen worden, daß sie im Meer geborgen werden kann, um sie zu überprüfen und damit die Zuverlässigkeit der Komponenten überprüfen zu können (nicht zur Wiederverwendung!). Ein Fallschirm–Bergungssystem wird dazu während des freien Falls aktiviert. Die Wiederverwendung spezieller Elemente für Folgeflüge wurde wegen des abschätzbar hohen Versagensrisikos abgelehnt.

b) H155–Stufe (h: franz. haute energie)
Die H155–Stufe enthält 155 t LH_2 und wird durch das Vulkan–Triebwerk (HM 60) angetrieben. Ihre Höhe beträgt ca. 30 m, der Durchmesser 5,4 m. Ihre Hauptbestandteile sind Antriebssystem, isolierter Tank, vordere Verkleidung, hintere Verkleidung und Schubsystem – Struktur, elektrische und pyrotechnische Systeme. Das H155 Antriebssystem umfaßt folgende Subsysteme: Vulkantriebwerk (HM 60), Triebwerksaktivierungssystem (EAS: engine activation system), Treibstoffleitungen und –ventile, Roll–Steuerung und Deorbiting (Schuberzeuger), Druckerzeugungssystem, Boden–/Bord–Verbindung.

c) Das HM 60–Triebwerk (HM: franz. haute energie moteur)
Die HM 60, heute nur noch *„Vulkan–Triebwerk"* genannt, ist ein lenkbares Antriebssystem, das mit der energiereichen Treibstoffkombination Flüssig-Wasserstoff und Flüssig-Sauerstoff aus den Stufentanks versorgt wird. Seine Funktion besteht außerdem in der Beförderung der Gase für die Druckbeaufschlagung der Tanks und die Flugkontrollanforderungen der Stufe. Das Triebwerk wird am Boden gezündet, um die Möglichkeit einer einwandfreien Überprüfung seiner Funktionstüchtigkeit vor dem Abheben zu gewährleisten.
Die Treibstoffe werden durch 2 Turbopumpen (für Wasserstoff und Sauerstoff) zur Brennkammer befördert, die ihre Energie aus einem Heißgas–Generator beziehen. Dieser verbrennt den von der Brennkammerzuleitung abgezweigten Treibstoff; das Abgas wird nach Anfahren der Turbinen – in der Düse getrennt und daher im Nebenstromverfahren – in der Düsenaustrittsebene ausgestoßen. Durch ein flexibles Verbindungsglied am Turbopumpen–Ausgang kann die unterschiedliche Expansion zwischen Düse und entsprechendem Turbinenaustritt abgeglichen werden. HM 60–Daten sind

Schub:	70 t – 90 t	Masse:	1.450 kg (nom.)
Brennkammerdruck:	100 bar	LH_2–Pumpe:	156 bar
Länge:	4 m	Durchmesser, max.:	2,8 m
Massenstrom:	216 kg/s	davon LOX:	184,5 kg/s
davon LH_2:	31,5 kg/s		

10.3 Das Ariane–Programm 371

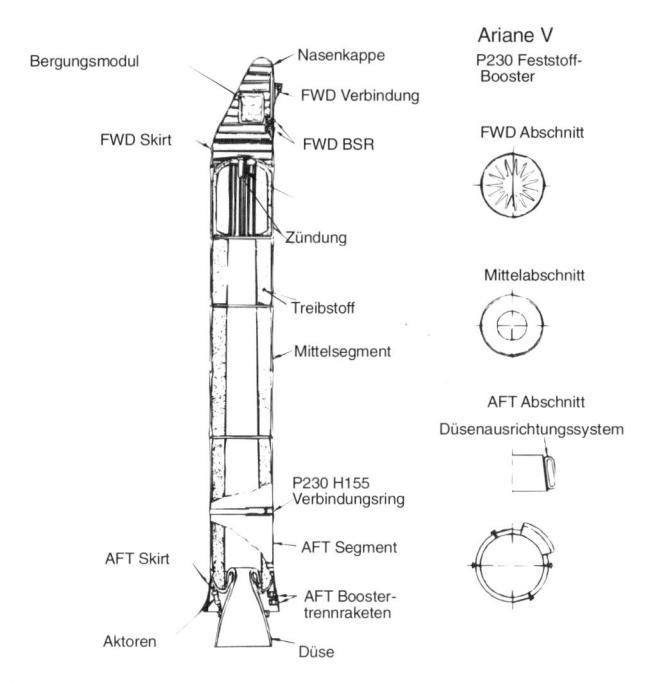

Abb. 10.14. Ariane 5 - „Propulseur 230".

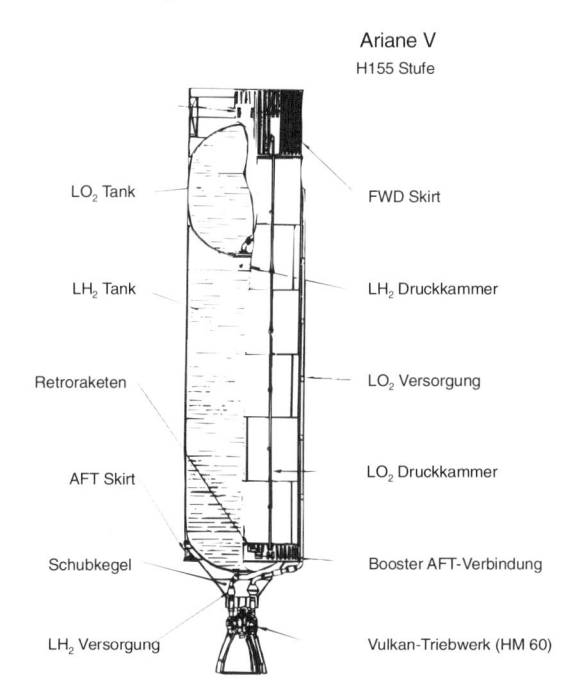

Abb. 10.15. Ariane 5 - „Etage H155".

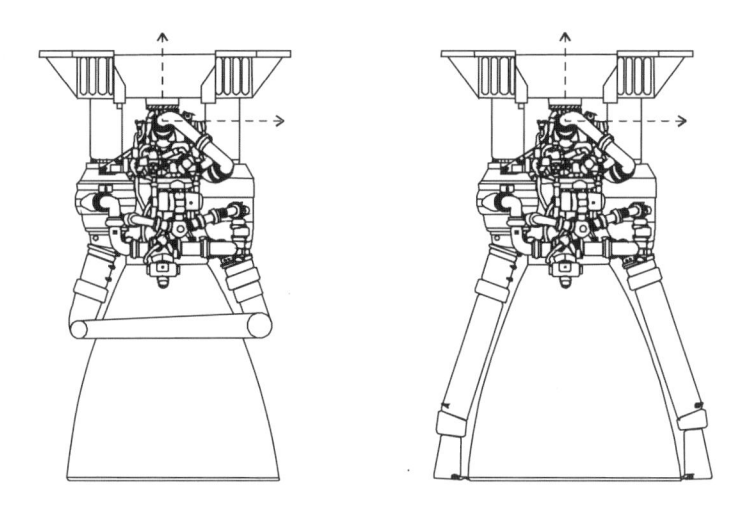

Abb. 10.16. VULKAN Mark-1-Triebwerk (rechts) und modifiziertes VULKAN-Triebwerk (DLR-Vorschlag).

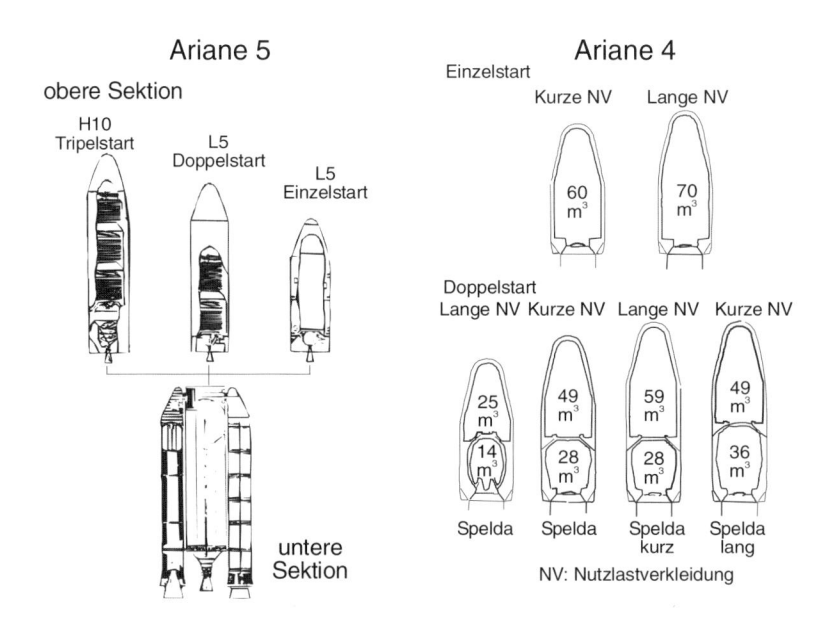

Abb. 10.17. Mögliche Nutzlastkonfigurationen der Ariane 4 und 5.

10.4 Zusammenfassung existierender Startfahrzeuge

Die führenden Nationen in der Nutzung und Erforschung des Weltraumes sind die USA und Rußland, die mit den fortschrittlichsten Raumfahrtsystemen operieren. Große kryogene Raketentriebwerke gehören dort zum Stand der Technik. Die Wiedereintrittstechnologien haben sich für bemannte und nichtbemannte Kapseln sowie geflügelte Orbiterstufen etabliert. Für Raketenmotoren und geflügelte Wiedereintrittsfahrzeuge wurde die Wiederverwendbarkeit als vorteilhaft nachgewiesen. Jüngere Raumflugnationen wie China, Europa und Japan entwickeln Raumfahrttechnologien, die für die USA und Rußland schon seit Jahrzehnten Standard sind. Sie alle verwenden konventionelle und nicht wiederverwendbare Raketenträger. Die bisherigen Trends zeigen auch dort in die Richtung auf die Entwicklung von hochenergetischen Raketenmotoren für die Oberstufen. Die ersten Schritte in diese Richtung waren die Antriebssysteme YF-73 (China), HM7 / HM60 (Europa) und LE-7 (Japan).

Brasilien, Indien und Israel haben jeweils einen der Scoutrakete (erster Flug 1960) ähnlichen Raketenträger entwickelt. Sie verwenden Festtreibstoffe in allen Stufen. Alle diese Raumfahrzeuge basieren auf militärischen Raketenentwicklungen.

Die Abb. 10.18 zeigt zur Übersicht die Nutzlastkapazitäten für den geostationären Transferorbit der verschiedenen Trägersysteme als Funktion der Trägermasse.

10.5 Zukünftige Projekte für Raumtransportfahrzeuge

10.5.1 Gegenwärtiger Status und laufende Projekte

Mit der Trägerrakete Ariane-IV ist es Europa gelungen, einen Marktanteil von über 50% des zugänglichen Satellitenmarktes zu erringen. Bei einem für 1999 geschätzten Gesamtumsatz von fast 3 Mrd. DM (D-Anteil ca. 600 Mio. DM) ist das europäische Ariane-Trägersystem das kommerziell erfolgreichste Trägersystem der Welt. Mit der leistungsstärkeren Ariane-V, die Ende 1999 den operationellen Betrieb aufnehmen wird, soll an diesen Erfolg angeknüpft werden. Der letzte Ariane-IV Flug ist für 2003 zu erwarten.

Die europäische Zusammenarbeit im Ariane-Programm erfolgt im Rahmen von ESA und Arianespace. Eine weitere Zusammenarbeit, z.B. mit den USA, Rußland, Japan, China und Indien wird indes nur möglich sein, wenn dabei den politischen und wirtschaftlichen Interessen der Partner in spezifischer Weise Rechnung getragen werden kann. Gegenwärtig vorhandene bzw. in naher Zukunft zu erwartende Ariane-Konkurrenten sind Delta-II bis Delta-IV, Atlas-II und Atlas-III, Zenit-Sea-Launch, Proton-M und weitere in den USA in Entwicklung befindliche Träger. Auch Japan arbeitet heute an der H-II-A Trägerrakete mit dem erklärten Ziel, damit ebenfalls kommerziell konkurrenzfähig zu werden.

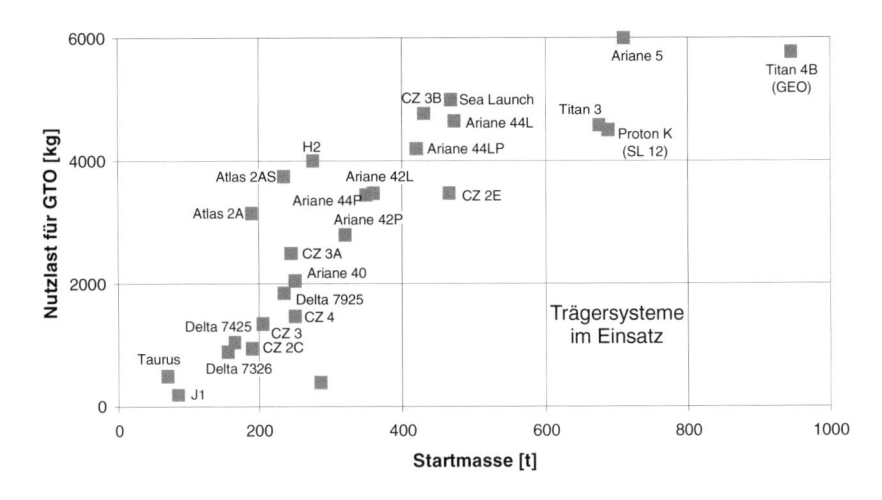

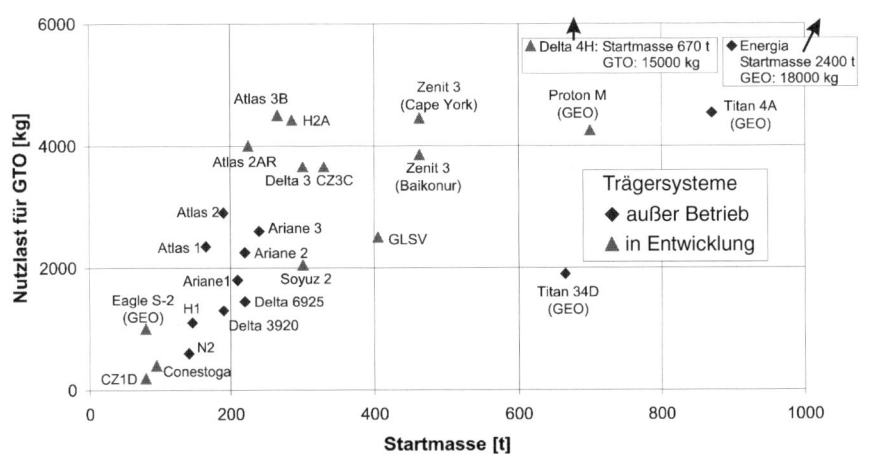

Abb. 10.18. Nutzlastkapazitäten von Trägersystemen für den geostationären Transferorbit (oben: verfügbare Systeme Stand 1999, unten: Systeme außer Betrieb bzw. in der Entwicklungsphase).

Bereits jetzt ist allerdings abzusehen, daß die Satellitenhersteller zunehmend schwerere Satelliten mit Massen von mehr als 5.000 kg entwickeln werden. Um die für den kommerziellen Erfolg der Raketen unerläßliche Doppelstartfähigkeit für zwei solche Satelliten in den GTO zu erhalten, soll die Transportkapazität durch zusätzliche Modifikationen und Weiterentwicklungen schrittweise angehoben werden.

In Europa erfolgt die Weiterentwicklung des Ariane5-(Basis-)Systems zur Zeit innerhalb von zwei sich überschneidenden Ariane-Programm-Elementen. Das bereits 1995 beschlossene und bis ca. 2003 laufende Ariane5-Evolution-Programm beinhaltet die Vergrößerung und die Weiterentwicklung der Antriebsleistung der

Ariane-5-Grundstufe (Vulkan Mk. II), sowie der erweiterten Doppelstartvorrichtung (SYLDA-5).

Der jetzige Gesamtentwicklungsumfang beinhaltet neben der Verbesserung der bisherigen Oberstufe (Ariane5 / EPS), mit lagerfähigen Treibstoffen als Zwischenlösung, die Entwicklung einer noch nicht wiederzündfähigen kryogenen Oberstufe (Ariane 5 / ESC-A: HM-7B-Triebwerk). Hierbei wird also das bereits im Ariane 4-Trägersystem bewährte kryogene HM-7B-Oberstufentriebwerk wieder eingesetzt. Die Gesamtnutzlastkapazität (Doppelstart) soll damit ab 2002 auf ca. 10.000 kg im GTO gesteigert werden (Abb. 10.19).

Neben der Ariane drängen eine Reihe von Konkurrenzprodukten mit nichtmarktwirtschaftlich kalkulierten und damit sehr niedrigen Startpreisen aus Ländern wie Rußland oder China auf den Markt. Auch die USA versuchen, durch weitere Verbesserungen bei den existierenden Trägern größere Marktanteile zu gewinnen. Außerdem plant das US-DoD (Department of Defense) die Entwicklung einer neuen Trägerfamilie, die modular (nach dem Baukastenprinzip) aufgebaut ist und gegenüber den gegenwärtigen von den USA eingesetzten Systemen zu einer weiteren Kostenreduktion führen soll. Insbesondere besitzen die US-amerikanischen Herstellerfirmen durch garantierte Mindestauslastungen über regelmäßige militärische Satellitenstarts einen massiven ökonomischen Vorteil gegenüber der europäischen Industrie.

Insgesamt ist also von einer deutlichen Verschärfung der Konkurrenzsituation im nächsten Jahrzehnt auszugehen. Die erwarteten Umsätze auf dem Trägermarkt werden dabei trotz ansteigenden Transportvolumens konstant bleiben.

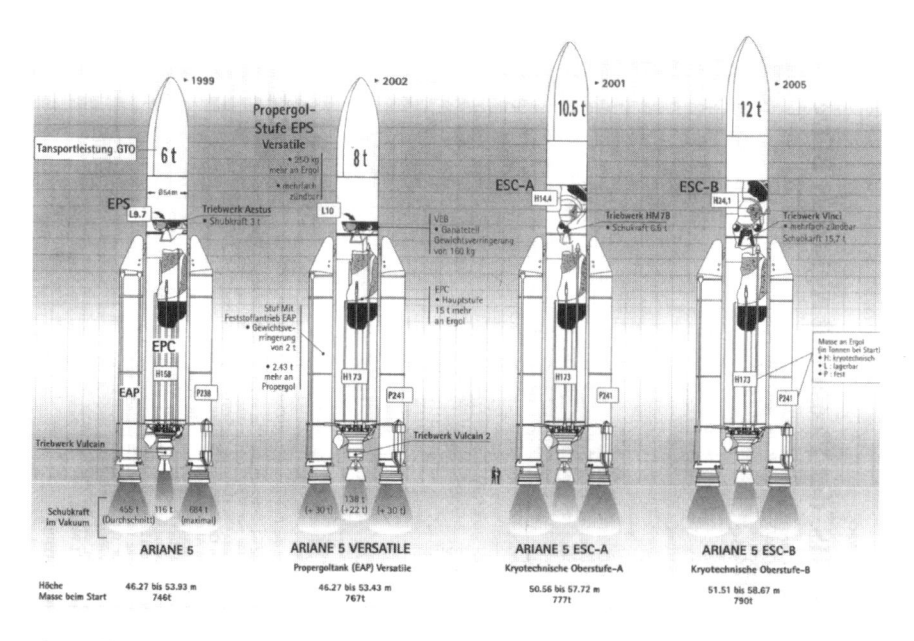

Abb. 10.19. Die Entwicklung der Trägerrakete Ariane 5 (1999 - 2005)

Ein weiterer wesentlicher Aspekt ist das kommerzielle Potential, das der Raumtransport zwar nicht kurz-, aber doch mittel- und langfristig besitzt, da bei weiter sinkenden Transportkosten auch mit einer erheblichen Vergrößerung des Transportvolumens zu rechnen ist. In diesem Zukunftsmarkt muß die europäische Position gesichert werden, um die bisher geschaffenen und hochqualifizierten Arbeitsplätze und das technische Know-how zu erhalten. Darüber hinaus spielt die strategisch-politische Bedeutung des uneingeschränkten europäischen Zugangs zum Weltraum weiterhin eine wichtige Rolle.

Zu den risikoarmen Vorhaben im Transportbereich mit ausgesprochener Marktnähe und einer teilweise etablierten oder zu erwartenden Kommerzialisierung gehören die Entwicklung und der Betrieb kleiner Trägersysteme, insbesondere auf der Basis bereits in der Vergangenheit entwickelter militärischer Systeme. Hierbei sind die bereits existierenden Systeme Rocket (DASA mit russischen Firmen), Starsem (Aerospatiale mit russischen Firmen) und zukünftig Vega (italienische und französische Firmen) zu nennen.

Die europäische Beteiligung an amerikanischen Wiedereintritts-Technologieprogrammen begann, nachdem die anfänglichen Definitionsarbeiten für ein rein europäisches bemanntes Transportflugzeug eingestellt worden sind, mit der Zielsetzung einer technologischen Beteiligung am amerikanischen Demonstrator eines Rettungsfahrzeuges (X-38) für die Internationale Raumstation (ISS). Die deutsche Industrie und Forschung konnte bei X-38 eine führende Rolle bei der Entwicklung von Schlüsseltechnologien (heiße Strukturen, Avionik, Aerothermodynamik), die auf die Vorbereitung zukünftiger wiederverwertbarer Raumtransportsysteme abzielen, innerhalb Europas besetzen. Neben den laufenden Entwicklungsarbeiten im Rahmen des ESA-Programms ist Deutschland an den Arbeiten zu X-38 substantiell mit dem nationalen Projekt Tetra beteiligt. Darüber hinaus erfolgt eine europäische Beteiligung am amerikanischen Rettungsfahrzeug CRV für die ISS. Diese umfaßt Hardware und Ingenieursleistungen, die sich aus der Beteiligung an X-38 und dem deutschen Projekt Tetra ableiten. Jeweils fünf Einheiten von hochhitzebeständigen Komponenten (u.a. Steuerklappen, Nasenkappe) werden unter Führung eines deutschen Hauptauftragnehmers hergestellt und der NASA übereignet.

10.5.2 Studien über zukünftige Raumtransportsysteme

Im allgemeinen gibt es zwei Entwicklungstrends für zukünftige Transportsysteme, die in neueren Studien untersucht werden (Abb. 10.20). Bei der ersten Entwicklungslinie betrachtet man Raketenmotoren mit verbessertem spezifischem Impuls möglichst nahe dem theoretisch maximalen spezifischen Impuls von $I_{sp}= 550s$ für LH_2/LOX–Treibstoffe. Um eine Nutzlastmasse in den niederen Erdorbit zu transportieren, ist derzeit für ein einstufiges Fahrzeug (Single Stage to Orbit SSTO) ein Nettomassenanteil von weniger als 18% erforderlich (Abb. 10.21). Die zweite Linie geht von der Verwendung luftatmender Triebwerke aus. Dabei gibt es verschiedene Konzepte, wie z.B. die Verwendung eines konventionellen Flugzeugs als "Unterstufe" oder der Einsatz von Kombinations-Turboluftstrahl-/Staustrahltriebwerken (turbo/ramjet). Für einen luftatmenden SSTO-Transporter wird auch an ein Überschallstaustrahltriebwerk (scramjet) gedacht.

Shuttle Cargo (Shuttle-C), Advanced Launch System (ALS), Shuttle-II und Delta-Clipper sind Namen von Studien für zukünftige Raketenstarter, die in den USA in den 90er Jahren vorgestellt wurden. Beispiele in Europa sind die Beta-II und die Ariane-X Startsysteme. Studienbeispiele von zukünftigen Trägern, die luftatmende Triebwerke verwenden, waren das National Aerospace Plane (NASP) in den USA, Sänger und HOTOL in Europa (Abb. 10.22 und Abb. 10.23). Diese Konzepte versprachen niedrigere Startkosten, höhere Missionsflexibilität, geringere Umweltbelastung und zusätzlich höhere Sicherheit (s. Abb. 10.24). Dem Optimismus der frühen 90er Jahre wird heute ein Realismus angesichts der noch zu überwindenden technologischen Hürden entgegengestellt. Denn für die Realisierung dieser zukünftigen Raumfahrzeuge sind die folgenden Technologien noch signifikant zu verbessern:

- Antriebssystem:
    - Raketenmotoren:
        kryogene Hochdruck-Boden-Vakuum–Raketen
        Zweistofftreibstoffkomponenten Raketenmotoren (Dual-Mode)
        Mehrpositions-Düsen (ausfahrbare Düsen)
    - Luftatmende Triebwerke:
        Kombinationsantriebssysteme: Turboramjet/Scramjet–Triebwerke
        hybride Antriebssysteme: luftatmende Rakete (HOTOL)
        Rumpf-Triebwerk–Integration
- Wiederverwendbare leichte Wärmeschutzsysteme
- Aktivkühlungssysteme
- Materialien für heiße Fahrzeugstrukturen (Wärmesenke)

Für die luftatmenden Fahrzeuge sind zusätzlich die technischen Herausforderungen

- Tankintegration in sehr schlanke Körper
- Thermalkontrolle über lange atmosphärische Flugdistanzen
- Aerodynamische Fahrzeugauslegung für Aufstiegsbahn und Wiedereintritt

zu lösen. Die erwähnten zukünftigen Konzepte benötigen mehrere der erwähnten neuen Technologien gleichzeitig.

378   10 Raumtransportsysteme

Raketenantrieb

Kleine wiederverwendbare Experimentalraketen

Schwere Trägersysteme (Energia)

Mittlere Trägersysteme (Scout-Ariane)

Hybride Trägersysteme Gleiter (US-Shuttle)

TSTO erweiterbare Trägerraketen (Ariane X, H215, H75)

TSTO
- Raketenantrieb
- VTO
- 1. Stufe: Wiederverwendbar, HL
- 2. Stufe: nicht wiederverw. (Ariane X, H215R, H75)

TSTO
- Raketenantrieb
- VTO
- 1. Stufe: HL
- 2. Stufe: VL
  (Ariane X, H215R, H75B)

TSTO
- Raketenantrieb
- VTO/HL
- 1. Stufe: HL
- 2. Stufe: VL
  (Ariane X, H215R, H75R)

SSTO
- Raketenantrieb
- VTO/VL
- nicht wiederverw.

SSTO
- Raketenantrieb
- VTO/VL
- Wiederverwendbar (Beta II)

SSTO
- Raketenantrieb
- VTO/HL
- Wiederverwendbar (Shuttle II)

SSTO
- Raketenantrieb
- HTO/HL
- Wiederverwendbar (ASTROS)

Separate Nutzlast-Container

Gleiter (Buran)

Fairings Hilfsstrukturen

Kapseln (Apollo)

1. Stufe konventionelle Flugzeuge (B52, An225)
2. Stufe konventionelle Raketen (Pegasus)
3. Stufe Wiederverwendbare Shuttle, HL (Interim HOTOL)

TSTO
- HTO/HL
- Wiederverwendbar
- 1. Stufe: luftatmender Antrieb (Unterschallverbrennung)
- 2. Stage: Raketenantrieb (Sänger)

SSTO
- Hybridantrieb (luftatmend - Unterschall-Verbrennung)
- VTO/HL
- Wiederverwendbar (LART)

Luftatmende Antriebe

Schwere Flugzeuge (B-747)

Überschall-Flugzeuge (Concorde-SR 71)

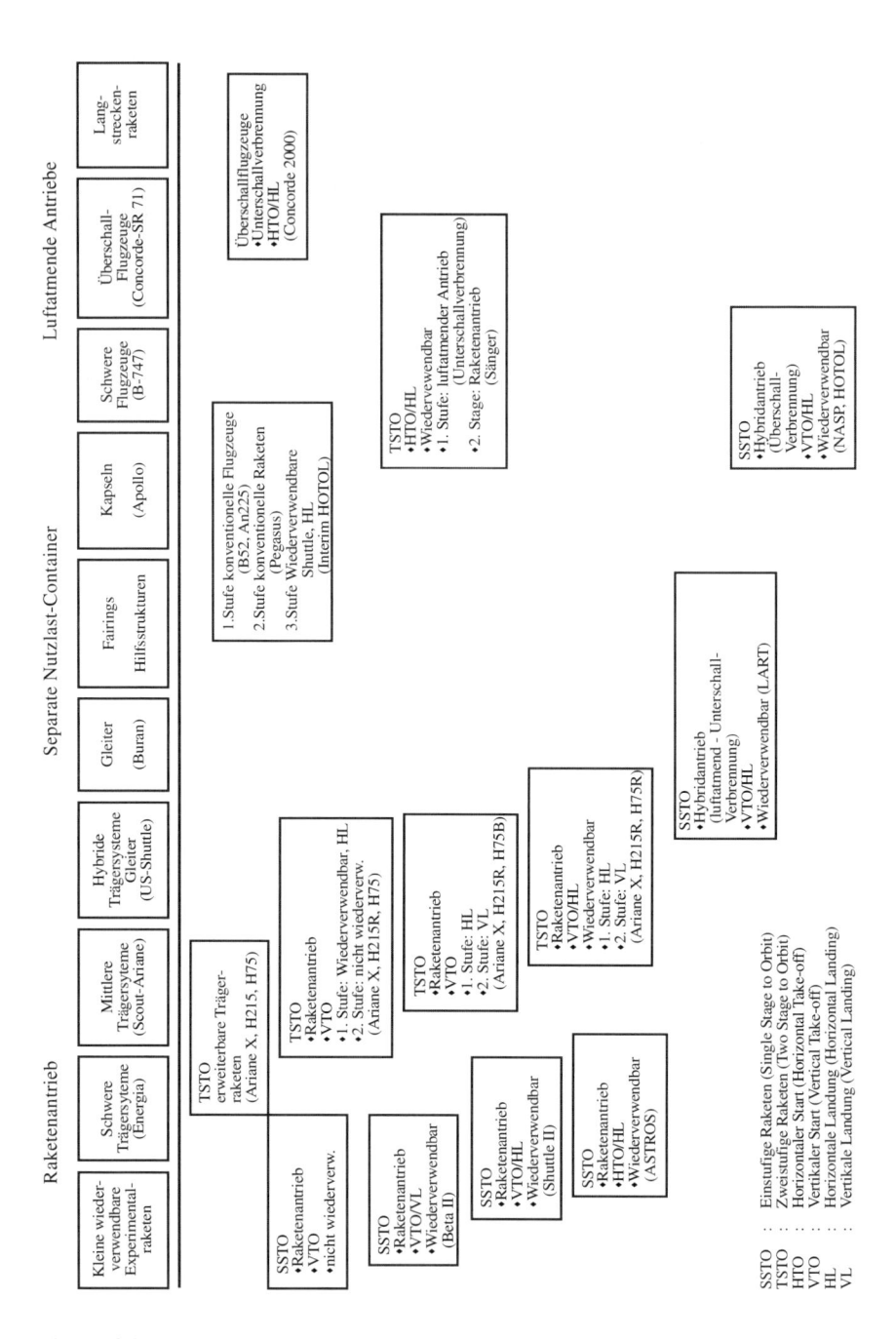

Langstreckenraketen

Überschallflugzeuge
- Unterschallverbrennung
- HTO/HL
  (Concorde 2000)

SSTO
- Hybridantrieb (Überschall-Verbrennung)
- VTO/HL
- Wiederverwendbar (NASP, HOTOL)

SSTO : Einstufige Raketen (Single Stage to Orbit)
TSTO : Zweistufige Raketen (Two Stage to Orbit)
HTO : Horizontaler Start (Horizontal Take-off)
VTO : Vertikaler Start (Vertical Take-off)
HL   : Horizontale Landung (Horizontal Landing)
VL   : Vertikale Landung (Vertical Landing)

Abb. 10.20. Entwicklungstrends für zukünftige Transportsysteme.

10.5 Zukünftige Projekte für Raumtransportfahrzeuge   379

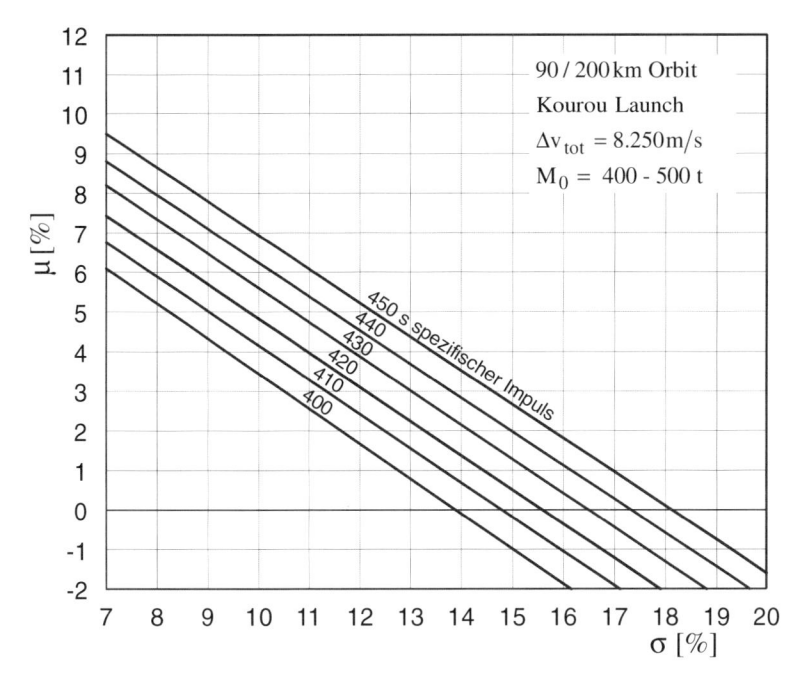

Abb. 10.21.   Nutzlast über Nettomassenanteil für einstufige Systeme.

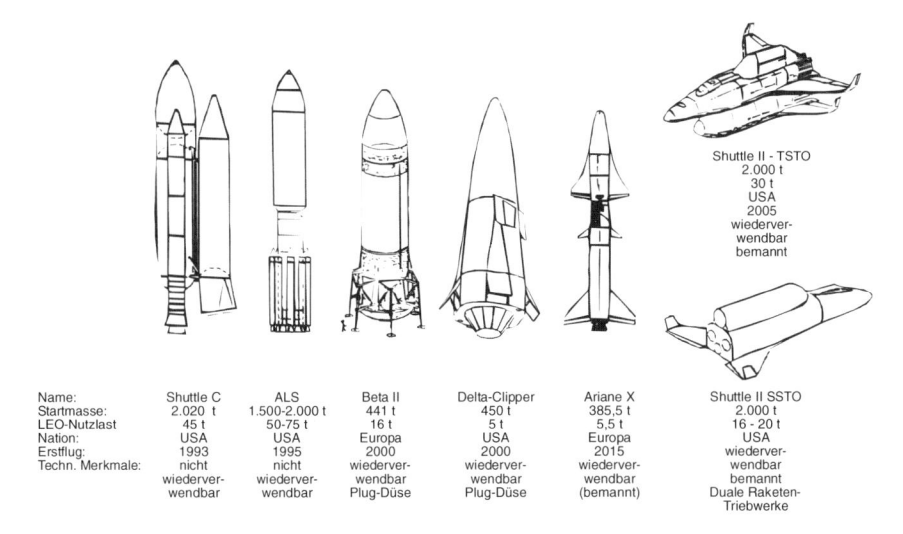

Abb. 10.22.   Konzepte zukünftiger Raketensysteme.

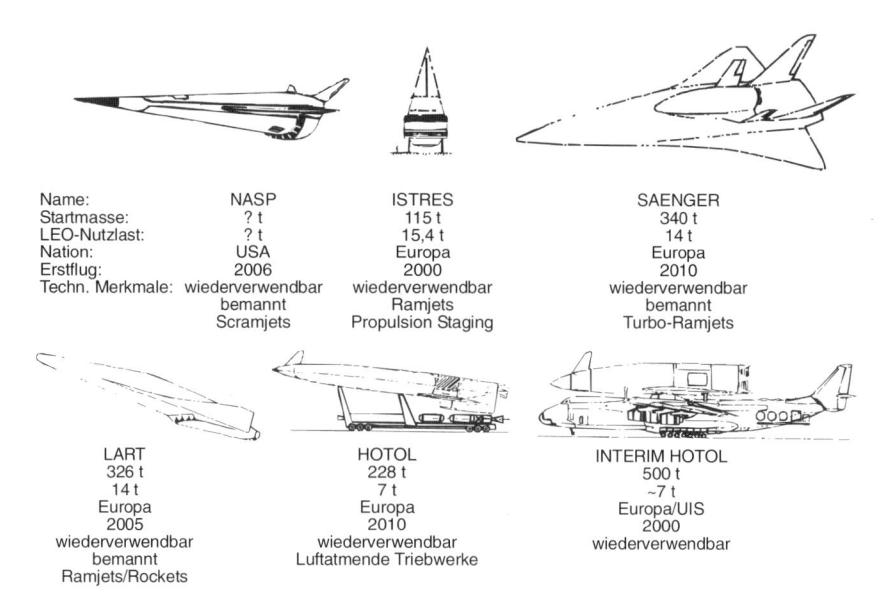

Name:	NASP	ISTRES	SAENGER
Startmasse:	? t	115 t	340 t
LEO-Nutzlast:	? t	15,4 t	14 t
Nation:	USA	Europa	Europa
Erstflug:	2006	2000	2010
Techn. Merkmale:	wiederverwendbar bemannt Scramjets	wiederverwendbar Ramjets Propulsion Staging	wiederverwendbar bemannt Turbo-Ramjets

	LART	HOTOL	INTERIM HOTOL
	326 t	228 t	500 t
	14 t	7 t	~7 t
	Europa	Europa	Europa/UIS
	2005	2010	2000
	wiederverwendbar bemannt Ramjets/Rockets	wiederverwendbar Luftatmende Triebwerke	wiederverwendbar

Abb. 10.23. Konzepte zukünftiger luftatmender Startfahrzeuge.

Die nächste Generation von Weltraumtransportsystemen

Ziele

Geringere Startkosten
- Volle Wiederverwendbarkeit
- Geringeres Versicherungsrisiko

Größere Sicherheit
- Kleine Teams für Bodenbetreuung
- Abschaltmodi für Triebwerke
- Rückkehrmöglichkeit nach Fehlfunktionen
- Nutzlastrückführung nach Beendigung der Mission

Umweltschutz
- Nur H2/O2 als Treibstoffe
- Geringere Lärmbelastung während des Starts
- Verhinderung umherfliegender Trümmer im Weltraum (Space Debris), Vermeidung von Wegwerfteilen mit potentiellen umweltbelastenden Eigenschaften

Größere Missions-Flexibität
- Starts in Europa
- Flexible Startfrequenzen
- Größere Startfenster

Abb. 10.24. Anforderungen an zukünftige europäische Raumtransportsysteme.

10.5.3 Missionen für die zukünftigen Raumtransportsysteme

Momentan existieren weltweit ca. 15 größere Startplätze. All diese Weltraumflughäfen werden von nationalen Behörden geleitet (Abb. 10.25). Der erste kommerzielle Startplatz soll in Cape York, Australien, gegründet werden.

Die Extrapolation der momentanen Raumtransportkapazitäten zusammen mit einer Abschätzung von zukünftigen Raumfahrtmissionsanforderungen ergibt eine

10.5 Zukünftige Projekte für Raumtransportfahrzeuge   381

Abschätzung für zukünftige Missionszenarien (Abb. 10.26). Das folgende Szenario aus dem Jahr 1990 zeigt beispielhaft eine Schätzung für die europäischen Transportleistungsanforderungen der nächsten zwei Jahrzehnte (Tabelle 10.1):

- bis zu 18 t unbemannt in den Orbit der Raumstation (LEO)
- bis zu 6,5 t bemannt in den Orbit der Raumstation
- bis zu 15 t unbemannt in den Sonnensynchronorbit (SSO)
- bis zu 6 t unbemannt in den Geotransferorbit (GTO)
- vier bemannte Starts pro Jahr
- 20- 25 Starts nach GTO pro Jahr
- zwei Schwerlasttransporte pro Jahr

Es besteht eine Wechselwirkung zwischen den geforderten Transportkapazitäten und den betrachteten Missionsszenarien. Falls es ein Transportsystem gäbe, das wesentlich niedrigere spezifische Startkosten als Ariane IV oder das Shuttle anbieten könnte, ist es wahrscheinlich, daß die Nutzlastmasse, genauso wie die Anzahl der Starts, ansteigen würde. Daher hängt die Zukunft aller Raumfahrtaktivitäten in hohem Maße vom Fortschritt in der Transportsystemtechnologie ab.

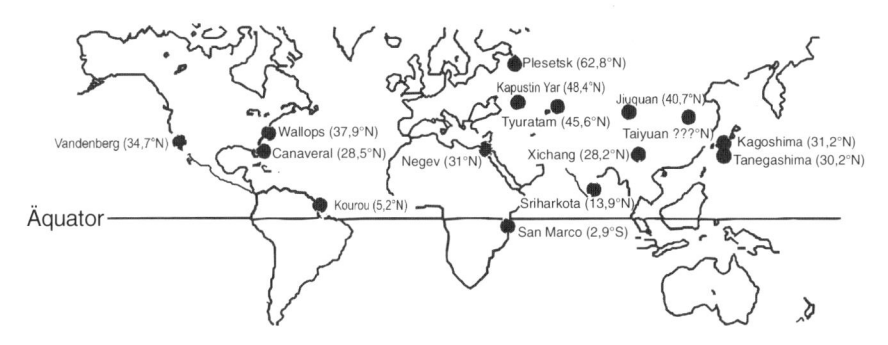

Abb. 10.25.   Weltraumbahnhöfe.

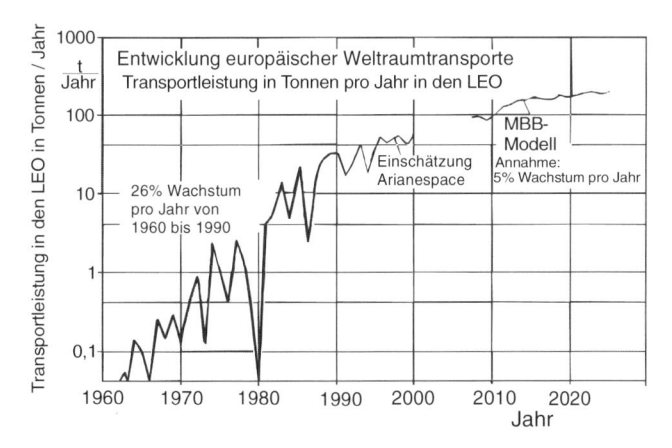

Abb. 10.26.   Szenario über Weltraumtransporttrends.

Nutzlastklasse	Minimal Szenario		Maximal Szenario	
	Nutzlasten	Starts	Nutzlasten	Starts
bis 6.5 t bemannt in LEO	20	20	96	96
bis 15 t unbemannt in LEO	9 (+20)	6	53 (+50)	35
bis 24 t unbemannt in LEO	-	-	7	7
bis 10 t unbemannt in SSO	5	3	15	8
bis 15 t unbemannt in SSO	2	2	4	4
bis 6 t unbemannt in GTO	40	22	65	33
bis 15 t unbemannt in GTO	-	-	2	2
Bemannte Starts	20	20	96	96
Unbemannte Starts	54 (+20)	32	133 (+50)	83
Schwerlast-Starts	2	2	13	13
Gesamt	76 (+20)	54	242 (+50)	192

Werte in Klammern: Zusätzliche Nutzlasten kleiner 0,5 t.
Tabelle 10.1. Szenario über den zukünftigen Transportbedarf (2005 – 2015).

10.5.4 Konzepte für zukünftige europäische Transportsysteme

Beispielhaft werden drei Konzepte für zukünftige Fahrzeuge als Repräsentanten dreier unterschiedlicher Technologiestufen in der Entwicklung neuer Raumtransportsysteme vorgestellt. Die Ariane–X–Trägerfamilie ist ein Beispiel für zweistufige Systeme. Das Sänger-System repräsentiert ein wiederverwendbares zweistufiges Fahrzeug mit luftatmenden Triebwerken in der Unterstufe. Das einstufige Fahrzeug HOTOL repräsentiert mit einem hybriden Luftatmer-Raketenantriebssystem das fortschrittlichste Raumtransportkonzept.

1) Die Ariane–X–Trägerfamilie
Das Ariane–X–Raumfahrtsystem ist ein Vorschlag des Lehrstuhls für Raumfahrttechnik der Technischen Universität München und dem Institut für Raumfahrtsysteme der Universität Stuttgart für die Entwicklung von wiederverwendbaren Raketenträgern. Es basiert auf der amerikanischen Space–Shuttle–Technologie, die in Europa momentan nicht verfügbar ist. Ein technologisch schwer zu realisierendes Untersystem stellt das Antriebssystem dar. Der spezifische Impuls muß größer oder gleich dem des Space-Shuttle-Haupttriebwerks sein, um einen günstigen Strukturmassenanteil zu gewährleisten (Abbildungen 10.27-10.29).

2) Das Sänger–System
Sänger ist ein Vorschlag der DASA für ein zukünftiges Transportfahrzeug, welches luftatmende Kombinationstriebwerke (turbo/ramjets) in der ersten Stufe verwendet. Es basiert auf einem Vorschlag, der ursprünglich von dem Raumfahrtpionier Eugen Sänger gemacht wurde. Das luftatmende Antriebssystem ist eine der zukünftigen Schlüsseltechnologien. Die Stufungsmachzahl von M = 6,8 ist erforderlich, um den Strukturmassenanteil der Orbiterstufe auf

10.5 Zukünftige Projekte für Raumtransportfahrzeuge 383

einem realisierbaren Wert zu halten. Bei dieser Machzahl nimmt die Effizienz von ramjets rapide ab. Deshalb müssen Ramjets in diesem Flugbereich in einem Modus mit Treibstoffüberschuß operieren, um das benötigte Schubniveau zu erreichen (Abbildungen 10.30-10.31).

3) Das HOTOL Raumfahrzeug

British Aerospace schlug das HOTOL (horizontal take-off and landing) Fahrzeug zum ersten Mal 1986 vor. Eine kritische Schlüsseltechnologie sind die Materialien für die wiederverwendbare Leichtbaustruktur. Die thermischen und dynamischen Belastungen in der Aufstiegs- und Wiedereintrittsflugphase sind extrem (Abb. 10.32). Um ein solches System zu realisieren, ist die Entwicklung von hochtemperaturbeständigen Materialien notwendig. Mögliche Kandidaten sind faserverstärkte Keramikverbundwerkstoffe (Abb. 10.33).

10.5.5 Startkosten für zukünftige Startfahrzeuge

Die HOTOL- und Sängerstudien versprechen eine Verringerung der spezifischen Startkosten auf 20% - 10% der Kosten eines Space–Shuttle-Starts . Eine konservative Kostenanalyse für das Ariane–X–Fahrzeug ergibt lediglich eine Verringerung auf 80% der Shuttle Startkosten (Abb. 10.34).

Das maximale Nutzlastverhältnis für nicht wiederverwendbare Raketenträger betrug bisher 4% (Saturn-V und Energia). Die Forderung nach Wiederverwendbarkeit wird das Nutzlastverhältnis für TSTO-Systeme auf 2% und für SSTO Fahrzeuge auf 1% verringern (Abb. 10.35).

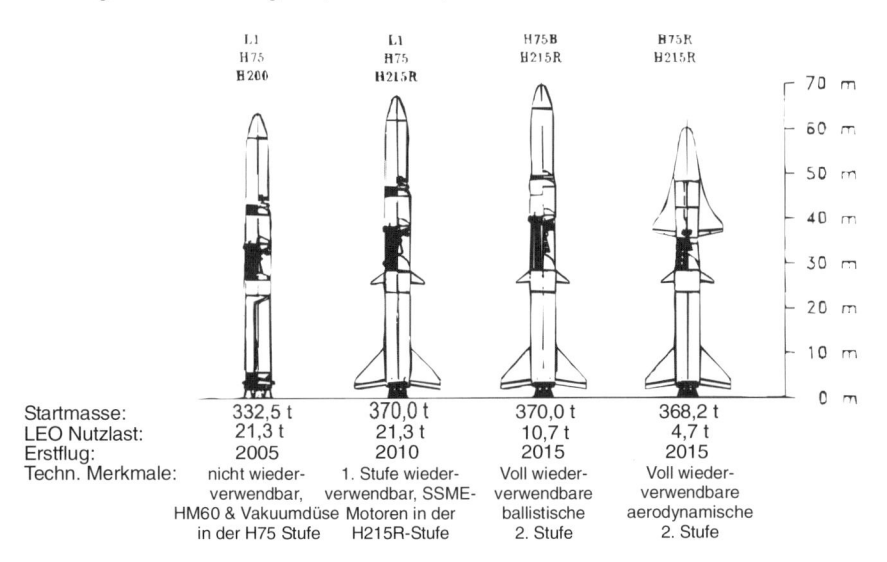

	L1 H75 B200	L1 H75 H215R	H75B H215R	H75R H215R
Startmasse:	332,5 t	370,0 t	370,0 t	368,2 t
LEO Nutzlast:	21,3 t	21,3 t	10,7 t	4,7 t
Erstflug:	2005	2010	2015	2015
Techn. Merkmale:	nicht wieder- verwendbar, HM60 & Vakuumdüse in der H75 Stufe	1. Stufe wieder- verwendbar, SSME- Motoren in der H215R-Stufe	Voll wieder- verwendbare ballistische 2. Stufe	Voll wieder- verwendbare aerodynamische 2. Stufe

Abb. 10.27. Die Ariane-X-Trägerfamilie.

384 10 Raumtransportsysteme

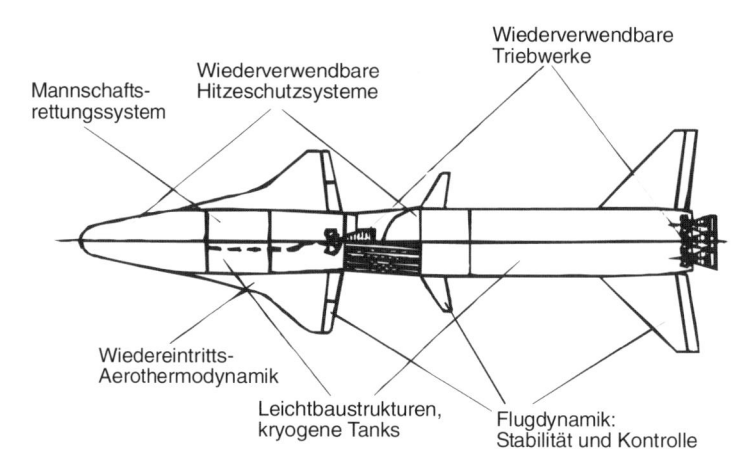

Abb. 10.28. Schlüsseltechnologien für Ariane-X.

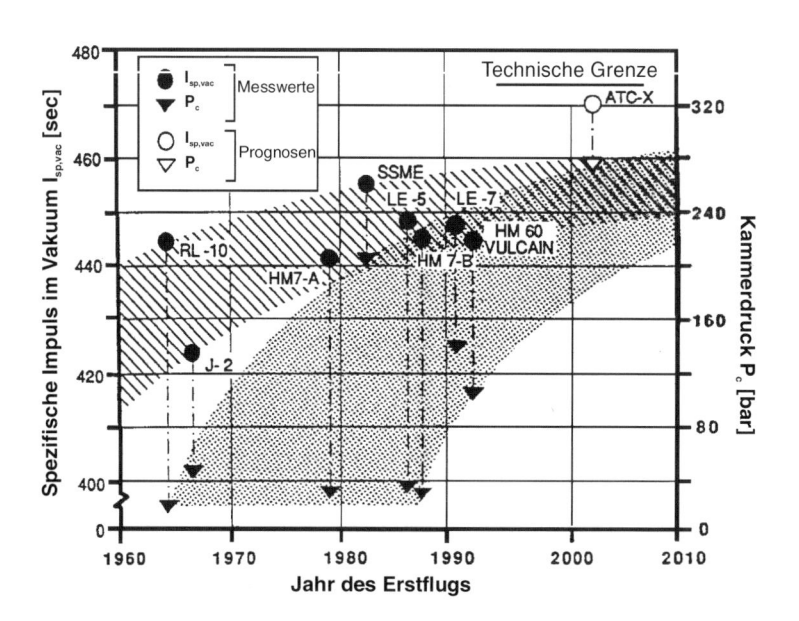

Abb. 10.29. Leistungsfähigkeit kryogener Raketen.

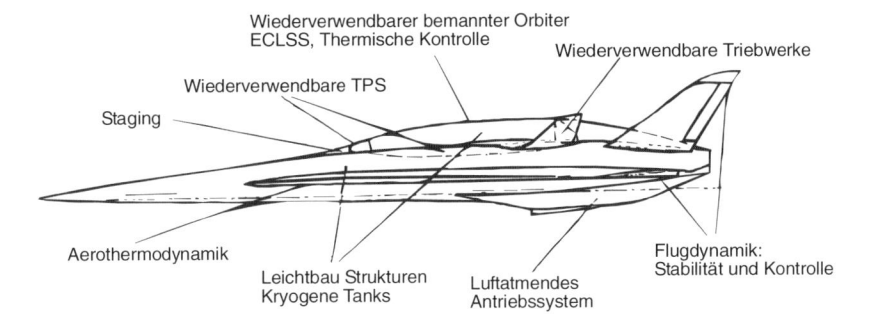

10.5 Zukünftige Projekte für Raumtransportfahrzeuge   385

Abb. 10.30.   Das Sänger-System.

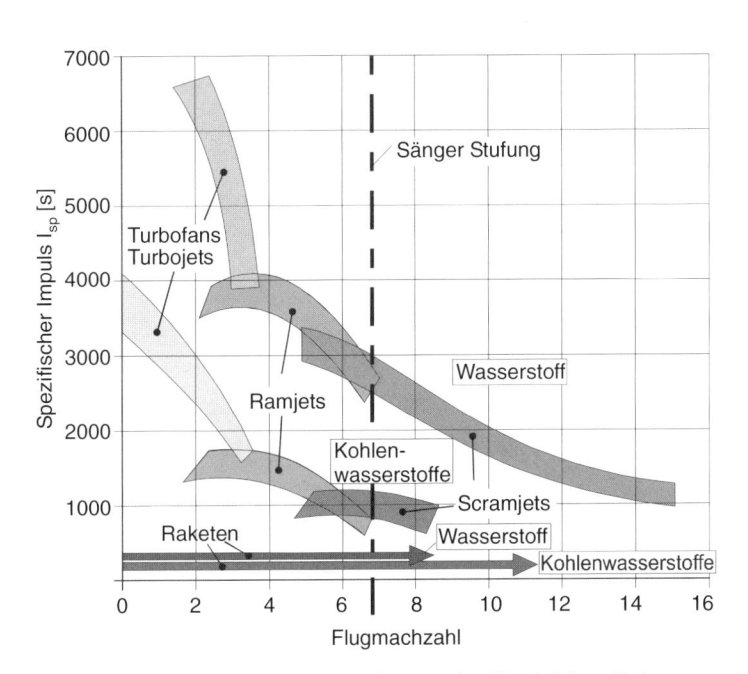

Abb. 10.31.   Leistungsfähigkeiten von Luftatmern im Vergleich zu Raketen.

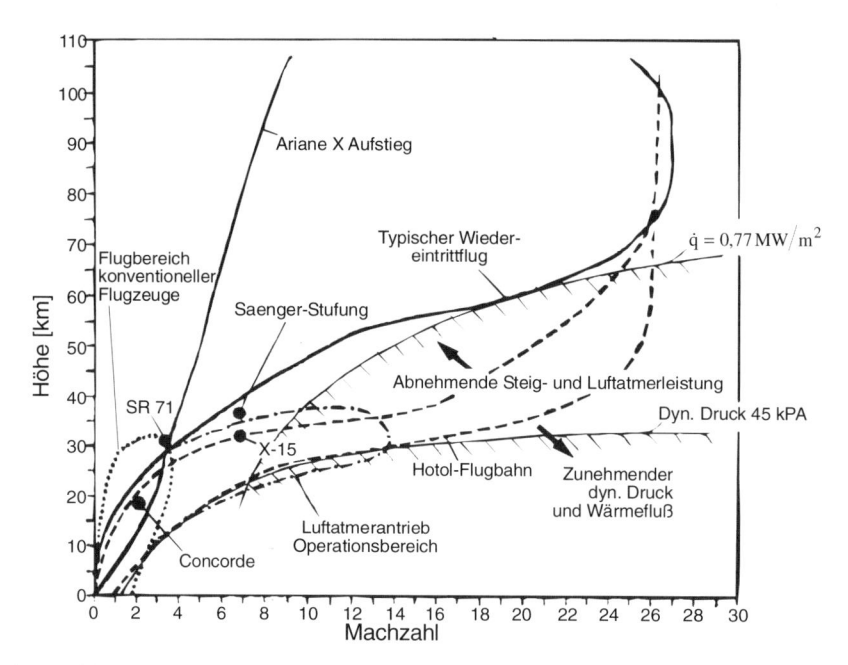

Abb. 10.32. Flugbereiche von momentanen und projektierten Flug- und Raumfahrzeugen.

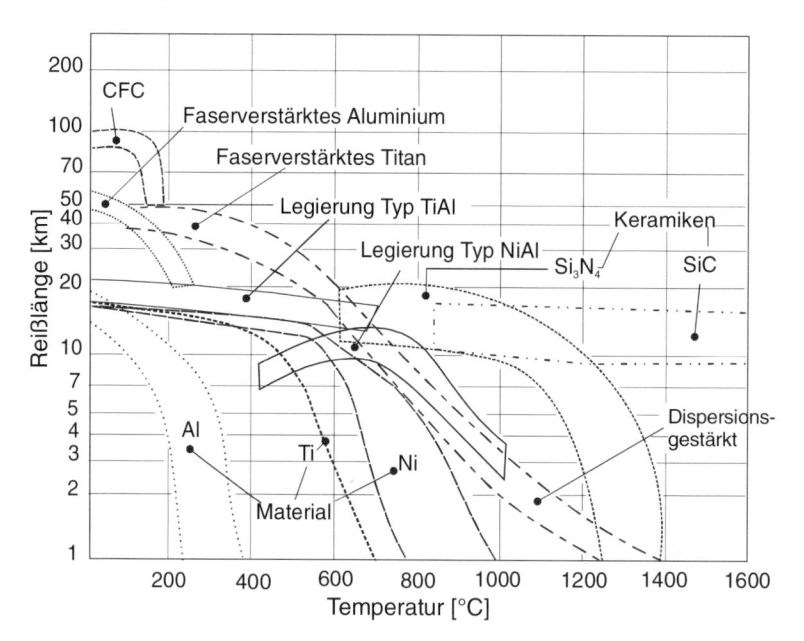

Abb. 10.33. Typische Materialeigenschaften zukünftiger Transportsysteme.

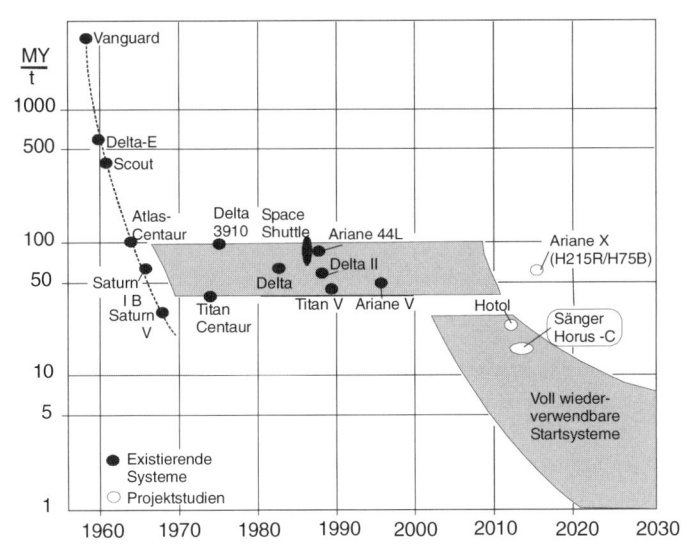

10.5 Zukünftige Projekte für Raumtransportfahrzeuge 387

Abb. 10.34. Spezifische Startkosten für Ariane-X, Hotol und Sänger im Vergleich zu bestehenden Systemen.

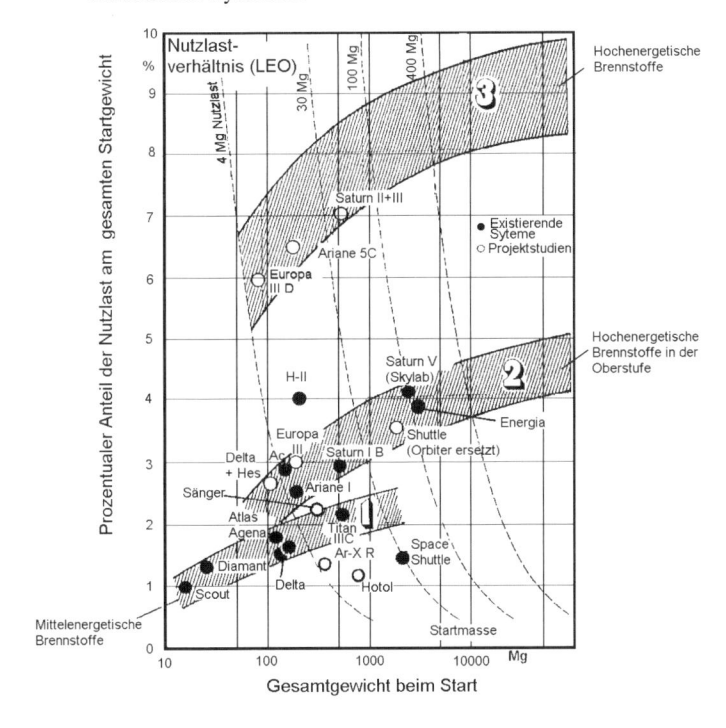

Abb. 10.35. Nutzlastverhältnisse für Ariane-X, Hotol und Sänger im Vergleich zu bestehenden Systemen.

10.5.6 Technologieentwicklungen und langfristige Zielsetzung

Aus europäischer Sicht kann sich die Wettbewerbsfähigkeit der Ariane 5 aufgrund der bislang eingeleiteten Weiterentwicklungen über das Jahr 2010 hinaus aufrechterhalten lassen. Längerfristig, ab etwa 2015-2020, wird infolge der weltweiten Wettbewerbssituation ein bedeutender Marktanteil für europäische Systeme nur haltbar sein, und damit aus ökonomischer Sicht der freie Zugang Europas zum All garantiert werden, wenn es gelingt, die Transportkosten erheblich zu senken (in Abhängigkeit von den Leistungen der Wettbewerber), verbunden mit verbesserter operationeller Flexibilität, Systemzuverlässigkeit und Umweltverträglichkeit. Eine wirklich signifikante Senkung der Transportkosten würde zudem mit großer Wahrscheinlichkeit eine Steigerung des Transportbedarfs zur Folge haben, was das Trägergeschäft beflügeln könnte. Als Referenz für diese Kostensenkung müssen dabei die Kosten gelten, die in etwa 10 – 20 Jahren von den derzeitigen konventionellen Systemen durch bereits laufende Kostenreduktionsprogramme erreicht sein werden (Abb. 10.36 und Abb. 10.37).

Die derzeit meist diskutierte Möglichkeit, die Kosten weiter signifikant zu senken, sind teilweise oder vollständig *wiederverwendbare Trägersysteme* („Reusable Launch Vehicles", RLV), d.h. technisch eine radikale Abkehr von den

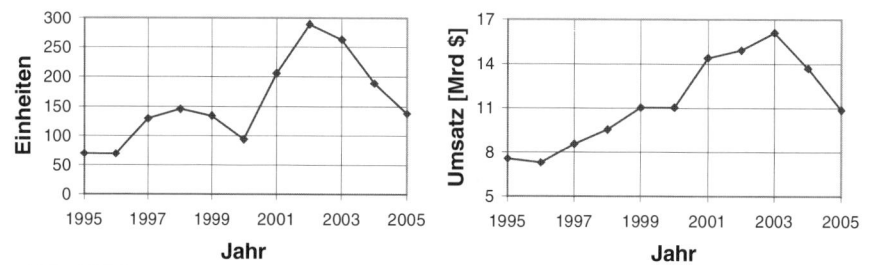

Abb. 10.36. Weltmarktvorhersage für kommerzielle, militärische und wissenschaftliche Satelliten nach einer Studie von Frost & Sullivan.

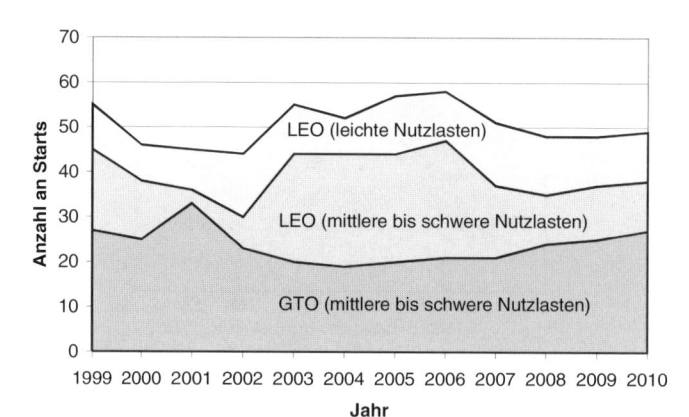

Abb. 10.37. Weltmarktvorhersage für Anzahl der Starts (kumulative Darstellung).

heutigen Systemen („Expendable Launch Vehicles", ELV), bei denen eine Senkung der Herstellungskosten u. a. durch Kommunalität von Komponenten, optimierte Fertigungsverfahren und Serienfertigung größerer Lose erreicht werden kann. Vor diesem Hintergrund ist noch nicht eindeutig geklärt, ob die Wiederverwendbarkeit das Ziel einer deutlichen Kostensenkung erreichen wird und welches Systemkonzept (damit verbunden: welcher Grad der Wiederverwendbarkeit) die niedrigsten Kosten verspricht.

Im Lichte der Bemühungen, die industriellen Verantwortlichkeiten im Raumtransportsektor insgesamt zu stärken, muß dabei auch besonders die Frage der Rentabilität eines neuen Systems insgesamt und insbesondere unter Berücksichtigung der hohen anfänglichen Entwicklungskosten betrachtet werden. Als untere Grenze können hier die Entwicklungskosten der Ariane 5 (rd. 7,5 Mrd. € nach Ende des AR-5-Plus-Programms) angenommen werden. Aus europäischer Sicht ist es deshalb dringend erforderlich, die Zukunft der europäischen Raumtransportkapazität im Hinblick auf das Systemkonzept sowie die notwendigen Technologieentwicklungen im Vorfeld einer möglichen Entwicklungsentscheidung zu untersuchen. Dazu dient das auf der ESA-Ministerratskonferenz im Mai 1999 verabschiedete optionale „Future Launcher Technology Programme"(FLTP) mit einem jährlichen Finanzvolumen von ca. 30 Mio. DM. Es ist inhaltlich ausgerichtet auf die Beantwortung der beiden o. g. Fragen. Ergänzt wird das FLTP durch Projekte und Demonstrator-Missionen im Bereich des atmosphärischen Wiedereintritts (Beteiligung am X-38-Demonstrator und am CRV der NASA) sowie durch kleinere Aktivitäten in den ESA-Technologieprogrammen (TRP und GSTP). Mit den im Jahr 2000 beginnenden Arbeiten verfolgt die ESA das Ziel, entweder im europäischen Rahmen die technologischen Grundlagen für die autonome Entwicklung eines kostengünstigeren Raumtransportsystems der nächsten Generation verfügbar zu machen oder aber Europa als unverzichtbaren Kooperationspartner bei der globalen Realisierung eines solchen Systems zu etablieren.

Die USA gehen z. Zt. mit der tatsächlichen Vorentwicklung wiederverwendbarer Transportsysteme mit großem Mittelaufwand (insgesamt 1,3 Mrd. $, davon 941 Mio. $ öffentliche Mittel) einen anderen Weg, der allerdings bislang auch noch kein realisierbares System hervorgebracht hat. So wurde die ursprüngliche Vorstellung, noch im nächsten Jahrzehnt ein einstufiges System (SSTO) verfügbar zu haben, mittlerweile aufgegeben. Die NASA-Planung zielt aber weiterhin auf ein vollständig wiederverwendbares System. Auch Japan plant mit dem Demonstrator Hope-X eine wiederverwendbare Oberstufe.

Deutschland hat im Rahmen nationaler Programme (HTP, Express, Mirka, TEKAN, TETRA) und in ESA-Programmen (Hermes, FESTIP, ARD, X-38, CRV) umfangreiche Vorarbeiten zu kritischen Technologien und auf Systemebene zu einem künftigen ggf. wiederverwendbaren Raumtransportsystem geleistet, dadurch haben die deutschen Forschungseinrichtungen und die Industrie inzwischen eine Spitzenstellung im Bereich hochbelasteter heißer Strukturelemente und Aerothermodynamik erreicht. Sie sind dadurch gegenwärtig gefragter Partner der NASA bei X-38 und CRV. Dasselbe gilt für Flüssigkeitstriebwerke, vor allem Schubkammern für kryogene wie auch lagerfähige Treibstoffe.

Im nationalen Rahmen wird derzeit das Programm „Ausgewählte Systeme und Technologien für Raumtransport-Anwendungen" (ASTRA) aufgelegt mit den Zielsetzungen:

- Zu untersuchen, ob die Wiederverwendbarkeit das Ziel einer deutlichen Senkung der Lebenszykluskosten erreichen wird;
- Die Auswahl des kostengünstigsten Systemkonzepts und des Umfangs der Wiederverwendbarkeit vorzubereiten und
- diejenigen Technologien zu identifizieren und voranzutreiben, die gleichzeitig das Potential zur Kostensenkung besitzen, notwendig zur Beantwortung der o.g. Fragen sind und geeignet sind, der deutschen Industrie eine Spitzenposition zu sichern bzw. zu verschaffen.

Diese Zielsetzungen sind – abgesehen von der Berücksichtigung speziell deutscher Industrie – und somit volkswirtschaftlicher Interessen – identisch mit denen des ESA-FLTP. Es ist daher nicht nur sinnvoll, sondern notwendig, ASTRA abgestimmt auf das FLTP, aber auch koordiniert mit den anderen einschlägigen ESA-Programmen, anzulegen.

Insgesamt muss die langfristige Entwicklung der europäischen Transportkapazität darauf abzielen, die gesamte Palette künftiger Nutzlasten kostengünstig, zuverlässig, flexibel und umweltverträglich abzudecken. Damit können der autonome und sichere Zugang Europas zum Weltraum gewährleistet, die Position der europäischen Industrie im globalen Wettbewerb gestärkt sowie hochqualifizierte Arbeitsplätze und Wertschöpfung gesichert werden.

11 Der Eintritt von Fahrzeugen in die Atmosphäre

11.1 Einleitung

Heutzutage stellt der erfolgreiche Wiedereintritt von Raumfahrzeugen den Stand der Technik dar. Jeder hat schon über die Rückkehr von Kapseln und geflügelten Fahrzeugen gehört, die sich der Erde nähern und daraufhin sicher landen. Dies konnte jedoch nur nach sehr vielen Untersuchungen in der Hochgeschwindigkeitsaerodynamik und nach zahlreichen Parameterstudien verwirklicht werden, um ein optimales Entwurfskonzept auszuwählen. Dennoch ist der Wiedereintritt von speziellen Raumfahrzeugtypen wie z.B. das Space Shuttle heutzutage keineswegs vollständig verstanden. Die Wiedereintrittstechnologie erfordert Studien über:

1. aerodynamische Aufheizung und Belastungen,
2. Fahrzeugstabilität,
3. Lenkung und Kontrollsysteme, um einen ausgewählten Landeplatz zu erreichen,
4. Landecharakteristiken.

Während die letzten drei Themen an anderer Stelle behandelt werden, werden in diesem Kapitel der atmosphärische Wiedereintritt von Kapseln und geflügelten Fahrzeugen, die Wiedereintrittsaerodynamik, die Gestaltung von thermischen Schutzsystemen und deren Qualifikation durch Laborsimulationstechniken näher betrachtet. Um dies zu erreichen, müssen mehrere Ingenieurfachgebiete abgedeckt werden: Flugmechanik und Flugbahnanalyse, Wärmetransport und chemische Aerothermodynamik, Materialauswahl und Materialtest, numerische Analysen und Laborexperimente. Diese Aufzählung von Schlüsselwörtern macht deutlich, daß hier nur ein Überblick der Fakten und der Ergebnisse gegeben werden kann.

Ursprünglich war es die bedeutendste Angelegenheit, beim Wiedereintritt einen Weg zu finden, um die aerodynamische Aufheizung zu überwinden. Viele Wissenschaftler glaubten, daß dies unmöglich sei und sprachen von einer „Hitzemauer", analog zu der „Schallmauer" von der einige zuvor noch glaubten, daß sie nicht zu durchfliegen sei. Ihre Ängste kann man verstehen, wenn man die spezifische kinetische Energie eines Raumfahrzeuges berechnet ($= v^2/2$). Während des Wiedereintritts muß die gesamte kinetische Energie abgebaut und in Wärme umgesetzt werden, um die Höhe und Geschwindigkeit des Fahrzeugs auf Null abzubremsen. Es muß also die spezifische Energie von 31,4 MJ/kg umgewandelt werden, um von einer Geschwindigkeit von 28.400 km/h oder 7,9 km/s auf Null zu kommen. Dies

Material	Verdampfungswärme in MJ/kg	Schmelztemperatur °C
Wolfram	4,35	3.410
Eisen	6,37	1.535
Titan	8,99	1.660
Berylliumoxid	31,16	2.530
Graphit	66,74	3.550

Tabelle 11.1. Verdampfungswärme und Schmelztemperaturen von Materialien.

ist das Zwanzigfache dessen was benötigt wird, um aus Eis von 0°C Dampf von 100°C zu machen. Tabelle 11.1 zeigt wieviel Energie erforderlich ist, um verschiedene Materialien zu verdampfen. Mit Ausnahme eines kompakten Graphitkörpers würde nicht viel von einem Wiedereintrittsfahrzeug übrig bleiben, wenn die ganze Wärme während des Wiedereintritts auf das Fahrzeug übergehen würde.

Ein anderer Zustand, der untersucht werden muß, ist die Staupunkttemperatur an der Nase des Wiedereintrittsfahrzeuges (Abb. 11.1). Von der Energiegleichung

$$c_p T_0 = c_p T_\infty + \frac{v^2}{2}, \text{ d.h. } \Delta T = T_0 - T_\infty = \frac{v^2}{2c_p} \qquad (11.1)$$

wird für v = 7.9 km/s und die spezifische Wärmekapazität für Luft c_p = 1005 J/kgK mit der Überschallapproximation ($T_0 \gg T_\infty$) ein Anstieg der Umgebungstemperatur von 31.000 K berechnet. Es ist offensichtlich, daß dies mehr ist als irgend ein Material aushalten kann. Die Schlußfolgerung jedoch, daß eine „thermische Barriere" existiert, ist falsch, denn nicht die gesamte Wärme geht auf den Körper über. Wenn man seine Hände lebhaft aneinanderreibt, werden beide Hände warm. Ähnlich verhält es sich beim Wiedereintritt, wo sich das Fahrzeug und die umgebende Luft (die über den Körper „reibt") erwärmen. Die Frage, wieviel Energie in den Körper und wieviel in die Luft des Luftsogs hinter dem Fahrzeug gelangt, wird später beantwortet werden.

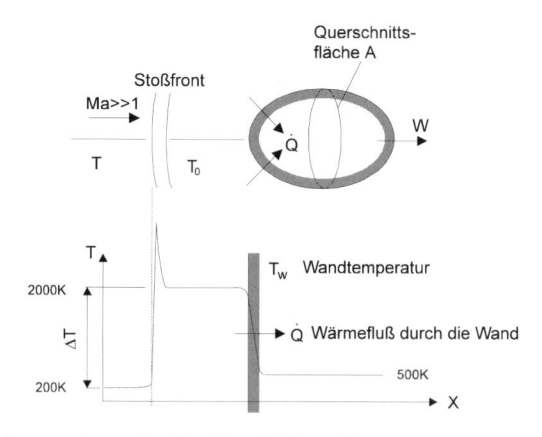

Abb. 11.1. Temperaturverlauf in Oberflächennähe.

11.2 Flugbereiche

11.2.1 Wiedereintrittsflugprofile

Wir wollen Wiedereintrittsmissionen betrachten, die der Absicht dienen, ein Raumfahrzeug und seine Nutzlast zurückzuführen. Wie in Abb. 11.2 dargestellt wird, kann ein Wiedereintrittsmanöver gemäß den entsprechenden Zwängen in drei verschiedene Flugsegmente aufgeteilt werden:

- die Umlaufbahn verlassen und in die bemerkbare Atmosphäre aus der ungefähren Höhe von h ≈ 120 km absteigen,
- Wiedereintritt und Hyperschallgleitflug,
- Übergangsphase, Endanflug und Landung.

Das ungesteuerte erste Flugsegment (Kepler-Flugbahn), eingeleitet von einem Abbremsmanöver an einem spezifischen Punkt, bestimmt den Flugzustand beim Eintritt in die Atmosphäre und soll hier nicht betrachtet werden. Auch die abschließende Flugphase zum Anpassen der Geschwindigkeit und der Wärme für den Endanflug und die Landung, soll hier nicht diskutiert werden. Stattdessen konzentriert sich dieses Kapitel auf das zweite Flugsegment, das das atmosphärische Gleiten ab einer Höhe von 120 km bis hinunter zu 30 km beinhaltet, wobei die hohe kinetische Anfangsenergie des Eintrittsfahrzeuges durch atmosphärische Bremsung dissipiert werden muß.

11.2.2 Strömungsbereiche

Während des Wiedereintrittsfluges durchfliegt der Flugkörper drei Strömungsbereiche, die in Abb. 11.3 schematisch dargestellt sind und sich auf die

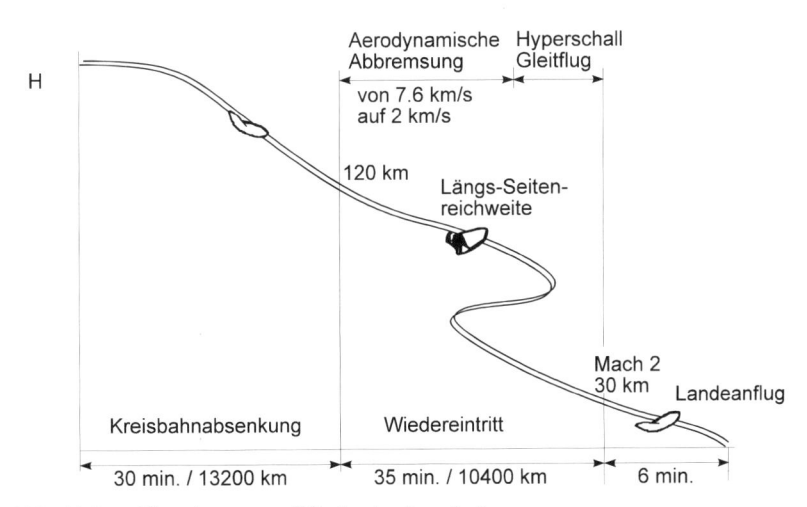

Abb. 11.2. Flugphasen von Wiedereintrittsmissionen.

- freie Molekularströmung (Kn > 10)
- Übergangsströmung (0,01 ≤ Kn ≤ 10)
- Kontinuumsströmung (Kn < 0,01)

beziehen und gewöhnlich durch die Knudsenzahl Kn gekennzeichnet werden

$$Kn = \frac{\text{mittlere freie Weglänge } \lambda}{\text{charakteristische Länge L}} = 1,26\sqrt{\kappa}\frac{Ma}{Re} \quad (11.2)$$

Hier bezeichnen κ das Verhältnis der spezifischen Wärmekapazitäten, Ma die Machzahl und Re die Reynoldszahl. Im Fall der freien Molekularströmung gibt es wegen des verdünnten Gases keine oder nur ein paar Zusammenstöße von Molekülen in der Nachbarschaft des Fahrzeuges; Schockeffekte und Grenzschichten existieren nicht länger.

Betrachtet man die realen Auswirkungen von Gasen wie z.B. Dissoziation, Ionisation und Rekombination, die als chemische Reaktionen interpretiert werden können, führt uns das zum unterscheiden dreier weiterer unterschiedlicher Strömungsbereiche der chemischen Kinetik:

- eingefrorene Reaktionskinetik ($100 < R_S$)
- chemisches Nichtgleichgewicht ($0.01 < R_S \leq 100$)
- chemisches Gleichgewicht ($R_S < 0,01$)

wobei die reaktionskinetische Kennzahl R_S

$$R_S = \frac{\text{Reaktionszeit } \tau}{\text{Aufenthaltszeit L}/v} = \frac{\tau v}{L} \quad (11.3)$$

definiert wird als das Verhältnis von Reaktionszeit zu Aufenthaltszeit eines Partikels in der Nachbarschaft des Fahrzeuges.

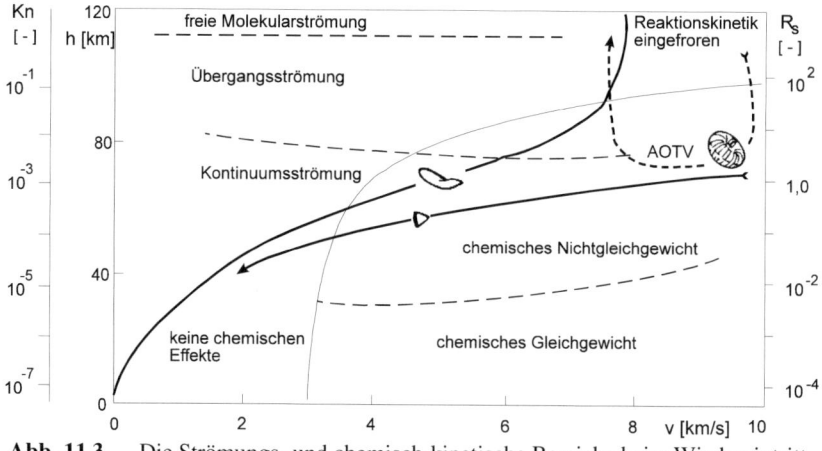

Abb. 11.3. Die Strömungs- und chemisch-kinetische Bereiche beim Wiedereintritt.

Wenn die Aufenthaltszeit eines Partikels in der Nachbarschaft eines Körpers sehr klein ist im Vergleich zu der Zeit, die eine chemische Reaktion benötigt, z.B. $R_S > 100$, so haben wir chemisch eingefrorene Bedingungen. Das andere Extrem einer reaktionskinetischen Kennzahl von $R_S < 0.01$ einer von sehr schnellen chemischen Reaktionen, mit Reaktionslängen τv, die im Vergleich zu der Körperlänge L klein sind, ergeben chemisches Gleichgewicht. Dieser Situation begegnet man bei hohen Geschwindigkeiten und in einer Umgebung hoher atmosphärischer Dichte wie in Abb. 11.3 dargestellt. Im Nichtgleichgewichtsfall $0{,}01 \leq R_S \leq 100$ sind die Reaktionen nicht schnell genug, um chemisches Gleichgewicht zu erreichen. Außerdem finden bei niedrigen Geschwindigkeiten von $v < 3$ km keine Reaktionen statt.

11.3 Flugbereichsbeschränkungen und Fahrzeuganforderungen

Der Anströmzustand und die chemischen Effekte bestimmen die aerothermischen Lasten und beeinflussen so das Fahrzeugdesign und die Flugbahnauswahl auf komplexe Weise. Entlang des Wiedereintrittsfluges müssen verschiedene Ungleichungsbeschränkungen des Flugzustandes erfüllt werden, die aus strukturellen Grenzen, Mannschaftskomfort und Kontrollbegrenzungen hervorgehen. Diese Grenzen verlangen, daß der Flugzustand des Fahrzeuges beschränkt ist, so daß

Lastvielfaches $\qquad n = \dfrac{\sqrt{A^2 + W^2}}{mg_0} \leq n_{max}$ $\qquad$ (11.4)

Staudruck $\qquad q = \dfrac{1}{2}\rho v^2 \leq q_{max}$ $\qquad$ (11.5)

Wärmefluß $\qquad \dot{Q} \leq \dot{Q}_{max}$ $\qquad$ (11.6)

Wärmelast $\qquad Q = \int_0^t \dot{Q}\,dt \leq Q_{max}$ $\qquad$ (11.7)

Oberflächentemperatur $\qquad T \leq T_{max}$ $\qquad$ (11.8)

die vorgeschriebenen Grenzen nicht überschreiten. Die zulässigen Maximalwerte hängen in großem Maße von dem Stand der Technologie ab, der sich zum Beispiel in der Wärmebeständigkeit von leichten Materialien und Strukturen ausdrückt.

Die aktuellen Fluglasten, die auf ein Fahrzeug einwirken, sind abhängig von

- der lokalen atmosphärischen Umgebung (z.B. Dichte, Temperatur) ρ, T
- momentanen Flugzuständen (z.B. Geschwindigkeit, Anstellwinkel) v, a, γ, μ_a
- Fahrzeugeigenschaften (z.B. Geometrie, Gewicht, Aerodynamik) m, c_W, c_A

und so von den spezifischen Wiedereintritts- und Fahrzeugparametern. Die wichtigsten Körperparameter hinsichtlich des Wiedereintritts sind gegeben durch

- die spezifische Flügellast m/S [kg/m^2]
- den ballistischen Koeffizienten $\beta = m/(c_W S)$ [kg/m^2]
- das Auftriebs- zu Widerstandsverhältnis (Gleitzahl) A/W.

Die erste und dritte Eigenschaft bestimmen hauptsächlich das Fahrzeugaussehen und hängen von den Missionsanforderungen ab. In den obig aufgeführten Gleichungen bedeuten S die aerodynamische Referenzfläche, m die Masse des Fahrzeuges, A der aerodynamische Auftrieb und W der Widerstand, c_W ist der Widerstandskoeffizient, $g_0 = 9{,}81$ m/s^2 die Gravitationsbeschleunigung auf der Erdoberfläche. Typische Eigenschaften verschiedener Konfiguration von Wiedereintrittsfahrzeugen sind in den Abbildungen 11.4 und 11.5 dargestellt. Die Abnahme der Volumeneffizienz weist auf große Gewichtsnachteile für hohe A/W-Verhältnisse hin. Die effizienteste Form wäre eine Kugel, die eine minimale Oberfläche für ein gegebenes Volumen und das kleinste Strukturgewicht benötigen würde. Kugelkörper erfahren jedoch beim Wiedereintritt zu hohe aerodynamische Widerstandskräfte.

Im Gegensatz zu den rein ballistischen Körpern (Auftrieb A=0) bieten Fahrzeugkonfigurationen mit aerodynamischem Auftrieb eine atmosphärische Manövrierfähigkeit und erhöhen die operationelle Flexibilität auf Kosten von erhöhter Komplexität und Masseeinbußen. Der wichtigste Vorteil eines auftriebsgestützten Wiedereintrittsfahrzeuges ist die Fähigkeit, verschiedene Landeplätze (s. Abb. 11.6) bei gleichzeitiger Begrenzung der mechanischen und aerothermischen Lasten durch Flugbahnsteuerung innerhalb eines Eintrittskorridors zu erreichen.

Im folgenden sollen einige Beziehungen aufgeführt werden, die ein grund-

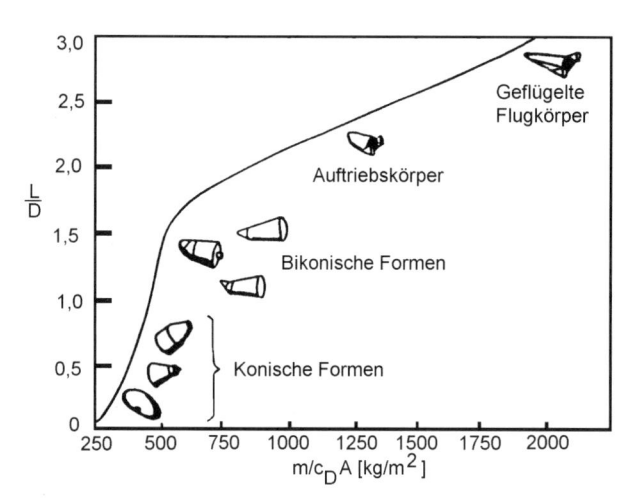

Abb. 11.4. Eigenschaften typischer Konfigurationen von Wiedereintrittsfahrzeugen: A/W-Verhältnis.

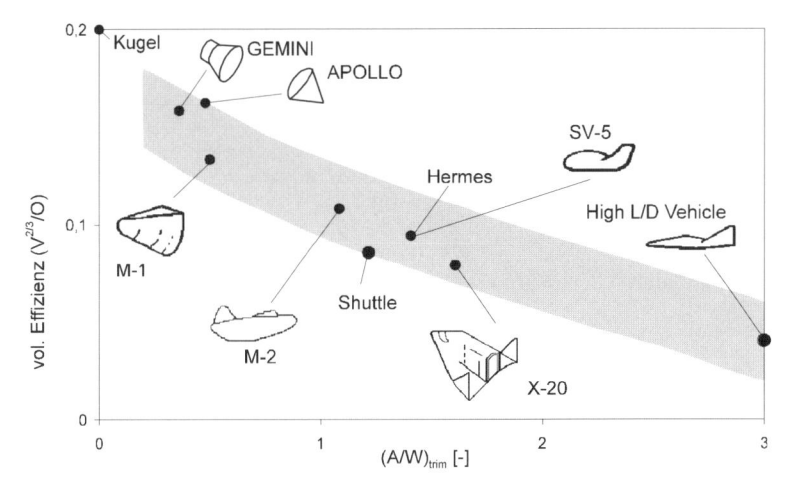

11.3 Flugbereichsbeschränkungen und Fahrzeuganforderungen 397

Abb. 11.5. Eigenschaften typischer Konfigurationen von Wiedereintrittsfahrzeugen: vol. Effizienz.

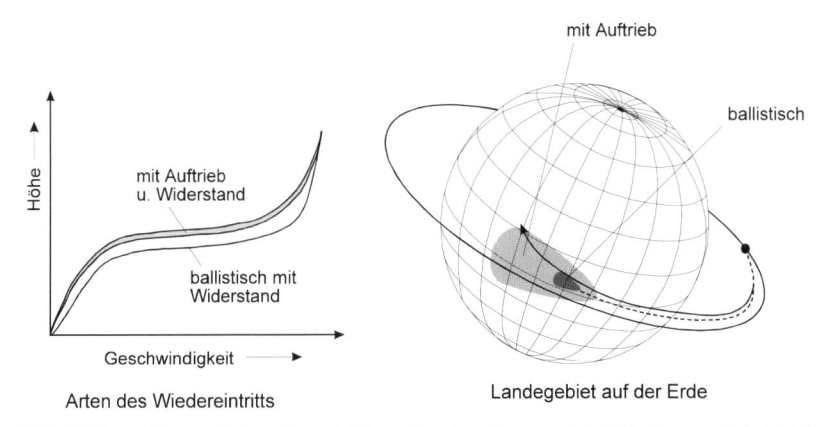

Abb. 11.6. Flugprofile und erreichbare Landeplätze von ballistischen und Auftriebswiedereintrittsfahrzeugen (schematisch).

legendes Verständnis für Phänomene der konvektiven aerodynamischen Wärmeübertragung bei hohen Fluggeschwindigkeiten erlauben. Sie setzen die kinetische Energieänderung des Fahrzeugs mit der Aufwärmung in Verbindung und geben eine einfache Erklärung, weshalb hinsichtlich der Bremskräfte die Druckkräfte vorteilhaft gegenüber den Reibungskräften sind. Darüber hinaus wird erklärt, warum für stumpfe Körper, im Gegensatz zu schlanken Fahrzeugen, der Betrag der Wärmeenergie, der durch das Fahrzeug absorbiert wird, nur einem kleinen Teil der kinetischen Energie entspricht. Diese Beobachtung zeigt auch, daß (geflügelte) Fahrzeuge mit hohen aerodynamischen Anstellwinkeln in die Atmosphäre eintreten sollten, so daß die Druckkräfte gegenüber den Reibungskräften dominieren.

a) Für die Bremskraft gilt

$$W = m\dot{v} = m\frac{dv}{dt} = -\frac{1}{2}\rho v^2 c_W A \qquad (11.9)$$

und
$$\dot{E}_{kin} = \frac{d}{dt}\left(\frac{1}{2}mv^2\right) = mv\dot{v} \qquad (11.10)$$

b) Erwärmung durch den Wärmefluß:

$$\dot{Q} = S\left(k\frac{dT}{dx}\right)_W = St\frac{1}{2}\rho v^3 S \qquad (11.11)$$

a) und b) ergeben:
$$dQ = -\frac{St}{c_W}mvdv = -\frac{St}{c_W}dE_{kin} \qquad (11.12)$$

wobei
$$c_W = c_{WD} + c_{WR} \text{ (Druck und Reibung)} \qquad (11.13)$$

und
$$St \propto c_{WR} \qquad (11.14)$$

dann wird
$$dQ \propto \frac{c_{WR}}{c_{WD} + c_{WR}}dE_{kin} \qquad (11.15)$$

ρ = Luftdichte der Anströmung, c_W = Widerstandsbeiwert
k = thermische Leitfähigkeit, St = Stantonzahl

Da für stumpfe Körper der Widerstandsbeiwert durch Druck wesentlich höher ist als der Beiwert durch Reibung ergibt sich

$$dQ_{stumpf} \propto \frac{c_{WR}}{c_{WD}}dE_{kin} \ll dE_{kin} \qquad (11.16)$$

bzw. für schlanke Körper
$$dQ_{schlank} \propto \frac{c_{WR}}{c_{WR}}dE_{kin} \approx dE_{kin} \qquad (11.17)$$

Das bedeutet, daß in diesem Fall der Wärmefluß auf einen stumpfen Körper wesentlich geringer ausfällt als bei einem schlanken. Abb. 11.8 zeigt einen Vergleich von Wärmelasten, denen ballistische und auftriebserzeugende Wiedereintrittsfahrzeuge ausgesetzt sind und Abb. 11.9 die Grenzen der verschiedenen Kühlmethoden. Während ballistische Kapseln einen hohen Wärmefluß von kurzer Dauer aufweisen, wird ein auftriebsgestützter Rückkehrflug durch einen kleineren Wärmefluß bei längerer Einwirkungsdauer charakterisiert. Die integrale Wärmelast kann jedoch für beide Fälle vergleichbar sein.

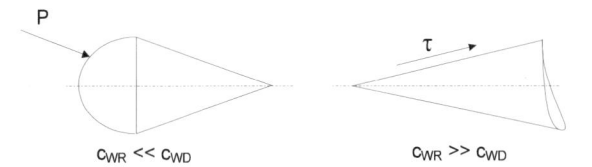

Abb. 11.7. Zur Problematik der Wärmebelastung von stumpfen und schlanken Körpern.

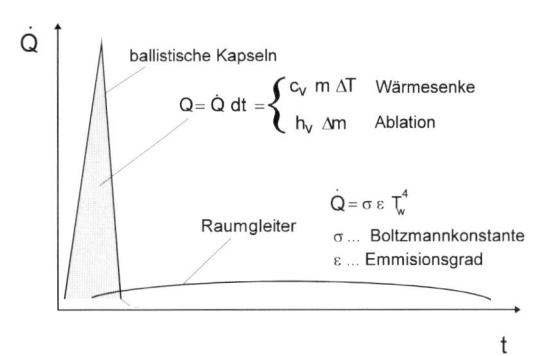

Abb. 11.8. Wärmefluß für ballistische Kapseln und Raumgleiter.

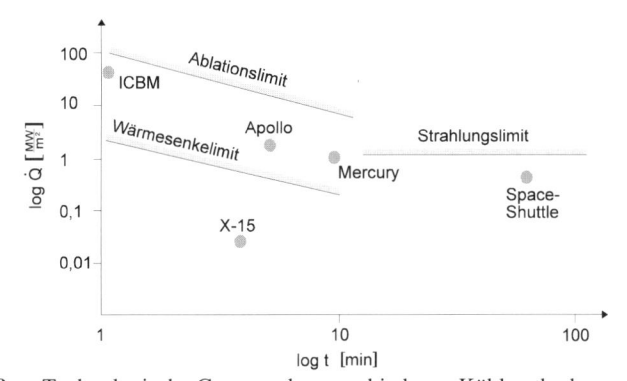

Abb. 11.9. Technologische Grenzen der verschiedenen Kühlmethoden.

	Mercury	Apollo	Shuttle	Hermes (geplant)
Masse Hitzeschild m_{HS}	143 kg	590 kg	11400 kg	1135 kg
Masse Fahrzeug m_F	1.179 kg	4.309 kg	68.000 kg	12.940 kg
Verhältnis m_{HS}/m_F	12 %	13,7 %	16,8 %	8,8 %
integrale Wärmelast	221 MJ	8.183 MJ	1.022 MJ/m²	~ 810 MJ/m²
Hitzeschildeffizienz (Wärmel./Hitzschildl.)	1,55 MJ/kg	13,9 MJ/kg	—	—

Tabelle 11.2. Wärmeschutzsysteme von verschiedenen Wiedereintrittsfahrzeugen.

11.4 Wärmeschutzmethoden

Es gibt verschiedene Wärmeschutzmethoden, die abhängig von der Art und Dauer der thermischen Belastung anwendbar sind. Bei der *Wärmesenke-Methode* wird ein Werkstoff mit sehr hoher Wärmekapazität verwendet, das die eingebrachte Wärme absorbiert. Berylliumoxid kann z.B. ungefähr 6,3 MJ/kg ohne signifikante Erosion absorbieren, d.h. ca. 20 % der Verdampfungswärme. Die Wärmesenke-Methode ist anwendbar, falls sowohl Wärmerate als auch Dauer mäßig sind. Einen anderen, häufig weniger schweren und trotzdem effektiveren Wärmeabsorptionsmechanismus verwendet die *Film-* oder *Schwitzkühlung*. Bei hohen Wärmeflüssen sorgt das *Ablationsprinzip* für einen wirksamen Wärmeschutz. In diesem Fall ist es dem Material erlaubt, zu schmelzen und zu verdunsten, daher ist dieses thermale Schutzsystem (Thermal Protection System TPS) nicht wiederverwendbar (Beispiel: Apollo). Ablative Wärmeschilder werden oft von Kohlefasern durchdrungen, die die Materialien strukturell verstärken und eine verkohlte, die Wärme abstrahlende Schicht formen. Wiederverwendbare TPS-Kandidaten wie z.B. das Keramik-Kachel-Konzept vom Shuttle-Orbiter oder das für das Hermes-Projekt ursprünglich geplante Keramik-Schindel-Konzept, verwenden das Konzept der *Strahlungskühlung*.

In jedem Fall ist aber für das thermale Schutzsystem ein hoher Gewichtsaufwand notwendig, wie aus Tabelle 11.2 ersichtlich wird.

11.5 Ballistischer und semiballistischer Wiedereintritt

11.5.1 Wiedereintrittsflüge ohne Auftrieb

Ein ballistischer Wiedereintrittsflug ohne Auftrieb wird durch den Zustand beim atmosphärischen Eintritt und den ballistischen Eigenschaften des Fahrzeugs bestimmt. Die beschreibenden Gleichungen wurden bereits im Kapitel 4 im Zusammenhang mit dem Aufstieg einer Rakete angeführt (s. Kap. 4.4, Abb. 4.14).

Für einen steilen Wiedereintritt ohne Auftrieb hängen die Änderungen der Geschwindigkeit v und der Verzögerung $\dot{v}$ vom aerodynamischen Widerstand mit der Flughöhe ab, wie in den Abbildungen 11.10 und 11.11 dargestellt. Zusätzlich ist hier die Abhängigkeit vom ballistischen Faktor β aufgezeigt. Ähnliche Profile werden für verschiedene Koeffizienten β betrachtet. Die Höhe, bei der die maximale Verzögerung auftritt, nimmt mit zunehmenden ballistischen Koeffizienten ab. Es wird außerdem ersichtlich, daß die Größe der maximalen Verzögerung zwar vom ballistischen Koeffizienten unabhängig ist, jedoch in hohem Maße von der Anfangsgeschwindigkeit v_E und vom Bahnneigungswinkel γ_E beim Wiedereintritt abhängt (s. Abbildungen 11.12-11.14).

Die Abbildungen 11.12-11.14 verdeutlichen den Einfluß verschiedener Eintrittsbedingungen v_E, γ_E (γ_E positiv nach unten) auf das Höhen-Geschwindigkeitsprofil und der atmosphärischen Verzögerung $\dot{v}$. Die Betrachtung von Abb. 11.14

demonstriert detaillierter, warum der bemannte Eintritt ohne Auftrieb unmöglich ist für einen Eintrittswinkel $\gamma_E > 5°$. Der Grund hierfür sind die beobachteten maximalen Verzögerungen, die über den vom Menschen ertragbaren Werten von wenigen g's liegen. Das Eintrittsfahrzeug erfährt zum Beispiel Lastfaktoren von bis zu 28 g für Geschwindigkeiten v_E, die der Fluchtgeschwindigkeit entsprechen und immer noch 14 g für orbitale Eintrittsgeschwindigkeiten.

Es ist offensichtlich, daß nur bestimmte Kombinationen von Anfangsgeschwindigkeiten v_E und Winkeln γ_E die Verzögerungen in zulässigen Grenzen halten werden. Dies kann mit nahezu tangentialem Eintritt $\gamma_E \approx 0$ erreicht werden, was sich jedoch nachteilig in Bezug auf die Landeplatzstreuung oder Niedrigenergieflugbahnen auswirkt.

Für strengere Forderungen wie z.B. Verzögerungsbeschränkungen von ≤ 3 g, spezifiziert für einige wissenschaftliche und (untrainierte) Flugmannschaften, werden Wiedereintrittsflüge mit aerodynamischem Auftrieb obligatorisch.

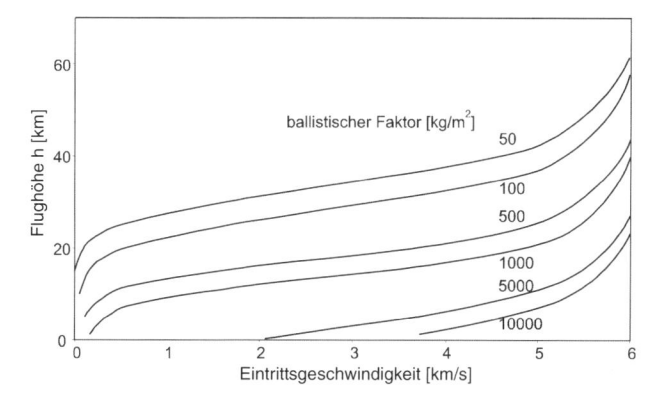

Abb. 11.10. Höhen-Geschwindigkeits-Profile von Wiedereintrittsflügen für unterschiedliche ballistische Koeffizienten ($\gamma_E = 20°$).

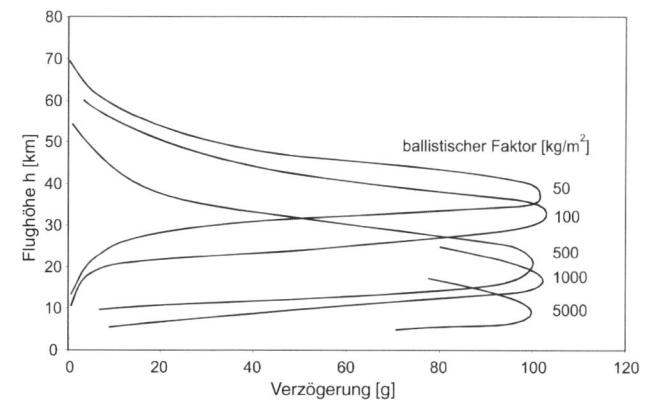

Abb. 11.11. Höhen-Beschleunigungs-Profile von Wiedereintrittsflügen für unterschiedliche ballistische Koeffizienten ($\gamma_E = 20°$).

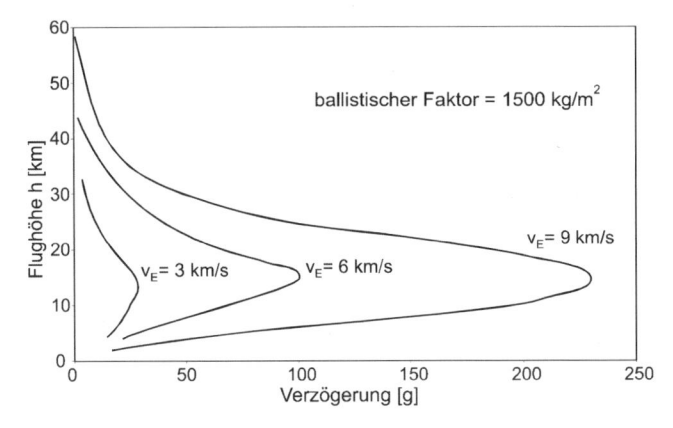

Abb. 11.12. Flugprofile und Verzögerungslasten für verschiedene atmosphärische Eintrittsbedingungen.

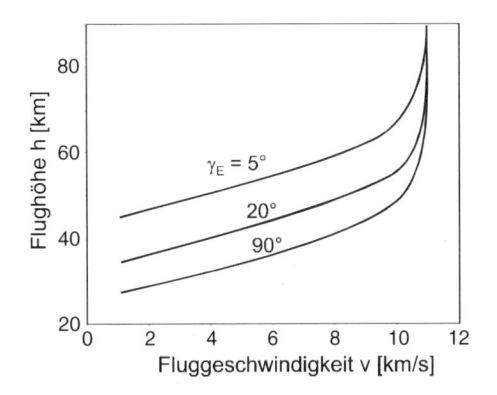

Abb. 11.13. Flugprofile für verschiedene atmosphärische Eintrittsbedingungen.

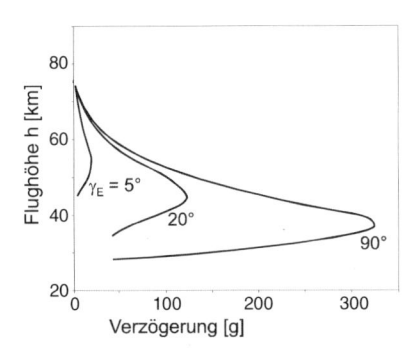

Abb. 11.14. Verzögerungslasten für verschiedene atmosphärische Eintrittsbedingungen.

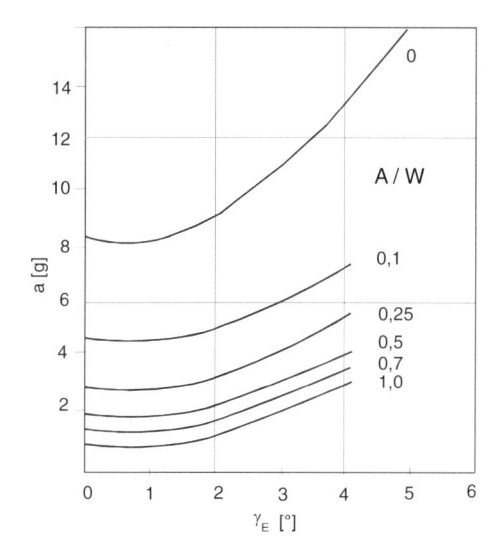

Abb. 11.15. Verzögerungslasten als Funktion von anfänglichem Flugbahnwinkel und Auftriebs- zu Widerstandsverhältnis.

11.5.2 Wiedereintrittsflüge mit Auftrieb

Es ist interessant, aus Abb. 11.15 zu erfahren, daß selbst bei kleinen Auftriebs- zu Widerstandsverhältnissen A/W die Größe der Wiedereintrittsverzögerung signifikant abnimmt. Die Bremsverzögerung von 3 g kann durch A/W ≈ 0,25 erreicht werden, solange der Bahnwinkel γ_E unter 3° liegt (Apollo: A/W ≈ 0,25 bis 0,35).

Diese Fahrzeuge mit niedrigen Auftriebs- zu Widerstandsverhältnissen sind für semiballistische Kapseln typisch, die nicht nur die signifikante Reduzierung der während des Wiedereintritts auftretenden mechanischen Lasten erlauben, sondern durch Auftriebsvektorkontrolle Manövrierfähigkeit besitzen. Bringt man das Fahrzeug in Schräglage, so können die Auftriebskraftkomponenten sowohl in die vertikale Ebene als auch in die Querrichtung eingestellt werden. Damit lassen sich die Fluglasten kontrolliert begrenzen, nicht nominale Eintrittsbedingungen oder atmosphärische Dichteschwankungen kompensieren und die Fahrzeuge in ein begrenztes Zielgebiet zurückführen.

Die Breite des Wiedereintrittskorridors und somit der Möglichkeiten, eine Wiedereintrittsflugbahn zu optimieren, um damit verschiedenen Missionsanforderungen zu genügen, wird in Abb. 11.16 dargestellt. Darin werden die Flugprofile für vier Anstellungen des Flugwindhängewinkels einer typischen semiballistischen Kapsel mit einem Überschallauftriebs- zu Widerstandsverhältnis von A/W≈0,5 gezeigt. Alle simulierten Flüge wurden bei den gleichen Bedingungen von $\gamma_E = 2,8°$ und $v_E = 7,9$ km/s bei Höhen von 120 km eingeleitet.

Bei Steuerungen der Auftriebskraft in der vertikalen Ebene mit $\mu_a(t) = 0$, wird ein oszillierendes Bahnverhalten beobachtet, das für Flugsteuerungen $\mu_a(t) = 45°$, die auf maximale Querreichweite (hier ≈ 375 km) führen, weniger ausgeprägt ist. Steile Eintritte wie z.B. $\mu_a(t) = 90°$ führen auf hohe mechanische (bis zu 12g) und thermische Lasten (>3 MW/m^2), während beim Vergleich mit den anderen betrachteten Fällen Verzögerungen ≤ 3g und Wärmeraten ≤ 2,2 MW/m^2 möglich werden. Abb. 11.17 zeigt die Temperaturverteilung auf der Fahrzeugoberfläche der Space-Mail-Rückkehrkapsel als Folge zeitlich veränderlicher μ_a-Steuerungen zum Zeitpunkt maximaler Staupunktstemperatur.

Fahrzeuge wie z.B. das Apollokommandomodul, das von einem Mondflug zurückkehrt und in die Erdatmosphäre mit Geschwindigkeiten nahe der Fluchtgeschwindigkeit eintritt, werden deutlich höheren Wärmelasten ausgesetzt, wie aus den Abbildungen 11.18-11.20 ersichtlich wird.

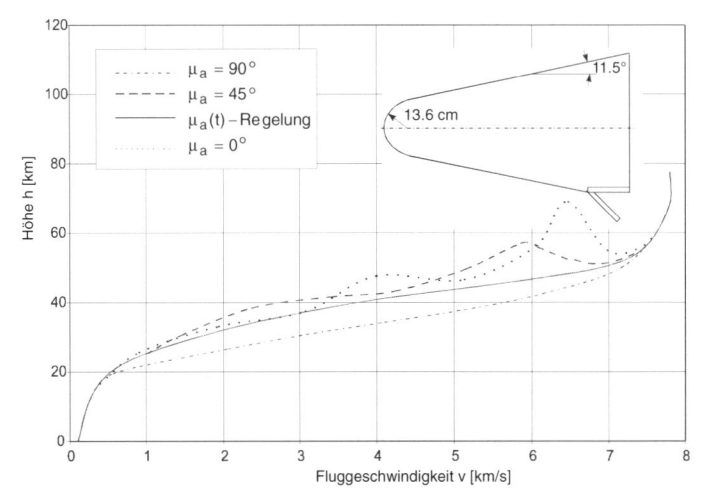

Abb. 11.16. Flugprofile für verschiedene Flugwindhängewinkel μ_a der SPACE MAIL Mission.

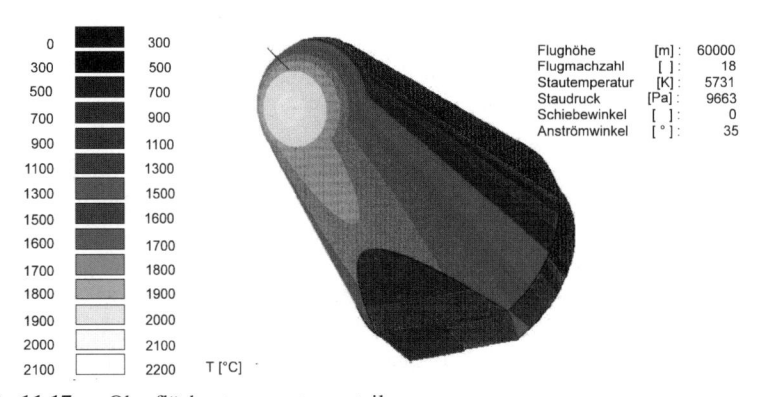

Abb. 11.17. Oberflächentemperaturverteilung.

Die obere Flugbegrenzung („overshoot") betrifft einen Eintrittszustand, der auf eine ausgeprägte atmosphärische Abprallbahn führt. Der untere Flugverlauf („undershoot") wird durch Flugbeschränkungen bestimmt, die zu große Wärmeströme und Bremsverzögerungen verbieten. In letzterem Fall erfährt die Rückkehrkapsel zwar höhere maximale Wärmestromdichten, jedoch wegen verkürzter Flugzeiten geringere integrale Wärmelasten.

Eine vereinfachte Bahnanalyse erlaubt mit der Kenntnis der Eintrittsgeschwindigkeit v_E, der Anfangsbahnneigung γ_E, dem ballistischen Parameter β sowie der Bodendichte ρ_0 eine Abschätzung des Flugzustandes v, bzw. h, bei welchem der maximale Wärmestrom $\dot{Q}_{max}$ auftritt:

$$\left(\frac{v}{v_E}\right)_{\dot{Q}_{max}} = e^{-1/6} = 0{,}847 \qquad (11.18)$$

$$(h)_{\dot{Q}_{max}} = h_S \ln\frac{3 h_S \rho_0}{\beta \sin \gamma_E} \qquad (11.19)$$

wobei h_S=6.7 km eine konstante Skalenhöhe ist.

Der Wärmestrom im Staupunkt kann aus einer Näherungsbetrachtung mit der Annahme laminarer Strömungsverhältnisse in Abhängigkeit vom Fahrzeugnasenradius R_N, von der lokalen Luftdichte r und von der Geschwindigkeit v in der Form

$$\dot{Q} = 10^4 c_Q R_N^{-0.5} \rho^{0.5} v^{3.15} \; [W/m^2] \qquad (11.20)$$

angegeben werden, wobei

$$c_Q = 82{,}54 \frac{W cm^{1/2}}{cm^2 \left[kg/m^3\right]^{0{,}5} [km/s]^{3{,}15}} \qquad (11.21)$$

ist. Die integrale Wärmelast Q kann damit als Funktion des atmosphärischen Eintrittszustandes und der Fahrzeugparameter angegeben werden:

$$Q = 8{,}65 \cdot 10^{-4} c_Q \sqrt{\frac{2 h_S \beta}{\sin \gamma_E}} \frac{v_E^2}{\sqrt{R_N}} \; [MJ/m^2] \qquad (11.22)$$

Die Schätzungen weichen von den Ergebnissen von Flugexperimenten um höchstens 5% ab.

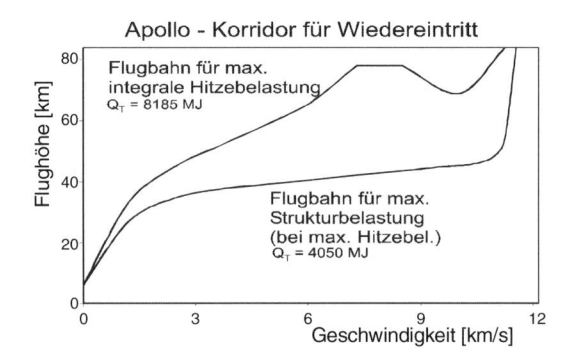

406   11 Der Eintritt von Fahrzeugen in die Atmosphäre

Abb. 11.18.   Flugprofile und Wärmelasten von der Apollorückkehr.

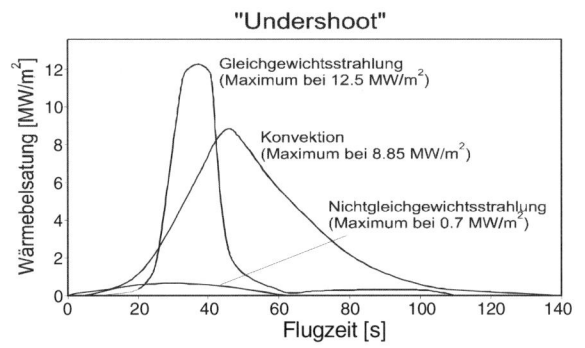

Abb. 11.19.   Wärmelasten („undershoot").

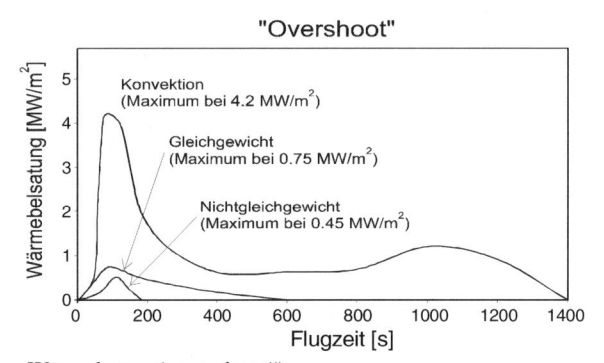

Abb. 11.20.   Wärmelasten („overshoot").

11.6 Wiedereintritt von geflügelten Gleitfahrzeugen

Der Hauptvorteil bei einem auftriebserzeugenden Wiedereintrittsfahrzeug ist die Fähigkeit, einen Landeplatz außerhalb der anfänglichen Orbitebene zu erreichen und horizontal zu landen. Beim Vergrößern des Eintrittsfensters und des Korridors werden die Eintrittsbedingungen weniger kritisch und die operationelle Flexibilität steigt an. Die Querreichweitenfähigkeit ist abhängig vom A/W-Verhältnis des Fahrzeugs und von der Flugwindhängewinkelkontrolle, die gleichzeitig Flugbahnbeschränkungen zu beachten hat. Die maximale Querreichweite ist eine wichtige Missionsanforderung (um z.B. verschiedene europäische Landebasen vom Raumstationsorbit mit einer Inklination von 28,5° zur äquatorealen Ebene zu erreichen) und legt zugleich das Fahrzeugkonzept fest.

Drei in Wechselbeziehung stehende Faktoren beeinflussen das Flugbahnprofil für den Wiedereintritt von geflügelten Fahrzeugen wie z.B. dem Shuttle Orbiter und HERMES:

- Temperaturbeschränkungen, die hauptsächlich die Fahrzeugwiederverwendbarkeit beeinflussen und das spezifische TPS-Konzept bestimmen,
- Zwänge, die die Flugstabilitäten, die sichere Rückführung des Systems und die integrierte Nutzlast garantieren,
- Längs- und Querreichweitenanforderungen, um eine erfolgreiche Landung zu sichern.

Der Rückkehrflug von Raumgleitern folgt innerhalb eines zulässigen Flugkorridors nach Abb. 11.21 und beinhaltet die folgenden Flugphasen:

- suborbitale Überschallphase (Höhen h > 90 km),
- konstante Temperaturphase (ungefähr im Bereich 55 km < h < 80 km),
- konstante Widerstandsphase (ca. 40 km < h < 55 km) und
- Übergangsphase zur Unterschallannäherung (ca. 20 km < h < 40 km).

Wärmestrom- bzw. Temperaturbeschränkungen und Reichweitenanforderungen bestimmen die Deorbitposition relativ zu dem erwünschten Landeplatz. Die obere Flugbereichsgrenze in Abb. 11.21 wird bei Flügen mit maximalem Auftrieb und Flugwindhängewinkellagen von Null durch eine Gleichgewichtsgleitflugbahn definiert. Die untere Grenze wird durch die auf das Fahrzeug einwirkende Wärme- und Luftlastbeschränkungen bestimmt und repräsentiert die niedrigste Höhe, in der ein Fahrzeug bei einer bestimmten Geschwindigkeit fliegen darf.

Alle bisher betrachteten Flugbereichsgrenzen, wie z.B. maximaler Wärmefluß, Lastfaktor, aerodynamischer Widerstand und dynamischer Druck sind Funktionen der Form $\rho^a v^b$ mit a und b als Konstanten. Für eine gegebene Geschwindigkeit v hängt diese Quantität von der Höhe über $\rho = \rho(h)$ ab und kann somit von der vertikalen Komponente des Auftriebs $A \cos \mu_a$ beeinflußt werden. Aufgrund der Steuerbeschränkung des aerodynamischen Anstellwinkels durch Flugstabilitäts- und Belastungsanforderungen wird der Flughöhenverlauf durch eine Modulation des Flugwindhängewinkels $\mu_a(t)$ reguliert und nicht durch $\alpha(t)$-Steuerungen wie

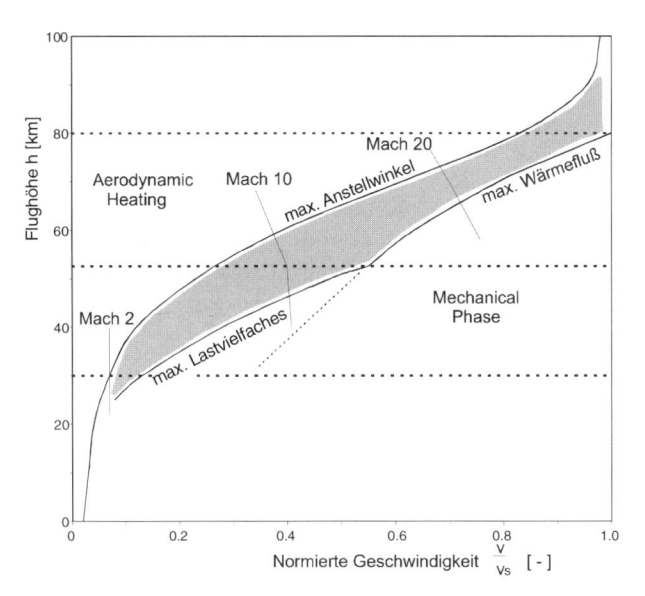

Abb. 11.21. Wiedereintrittskorridor eines geflügelten Raumfahrzeugs.

bei klassischen Flugzeugen. Durch Vorzeichenwechsel des Flugwindhängewinkels kann das Fahrzeug zum Landeplatz gelenkt werden.

Die Vorgehensweise der Flugführung und -regelung ist in den Abbildungen 11.22-11.25 am Beispiel der ersten vier Rückkehrmissionen des US-Shuttle-Transportsystems (STS) illustriert. Die erste Flugphase verwendet konstante Anstellwinkel und Flugwindhängewinkelsteuerungen, die das Fahrzeug in einen Flugzustand mit maximal zulässiger Wärmestromdichte (entsprechend einer Temperaturgrenze) überführen. Anschließend wird durch Veränderung des Flugwindhängewinkels die Vertikalkomponente des Auftriebs so moduliert, daß der Rückkehrkörper entlang der zulässigen Flugbereichsgrenze fliegt, während gleichzeitig große Anstellwinkel für hohe Widerstandsverzögerungen aufrechterhalten werden.

Der weitere Flugverlauf folgt einem Widerstandsprofil, das über eine Bahnhöhensteuerung eingestellt wird. Diese Widerstandssteuerung stellt sicher, daß das Fahrzeug genügend Energie aufrechterhalten kann, um im Gleitflug die nötigen Längs- und Querreichweitendistanzen zu überwinden, so daß der Zielplatz erreicht wird.

Die anschließende Transitionsphase, während der das Fahrzeug die für den Endanflug erforderlichen Flugbedingungen für den Anstellwinkel und den dynamischen Druck erreichen muß, verwendet eine lineare Reduzierung des Anstellwinkels zwischen Mach 10 und Mach 2. Die zugehörigen Flugwindhängewinkel halten den geforderten Widerstandsverlauf ein.

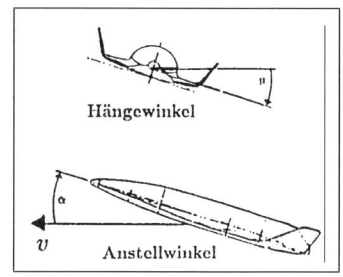

Abb. 11.22. Zur Erläuterung von Anstell- und Hängewinkel.

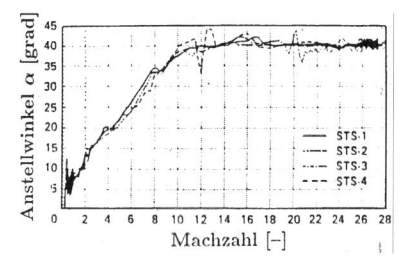

Abb. 11.23. Anstellwinkel über Machzahl der ersten Shuttle-Missionen.

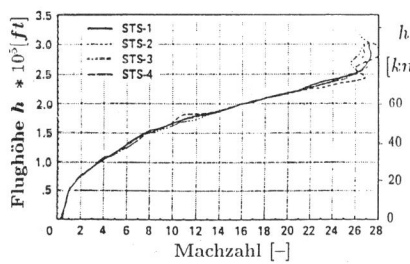

Abb. 11.24. Flughöhe über Machzahl der ersten Shuttle-Missionen.

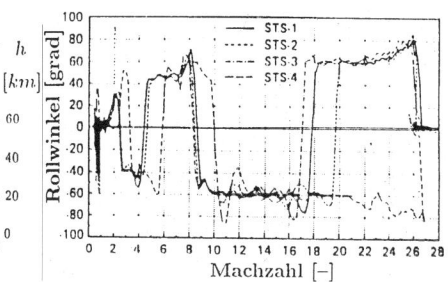

Abb. 11.25. Rollwinkel über Machzahl der ersten Shuttle-Missionen.

Die Rückkehrbahnen des Shuttle-Orbiters werden beschränkt durch Lastfaktoren kleiner 3g und die maximalen Wärmeströme $\dot{Q} \leq 0,77\,\text{MW}/\text{m}^2$ die auf integrale Wärmelasten von ca. $Q = 10^3$ MJ/m² führen.

In Abhängigkeit von der verfügbaren Technologie und dem spezifischen TPS Konzept könnten ansteigende Wärmeraten $\dot{Q}$ und Oberflächentemperaturen von steilen Wiedereintrittsflügen toleriert werden, mit der Absicht, die totale Wärmelast zu reduzieren (Abb. 11.26). Die niedrigste Wärmelast wird im allgemeinen vorkommen, wenn das Fahrzeug entlang der unteren Korridorgrenze fliegt, weil dort der Widerstand und die Verzögerung maximiert werden und daraus die kürzeste Eintrittsflugzeit folgt. Das TPS Gewicht könnte jedoch ansteigen wie aus Abb. 11.27 ersichtlich wird.

Die Oberflächentemperatur T für ein isolierendes TPS ist eine Funktion der Wärmerate und kann aus dem Stefan-Boltzmann Gesetz gefunden werden:

$$\dot{Q} = \varepsilon\sigma\left(T^4 - T_\infty^4\right)\ , \qquad (11.23)$$

$$T = \left(\frac{\dot{Q}}{\varepsilon\sigma}\right)^{1/4} . \qquad (11.24)$$

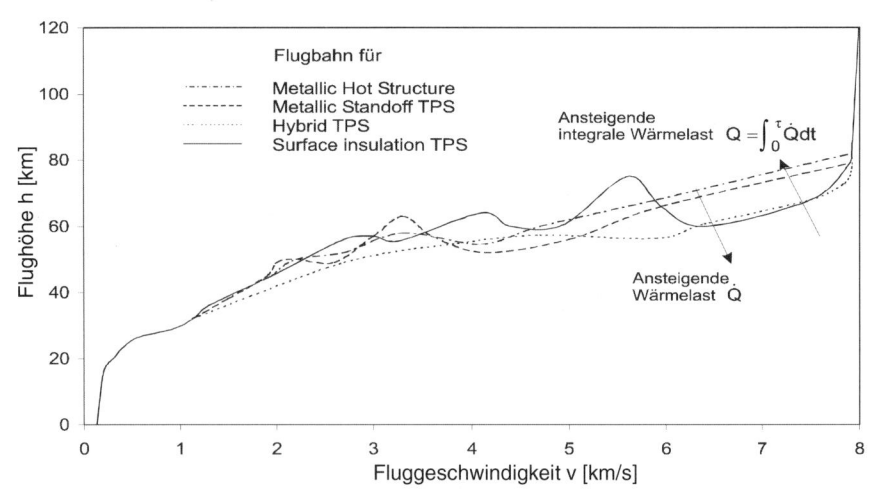

Abb. 11.26. TPS Design- und Wiedereintrittsflugbahnbeziehung.

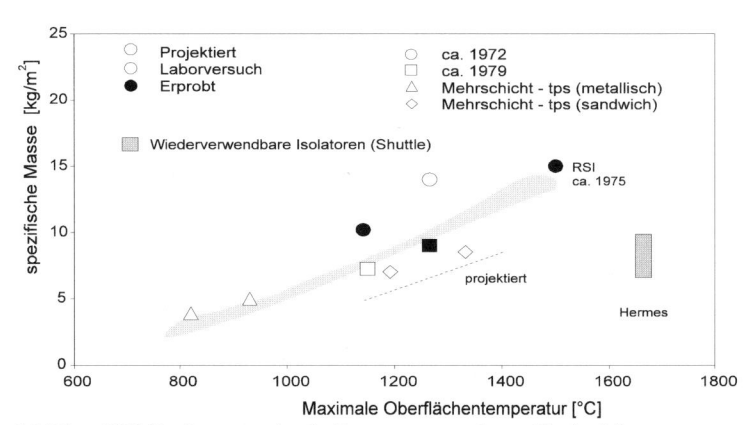

Abb. 11.27. TPS Design - maximale Temperatur und spezifische Masse.

Die örtliche Atmosphärentemperatur T_∞ wird vernachlässigt, da die Wandtemperatur während der Wiedeintrittsflüge typischerweise sehr viel größer als T_∞ ist. In dieser Gleichung beschreibt $\sigma = 5{,}67 \times 10^{-8}$ W/m²K⁴ die Stefan-Boltzmann-Konstante und ε den Emissionsgrad ($\varepsilon \approx 0{,}89$ für das Space Shuttle) des TPS Materials.

Die oben angezeigten, in Konflikt stehenden Tendenzen, müssen durch ein passendes Flugbahn- und Systemoptimierungsschema behandelt werden, das auch die missionsabhängige Querreichweitenanforderung erfüllt.

Welche Verbesserungen durch Optimierung erreicht werden können, wird in Abb. 11.28 demonstriert. Sie stellt den Temperaturverlauf (Strahlungsgleichgewicht) einer nominalen Wiedereintrittsbahn der Sänger-Oberstufe HORUS, sowie eine optimierte Flugbahn dar. Die oberen Kurven geben die Staupunkttemperaturen wieder, die unteren Kurven verwenden Staulinientemperaturen des Fahrzeugs bei X/L = 0,5, d.h. bei 50% seiner Länge. Der Temperaturanstieg bei 2000 s wird durch den Übergang von der laminaren in die turbulente Strömung verursacht und erfordert die Berücksichtigung während der Erstellung des TPS Konzepts. Weitere Verbesserungen dieses Temperaturanstieges um 11% ist unter Betrachtung von oszillierenden Flugbahnen demonstriert worden, wie in Abb. 11.29 dargestellt.

Für einen maßgeschneiderten TPS-Entwurf ist es wichtig zu bemerken, daß typische laminare Wärmeflüsse entlang der Staulinie X/L > 0,2 eines Wiedereintrittsfahrzeuges schnell auf weniger als 20% der Stauwerte abnehmen. Diese Beobachtung wird durch die Auslegungstemperatur des Orbiters, also HERMES und HORUS Fahrzeuge, widergespiegelt wie in Abb. 11.30 gezeigt wird, wo ebenso die korrespondierenden Flügellasten aufgeführt werden.

Schließlich zeigt die Abb. 11.31 die komplexe Beziehung, die zwischen der erfliegbaren Querreichweite, den Fahrzeugeigenschaften A/W, dem ballistischem Faktor β, den Wärmestrombeschränkungen $\dot{Q}$ und der Flughängewinkelkontrolle existiert. Alle Wiedereintrittsflüge werden von Lastfaktoren ≤ 3g bestimmt und jede Kurvenfamilie stellt ein besonderes Wärme- und Temperaturlimit dar. Der Mittelwert von $\dot{Q} \approx 0,79 \, MW/m^2$ entspricht der Shuttletechnologie, während das obere Limit $\dot{Q} = 1,45 \, MW/m^2$ für fortschrittliche Wärmeschutzsysteme, die für zukünftige Fahrzeuge vorstellbar sind, verwendet wird.

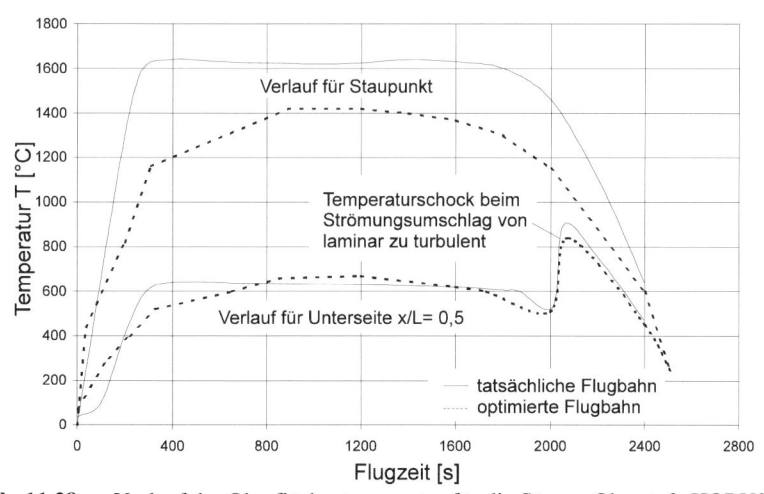

Abb. 11.28. Verlauf der Oberflächentemperatur für die Sänger-Oberstufe HORUS.

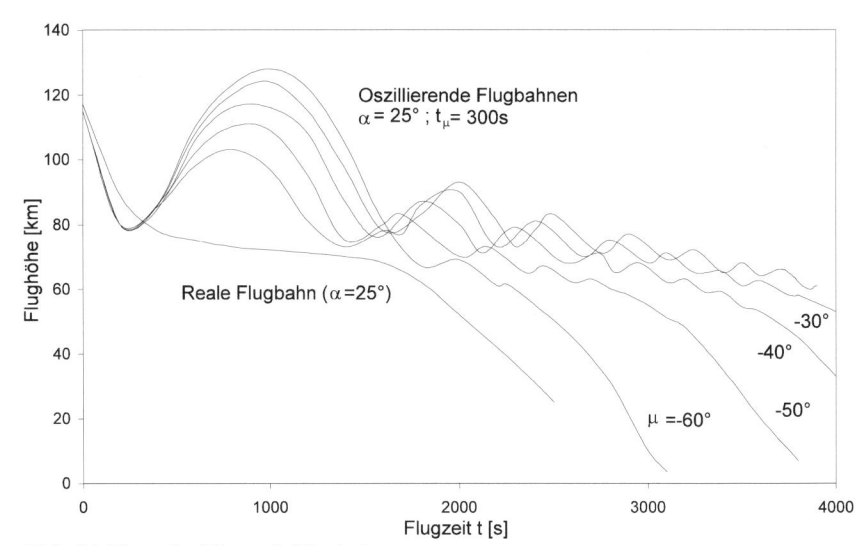

Abb. 11.29. Oszillierende Flugbahnen.

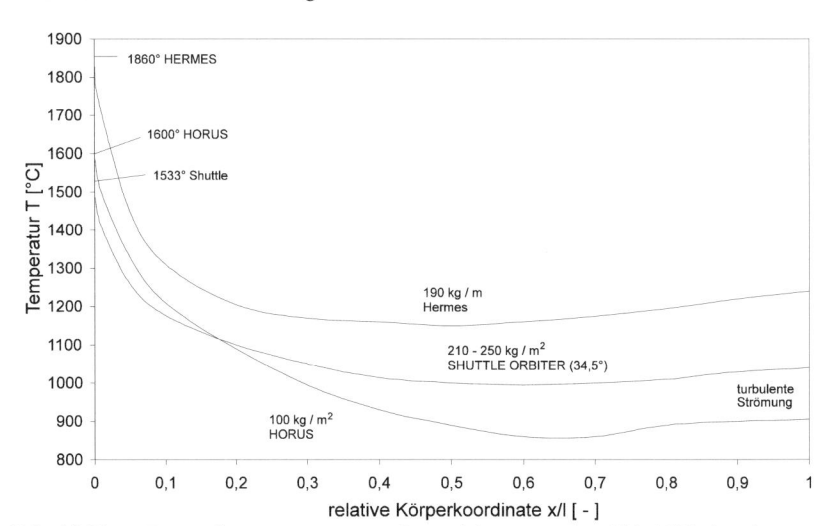

Abb. 11.30. Entwurfstemperaturen von Raumfahrzeugen (ca. 100-150° über der erwarteten Temperatur).

Das offensichtlichste Merkmal ist, daß es für jedes Temperaturlimit und A/W-Verhältnis einen einzigen ballistischen Parameter gibt, welcher die Querreichweite maximiert. Eine Untersuchung dieser Kurven zeigt also, daß die Querreichweite, die erreicht wurde, in erster Linie eine Funktion des A/W-Verhältnisses und des minimalen Flughängewinkels ist. Da einige Kombinationen des Auftriebs- zu Widerstandsverhältnisses und des ballistischen Faktors den Fahrzeugbeschränkungen und Missionsanforderungen genügen, muß außerdem ein Kompromiß

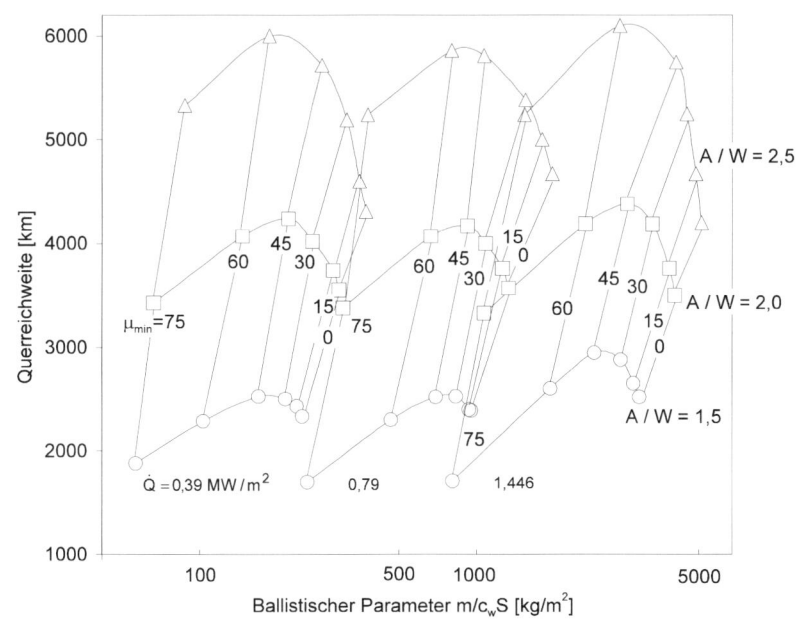

Abb. 11.31. Fähigkeiten (Vermögen) der Querreichweiten

zwischen diesen beiden Parametern für einen aktuellen Fahrzeugentwurf gemacht werden.

Zum Abschluß sollen einige halbempirische Beziehungen aus der Literatur angegeben werden, die sich als nützlich erweisen, um die Parameter A/W und $m/C_D A_r$ für einen Vorentwurf eines Rückkehrfahrzeugs (Index d) zu schätzen.

Zur Erfüllung einer Seitenreichweitenforderung C [km] muß nach Havey für Rückflugbahnen mit Lastbeschränkungen n < 3g (bemannte Systeme!) die Gleitzahl A/W des Fahrzeuges mindestens zu

$$(A/W)_d = \left(\frac{C + 2513}{3370}\right) \quad (11.25)$$

gewählt und die minimale Flugwindhängewinkelsteuerung μ_d zur Belastungsbegrenzung entsprechend

$$\mu_d = 19{,}25 \frac{L}{D} + 7{,}52 \quad (11.26)$$

reguliert werden. Der Index ´d´ weist hier auf den Entwurfswert hin.

Gegeben sei eine maximal zulässige Wärmerate $\dot{Q}_{max}$, um die spezifische TPS Technologieverfügbarkeit für den Wärmeschutz widerzuspiegeln. Der ballistische Faktor kann durch

$$\beta = \left(\frac{m}{c_W A}\right)_d = 3{,}624 \cdot 10^{-7} \frac{\dot{Q}_{max}^2 R_N^2 (0{,}125 + \cos\mu_d)(A/W)_d}{(39{,}88 - 11{,}78 \cos i)} \quad (11.27)$$

geschätzt werden, wobei i die Anfangsinklination und R_N der Fahrzeugnasenradius ist. Schließlich kann die gesamte Staupunktwärmelast durch

$$Q = 1{,}19 \cdot 10^6 \frac{\beta}{\dot{Q}_{max}} \quad (11.28)$$

mit 5%-iger Genauigkeit vorhergesagt werden.

11.7 Aerodynamische Orbit-Transferfahrzeuge (AOTV)

11.7.1 Einleitung

Die Überführung von Nutzlasten aus einer Umlaufbahn in eine andere stellt eine wichtige Raumtransportaufgabe dar, die derzeit primär mit Raketenantrieben durchgeführt wird. Bei zahlreichen Missionen kann jedoch der Bahntransfer vorteilhaft mit aerodynamischen Orbittransferfahrzeugen unter Ausnutzung der Atmosphäre erfolgen. Beispielsweise erfordert der Übergang von hohen in niedere Satellitenbahnen einen erheblichen Antriebsbedarf mit entsprechend großem Treibstoffaufwand, der durch die aerodynamische Abbremsung in der Atmosphäre wesentlich verringert werden kann und zwar zunehmend mit wachsender Höhendifferenz. Dadurch werden günstigere Nutzlastanteile trotz eines strukturellen Mehraufwandes für den Thermalschutz möglich. Gleiches gilt auch für Missionen mit einer Drehung der Bahnebene, den sogenannten synergetischen Bahndrehmanövern.

11.7.2 Aerodynamische Orbit Transfer Fahrzeuge für erdnahe Bahnen

Zunächst soll die Überführung von Fluggeräten (bzw. Massen) aus hohen Satellitenbahnen in erdnahe Bahnen betrachtet werden, wo etwa eine Ankopplung an eine Raumstation oder eine Bergung und Rückführung zur Erde mit dem Space Shuttle erfolgen kann.

Die Widerstandsverzögerung erfolgt dabei meist während eines einmaligen Eintauchens in die Lufthülle der Erde, kann aber bei manchen Konzepten auch mehrere atmosphärische Passagen beinhalten. Da die Fahrzeuge für die aerodynamischen Belastungen ausgelegt werden müssen, kommen als Folge der damit verbundenen Strukturmassenerhöhung die Vorteile der atmosphärischen Bremsung erst für Bahnübergänge nach LEO mit Ausgangshöhen oberhalb 5000 bis 8000 km (je nach Fahrzeugart und Mission, etwa Bahndrehungen) zum Tragen.

Eine wichtige Klasse geostationärer Missionen kann daher durch Ausnutzung der Atmosphäre während des Rückflugzweiges große Transportleistungsverbesserungen erzielen, wie am Beispiel einer äquatorealen LEO-GEO-LEO Mission eines wiederverwendbaren Orbit Transfer Fahrzeuges (OTV) in Abb. 11.32 illustriert wird. Die Fahrzeuganfangsmasse von 30 Tonnen entspricht der Nutzlastkapazität des Shuttle Transport Systems. Für den Aufstiegs- und Rückkehrflug wird jeweils ein Antriebsbedarf von ca. 3,8 km/s erforderlich, der bei atmosphärischer Bremsung (Manöver 9 der Abb. 11.32) des Abstiegsfluges um etwa 2,3 km/s vermindert werden kann. Nach dem Atmosphärendurchflug wird lediglich ein Geschwindigkeitsinkrement von $\Delta v = 90$ m/s (Manöver 10) mit dem Raketenantrieb für die Bahnsynchronisation mit dem Bergefahrzeug Shuttle Orbiter notwendig.

Für solche aerodynamische Orbit Transfer Fahrzeuge (AOTV) sind verschiedene Fahrzeugkonfigurationen betrachtet worden, die in Abb. 11.33 schematisch dargestellt sind und deren aerodynamische Eigenschaften von A/W=0 (Ballute-Konzept) über niedrige Werte A/W≈0,2 (Lifting Brake) und mittlere Verhältnisse A/W=0,5 bis 1 (AMOOS) bis hin zu Hyperschallauslegungen mit hohen A/W≥1,8 reichen.

Das „Lifting Brake"- Konzept erreicht mit einem großen Bremsschirm, in dessen Windschatten der eigentliche Flugkörper angeordnet ist, über einen Schwerpunktversatz aerodynamische Eigenschaften vergleichbar denjenigen der Apollokapseln und ermöglicht durch eine Rollwinkelmodulation eine begrenzte Bahnsteuerung. Der Bremsschirm ist wiederverwendbar und kann vor Gebrauch geöffnet und danach wieder geschlossen werden.

Beim „Ballute"-System wird das Transportfahrzeug während der aerodynamischen Flugphase von einem aufblasbaren Ballon umgeben, der in Wechselwirkung mit dem Abgasumfeld eines in der Schubhöhe regulierbaren Raketenantriebes Veränderungen der Widerstandseigenschaften um einen Faktor 10 erzielt, die eine Fluganpassung an unvorhersehbare Dichteschwankungen der oberen Lufthülle

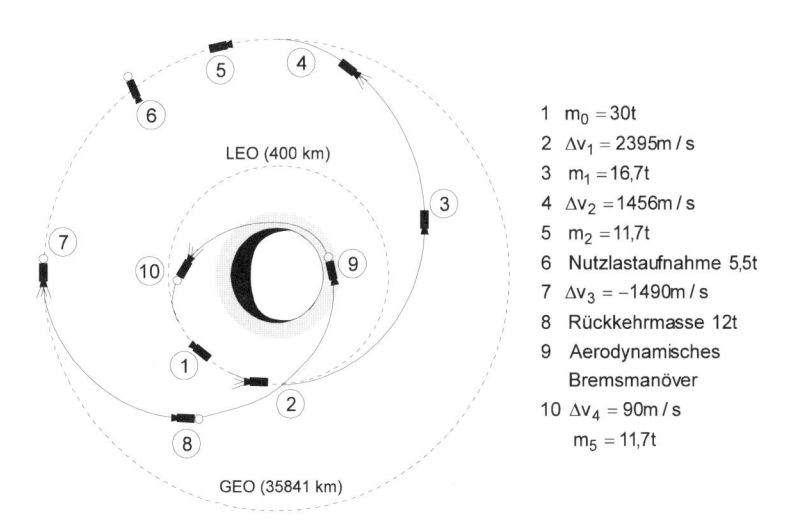

1 $m_0 = 30$ t
2 $\Delta v_1 = 2395$ m/s
3 $m_1 = 16,7$ t
4 $\Delta v_2 = 1456$ m/s
5 $m_2 = 11,7$ t
6 Nutzlastaufnahme 5,5 t
7 $\Delta v_3 = -1490$ m/s
8 Rückkehrmasse 12 t
9 Aerodynamisches Bremsmanöver
10 $\Delta v_4 = 90$ m/s
  $m_5 = 11,7$ t

Abb. 11.32. Missionsprofil eines aerodynamischen Orbit Transfer Fahrzeugs für eine äquatoreale LEO-GEO-LEO-Transportaufgabe.

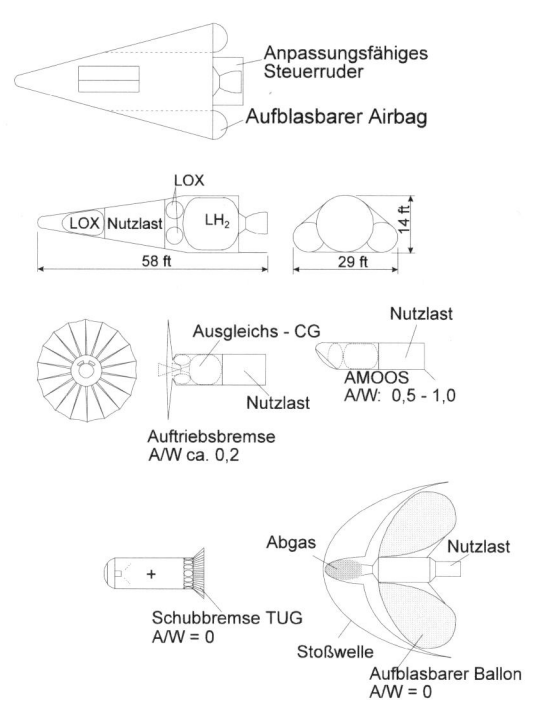

Abb. 11.33. US-Konzepte aerodynamischer Orbit Transfer Fahrzeuge.

erlauben. Eine weitere Möglichkeit der Widerstandsmodulation (c_W-Variationsbreite 1:3) besteht in einer unterschiedlichen Druckbeaufschlagung des Ballons, welcher nach dem Atmosphärendurchflug abgeworfen wird und für eine neue Mission ersetzt werden muß.

Das AMOOS-Gerät (Aero-Maneuvering Orbit-to-Orbit Shuttle) erreicht durch eine leicht elliptische Formgebung und ein abgeflachtes Bugsegment günstigere L/D-Verhältnisse und damit verbesserte Manövriereigenschaften, die durch eine Rumpf-Flügel-Konfiguration natürlich noch übertroffen werden.

Die aerodynamisch günstigsten Fahrzeuge mit hohen Auftriebs/Widerstandsverhältnissen erreichen durch Rollwinkelsteuerungen während des atmosphärischen Flugsegments Bahnebenendrehungen bis zu 26° gegenüber nur 10° des AMOOS-Gerätes oder gar nur 2° des „Lifting Brake"-Konzeptes. Allerdings sind die Rückführmassen der beiden letztgenannten Prinzipien gegenüber 7,705 kg mit 7,436 kg (AMOOS) bzw. 7,181 kg (Lifting Brake) lediglich um ca. 3,5% bzw. 6,8% ungünstiger, wobei nach Tabelle 11.3 mit zunehmender aerodynamischer Güte A/W die aerothermodynamischen Belastungen ansteigen. Dies liegt daran, daß der ballistische Koeffizient β dieser Fahrzeuge ungünstigere (größere) Werte annimmt, und die Geräte vergleichsweise tief in die Atmosphäre eintauchen. Bei einem Vergleich der Massenangaben in Tabelle 11.3 mit denjenigen der Abb. 11.32 ist zu beachten,

11.7 Aerodynamische Orbit-Transferfahrzeuge (AOTV)

daß in der Tabelle entgegen der Annahme für die Abbildung eine zum Äquator um 28,5° geneigte Shuttle Orbiter Bahn vorausgesetzt und der Treibstoffbedarf für die Drehung der Bahnebenen jeweils im Apogäum der Transferbahnen erfaßt wird.

Die höheren Belastungen der Fahrzeuge mit vergleichsweise großen A/W- bzw. β-Werten führen auf eine erhöhte Komplexität der Thermalschutzvorrichtungen und lassen diese Konzepte für einen Routineflugbetrieb als weniger attraktiv erscheinen. Das derzeitige Interesse richtet sich daher vermehrt auf die Fahrzeugkonfiguration des „Lift Brake" und insbesondere des „Ballute"-Konzeptes mit geringen A/W-Verhältnissen und ballistischen Koeffizienten.

In Abb. 11.34 ist für das letztgenannte Konzept der Bahnhöhenverlauf und der sekündliche Wärmestrom je Einheitsfläche als Funktion der Geschwindigkeit angegeben, in Abb. 11.35 das Höhen-Geschwindigkeitsprofil unterschiedlicher Fahrzeuge betrachtet. Gegenüber dem „Ballute"-Gerät, das bis in eine Höhe von ca. 80 km hinabtaucht, dringen kompaktere Fahrzeuge wie AMOOS bis ca. 50 km in die Erdatmosphäre ein und erfahren Belastungen, die über denjenigen der früheren Apollo-Kapseln liegen (s. Abb. 11.35).

OTV Typ	Gesamter Antrieb[a]	Kleines A/W=0,215[b]	Mittleres A/W=0,755[b]	Hohes A/W=1,878[b]
Anfangsgewicht, lb	66000	66000	6000	66000
Rückkehrgewicht mit dem Shuttle, lb	9666	15833	16396	16987
$\dot{q}_{max}$[d], BTU/ft^2-sec	-	102	317	520
Gesamtwärmelast[d], BTU/ft^2	-	13794	49855	100870
q_{max}, lb/ft^2	-	14,1	137	372
a_{max}, g	1,55[c]	2,40	2,51	3,50

[a] chemisch-spez. Impuls von 456 s; Motorenschub von 15000 lbs; begrenzte Brennanalyse
[b] Kontinuums Strömungsbedingungen; 15° Anstellwinkel für kleine A/W, Arbeiten bei (A/W)$_{max}$ für mittlere- und hohe-A/W Fahrzeuge
[c] Ende der letzten Zündung
[d] Referenzwärme

Tabelle 11.3. Vergleich der Transportleistungen verschiedener Orbit Transfer Fahrzeuge für eine LEO-GEO-LEO Mission.

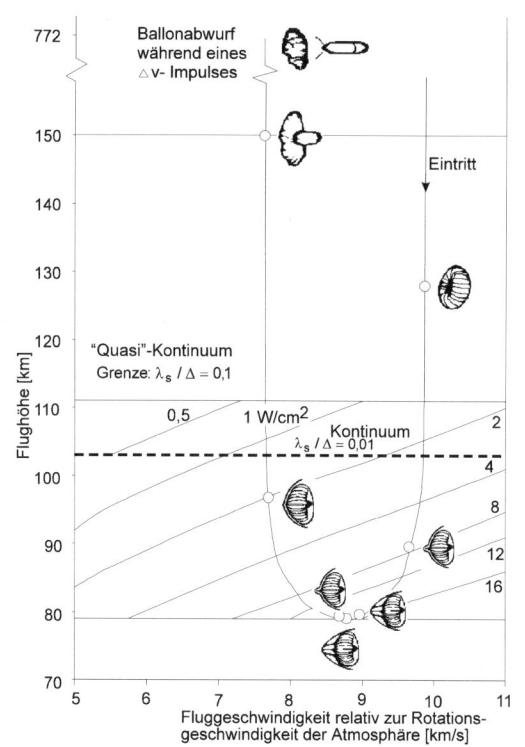

418 11 Der Eintritt von Fahrzeugen in die Atmosphäre

Abb. 11.34. Flugverlauf und konvektive Wärmebelastung des Ballute-AOTV ($R_b = 10$ m).

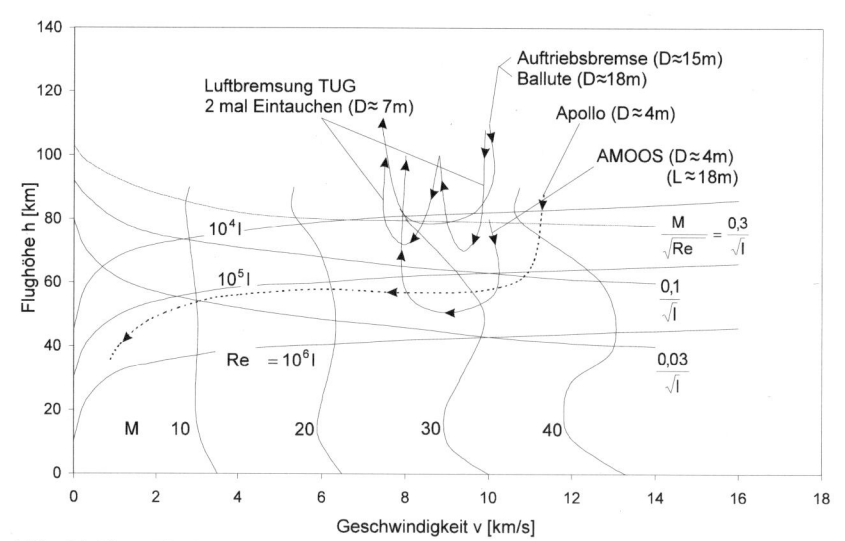

Abb. 11.35. Flugbereiche verschiedener AOTV.

11.7 Aerodynamische Orbit-Transferfahrzeuge (AOTV)

Der zeitliche Verlauf von Flughöhe und Geschwindigkeit sowie die dadurch bestimmte sekündliche Wärmestromdichte und integrale Wärmelast sind in den Abbildungen 11.36-11.39 für die 4 verschiedenen Konfigurationen der Tabelle 11.4 aufgeführt. Danach ist für die kompakteren Konzepte wegen des tieferen Flugverlaufes nicht nur die lokale Wärmeflußbelastung am größten, sondern auch die Belastungsdauer, woraus sich die Notwendigkeit aufwendiger ablativer Wärmeschutzvorrichtungen ergibt. Diese müssen nach jeder Mission ersetzt werden und beeinträchtigen dadurch die operationelle Flexibilität.

Zur sekündlichen Wärmebelastung durch Strahlung der Abb. 11.38 ist ergänzend anzumerken, daß sich ein qualitativ ähnlicher Verlauf für die zusätzliche konvektive Wärmeübertragung ergibt. Die konvektive Wärmebelastung stumpfer Körper im Staupunkt kann näherungsweise durch

$$q_c \approx \frac{1}{2}\rho_\infty v_\infty^3 \sqrt{\frac{\lambda_\infty}{R_b}} \approx \frac{1}{2}\rho_\infty v_\infty^3 \sqrt{\frac{\lambda_S}{\Delta}} \qquad (11.29)$$

für

$$\frac{\lambda_\infty}{R_b} \approx \frac{\lambda_S}{\Delta} << 1 \qquad (11.30)$$

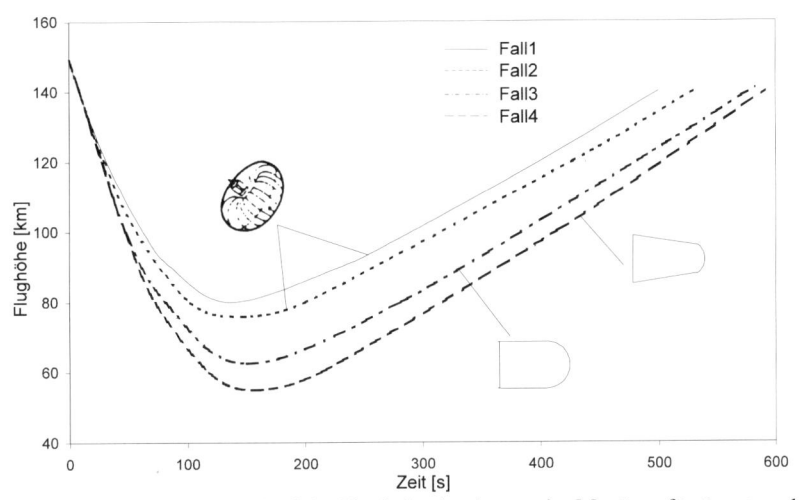

Abb. 11.36. Zeitlicher Verlauf der Flughöhe der Aeroassist-Manöver für äquatoreale GEO-LEO Bahnübergänge der AOTV nach Tabelle 11.4.

Fall	Gestalt	β, kg/m²	c_D	R_N, m	R_N/R_B	A_{ref}, m²
1	Ballon	22	1,06	12,20	-	468
2	Ballon	61	1,06	7,31	-	169
3	Halbkugelzylinder	373	1,00	3,05	1,00	29
4	Kugel-Kegel	800	0,47	2,04	0,67	29

Tabelle 11.4. Fahrzeugparameter von 4 AOTV-Konfigurationen. A/W=0, M=10.890 kg (11 t).

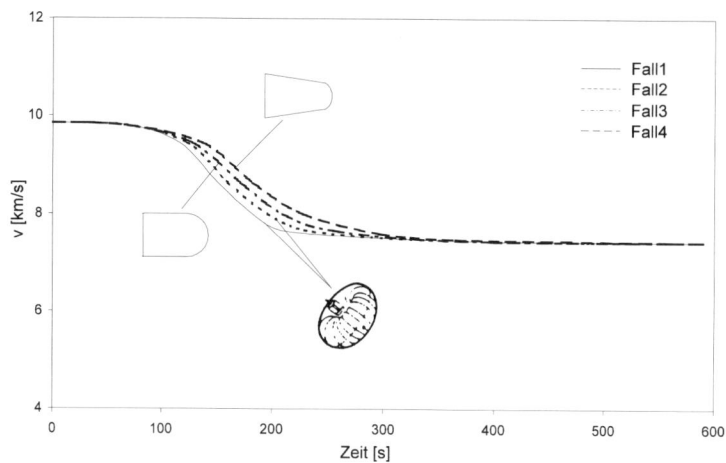

Abb. 11.37. Zeitlicher Verlauf der Geschwindigkeit der Aeroassist-Manöver für äquatoreale GEO-LEO Bahnübergänge der AOTV nach Tabelle 11.4.

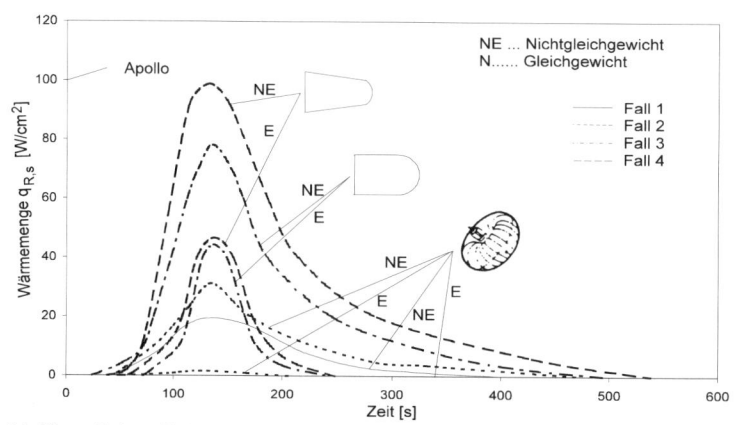

Abb. 11.38. Sekündliche Wärmestromdichte der AOTV nach Tabelle 11.4.

beschrieben werden, wobei die Knudsen Zahl λ_∞/R_b der freien Anströmung vergleichbar dem Verhältnis der freien Weglänge λ_s hinter der Stoßfront zum Abstand Δ der Stoßfront vom Körper ist. (ρ_∞, v_∞ bezeichnen die Dichte bzw. die Geschwindigkeit der freien Anströmung und R_b den Ballon-Nasenradius.) Die Wärmebelastung durch Strahlung zeigt ein qualitativ ähnliches Verhalten, ist aber konfigurationsabhängig etwa um einen Faktor 1,5 (Kugel-Kegel-Konfiguration) bis 3,3 (Ballute) höher als die konvektive Belastung (Abb. 11.39).

Das „Ballute"-System stellt das leichteste aller AOTV-Konzepte dar, dessen aufblasbarer Ballon nach dem atmosphärischen Durchgang abgeworfen und ebenfalls für eine neue Mission ersetzt werden muß. Die Masse des Ballon-Untersystems ist nicht unerheblich, wie aus Abb. 11.40 hervorgeht, die auch Angaben zum Aufbau und Materialien der hitzebeständigen Ballonhülle enthält.

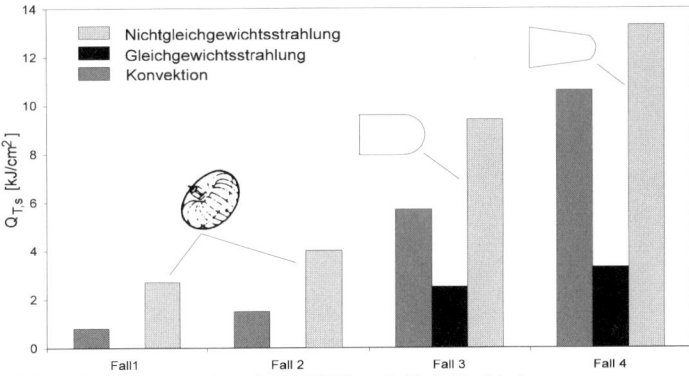

Abb. 11.39. Gesamtwärmelast der AOTV nach Tabelle 11.4.

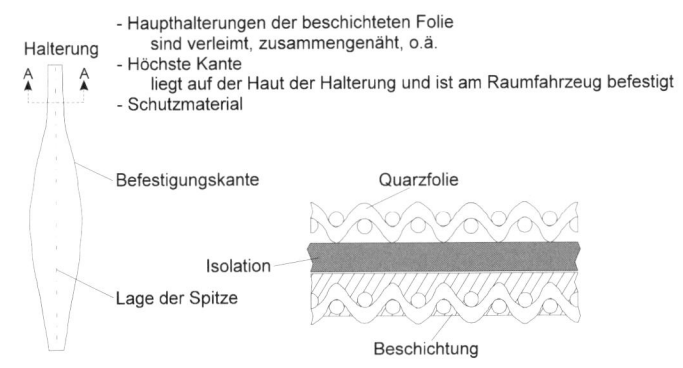

Gewichtszusammenstellung für das Ballute mit 26 m Durchmesser ($W/C_W A = 7\ N/m^2$)

- Kevlar Überzug	135 kg
- Kevlar Gewebe	29 kg
- Gasabdichtung	135 kg
- Isolation	650 kg
- Quarzeinhüllung	61 kg
- Installationsvorkehrungen (abwerfbar)	54 kg
Sonstiges	159 kg
Totales Abwurfgewicht	1123 kg
Fest installierte Vorkehrungen	45 kg

Abb. 11.40. Aufbau der Ballonhülle und Massenübersicht des Ballon-Systems.

Für dieses „Ballute"-Konzept sind in Abb. 11.41 die Nutzlastverbesserungen gegenüber einer reinen Antriebslösung des Rückführproblems für zwei Missionsklassen dargestellt. Die Abkürzung „AA" steht für Aeroassist und „AP" für „All Propellant" Auslegung des Fahrzeugs.

Bei der „Roundtrip"-Mission wird sowohl eine Nutzlast von LEO nach GEO transportiert als auch eine Nutzlastmasse von GEO nach LEO zurückgeführt. Im

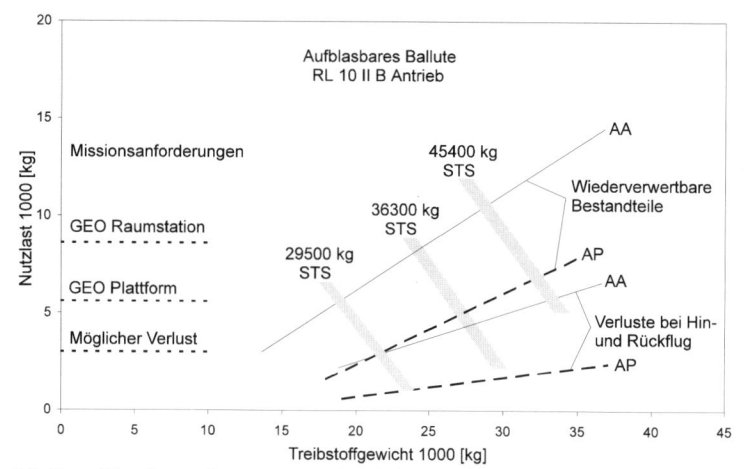

Abb. 11.41. Nutzlastverbesserungen durch Aeroassist-Fahrzeuge.

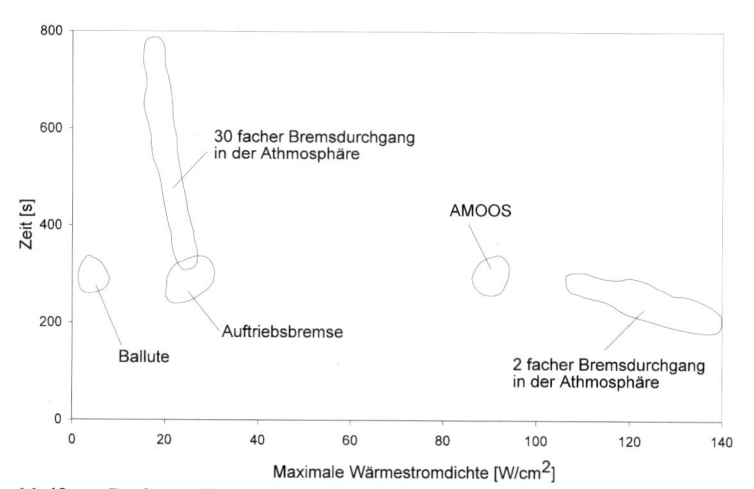

Abb. 11.42. Größe und Dauer der Wärmebelastung von AOTV.

Gegensatz hierzu wird bei der „Delivery"-Mission eine Nutzlast nur während des Aufstiegsfluges mitgeführt. Gegenüber der rein antriebsgesteuerten Missionsdurchführung kann bei Aeroassist-Manövern für Fahrzeugsanfangsmassen von ca. 30 Mg die Nutzlastmasse verdoppelt werden. Abb. 11.42 stellt die Wärmebelastungen und die Belastungsdauer verschiedener AOTV-Konzepte gegenüber.

11.7.3 Synergetische Bahndrehmanöver

Eine Änderung der Orbitinklination wird durch eine Kombination von Luft- und Antriebskräften an Stelle einer reinen antriebsgesteuerten Bahndrehung erreicht. Wie in Abb. 11.43 dargestellt, wird dabei der Körper durch einen Bremsimpuls auf eine niedrigere Bahn gebracht, die das auftriebserzeugende Fahrzeug in die Atmosphäre eintauchen läßt, ohne auf eine Absturzbahn zu führen. Während der atmosphärischen Flugphase werden über geeignete Anstellwinkel- und Rollwinkelsteuerungen Auftriebskomponenten normal zur Bahnebene erzeugt, die die Seitenbewegung des Flugkörpers beeinflussen und so eine Bahndrehung bewirken. Dieses unvermeidbare Abbremsen des Raumflugkörpers muß nach Verlassen der Atmosphäre mit einem Beschleunigungsimpuls des Raketenantriebs kompensiert werden, der zugleich auch der Anhebung und gegebenenfalls der Zirkularisierung der Zielbahn dient.

Drehungen einer Orbitebene um Δi weisen einen hohen Antriebsbedarf auf, z.B. für impulsförmige Manöver

$$\Delta v = 2 v_K \sin\left(\frac{\Delta i}{2}\right) \qquad (11.31)$$

der für eine Bahndrehung von 60° gleich groß ist wie die Kreisbahngeschwindigkeit selbst. gegenüber der Bahndrehung mit Raketen erzielt die synergetische Bahndrehung wesentliche Treibstoffeinsparungen. Da diese durch den Wärmeschutzschild teilweise aufgezehrt werden, lohnt sich das Manöver erst für Inklinationsänderungen $\Delta i > 15°$, es sei denn, das für die Flugaufgabe eingesetzte Fahrzeug besitzt bereits Wärmeschutzvorrichtungen.

Die Effizienz η der synergetischen Bahndrehung kann gemäß

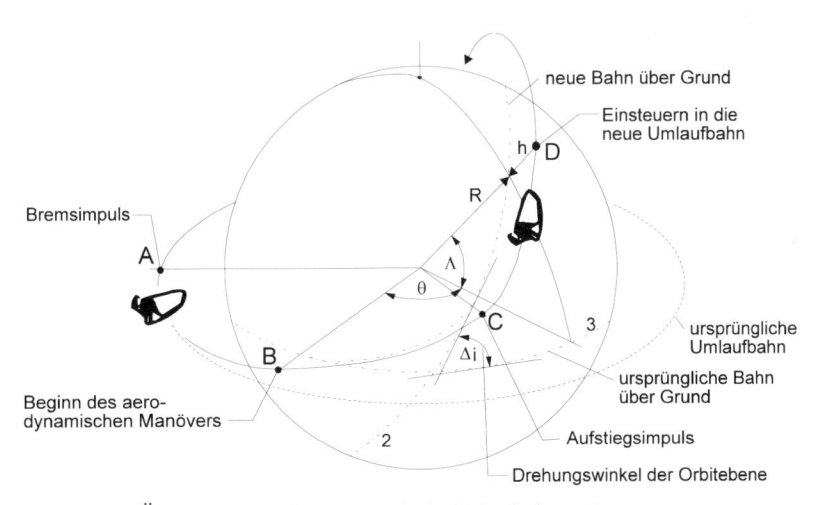

Abb. 11.43. Übersicht über das synergetische Bahndrehmanöver

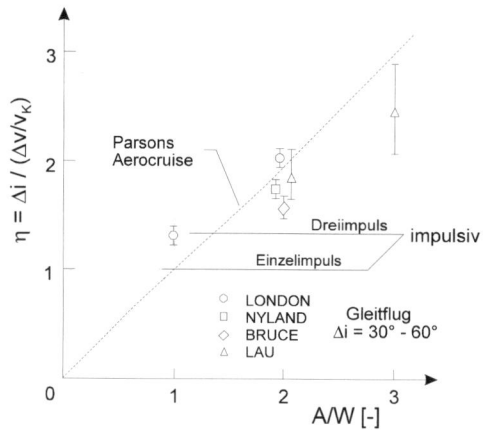

Abb. 11.44. Abhängigkeit der synergetischen Effizienz von der Gleitzahl.

$$\eta = \frac{\Delta i}{\Delta v / \Delta v_K} \leq \frac{A}{W} \qquad (11.32)$$

beschrieben werden. Unter gewissen Voraussetzungen kann gezeigt werden, daß die maximale Effizienz annähernd gleich der aerodynamischen Güte A/W ist (gestrichelte Gerade in Abb. 11.44).

Nach Abb. 11.44 sind größtmögliche A/W-Fahrzeugauslegungen wünschenswert, die jedoch unter dem zusätzlichen Aspekt der mit wachsendem A/W-Werten zunehmenden Gerätemasse gesehen werden müssen. Damit ergeben sich Vorteile für die synergetische Bahndrehung eigentlich nur in den Fällen, in denen das Fahrzeug günstige aerodynamische Eigenschaften und ein Wärmeschutzsystem für andere Aufgabenstellungen ohnehin benötigt. Nach Abb. 11.44 muß die aerodynamische Güte A/W größer als 1.0...1.3 sein, um Treibstoffeinsparungen gegenüber einem reinen Antriebsmanöver zu erzielen.

Als Beispiel wird hierzu in Abb. 11.45 der Orbittransfer eines bikonischen Raumflugkörpers mit A/W=1.77 von einer äquatorealen Kreisbahn in 2000 km Höhe in eine 200 km Umlaufbahn mit 20° Inklination betrachtet. Man erkennt zunehmende Treibstoffeinsparungen mit wachsenden zulässigen Wärmestromdichten. Höhere Wärmeströme treten auf, wenn das Fahrzeug (Anfangsmasse 4900 kg) in tiefere Atmosphärenschichten eindringt. Bei zu flachem Eintauchen in die Lufthülle wird die geforderte Bahnebenendrehung von 20° nicht erreicht. Gegenüber der propulsiven Vergleichsmission ergeben sich bei einer zulässigen Wärmestrombelastung von 3.85 MW/m^2 Treibstoffeinsparungen von ca. 730 kg (24.5%) und unter Berücksichtigung des Hitzeschutzaufwandes eine Nutzlaststeigerung um 465 kg (43%).

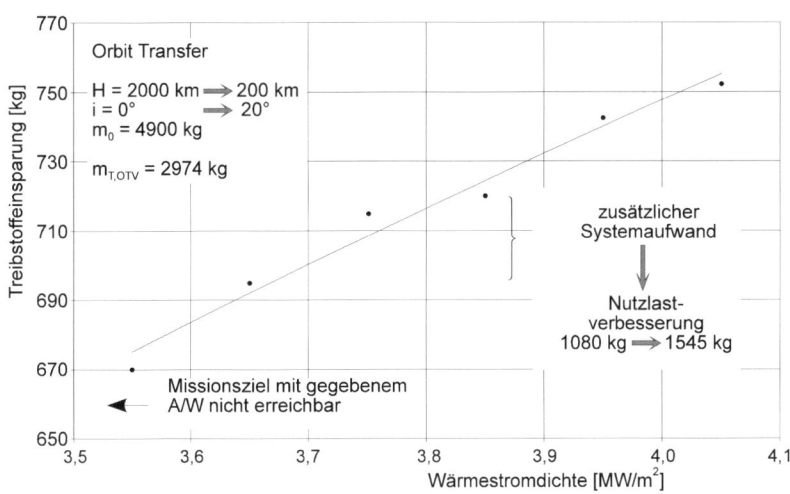

Abb. 11.45. Treibstoffeinsparungen des aerodynamischen gegenüber dem propulsiven Orbittransfer in Abhängigkeit von der maximal zulässigen Wärmestromdichte.

11.7.4 Planetenmissionen

Bei interplanetaren Sonden, die mit hyperbolischen Geschwindigkeiten einen Planeten anfliegen, kann eine aerodynamische Widerstandsverzögerung in der Planetenatmosphäre so große Treibstoffeinsparungen gegenüber einem Abbremsmanöver mit Raketenantrieben zeigen, daß eine solche Mission überhaupt erst sinnvoll wird. Dabei können prinzipiell die in Abb. 11.46 schematisch dargestellten Vorgehensweisen unterschieden werden.

Im ersten Fall erfolgt das aerodynamische Einfangmanöver (aero-capture) während eines einmaligen tiefen Eintauchens des Flugkörpers in die Planetenatmosphäre mit vergleichsweise sehr hohen aerothermodynamischen Fahrzeug-

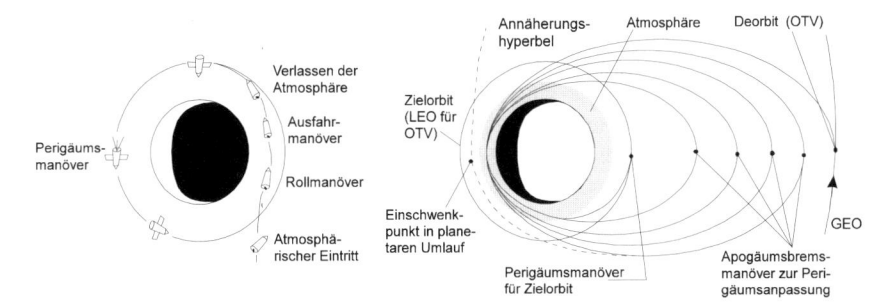

Abb. 11.46. Prinzipielle Vorgehensweisen zur Bahnänderung von Satelliten unter Ausnutzung der Atmosphäre eines Planeten.

belastungen. Die Sonde weist dabei Auftriebseigenschaften mit geringen A/W-Werten (≤1,5) auf. Während der atmosphärischen Flugphase werden die Verzögerungskräfte über eine Rollwinkel-Modulation (Bahnhöhensteuerung) für konstante Belastungen reguliert und das Fluggerät nach Verlassen der Atmosphäre mit einem geringen Δv-Antriebsaufwand in die Zielbahn eingeschossen, in der Hitzeschutzvorrichtungen abgesprengt werden können.

Im zweiten Beispiel wird das Fluggerät beim ersten Atmosphärendurchflug in größerer Höhe von der hyperbolischen Anfluggeschwindigkeit lediglich auf orbitale Geschwindigkeiten hochexzentrischer Bahnen abgebremst, die in aufeinanderfolgenden Satellitenumläufen sukzessive aerodynamisch auf die der planetennahen Zielbahn verzögert werden. Hierbei wird jeweils im Apogäum nach vorausgegangener Bahnvermessung ein geringer Korrektur-Antriebsimpuls zur Steuerung der Apsidenachse für einen kontrollierten Abstieg erzeugt, wobei zugleich auch die Einflüsse im voraus unbekannter oder wechselnder Eigenschaften der Atmosphäre (Dichteschwankungen!) kompensiert werden. Eine Perigäumsanhebung und Zirkularisierung entsprechend den Zielbahnbedingungen mit dem Antrieb schließen das Flugmanöver ab.

Der Nachteil längerer Manöverzeiten der graduellen Abbremsung (viele Satellitenumläufe!) fällt bei langen Missionen oft nicht ins Gewicht und wird von den Vorteilen einer geringeren Masse des Wärmeschutzschildes als Folge verminderter Belastungen sowie der Adaptionsfähigkeit der Manöver an variable Atmosphärenbedingungen aufgewogen. Dadurch werden die großen technologischen Schwierigkeiten des „aerocapture" Manövers vermieden, die sich zusätzlich zur Forderung nach hitzebeständigen Materialien und Strukturbauweisen daraus ergeben, daß das Manöver wegen der langen Funkübertragungszeiten zur Erde bordautonom gesteuert werden muß und adaptive Flugführungs- und Regelungssysteme erfordert, um veränderliche Eigenschaften der Planetenatmosphäre (die ja oft im voraus nicht bzw. nicht genügend genau bekannt ist) zu berücksichtigen.

In Abb. 11.47 werden die Größe und Dauer typischer aerothermodynamischer Wärmestrombelastungen des aerodynamischen Einfangkonzepts für verschiedene Missionen betrachtet. Danach müssen die Fluggeräte während der aerodynamischen Flugphase z.T. Wärmeströmen standhalten, wie sie bei strategischen ballistischen Wiedereintrittskapseln auftreten, wobei deren Belastungsdauer wesentlich übertroffen wird.

Trotz der erhöhten strukturellen Komplexität und des Massenaufwandes für das Thermalschutzschild (TPS) überwiegt der Treibstoffeinsparungseffekt dieser Konzepte und die im Endorbit verfügbare Nutzlast kann mehr als verdoppelt werden. Im Balkendiagramm der Abb. 11.48 sind für eine Venus- und eine Marsmission die Fahrzeug-Endmassen in der Planetenumlaufbahn einmal bei Nutzung und zum anderen bei Verzicht der aerodynamischen Abbremsung dargestellt. Die gestrichelte horizontale Linie bezeichnet die für die jeweilige Flugaufgabe geforderte Injektionsmasse im Zielorbit und läßt erkennen, daß beide Missionen ohne Anwendung der aerodynamischen Atmosphärenbremsung nicht durchführbar wären.

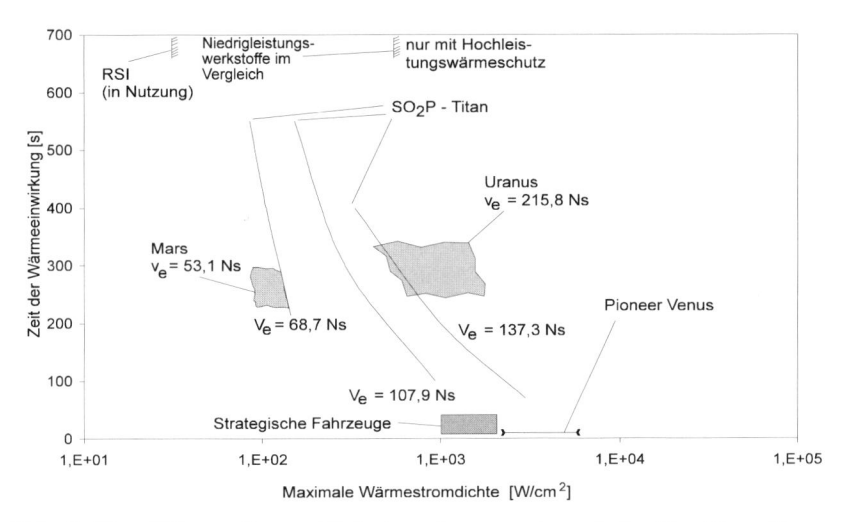

11.7 Aerodynamische Orbit-Transferfahrzeuge (AOTV) 427

Abb. 11.47. Wärmeströme und Belastungsdauer aerodynamischer Flugkörper für Planetenmissionen.

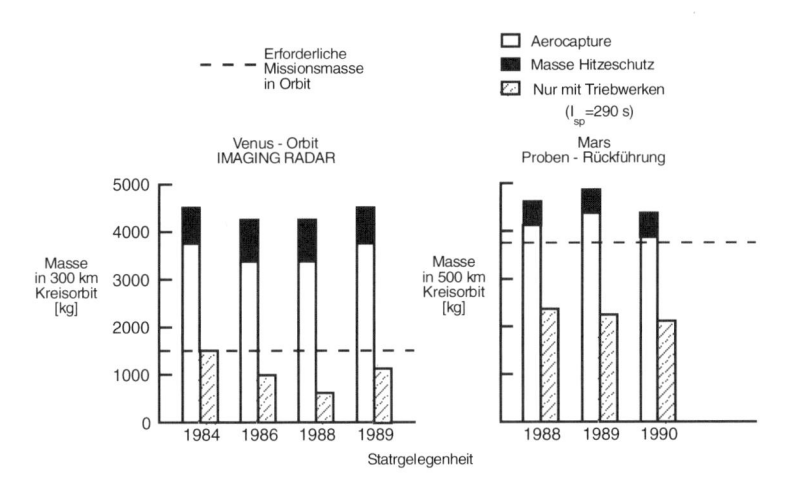

Abb. 11.48. Massengewinn durch aerodynamische Bremsung für eine Venus- und Mars-Mission.

11.7.5 Technologieaspekte der Aeroassist-Konzepte

Trotz der attraktiven Nutzlastvorteile aerodynamischer Fahrzeugauslegungen dürfen die großen technologischen Barrieren, die einer Realisierung solcher Projekte entgegenstehen und summarisch wie folgt beschrieben werden können, nicht übersehen werden:

- hohe Systemkomplexität, d.h. hohes technisches Risiko,
- leichte, hitzebeständige Materialien und formstabile Bauweisen, der Wärmeschutz als wesentliche Entwurfsproblem,
- adaptive Flugführungs- und Regelungssysteme zur Berücksichtigung veränderlicher Atmosphäreneigenschaften,
- mangelndes Verständnis der aerothermodynamischen Prozesse in stark verdünnten Gasen (Nichtgleichgewichtseffekte auf die Wärmeübertragung durch Konvektion und Strahlung, schwierige Experimentiermöglichkeiten im Labor),
- ungenügende Kenntnis chemischer Erosionsvorgänge durch atomaren Sauerstoff,
- komplexe Wechselwirkungen zwischen Raketenabgasstrahl und Ballonhülle beim Ballute-Konzept hinsichtlich der aerodynamischen Eigenschaften sowie der instationären und aeroelastischen Effekte,
- drei experimentelle Simulationen, die nicht gleichzeitig und im gleichen Windkanal durchgeführt werden können: Re-Ma-Simulation im Windkanal oder im Stoßrohr,
- thermodynamische Simulation ($\dot{Q},Q,\Delta t$): im Plasmawindkanal, reaktionskinetische Untersuchungen: Im Stoßrohr, im Plasmawindkanal.

12 Daten- und Kommunikationssysteme

12.1 Einleitung

Der Betrieb von Raumfahrzeugen und Nutzlasten erfordert sorgfältig konzipierte Daten- und Kommunikationssysteme. Dies rührt nicht nur vom Umfang der zu verarbeitenden Datenmenge her, sondern von der Vielfalt der Datenquellen und -senken und dem Zusammenwirken von Bord- und Bodensystemen bei ständig wechselnden Übertragungsbedingungen. Benötigt wird daher Mobilfunk für sowohl kleine wie auch sehr große Entfernungen unter Einbeziehung von Satelliten- und bodengebundenen Kommunikationssystemen – und all dies äußerst zuverlässig und möglichst rund um die Uhr. Zur besseren Übersicht des Themengebietes werden im folgenden die Daten- und Kommunikationssysteme am Beispiel der Anforderungen für eine Raumstation diskutiert.

Wegen der Mitwirkung von Astronauten beim Betrieb einer Raumstation scheint auf den ersten Blick, im Vergleich mit unbemannten Raumfahrtsystemen, ein Verzicht auf gewisse Teilfunktionen der klassischen Satelliten-Übertragungstechnik denkbar, da die Astronauten wichtige Überwachungsaufgaben und Eingriffe direkt vor Ort übernehmen können. Sicherheitsanforderungen, Komplexität und Umfang bestimmter Kontrollfunktionen für Raumstations- und Nutzlastsysteme einerseits und die notwendige Entlastung der Astronauten für ihre eigentlichen, missionsrelevanten, nicht automatisierbaren Aufgaben erhöhen jedoch die Anforderungen in Wirklichkeit und erfordern einen erheblichen Automatisierungsgrad.

Folgend werden die typischen Anforderungen an das Datenmanagementsystem einer Raumstation, die Übertragungsstrecken, die Auslegung der Funksysteme, die Antennen, Modulations- und Codierungstechniken, die Datenrelais-Satellitensysteme und für die Internationale Raumstation die wichtigsten Daten- und Kommunikations-Subsysteme skizziert.

12.2 Datenmanagementsystem

Um einen ersten Eindruck von der Komplexität des meist „Data Management System„ genannten und mit DMS abgekürzten Untersystems zu bekommen, ist in Abb. 12.1 das DMS für die Internationale Raumstation dargestellt. Das wichtige DMS-Teilgebiet stellt die Flugführung, Navigation und Regelung (GN&C) dar.
Das DMS unterstützt demnach die Überwachung des Betriebsablaufes an Bord und im Bodenkontrollzentrum, indem es

- die Meßdaten von Sensoren, Aktoren und anderen Systemen (einschließlich Sprach- und Videodaten) erfaßt, formatiert, multiplext und sie verteilt (Datenakquisition),
- die Funkverbindung zwischen Raumstation und Bodenkontrollzentrum und - falls in der Nähe - dem Space-Shuttle herstellt und aufrecht erhält (Signalakquisition),
- die relevanten Bahndaten (Dopplergeschwindigkeit, Entfernung, Winkel) und
- zur Positions- und Geschwindigkeitsmessung die Winkellage und die Richtung zur Sonne ermittelt (Tracking),
- die Systemdaten empfängt, die über die Raumstation und deren Instrumentie-

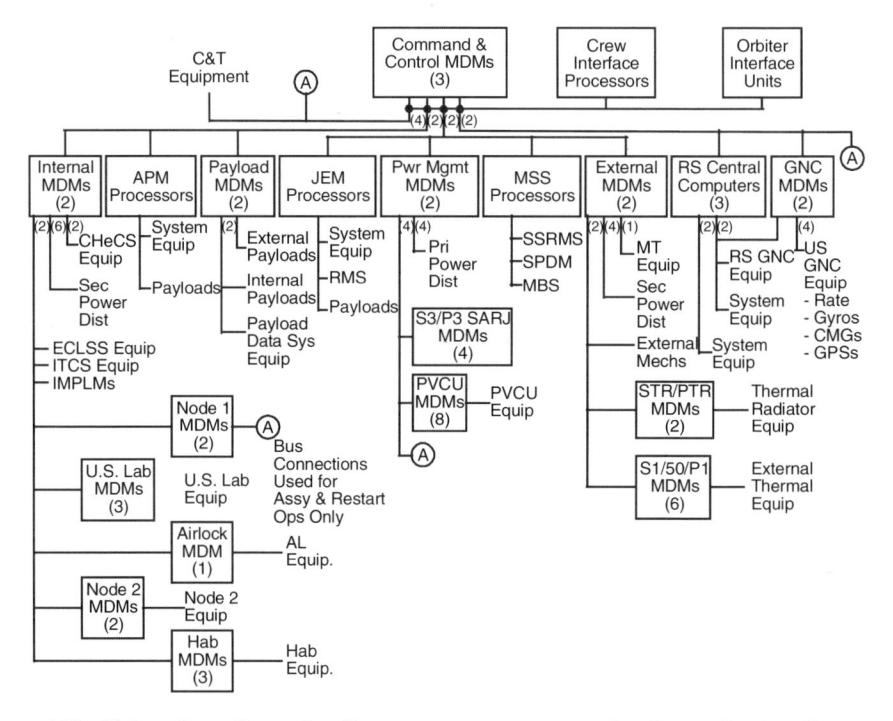

Abb. 12.1. Darstellung des Datenmanagementsystems der Internationalen Raumstation, Zahlen in Klammern: Anzahl implementierter Systeme.

rung Auskunft geben (Telemetrie),
- Daten der Nutzlasten empfängt und für eine Weiterverarbeitung aufbereitet (Signalaufbereitung), darstellt (Monitoring) und weiterleitet, sowie Kommandos in Form von Steuersignalen an die Geräte der Raumstation überträgt (Telekommando).

Besonderheiten ergeben sich für die Nachrichtentechnik aus
- den relativ großen und komplexen Übertragungswegen (starke Signalabschwächung, lange Laufzeit, Kommandoverzögerung),
- den hohen Geschwindigkeiten (Dopplereffekt, Antennennachführung),
- der möglichst großen Datenrate für sehr unterschiedliche Systeme und Nutzer und gleichzeitig begrenzten Übertragungskapazitäten,
- den hohen spezifischen Kosten für elektrische Energie und Datenfernübertragung,
- der Vielfalt der einzubeziehenden Schnittstellen (OSIs = Operator/System Interfaces) inklusive der Anzeigeschirme (Displays) und Eingabeterminals,
- den technologischen Anforderungen des Weltraumes (Schwerelosigkeit, Vakuum, Strahlung).

12.3 Übertragungsstrecken zu den Raumstationen

Am Beispiel der Mir-Station und der Internationalen Raumstation kann man die möglichen und teilweise schon verfügbaren Übertragungsstrecken zu den Raumstationen erkennen (Abb. 12.2). Zunächst gibt es die direkten Übertragungsstrecken von einer Vielzahl von Bodenstationen, die in der Anfangszeit der Raumfahrt in den USA und der damaligen UdSSR weltweit an strategisch günstigen Orten oder via günstig positionierten Funkschiffen aufgebaut worden sind. Da die Zeiten des Sichtkontaktes und daher günstiger Übertragungsbedingungen bei hohen Frequenzen zwischen diesen Bodenstationen und niedrig fliegenden Raumstationen oder -plattformen nur wenige Minuten betragen, zu Raumstationen maximal 10 Minuten, haben die USA ein System von geostationären Datenrelais-Satelliten, dem Tracking and Data Relay Satellite System (TDRSS) aufgebaut, über das deutlich größere Kontaktzeiten möglich sind. Die russischen Raumstationsbetreiber stützen sich bei der Mir-Station und in der Anfangsphase der Internationalen Raumstation noch auf das Bodennetz ab, das nach dem Auseinanderbrechen der UdSSR zudem auf Rußland beschränkt worden ist und derzeit 7 Bodenstationen umfaßt. Die Frequenzen für die direkte Übertragung liegen im S-Band, diejenigen für Übertragungen über Relaissatelliten im Ku-Band. Die Tabelle 12.1 enthält übliche Frequenzbänder für Satelliten-Kommunikation; sie enthält nicht die Frequenzen zur Übertragung im Nahbereich für Außenarbeiten (EVA), Rendezvous- und Docking (RvD); hier verwendet man zivile Frequenzen im UHF-Bereich (300-1000 MHz).

432   12 Daten- und Kommunikationssysteme

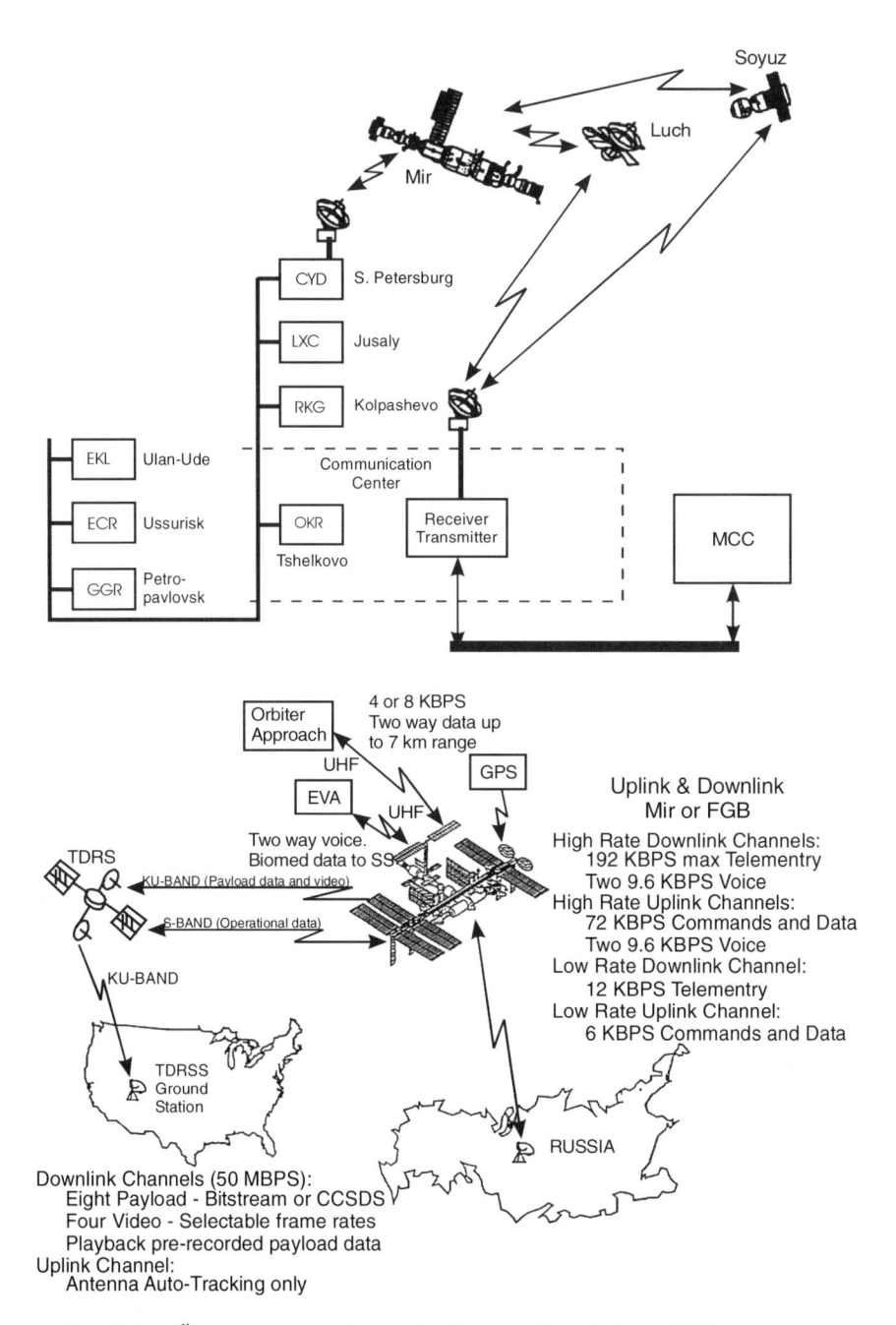

Abb. 12.2.   Übertragungsstrecken zu den Raumstationen Mir und ISS.

Frequenz-Band	Frequenzbereich (GHz)		Service	Grenze der Downlink Leistungsflußdichte (dBW/m²)
	Uplink	Downlink		
UHF	0,2 - 0,45	0,2 - 0,45	Militärisch	-
L	1,635 - 1,66	1,535 - 1,56	Maritim/Nav	-144 / 4 kHz
S	2,65 - 2,69	2,5 - 2,54	Kommerz. Fernsehen	-137 / 4 kHz
C	5,9 - 6,4	3,7 - 4,2	Nationale Komm.-Sat.	-142 / 4 kHz
X	7,9 - 8,4	7,25 - 7,75	Milit. Komm.-Sat.	-142 / 4 kHz*
K_u	14,0 - 14,5	12,5 - 12,75	Nationale Komm.-Sat.	-138 / 4 kHz
K_a	27,5 - 31,0	17,7 - 19,7	Nationale Komm.-Sat.	-105 / 1 MHz
SHF/EHF	43,5 - 45,5	19,7 - 20,7	Milit. Komm.-Sat.	-
V	~ 60		Satellitenquerverbind.	-

* Keine Begrenzung im rein militärischen Band von 7,70 - 7,75 GHz
Tabelle 12.1. Frequenzbänder für Satelliten-Verbindungen.

In der Zukunft wird sicherlich das eine oder andere satellitengestützte Mobilfunksystem wie Iridium, Globalstar, ICO von INMARSAT, Teledesic usw. mit Frequenzen im L/S-Band verwendet werden. Darüberhinaus ist denkbar, daß die zur weltweiten Vernetzung von Multimedia-Systemen geplanten Ka-Band-Satellitensysteme ebenfalls genutzt werden. Die Internationale Raumstation des Jahres 2010 wird nur eine von vielen Millionen Datenquellen sein.Die Betreiber und Nutzer werden dezentral und zu kurzfristig vorher festgelegten Zeiten, Bandbreiten, Übertragungsstrecken, Betriebsressourcen wie auch ihre Verbindungswege anfordern, bezahlen und daher auch bestimmen wollen – so wie auf der Erde auch. Der Astronaut wird, falls ihm keine andere Gelegenheit günstiger erscheint, mit seinem Handy für ca. 1$/Minute seine Familie zuhause anrufen, und sollte eine „Geschäftsverbindung" mit einem Experimentator nicht kurzfristig verfügbar sein, wird er das Experiment mit seinem Multimedia-fähigen Laptop an den entsprechenden Laptop des Experimentators anbinden.

12.4 Verteilte Datensysteme

Raumfahrtsysteme bestanden bis vor kurzem hauptsächlich aus zentralisierten Systemen, bei denen insbesondere auch die Datenverarbeitung und -übertragung durch einen einzigen Rechner, d.h. zentral, bewerkstelligt wurde. Der erste Schritt in Richtung verteilter Systeme bestand in der Verwendung von räumlich getrennten Empfangs- und Multiplexgeräten. Beim Space-Shuttle und auch dem Spacelab kann man erste Ansätze von verteilten Systemen erkennen. Bei diesen erledigt mehr als ein Rechner – meist aus Redundanzgründen - ein und dieselbe Aufgabe. Bei der Internationalen Raumstation werden die DMS-Aufgaben weitgehend verteilt wahrgenommen. Man spricht dann im Zusammenhang mit DMS-Architekturen oft auch von Netz-Topologien, physikalischen Übertragungsstrecken, den dafür benötigten Komponenten und von Software und Programmiersprachen.

12.4.1 Netz-Topologien

Verteilte Systeme sind durch Datenleitungen miteinander verbunden. Wenn man einmal von einer 1:1 Verkabelung wie etwa einer Rechner- Drucker-Verbindung absieht, so ist das kleinste System der Bus. Bei einem Bus werden drei oder mehr Komponenten parallel an dieselbe Leitung angeschlossen. Ein Protokoll legt die Art und Weise fest, wie die Geräte miteinander zu kommunizieren haben, wie sie ihre Betriebsbereitschaft signalisieren und die Übertragung und Datenspeicherung untereinander regeln. Ein typisches Beispiel wäre hier der Daten- und Adressbus eines Microprozessors oder der SCSI-Bus für Festplatten und andere Peripheriegeräte.

Die nächstgrößere Einheit wäre das Local Area Network (LAN). Ein LAN kann verschiedene Arten der Anbindung haben, die oftmals den Gegebenheiten vor Ort angepaßt sind. Typische Konstellationen sind auch hier wieder der Bus (Ethernet) oder Stern- und Ringverbindungen. Bei einem LAN sind im Prinzip alle Stationen untereinander „bekannt", so daß das Weiterleiten (Routing) von Daten entfällt. Die Übertragungsstecke kann als verlustfrei betrachtet werden, Störungen werden normalerweise nur durch den Ausfall von Komponenten verursacht und sofort detektiert. Das Protokoll beschränkt sich hier im wesentlichen auf die Zuteilung des Zugriffes auf das Netz für die einzelnen Stationen.

Die weitesten Verbindungswege haben die Wide Area Networks (WAN). Hierbei werden die verschiedenen Systeme zum Teil durch redundante Leitungen miteinander verbunden. Die einzelnen Wege können hierbei nicht mehr als verlustfrei betrachtet werden, d. h. es können Daten verloren gehen oder es können Störungen auftreten, die die Daten verändern. Diesem Umstand muß durch geeignete Fehlerüberprüfung begegnet werden, um die Konsistenz der Daten zu gewährleisten. Die flexibelsten, mehrfach miteinander verbundenen Netze benutzen manchmal auch scheinbar willkürliche Verbindungen, bei denen Datenpakete auf den schnellsten Weg gebracht werden, und sollte dieser blockiert werden oder ein Subsystem nicht funktionsfähig sein, wird der nächstbeste Weg herausgefunden (Routing). Dabei muß jede Station entlang des Weges das Speichern und Aussenden (Store and Forward) der Daten gewährleisten können. Moderne Telefonsysteme, zu denen auch die zukünftigen satellitengestützten Mobilfunksysteme wie Iridium und Globalstar (Personal Satellite Communications Networks, PSCN) gehören, arbeiten nach diesem Prinzip. Solche Systeme zeichnet aus, daß sie flexibel ausgebaut und mit geräte-unabhängigen Protokollen betrieben werden. Die „International Standards Organization ISO" hat einen entsprechenden Open Systems Interconnect (OSI) Standard für Netzwerke vorgeschlagen, der sich auch an Bord von Raumstationen und -plattformen durchsetzen wird, da er Details transparent darstellen läßt, der Nutzer nur die höheren Schichten des hierarchisch aufgebauten Protokolls kennen muß und es damit auch möglich ist, daß der Experimentator vom Boden aus „sein" Experiment über kommerzielle Computernetze erreichen und steuern kann. Es wird für die Raumstationsbetreiber und Sicherheitsexperten noch viel Arbeit geben, die daraus resultierenden Betriebs- und Sicherheitsstandards zu definieren und zu überwachen.

12.4.2 Physikalische Datenverbindungen

Die physikalischen Datenverbindungen bestehen aus verdrillten Zweidrahtleitungen (Twisted Pair), Koaxial- oder Glasfaserkabeln. Erstere werden für sternförmige Verbindungen eingesetzt, sind preiswert und erlauben Datenraten bis 100 Mbit/s und Kabellängen bis einige hundert Meter. Koaxialkabel sind besser abgeschirmt und werden in Bus-Topologien eingesetzt. Ihr Vorteil ist das leichte Anschließen weiterer Stationen. Glasfaserkabel übertragen modulierte Lichtsignale und sind gegenüber elektromagnetischen Interferenzen immun, die maximale Datenrate ist hauptsächlich durch die angeschlossenen Komponenten wie sendeseitig lichtemittierende Dioden und Laser und empfängerseitig Fotodioden oder andere Komponenten begrenzt. Sie kann möglicherweise bis in den Bereich von einigen Gbit/s reichen. Glasfasern ersetzen in Raumstationen zunehmend auch für kürzere Strecken und kleinere Datenraten die gebräuchlichen Koaxialkabel. Für mobile Nutzer und daher auch zur Verbindung von Bodenstationen direkt oder über Satelliten zur Raumstation stellt die Funkübertragung die einzige Möglichkeit der Datenübermittlung dar. Die Übertragungskapazität hängt sehr stark von der Übertragungsfrequenz ab und diese wiederum vom Übertragungsfenster, das durch die dämpfende Wirkung der Ionosphäre bei niedrigen Frequenzen und der Atmosphäre bei höheren Frequenzen definiert ist und etwa im Bereich von einigen 100 MHz bis mehrere GHz liegt (s. Abb. 12.3). Charakteristische Merkmale von Funkübertragungsstrecken sind die mit dem Quadrat der Entfernung abnehmende Signal-zu-Rauschleistung und daher die mehr oder weniger großen Sende- und Empfangsantennen.

Die Dauer der Verbindung zwischen Boden- und Bordantenne der Raumstation ist gegeben durch die Bahndaten, insbesondere die Bahnhöhe der Raumstation und den kleinsten Elevationswinkel der Bodenstation, unter dem noch ein zuverlässiger Funkkontakt herzustellen ist. Abb. 12.4 und 12.5 enthalten einige wichtige Angaben, die später zum Entwurf des Übertragungssystems benötigt werden. Für Raumstationshöhen von 200-500 km, d. h. Umlaufzeiten von etwa 90 Minuten, dauert ein Funkkontakt mit einer Bodenstation höchstens 10 Minuten, die Dopplerfrequenzverschiebung z. B. bei 1,6 GHz (L-Band) ist dabei maximal 40 kHz.

12.4.3 Software und Programmiersprachen

Die Kosten von Rechnern und Komponenten zur Datenübertragung, -speicherung und -darstellung usw. sind in den letzten Jahrzehnten drastisch gesunken; deswegen bestimmen die Software und die Programmierung zunehmend die Kosten des DMS. War bisher die Assembler-Programmierung noch eher die Regel – und sie ist dort unverzichtbar, wo vollständige Zugänglichkeit zur Maschineninstruktion oder hohe Geschwindigkeit benötigt wird – so sind es in der Zukunft Kombinationen von Assembler- und höheren Programmiersprachen wie etwa C oder ADA, die sowohl einen direkten maschinennahen Zugriff gestatten als auch eine benutzerfreundliche höhere Programmierung. Höhere Programmier-

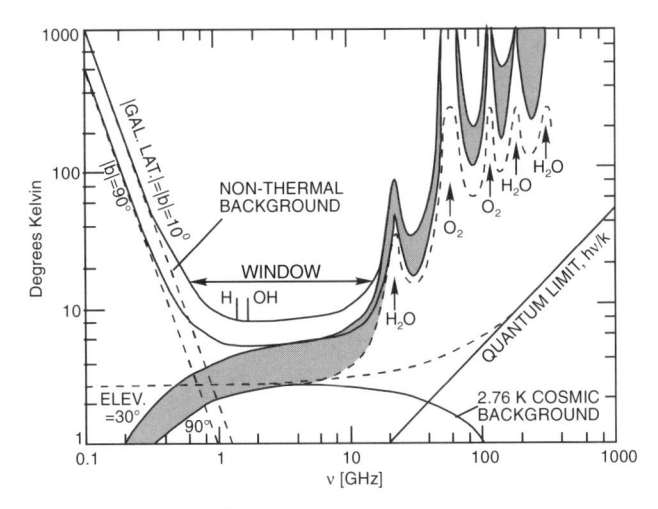

Abb. 12.3. Das Fenster für Übertragungsfrequenzen von der Erde zur Raumstation ist durch die verschiedenen Rauschquellen begrenzt.

sprachen verbesserten die Produktivität für kleinere Programme beträchtlich und erlaubten hohe Komplexität. Als diese jedoch immer größer wurde, nahm die Produktivität wieder ab, denn Entwurf, Test und Verifikation wie auch das Debugging, d. h. die Fehlersuche, reduzierten diese und damit auch die Vorteile. Dieses Problem wird durch die strukturierte Programmierung größtenteils vermieden, bei der jeweils kurze und in sich abgeschlossene Routinen verwendet werden. Strukturierte Programmierung vermeidet die Verwendung von „goto"-Befehlen und macht den Programmablauf übersichtlicher. Eine typische Entwicklungsumgebung für diese Programmiersprachen beinhaltet Analysehilfen, Editoren, Compiler, Debugger, Bibliotheken von Standardroutinen sowie eingebaute Testroutinen und eignet sich auch zur automatischen Code-Entwicklung. Eine solche strukturierte Programmiersprache ist die vom amerikanischen Verteidigungsministerium (DoD) initiierte Sprache namens ADA. In der Zwischenzeit ist man jedoch schon wieder von der Verwendung von ADA abgekommen, da diese Sprache eine sehr strenge Typüberprüfung hat und daher die Weiterverarbeitung und Konvertierung von Datenpaketen leicht unübersichtlich wird, da es gerade bei begrenzten Bandbreiten üblich ist, Datenfelder mehrfach zu benutzen und zu packen. Noch einen Schritt weiter geht die objektorientierte Programmierung, bei der sowohl Code als auch Daten eine Einheit bilden und so eine bessere Absicherung gegen inkonsistente Daten darstellen. Objektorientierte Programme verbergen die interne Arbeitsweise ihrer Module und gestatten so den Tausch von Routinen, ohne daß der Rest des Programmes geändert werden müßte.

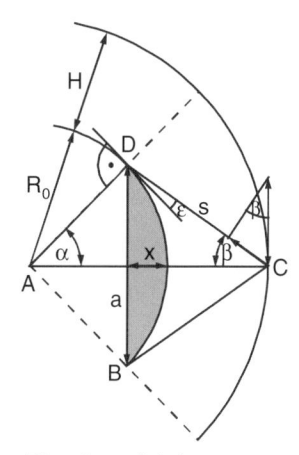

Elevationswinkel: ε
Satellitenhöhe: H
Erdradius: $R_0 = 6{,}37104 \times 10^6$ m
Erdbeschleunigung
$g_0 = 9{,}80665$ m/s²
Winkelgeschwindigkeit der
Erde = 0,00437527 rad/min

$$\beta = \sin^{-1}\left[\frac{\cos\varepsilon}{1+\frac{H}{R_0}}\right] \qquad s = \frac{R_0 \cos(\varepsilon+\beta)}{\sin\beta}$$

Umlaufzeit: $T = 2\pi\sqrt{\frac{(R_0+H)^3}{R_0^2 g_0}}$

Geschwindigkeit: $v = 2\pi\frac{(R_0+H)}{T}$

maximaler Sichtkontakt: $\tau_{max} = \frac{(\pi/2 - \varepsilon - \beta)T}{\pi}$

Bogenstrecke: $\rho = B \rightarrow D = 2R_0(\pi/2 - \varepsilon - \beta)$

normalisierte Leistungsflußdichte:

$$PFD = \left[\frac{s(H)\beta_0(H)}{s(H\rightarrow\infty)\beta_0(H\rightarrow\infty)}\right]^{-2} \text{ mit } \beta_0 = \beta(\varepsilon=0)$$

Dopplerfrequenzverschiebung (am Pol):

$$\Delta f_d = \frac{f_c v_r}{c} \text{ mit } v_r = \sqrt{\frac{R_0}{g_0}}\left(1+\frac{H}{R_0}\right)^{-\frac{3}{2}}\cos\varepsilon$$

Abb. 12.4. Zur Geometrie der Funkstrecke.

12.5 Auslegung der Funksysteme

Es sollen hier nur solche Grundlagen der Nachrichtenübertragung via Satelliten-Funkstrecken behandelt werden, die für das Verständnis und den Grobentwurf wichtig sind. Für die Auslegung der Funksysteme wird der physikalische Übertragungsweg zwischen Sender und Empfänger betrachtet, wie er z. B. in Abb. 12.2 zwischen Bodenantenne und Raumstationsantenne (Mir oder ISS) für die eine oder andere Richtung dargestellt ist. Ausgehend von der Sendeleistung wird die von der Sendeantenne abgestrahlte Leistung, ihre Verteilung im Raumwinkelbereich gemäß der Richtcharakteristik, der von der Empfangsantenne „eingesammelte" Teil der Sendeleistung und die im Empfänger hinzukommende Rauschleistung zur Bestimmung des Signal-Rausch-Verhältnisses zu berechnen sein.

Das Ergebnis einer solchen Berechnung, Link-Rechnung genannt, soll der späteren Ableitung vorweggenommen werden. Diese Rechnung stellt die Beziehung her zwischen Datenrate, Größe der Antennen, Übertragungsstrecke und Sendeleistung und wird für digitale Daten wie folgt angegeben:

$$\frac{E_b}{N_0} \equiv \frac{PL_l G_t L_s L_a G_r}{kT_s R} \equiv \text{Link- bzw. Pegelgleichung} \qquad (12.1)$$

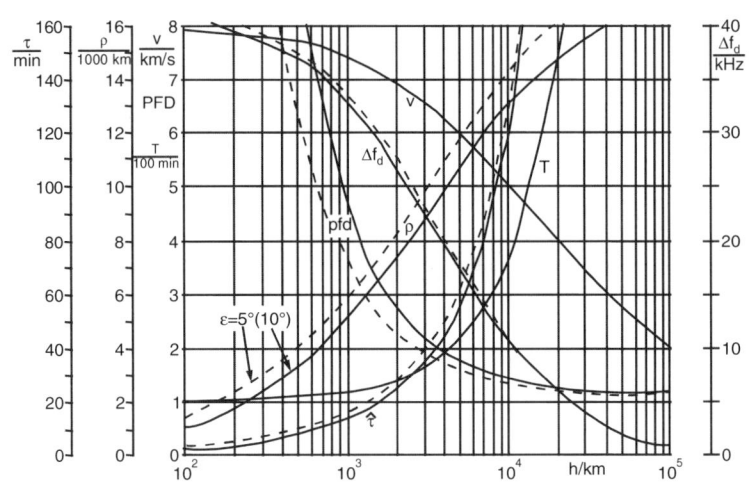

Abb. 12.5. Geschwindigkeit v, Umlaufzeit T, Bedeckungsbereich (ρ) pro Satellit beim Äquatordurchgang und maximale Verweildauer (τ) im Sichtbarkeitsbereich für Satelliten auf kreisförmigen Umlaufbahnen. PFD ist eine auf $H \to \infty$ normalisierte Leistungsflußdichte für Funksignale und Δf_d ist die Dopplerfrequenzverschiebung bei 1,6 GHz.

dabei ist E_b/N_0 das Verhältnis von in einem Bit gespeicherter Energie zur Rauschleistungsdichte, P ist die Sendeleistung, L_l ist der Verlust zwischen Sender und Antenne, G_t der Antennengewinn der Sendeantenne, L_s die von der Funkstrecke abhängige sogenannte Freiraumdämpfung, L_a sind sonstige Übertragungsverluste, G_r ist der Gewinn der Empfangsantenne, k die Boltzmannkonstante, T_s die System-Rauschtemperatur und R die Datenrate. Für tolerierbare Bitfehlerraten muß das Verhältnis E_b/N_0 zwischen 5 und 10 liegen. Ist die Bahnhöhe und damit der maximale Abstand zwischen Sende- und Empfangsantenne einmal bestimmt, können die meisten Variablen, die die Auslegung und Kosten festlegen, wie z. B. P, G_t, G_r und R berechnet werden. Die Übertragungsverluste kommen hauptsächlich durch ionosphärische und atmosphärische Effekte zustande und sind bei klarem Wetter im Bereich von 200 MHz - 20 GHz relativ klein (s. Abb. 12.3 und 12.6).

Bei der Ableitung der Gleichung 12.1 wird von einem Sender im Zentrum einer Kugel mit Radius s ausgegangen. PL_l ist die isotropisch und daher die Kugeloberfläche gleichförmig anstrahlende Sendeleistung. Die dort einfallende Leistungsflußdichte W ist also $PL_l/(4\pi s^2)$. Falls die Sendeantenne eine schmale Strahlkeule hat, so ist die Leistungsflußdichte mit dem Gewinn der Sendeantenne zu multiplizieren. Übertragungsverluste zwischen Sender und Kugeloberfläche, z. B. durch Absorption in der Atmosphäre und durch Regen, werden mit einem Faktor L_a berücksichtigt. Das Produkt PL_lG_t wird als Effective Isotropic Radiated Power, oder kurz EIRP, bezeichnet, d. h. auf der Kugeloberfläche werden $(EIRP)L_a/(4\pi s^2)$ [W/m²] eingestrahlt. Dieser Wert ist nur noch mit der effektiven Fläche der Empfangsantenne A_r zu multiplizieren, um die empfangene Leistung C zu erhalten.

12.5 Auslegung der Funksysteme

Die effektive Fläche der Empfangsantenne ist $\eta(\pi D^2/4)$, wobei der Wirkungsgrad η zwischen 0 und 1 liegt und eine Funktion der Unebenheiten und sonstigen Abweichungen von den idealen Antenneneigenschaften ist und sich für Parabolantennen im Bereich von 0,55 bis 0,7 bewegt. Damit ist die empfangene Leistung

$$C = \frac{PL_l G_t L_a D_r^2 \cdot \eta}{16s^2} \quad . \tag{12.2}$$

Der Antennengewinn kann auch als Verhältnis zwischen der effektiven Empfangsfläche A_r und der effektiven Fläche $\lambda^2/4\pi$ einer (hypothetischen) isotropen Antenne definiert werden, wobei λ die Wellenlänge des übertragenen Signals ist. Für die Empfangsantenne gilt also

$$G_r = \left(\frac{\pi D_r^2 \eta}{4}\right)\left(\frac{4\pi}{\lambda^2}\right) = \frac{\pi^2 D_r^2 \eta}{\lambda^2} \quad . \tag{12.3}$$

Gleichung 12.3 in Gleichung 12.2 eingesetzt ergibt

$$C = PL_l G_t L_a G_r \left(\frac{\lambda}{4\pi s}\right)^2 = PL_l G_t L_s L_a G_r = (EIRP) L_s L_a G_r \tag{12.4}$$

wobei C die empfangene Leistung ist und $L_S=(\lambda/4\pi s)^2$ die sogenannte Freiraumdämpfung. Bei digitalen Daten ist die pro Bit empfangene Energie E_b gleich der empfangenen Leistung C multipliziert mit der Bitdauer $1/R$, also $E_b=C/R$ mit der Datenrate R in bps und E_b in Ws oder J.

Die Rauschleistung im Empfänger hat gewöhnlich eine gleichmäßige spektrale Rauschleistungsdichte $N_0=kT_s$, mit T_s der Systemrauschtemperatur. Die gesamte Rauschleistung im Empfangsbereich mit Bandbreite B (B hängt von der Datenrate, der Modulation und der Codierung ab) ist

$$N = kT_s B = N_0 B \tag{12.5}$$

mit N_0 in W/Hz, N in W, k ist die Boltzmann-Konstante $= 1{,}381 \cdot 10^{-23}$ J/K, T_s in K und B in Hz. Mit den Gleichungen 12.4 und 12.5 ergibt sich die eingangs aufgeführte Link- bzw. Pegelgleichung 12.1.

Üblicherweise werden Linkberechnungen in Dezibel oder dB durchgeführt, da dies ermöglicht, die Parameter einfach zu addieren oder zu subtrahieren. Der Gewinn oder Verlust eines Elementes der Linkgleichung wird als Verhältnis P_0/P_i angegeben; im logarithmischen Maß Dezibel (dB) ausgedrückt ist dies $10 \cdot \log_{10}(P_0/P_i)$, wobei P_i die Eingangsleistung zu einem Element wie z. B. zur Antenne oder Übertragungsstrecke ist (input) und P_0 die Leistung am Ausgang (output). Selbst dimensionsbehaftete Größen wie z. B. die Leistung werden in dB ausgedrückt, z. B. dBW.

Damit kann die Linkgleichung in Dezibel wie folgt ausgedrückt werden:

$$\frac{E_b}{N_0} = P + L_l + G_t + L_s + L_a + G_r + 228{,}6 - 10 \lg T_s - 10 \lg R$$
$$= EIRP + L_s + L_a + \frac{G_r}{T_s} + 228{,}6 - 10 \lg R \tag{12.6}$$

mit E_b/N_0, L_l, G_t, L_s, L_a und G_r in dB, P in dBW, $10 \lg k = -228{,}60$ dBW/(Hz K), T_s in K, und R in bps. Die zweite Gleichung wird bevorzugt, wenn EIRP und G_r/T_s in dBW bzw. dB angegeben sind.

Das Verhältnis zwischen Träger-zu-Rauschleistungsdichte ist

$$\frac{C}{N_0} = \frac{E_b}{N_0} + 10 \lg R = EIRP + L_s + L_a + \frac{G_r}{T_s} + 228{,}6 \tag{12.7}$$

Die Systemrauschtemperatur T_s hängt von der Summe aller Anteile von Rauschquellen ab, die von der Empfangsantenne empfangen werden. Abb. 12.6 zeigt die Rauschtemperaturen und die daraus resultierenden äquivalenten Signaldämpfungen für einen großen, den Raumstationsfunk abdeckenden Frequenzbereich. Demnach ist es ratsam, die Empfangsantenne mit einer schmalen Empfangskeule nicht auf die Sonne auszurichten. Der Frequenzbereich zwischen 1,0 und 10 GHz liegt oberhalb des Bereiches mit beträchtlichen ionosphärischen oder vom Menschen verursachten Rauschanteilen bzw. unterhalb des Einflusses der atmosphärischen und Regen-Dämpfung. Für Elevationswinkel oberhalb von 10° ist hier die Gesamtdämpfung nur wenige dB und daher unproblematisch. Aus diesem Grund wird dieser Bereich als Funkfenster bezeichnet.

Alle Rauschquellen zwischen Antenneneingang (mit T_{ant}, welches alle empfangenen Rauschquellen enthält) und Empfängerausgang tragen zur Empfänger-Rauschtemperatur T_r bei. Diese können von Übertragungsleitungen, Filtern, Verstärkern und anderen Komponenten herrühren. Werden die Rauschanteile von der Antenne und vom Empfänger zusammen berücksichtigt, so kann daraus die

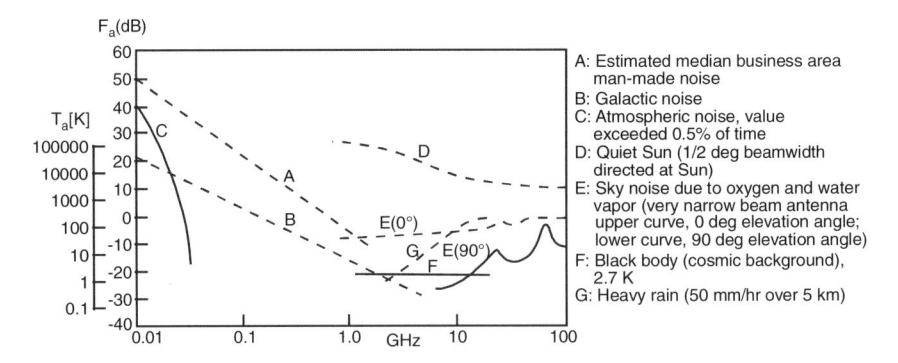

Abb. 12.6. Signaldämpfung durch natürliche und andere Rauschquellen.

A: Estimated median business area man-made noise
B: Galactic noise
C: Atmospheric noise, value exceeded 0.5% of time
D: Quiet Sun (1/2 deg beamwidth directed at Sun)
E: Sky noise due to oxygen and water vapor (very narrow beam antenna upper curve, 0 deg elevation angle; lower curve, 90 deg elevation angle)
F: Black body (cosmic background), 2.7 K
G: Heavy rain (50 mm/hr over 5 km)

Systemrauschtemperatur berechnet werden:

$$T_s = T_{ant} + \frac{T_0(1-L_r)}{L_r} + \frac{T_0(F-1)}{L_r} \qquad (12.8)$$

dabei ist L_r der Übertragungsverlust zwischen Antenne und Empfänger. Der zweite Term auf der rechten Seite der Gleichung entspricht dem Rauschen dieser Übertragungsstrecke, und der dritte Term kommt vom Rauschen des Empfängers mit Referenztemperatur T_0 und der Rauschzahl $F=1+T_r/T_0$. Für einen gekühlten (low noise) Empfänger ist T_0=290 K, L_r=0,89 oder 0,5 dB sowie F=1,1 oder 0,4 dB. Damit ergeben sich für die Rauschanteile in Gleichung 12.8: $T_S=T_{ant}+36K+33K$.

12.6 Antennen

Die Abb. 12.7 zeigt die gebräuchlichsten Antennentypen für Raumfahrtanwendungen. Am Beispiel der Hornantenne sollen einige der charakteristischen Eigenschaften von Antennen aufgezeigt werden. Abb. 12.8 zeigt die aus einem Hohlleiterhorn abgestrahlten Sendeleistungen unter Berücksichtigung der Wellennatur der Strahlung. Die Hauptkeule und die Nebenkeulen ergeben sich dadurch, daß in Streifenrichtung (A) durch die gleiche Phasenlage aller Strahlen keine Auslöschung stattfindet, während in Streifenrichtung (B) mit voller Auslöschung und den entsprechenden Übergängen dazwischen zu rechnen ist. Die Streifen (B) sind dadurch gekennzeichnet, daß jedem Punkt auf der Wellenfront ein korrespondierender Punkt im Abstand D/2 mit der Wellenverschiebung λ/2 zugeordnet ist, wodurch sich beide Quellen gegenseitig auslöschen. Der halbe Öffnungswinkel der Hauptkeule ist gegeben durch α/2=λ/D [rad], wohingegen der technisch interessante Winkel Θ, bis zu dem mindestens die halbe maximale Sendeleistung zur Verfügung steht, meist etwa 60% des vollen Winkels ausmacht:

$$\Theta_{3dB} \approx 0{,}6\,\alpha = 1{,}2\frac{\lambda}{D}\,[rad] \approx 70\frac{\lambda}{D}\,[°] \qquad (12.9)$$

Ein Hornstrahler mit einem Öffnungsdurchmesser von 10 cm und einer Wellenlänge von 3 cm (entsprechend einer Frequenz von f=c/λ=10 GHz) hat damit eine Keulenbreite von 21°. Läßt man das abgestrahlte Signal von dem in Abb. 12.7 unten links dargestellten parabolischen Reflektor mit einem Durchmesser von 1 m zurückspiegeln, so erhöht man den Durchmesser D der zunächst ebenen Wellenfront auf 1 m und reduziert die Keulenbreite auf 2,1°.

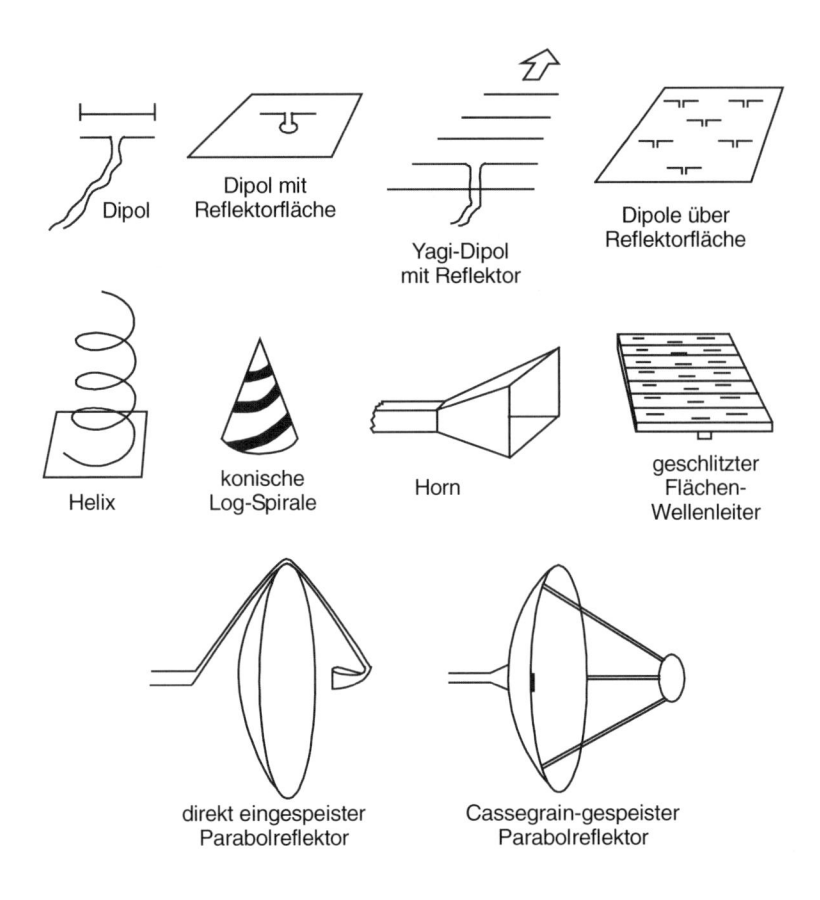

Antennentyp	Gewinn G	effektive Fläche
isotroper Strahler	1	$\lambda^2/4\pi$
elementarer Dipol	1,5	$1,5\lambda^2/4\pi$
$\lambda/2$ Dipol	1,64	$1,64\lambda^2/4\pi$
$\lambda/4$ - Dipol über leitender Fläche	3,28	$3,28\lambda^2/4\pi$
Horn	$10(A/\lambda)^2$	$0,81A$
parabolischer Reflektor	6,2 bis 7,5 $(A/\lambda)^2$	$0,5A$ bis $0,6A$
ideale phasengesteuerte Flächenantenne	$L_l\pi(A/\lambda)^2$	A

Abb. 12.7. Typische Raumstations-Antennen und der Gewinn bzw. die effektive Antennenfläche einiger ausgewählter Antennen.

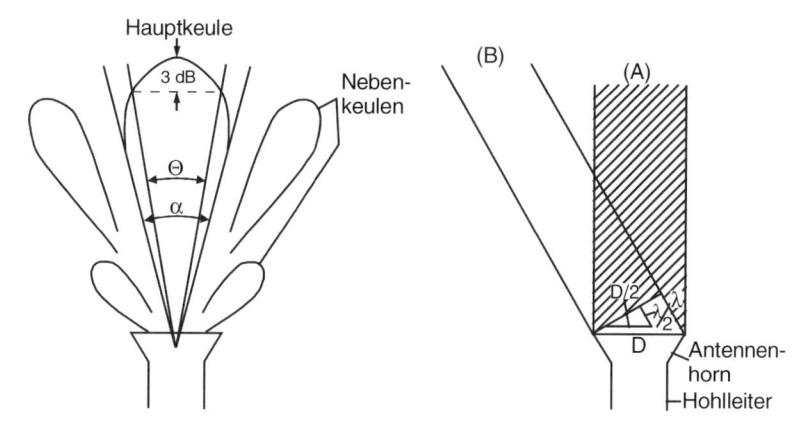

Abb. 12.8. Sendecharakteristik eines Hornstrahlers unter Berücksichtigung der Wellennatur der Strahlung.

Der Gewinn einer Richtantenne stellt die Strahlleistung der Hauptkeule ins Verhältnis zu derjenigen eines (hypothetischen) isotropen Strahlers gleicher Leistung. Nach Gleichungen 12.3 und 12.9 gilt allgemein

$$G = \frac{\pi^2 D^2 \eta}{\lambda^2} \quad \text{und} \quad \Theta_{3dB} \approx 70\frac{\lambda}{D} \; [°] \tag{12.10}$$

woraus unmittelbar folgt: $G\Theta_{3dB}^2 \sim \eta$ = konstant für jede Antenne eines bestimmten Typs. In Abb. 12.7 sind einige typische Werte für den Gewinn und die effektive Fläche von Antennen angegeben, wie sie im Zusammenhang mit Raumstationen Verwendung finden.

Die Linkgleichung 12.4 verdient hinsichtlich der Antenneneigenschaften und der Frequenzwahl eine besondere Beachtung. Wie der Abb. 12.7 zu entnehmen ist, muß man hauptsächlich zwischen Richtstrahlantennen (z. B. Horn- und Parabolantennen mit $G \sim 1/\lambda^2$) und Antennen, die mit konstantem Winkel abstrahlen (Dipole mit G unabhängig von der Wellenlänge λ), unterscheiden. Damit ergeben sich für eine Übertragungsstrecke mit Sendeantenne (Gewinn G_t), Übertragungsstrecke s (Freiraumdämpfung $L_s=(\lambda/4\pi s)^2$) und Empfangsantenne (Gewinn G_r) folgende Fallunterscheidungen für das Produkt $V=G_t L_s G_r$:

a) Zwei Richtstrahler, d. h. $V \sim 1/\lambda^2$ und daher sollte die Frequenz $f=c/\lambda$ so hoch wie möglich sein;
b) ein Richtstrahler und eine Antenne mit konstantem Winkel, d. h. V=konstant und daher wird die Frequenzwahl nicht beeinflußt;
c) zwei Antennen mit konstantem Winkel, d. h. $V \sim \lambda^2$ und daher sollte die Frequenz so klein wie möglich sein.

Dies bedeutet, daß bei Übertragungen von der Erde zur Raumstation Fälle a) und b) innerhalb des Frequenzfensters (Abb. 12.3 und 12.6) zu wählen sind, wobei im Fall b) der Nachteil einer kleineren Empfangsleistung durch den Vorteil, daß nur eine Antenne nachzusteuern ist, oft wieder ausgeglichen wird. Bei großen Übertragungsstrecken außerhalb der Atmosphäre, etwa zwischen Raumstation und geostationären Relaissatelliten ist a) vorzuziehen, bei LEO- oder HEO-Relaissatelliten kann Fall b) der technisch günstigste sein, wohingegen für den Nahbereich, d. h. Rendezvous- und EVA-Manöver die Option c) die technisch einfachste, aber ausreichende Lösung darstellt.

Die Polarisation der paarweise eingesetzten Antennen sollte immer gleich sein, d. h. bei linearer Polarisation immer vertikal oder horizontal und bei zirkularer Polarisation immer links- oder rechts orientiert. Wird dies nicht beachtet, so kommt es zu beträchtlichen Polarisationsverlusten. Eine linear/zirkular-Fehlanpassung z. B. bedeutet einen Verlust von 3 dB. Weitere Verluste können durch die in Abb. 12.6 genannten Störungen und durch Intermodulationen, Interferenzen, Mehrwege- und Abschattungseffekte, Antennenmißweisung bzw. Oberflächenrauhigkeit und andere Effekte entstehen. Für die genannten Effekte müssen je nach Anwendung sogenannte Linkmargins in der Größenordnung von 5-15 dB berücksichtigt werden.

12.7 Modulation und Codierung

Etwa um das Jahr 1980 begann für Raumfahrtsysteme die analoge Signal- und Übertragungstechnik der Digitaltechnik vollends zu weichen. Für ein Digitalsystem muß zuerst das in der Regel analoge Signal, z. B. die elektrische Spannung für einen Stellmotor, mit mindestens der doppelten, maximalen Signalfrequenz f_m abgetastet werden. Nyquist fand schon 1928 heraus, daß ein Signal theoretisch aus dem Digitalsignal rekonstruiert werden kann, wenn für die Abtastrate (sampling rate) gilt:

$$f_s \geq 2 \cdot f_m \quad \text{Nyquist-Theorem.} \qquad (12.11)$$

Die menschliche Stimme hat eine Bandbreite von ungefähr 3,5 kHz, d. h. der Signalton muß mindestens 7000 mal pro Sekunde abgetastet werden. In Wirklichkeit ist wegen technischer Beschränkungen für eine gute Tonwiedergabe in Gleichung 12.11 ein Faktor 2,2 oder größer vorzusehen, also eine Abtastfrequenz von f_s=7,7 kHz. Für moderne Telefonsysteme wird die Sprache mit mehr oder weniger Einbuße an Tonqualität bei Abtastraten zwischen 4 und 8 kHz abgetastet. Für Musik-CDs sind die Abtastfrequenzen 44,1 kHz, für TV-Bildübertragungen in Schwarz-Weiß oder Farbe sind sie bis zu einigen MHz. Dank moderner Datenkompressions- und Kodierungstechniken kommt man mit bewußt eingegangenen Einschränkungen bei der Signalwiedergabe auf Faktoren um Eins in Gleichung

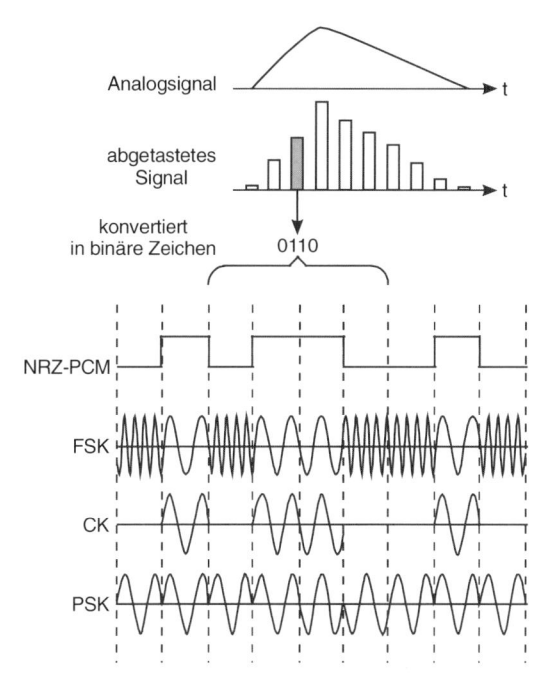

Abb. 12.9. Abtastung und Konversion eines Analogsignals in binäre Zeichen mit anschließender Modulation einer HF-Trägerfrequenz.

12.11. Zukünftige Satellitensysteme für Multimedia-Anwendungen werden derzeit für eine Kanalbandbreite von 2,0 MHz vorgesehen.

Abb. 12.9 skizziert, wie ein Analogsignal durch Abtastung digitalisiert und in binäre Zeichen (allgemein 2^n Abtaststufen pro Analogwert) umgewandelt wird. Der Datenstrom zwischen Mikroprozessor und Modulator/Demodulator besteht aus einer Folge von binären Zeichen. Zur Funkübertragung muß das codierte Signal auf einen hochfrequenten Träger moduliert werden. Die Trägerfrequenz ist dabei immer fest zugeteilt und erfüllt die weiter oben diskutierten Forderungen.

Für die Modulation eines Datensignales auf den HF-Träger gibt es prinzipiell drei Möglichkeiten, indem die Amplitude, die Frequenz oder die Phase des HF-Trägers variiert werden. Diese drei Modulationsverfahren werden in der Analogtechnik mit Amplituden-, Frequenz- und Phasenmodulation, oder kurz AM, FM und PM bezeichnet. Bei digitalen Signalen, wo der Träger nur diskrete Zustände annehmen kann, sind die englischen Bezeichnungen Carrier Keying (CK), Frequency Shift Keying (FSK) und Phase Shift Keying (PSK) gebräuchlich. In Abb. 12.9 sind diese drei Modulationsverfahren abgebildet, wobei CK wegen der geringen Übertragungssicherheit keine Rolle mehr spielt und heute hauptsächlich nur noch die PSK-Modulation in verschiedenen Varianten (binär: BPSK, quartenär: QPSK, differentiell: DPSK usw.), meist im Zusammenhang mit fehlerkorrigierenden Codes (z. B. Viterbi-Code mit R=1/2, d. h. jedes zweite Bit ist Korrekturbit) Verwendung findet. Abb. 12.10 zeigt die Bitfehler-Wahrscheinlich-

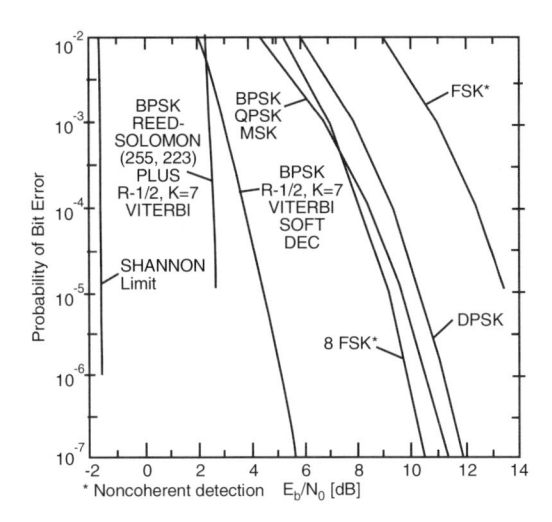

Abb. 12.10. Bitfehler-Wahrscheinlichkeit als Funktion von E_b/N_0.

keit als Funktion von E_b/N_0. Typische und in der Praxis erreichte Werte für die Bitfehler-Wahrscheinlichkeit sind 10^{-5} bis 10^{-7} für $E_b/N_0 = 3$ dB bis 6 dB.

Die Übertragungskapazität einer Funkstrecke als wichtige Ressource muß effizient genutzt werden, um möglichst ein Maximum an Daten von vielen Datenquellen zu übertragen. Dies kann gleichzeitig für verschiedene Sender mit unterschiedlichen Trägerfrequenzen (mit FDMA=Frequency Division Multiple Access), oder bei einer Trägerfrequenz und unterschiedlichen Zeitscheiben (Timeslots, d. h. TDMA) oder mit unterschiedlicher Codierung durch ein hochfrequentes Signal (CDMA mit Spread-Spectrum-(SS)-Modulation) geschehen. Die Übertragungskapazität einer Nachrichtenstrecke kann wie in Abb. 12.11 dargestellt als Quader aufgefaßt werden, wobei durch Schnitte senkrecht zu den Achsen (Frequenz, Zeit, Störabstand) die Kanalkapazität aufgeteilt wird.

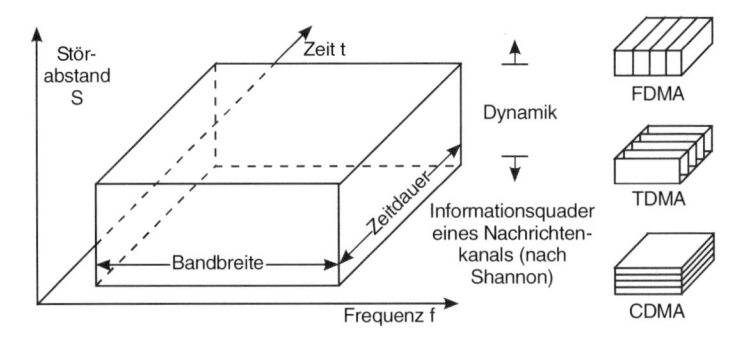

Abb. 12.11. Kanalkapazität einer Übertragungsstrecke als Quader mit den Achsen Frequenz, Zeit und Störabstand.

12.8 Das TDRS-System

Das Konzept des amerikanischen Tracking and Data Relay Satellite System (TDRSS) ist in Abb. 12.12 dargestellt. Frequenzen und andere die Übertragungsstrecke beeinflussende Größen sind der Tabelle 12.2 zu entnehmen. Daten von Satelliten bis zu einigen tausend Kilometern Höhe und von auf niedrigen Höhen fliegenden Raumstationen werden über zwei TDRSS-Satelliten übertragen, die auf geostationären Bahnen bei den geographischen Längen von 41° West und 172° West positioniert sind. Diese TDRSS-Satelliten sind also von der Erde aus stets unter demselben Winkel zu sehen. Sie empfangen von den Satelliten und den Raumstationen die Telemetrie (TM)-, Telekommando (TC)- und sonstigen Datensignale, verstärken diese und senden sie nach einer Frequenzumsetzung an eine zentrale Bodenstation in die USA. Von dort erhalten sie auch umgekehrt entsprechende TM-, TC- oder andere Datensignale, die zu den Satelliten oder Stationen gefunkt werden sollen. Bei den gegebenen Bedingungen besteht die meiste Zeit Funkkontakt via TDRSS zur zentralen Bodenstation. In vielen Fällen gibt es daher unter diesen Bedingungen keine Anforderungen für bordseitige Datenspeicherung mehr.

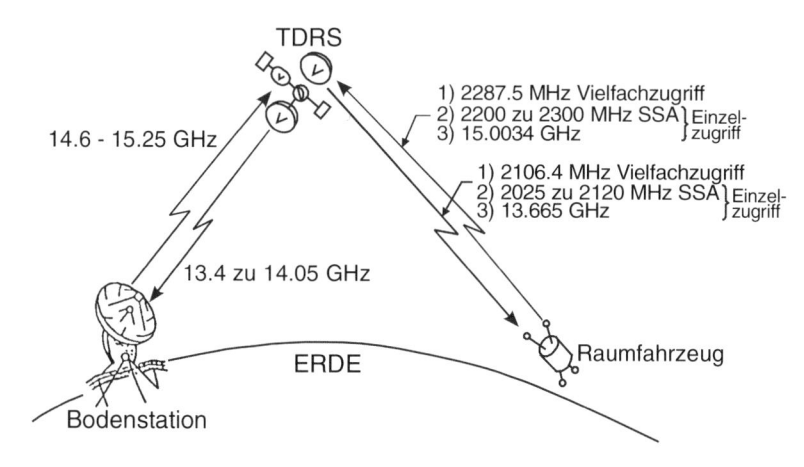

Abb. 12.12. TDRS-Konzept.

Funktion	S-Band Multi. Access		K_u-Band Single Access		S-Band Single Access	
	TM	TC	TM	TC	TM	TC
Frequenz in MHz	2287,5	2106,4	14896-15121	13750-13800	2200-2300	2025-2120
Antennen	28 dB	23 dB	52,6 dB	52 dB	36 dB	35,4 dB
EIRP/dBW	34		43 - 49		43,4 - 46	
Bandbr./MHz	5	5	88/225	50	10	20
Modulation	SS/PSK		SS/PSK		frei	
p_E	≥ -154		≥ -152			
Kapazität für	20 Satelliten gleichzeitig		2 Satelliten gleichzeitig		2 Satelliten gleichzeitig	

EIRP: Äquivalente isotrope Strahlungsleistung = Antennengewinn • Sendeleistung
SS/PSK: Spread Spectrum mit PSK-Modulation
p_E: erforderliche Leistungsdichte bei SS/PSK am TDRS in dBW/(m² • 4 kHz)
TM: Telemetrie
TC: Telekommando

Tabelle 12.2. Anlagen des TDRS für den Funkbetrieb zu den erdnahen Satelliten.

Aufwärtsstrecke uplink: Boden-ISS			Abwärtsstrecke downlink: ISS-TDRSS-Boden
1,6	Frequenz	[GHz]	14
10	Sendeleistung Pt	[dB W]	4,77
25,4	Antennengewinn Gt	[dB]	40,72
35,4	EIRP = PtGt	[dB W]	45,49
-158,34	Freiraumdämpfung	[dB]	-207,53
3	Gr-Empfangsantenne	[dB]	52
-25,5	Tr-Systemrauschtemp.	[dB 1/K]	-25,55
228,6	Boltzmannkonstante	[dB HzK/W]	228,6
-10	Zusatzdämpfung + Margin	[dB]	-10
73,16	(C/kT)r	[dB Hz]	83
-10	Eb/N0	[dB]	-10
63,16 ≙ 2 MHz	Datenrate	[dB Hz]	73 ≙ 20 MHz

benutzte Daten:
Durchmesser Ant.: 1,5 m   1 m
Sendeleistung   10 W   3 W
Min. Elevation   10°, H=400 km   10°
Empfangstemp.:   290 K

Tabelle 12.3. Linkberechnung für a) schmalbandiges TC-Signal von einer Bodenstation zur Raumstation und b) breitbandiges multimedien-fähiges Signal von der Raumstation zum TDRSS-Satelliten.

12.8 Das TDRS-System

Auch die europäische Raumfahrtorganisation ESA plante für die Zeit ab Mitte der 90-iger Jahre einen Datenrelais-Satellit DRS; dieser sollte kompatibel mit dem TDRS sein, aber zusätzlich Breitbandkanäle bei den höheren Frequenzen besitzen. Solche Relaissatelliten sind notwendig, um den großen Datenübertragungsbedarf von Raumstation und von Erderkundungssatelliten zu bewältigen. Aus budgetären Gründen ist von der ESA der DRS-Satellit auf unbestimmte Zeit zurückgestellt worden. Statt dessen wird vermutlich der Technologieträger Artemis, der von der ESA gebaut wurde und von Japan mit der H-II-Rakete 1998 gestartet werden soll, zur Erprobung für Relaisdienste u. U. auch für die Internationale Raumstation eingesetzt werden. Später werden sicher kommerziell betriebene, geostationäre Datenrelais-Satellitensysteme eingesetzt werden, um den immensen Datenfluß zwischen der Raumstation und der Erde zu gewährleisten.

In Tabelle 12.3 wird für zwei Beispiele jeweils eine einfache Linkberechnung durchgeführt:

a) Von einer nachgesteuerten Parabolantenne mit 1,5 m Durchmesser soll von der Erde im L-Band ein Signal zur Raumstation übertragen und dort von einer hemisphärischen Antenne (G_r=3 dB) empfangen werden.

b) Von der Raumstation soll mit einer Parabolantenne mit 1 m Durchmesser ein Signal zum geostationären TDRS-Datenrelaissatelliten im Ku-Band übertragen werden.

Im folgenden werden einige der wichtigsten Daten- und Kommunikationssysteme für die Internationale Raumstation dargestellt. Abb. 12.13 zeigt das „Command and Data Handling System" zusammen mit dem Nutzlast (Payload)-Datensystem. In Abb. 12.14 ist der amerikanische Teil des nachrichtentechnischen und Antennensteuerungs-Betriebssystems dargestellt.

450   12 Daten- und Kommunikationssysteme

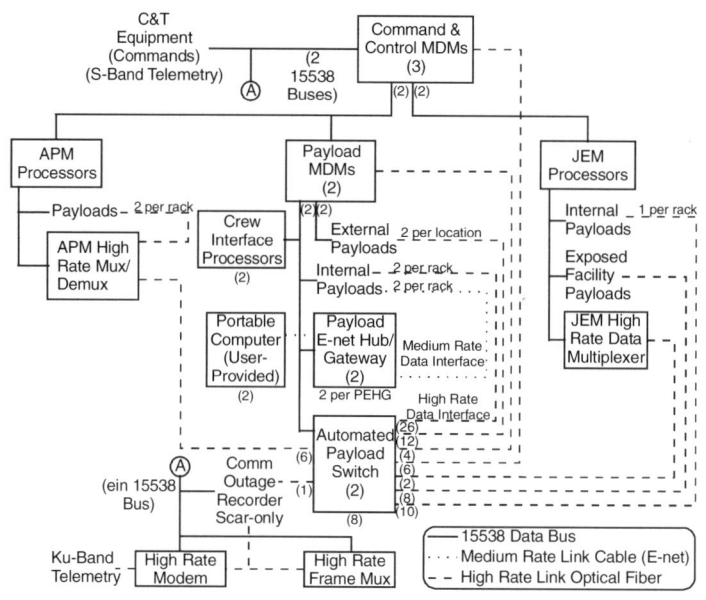

Abb. 12.13. Command and Data Handling System, Payload Data Subsystem Summary, Zahl in Klammern: Anzahl implementierter Systeme.

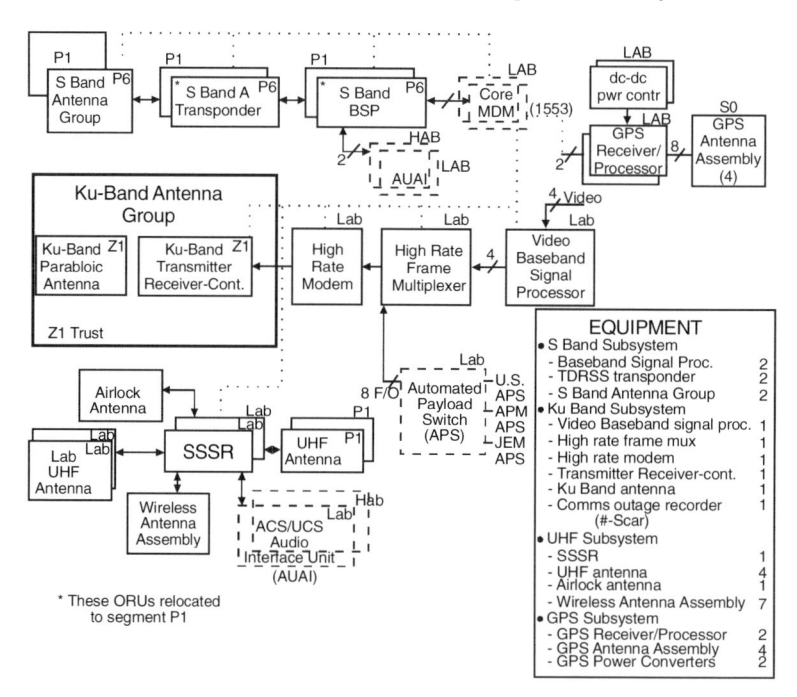

Abb. 12.14. Kommunikations- und Antennensteuerungs-System des amerikanischen (USOS) Betriebsteils.

13 Umweltfaktoren

13.1 Einführung

Satelliten, Raumsonden, Raumstationen und Raumfahrzeuge unterliegen einer Vielzahl von Umgebungseinflüssen. Diese Einflüsse können direkt oder indirekt auf den Orbit, auf Beschaffenheit und Zustand der verwendeten Werkstoffe, auf an Bord befindliche Besatzungsmitglieder oder auf Experimente und deren Betrieb einwirken. In Tabelle 13.1 sind die auftretenden Umwelteinflüsse und deren mögliche Auswirkungen (speziell in „Low Earth Orbit") dargestellt. Man unterteilt die Umwelteinflüsse im allgemeinen in zwei Hauptgruppen:
- Natürliche Weltraumumgebung: interplanetare Materie, kosmische Teilchen, Gravitations- und Strahlungsfelder.
- Durch Raumfahrzeuge induzierte Umgebung: Wird durch die Präsenz von Raumfahrzeugen oder aktive Freisetzung von Materie und Energie verursacht (Steuermanöver, Ausgasen, Space Debris, Leckverluste). Von besonderer Bedeutung für permanente Raumstationen und -plattformen sind Einflüsse auf die µg-Umgebung dieser Raumfahrzeuge, da davon im Wesentlichen die Durchführbarkeit vieler Experimente an Bord abhängt.

13.2 Gravitationsfelder

13.2.1 Gravitationsfeld in größerem Abstand von einem Zentralkörper

In größerem Abstand von der Oberfläche eines Himmelskörpers ist dessen Schwerefeld in guter Näherung kugelsymmetrisch und kann durch das Newtonsche Gravitationsgesetz beschrieben werden. Als *Aktivsphäre* r_A eines Planeten bezeichnet man die Entfernung von seinem Mittelpunkt, bis zu der er als Zentralkörper und die Gravitation der Sonne als Störung betrachtet werden kann. Der *Neutralpunkt* r_N gibt dagegen die Entfernung an, bei der die Schwerebeschleunigung von Planet und Sonne entgegengesetzt und gleich groß sind. Durch die invers-quadratische Abhängigkeit der Gravitationskraft vom Abstand werden z.B. in Monden Spannungen induziert, die innerhalb einer gewissen Entfernung -

Art, Herkunft			Auswirkung		
			Orbit	Materialien	Experim. Betrieb Mensch
Gravitationsfeld	-	Störungen durch andere Planeten	•		
	-	Störungen durch Inhomogenitäten	•		•
	-	Weitere Anomalien			
Magnetfeld	-	Dipolfeld	(•)(1)		
	-	Abweichung vom symmetr. Dipol	(•)		
	-	Einfluß der solaren Strahlung		•	•
Radioaktive Strahlung	-	Teilchen - Solarer Ursprung		•	(4)
		- Kosmischer Ursprung		•	
	-	Elektromagnetische Strahlung			(4)
Elektromagn. Strahlung	-	Solare Strahlung	•	•	
	-	Solarer Strahlungsdruck	•		
	-	Albedostrahlung der Planeten			
Atmosphäre	-	Dichte	•		(•)(2)
	-	Atomarer Sauerstoff		•	
Ionosphäre			•	(•)	•
Feste Materie	-	Meteoroiden		•	(3)
	-	Space Debris		•	(3)

Erklärung der Symbole: • : wichtige Auswirkung (•) : zweitrangige Auswirkung
(1): Tether   (2): μg   (3): Long Duration Exposure Facility LDEF   (4): Solargeneratoren

Tabelle 13.1.   Umwelteinflüsse.

die als *Roche-Grenze* bezeichnet wird - zu dessen Zerstörung führen. Diese Grenze kann bei den Saturnringen beobachtet werden.

Für die Bewegung von mehr als zwei Körpern in ihren gegenseitig wirkenden Gravitationsfeldern existiert i.a. keine geschlossene Lösung. Eine wichtige Ausnahme ist jedoch die Bewegung dreier Körper, die sich in den Eckpunkten eines gleichseitigen Dreiecks befinden. In einem Zweikörpersystem werden die beiden möglichen Koordinaten eines dritten Körpers als *Librationspunkte L_4 und L_5* bezeichnet, L_1 bis L_3 sind instabile Librationspunkte. Die Librationspunkte des Systems Erde-Mond sind in Abb. 13.1 dargestellt. Dort können z.B. kleinere Himmelskörper in einem stabilen Orbit eingefangen werden, wie es bei den Trojanern im System Sonne-Jupiter der Fall ist. In der Raumfahrt könnten sich Librationspunkte als Depots für Transfermissionen eignen.

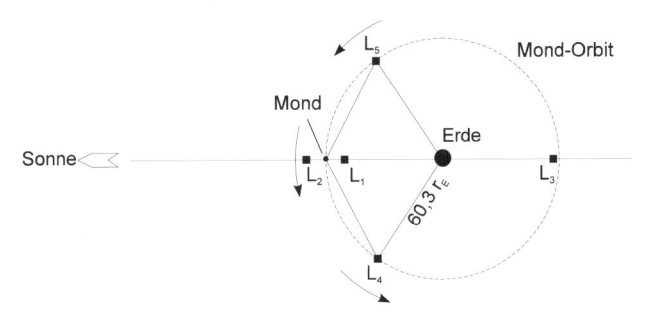

Abb. 13.1. Librationspunkte im System Erde-Mond.

13.2.2 Gravitationsfeld in der Nähe eines Zentralkörpers

Himmelskörper haben i.a. keine ideale Kugelgestalt und auch keine homogene Massenverteilung (vgl. Abb. 13.2). Dadurch kann der Betrag und die Richtung der Schwerebeschleunigung in der Nähe des Himmelskörpers von den Ergebnissen, die das Newtonsche Gravitationsgesetz liefert, abweichen. Das real vorhandene Gravitationspotential φ kann mathematisch durch eine Entwicklung nach zonalen (d.h. breitenabhängigen) Kugelfunktionen beschrieben werden. Für die Erde wurden mittels exakter Vermessung von Satellitenbahnen, Radar- und Lasermessungen sehr aufwendige mathematische Modelle entwickelt, die die Erdform bis auf etwa 1 m genau beschreiben. Dabei ergibt sich ein äquatorealer Radius von $r_E = 6.378,140$ km und ein polarer Radius von $r_P = 6.356,755$ km.

Die Störbeschleunigungen durch die zonalen Harmonischen sind im Vergleich zu anderen Störeinflüssen in der Tabelle 13.2 dargestellt. Diese Daten wurden mit Hilfe des *Global Positioning System (GPS)*-Satellitsystems zur genauen Positionsbestimmung auf der Erde gewonnen. Die Satelliten bewegen sich dabei in 20.000 km Höhe in ca. 12 Stunden um die Erde.

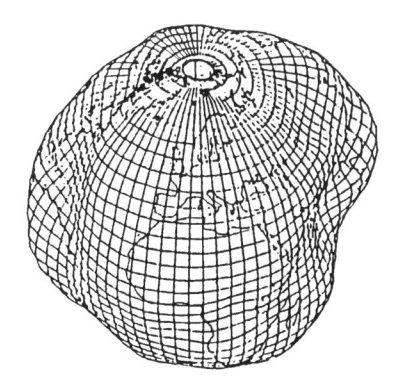

Aus der Satellitenperspektive gesehen und vom Computer mit 15 000-facher Überhöhung gezeichnet, präsentiert sich die Erde nicht als Kugel, sondern als Kartoffel:
Im Indischen Ozean ist deutlich eine rund 100 Meter tiefe Mulde zu sehen, im Nordatlantik ein 65 Meter hoher Buckel.

Abb. 13.2. Abweichung der Erde von der Kugelgestalt.

Störungsursache	Max. Störbeschleunigung [m/s²]	Max. Auslenkung pro Stunde [m]
Massenanziehung der Erde	$5{,}65 \cdot 10^{-1}$	-
Zweite zonale Harmonische	$5{,}3 \cdot 10^{-5}$	300
Schwerkraft des Mondes	$5{,}5 \cdot 10^{-6}$	40
Schwerkraft der Sonne	$3 \cdot 10^{-6}$	20
Vierte zonale Harmonische	10^{-7}	0,6
Strahlungsdruck der Sonne	10^{-8}	0,06
Gravitationsanomalien	10^{-8}	0,06
alle übrigen Kräfte	10^{-8}	0,06

Tabelle 13.2. Bahnstörungen der GPS-Satelliten.

13.2.3 Entwicklung des Gravitationspotentials nach Kugelfunktionen

Die Entwicklung des Gravitationspotentials (spezifische potentielle Energie u eines Körpers der Masse m) nach Kugelfunktionen liefert die Gleichung

$$\frac{U}{m} = u = u(r,\beta) = -\frac{\mu}{r}\left(1 - \sum_{n=2}^{\infty} J_n \left(\frac{R_0}{r}\right)^n P_n(\sin\beta)\right) , \qquad (13.1)$$

wobei hier die Störterme J_n (Besselfunktionen), der Äquatorradius R_0, die gravimetrische Breite β und die Legendresche Polynome P_n mit

$$P_2(x) = \frac{1}{2}(3x^2 - 1) , \quad P_3(x) = \frac{1}{2}(5x^3 - 3x) , \quad P_4(x) = \frac{1}{8}(35x^4 - 30x + 3)\ldots, (13.2)$$

eingesetzt werden. Die Störterme J_n werden auch als *zonale Harmonische* bezeichnet (s. Abb. 13.3). Für die meisten Himmelskörper ist der Störterm J_2 (zweite zonale Harmonische) sehr viel größer als die Terme höherer Ordnung (höhere zonale Harmonische J_N, n > 2). Die wesentlichen Störeinflüsse der zonalen Harmonische auf Raumfahrzeuge in Erdumlaufbahnen sind eine Knotenwanderung des Orbits und eine Wanderung der Apsidenlinie. Die für die Erde ermittelten Werte für J_2 bis J_5 und die daraus resultierenden Verformungen sind:

$$\begin{array}{ll} J_2 = 1.083{,}9 \cdot 10^{-6} , & J_3 = -2{,}4 \cdot 10^{-6} \\ J_4 = -1{,}3 \cdot 10^{-6}, & J_5 = -0{,}2 \cdot 10^{-6} \end{array} \qquad (13.3)$$

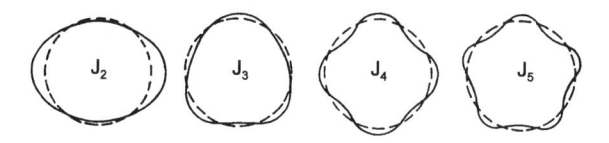

Abb. 13.3. Darstellung der zonalen Harmonischen.

Unter Vernachlässigung der höheren Harmonischen kann eine angenähert homogene Massenverteilung mit der Gestalt eines *Rotationsellipsoides* angenommen werden. Das Gravitationspotential hat dann die Form

$$u = -\frac{\mu}{r}\left(1 + \frac{J_2}{2}\left(\frac{R_0}{r}\right)^2 \left(1 - 3\sin^2\beta\right)\right) \qquad (13.4)$$

und der Betrag der Schwerebeschleunigung ist durch den Gradienten des Potentials als

$$g = \frac{F}{m} = -\frac{du}{dr} = -\frac{\mu}{r^2}\left(1 + \frac{3}{2}J_2\left(\frac{R_0}{r}\right)^2 \left(1 - 3\sin^2\beta\right)\right) \qquad (13.5)$$

gegeben, woraus sich sofort

$$g = g(R_0, \beta = 0°) = -\frac{\mu}{R_0^2}\left(1 + \frac{3}{2}J_2\right) \qquad (13.6)$$

$$g(r, \beta = 35{,}3°) = -\frac{\mu}{r^2} \qquad (13.7)$$

ergibt. Das Vorzeichen verdeutlicht hier, daß die Schwerebeschleunigung entgegen dem Radiusvektor wirkt. Die Winkelabweichung der Schwerebeschleunigung von der Lotrichtung beträgt:

$$\tan\xi = \frac{dr}{rd\beta} = \frac{3}{2}J_2\left(\frac{R_0}{r}\right)^2 \sin 2\beta \quad . \qquad (13.8)$$

An den Polen und am Äquator verschwindet also die Abweichung, während sie für $\beta=45°$ ein Maximum annimmt. Für Körper, die sich auf der Erdoberfläche befinden, ergibt sich die resultierende Beschleunigung aus der Differenz aus Schwerebeschleunigung und Zentrifugalbeschleunigung ωR^2 aufgrund der Erdrotation.

13.3 Magnetfelder

13.3.1 Das magnetische Dipolfeld

Magnetfelder von Himmelskörpern können in größerem Abstand von der Oberfläche durch das Feld eines magnetischen Dipols beschrieben werden. Die Potentialfunktion dieses Feldes lautet:

$$\Phi = -M_m \frac{\sin\vartheta}{4\pi\mu_0 r^2} \;,\qquad (13.9)$$

wobei M_m das magnetische Moment, r den radialen Abstand vom Zentrum des Dipols und ϑ den Winkel zum magnetischen Äquator (magn. Breite) darstellen.

Durch Bildung des Gradienten erhält man als dem Potential zugeordnetes Feld die Komponenten der magnetischen Induktion in radialer Richtung (B_r) und in Richtung zum magnetischen Nordpol (B_ϑ):

$$B_r = -\mu_0 \frac{\partial \Phi}{\partial r} = -\frac{M_m \sin\vartheta}{2\pi r^3} \;,\qquad (13.10)$$

$$B_\vartheta = -\mu_0 \frac{1}{r}\frac{\partial \Phi}{\partial \vartheta} = \frac{M_m \cos\vartheta}{4\pi r^3} \;.\qquad (13.11)$$

Die gesamte magnetische Induktion beträgt dann

$$B = \sqrt{B_r^2 + B_\vartheta^2} = \frac{M_m}{4\pi r^3}\sqrt{1 + 3\sin^2\vartheta} \;.\qquad (13.12)$$

Der Neigungswinkel von B zur Horizontalen (Inklination) ergibt sich aus:

$$\tan\Theta_B = \frac{B_r}{B_\vartheta} = -2\tan\vartheta \qquad (13.13)$$

Die Feldlinien des magnetischen Dipols ergeben sich schließlich aus der zugeordneten Stromfunktion Ψ:

$$\Psi = M_m \frac{\cos\vartheta}{4\pi\mu_0 r^2} = \text{const.} \qquad (13.14)$$

13.3.2 Das Magnetfeld der Sonne

Die Intensität des Magnetfeldes der Sonne ist starken Schwankungen unterworfen. Durch die breitenabhängige Rotationsgeschwindigkeit (25,38 Tage am Äquator, 30,88 Tage nahe den Polen) wird magnetische Energie aus lokalen Feldstörungen in räumlich eng begrenzten Regionen akkumuliert und in spontanen Relaxationsprozessen in Form von Strahlung und kinetischer Energie emittierten Plasmas wieder freigegeben. Typische Effekte dieser Art sind Sonnenprotuberanzen (oder Sonnenfilamente, *Prominences*), -eruptionen (oder -fackeln, *Solar Flares*) und -flecken (*Sunspots*).

Bei ruhiger Sonne beträgt das Magnetfeld an der Oberfläche etwa 1 Gs (10^{-4} T), das magnetische Moment beträgt etwa $4{,}27 \cdot 10^{23}$ Vsm. In Sonnenflecken dagegen kann das Magnetfeld bis auf 0,1 ... 0,3 T anwachsen.

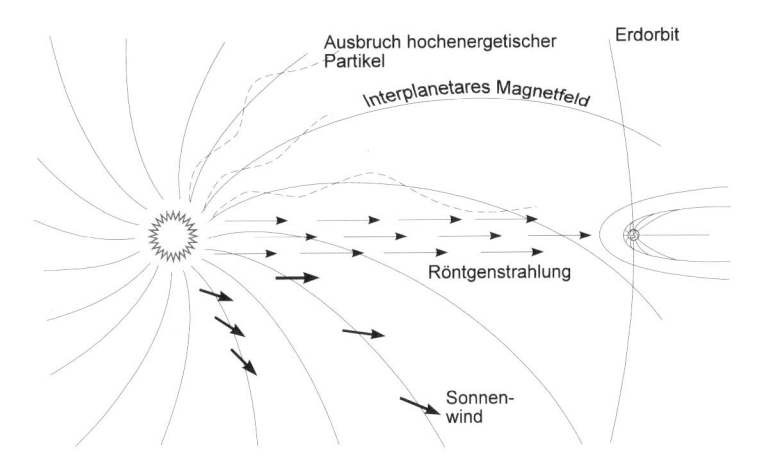

Abb. 13.4. Feldlinienbild in der Ebene des magnetischen Äquators.

Sonnenflecken sind eng begrenzte Gebiete mit Durchmessern zwischen mehreren 100 und mehreren 1.000 km, in denen starke lokale Magnetfelder Gas aus der Photosphäre festhalten. Sie erscheinen dunkler als die Umgebung, da sie etwa 1.000 K kühler sind. Sie haben eine Lebensdauer von wenigen Stunden bis zu Monaten und neigen zum Auftreten in Gruppen, die wiederum meist gemeinsam mit Sonneneruptionen auftreten. Durch Beobachtungen seit 1749 wurde für das Auftreten der Flecken ein Zyklus von im Mittel 11,2 Jahren ermittelt, mit Schwankungen zwischen 7 und 13 Jahren. Eng gekoppelt mit dem Auftreten der Sonnenflecken ist eine Umkehr des solaren Magnetfeldes mit einer Periode von 22 Jahren.

Durch den mit hoher Geschwindigkeit von der Sonnenkorona ausgestoßenen Sonnenwind (ein Proton-Elektron-Plasma) werden die Feldlinien des Dipolfeldes aufgerissen und in den interplanetaren Raum getragen. Da die Bahnen der Plasmateilchen wegen der rotierenden Sonne spiralförmig sind, werden die Feldlinien näherungsweise zu Archimedischen Spiralen verzerrt (vgl. Abb. 13.4).

13.3.3 Das Magnetfeld der Erde

Das Magnetfeld der Erde wird nach den heute anerkannten Theorien durch eine Art Dynamomechanismus im Erdinneren verursacht, wo Konvektions-, Coriolis- und Gravitationskräfte leitfähige flüssige Metalle in Bewegung halten. Bewegte Ladungen aber stellen einen Strom dar und sind immer mit dem Auftreten von Magnetfeldern verbunden. In Höhen über etwa 100 km kann das Magnetfeld der Erde in guter Näherung durch das Potential des Dipolfeldes beschrieben werden. Für das magnetische Moment M_m kann dabei ein Wert von 10^{17} Vsm angenommen werden.

Der Ursprung des Feldes ist gegenüber dem geographischen Mittelpunkt um etwa 450 km verschoben, der Dipol selbst ist um etwa 11,3° gegenüber der Rota-

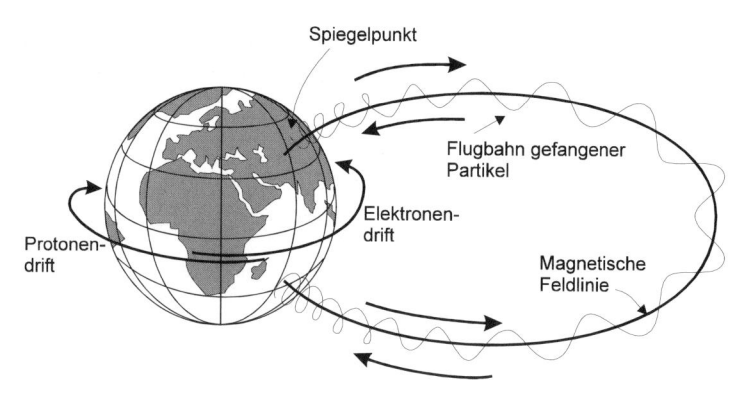

Abb. 13.5. Bahn der im Erdmagnetfeld gefangenen Teilchen.

tionsachse gedreht, wodurch sich auch die unterschiedliche Lage von magnetischen und geographischen Polen erklärt. Da geladene Teilchen aus dem interstellaren Raum im Erdmagnetfeld eingefangen werden können, kommt es durch diese Exzentrizität im Südatlantik zur *südatlantischen Anomalie*, einer Region erhöhter Strahlungsbelastung, was insbesondere für Raumfahrzeuge in niedrigen Erdorbits mit niedriger Inklination beachtet werden muß (Abb. 13.5 und Abb. 13.6).

Weitere Abweichungen vom symmetrischen Dipol werden durch lokale Konzentrationen ferromagnetischer Mineralien und möglicherweise durch Unregelmäßigkeiten im System der Konvektionsströme im Erdinneren verursacht. Einige dieser Anomalien sowie auch die magnetischen Pole zeigen eine sehr langsame Drift, und aus geologischen Untersuchungen bestimmter Minerale wurde auf eine Änderung der Polarität des Erdmagnetfeldes in Zeiträumen von 10^5 bis 10^6 Jahren geschlossen. In größeren Höhen (d.h. ab etwa 3 bis 4 Erdradien) ist das Erdmagnetfeld nicht mehr rotationssymmetrisch, da durch die Interaktion des Sonnenwindes mit dem Magnetfeld die Feldlinien verzerrt werden. Die so erzeugte komplexe Feldlinienstruktur wird als *Magnetosphäre* bezeichnet (Abb. 13.8).

Der Sonnenwind trifft mit 400 bis 500 km/s auf das Erdmagnetfeld auf und

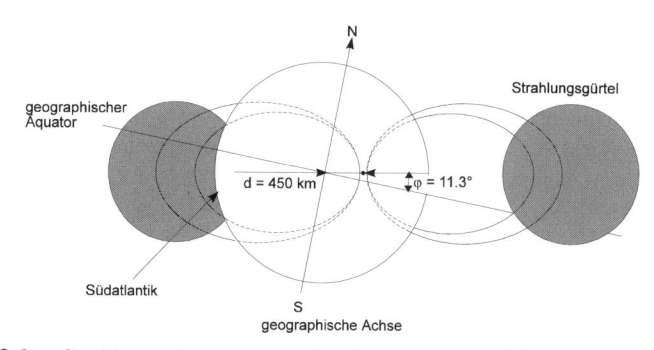

Abb. 13.6. Strahlungsgürtel und südatlantische Anomalie (übertrieben dargestellt).

überträgt dabei eine Leistung von etwa $1{,}4 \cdot 10^{13}$ W, von der allerdings nur 2 bis 3% absorbiert werden. Die Magnetosphäre zeigt daher eine gewisse Ähnlichkeit mit dem aus der Gasdynamik bekannten Fall des stumpfen Körpers in einer Hyperschallströmung für eine Machzahl von etwa 8. Die *Magnetopause* kann dabei als die Oberfläche des Körpers interpretiert werden, sie entsteht aus dem Kräftegleichgewicht zwischen Erdmagnetfeld und Sonnenwind; die kinetische Energie pro Volumeneinheit des solaren Plasmas ist gleich der Energiedichte des Erdmagnetfeldes. Die Feldlinien können nicht über dieses Gebiet hinaus reichen. Ihre stromauf liegende Grenze ist nur zwischen 7 und 10 Erdradien vom Erdmittelpunkt entfernt, während stromab das Magnetfeld (ähnlich dem der Sonne) gestreckt wird und bis weit in den Raum hinaus reicht. Weitere 2 bis 3 Erdradien in Richtung der Sonne über der Magnetopause beginnt die Stoßfront, an der die Verzögerung des solaren Plasmas einsetzt.

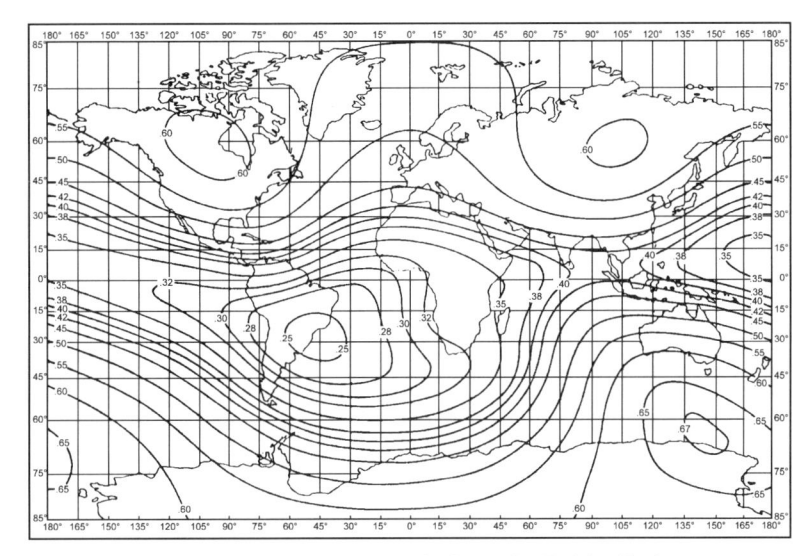

Abb. 13.7. Linien konstanter Induktion B in Gs an der Erdoberfläche.

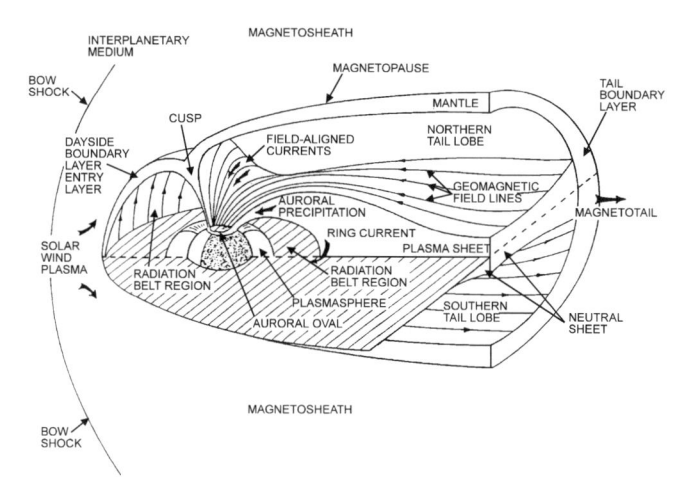

Abb. 13.8. Aufschnitt der Magnetosphäre.

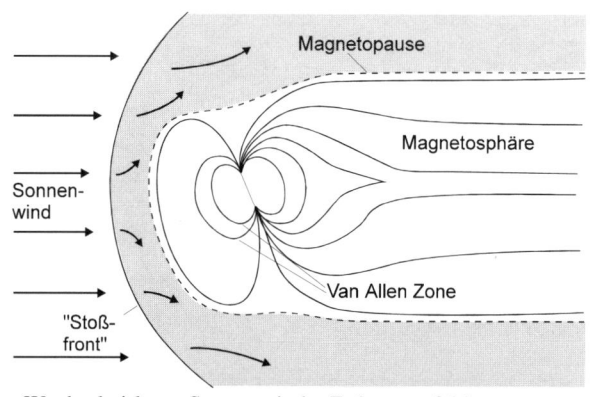

Abb. 13.9. Wechselwirkung Sonnenwind – Erdmagnetfeld.

13.4 Elektromagnetische Strahlung

Die Umweltbedingungen hinsichtlich der Eigenschaften der elektromagnetischen Strahlung der Sonne und des Planeten sind für die Energieversorgung und für die Thermalkontrolle relevant und werden dementsprechend in den Kapiteln 8 und 9 behandelt.

13.5 Atmosphäre

Als *Atmosphäre* wird die die Erde umgebende Gashülle bezeichnet. Ihre Obergrenze wird für Raumfahrtfragen in etwa dort definiert, wo der Strahlungsdruck die atmosphärischen Kräfte als wesentlichen Störeinfluß ablöst, und kann zu etwa 1000 km angenommen werden. Der schematische Aufbau der Atmosphäre ist in Abb. 13.10 dargestellt.

Für die Planung von Missionen in LEO, aber auch für alle Startvorgänge von Raketen und sonstigen Flugkörpern ist die genaue Kenntnis der vorliegenden Atmosphärenverhältnisse entscheidend, wobei insbesondere die Dichte einen wesentlichen Einfluß auf den aerodynamischen Widerstand hat. Aber auch Temperatur und Zusammensetzung sind wichtige Kenngrößen, beispielsweise bei der Beurteilung der *Degradation* von Materialien durch atomaren Sauerstoff (s. Abb. 13.11). Deshalb wurden diverse semi-empirische Modelle unterschiedlicher Genauigkeit entwickelt, mit deren Hilfe für einen beliebigen Ort zu einem bestimmten Zeitpunkt die gewünschten Daten ermittelt werden können. Dabei werden Systeme von Differentialgleichungen für fluid- und thermodynamische Prozesse zugrundegelegt, bei deren Lösung experimentell ermittelte Daten als Randbedingungen Eingang finden.

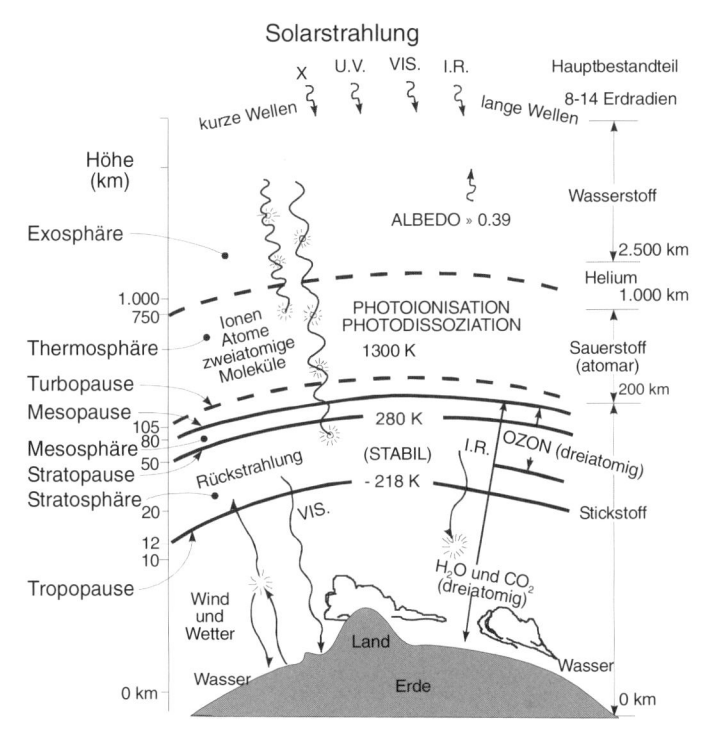

Abb. 13.10. Atmosphärenschichten und –zusammensetzung.

Da aber die Atmosphäre dem Einfluß der solaren Strahlung und des Erdmagnetfeldes unterliegt, hängt der genaue Zustand an einem gegebenen Punkt von vielen Parametern ab, die längerfristige, kurzfristige und räumliche Variationen beinhalten. Für einfache Abschätzungen genügt jedoch i.a. ein einfacheres Modell, das nur grobe Mittelwerte liefert. Ein solches Modell ist beispielsweise die CIRA72-Atmosphäre. In den Abbildungen 13.12 und 13.13 sind Mittelwerte für Temperatur T_∞ und Dichte ρ_∞ als Funktion der Höhe dargestellt. Die gestrichelten Linien zeigen dabei die Variationsbreite der Daten auf, die im Wesentlichen durch die sich ändernde Sonnenaktivität verursacht wird. Abb. 13.14 zeigt dagegen den Einfluß der lokalen Tageszeit auf die Atmosphärendichte bei minimaler und maximaler Sonnenaktivität.

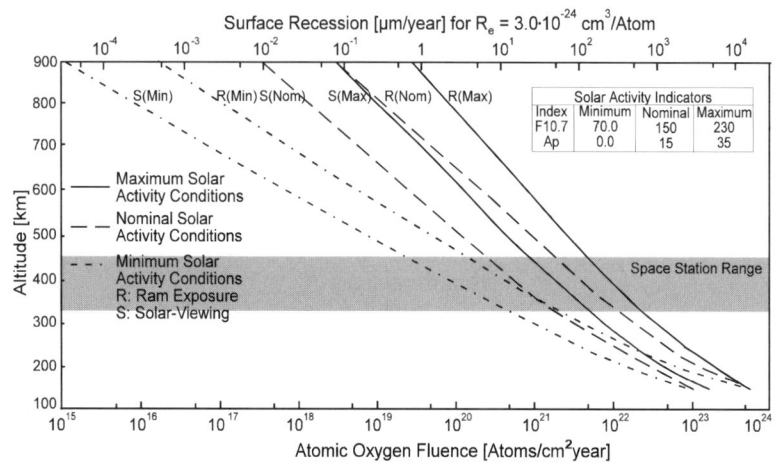

Abb. 13.11. Flußdichte atomarer Sauerstoff innerhalb eines Jahres.

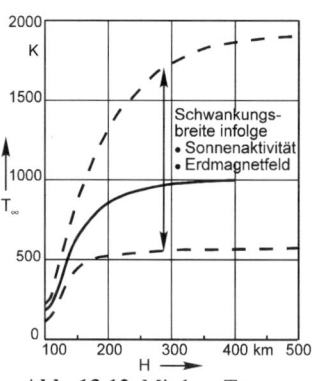

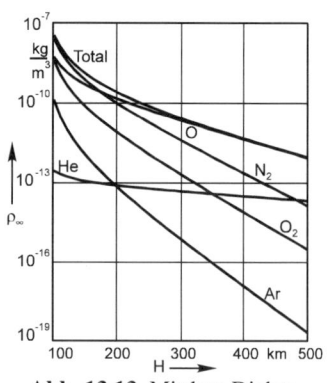

Abb. 13.12. Mittlere Temperatur. **Abb. 13.13.** Mittlere Dichte.

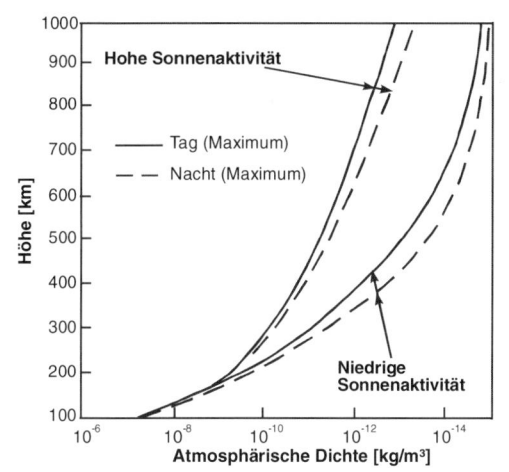

Abb. 13.14. Tägliche Dichtevariation.

Während die Atmosphäre bis zur Turbopause (in etwa 100 km Höhe) eine nahezu konstante Zusammensetzung hat, dominieren oberhalb dieser Höhe Diffusionsprozesse, die im Zusammenhang mit dem Gravitationsfeld dazu führen, daß sich die leichteren Komponenten (Helium und Wasserstoff, der in tiefen Schichten durch Photodissoziation von Wasser entsteht) in den höheren Regionen ansammeln. In Höhen über 1000 km können diese Komponenten sogar langsam aus dem Erdschwerefeld entweichen.

Der Einfluß der Atmosphäre auf Raumfahrzeuge zeigt sich im Wesentlichen in folgenden drei Punkten:

- Bei Relativgeschwindigkeiten von etwa 8 km/s findet ein signifikanter Impuls- und Energieaustausch zwischen Strömung und Flugkörper statt. Der ausgeübte Widerstand (Drag) wird durch den Widerstandsbeiwert (Drag coefficient) c_D beschrieben, der für einfache Abschätzungen zu etwa 2.2 angenommen werden kann, wobei als Bezugsfläche i. allg. die in die Anströmrichtung projizierte Fläche verwendet wird. Zusätzlich verursachen die aerodynamischen Kräfte auch Drehmomente, die die Lage des Raumfahrzeugs verändern können. Beiden Einflüssen muß durch (aktive) Lage- und Bahnregelung Rechnung getragen werden.
- Auf die Oberfläche auftreffende Gaspartikel können mechanisch oder chemisch erosiv wirken (v.a. der atomare Sauerstoff).
- Die Atmosphäre stellt einen Reflektor für vom Raumfahrzeug emittierte Gase dar.

13.6 Feste Materie

Die feste Materie kosmischen Ursprungs, die nicht in Planeten oder Asteroiden gebunden ist, wird in verschiedene Kategorien eingeteilt:

- *Kometen* bestehen aus einem festen Kern, einer darum liegenden gasförmigen Hülle (Koma) und einem Schweif, der durch den Einfluß des Sonnenwindes entsteht und im Sonnenlicht fluoresziert.
- *Meteoroide* sind feste, nicht leuchtende Körper im Raum.
- *Mikrometeoroide* sind Meteoroide mit einer Masse $\leq$ 1g. Ihre Bedeutung erhalten sie dadurch, daß sie weitaus häufiger auftreten als Meteoroide.
- *Meteore* sind Meteoroide, die in die Atmosphäre eindringen und dabei ganz oder teilweise verglühen. Meteore treten oft als periodische Meteorschauer auf.
- *Meteorite* sind Bruchstücke oder Reste von Meteoren, die auf der Planetenoberfläche auftreffen.

Ein sichtbares Zeichen der kosmischen Materie im Raum ist das *Zodiak-Licht*, das kurz vor Sonnenauf- und kurz nach Sonnenuntergang beobachtet werden kann. Es handelt sich dabei um an der interplanetaren Materie nahe der Ekliptikebene gestreutes Sonnenlicht. Pro Jahr treffen nach neuesten Schätzungen etwa 4000 t dieser Materie auf die Erde auf.

Für die Meteoroiden lassen sich verschiedene Quellen identifizieren:

- Zerfallende Kometen (verursachen speziell Meteorschauer)
- Asteroiden, evtl. durch Kollisionen im Asteroidengürtel
- Freisetzung auf dem Mond durch Einschläge von Primärmeteoroiden
- Reste aus der Entstehungsphase des Sonnensystems
- Interstellarer Staub, durch den sich das Sonnensystem bewegt

Die bei Mikrometeoroiden beobachteten Geschwindigkeiten liegen in einem Bereich von 11 bis 82 km/s (vgl. Abb. 13.15). Die Dichte in 1 AE beträgt etwa $9.6 \cdot 10^{-20}$ kg/m^3 und das Maximum der Teilchenzahl liegt bei Massen zwischen 10^{-7} und 10^{-9} kg.

Die Flußdichte (d.h. die Zahl der pro Zeiteinheit durch eine Fläche tretenden

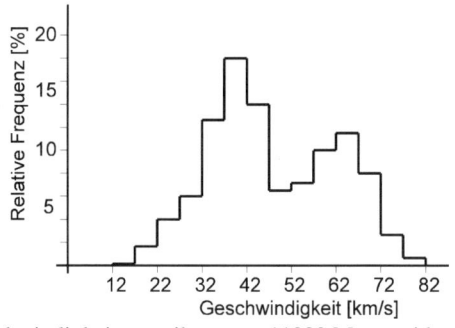

Abb. 13.15. Geschwindigkeitsverteilung von 11000 Meteoroiden.

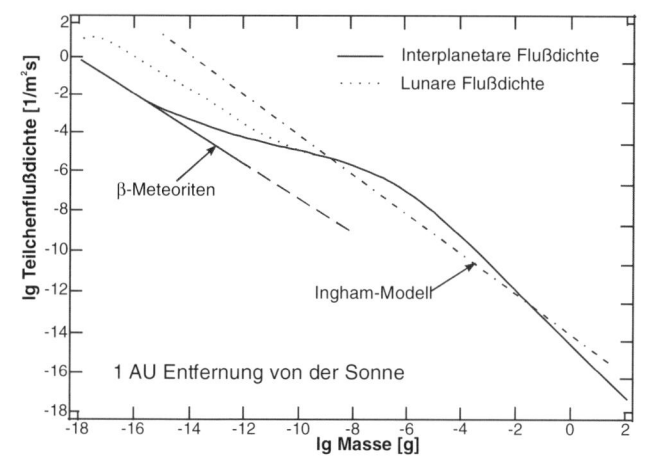

Abb. 13.16. Meteoroidenmodell der ESA (1988).

Teilchen) der Mikrometeoroide in Erdnähe ist durch Radarbeobachtung (die allerdings nur bei Objekten mit einem Durchmesser über etwa 5 cm möglich ist), Höhenraketen und Satelliten (LDEF, SOLAR MAX, PEGASUS) erfaßt worden. Dabei zeigte sich, daß sich die gesamte Flußdichte aus einem statistisch schwankenden Anteil (*sporadischer Fluß*) und einem mit jährlicher Periode schwankenden Anteil (*Meteoroidenschauer*) zusammensetzt.

- *Sporadischer Fluß*: Für den sporadisch auftretenden Fluß existieren verschiedene Modelle, von denen eines in Abb. 13.16 dargestellt ist. Dabei wird die integrale Flußdichte $F(m>m_0)$, die als die Zahl der pro Fläche und Zeit auftreffenden Teilchen mit einer Masse $m>m_0$ definiert ist, über der Massenuntergrenze m_0 aufgetragen. Als β-Meteoroiden werden dabei die Teilchen mit hyperbolischen Bahnen bezeichnet, die das Sonnensystem verlassen können. Das derart charakterisierte natürliche Umfeld in Form der Meteoroidenströme um die Erde bleibt über einen sehr langen Zeitraum stabil und kann deshalb als Vergleichsmaß zu der wachsenden Zahl künstlicher Objekte im erdnahen Raum dienen.
- *Meteoroidenschauer:* Im Gegensatz zu den sporadischen Meteoroiden gibt es solche, die gehäuft auftreten und die auf stark exzentrischen Bahnen um die Sonne laufen. Meist handelt es sich dabei um die Reste zerfallener Kometen. Die Intensität der Meteoroidenschauer wird durch einen Flußdichtefaktor z beschrieben, der zwischen 0 und 22 variiert, der Jahresmittelwert beträgt etwa 2. Zwischen der differentiellen Flußdichte $F_m(m)$ und der integralen Flußdichte $F(m > m_0)$ besteht der Zusammenhang

$$F(m > m_0) = \int_{m_0}^{\infty} F_m(m)dm = \frac{N(m > m_0)}{A\Delta t} \quad . \tag{13.15}$$

$N(m > m_0)$: Zahl der auftreffenden Teilchen mit einer Masse $m > m_0$
A : Betroffene Fläche Δt : Betrachteter Zeitraum.

Das Modell von *Ingham* liefert eine gute Näherung für den sporadischen Fluß F:

$$F(m > m_0) = C/m_0 \tag{13.16}$$

mit
$$C = 6 \cdot 10^{-15} \frac{g}{m^2 s} \tag{13.17}$$

Für die Dauer des Auftretens von Meteoroidenschauern muß noch der Faktor z berücksichtigt werden:

$$F(m > m_0) = (z+1)\frac{C}{m_0} \tag{13.18}$$

Die Auswirkung des Meteoroidenbombardements auf die Außenwand eines Raumfahrzeuges kann wie folgt beschrieben werden: Hält die Struktur einem Einschlag einer Masse $m < m_{kr}$ stand, so ist die mittlere Anzahl L der Durchschläge auf der Fläche A in der Zeit Δt gegeben durch:

$$L = F(m > m_{kr}) A \Delta t \tag{13.19}$$

Da i.a. $L \ll 1$ und das Auftreten der Teilchen mit $m > m_{kr}$ über der Zeit statistisch verteilt ist, ergibt sich die Wahrscheinlichkeit dafür, daß genau N Durchschläge auftreten, aus der Poisson-Verteilung:

$$p(N) = \frac{L^N}{N!} \exp(-L) \tag{13.20}$$

Speziell gilt dabei:
$$p(0) = \exp(-L) \tag{13.21}$$

$$p(N \geq 1) = 1 - p(0) \tag{13.22}$$

13.7 Das Sonnensystem

Das Sonnensystem, ein Teil der Galaxis, die wir als Milchstraße am Himmel sehen, besteht aus einem Zentralstern -der Sonne-, neun größeren Satelliten, den Planeten (zum Teil mit Monden) und einer großen Zahl kleinerer Satelliten, den Planetoiden im Raum zwischen Mars und Jupiter und den Kometen, die sich periodisch (auf Ellipsenbahnen) oder eventuell nur zeitweise (auf Parabelbahnen) im Sonnensystem auf Bahnen bewegen, die sich sehr stark in ihren Daten von den Planetenbahnen unterscheiden.

13.7.1 Die Sonne

Die Sonne umläuft das Zentrum der Milchstraße mit einer Geschwindigkeit von rund 270 km/s in etwa 230 Mio. Jahren. Ihre Masse ist größer als die aller anderen Himmelskörper innerhalb des Sonnensystems (ungefähr 98% der Gesamtmasse). Sie gehört jedoch in der Systematik der Fixsterne zu den kleineren Sonnen. Die Sonne strahlt ständig durch Kernfusion erzeugte Energie in den Raum ab. Daten der Sonne:

Durchmesser	1.392.000 km	bzw. 109,2·D_{Erde}
Masse	1,989·10^{30} kg	bzw. 332.900·M_{Erde}
Schwerebeschleunigung an der Oberfläche	273,6 m/s^2	
Strahlungsfluß Φ	3,82·10^{26} W	
Oberflächentemperatur T	5.780 K	
Solarkonstante S bei 1AE	1,4 kW/m^2	
Masseverlust	4,3·10^9 kg/s = 4,3 Mio. Tonnen	
Rotationsperiode	(Äquator) 25 Tage (Pole) 34 Tage	
Gravitationsparameter γM	1,327·10^{20} m^3/s^2	
Scheinbare Helligkeit	-26^m	Absolute Helligkeit +4^M.8
Chem. Zusammensetzung	Wasserstoff (71%), Helium (27%) u.v.a.m.	

13.7.2 Die Planeten

Bisher sind neun Planeten bekannt, die sieben äußeren werden alle von einem oder mehreren Monden umkreist. Über mögliche Unregelmäßigkeiten der Bahnen von Uranus, Neptun, Pluto und der Pioneer- und Voyagersonden versucht man, die Positionen eines oder mehrerer vermuteter „Transplutoplaneten" zu errechnen. Da vor allem bei den Sonden bisher noch keine Bahnabweichungen feststellbar waren, wird heute angenommen, daß ein „Transpluto" höchstens einige Erdmassen haben dürfte.

Die Planeten haben eine annähernd kugelförmige Gestalt und bewegen sich auf schwach ellipsenförmigen Bahnen, die nur gering zur Ekliptikebene (Umlaufbahnebene der Erde) geneigt sind. Eine bemerkenswerte Ausnahme macht Pluto dessen Bahn stark zur Ekliptik geneigt ist.

Auffallend ist der Unterschied in Masse und Größe der Planeten. Jupiter hat allein rund die dreifache Masse aller restlichen Planeten zusammen. Ungewöhnlich sind auch die Lagen der Rotationsachsen zur Umlaufebene von Uranus und Pluto, deren Achsen beinahe in der Orbitebene liegen. Die Eigenschaften der Planeten sind in den folgenden Abbildungen und Tabellen zusammengefaßt.

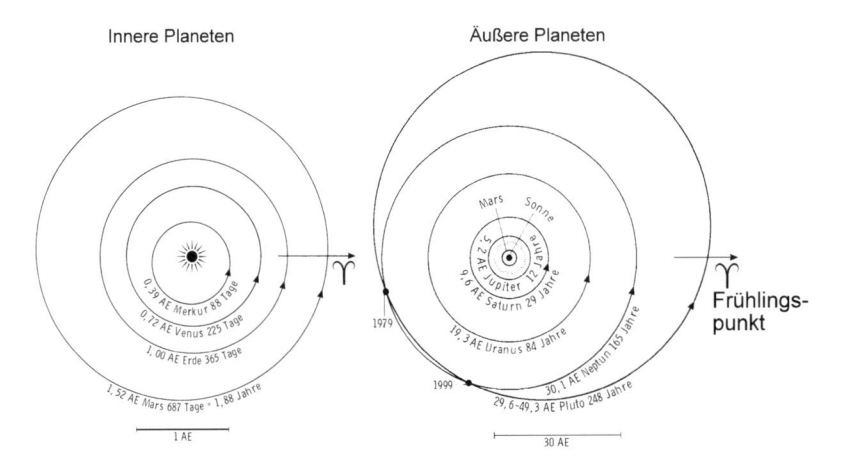

Abb. 13.17. Planetenbahnen im Sonnensystem.

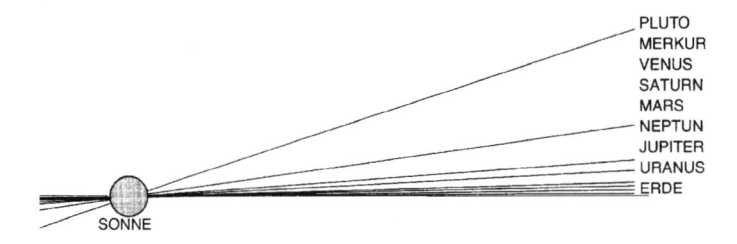

Abb. 13.18. Lage der Umlaufbahnen zur Ekliptik.

13.7 Das Sonnensystem

Planet	Durchmesser	Entfernung von der Sonne
Merkur	3,5 mm	42 m
Venus	8,7 mm	78 m
Erde	9,2 mm	107 m
Mars	4,9 mm	163 m
Jupiter	103 mm	558 m
Saturn	86 mm	1 025 m
Uranus	37 mm	2 060 m
Neptun	36 mm	3 200 m
Pluto	1,6 mm	4 300 m

Tabelle 13.3. Planetenmodell (Sonnendurchmesser = 1m).

Planet	Umlaufzeit	Gr. Bahnhalbachse a Mittlere Entfernung von d. Sonne [Mill. km]	[AE]	Spez. pot. Bahnenergie im Feld der Sonne ε [10^8 J/kg]	Umlaufgeschw. v_{KS} [km/s]	Fluchtgeschw. v_{KS} [km/s]
Merkur	87,969 d	57,9	0,387	-22,92	47,87	67,7
Venus	224,701 d	108,2	0,723	-12,26	35,02	49,53
Erde	365,256 d	149,6	1,000	-8,870	29,78	42,12
Mars	687 d	228,0	1,524	-5,820	24,13	34,12
Jupiter	11,863 a	778,4	5,203	-1,705	13,06	18,46
Saturn	29,414 a	1425,5	9,529	-0,9309	9,648	13,64
Uranus	84,044 a	2870,4	19,187	-0,4623	6,799	9,616
Neptun	165,04 a	4501,1	30,088	-0,2948	5,43	7,679
Pluto	247,77 a	5900	39,4	-0,22	4,7	6,7

Tabelle 13.4. Daten der Planeten (Teil 1).

Planet	Bahnexzentrizität e	Bahnneigung gegen die Ekliptik i	Scheinbare Helligkeit m	Apogäum a (1+e) [M km]	Perigäum a (1-e) [M km]
Merkur	0,206	7°	um 0^m	69,83	45,97
Venus	0,007	3°24´	um -4^m	108,96	107,44
Erde	0,017	0°	-	152,14	147,06
Mars	0,093	1°51´	$+2^m$ bis -2^m	249,20	206,80
Jupiter	0,048	1°18´	$-2^m.5$	815,76	741,04
Saturn	0,056	2°29´	0^m	1.505,33	1.345,67
Uranus	0,047	0°46´	$+5^m.7$	3.005,33	2.735,49
Neptun	0,009	1°46´	$+7^m.5$	4.541,61	4.460,59
Pluto	0,250	17°12´	$+15^m$	7.400	4.400

Tabelle 13.5. Daten der Planeten (Teil 2).

Planet	Durchmesser Äquator / Pol [km]		Masse in Erd- einheiten	Rotations- periode	Neigung d. Rotations- achse	Gravitations- parameter γ [m^3/s^2]
Merkur	4.878		0,0549	58,65^d	-0°	$2,19 \cdot 10^{13}$
Venus	12.102		0,815	-243,01^d	3°	$3,25 \cdot 10^{14}$
Erde	12.756	12.714	1,00	23^{h}56^{m}04^s	23°27'	$3,98 \cdot 10^{14}$
Mars	6.787	6.753	0,107	24^{h}37^{m}22^s	23°59'	$4,28 \cdot 10^{13}$
Jupiter	142.796	133.540	318	9^{h}55^{m}29^s	3°05'	$1,27 \cdot 10^{17}$
Saturn	120.000	98.000	95,2	10^{h}40^{m}30^s	26°44'	$3,80 \cdot 10^{16}$
Uranus	51.300		14,5	17^{h}14	97°55'	$5,79 \cdot 10^{15}$
Neptun	49.560		17,2	16^{h}03^m	28°48'	$6,87 \cdot 10^{15}$
Pluto	2.100	2.400	0,00209	6,3875^d	118°	$8,34 \cdot 10^{11}$

Tabelle 13.6. Daten der Planeten (Teil 3).

Planet	Fluchtgeschw. vom Planeten v_{F0} [km/s]	Schwere- beschl. [m/s^2]	Mittlere Dichte ρ [g/cm^3]	Mittlere Ober- flächentemp. [°C]	Atmosphäre (häufigste chem. Verb.)	Monde
Merkur	4,24	3,68	5,5	-170$_{Nacht}$/+350$_{Tag}$	-	0
Venus	10,4	8,87	5,2	+480	CO_2(95%),N_2	0
Erde	11,2	9,80	5,52	+22	N_2/O_2(78/21%)	1
Mars	5,02	3,72	3,93	-23	CO_2	2
Jupiter	59,6	24,9	1,33	-150	H_2,He	16
Saturn	35,6	10,5	0,69	-180	H_2,He	≥17
Uranus	21,2	8,80	1,27	-210	H_2,He,CH_4	15
Neptun	23,5	11,2	1,62	-220	H_2,He,CH_4	8
Pluto	1,2	0,6 - 0,8	0,5 - 1,4	-230°C	?	1

Tabelle 13.7. Daten der Planeten (Teil 4).

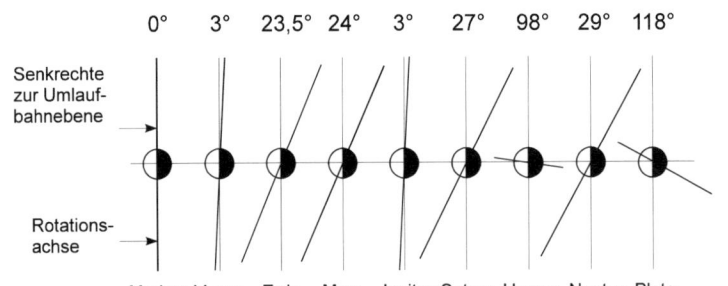

0°   3°   23,5° 24°   3°   27°   98°   29°   118°

Senkrechte zur Umlaufbahnebene

Rotationsachse

Merkur Venus Erde Mars Jupiter Saturn Uranus Neptun Pluto

Abb. 13.19. Lage der Rotationsachsen zur Umlaufbahn der Planeten.

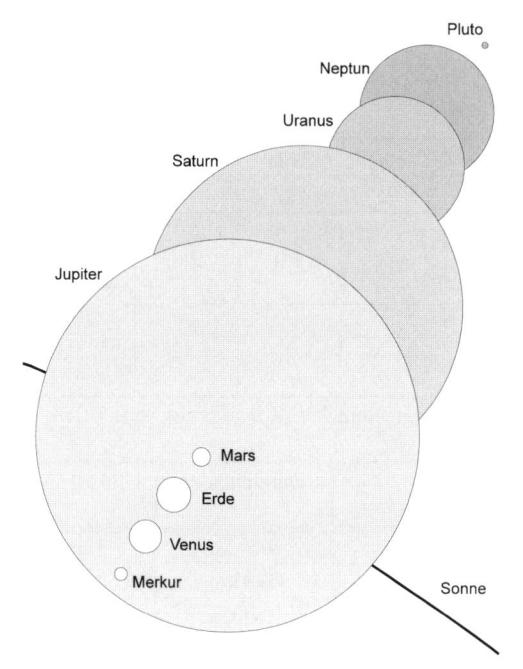

Abb. 13.20. Größenverhältnisse der Körper in unserem Sonnensystem.

13.7.3 Die Planetoiden

Für die Planeten des Sonnensystems kann der mittlere Radius der Umlaufbahn (also die große Bahnhalbachse a) mit einer Gleichung angenähert werden, die erstmals von Johann Daniel Titius (1766) und Johann Elert Bode (1772) aufgestellt wurde. Sie lautet:

$$a \cong 0{,}4\,\text{AE} + 2^n \cdot 0{,}3\,\text{AE}. \tag{13.23}$$

Dabei ergibt sich eine Reihe, die ziemlich genau mit den tatsächlichen Werten übereinstimmt, jedoch scheint zwischen Mars und Jupiter, ein Planet zu fehlen (Tabelle 13.8). In diesem Raum wurden seit 1801 (Piazzi entdeckt Ceres) sehr viele kleine Sonnensatelliten, sogenannte Planetoiden oder Asteroiden entdeckt; heute sind rund 3.000 Bahnen bekannt. Die Exzentrizitäten haben ihr Häufigkeitsmaximum bei $e \cong 0{,}17$; die Inklinationen bei etwa $i \cong 8°$. Man vermutet, daß die Planetoiden gleichzeitig mit den übrigen Planeten entstanden sind. Die starke Schwerkraft des entstehenden Jupiter verhinderte jedoch die Zusammenballung zu einem einzigen Körper.

Alle Planetoiden vereinigen ungefähr $4 \cdot 10^{-4}$ Erdmassen in sich. Der Durchmesser des größten, der Ceres, beträgt ca. 1.000 km, ihre mittlere Dichte von geschätzten 2 g/cm³ liegt zwischen der eines erdartigen Planeten und derjenigen der Eismonde von Jupiter und Saturn. Am 29.10.1991 flog erstmals eine Raumsonde (Galileo, USA) dicht an einem Planetoiden (951 Gaspra, ø15km) vorbei.

Planet	Merkur	Venus	Erde	Mars	Jupiter	Saturn	Uranus
n	- ∞	0	1	2	4	5	6
a nach TITIUS-BODE-Regel	0,4	0,7	1,0	1,6	5,2	10,0	19,6
Große Bahnhalbachse a	0,387	0,723	1,000	1,524	5,203	9,529	19,187

Tabelle 13.8. TITIUS-BODE-Reihe.

Nr.	Name	Große Bahnhalbachse	Durchmesser	Umlaufzeit	Entdecker
1	Ceres	2,77 AE	1050 km	4,6[a]	Piazzi, 1801
2	Pallas	2,77 AE	570 km	4,6[a]	Olbers, 1802
3	Juno	2,67 AE	240 km	4,36[a]	Harding, 1804
4	Vesta	2,36 AE	570 km	3,63[a]	Olbers, 1807

Tabelle 13.9. Die ersten vier Planetoiden.

13.7.4 Die Monde

Unter Monden verstehen wir die kleinen Trabanten von Planeten. Bisher (Stand 1999) sind bei sechs Planeten insgesamt 59 Monde entdeckt worden, dazu kommt noch der Erdmond. Beim Saturn beobachtete man noch ein paar kleinere „Moonlets", die aber nur einmal fotografiert wurden und deshalb nicht bestätigt werden konnten.

Der Jupitermond Ganymed ist mit einem Durchmesser von 5276 km der größte Mond im Sonnensystem, gefolgt von Titan, Callisto und Io. Der Saturnmond Titan ist der einzige uns bekannte Satellit mit einer dichten Atmosphäre. Auf Io und dem großen Neptunmond Triton wurden aktive Vulkane entdeckt, Triton besitzt außerdem eine dünne Atmosphäre.

Die Umlaufbahnen der Saturnmonde Epimetheus und Janus liegen so eng beieinander, daß sie ca. alle vier Jahre ihre Bahnen vertauschen. Bei Saturn hat die Natur auch eine spezielle Lösung des Mehrkörperproblems realisiert: Telesto und Calypso eilen in den Librationspunkten dem Mond Tethys um 60° voraus bzw. nach. Dasselbe geschieht auch bei Helene und Dione.

Pluto und Charon bilden ein „Doppelplanetensystem". Der gemeinsame Schwerpunkt liegt 1200 km über der Plutooberfläche; bei allen anderen bekannten Planet-Mond-Systemen liegt er innerhalb des Planeten.

Planet	Mond	⌀ [km]	Bahnhalb-achse [km]	Planet	Mond	⌀ [km]	Bahnhalb-achse [km]
Erde	Mond	3.476	384.405	Uranus	Cordelia	26	49.750
Mars	Phobos	27x21x19	9.380		Ophelia	32	53.760
	Deimos	15x12x11	23.460		Bianca	44	59.160
Jupiter	Metis	40	127.950		Cressida	70	61.750
	Adrastea	25x20x15	128.971		Desdemona	58	62.660
	Amalthea	270x170	181.300		Julia	84	64.360
	Thebe	110	221.900		Portia	110	66.100
	Io	3.632	421.600		Rosalind	54	69.930
	Europa	3.126	670.900		Belinda	68	75.260
	Ganymed	5.276	1.070.000		Puck	144	86.010
	Callisto	4.820	1.883.000		Miranda	470	129.780
	Leda	16	11.094.000		Ariel	1.159	191.240
	Himalia	186	11.487.000		Umbriel	1.170	265.970
	Lysithea	36	11.720.000		Titania	1.578	435.840
	Elara	76	11.737.000		Oberon	1.521	582.600
	Ananke	30	21.200.000	Neptun	Naiad	58	48.000
	Carme	40	22.600.000		Thalassa	80	50.000
	Pasiphae	50	23.500.000		Despina	148	52.500
	Sinope	36	23.700.000		Galatea	158	62.000
Saturn	Pan	19	133.583		Larissa	190	73.600
	Atlas	40x30	137.640		Proteus	400	117.600
	Prometheus	145x85	139.350		Triton	2.700	354.800
	Pandora	110	141.700		Nereid	350	5.513.400
	Ephimetheus	145x105	151.422	Pluto	Charon	1.270	19.640
	Janus	200	151.472				
	Mimas	392	185.520				
	Enceladus	500	238.020				
	Telesto	34	294.660				
	Tethys	1.060	294.660				
	Calypso	34	294.660				
	Helene	36	377.400				
	Dione	1.120	377.400				
	Rhea	1.530	527.040				
	Titan	5.150	1.221.850				
	Hyperion	400x260	1.481.000				
	Japetus	1.430	3.561.000				
	Phoebe	220	12.952.000				

Tabelle 13.10. Monde im Planetensystem (Stand 1999).

13.7.5 Die Kometen

Kometen sind Sonnensatelliten, deren Bahnen sich durch Exzentrizität und Inklination stark von Planeten und Planetoiden unterscheiden.
Man kann sie grob in zwei Gruppen aufteilen:

a) Kometen mit ungefähr parabolischen Bahnen (vielleicht sind auch schwach hyperbolische dabei, dies konnte jedoch noch nicht nachgewiesen werden), ihr Perihel liegt vorzugsweise bei 1 AE.

b) Kometen mit elliptischen kurzperiodischen Bahnen, wie z.B. der Komet Encke (P = 3,3 Jahre), ein mögliches Ziel von Raumsonden oder der bekannteste aller Kometen, Halley (P = 76,2 Jahre).

Auffallend sind Kometen durch ihren „Schweif", der aus vom Sonnenwind weggetragenen Gas- oder Staubteilchen besteht (der Schweif ist also immer von der Sonne weg gerichtet). Der „Kopf" des Kometen ist in der Regel klein (D<100 km), die Masse gering ($M_K < 10^{-8}$ Erdmassen). Da die Kometen (vor allem die auf parabolischer Bahn) von den Grenzen des Sonnensystems kommen und man deshalb annimmt, daß sie ihre ursprüngliche Zusammensetzung zum größten Teil erhalten haben (nach Hubble besteht der Kern aus einem Gemisch von mineralischem Staub und Brocken, gefrorenem Eis von Wasser, Ammoniak, Methan und Kohlendioxid), sind sie ein bevorzugtes Objekt astronomischer Forschung, sowohl konventioneller als auch durch Raumsonden (wie Giotto (ESA), Wega 1 und 2 (UdSSR), usw.).

Anhang A Geschichtliche Daten

In diesem Kapitel werden einige herausragende Meilensteine in der Entwicklung der Weltraumfahrt in chronologischer Reihenfolge zusammengefaßt (ohne Anspruch auf Vollständigkeit). Die Unterteilung erfolgt in fünf verschiedenen Phasen:

- Frühe Entwicklungsphase (vorchristliche Zeit bis 1900),
- Phase der ideenreichen Literaten (1865–1927),
- Phase der „enthusiastischen Ingenieure" (1895–1935),
- Phase der vorsichtigen Akzeptanz (1935 – 1957) und
- Phase der operationellen Raumfahrt (ab 04.10.1957).

A.1 Frühe Entwicklungsphase (vorchristliche Zeit bis 1900)

Raketentechnik:

3000 v.Chr.	Erste sagenhafte Berichte über Feuerwerksraketen in China und Ägypten.
100 n. Chr.	Rückstoßprinzip für rotierende Dampfkugel (Heron von Alexandrien).
845	Marcus Graecus erwähnt in seinen Schriften Raketen.
880	Leo der Philosoph stellt Raketen her.
1130	Erstes Auftreten von „Lanzen des stürmenden Feuers", einer Art von Raketenpfeilen im Orient.
1232	Einsatz von Raketenpfeilen in der Schlacht der Chinesen bei K'ai-fung-fu am Eleben-Fluß gegen die Mongolen.
	Einsatz von Brandraketen bei der Belagerung von Qien King in China.
1249	Einsatz von Raketen mit Brandkugeln bei der Belagerung von Damiette (Arabien).
um 1260	Einsatz von Raketen auch in Italien gegen Seeräuber. Duale Verwendung: Raketenpost und Angriffswaffe.
1259	Berthold Schwarz erfindet in Zentraleuropa das Schießpulver.
1265	Albertus Magnus beschreibt Raketen.
ab 1260	Raketen werden militärisch in Asien, Vorderasien und in Europa verwendet.
um 1400	Einsatz von Feuerwaffen (Kanonen) mit Schwarzpulver.

1395	„Bellfortis"–Bild von Konrad Kayser von Eichstett.
1405	Konrad Kayser von Eichstett beschreibt Stabraketen. Kayser-Raketen werden in einem Rüstbuch der Stadt Frankfurt genannt.
1500	Mandarin Wan-Hu verunglückt tödlich bei einem Versuch, einen Wagen mit 47 Pulverraketen anzutreiben.
1529	Conrad Haas von Transylvanien (Siebenbürgen) zeichnet Stufenraketen.
ca. 1650	Es entstehen detaillierte Zeichnungen von Raketen.
1766	Der indische Fürst Haidar Ali stellt ein Raketenkorps von 1200 Mann auf.
1782	Der indische Fürst Tibboc Sahib stellt 5000 „Raketeure" mit Stabraketen von 5-6 kg Gewicht und einer Reichweite von 800 m auf.
1792	Einsatz dieser Raketen bei der Belagerung von Seringapatam gegen die Engländer. Sir William Congreve beschließt die Weiterentwicklung.
1800-1840	Congreve-Raketen: Pulvertreibsatz aus Schwarzpulver, Stabilisierungsstab. Kaliber 5-12 cm, Gewicht 6-24 kg, Reichweite 2000-3500 m, Nutzlast: 4-10 kg Sprengladung oder Brandsatz.
ab 1806	Einsatz von Congreve-Raketen zu Wasser und zu Land bei Belagerungen (Boulogne, Kopenhagen, Vlissingen, Danzig, Leipzig, Nordamerika).
ab ca. 1806	Österreichische, preußische und französische Raketentruppen.
ab 1866	Auflösung der Raketentruppen, da die Leistung und die Treffsicherheit der Kanonen im 66er-Krieg überlegen war. Raketen werden noch als Rettungsraketen für die Seefahrt, als Leuchtraketen, als Hagelzerstreuungsraketen (1900) und für Walharpunen verwendet.
1888	Alfred Nobel, schwedischer Chemiker und Industrieller, stellt Nitroglyzerinpulver her.
1897	August Eschenbacher publiziert das Stufenprinzip in „Der Feuerwerker".

Astronomie:

ca. 300 v.Chr.	Der griechische Philosoph Aristarch von Samos bezeichnet die Sonne als zentralen Himmelskörper, um den sich alle anderen drehen. Sein heliozentrisches Weltbild kann sich nicht gegen das von
150 n.Chr.	Claudius Ptolemäus (ca. 100-160, Astronom, Mathematiker und Geograph aus Alexandria) durchsetzen, das die Erde in den Mittelpunkt der Welt stellt. Sein Werk „Synthaxis mathematike" (Mathematische Zusammenstellung), seit 800 unter dem Titel „Almagest" verbreitet, bleibt bis ins 16. Jahrhundert hinein das Standardwerk der Astronomie (Primum Mobile).
212 v. Chr.	Eine Darstellung aus dieser Zeit, ein Mosaik im Herculaneum bei Neapel zeigt Archimedes, der gesagt haben soll: „Zerstört mir meine Kreise nicht", anläßlich der Eroberung seiner Vaterstadt Syracus.
ca. 100 n.Chr.	Plutarch (griechischer Philosoph, Historiker und Priester): Sein Buch „De facie in orbe lunae" (Vom Gesicht der Mondscheibe) versucht natur-

wissenschaftlich das Mondgesicht zu erklären und philosophiert über Wesen, die auf dem Mond leben sollen.

160   Der griechische Satiriker Lukian von Samosate veröffentlicht mit seiner „Vera historia", in der ein Erdenmensch Zeuge von einem Krieg zwischen Mond- und Sonnenwesen wird, ein Buch, das als Vorläufer heutiger Raumfahrtutopien gilt.

Im Mittelalter werden die heiligen Schriften immer enger ausgelegt, so daß die griechischen Vorstellungen der Kugelgestalt der Erde und der kosmischen Entfernungen in Vergessenheit geraten. Die Erde ist eine Scheibe am Boden des Universums.

1543   Nikolaus Kopernikus (*19.02.1473 in Thorn, Polen, damals dem Deutschen Orden zugehörig, †24.05.1543 in Frauenburg, Ermland) begründet das heliozentrische (kopernikanische) Weltbild: Die Erde und die Planeten bewegen sich auf Kreisbahnen um die Sonne, der Mond kreist um die Erde. 1543 erscheint sein Werk „De revolutionibus orbium coelestium" (Über die Kreisbewegungen der Himmelskörper).

nach 1600   Jan Lippershey erfindet in Holland das Teleskop (Dreifache Vergrößerung).

1609   Johannes Kepler (*27.12.1571 in Weil der Stadt, Württemberg, †15.11.1630 in Regensburg) errechnet aus Beobachtungen des Astronomen Tycho Brahe die Planetenbahnen und schafft das moderne Weltbild: Planetenbahnen sind Ellipsen. Bekanntestes Werk: „Astronomia nova".

1609-1610   Das bessere Teleskop (33×) des Galileo Galilei (1564-1642, Italien) begründet die Fernrohrastronomie. Er entdeckt die Mondkrater, die Phasen der Venus, vier Jupitermonde und eine „Dreigestalt" des Saturn.

1655   Christian Huygens (1629-1695, Holland) entdeckt den Saturnmond Titan. 1659 erkennt er die Struktur der Saturnringe.

1687   Isaac Newton (*04.01.1643 in Woolsthorpe, England, †31.03.1727 in Kensington) formuliert das Gesetz von „Actio et Reactio" und erkennt, daß die Rakete auch im luftleeren Raum Schub liefern kann. Werk: „Philosophiae naturalis principia mathematica" (Mathematische Grundlagen der Naturphilosophie).

1781   William Herschel entdeckt mit seinem 48-Zoll-Refraktor in Bath (England) den Planeten Uranus. Herschel Teleskop 12m/48" in Slough. König Georg III zahlte ihm 4000 £ Sterling anläßlich der Entdeckung von Uranus.

1801   Guiseppe Piazzi entdeckt in Palermo (Italien) den ersten Asteroiden (Ceres). Bald darauf werden viele weitere Kleinplaneten aufgefunden. Heute sind bereits über fünftausend Bahnen bekannt.

1846   Entdeckung des Planeten Neptun durch Johann Gottfried Galle und Heinrich Louis d'Arrest (Berlin) nach Berechnungen des Franzosen Urbain Jean Joseph Leverrier.

1877 Asaph Hall (USA) entdeckt die beiden Marsmonde Phobos und Deimos.

A.2 Phase der ideenreichen Literaten (1865–1927)

1865 Jules Verne (1828-1905, Frankreich) veröffentlicht sein Buch „De la terre à la lune" (Von der Erde zum Mond). Mit einem Kanonenrohr von 270 m Länge sollte zunächst eine Kugel auf den Mond geschossen werden, Startplatz nahe Stone Hill in Florida. Zwei Monate vor dem Start wurde beschlossen, stattdessen ein Zylinder-Kugel-Projektil mit Menschen und Tieren auf den Mond zu schießen. Es kann heute als der Klassiker der Raumfahrtromane angesehen werden. 1869 erscheint die Fortsetzung „Autour de la lune" (Reise um den Mond).

1870 Edward Everett Hale, Bostoner Pfarrer und Herausgeber der Zeitschrift „Atlantic Monthly", schreibt eine Geschichte mit dem Titel „The Brick Moon" (Der Backsteinmond). In dieser Story wird ein künstlicher Satellit durch wassergetriebene Schwungräder in eine Polarbahn geschleudert und dient, von der Erde aus sichtbar, der Kommunikation und Navigation und zur Bestimmung der geographischen Länge.

1891 Hermann Ganswindt (1856-1934, Schöneberg, Berlin) schlägt ein Raumschiff mit kontinuierlich in die Brennkammer geförderten Dynamitpatronen vor.

1895 Prof. Konstantin Eduardowitsch Ziolkowsky (*17.09.1857 in Ijewskoje, Rjasan, Rußland, †19.09.1935 in Kaluga bei Moskau): Grundlegende Theorie und Experimente zur Raumfahrt mit Raketen. Erster Vorschlag der Flüssigkeitsrakete (Kohlenwasserstoff/ flüssiger Sauerstoff).

1903: „Eine Rakete in den kosmischen Raum",

1911: „Erforschung der Welträume mittels Raketenraumschiffen".

1897 Kurt Lasswitz schreibt die Novelle „Auf zwei Planeten", in der eine Raumstation durch Antigravitationsfelder über dem Nordpol positioniert wird.

A.3 Phase der „enthusiastischen Ingenieure" (1895–1935)

1895 Ing. Pedro E. Paulet (Lima, Peru) macht Versuche mit flüssigen Raketentreibstoffen (erst 1927 publiziert).

1906 Prof. Robert Hutchings Goddard (*1882 in Worcester, Massachusetts, USA, †10.08.1945 in Baltimore) beginnt mit seinen theoretischen und praktischen Arbeiten über das Raketenantriebs- und -flugsystem. 1919: „A Method of Reaching Extreme Altitudes" (Als Antriebsmethode werden noch Festtreibstoffraketen wie bei Ganswindt 1891 beschrieben.

A.3 Phase der „enthusiastischen Ingenieure" (1895–1935) 479

	16.03.1926: Erster Flug einer Flüssigkeitsrakete in Auburn bei Worchester, Flughöhe 12,5 m, Geschwindigkeit 100 km/h, Flugzeit: 2½ s. 1932: Entwicklung des Gyroskops (Kreiselsteuerung). 1935: Erste Rakete, die die Schallmauer durchbricht. 1935: Höhen bis ca. 2,3 km werden erreicht.
1908	René Lorin (Frankreich) erhält das erste Patent für ein Staustrahltriebwerk: „Lorin-Staustrahlrohr".
1913	Robert Esnault-Pelterie (Frankreich): Patent für pulsierendes Strahlrohr. 1928: „L' exploration par fusées de la très haute atmosphère et la possibilité des voyages interplanétaires".
1923	Prof. Hermann Oberth (*25.06. 1894 in Hermannstadt, Siebenbürgen, dem heutigen Sibiu, Rumänien, †28.12.1989 in Nürnberg): „Die Rakete zu den Planetenräumen", theoretische grundlegende Arbeiten über Flüssigkeitsraketen unabhängig von Goddard. 1928: „Wege zur Raumschiffahrt", ausführliche theoretische und konstruktive Behandlung der bemannten Raumfahrt und deren Anwendungen, Beschreibung zweier hochentwickelter Flüssigkeitsraketen mit Flugbahn, Steuerung und Pumpenförderung, Beschreibung eines elektrostatischen Antriebssystems mit Kontaktionenquelle. Experimente mit Flüssig-Wasserstoff/ Flüssig-Sauerstoff-Treibstoffen in Berlin. Mitarbeit in Peenemünde an Flugabwehrraketen und Patentauswertung.
1924	Guido von Pirquet (Österreich) beschreibt die bemannte Außenstation und ihre Möglichkeiten.
1925	Dr.-Ing Walter Hohmann (Deutschland): „Die Erreichbarkeit der Himmelskörper". Beschreibung der elliptischen „Hohmann-Übergangsbahnen" mit kurzer Antriebsperiode für die Raumfahrt.
ab 1927	Gründung von Raketen– und Interpl. Gesellschaften.
1928	Fritz Stamer „fliegt" mit einem pulverraketengetriebenen Segelflugzeug („Raketen-Ente") der Röhn-Rossit-Gesellschaft (frühe nichtmilitärische Anwendung.
1928	Max Valier, Ing. Friedrich Wilhelm Sander und Fritz von Opel bauen Raketenautos mit Pulverraketenantrieb. es werden bis zu 230 km/h erreicht. Außerdem: Raketenflugzeuge (Z. Hatry, 1929)
1929	Prof. Dr. Eugen Sänger (*22.09.1905 in Preßnitz in Böhmen, †10.02.1964 in Berlin), Wien: Gasdynamische und kinetische Rechenverfahren für Raketenflugtechnik und Raketenantrieb, flüssige Raketentreibstoffe, Düsenströmungen, Verbrennung. 1933: „Raketenflugtechnik". Bis 1935 Experimente an der TH Wien, Definition der „charakteristischen Länge" von Raketenbrennkammern. 1936-45 Leitung des Raketenflugtechnischen Instituts in Trauen (Lüneburger Heide). Theoretische und experimentelle Arbeiten über den Flüssigkeitsraketenmotor. 1944 „Über einen Raketenantrieb für Fernbomber". 1954: Gründung des „Forschungsinstituts für Physik der Strahlantriebe" in Stuttgart.

ab 1930 | Theodore von Kármán (*11.05.1881 in Budapest, Ungarn, †07.05.1963 in Aachen, Deutschland), Pasadena, Kalifornien: Untersuchungen über Rückstoßantriebe am GALCIT (Guggenheim Aeronautical Laboratory of the California Institute of Technology), heute JPL (Jet Propulsion Laboratory). Entwicklung von Flüssigkeitsraketenmotoren für rauchende Salpetersäure und „JATO"-Starthilfsraketen mit Festtreibstoffen.

A.4 Phase der vorsichtigen Akzeptanz (1935 – 1957)

1936 | Gründung der „Heeresversuchsanstalt Peenemünde" mit dem ersten Windkanal für Überschallgeschwindigkeiten (bis Mach 4). Bei Kriegsende sind dort etwa 10000 Menschen unter Leitung von Dipl.-Ing. General Walter Dornberger und Dr. Wernher von Braun (*23.03.1912 in Wirsitz bei Posen, †16.06.1977 in Washington) beschäftigt.

1936 | Beginn der englischen Entwicklungen an Fliegerabwehr-Pulverraketen.

1939 | Start des ersten Turbostrahl-Flugzeugs Heinkel He 178.

1939 | Start des ersten Raketenflugzeuges Heinkel He 176 mit „Walter"-Raketenantrieb (H_2O_2).

1942 | Bau des ersten Kernspaltungsreaktors durch Enrico Fermi in den USA. Außer der militärischen Anwendung wird auch die nuklear-thermische Rakete vorgeschlagen.

03.10.1942 | Erster erfolgreicher Start der einstufigen Flüssigkeits-Großrakete A4 (V2) in Peenemünde mit folgenden Daten: Gewicht: 12 t, Schub: 25 t (Einzelmotor), Länge: 14 m, Nutzlast: 1 t, Reichweite: 300 km. Die Lenkung erfolgte mittels Kreiselplattform, Luftruder und Graphit-Strahlruder, die Treibstoffe waren 75%er-Alkohol und flüssiger Sauerstoff, sie wurden durch H_2O_2-Turbinen/ Kreiselpumpen gefördert. Die Projektleitung hatte von Braun, die Triebwerksentwicklung leitete Dr. Walter Thiel.

1943 | Erster erfolgreicher Start der vierstufigen Feststoff-Großrakete „Rheinbote" der Rheinmetall-Borsig-Werke. Gesamtgewicht: 1715 kg, Nutzlast: 40 kg, Reichweite: 200 km, Gesamtlänge: 11,4 m, Lenkung: Leitstrahl, Treibstoff: Diglykol (alle vier Stufen).

1944 | In Los Alamos und Chicago wird die Möglichkeit des nuklear-thermischen Raketenantriebs untersucht.

seit 1947 | Prof. Ernst Stuhlinger stellt im Auftrag von von Braun Richtlinien zum Bau und zur Anwendung elektrostatischer Raketentriebwerke mit Kontaktionenquelle und solarer bzw. nuklearer Energieversorgung auf. Berichte: 5. International Astronautical Congress, Innsbruck 1954.

1946-47 | Prof. Ackeret (Zürich) und Seifert sowie Mills, Summerfield und Malina (Caltech, California Institute of Technology) veröffentlichen

	grundlegende Artikel über die Physik der Raketenantriebe einschließlich elektrischer Systeme.
16.04.1946	In White Sands wird von den USA eine in Deutschland erbeutete A4/V2 erstmals wieder gestartet.
18.10.1947	Erststart einer aus Einzelteilen zusammengebauten A4 in Kapustin Jar in der UdSSR.
18.10.1948	ca. 1947-57 Viele grundlegende Publikationen über Raumfahrtmöglichkeiten mit chemischen, nuklearen und elektrischen Antriebssystemen.
1949	Eine A4 mit WAC-Corporal-Oberstufe erreicht auf dem amerikanischen Testgelände White Sands 405 km Höhe.
1951-1956	Entwicklung der ballistischen Rakete Redstone (Erstflug 1953) in den USA als direktes Nachfolgemuster der A4.
1952	Peters demonstriert bei Siemens einen Überschallplasmabeschleuniger.
1955-1959	Parallele Entwicklung der Mittelstreckenraketen („IRBM": *I*ntermediate *R*ange *B*allistic *M*issile) Jupiter (US Army) und Thor (US Air Force), Erstflüge 1957, die später als Unterstufen für Satellitenträger und für Raumsonden dienen. Die Thor ist noch heute mit der Oberstufe Delta in Verwendung.
1955-1960	Entwicklung der anderthalbstufigen Interkontinentalrakete („ICBM": *I*ntercontinental *B*allistic *M*issile) Atlas, Erststart 1957. Sie dient später als erfolgreiche Unterstufe für Raumsonden, Synchronsatelliten und bemannte Missionen (Mercury). Heute ist sie noch mit der Oberstufe Centaur im Einsatz.
15.05.1957	Erststart der militärischen Rakete R7, Urahn aller sowjetischen Raumfahrterfolge der ersten Zeit. Aus der weiterentwickelten R7A entstehen später die Wostok-, Woschod-, Molnija- und Sojus-Trägerraketen.

A.5 Phase der operationellen Raumfahrt (ab 04.10.1957)

04.10.1957	Im Verlauf des Internationalen Geophysikalischen Jahres startet die UdSSR in Tjuratam / Baikonur mit der von Sergeij Pawlowitsch Koroljow (*12.01.1907 in Schitomir, Rußland, †14.01.1966 in Moskau) entwickelten Rakete Semjorka den ersten künstlichen Erdsatelliten Sputnik 1 (Masse: 83,6 kg, Umlaufzeit: 96,2 min., Umlaufbahn: 229 × 946 km, Bahnneigung: 65°). Ein charakteristisches „Piep-Piep" ist auf den Frequenzen 20 und 40 MHz von Funkamateuren in aller Welt zu hören.
03.11.1957	Mit der Polarhündin Laika an Bord von Sputnik 2 startet die Sowjetunion zum ersten Mal ein Lebewesen in eine Erdumlaufbahn. Da der Satellit jedoch nicht für einen Wiedereintritt in die Erdatmosphäre ausgerüstet ist, kann Laika nicht zur Erde zurückkehren.

1957-1963	Entwicklung der zweistufigen ICBM Titan I (1961 einsatzfähig) und Titan II (1963 einsatzfähig). Sie dienen als Ausgangsmuster der Titan-Trägerfahrzeuge (Titan II-Gemini, Titan IIIA, IIIB, IIIC und IIIE/Centaur, Titan IV).
31.01.1958	Die USA starten in Cape Canaveral ihren ersten Erdsatelliten Explorer 1 mit der von von Braun entwickelten Jupiter C-Rakete (Unterstufe: Redstone).
29.07.1958	Gründung der zivilen amerikanischen Raumfahrtbehörde NASA (National Aeronautics and Space Administration) mit Sitz in Washington.
1958	Erste Labormodelle elektrischer und plasmadynamischer Antriebssysteme bei mehreren amerikanischen Firmen und Instituten.
02.01.1959	Die UdSSR startet mit Lunik 1 die erste Raumsonde in Richtung Mond, die das Schwerefeld der Erde verläßt und, da sie den Mond verfehlt, zum künstlichen Planetoiden wird.
28.02.1959	Start des ersten militärischen Überwachungssatelliten Discoverer 1 (USA).
02.04.1959	Auswahl der 7 Astronauten für das Mercury–Projekt.
13.09.1959	Lunik 2 (UdSSR) schlägt nach 34 h Flugzeit hart auf dem Mond auf.
04.10.1959	Start der sowjetischen Mondsonde Lunik 3, die erstmals Bilder von der Mondrückseite zur Erde übermittelt.
1959	Erster Test eines nuklearen Raketen-Versuchstriebwerks in Los Alamos.
01.04.1960	Start des ersten Wettersatelliten Tiros 1 (USA).
13.04.1960	Start des ersten (militärischen) Navigationssatelliten Transit 1B (USA).
10.08.1960	Erstmalige Rückführung einer Nutzlast aus einer Erdumlaufbahn (Discoverer 13, USA).
20.08.1960	Mit dem Raumflugkörper Korabel-Sputnik 2 werden in Vorbereitung des ersten bemannten Raumfluges eines Menschen in der UdSSR die beiden Hunde Bjelka und Strelka nach einigen Erdumrundungen erstmals wieder sicher zur Erde zurückgeführt.
12.04.1961	Juri Gagarin (09.03.1934 - 27.03.1968, UdSSR) startet von Tjuratam aus als erster Mensch in eine Erdumlaufbahn. Er umkreist in der Raumkapsel Wostok 1 innerhalb von 1 h und 48 min. die Erde einmal. Daten: Start: 9:07 Uhr Moskauer Zeit; Perigäum: 181 km; Apogäum: 237 km.
05.05.1961	Erster ballistischer bemannter Raumflug der USA (Mercury-Redstone 3) durch Alan B. Shepard, gefolgt von Grissom (Mercury 4, 28.07.), John Glenn (Mercury 6, 20.02.1962, 3 Erdumkreisungen).
25.05.1961	President Kennedy hält seine berühmte Rede „I have a dream..."
29.06.1961	Einsatz einer radioisotopen elektrischen Energieversorgungsanlage in den US-Navigationssatelliten Transit IVA und IVB.
27.10.1961	Erster Start einer Saturn I. 1959-67 Entwicklung der Saturn-Raketenfamilie der amerikanischen Weltraumbehörde NASA durch Wernher von

	Braun, speziell für das am 25. Mai 1961 vom amerikanischen Präsidenten John F. Kennedy initiierte Mondlandeprogramm: Saturn I als Erprobungsgerät für Saturn IB und Apollo-Teilsysteme, Erststart der 1. Stufe am 27.10.61. Saturn IB als Erprobungsträger für Apollo-Erdumkreisungsmissionen (Erststart 26.02.66). Saturn V für das eigentliche Mondflugunternehmen (Erststart 09.11.67). Daten: Startgewicht: 2900 t. Treibstoffgewicht: 2600 t. Treibstoffe: 1. Stufe: RP-1 (Kerosin)/ LOX (flüssiger Sauerstoff), 2. und 3. Stufe: LH_2 (flüssiger Wasserstoff)/ LOX. Schubkraft der 1. Stufe: 5×680 t = 3400 t. Länge mit Nutzlast: 111 m. Nutzlast: 150 t für 200 km-Kreisbahn, 45 t in Richtung Mond.
10.07.1962	Start des ersten aktiven Nachrichtensatelliten Telstar (USA, Gewicht: 77 kg, Umlaufzeit: 158 min.).
26.08.1962	Die USA starten Mariner 2. Die erste erfolgreiche interplanetare Raumsonde passiert die Venus am 14.12.62 in 34000 km Entfernung.
16.06.1963	Mit Walentina Tereschkowa startet die erste Frau ins Weltall.
26.07.1963	Start von Syncom 2, dem ersten geostationären Kommunikationssatelliten (USA, 39 kg, 1454 min.).
23.03.1964	Gründung der europäischen Weltraumforschungsbehörde ESRO (European Space Research Organization).
05.05.1964	Die ELDO (European Launcher Developement Organization) nimmt in Paris offiziell ihre Arbeit auf.
30.05.1975	Die beiden Organisationen werden zur europäischen Weltraumbehörde ESA (European Space Agency) mit Sitz in Paris zusammengefaßt.
1964	Erste Flugerprobung des amerik. elektrostatischen Raketentriebwerks „SERT 1" (Space Electric Rocket Test 1) mit Gasentladungs-Ionenquelle.
1964	Einsatz eines Plasmatriebwerks zur Lageregelung der „Zond 2" der UdSSR.
28.11.1964	Start der ersten erfolgreichen Marssonde Mariner 4 in den USA. 22 Nahaufnahmen aus 9800 km Entfernung werden beim Vorbeiflug am 14.07.65 zur Erde übermittelt.
18.03.1965	Erster „Weltraumspaziergang": Alexeij A. Leonow (UdSSR) hält sich 10 min. lang außerhalb des Raumschiffes Woschod 2 auf.
3.–7.06.1965	McDirvitt und Ed White, Gemini 4, 62 Erdumkreisungen, Space Walk.
1965	Serienmäßiger Einsatz von Resistojet-Triebwerken in den US-Satelliten Vela und ATS.
16.07.1965	Der sowjetische Träger Proton (Nutzlast 21t) bringt seinen ersten Forschungssatelliten auf eine Umlaufbahn. Eigentlich als Sprengkopfträger entwickelt, wird die Proton zur Startrakete für Sonden zum Mond, zu den Planeten Mars und Venus und für die bemannten Raumstationen.
Aug.1965	Brennstoffzellen dienen der Energieversorgung von Gemini 5 (USA). G. Cooper & Charles Conrad umkreisen die Erde 120 mal und probieren Navigations- und Rendezvous-Manöver.

03.02.1966	Erste weiche Mond-Landung durch Luna 9 (UdSSR) nach 79 h Flugzeit. Drei Tage lang werden Bilder von der Mondoberfläche gesendet.
03.02.1966	Erster Probelauf des amerikanischen nuklearthermischen Raketentriebwerks „Nerva" mit gasförmigem H_2 als Antriebsmedium. Das Projekt wird im Januar 1973 eingestellt.
1966	Neue Raketen werden verfügbar: Delta, Atlas Centaur, Titan.
31.03.1966	Start von Luna 10 (UdSSR), dem ersten Mondorbiter.
12.09.1966	Durch die Seilkopplung von Gemini 11 und der Agena-Zielstufe wird erstmalig ein Tether-Experiment ausgeführt.
01.07.1967	Start des Satelliten DODGE (USA): Erstes Farbbild der Vollerde.
27.01.1967	Apollo 1–Feuer, bei dem Grissom, White und Chaffee umkommen.
24.04.1967	Komarov überlebt den Rückflug nicht, nachdem er das neue Raumfahrzeug Sojus1 ausprobiert hatte.
09.11.1967	Erstflug Saturn V mit unbemannter Apollo 4.
1968	Einsatz von Cäsium-Kontaktionentriebwerken zur Lageregelung von Satelliten (ATS und andere) in den USA.
21.12.1968	Start von Apollo 8 (USA) zur ersten bemannten Mondumkreisung mit den Astronauten Frank Borman, James A. Lovell und William A. Anders.
21.02.1969	Das Gegenstück zur amerikanischen Saturn V, die sowjetische N-1 -Herkules, startet erstmals in Baikonur. Doch dieser und drei weitere Startversuche enden in Explosionen. Aufgrund technischer Unzulänglichkeiten wird 1974 diese Raketenentwicklung abgebrochen.
20.07.1969	Die US-Astronauten Neil A. Armstrong und Edwin E. Aldrin landen als erste Menschen mit der Mondlandefähre „Eagle" im Mare Tranquillitatis auf dem Mond. Eine Milliarde Menschen erleben in der westlichen Welt dieses Ereignis am Fernseher mit. Nur Michael Collins, der dritte Apollo 11-Astronaut, kann von der Mondumlaufbahn aus nicht zusehen.
1969-1972	Während sechs Mondlandungen betreten zwölf Amerikaner den Mond (zuletzt Apollo 17).
Bis 1970	Aufenthaltsrekord für Menschen im All: 24 Tage (UdSSR).
15.12.1970	Wenera 7 (UdSSR): Erste weiche Landung einer unbemannten Raumsonde auf einem anderen Planeten (Venus). Die Funkverbindung kann 23 min. lang aufrecht erhalten werden.
19.04.1971	Start der ersten Raumstation Saljut durch die UdSSR.
06.06.1971	Start der ersten Orbitalstationenmannschaft mit Sojus 11. Bei der Landung am 29.06.71 ersticken die Kosmonauten Dobrowolski, Pazajew und Wolkow.
30.05.1971	Start der amerikanischen Raumsonde Mariner 9, die zwischen dem 13.11.71 und dem 27.10.72 aus einer Marsumlaufbahn heraus über 7000 Fernsehbilder zur Erde überträgt. Erstmals wird eine topographische Karte eines anderen Planeten erstellt.

05.01.1972	Beginn der Entwicklung des ersten wiederverwendbaren Raumtransporters „Space Shuttle„ in den USA.
03.03.1972	Start von Pioneer 10 (USA), der ersten Raumsonde, die den Asteroidengürtel durchquert (Sept. 1972), am Jupiter vorbeifliegt (am 04.12.73 in 131.000 km Entfernung), das Sonnensystem verläßt (am 22.09.90 betrug der Abstand zur Sonne 50 AE oder 13,8 Lichtstunden) und damit zum ersten menschengemachten interstellaren Objekt wird.
03.04.1973	Erster Start einer rein militärischen Raumstation vom Typ Almaz unter der Bezeichnung Saljut 2.
05.04.1973	Start von Pioneer 11 (USA, auch Pioneer-Saturn genannt), Vorbeiflug am Jupiter (02.12.74, 42.000 km) und erstmals am Saturn (01.09.79, 21.000 km).
14.05.1973	Start der amerikanischen Raumstation Skylab. Drei Besatzungen stellen neue Aufenthaltsdauerrekorde auf. Absturz nach 35.000 Erdumkreisungen am 11.07.79 im Indischen Ozean bei Australien.
03.11.1973	Start der ersten Raumsonde, die am Merkur vorbeifliegt. Nach einem Venus-Swing-by am 05.02.74 begegnet Mariner 10 (USA) dem Merkur am 29.03.74 (minimale Entfernung zur Oberfläche: 703 km), am 21.09.74 (49000 km) und am 16.03.75 (327 km).
10.12.1974	Start der Sonnensonde Helios A (Rakete: USA, Sonde: BR Deutschland). 15.06.76: Helios B; diese Sonde nähert sich der Sonne bis auf 45 Millionen Kilometer.
Juli 1975	Apollo-Sojus-Projekt, erstes gemeinsames bemanntes Raumflugunternehmen von USA und UdSSR.
22.10.1975	Wenera 9 (UdSSR) übermittelt erstmals Panoramaphotos von der Venusoberfläche.
1963–1975	Die ersten Nachrichtensatelliten: SYNCOM 2, Intelsat 1–5, Symphonie.
Sommer 1976	Weiche Marslandungen der unbemannten amerikanischen Labors Viking 1 (20.07., Chryse Planitia) und Viking 2 (03.09., Utopia Planitia). Tausende von Daten und Bildern aus der Marsumlaufbahn und von der Marsoberfläche werden über mehrere Marsjahre hinweg bis November 1982 zur Erde gefunkt.
20.08.1977	Start von Voyager 2 (USA). Vorbeiflug an den Planeten Jupiter (09.07.1979, 647.000 km Entfernung), Saturn (25.08.1981, 101.000 km Entfernung), Uranus (24.01.1986, 81.000 km Entfernung), Neptun (25.08.1989, 4.900 km Entfernung) und ihren Monden im Rahmen der „Grand Tour", die nur einmal in 177 Jahren möglich ist. Dieses bislang wohl erfolgreichste Raumfahrtunternehmen überhaupt übermittelt Daten und Bilder von 48 Welten, die vorher zum Teil noch nicht entdeckt waren, sowie vom interplanetaren Raum jenseits der Erdbahn. Kosten (Voyager 1 und 2): 895 Millionen US-Dollar.
20.05.1978	Start von Pioneer-Venus 1 (USA), 05.12.78: Einschwenken in eine Venus-Umlaufbahn (150 × 66000 km). Radarkartierung der Venus. Seitdem Bezeichnung: Venus-Orbiter.

08.08.1978 Start von Pioneer-Venus 2. Vier Probekörper (Sounder, Day, North und Night genannt) untersuchen am 09.12.78 die Atmosphäre der Venus und schlagen hart auf ihrer Oberfläche auf.

26.08.1978 Der erste deutsche Kosmonaut, Siegmund Jähn aus der ehemaligen DDR, fliegt mit Sojus 31 für neun Tage zur sowjetischen Raumstation Saljut 6.

24.12.1979 Erfolgreicher Erststart der europäischen Trägerrakete Ariane. Entwicklungsbeginn: 31.07.73. Erststarts: 24.12.1979, Ariane 1. 09.09.1982: Ariane 2 (Fehlstart). 16.06.1983: Ariane 2. 04.08.1984: Ariane 3. 15.06.1988: Ariane 4. Ariane 5: 04.06.1996 (Fehlstart).

1980 Neuer Aufenthaltsrekord für Menschen im All: 185 Tage (Leonid Popow und Walerij Rjumin, UdSSR).

12.04.1981 14:00h MEZ: Erster Start des amerikanischen Space Shuttle Columbia (STS-1) mit den Astronauten John W. Young und Robert L. Crippen in Cape Canaveral, Florida. Space Shuttle-Flottille: Columbia (seit 12.04.81), Discovery (seit 30.08.84), Atlantis (seit 03.10.85), Endeavour (ab ca. Mai 92). Challenger (seit 04.04.83) verunglückte bei ihrem zehnten Start am 28.01.86. Die Enterprise, die u.a. 1977 für Landetests eingesetzt wurde, ist nicht weltraumtauglich.

30.10.1981 Start von Wenera 13 (04.11.1981 Wenera 14) zur Venus. Nach Ankunft und Landung werden erstmals Bodenanalysen und Farbpanoramaaufnahmen zur Erde übermittelt.

11.+12.11.1982 Start von zwei geostationären Satelliten (SBS-3, USA und Anik C-3, Kanada) von einem bemannten Raumschiff aus (STS-5, Columbia).

25.01.1983 Start des Infrarotastronomiesatelliten IRAS (USA, GB, NL).

28.11.1983 Erster Start des europäischen Weltraumlabors Spacelab an Bord der amerikanischen Raumfähre Columbia (STS-9) mit dem bundesdeutschen Astronauten Dr. Ulf Merbold.

25.01.1984 Beginn der Entwicklung der permanent bemannten internationalen Raumstation Freedom in den USA.

07.02.1984 Erstes EVA (Extra Vehicular Activity, Außenbordaktivität) mit dem „Düsenrucksack" MMU (Manned Maneuvering Unit), bei dem keine Sicherheitsleine mehr benötigt wird. Der Amerikaner Bruce McCandless entfernt sich damit bis zu 100 m von der Raumfähre Challenger (STS 41-B).

10.-12.4.1984 Erstmaliges Bergen, Reparieren und Wiederaussetzen eines Satelliten (Solar Max) in einer Erdumlaufbahn durch die Besatzung der Space-Shuttle-Mission STS 41-C (Challenger).

25.07.1984 Erste Außenbordbetätigung einer Frau durch Swetlana Sawitzkaja.

16.11.1984 Rücktransport von zwei defekten Satelliten (Palapa-B2, Westar-6) mit der Raumfähre Discovery (STS 51-A) zur Erde. Die tonnenschweren Satelliten wurden erst wenige Tage zuvor während zweier EVAs mit

	MMU der US-Astronauten Joseph P. Allen und Dale A. Gardner eingefangen.
07.04.1990	Westar-6 wird unter der Bezeichnung AsiaSat-1 von einer chinesischen Langer-Marsch-3-Rakete wieder in eine Erdumlaufbahn gebracht.
13.04.1990	Mit einer amerikanischen Delta 2-Rakete startet Palapa-B2R zum zweiten Mal ins All.
01.05.1985	Tausendste Flugstunde einer US-Raumfähre (Challenger).
02.07.1985	Start der europäischen Kometen-Sonde Giotto, die am 14.03.86 in 500 km Entfernung am Halleyschen Kometen vorbeifliegt und erstmals Nahaufnahmen eines Kometenkerns zur Erde funkt.
17.-26.09.1985	Erster fliegender Mannschaftswechsel an Bord einer Raumstation (Saljut 7, UdSSR) und damit erster Schritt in Richtung einer permanent bemannten Station im All.
27.8.-1.9.85	Während des Fluges der US-Raumfähre Discovery (STS 51-I) werden vier geostationäre Satelliten erfolgreich gestartet. Die ersten beiden davon werden am selben Tag ausgesetzt; der vierte wird erst während des Fluges eingefangen, repariert und dann wieder auf die Reise geschickt.
30.10.1985	Start der ersten deutschen Spacelab-Mission D1 mit der US-Raumfähre Challenger (STS 61-A). An Bord befinden sich fünf amerikanische und drei europäische Astronauten (u.a. Reinhold Furrer und Ernst Messerschmid).
28.01.1986	Bei der Explosion von STS 51-L (Challenger) 73 s nach dem Start kommen sieben Amerikaner ums Leben. Das US-Raumfährenprogramm wird um über 2½ Jahre verzögert.
20.02.1986	Start der sowjetischen Raumstation MIR, der ersten ständig bemannten Raumstation. Sechs Andockstutzen ermöglichen einen kontinuierlichen Ausbau.
15.05.1987	Erster Start der unter Leitung von Boris I. Gubanow konstruierten sowjetischen Rakete Energija, die über 100 t Nutzlast in eine Erdumlaufbahn tragen kann. Bei ihrem zweiten Start am 15.11.88 wird die sowjetische Raumfähre Buran ins All transportiert.
29.09.1988	Mit dem Start von STS-26 Discovery wird das amerikanische Space-Shuttle-Programm wieder aufgenommen.
1988	Die sowjetischen Kosmonauten Wladimir Titow und Mussa Manarow leben und arbeiten ein Jahr lang im Weltraum in der Mir-Station.
04.05.1989	Von der US-Raumfähre Atlantis (STS-30) aus startet die interplanetare Raumsonde Magellan ihren Flug zur Venus, wo sie am 10.08.90 in eine Umlaufbahn einschwenkt. Fast die gesamte Venusoberfläche wird über mehrere Venustage (1 Venustag ≙ 243 Erdtagen) hinweg auf weniger als ½ km genau radarkartographiert. Der Datenstrom zur Erde ist größer als bei allen früheren Raumsondenmissionen zusammen.

18.10.1989	Start der Jupitersonde Galileo (USA, BR Deutschland) mit dem Space Shuttle Atlantis (STS-34). Swing-by: 1×Venus, 2×Erde. Planeten- und Asteroiden-Vorbeiflugerkundung: Venus (Feb.90), Erde und Mond (Dez.90), Gaspra (Okt.91), Erde und Mond (Dez.92), Ida (Aug.93). Jupiterankunft: Dezember 1995. Beobachtungszeitraum: Orbiter: Mindestens 22 Monate auf elf verschiedenen Umlaufbahnen. Eintauchsonde: ca. eine Stunde.
24.04.1990	Start des Hubble Space Telescope mit STS-31 Discovery in eine über 612 km hohe Erdumlaufbahn. Das HST gilt als das bislang teuerste, komplizierteste und wichtigste unbemannte zivile Raumfahrtunternehmen und ist das erste von vier US-Großteleskopen, die im Laufe der 90er Jahre in eine Erdumlaufbahn gestartet werden sollen und das Universum im infraroten (SIRTF, ab 1998), im sichtbaren und ultravioletten (HST), im Röntgenstrahlen (AXAF, ab 1997) und im Gammastrahlenbereich (GRO, seit April 1991) beobachten werden. Wegen einer sphärischen Aberration des Hauptspiegels, Schwingungsproblemen mit den Solarzellenpanels und Schwierigkeiten mit den Gyros zur Lagestabilisierung wurde es jedoch erst nach einer Ende 1993 durchgeführten Reparatur voll einsatzfähig.
09.08.1990	Der sowjetische Kosmonaut Anatoli Solowjow verbrachte bei vier Raumflügen 549 Tage seines Lebens unter Schwerelosigkeit.
06.10.1990	Start der europäischen Sonnensonde Ulysses mit STS-41 Discovery. Die Sonde hatte im Februar 1992 die Ekliptikebene verlassen und im Sommer 1994 erstmals die Polregionen der Sonne überflogen.
05.04.1991	Start des *Gamma Ray Observatory* GRO.
25.04.1991	Roll Out des sechsten Space Shuttle (Endeavour), der von der Rockwell International für die NASA bebaut wurde.
17.07.1991	Start des ersten europäischen Umweltsatelliten ERS mit einer Ariane.
Jan. 1992	Spacelab IML2–Mission mit U. Merbold.
17.03.1992	Um 11:54 MEZ starten Klaus-Dietrich Flade, Alexander Kaleri und Alexander Viktorenko mit einer Sojus-Trägerrakete zur Ablösung von Alexander Wolkow (172 Tage) und Sergeij Krikalow (309 Tage) auf der Raumstation MIR.
Aug. 1992	Claude Nicollier setzt ESA–Plattform EURECA und einen Tethersatelliten TSS teilweise aus.
24.04.1993	Start der zweiten deutschen Spacelab-Mission D2 mit der US-Raumfähre Columbia. 55. Flug eines Space–Shuttles, an Bord u.a. Hans Wilhelm Schlegel und Ulrich Walter.
2-13.12.1993	Reparatur des Hubble–Teleskops.
03.10.1994	Start der Euromir-94-Mission mit Sojus TM 20 mit Wiktorenkow, Kondakowa und Merbold zur Raumstation Mir. Mit 31 Weltalltagen neuer Langzeitflugrekord eines Westeuropäers. Dritter Raumflug von Merbold.

14.10.1994	Indien startet erstmals erfolgreich seine vierstufige PSLV-Rakete (erster Fehlstart im September 1993).
26.12.1994	Start eines russischen Radioamateursatelliten mit der Rakete Rokot (RS 18 bzw. SS 19).
15.01.1995	Start der internationalen Express-Kapsel - durch Trägerraketenversagen zu niedrige Umlaufbahn erreicht. Bergung nach über einem Jahr in Ghana.
19.04.1995	Start des Potsdamers Lasersatelliten GFZ aus der Luftschleuse von Mir.
29.06.1995	Erstes Docking zwischen dem Space Shuttle Atlantis und der Raumstation Mir. Es war der 100. bemannte Raumflug der USA.
03.09.1995	Beginn der 179-tägigen Euromir-95-Mission (Sojus TM 22) mit dem Deutschen Thomas Reiter, der zwei Außenbordbetätigungen ausführt.
07.09.1995	Während der Shuttle-Mission STS-69 wird eine neue Materialforschungs-Freiflugeinheit „Wake Shield Facility" getestet, womit im „Flugschatten" ein hochreines Vakuum erzeugt wird.
17.02.1996	Mit einer Delta-II-Rakete wird NEAR (Near Earth Asteroid Rendezvous) gestartet, um erstmals einen Asteroiden näher zu erforschen.
09.04.1996	Erster kommerzieller Start eines westlichen Kommunikationssatelliten (Astra 1F) durch die russische Trägerrakete Proton.
04.06.1996	Erster Start des neuen europäischen Schwerlastträgers Ariane 5 mit den vier Plasmasonden vom Typ Cluster (Fehlstart).
07.11.1996	Start von Global Surveyor und am 04.12.1996 von Pathfinder – amerikanische Marssonden einer neuen Generation. Global Surveyor stürzt beim Landeanflug durch Softwarefehler auf den Mars.
16.11.1996	Fehlstart der Marssonde Mars-96 durch Versagen der Oberstufe der Proton.
10.02.1997	Beginn der Mission Mir-97 mit Sojus TM 25 und dem Deutschen Reinhold Ewald.
11.02.1997	Im Rahmen der Mission STS 82 wird während 5 Ausstiegen in den freien Weltraum das Hubble-Teleskop zum zweiten Mal gewartet/repariert.
25.06.1997	Durch Zusammenstoß eines Progress-Versorgers mit der Raumstation Mir kam es zu einer ernsthaften Havarie im All.
04.07.1997	Die gelandete Marssonde Pathfinder gibt den Minirover Sojourner frei, der erstmalig freibeweglich auf dem roten Planeten Untersuchungen vornimmt.
23.09.1997	100. Start einer Ariane-Trägerrakete.
01.10.1997	Die deutschen Einrichtungen DLR und DARA werden zum „Deutschen Zentrum für Luft- und Raumfahrt" zusammengeführt.
15.10.1997	Start der Komplexsonde Cassini/Huygens zur Erforschung des Saturns und seiner Monde. Mehrere Gravity Assist Manöver an Venus und Erde. Voraussichtliche Ankunft am Saturn am 30.12.2000.

30.10.1997	Zweitstart der Ariane 5 mit einigen Problemen.
06.01.1998	Mit Lunar Prospector auf der „Billigrakete" Athena 2 kehrt man (symbolisch) zum Mond zurück.
17.04.1998	Letzter (voraussichtlich) Flug des in Deutschland gebauten Spacelab (Neurolab/STS 90).
02.06.1998	Mit dem Flug STS 91 erfolgt die 9. und letzte Kopplung mit Mir.
03.07.1998	Japan startet mit einer M-V2-Feststoffrakete eine erste Marssonde Nazomi.
21.10.1998	3. Qualifikationsflug der Ariane 5 mit der ARD-Wiedereintrittskapsel.
20.11.1998	Startschuß für die Internationale Raumstation ISS: Eine Proton bringt das erste Modul, das russische Sarja, auf eine Umlaufbahn.
04.12.1998	Mit STS 88 bringt die USA ihr Modul Unity in den Orbit und koppelt es an Sarja an.
29.10.1998	John Glenn fliegt mit 77 Jahren mit STS 95 noch einmal ins All.
27.03.1999	Von der schwimmenden Plattform SeaLaunch startet die erste Zenit (Ukraine).
19.11.1999	China unternimmt den ersten unbemannten Testflug des Raumschiffes Shenzhou.

...to be continued...

B Übungsaufgaben

Aufgaben zum Themengebiet Ziolkowsky-Raketengrundgleichung

Aufgabe 1

Leiten Sie die Ziolkowsky-Gleichung für das Antriebsvermögen Δv einer einstufigen Rakete im kräftefreien Raum her.

(Lösung s. Kapitel 2.2)

Aufgabe 2

Wie groß ist der Treibstoffverbrauch m_T einer einstufigen Rakete im kräftefreien Raum, wenn wir eine Masse (Nutzlast-, Struktur-, Motorenmasse etc.) von 200 kg von null auf die dreifache Austrittsgeschwindigkeit ($3 \cdot c_e$) beschleunigen?

($m_T = 3.817\ kg$)

Aufgabe 3

Eine einstufige Rakete wird mit der Geschwindigkeit $v_0 = 0$ m/s im kräftefreien Raum gestartet. Sie soll nach dem Zurücklegen einer Strecke von einem Kilometer eine Masse (Nutzlast- und Strukturmasse) von 50 kg auf $v_1 = 3.400$ m/s bringen. Der Massenverlust $\dot m$ und die effektive Austrittsgeschwindigkeit c_e seien während der Antriebsphase konstant.

a) Wie groß ist die Startmasse der Rakete, wenn die spezifische Energie des Brennstoffes $\varepsilon_T = 5 \cdot 10^6$ J/kg beträgt und davon nur 80% als Antriebsenergie zur Verfügung stehen?

($m_0 = 166\ kg$)

b) Wie groß muß der Treibstoffverbrauch / Sekunde $\dot m$ sein, damit die Rakete gerade nach dem Zurücklegen der Strecke (1 km) Brennschluß hat?

($\dot m = 159{,}1\ kg/s$)

c) Wenn $\dot m$ um den Faktor 2 größer wäre als der in b) berechnete Wert, nach welcher Strecke würde die Rakete dann die Geschwindigkeit v_1 erreichen?

($\Delta s = 500\ m,\ \Delta t = 0{,}37\ s$)

Aufgabe 4

Die effektive Austrittsgeschwindigkeit einer Rakete verringert sich durch Vergrößerung des Düsenhalses einer ablationsgekühlten Düse infolge des Abbrandes um 5% pro Sekunde. Der Massendurchsatz $\dot{m} = 100$ kg/s sei konstant, die Anfangsmasse der Rakete beträgt $m_0 = 1.100$ kg. Bei einer Brennzeit von $t=10$ s erreicht die Rakete eine Geschwindigkeit von 7.000 m/s. Wie groß war die anfängliche Austrittsgeschwindigkeit c_{e0}? Um wieviel Prozent ist die Rakete langsamer als eine Vergleichsrakete mit gleichem Massenverhältnis und einer konstanten effektiven Austrittsgeschwindigkeit c_{e0}?

Hinweis: Das in der Rechnung auftretende Integral sei folgendermaßen angenähert:

$$\int \frac{e^{ax}}{x} \cdot dx \approx \ln(x) + ax + c$$

($c_{e0} = 4.176$ m/s, $\delta v = 30{,}3\%$)

Aufgabe 5

Für eine „Nurtreibstoffrakete" mit dem Startgewicht $m_0 = 100$ t und einer effektiven Ausströmgeschwindigkeit $c_e = 3.500$ m/s soll ein zeitlich konstanter Massendurchsatz so groß gewählt werden, daß diese Rakete einen konstanten Schub erzeugt, welcher ihrer Startgewichtskraft entspricht. Berechnen Sie die Zeit Δt bis Brennschluß und setzen Sie diese Zeit mit dem spezifischen Impuls des Triebwerks in Relation!

($\Delta t = 357$ s, $\Delta t = I_s$)

Aufgabe 6

Eine zweistufige Trägerrakete, deren 1. Stufe ein Strukturverhältnis von $\sigma_1 = 0{,}07$ und eine effektive Austrittsgeschwindigkeit von $c_{e1} = 3.000$ m/s besitzt und deren 2. Stufe ein Strukturverhältnis von $\sigma_2 = 0{,}1$ und eine effektive Austrittsgeschwindigkeit $c_{e2} = 4.000$ m/s erreicht, soll so gestuft werden, daß sich mit einem Nutzlastverhältnis von $\mu_L = 0{,}005$ das größtmögliche Antriebsvermögen Δv_{ges} ergibt. Wie groß ist Δv_{ges}, und wie ist die Startmasse von $m_0 = 120$ t in die Anteile der Brennstoffmassen und Nettomassen der einzelnen Raketenstufen aufgeteilt?

($\Delta v_{ges} = 12.960$ m/s, $m_1 = 111$ t, $m_2 = 8{,}66$ t, $m_{T1} = 102$ t, $m_{T2} = 7{,}73$ t)

Aufgabe 7

Wie groß ist das Antriebsvermögen Δv_{ges} des Space Shuttle, wenn seine technischen Daten wie folgt angegeben sind:

Startmasse (mit 29 t Nutzlast):	2.017.000 kg
Orbitermasse (beim Start):	111.000 kg
Außentank (ET), Masse mit Treibstoff:	738.000 kg
Davon nutzbares H_2/O_2-Treibstoffgemisch:	703.000 kg
Zwei Booster (SRB), Masse mit Treibstoff je:	584.000 kg
Davon nutzbarer Festtreibstoff von jeweils:	500.000 kg

1.Phase: Die im Orbiter installierten drei Haupttriebwerke (SSME) werden mit flüssigem Wasserstoff (LH$_2$) und flüssigem Sauerstoff (LOX) betrieben und erreichen eine effektive Austrittsgeschwindigkeit von 4.300 m/s bei einem Massendurchsatz von insgesamt 3 x 500 kg/s, während gleichzeitig die Boostertriebwerke im Mittel einen spezifischen Impuls von 300 s erreichen und nach 120 s ausgebrannt sind und abgeworfen werden.

2.Phase: Nach Abwurf der beiden Booster bleibt der Antrieb durch die drei Haupttriebwerke der einzige Antrieb, bis der nutzbare Treibstoff des Außentanks verbraucht ist. Danach trennt sich der Orbiter vom Außentank.

3.Phase: Der Orbiter steigt allein weiter. Er besitzt noch zwei kleinere, sogenannte OMS-Triebwerke (Orbital Maneuvering System), für die an Bord eine Treibstoffmenge von 11.000 kg UDMH/N$_2$O$_4$ für die weiteren Flugaufgaben (Einschuß in die Umlaufbahn, Abstieg etc.) zur Verfügung stehen. Die effektive Austrittsgeschwindigkeit der OMS-Triebwerke ist 3.000 m/s.

Annahme: Der Massendurchsatz und die effektive Austrittsgeschwindigkeit dürfen während der jeweiligen Schubphase als zeitunabhängig betrachtet werden.

(Δv_{ges} = 9.628 m/s)

Aufgabe 8

Eine einstufige Rakete mit dem Startgewicht m_0 = 100 t soll in einem kräftefreien Raum eine Nutzlast von 0,5 t durch Verbrennen ihres gesamten Treibstoffs beschleunigen. Der Strukturfaktor der Rakete beträgt σ = 0,1 und der Treibstoff hat eine spezifische Energie von ε_T = 5 MJ/kg. Berechnen Sie den inneren und den äußeren Wirkungsgrad für einen spezifischen Impuls von I_s = 300 s!

(η_i = 0,87, η_a = 0,6)

Aufgabe 9

Wir betrachten eine dreistufige Trägerrakete (Tandemstufung) mit folgenden Daten:

Eff. Austrittsgeschw.:	c_{e1} = 3.000 m/s	c_{e2} = 2.000 m/s	c_{e3} = 2.500 m/s
Strukturfaktoren:	σ_1 = 0,07	σ_2 = 0,08	σ_3 = 0,12
Nutzlast:	m_L = 1.500 kg	μ_L = 7,46·10^{-3}	
Massendurchsatz:	$\dot{m}_1$ = 1.000 kg/s	$\dot{m}_2$ = 250 kg/s	

a) Wie groß muß μ_3 sein, damit das Antriebsvermögen Δv_3 der dritten Stufe dem eineinhalbfachen ihrer effektiven Austrittsgeschwindigkeit entspricht? (μ_3 soll nicht aus den Optimierungsbedingungen bestimmt werden!)

(μ_3 = 0,072)

b) Nachdem μ_3 berechnet worden ist, kann μ_2 so bestimmt werden, daß das Gesamtantriebsvermögen der Rakete $\Delta v_{ges} = f(\mu_2)$ maximal wird. Errechnen Sie dieses Δv_{ges}!

($\mu_2 = 0{,}104$, $\Delta v_{ges} = 9.505$ m/s)

c) Berechnen Sie die Treibstoffmasse der ersten Stufe m_{T1}.

($m_{T1} = 166$ t)

d) Welche Stufe arbeitet zur Zeit T = 180s? Berechnen Sie den Impuls m·v der Rakete zu diesem Zeitpunkt unter der Annahme v(t = 0 s) = 0 m/s.

($m·v = 9{,}78·10^7$ kgm/s, es arbeitet die 2. Stufe)

Aufgabe 10

Eine Ariane 5 Rakete soll einen schweren GEO-Kommunikationssatelliten auf der GTO-Bahn aussetzen. Die Startmasse der Ariane 5 beträgt $m_0 = 723.000$ kg. Der Aufstieg gliedert sich dabei in folgende drei ideale Phasen:

Phase 1: Nach gleichzeitigem Zünden brennen die Zentralstufe und beide Booster. Zum Brennschluß der Booster ist deren gesamter Treibstoff verbraucht.

Phase 2: Nach Abwurf der Booster brennt die Zentralstufe weiter bis der gesamte Treibstoff verbraucht ist. Bei der Trennung der Zentralstufe werden gleichzeitig die Nutzlastverkleidung und die Interstage (Stufenverbindungssegment) abgeworfen.

Phase 3: Nach Abwurf der Zentralstufe zündet die Oberstufe und brennt bis der Treibstoff verbraucht ist.

Zentralstufe (H155):

Masse Zentralstufe (betankt):	170.000 kg	Masse Treibstoffe (LOX/LH2):	153.400 kg
Spez. Impuls am Boden:	310 s	Spez. Impuls im Vakuum:	435 s
Brenndauer:	590 s		

Feststoffbooster (P230), 2 Stück:

Masse Booster (betankt), je:	264.000 kg	Masse Feststoff-Treibstoff, je:	236.775 kg
Spez. Impuls am Boden:	336 s	Brenndauer:	123 s

Masse Nutzlastverkleidung: 3 000 kg   Masse Interstage: 2 000 kg

Oberstufe (L9):

Masse Oberstufe (betankt):	10.900 kg	Treibstoff (N$_2$O$_4$/MMH):	9.600 kg
Spez. Impuls im Vakuum:	231 s	Brenndauer:	800 s

a) Welche zwei Kräfte greifen während des Starts (kurz nach dem Lift-off, $v \approx 0$ m/s) an der Rakete an? Wie groß sind beide Kräfte? Welche beschleunigende Kraft F_B resultiert daraus für die Rakete, und welche Startbeschleunigung erfährt sie durch diese Kraft?

(Schub $F = 13{,}51·10^6$ N, Gewichtskraft $G = 7{,}11·10^6$ N, $F_{res} = 6{,}40·10^6$ N, $a_B = 8{,}85$ m/s^2)

b) Berechnen Sie das Antriebsvermögen aller drei Schubphasen! Gehen Sie davon aus, daß die Treibstoffmassenströme der einzelnen Triebwerke konstant bleiben. Nach Trennung der beiden Booster kann, aufgrund der geringen Restatmosphäre, eine Expansion der Triebwerksgase gegen Vakuum angenommen werden. Wie groß ist das gesamte Antriebsvermögen?

($\Delta v_1 = 3.948$ m/s, $\Delta v_2 = 5.840$ m/s, $\Delta v_3 = 1.485$ m/s, $\Delta v_{ges} = 11.273$ m/s)

c) Nach dem Abstoßen der ausgebrannten Oberstufe L9 wird der Kommunikationssatellit, der sich noch auf einer Trägerstruktur befindet, auf die erforderliche GTO-Bahn befördert und dort ausgebracht. Welche Restmasse m_{Rest} besitzt diese Trägerstruktur, wenn für die maximale Nutzlast in GTO $\mu_L = 0.01$ gilt?

($m_{Rest} = 1.870$ kg)

Aufgabe 11

Die Ariane 5-Rakete (Kickstufe inklusive Nutzlast, Zentralstufe und zwei Booster, Nutzlastverkleidung) soll als Nutzlast eine Sonde zum Mars transportieren. Zunächst sind die zwei Feststoffbooster parallel zur Zentralstufe für 123 s in Betrieb (vollständige Treibstoffumsetzung) und werden danach abgeworfen. 184 s nach dem Start, also während der zweiten Flugphase (Betrieb nur der Zentralstufe), wird die Nutzlastverkleidung abgetrennt. In der letzten Phase des Fluges wird die Sonde mit Hilfe einer Kickstufe auf eine Transferbahn zum Mars gebracht. Die Massenflüsse und effektiven Austrittsgeschwindigkeiten der Triebwerke sollen jeweils als konstant angenommen werden. Berechnen Sie den Raketenaufstieg unter Idealannahmen ohne Aufstiegsverluste!

Struktur- und Motormasse eines Boosters: $m_{SM,B} = 35$ t
Treibstoffmasse eines Boosters: $m_{T,B} = 230$ t
Spezifischer Impuls eines Boosters: $I_{sp,B} = 273$ s
Struktur- und Motormasse der Zentralstufe: $m_{SM,ZS} = 15$ t
Treibstoffmasse der Zentralstufe: $m_{T,ZS} = 155$ t
Massenstrom des Zentralstufentriebwerks: $\dot{m}_{ZS} = 262{,}7$ kg/s
Eff. Austrittsgeschwindigkeit des Zentralstufentw.: $c_{e,ZS} = 4.227$ m/s
Masse der Nutzlastverkleidung: $m_{NV} = 2{,}9$ t
Struktur- und Motormasse der Kickstufe: $m_{SM,KS} = 1{,}5$ t
Massenstrom des Kickstufentriebwerks: $\dot{m}_{KS} = 8{,}5$ kg/s
Schub des Kickstufentriebwerks: $F_{KS} = 28.000$ N
Masse der Sonde: $m_S = 4{,}0$ t

a) Welche und wieviele Triebwerke sind in welcher Phase des Aufstiegs in Betrieb?

b) Berechnen Sie die Treibstoffmasse der Kickstufe für den Fall, daß ein charakteristischer Geschwindigkeitsbedarf von 4.900 m/s für die Kickstufe benötigt wird. Wie groß ist die Gesamtmasse der Rakete?

($m_{T,KS} = 18{,}84$ t, $m_0 = 727{,}24$ t)

c) Wie groß ist der Startschub der Rakete und welche charakteristische Geschwindigkeit hat die Rakete bei Brennschluß der Booster erreicht?

$(F_{ges} = 11{,}15 \text{ MN}, \Delta v_1 = 3.147 \text{ m/s})$

d) Wie groß ist die charakteristische Geschwindigkeit bei Brennschluß der Zentralstufe?

$(\Delta v_{ges} = \Delta v_1 + \Delta v_2 + \Delta v_3 = 9.122 \text{ m/s})$

Aufgabe 12

Eine 2-stufige Rakete mit einer Gesamtmasse von $m_0 = 700$ t ist derart ausgelegt, daß eine Nutzlast von $m_l = 6.300$ kg im kräftefreien Raum auf eine charakteristische Geschwindigkeit von $\Delta v = 10$ km/s beschleunigt wird. Folgende Daten der Rakete sind bekannt:

Effektive Austrittsgeschwindigkeit der 1. Stufe: $c_{e1} = 2.800$ m/s
Strukturmassenverhältnis der 1. Stufe: $\sigma_1 = 0{,}08$
Relativmasse der 2. Stufe: $\mu_2 = 0{,}2$
Strukturmassenverhältnis der 2. Stufe: $\sigma_2 = 0{,}09$

a) Wie groß ist die Brenndauer der 1. Stufe, wenn der Startschub $F = 9.600$ kN beträgt?

$(t_1 = 147 \text{ s})$

b) Berechnen Sie die Relativmasse μ_2 nach einer Optimierung mit den Parametern aus dem Aufgabenteil a)! Welcher Antriebsgewinn könnte gegenüber der nicht optimierten Rakete erzielt werden?

$(\mu_{2,opt} = 0{,}1035, \delta(\Delta v_{ges}) = 313 \text{ m/s Gewinn})$

c) Während des Betriebs der 2. Stufe tritt durch ein Leck in der Treibstoffzuleitung kontinuierlich 10% des Massenstroms der 2. Stufe aus und ist unwirksam für das Antriebsvermögen der 2. Stufe. Weiterhin fällt, bedingt durch den um 10% kleineren Massenstrom, der Schub auf einen Wert von 80% des erwarteten Schubes. Wie groß ist in diesem Fall das Antriebsvermögen der 2. Stufe?

$(\Delta v_{2,\text{fehl}} = 5.149 \text{ m/s})$

Aufgabe 13

Es soll eine dreistufige Rakete nach dem Tandemprinzip untersucht werden, die eine Nutzlast (Satellit) in den geostationären Transferorbit (GTO, Perigäumshöhe $H_1 = 260$ km, Apogäumshöhe $H_2 = 36.000$ km) transportiert.

Gesamtmasse der Rakete	m_0 =	678.000	kg
Strukturmassenverhältnis Stufe 1	σ_1 =	0,067	
Strukturmassenverhältnis Stufe 2	σ_2 =	0,067	
Strukturmassenverhältnis Stufe 3	σ_3 =	0,085	
Spez. Energie des Treibstoffes der ersten Stufe	$\varepsilon_{T,1}$ =	$5{,}7 \cdot 10^6$	J/kg
Innerer Wirkungsgrad der ersten Stufe	$\eta_{I,1}$ =	0,738	
Treibstoffmasse der ersten Stufe	$m_{T,1}$ =	414.574	kg
Brenndauer der ersten Stufe	Δt_1 =	140	s

Gesamtmasse der zweiten Stufe	m_2	=	160.000	kg
Gesamtmasse der dritten Stufe	m_3	=	50.000	kg
Eff. Austrittsgeschwindigkeit der zweiten Stufe	$c_{e,2}$	=	3.000	m/s
Spezifischer Impuls der dritten Stufe	$I_{sp,3}$	=	356	s
Erdradius	R_0	=	6.378	km
Erdbeschleunigung	g_0	=	9,83	m/s²
Gravitationsparameter der Erde	μ	=	$3,989 \cdot 10^{14}$	m³/s²

Hinweis: Nehmen Sie Massenströme als konstant an!

a) Auslegung der ersten Stufe: Berechnen Sie die eff. Austrittsgeschwindigkeit $c_{e,1}$, den Massenstrom sowie den Schub der Rakete beim Start. Mit welcher *effektiven* Beschleunigung *hebt* die Rakete *ab* und wieviel Prozent von g_0 beträgt diese?

($c_{e,1}$ = 2.900,6 m/s, dm/dt = 2.961 m/s, F = 8,59 MN, a_{eff} = 2,838 m/s², 28,9 % von g_0)

b) Auslegung der verbleibenden Stufen: Berechnen Sie die Gesamtmasse m_1 der ersten Stufe sowie die Massen $m_{0,2}$ und $m_{0,3}$ der zweiten und dritten Unterrakete. Wie groß sind die Relativmassen μ_2 bzw. μ_3? Ermitteln Sie zum Vergleich (und unter Verwendung des gerade ermittelten μ_3) den *optimalen* Wert $\mu_{2,opt}$ für die zweite Stufe.

(m_1 = 460 t, $m_{0,2}$ = 218 t, $m_{0,3}$ = 58 t, μ_2 = 0,3215, μ_3 = 0,0855, $\mu_{2,opt.}$ = 0,3201)

c) Ermitteln Sie das gesamte Antriebsvermögen Δv der Rakete.

(Δv_{ges} =11.293 m/s)

d) Nach dem Aussetzen des Satelliten im GTO: Der Satellit soll mit *einem einzigen* Impulsmanöver im Apogäum des GTO in den GEO (H = 36.000 km) eingeschossen werden. Berechnen Sie den dazu notwendigen Antriebsbedarf.

(Δv =1.471 m/s)

Aufgabe 14

Die Ariane 5-Rakete (Oberstufe mit Nutzlast, Unterstufe und zwei Booster) soll eine Nutzlast nach LEO transportieren (Δv_{ch} = 9500 m/s). Die gesamte Flugzeit der Rakete bis zum Brennschluß der Oberstufe beträgt 23 Minuten, 10 Sekunden. Dabei sind die zwei Feststoffbooster parallel zur Unterstufe 123 s in Betrieb und werden danach abgetrennt. Die gesamte Brennzeit der Unterstufe beträgt 590 s. Die Massenflüsse und effektiven Austrittsgeschwindigkeiten aller Triebwerke sollen als konstant angenommen werden.

| Treibstoffmasse eines Boosters: | $m_{T,B}$ = 230 t | Unterstufe: $m_{T,U}$ = 155 t |
| Treibstoffmasse der Oberstufe: | $m_{T,O}$ = 7,2 t | g_0 = 9,83 m/s² |

a) Geben Sie für die drei Phasen des Aufstiegs deren jeweilige Dauer Δt_1, Δt_2 und Δt_3 an. Welche Triebwerke sind jeweils aktiv?

(Δt_1 = 123 s, Δt_2 = 467 s, Δt_3 = 800 s)

b) Welche Brennschlußmasse darf die Oberstufe haben, wenn sie ein Δv von 795 m/s bei einem Schub von 27,3 kN aufbringen soll?

($m_{b,3}$ = 24.029 kg)

c) Welches Δv erzeugt die Unterstufe nach Abtrennung der Booster, wenn ihre Struktur- und Motorenmasse $m_{SM,U}$ = 15 t beträgt? (der spezifische Impuls des Triebwerks der Unterstufe ist $I_{s,U}$ = 390 s)

(Δv_2 = 4.968 m/s)

d) Berechnen sie den Schub eines Feststoffboosters, wenn dessen Strukturmassen- verhältnis $\sigma_B = m_{SM,B} / (m_{SM,B} + m_{T,B})$ = 0,132 beträgt.

(F_B = 6,182 MN)

Aufgabe 15

Die Apollo-Mondflüge wurden mit Hilfe der dreistufigen Saturn V-Rakete durchgeführt. Die fünf F1-Triebwerke der Unterstufe erzeugen zusammen einen Schub von F_1= 35 MN. Die zweite Stufe besitzt fünf, die Oberstufe einen J2-Motor (I_s=450s und $\dot{m}$=214 kg/s).

Gesamtmasse der Rakete:	m_0 = 2780 t
Leermasse der ersten Stufe:	m_{SM1} = 140 t
Leermasse der zweiten Stufe:	m_{SM2} = 48 t
Treibstoffmasse der ersten Stufe:	m_{T1} = 2000 t
Treibstoffmasse der zweiten Stufe:	m_{T2} = 428 t
Treibstoffmasse der dritten Stufe:	m_{T3} = 104 t
Brennzeit der ersten Stufe:	Δt_1 = 150 s

a) Berechnen Sie das gesamte Antriebsvermögen der Rakete. Wie groß ist die Brennzeit der zweiten Stufe?

(Δv_{ges} = 12.672 m/s, Δt_2 = 400 s)

b) Nach 690 s Aufstiegszeit wird ein kreisförmiger Parkorbit erreicht und die Oberstufe zunächst abgeschaltet. Wie groß ist Δv_{ch} zum Erreichen des Parkorbits, wenn die Rakete am Äquator in östlicher Richtung startet?

(Δv_{ch} = 9.580 m/s)

c) Durch erneutes Zünden des Motors soll das Gravitationsfeld der Erde verlassen werden. Wie lange muß die Oberstufe hierzu mindestens in Betrieb sein, wenn die Höhe des Parkorbits 190 km beträgt?

(Δt_4 = 324,4 s)

d) Um welchen Betrag reduziert sich Δv_{ch}, wenn die Rakete statt am Äquator in Cape Canaveral (28.5° N) startet?

($\delta \Delta v_{CC}$ = 56,2 m/s)

Aufgaben zum Themengebiet Bahnmechanik und Antriebsbedarf

Aufgabe 16

a) Berechnen Sie die Umlaufgeschwindigkeiten v_K für Erdkreisbahnen unter der Annahme eines Einkörperproblems in den folgenden Höhen H über der Erdoberfläche:

$$H = r_K - R_0 = 100\ ;\ 200\ ;\ 500\ ;\ 1000\ \text{und}\ 10000\ \text{km}$$

Welche Näherung wird hierbei gegenüber dem klassischen Newtonschen „Zweikörperproblem" vorgenommen?

(v_K (100 km) = 7.848 m/s, v_K (1.000 km) = 7.353 m/s, v_K (10.000 km) = 4.936 m/s,
Näherung: $M_{Zentralkörper} \gg m_{Satellit}$)

b) Berechnen Sie die Höhe H und die Geschwindigkeit v_K für eine Kreisbahn mit der Umlaufzeit $P_K = 24\text{h} \cdot \frac{364}{365}$ =23h 56m 04s. Diese Umlaufzeit ist ein astronomischer Tag, d.h. die Zeit, in der die Erde eine volle Umdrehung im Inertialsystem ausführt.

(v_K (r=42.175 km) = v_K (H=35.797 km) = 3.075 m/s)

Aufgabe 17

Berechnen Sie aus der Kreisbahngeschwindigkeit der Erde (v_K = 29,67 km/s) den mittleren Bahnradius r_K der Erde um die Sonne. Dieser Radius r_K ist eine Astronomische Einheit (1 AE).

($r_K = 1{,}507\ 10^{11}$ m)

Aufgabe 18

Eine Rakete soll am Nordpol der Erde abgeschossen werden und am Südpol landen. Sie soll dabei im Flug die größte Distanz $k \cdot R_0$ vom Erdmittelpunkt bzw. die Flughöhe $(k-1) \cdot R_0$ über dem Äquator erreichen, wobei R_0 der Radius der als kugelförmig angenommenen Erde ist und $k > 1$ gelten soll.

Man berechne als Funktion von k und R_0 und unter Vernachlässigung des Luftwiderstandes:

a) Die Flugbahn der Rakete

($r(\theta) = R_0(1+(1-k^{-1})\cos\theta)^{-1}$)

b) Den Abschußwinkel relativ zur Erdoberfläche am Pol.

($\cos\beta = (1+(1-k^{-1})^2)^{-0.5}$)

c) Die Abschußgeschwindigkeit am Pol.

($v_0 = (\mu R_0^{-1}(1+(1-k^{-1})^2)^{0.5}$)

d) Die Halbachse der Ellipse und die Abschußgeschwindigkeit für den Fall k=1,1.

$(a = 6{,}43 \cdot 10^6$ m, $v_0 = 7.942$ m/s$)$

e) Wie vergleicht sich die Geschwindigkeit mit der 1. kosmischen Geschwindigkeit?

$(v_0 > v_{1.\,kosm.}$; *trotzdem ballistischer Flug, da kein tangentialer Abschuß*)

Aufgabe 19

Eine ballistische Rakete mit einer vorgesehenen Abschußgeschwindigkeit von $v_0 = v_{K0}/\sqrt{2}$ weist bei Brennschluß eine Abweichung von 1% davon auf. Die Brenndauer sei gegenüber der Flugzeit vernachlässigbar. Wie wirkt sich dieser Fehler auf die maximale Reichweite aus? Vernachlässigen Sie die Erdrotation und den Luftwiderstand!

$(s_{max}(v_0) = 4.330$ km, $s_{max}(v_0-1\%) = 4.211$ km, $s_{max}(v_0+1\%) = 4.451$ km$)$

Aufgabe 20

Ein Nutzlastmodul soll für eine erdnahe Mission durch den Strahlungsdruck der Sonne angetrieben werden. Die Masse des Moduls beträgt m = 625 kg, die Solarkonstante S = 1395 W/m² (bei 1 AE Sonnenabstand).

a) Welche Größe müßte ein Sonnensegel besitzen, um bei Totalreflexion einen Schub von 0,6 N zu erzeugen?

$(A_s = 1{,}33 \cdot 10^5$ m$^2)$

b) Wie groß ist das Antriebsvermögen innerhalb von 30 Tagen?

$(\Delta v = 2.488$ m/s$)$

Aufgabe 21

Der Shuttle (Rückkehrmasse m_{Sh}=70 t) setzt einen schweren Erdbeobachtungssatelliten (m_{Sat}=15 t) aus. Dies geschieht in einer Orbithöhe des Gesamtsystems von H_0 = 350 km unter Zuhilfenahme eines 50 km langen, masselosen Seils!

a) Wie groß ist die erreichbare Orbithöhe des Satelliten nach der Trennung?

$(r_{Apo} = 7.024$ km$)$

b) Wie groß ist die Einsparung an Deorbiting-Impuls für den Shuttle nach dem Trennen des Tetherelements, d.h. welches Δv bringt den Shuttle, ohne daß ein Satellit ausgesetzt wurde, auf dieselbe elliptische Bahn, die er nach erfolgtem Aussetzen fliegen würde?

$(\Delta v = 17{,}7$ m/s$)$

c) Durch systematisches Aufschwingen des Tethersystems kann dem Satelliten eine zusätzliche Geschwindigkeit von Δv = 5 m/s bei der Trennung mitgegeben werden. Wie verändert sich dadurch die erreichbare Orbithöhe und welche Auswirkungen hat dies auf den Shuttle?

$(r_{Apo} = 7.043$ km, $\Delta v_{Shuttle} = 18{,}8$ m/s$)$

Aufgabe 22

Eine der interessantesten Tether-Anwendungen ist die Impulsübertragung zwischen einem Shuttle und einer Raumstation. Vom angedockten Zustand (zirkulare Bahn) in einer Höhe von 463 km sollen sich beide Massen trennen, das Shuttle (m_S = 95 t) um die Strecke L_S nach unten und die Raumstation (m_R = 158 t) um die Strecke L_R nach oben, bis zur vollen Länge L = 80 km des gestreckten Tethers. In diesem Zustand soll der Tether getrennt werden.

a) Wie groß sind im Moment der Trennung die Strecken L_R und L_S und demzufolge die Perigäumshöhe der Raumstation bzw. die Apogäumshöhe des Shuttle?

   (L_S = 50 km, L_R = 30 km)

b) Bestimmen Sie für die Raumstation die Differenz zwischen Perigäumshöhe und zu erwartender Apogäumshöhe unter der Annahme r_0 = (6370 + 463) km $\gg L_R$.

   ($\Delta r = 6 L_R$)

c) Wie groß müßte das erste Geschwindigkeitsinkrement eines vergleichbaren Hohmannüberganges sein (d.h. um dieselbe Apogäumshöhe zu erreichen)?

   (Δv = 49,5 m/s)

d) Bestimmen Sie die entsprechende Treibstoffeinsparung eines chemischen Antriebes (I_S = 400s).

   (m_T = 1.976 kg)

Aufgabe 23

Durch einen Hohmannübergang soll aus einer erdnahen Bahn ein Orbit erreicht werden, der sehr viel höher liegt als die Ausgangsbahn ($r_2 \gg r_1 = 6{,}87 \cdot 10^6$ m). Berechnen Sie den spez. Antriebsbedarf!

   (Δv = 3.157 m/s)

Aufgabe 24

a) Zeigen Sie, daß der Antriebsbedarf für einen Hohmann-Übergang in der folgenden Form geschrieben werden kann:

$$\Delta v_1 + \Delta v_2 = v_{k1} \cdot \left[(1-\rho) \cdot \sqrt{\frac{2}{1+\rho}} + \sqrt{\rho} - 1 \right] \text{ mit } \rho = \frac{r_1}{r_2}$$

b) Welches Vorzeichen hat $\Delta v_1 + \Delta v_2$, wenn $\rho > 1$ ist, welches, wenn $\rho < 1$ ist? Berechnen Sie $\mu \equiv (\Delta v_1 + \Delta v_2)/v_{K1}$ für einen weiten Bereich von ρ, der sowohl kleiner als auch größer als 1 ist! Bestimmen Sie $\mu_{max}(\rho)$ entweder numerisch oder algebraisch (kubische Gleichung)!

c) Berechnen Sie die dimensionslose Transferzeit $\Delta t / P_{K1}$ als Funktion von ρ!

Aufgabe 25

Ein bemannter Raumflugkörper soll an eine Raumstation andocken. Die Raumstation befindet sich auf einer kreisförmigen Umlaufbahn in 300 km über der Erdoberfläche, der Raumflugkörper 10 km unterhalb dieser auf einer Kreisbahn mit derselben Bahnebene. Das Flugmanöver erfolgt über eine Hohmann-Ellipsenbahn.

a) Berechnen Sie den Antriebsbedarf für den Hohmann-Übergang: Entwickeln Sie zunächst eine Formel für kleines $\Delta r = r_2 - r_1$. Es ist zweckmäßig, den kleineren Bahnradius durch $r_1 = r_2 - \Delta r = (R_0 + 300 \text{ km}) - 10 \text{ km}$ zu ersetzen und für kleine $\Delta r/r_2$ Teilausdrücke der Antriebsbedarf-Formel in Taylorreihen zu entwickeln. Beachten Sie hierzu die Näherungen:

$$\sqrt{\frac{2r_2}{r_1+r_2}} - 1 \approx \frac{\Delta r}{4 \cdot r_2} \quad ; \quad 1 - \sqrt{\frac{2r_1}{r_1+r_2}} \approx \frac{\Delta r}{4 \cdot r_2}$$

($\Delta v = 5{,}8$ m/s)

b) Wie groß muß für dieses Rendezvousmanöver der Treibstoffvorrat sein, wenn zusätzlich zum Antriebsbedarf für den Bahnübergang ein weiterer Bedarf von 10 m/s für das endgültige Andocken notwendig ist?

Masse des Raumflugkörpers vor dem Manöver: m_1 = 3.000 kg
Austrittsgeschwindigkeit: c_e = 3.000 m/s

($m_T = 15{,}8$ kg)

c) Wie lange dauert das Manöver der Bahnänderung, wenn die Brennzeit zu Beginn und am Ende des Hohmann-Übergangs vernachlässigbar klein ist?

($P_H = 2711$ s)

d) Welchen Winkel γ müssen die beiden Fahrstrahlen des Flugkörpers und der Raumstation zu Beginn des Manövers bilden, damit sich beide am Ende des Übergangsmanövers treffen? Ein Fahrstrahl ist die Strecke zwischen dem Schwerezentrum der Erde und dem Flugkörper bzw. der Raumstation.

($\gamma = 0{,}202°$)

e) Wie groß ist der Abstand zwischen Raumstation und Flugkörper zu Beginn des Manövers, und mit welcher mittleren Geschwindigkeit bewegen sich beide aufeinander zu?

Hinweis: Bei kleinem Winkel γ kann die Sekante durch den Bogen ersetzt werden.

($\Delta s = 25{,}6$ km, $v_{rel} = 9{,}4$ m/s)

Aufgabe 26

Ein Raumflugkörper (m_0 = 1500 kg) soll aus einer kreisförmigen Umlaufbahn (h=300 km) mit nur kleinem, stetigem Schub spiralförmig aus dem Schwerefeld der Erde gebracht werden.

a) Wie groß ist der Antriebsbedarf? Vergleichen Sie diesen mit der 1. kosmischen Geschwindigkeit und mit dem Antriebsbedarf für ein Einimpuls-Manöver.

(Δv = 7.733 m/s, $\Delta v/v_{1.kosm.}$=97,7%, $\Delta v/\Delta v_{1-Imp.}$=241%)

b) Welche Zeit τ_{Flucht} ist notwendig, um den Flugkörper aus dem Erdfeld herauszuspiralen, wenn die Austrittsgeschwindigkeit c_e = 10^4 m/s beträgt und der Schub konstant bei 0,1 N liegt?

(τ_{Flucht} = 2,56 Jahre)

c) Warum liefert die im Vorlesungsmanuskript angegebene Näherungsformel für τ_{Flucht} einen etwas zu großen Wert?

(Reihenentwicklung; höhere Terme fehlen)

Aufgabe 27

Zeigen Sie, daß bei kleinen Kreisbahnübergängen der Antriebsbedarf für einen kontinuierlichen, stetigen Übergang (Aufspiralen) und der Antriebsbedarf für einen Hohmann-Übergang ineinander übergehen.

Aufgabe 28

Ein Raumfahrzeug kehrt aus dem interplanetaren Raum auf einer parabolischen Bahn über eine elliptische Zwischenbahn von 180 km x 280 km Höhe über der Erdoberfläche zur Erde zurück, wobei die Parabelbahn die elliptische Zwischenbahn im Perigäum beider Bahnen berührt. Von dort aus soll das Raumfahrzeug eine in 280 km Höhe über der Erde kreisende Raumstation anfliegen und andocken.

Anflugmasse des Raumfahrzeuges: M_0 = 30.000 kg

Spezifischer Impuls der Triebwerke: I_s = 380 s

Hinweis: Die Erde kann als homogene Kugel betrachtet werden. Die Impulse zur Bahnänderung sollen jeweils als in einem Punkt stattfindend angenommen werden.

a) Skizzieren Sie das gesamte Flugmanöver!

b) Wie groß ist die notwendige Geschwindigkeitsänderung zum Erreichen der Zwischenbahn?

(Δv_1 = 3.201 m/s)

c) Wie groß ist die notwendige Geschwindigkeitsänderung zum Andocken an die Raumstation, ausgehend von der Zwischenbahn? In welche Richtung relativ zum Geschwindigkeitsvektor der Bahn muß der Impuls in b) und c) gerichtet sein?

(Δv_2 = 29,3 m/s, Δv_1 gegen, Δv_2 in Flugrichtung)

d) Berechnen Sie die charakteristische Geschwindigkeit des gesamten Flugmanövers! Wie hoch ist sein Treibstoffbedarf?

(Δv_2 = 3.230,3 m/s, m_T = 17.366 kg)

e) Wieviel Prozent der Treibstoffmenge von d) könnten gespart werden, wenn die erste Geschwindigkeitsänderung durch atmosphärische Abbremsung erfolgen würde?

(m_{T^*} = 234,7 kg)

f) Welche Geschwindigkeitsänderung und welcher Treibstoffbedarf wären für ein direktes Anfliegen der Raumstation notwendig, d.h. auf einer Parabel, die im Perigäum die 280 km-Kreisbahn tangiert?

(Δv^{**} = 3.206 m/s, $m_{T^{**}}$ = 17.284 kg)

Aufgabe 29

Eine interplanetare Sonde soll zur Oberflächenbeobachtung des Mars eingesetzt werden. Die Sonde wird zunächst aus einer Transferbahn um die Erde (Bahnhöhe 100 km x 10.000 km) auf eine Parabelbahn gebracht. Danach soll ein Hohmannübergang von der Erdbahn zur Marsbahn durchgeführt werden. Alle Manöver erfolgen impulsiv und die Bahnen beider Planeten um die Sonne sollen als kreisförmig angenommen werden.

Gravitationsparameter der Sonne μ_S = 1,327·10^{20} m^3/s^2
Bahngeschwindigkeit der Erde v_E = 29.783 m/s
Bahngeschwindigkeit des Mars v_M = 24.125 m/s
Marsradius R_M = 3,385·10^6 m
Gravitationsparameter des Mars μ_M = 4,28·10^{13} m^3/s^2

a) Berechnen Sie die spezifische Bahnenergie ε, sowie die Geschwindigkeiten im Perigäum und Apogäum der Ausgangsellipse um die Erde!

(ε = -1,745·10^7 m^2/s^2, v_{Peri} = 9.394 m/s, v_{Apo} = 6.979 m/s)

b) Von welcher Position (Apogäum oder Perigäum) auf der Ausgangsellipse ist der Übergang auf die Parabelbahn günstiger? Berechnen Sie hierzu die entsprechenden Werte für den charakteristischen Geschwindigkeitsbedarf.

(Δv_{Peri} = 1.703 m/s, Δv_{Apo} = 3.264 m/s)

c) Welcher charakteristische Geschwindigkeitsbedarf ist nötig, um über eine Hohmann-Transferellipse von der Erdbahn auf die Marsbahn zu kommen? Welche Zeit wird für den Übergang benötigt?

(Δv_H = 5.569 m/s, t = 258,9 Tage)

d) Die Sonde kommt in der Einflußsphäre des Mars auf einer Parabelbahn in der Äquatorebene des Mars an, deren Perigäum in einer Höhe von 200 km liegt. Zur Marsbeobachtung ist eine Kreisbahn in 200 km Höhe vorgesehen. Wie groß ist der minimale Geschwindigkeitsbedarf, um auf die Marsbeobachtungsbahn zu kommen? Wieviel Treibstoff wird benötigt, wenn die Sonde zu Beginn des Manövers die Masse m_S = 900 kg hat und das Triebwerk einen spezifischen Impuls von 250 s besitzt?

($\Delta v_{Marsbahn}$ = 1.431 m/s, m_T = 397,3 kg)

e) Während des Manövers zum Zirkularisieren der Bahn schließt das Ventil der Treibstoffleitung zu früh. Bedingt durch diesen Fehler werden nur 300 kg Treibstoff verbraucht. Welche Bahndaten (Perigäum, Apogäum) werden erreicht?

(r_{Apo} = 6.203 km, r_{Peri} = 3.585 km)

Aufgabe 30

Für eine Neptunsonde wird ein Swing-by Manöver am Jupiter zur Energieerhöhung benutzt. Der Flugkörper trifft mit dem Winkel γ_1=60° auf die Planetenbahn des Jupiters. Ohne Gravitationseinfluß des Planeten wäre die Sonde im Abstand b = 800.000 km mit der Geschwindigkeit v_2 = 4 km/s an diesem vorbeigeflogen.

a) Mit welcher Geschwindigkeit v_3 erscheint dieser Eintritt einem auf dem Jupiter stationierten Beobachter?

(v_3 = 11.590 m/s)

b) Wie groß ist der kleinste Flugabstand p zum Jupitermittelpunkt?

(p_{min} = 2,93·10^8 m)

c) Welche Geschwindigkeitsänderung $\Delta v = v_5 - v_2$ kann dadurch erreicht werden?

(Δv = 17.022,5 m/s)

d) Der Flugkörper besitzt beim Beginn des Manövers die Masse m_0 = 2.000 kg und ein Antriebssystem mit c_e = 4.500 m/s. Wieviel Treibstoff würde zur Erreichung eines gleich großen Δv benötigt? (Umlaufgeschwindigkeit Jupiter: v_P = 13.060 m/s, Gravitationskonstante Jupiter: $\mu_P = \gamma \cdot M_P$ = 1,27·10^{17} m³/s²)

(m_T = 1.954,5 kg)

Aufgabe 31

Eine interplanetare Sonde soll zur Erforschung des Neptunmondes Triton eingesetzt werden. Nach mehreren Swing-By-Manövern an den inneren Planeten hat die Sonde auf Höhe der Marsbahn eine Geschwindigkeit von v_1 =32.500 m/s. Nach antriebslosem Flug wird noch ein Gravity-Assist-Manöver am Saturn durchgeführt. Dabei soll die Sonde unter einem Winkel γ_1 = 85° in die Einflußsphäre des Planeten eintreten. Ohne den Gravitationseinfluß des Planeten hätte die Sonde diesen in einem Abstand zum Saturn-Mittelpunkt b = 400.000 km passiert.

Gravitationsparameter der Sonne $\mu_S = 1.327 \cdot 10^{20}$ m^3/s^2
Bahngeschwindigkeit des Mars $v_M = 24130$ m/s
Bahngeschwindigkeit des Saturn $v_{Sa} = 9648$ m/s
Gravitationsparameter des Saturn $\mu_{Sa} = 3.80 * 10^{16}$ m^3/s^2

a) Berechnen Sie die Anfluggeschwindigkeit v_2 im heliozentrischen System. Nehmen Sie dabei näherungsweise an, daß sich Saturn und Mars auf Kreisbahnen um die Sonne in derselben Bahnebene bewegen!

($v_2 = 8.826$ m/s)

b) Wie groß ist die Anfluggeschwindigkeit v_3 im Relativsystem des Saturn?

($v_3 = 12.496$ m/s)

c) Wie groß ist die durch das Gravity-Assist-Manöver erreichte Geschwindigkeitsänderung in Betrag (Δv) und Richtung ($\Delta \gamma$)? Bestimmen Sie hierzu zunächst den minimalen Abstand zum Saturn-Mittelpunkt p!

($\Delta v = 9.094$ m/s, $\Delta \gamma = -43,3°$)

d) Berechnen Sie den Energiegewinn $\Delta \varepsilon$ und vergleichen Sie ihn mit dem maximal möglichen Energiegewinn $\Delta \varepsilon_{max}$ (Annahme: p für beide Fälle identisch). Welche Anfluggeschwindigkeit im Relativsystem v_3 ($\Delta \varepsilon_{max}$) wäre notwendig gewesen, um maximalen Energiegewinn zu erreichen?

($\Delta \varepsilon = 121,6$ MJ/kg, $\Delta \varepsilon_{max} = 125,4$ MJ/kg, $v_{3,extr.} = 13.000$ m/s)

e) Welche Form hat die Umlaufbahn der Sonde im heliozentrischen System vor und nach dem Gravity-Assist-Manöver am Saturn? Begründen Sie Ihre Antwort!

(vorher Ellipse, danach Hyperbel)

Aufgabe 32

Ein Raumfahrzeug, das sich in einem Kreis-Orbit von $H_R = 200$ km mit einer Inklination von $i_R = 0°$ befindet, soll den Orbit einer Raumstation erreichen, der eine Inklination von $\Delta i = i_S - i_R$ gegenüber der Ausgangsbahn aufweist; $H_S = 500$ km, $\gamma \cdot M = 3,989 \cdot 10^{14}$ m^3/s^2, $R_0 = 6378$ km.

a) Wie groß ist der Antriebsbedarf, wenn der Bahnübergang mit Hilfe eines Dreiimpulsmanövers durchgeführt werden soll?

($\Delta v_{ges,3-Imp.} = 6.384$ m/s)

b) Der Bahnübergangs-Antriebsbedarf für einen Hohmann-Übergang, dessen zweite Schubphase die Inklinationsänderung beinhaltet, ist eine Funktion von Δi. Wie groß darf Δi maximal sein, damit ein solcher Hohmann-Übergang günstiger ist als das Dreiimpulsmanöver?

($\Delta i_{max} = 49,1°$)

c) Nach beendeter Mission trennen sich Raumfahrzeug ($m_R = 60$ t) und Station ($m_S = 40$ t) mit Hilfe eines 50 km langen, als masselos zu betrachtenden Seils. Berechnen Sie die große Halbachse a_R sowie die Exzentrizität e_R der Abstiegsellipse, auf der sich das Raumfahrzeug nach Trennung des Seils bewegt.

$(a_R = 6{,}79 \cdot 10^6 \, m, \; e_R = 8{,}71 \cdot 10^{-3})$

Aufgabe 33

Ein Satellit wird mit Hilfe eines kleinen, dauernd brennenden chemischen Antriebs mit einer effektiven Düsenaustrittsgeschwindigkeit $c_e = 3.000$ m/s von einer niederen Kreisbahn (H = 200 km) auf seine Einsatzbahn gebracht. Die konstante Schubkraft des Antriebs beträgt 20 N. Er verbraucht dabei die Hälfte seiner Anfangsmasse m_0 an Treibstoff.

a) Wie hoch ist seine Einsatzbahn?

$(r = 12.244 \; km)$

b) Wie lange dauert diese Mission, wenn die Anfangsmasse $m_0 = 10.000$ kg beträgt?

$(\Delta t = 208 \; Stunden)$

c) Dieselbe Flugaufgabe wird jetzt über eine Hohmannbahn durchgeführt. Was ist jetzt seine Transferzeit?

$(\Delta t^* = 1{,}26 \; Stunden)$

Aufgabe 34

Eine Raumsonde für interstellare Missionen soll von der Erde aus starten und nach einem Gravity-Assist-Manöver mit dem Uranus das Sonnensystem verlassen. Die Gravitationseinflußsphären von Erde und Uranus seien vernachlässigbar klein gegenüber dem Abstand der beiden Planeten. Die Planetenbahnen seien Kreise in einer gemeinsamen Ebene.

Daten: μ_U = $5{,}79 \cdot 10^{15}$ m³/s²
v_U = 6,8 km/s = Bahngeschwindigkeit des Uranus
v_E = 29,76 km/s = Bahngeschwindigkeit der Erde
R_U = 25500 km = Radius des Uranus
p = R_U+500 km = nächster Abstand beim Uranus-Fly-by

a) Wie groß sind die Anfluggeschwindigkeit v_3 relativ zum Uranus und der Winkel β_1 zwischen v_3 und v_U, wenn das Manöver den maximal möglichen Energiegewinn $\Delta \varepsilon_{max}$ für die Sonde erbringen soll?

$(\beta_{1,max} = 120°, \; v_{3,max} = 14.923 \; m/s, \; \Delta \varepsilon_{max} = 1{,}015 \cdot 10^8 \; m^2/s^2)$

b) Berechnen Sie mit den Werten aus a) die Anfluggeschwindigkeit im heliozentrischen System v_2 und den Winkel γ_1.

$(\gamma_1 = 93°)$

c) Berechnen Sie v_1 (Geschwindigkeit nach Verlassen der Erdeinflußsphäre im heliozentrischen System) für den Fall, daß der Flug zwischen Erde und Uranus antriebslos erfolgt.

$(v_1 = 42.969 \; m/s)$

d) Berechnen Sie v_5 sowie die hyperbolische Exzessgeschwindigkeit v_∞, welche die Sonde nach Verlassen des Sonnensystems haben wird.

($v_5 = 19.246$ m/s, $v_\infty = 16.671$ m/s)

Aufgabe 35

Eine Raumsonde soll auf eine kreisförmige Orbitalbahn um die Venus gebracht werden. Sie nähert sich aus dem interplanetaren Raum mit einer Geschwindigkeit $v_\infty = 2.000$ m/s. Wie groß ist der Antriebsbedarf, wenn die Bahnänderung impulsförmig stattfinden soll?
($\gamma \cdot M_{Venus} = \mu_V = 3{,}25 \cdot 10^{14}$ m³/s²; $r_{Orbit} = 9.000$ km)

($\Delta v = 2.721$ m/s)

Aufgabe 36

Ein Orbittransferfahrzeug soll einen geostationären Fernmeldesatelliten zur Raumstation in LEO befördern.
GEO: Geostationärer Orbit $R_2 = 42.165$ km   Inklination $i = 0°$
LEO: Raumstationsorbit $R_1 = 6.840$ km (Kreis) Inklination $i = 28{,}5°$

a) Wie groß ist der Antriebsbedarf bei einem Hohmannübergang mit gleichzeitiger Bahnebenendrehung während des ersten Bremsimpulses?

($\Delta v = 4.202$ m/s)

b) Wie groß ist der Antriebsbedarf, falls die Abbremsung und die Bahnebenendrehung durch ein antriebsloses aerodynamisches Manöver ausgeführt werden?

Anmerkung: Die große Bahnachse der Transferellipse bis zum Eintauchen in die Atmosphäre beträgt $a = 24.000$ km. In einer Höhe $H = 120$ km und bei einer Geschwindigkeit $v = 7.950$ m/s tritt das Fahrzeug aus der Erdatmosphäre aus. Dann steigt es in einem Hohmann-Ellipsenbahnsegment bis zur Raumstation auf.

($\Delta v_{E*} = 1.642$ m/s)

Aufgabe 37

a) Wie groß ist der maximale spezifische Energiegewinn eines Raumflugkörpers bezüglich der Erde, wenn er am Mond ein Swing-by-Manöver ausführt und bis auf 100 km an die Mondoberfläche herankommt?

($\Delta \varepsilon_{max} = 1{,}67 \cdot 10^6$ m²/s²)

b) Welches zusätzliche Antriebsvermögen Δv resultiert aus diesem Manöver? Errechnen Sie die Anfluggeschwindigkeit des Flugkörpers aus den Bedingungen für maximalen Energiegewinn!

($\Delta v_{max} = 889$ m/s)

c) Welche Treibstoffeinsparung erreicht man mit diesem Manöver, wenn die Masse des Raumflugkörpers nach dem Verlassen der Mondsphäre $m_e = 6.000$ kg beträgt? Die effektive Austrittsgeschwindigkeit des Antriebssystems sei 3.500 m/s. Näherungsweise kann angenommen werden, daß sich der Mond auf einer Kreisbahn um den Erdschwerpunkt bewegt und der Radius der Gravitationssphäre des Mondes noch klein ist gegenüber der mittleren Entfernung Erde-Mond von 384.405 km (gemessen von Massenschwerpunkt zu Massenschwerpunkt). Der mittlere Mondradius beträgt 1740 km, und die Mondmasse 1/81 der Erdmasse M_E.

(m_T = 1.734 kg)

Aufgabe 38

Der Amateurfunksatellit P3D (Startmasse m_0 = 500 kg) wird von einer Ariane 5-Rakete auf einem Geotransferorbit mit Perigäumshöhe 500 km, Apogäumshöhe 35.000 km und einer Inklination von i = 10° ausgesetzt. Er soll durch zweimaliges Zünden des eingebauten Triebwerks mit 400 N Schub auf eine stark exzentrische Bahn (e = 0.656) mit einer Inklination von i = 60° und einer Umlaufzeit von P = 16 h gebracht werden:

1. Zündung: Anheben des Apogäums auf die endgültige Apogäumshöhe (i unverändert)
2. Zündung: Erreichen des Zielorbits

Beide Schubphasen sollen als impulsförmig angenommen werden. Zur Vereinfachung soll ferner angenommen werden, daß Perigäum und Apogäum während des gesamten Manövers in der Äquatorebene liegen, d.h. die Inklinationsänderung erfolgt in den Extrempunkten.

a) Berechnen Sie die Apogäums- und Perigäumsgeschwindigkeiten des Ausgangsorbits (GTO) und des Zielorbits.

($v_{Apo,GT0}$ = 1.658 m/s, $v_{Peri,GT0}$ = 9.973 m/s, $v_{Apo,Z}$ = 1.603 m/s, $v_{Peri,Z}$ = 7.717 m/s)

b) Berechnen Sie den Antriebsbedarf des ersten Schubimpulses (1. Zündung). An welcher Stelle des Ausgangsorbits muß die Zündung erfolgen?

(Δv_1 = 163,9 m/s im Perigäum)

c) Berechnen Sie den Antriebsbedarf für den zweiten Schubimpuls (2. Zündung des Triebwerks).

(Δv_2 = 1.258,5 m/s)

d) Wie groß ist die gesamte Brenndauer des Triebwerks, wenn sein spezifischer Impuls I_s=300 s beträgt? (Massenfluß und c_e seien konstant)

(Δt = 1.410,6 s)

Aufgaben zum Themengebiet thermische Raketen

Aufgabe 39

Ein konventionelles Flüssigkeitstriebwerk (angepaßt an Bodenbedingungen) mit der Treibstoffpaarung N_2H_4/N_2O_4 befindet sich auf dem Prüfstand. Folgende Werte wurden gemessen und bestimmt:

Brennkammerdruck:	p_o	=	35 bar
Schub:	F	=	400 N
Schubkoeffizient:	c_F	=	1,4815
Massendurchsatz:	$\dot{m}$	=	0,155 kg/s
Verhältnis der spezifischen Wärmen:	κ	=	1,26
Mittlere Molmasse der Brenngase:	$\bar{M}$	=	19 kg/kmol
Universelle Gaskonstante:	$\mathfrak{R}$	=	8315 J/kmol K

Unter Annahme eines idealen Gases mit konstanter spezifischer Wärme sollen folgende Fragen beantwortet werden:

a) Welchen spezifischen Impuls und welchen spezifischen Treibstoffverbrauch $c_S = 1/I_s$ hat das Triebwerk?

(I_s = 263 s)

b) Was ist seine effektive Ausströmgeschwindigkeit c_e?

(c_e = 2.581 m/s)

c) Welche Brennkammertemperatur liegt vor?

(T_0 = 3.020 K)

d) Welche Düsenhalsquerschnittsfläche besitzt das Triebwerk?

(A_t = 0,771 cm^2)

Aufgabe 40

Bei einem Probelauf eines Raketentriebwerkes wurden folgende Daten bestimmt:

p_o = 40 bar p_e = 0,1 bar p_a = 1 bar
T_o = 3000 K $\dot{m}$ = 40 kg/s

Berechnen Sie den Schubkoeffizienten c_F und den gewichtsspezifischen Impuls I_s unter der Annahme, daß der Treibstoff ein ideales Gas ist. (κ = 1,26, Γ = 0,66, $\bar{M}$ = 19 kg/kmol, $\mathfrak{R}$ = 8315 J/kmol K).

(c_F = 1,07, I_s = 190 s)

Aufgabe 41

Ein GH_2/GO_2 Triebwerk mit 15 atm Brennkammerdruck hat bei Entspannung auf einen Enddruck p_e = 1 atm einen idealen (theoretischen) spezifischen Impuls I_{sp}=391 s.

Feuergasdaten: T_0 = 2480 K $\Re$ = 8,315 J/mol K
 Γ = 0,66 κ = 1,25 $\overline{M}$ = 7,33 kg/kmol

Unter der Annahme, daß die Feuergase ideale Gase konstanter spezifischer Wärme sind, ist der Massendurchsatz und der Düsenhalsdurchmesser zu berechnen, welcher zur Erzielung eines Schubes von 1,2 t notwendig ist.

Der innere Wirkungsgrad des Triebwerkes beträgt $\eta_i(p_a)$ = 0,8.

Hinweis: 1 atm = 1,01325 bar, 1t Schub entspricht 9.830 kgm/s²

(dm/dt = 3,4 kg/s, d_t = 8,5 cm)

Aufgabe 42

Wie groß ist der maximale Schubgewinn durch eine Expansionsdüse für die Treibstoffe:

   1: Wasserstoffoxid/JP-4 κ = 1,2
   2: Fluor/H_2 κ = 1,33
   3: Stickstofftetroxid/Hydrazin κ = 1,26

(S_{max1} = 1,81, S_{max2} = 1,52 und S_{max3} = 1,64)

Aufgabe 43

Ein Flüssigwasserstoff/Flüssigsauerstoff Hochdrucktriebwerk mit 250 bar Brennkammerdruck und 2.500 kN Schub soll entwickelt werden. Wie groß sind die Abmessungen und Leistungen (w_e, c_e, I_{sp}, T_0, m, A_t, A_e, L*, Brennkammervolumen V_0, Brennstoffmasse m_0 in der Brennkammer, t_{Comb}) des idealen Raketentriebwerkes mit Anpassung an Bodenbedingungen?

Feuergasdaten: κ = 1.22   r = m_{O2}/m_{H2} = 8

($w_e = c_e$ = 4.117 m/s, I_s = 419 s, T_0 = 3.499 K, dm/dt = 607 kg/s, A_t = 579 cm², A_e = 1,32 m², L=0,8 m, V_0 = 0,046 m³, m_0 = 0,478 kg, t_{comb}= 0,000788 s)*

Aufgabe 44

Ein Raketentriebwerk hat durch unvollständige Verbrennung 2% Verluste an nicht umgesetzter chemischer Energie. Die Abgastemperatur T_e beträgt 760 K, die Strahldivergenz α = 8°. Die Reibungs-, Profil- und Wärmeverluste sind vernachlässigbar klein.

Feuergasdaten: H_2O: κ = 1.26 $\overline{M}$ = 10 kg/kmol

Wie groß ist die effektive Austrittsgeschwindigkeit c_e?

(c_e = 4.475 m/s)

Aufgabe 45

Das Antriebssystem einer ballistischen Rakete hat einen Massendurchsatz von 127 kg/s, einen Bodenschub von 250 kN und einen Brennkammerdruck von 15.2 bar. Der Austrittsdurchmesser der Düse beträgt 700 mm und der Enddruck $p_e = 0.84$ bar.

Annahme: Ideales Gas mit R = 438 J/kg K, $\kappa = 1.26$ und $\Gamma = 0.66$.

a) Wie groß ist der Schub in 22 km Höhe ($p_a = 0.063$ bar, Bodendruck $p_{a0} = 1$ bar)?

$(F_H = 286\ kN)$

b) Um wieviel Prozent erhöht sich die effektive Austrittsgeschwindigkeit c_e in 22 km Höhe gegenüber der in Bodennähe?

$(14,4\ \%)$

c) Berechnen Sie die Brennkammertemperatur und das Flächenverhältnis der Düse $\varepsilon = A_e/A_t$.

$(T_0 = 2.131\ K,\ \varepsilon = 3{,}15)$

Aufgabe 46

Ein Feststofftriebwerk mit röhrenförmigem Brennraum brennt nach dem Gesetz von ROBERT und VIEILLE gleichmäßig ab. Bei der Zündung ($r = r_0 = 0.3$ m) sei ein Brennkammerdruck $p_0 = 20$ bar sofort erreicht.

Triebwerks- und Feuergasdaten:

* **Brennkammer:**

    Länge: l = 10 m

    Radius: r_a = 1 m

    Temperatur: T_0 = 3000 K

* **Düsenhals:**

    Engster Querschnitt: A_t = 0,04 m²

* **Brennstoff:**

    Dichte: ρ_B = 1,9 kg/l

* **Verbrennungsindex:** n = 0,1
* **Brenngase:** $\mathfrak{R}$ = 8,315 J/mol K

    κ = 1,26

    $\overline{M}$ = 25 g/mol

    Γ = 0,66

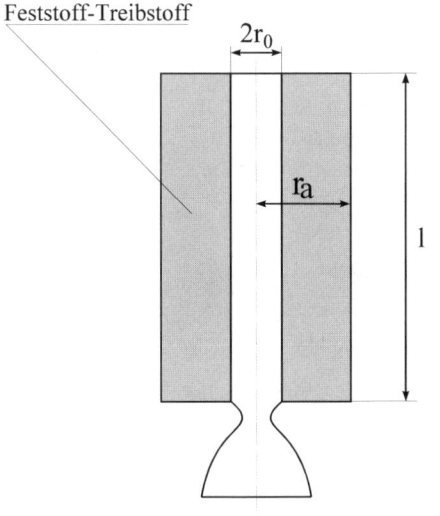

Welcher Druck ist in der Brennkammer kurz vor Brennschluß ($r = r_a$) erreicht? Voraussetzungen: Kein Abbrand an den Stirnflächen, Verbrennungstemperatur T_0 sowie die Verbrennungsindizes n und a seien während des Verbrennungsvorganges konstant (vernachlässigen Sie die Brenngasdichte gegenüber der Feststoffdichte ρ_B). (Hinweis: Die allgemeine Rechnung ohne Einsetzen der Zahlenwerte benötigt nur wenige der obigen Angaben!)

$(p_0 = 76{,}21\ bar)$

Aufgabe 47

Berechnen Sie den zeitlichen Druckverlauf $p_0(t)$ in der Brennkammer einer Feststoffrakete nach dem Zünden bis zur Einstellung des nominalen Anfangsbrennkammerdrucks p_N als Funktion des Drucks zum Zeitpunkt $t_0 = 0$ s, des Nominaldrucks p_N sowie der mittleren Verbrennungszeit t_C.

Voraussetzungen:

1.) Die Dichte des Brenngases ρ_0 kann gegenüber der Dichte ρ_B des Festtreibstoffes vernachlässigt werden.
2.) Die Abbrandgeschwindigkeit kann während dieser Einstellzeit als konstant angenommen werden.
3.) Die Brennkammertemperatur T_0 sei konstant.

$$\left(\frac{p_0(t)}{p_N} = 1 - \left(1 - \frac{p_{0a}}{p_N}\right) e^{-\frac{t}{t_c}},\ Faustregel\ \Delta t \approx 4 t_C \right)$$

Aufgabe 48

Eine Feststoffrakete mit konvergenter Düse wird auf dem Prüfstand abgebrannt (Boden: $p_a = 1$ bar). Die Treibsatzanordnung ist ein innenbrennender Zylinder mit den Daten:

$2r_0$ = 10 cm
r_a = 15 cm
l = 3 m

Der engste Düsenquerschnitt A_t, der bei der konvergenten Düse mit dem Düsenendquerschnitt A_e identisch ist, sei gegeben zu $A_t = 40\ cm^2$.

a) In welcher Zeit nach der Zündung des Festtreibstoffes hat sich der Brennkammerdruck aufgebaut, wenn die mittlere Flammgastemperatur in der Brennkammer $T_0 = 2.000$ K beträgt?

Flammgasdaten: $\kappa = 1{,}26$; $\overline{M} = 19{,}5$ kg/kmol

Hinweis: Berücksichtigen Sie für die Einstellzeit die Ergebnisse aus Aufgabe 47.

$(\Delta t \approx 0{,}039\ s)$

b) Berechnen Sie die Brennzeit t_b und den zeitlichen Verlauf des Brennkammerdruckes p_0 für den relaxationsfreien Gleichgewichtsvorgang unter der Annahme konstanter Brennkammertemperatur T_0. Die Abbrandgeschwindigkeit folgt nach ROBERT und VIEILLE zu

$\dot{r} = a \cdot (p_0/p_{ref})^n$

mit a = 1 cm/s bei einem Referenzdruck p_{ref} = 1 bar und einem Verbrennungsindex n = 0,05. Die Dichte des Festtreibstoffes beträgt ρ_B = 1,5 kg/l.

$$(t_b = 7{,}9\ s,\quad p_0(t) = \left(\frac{C}{a}\right)^{\frac{1}{n}} \left(r_0^\alpha + \alpha C t\right)^{\frac{1}{1-2n}}\ mit\ \alpha = 0{,}947,\ C=0{,}014\ m^\alpha/s)$$

Aufgabe 49

Eine Rakete mit idealer Brennkammer weist folgende Daten auf:

Brennkammerdruck: p_0 = 30 bar
Brennkammertemperatur: T_0 = 3.000 K

Am Düsenende hat die Strömung eine örtliche Machzahl Ma_e = 3,0 und einen Querschnitt A_e = 1 m². Berechnen Sie den Massendurchsatz und den Schub, wenn ein Außendruck von p_a = 0,5 bar herrscht.

Das Treibgas hat folgende Daten: κ = 1,26, $\overline{M}$ = 19 kg/kmol, $\Re$ = 8,315 kJ/kmol·K.

$$(dm/dt = 304\ kg/s,\ F = 8{,}168 \cdot 10^5\ N)$$

Aufgabe 50

Eine Feststoffrakete in Form eines Stirnbrenners hat einen Brennkammerdurchmesser von 50 cm und wird in 20 km Höhe gezündet. Die Düse ist dem dort herrschenden Außendruck p_a = 0,1 bar angepaßt. Der Innendruck beträgt p_0 = 45 bar. Der Abbrand erfolgt nach dem Gesetz von ROBERT und VIEILLE mit einem Referenzdruck p_{ref} = 1 bar.

Treibstoffdaten: Festbrennstoffdichte: ρ_B = 1,8 kg/dm³
Verbrennungsindex: n = 0,1
Verbrennungszahl: a = 0,2 m/s

Treibgasdaten: T_0 = 2800 K $\overline{M}$ = 23 kg/kmol κ = 1,26

Annahme: Die Treibgasdichte sei neben der Brennstoffdichte vernachlässigbar.

Berechnen Sie den Schub dieser Feststoffrakete!

$$(F = 2{,}742 \cdot 10^5\ N)$$

Aufgabe 51

Eine Trägerrakete mit einem Startgewicht von 200 t soll mit einer anfänglichen Beschleunigung von 2 m/s² starten. Die vier gleichzeitig gezündeten Flüssigkeitstriebwerke der Erststufe sind in Bodennähe angepaßt und haben zusammen einen Massendurchsatz von 800 kg/s bei einem Brennkammerdruck von 40 bar. Welche Temperatur herrscht in den Brennkammern dieser identischen Raketenmotoren und wie groß ist der Durchmesser der Austrittsöffnungen dieser Düsen, wenn der Bodendruck 1 bar beträgt?

Treibstoffdaten: κ = 1,26, $\overline{M}$ = 16 kg/kmol

$$(T_0 = 3.259\ K,\ A_e = 0{,}535\ m^2)$$

Aufgabe 52

Ein Quecksilber-Ionentriebwerk hat einen Ionenstrom von 10 mA/cm². Das mit Löchern versehene Beschleunigungsgitter hat 10 cm Durchmesser und der freie Querschnitt der Löcher beträgt 50% der Gitterfläche. Zur Beschleunigung der Ionen wird eine Spannung von 2000 V angelegt. Wie groß ist der Schub?

Verhältnis Ladung/Masse eines Elektrons: $e/m_e = 1{,}757 \cdot 10^{11}$ As/kg
Protonenmasse: $m_{Proton} = 2000 \cdot m_e$
Atommasse von Quecksilber: 200

(F = 0,0375 N)

Aufgabe 53

Auf einem Bodenprüfstand ($p_a = 1013$ mbar, $\rho_a = 1.3$ kg/m³) wird ein Triebwerk getestet, das mit LOX/LH2 betrieben wird. Für das Brenngas (ideales Gas) gelten folgende Daten:

$$\kappa = 1{,}22, \ \Gamma = 0{,}652, \ \overline{M} = 12 \frac{\text{kg}}{\text{kmol}}, \ \mathfrak{R} = 8.314{,}3 \frac{\text{J}}{\text{kmol} \cdot \text{K}}, \ \Delta h_R = 13{,}442 \frac{\text{MJ}}{\text{kg}}, \ c_p = \frac{\mathfrak{R}}{\overline{M}} \frac{\kappa}{\kappa - 1}.$$

Bei umfangreichen Versuchen werden für das Triebwerk folgende Daten ermittelt:

F = 400.000 N, T_e = 840 K, T_0 = 2.800 K, p_0 = 100 bar.

a) Berechnen Sie die Austrittsgeschwindigkeit w_e, die in der Brennkammer umgesetzte spezifische Enthalpie h_0 und den Druck am Düsenende p_e. Welcher Anteil der Bildungswärme Δh_R wird tatsächlich in der Brennkammer umgesetzt (entspricht dem Verbrennungswirkungsgrad η_v)? Liegt eine Über- oder Unterexpansion vor und was folgt hieraus für den Düsenaustrittsquerschnitt A_e?

(w_e = 3.881 m/s, h_0 = 10,76 MJ/kg, p_e = 0,126 bar, η_V = 0,8, Unterexpansion, A_e ist zu groß)

b) Berechnen Sie das Flächenverhältnis ε, den Düsenhalsdurchmesser d_t und den Düsenenddurchmesser d_e!

(ε = 55,71, d_t = 0,196 m, d_e = 1,464 m)

c) Bestimmen Sie die Dichte des Brenngases in der Brennkammer ρ_0 und am Düsenaustritt ρ_e sowie den Massenstrom $\dot{m}$!

(ρ_0 = 5,15 kg/m³, ρ_e = 0,0216 kg/m³, $\dot{m}$ = 141,4 kg/s)

d) In welcher Höhe H ist die Düse angepaßt und wie groß ist unter diesen Bedingungen der Schub?

Hinweis: Barometrische Höhenformel: $p(h) = p_a \cdot e^{-\frac{\rho_a \cdot g \cdot h}{p_a}}$

(h_e = 16,52 km, F_{he} = 548.600 N)

e) Ist der Schub unter angepaßten Bedingungen größer, kleiner oder gleich dem Schub gegenüber Vakuum?

($F_{Vakuum} > F_{he}$)

Aufgabe 54

Als zweite Stufe der ballistischen TEXUS-Rakete wird das Feststofftriebwerk RAVEN XI mit Stirnbrenner verwendet. Das Triebwerk ist an die Höhe $H_0 = 5.5$ km ($p_{a,0} = 0.5$ bar) angepaßt. In dem Datenblatt des Herstellers sind folgende Daten angegeben:

Brennkammerlänge: $L = 4.0$ m
Brennkammerdurchmesser: $d = 0.43$ m
Treibstoffdichte: $\rho_B = 1690$ kg/m³
Brennkammertemperatur: $T_0 = 3100$ K
Geschwindigkeit am Düsenende: $w_e = 2532.0$ m/s

Das Treibgas hat folgende Daten:

$$\kappa = 1{,}26,\ \Gamma = 0{,}66,\ \overline{M} = 23\ \frac{\text{kg}}{\text{kmol}},\ \Re = 8.314{,}3\ \frac{\text{J}}{\text{kmol}\cdot\text{K}}.$$

Der Brennschluß der zweiten Stufe erfolgt nach $t_B = 39$ Sekunden in einer Höhe von 70 km ($p_{a,B} = 5{,}54\cdot10^{-4}$ bar). Hinweis: Der Festtreibstoff wird mit einer konstanten Abbrandgeschwindigkeit vollständig verbrannt, die Brennkammerdaten bleiben konstant. Die Brennkammer ist über den ganzen Bereich mit Treibstoff gefüllt.

a) Berechnen Sie den Austrittsquerschnitt A_e der Düse.

($A_e = 0{,}0913\ m^2$)

b) Berechnen Sie den Schub direkt nach der Zündung in einer Höhe von $H_0 = 5{,}5$ km und kurz vor Brennschluß.

($F_0 = 63.734\ N$, $F_B = 68.294\ N$)

c) Bei Verwendung einer Lamellendüse kann die Düse im gesamten Höhenbereich von 5,5 km ≤ H ≤ 25,55 km (entspricht 0,5 bar ≤ p_a ≤ 0,02323 bar) angepaßt betrieben werden. In Höhen über H = 25,55 km stellt sich der maximale Austrittsquerschnitt ein, wobei jedoch Divergenzverluste der effektiven Austrittsgeschwindigkeit von 3% auftreten. Wie groß ist der erreichbare Schub bei Brennschluß in einer Höhe von $H_B = 70$ km ($p_{a,B} = 5{,}54\cdot10^{-4}$ bar)?

($F_B = 73.200\ N$)

Aufgabe 55

In einem Bodenprüfstand ($p_a = 1.013$ mbar) wird in einem Versuch 1 zunächst die Brennkammer eines neuentwickelten Triebwerkes mit einer nur konvergenten Düse ($d_t = 0.4$ m) getestet. Hierbei wird ein Schub $F_{konv} = 760$ kN gemessen. Das Brenngas hat folgende Daten:

$$\kappa = 1.3,\ \Gamma = 0.667,\ \overline{M} = 19\ \frac{\text{kg}}{\text{kmol}},\ \Re = 8314.3\ \frac{\text{J}}{\text{kmol}\cdot\text{K}}$$

a) Berechnen Sie den Brennkammerdruck p_0 und den Schubkoeffizienten.

($p_0 = 49\ bar$, $c_F = 1{,}2345$)

b) Nach dem obigen Versuch wird eine konvergent-divergente Düse mit einem Düsenhalsdurchmesser wie bei Versuch 1 angebaut und ein Versuch 2 durchgeführt. Der

Brennkammerdruck wird wie im Versuch 1 eingestellt. Welcher Druck herrscht im Düsenhals und wie groß ist der eingestellte Massenstrom für den Fall, daß die Düsenhalstemperatur T_t = 2.000 K erreicht? Wie groß ist die Brennkammertemperatur T_0?

(p_t = 26,73 bar, dm/dt = 409,5 kg/s, T_0 = 2.296 K)

c) Am Düsenende wird bei Versuch 2 ein Druck p_e = 0.2 bar gemessen. Welchen Wert erhält man für die Geschwindigkeit w_e und die Düsenendfläche A_e?

(w_e = 2.502 m/s, A_e = 2,31 m^2)

Aufgabe 56

Ein Feststoffraketentriebwerk mit einer an Bodenbedingungen angepaßten Düse (p_a = 1 bar) wird auf einem Teststand gezündet. Der Feststofftreibsatz brennt nur an der Stirnseite mit der konstanten Abbrandgeschwindigkeit $\dot{x}$ = 0.19 m/s ab. Folgende weitere Daten sind gegeben, beziehungsweise werden gemessen:

Brennkammerdruck: p_0 = 60 bar
Brennkammertemperatur: T_0 = 2800 K
Brennkammerradius: r_0 = 0.35 m
Feststofftreibsatzdichte: ρ_b = 1.5·10^3 kg/m^3

$\kappa = 1{,}26$, $\overline{M} = 23 \dfrac{kg}{kmol}$, $\Re = 8.314{,}3 \dfrac{J}{kmol \cdot K}$, $\Gamma = 0{,}66$.

Annahmen: Thermisch und kalorisch ideales Gas, kleine Brenngasdichte gegenüber der Treibstoffdichte; ideale Rakete.

a) Wie groß sind der Massendurchsatz $\dot{m}$ und der Schub des Triebwerks am Boden?

(dm/dt = 109,7 kg/s, F = 259,4 kN)

b) Wie groß ist der Gesamtimpuls des Raketentriebwerks, wenn die Treibstoffmasse m_T = 500 kg beträgt?

(I_{Ges} = 1,183·10^7 Ns)

c) Wie groß sind Düsenhals- und Düsenendquerschnitt?

(A_t = 0,0279 m^2, A_e = 0,2016 m^2)

Aufgaben zum Themengebiet Lage- und Bahnregelung

Aufgabe 57

Der Shuttle Orbiter verwendet für die Lageregelung um die Querachse Triebwerke von 3,87 kN Schub und 289 s spezifischem Impuls im Abstand von 14,1 m. Die zeitschnelle 30°-Neuorientierung der Fluglage um die Querachse, deren Trägheitsmoment $2,75 \cdot 10^7$ kgm² beträgt, wird mit vier Triebwerken gesteuert.

a) Skizzieren Sie das Manöver in der Phasenebene!

b) Berechnen Sie die maximale Drehgeschwindigkeit!

$(d\phi_{max}/dt = 3,69 \degree/s)$

c) Wie lange dauert der Ausrichtvorgang und welche Treibstoffmenge wird dabei verbraucht?

$(\Delta t_{ges} = 16,2\ s,\ m_T = 88,52\ kg)$

Aufgabe 58

Die Drallachse eines mit 4 rad/s rotierenden, nutationsfreien Satelliten soll um 20° gedreht werden. Die hierfür verwendeten Schubdüsen (Schub 1 N, spezifischer Impuls 225 s, Hebelarm 0,75 m) werden mit Schubpulsen von 200 ms Dauer betrieben.

a) Wie oft muß die Düse bei einem Drall des Satelliten von 1200 Nms gezündet werden?

$(n = 2869\ Impulse)$

b) Wie lange dauert der Ausrichtvorgang?

$(t_{ges} = 4506,6\ s)$

c) Wie hoch ist der Treibstoffbedarf des Manövers?

$(m_T = 0,2594\ kg)$

d) Wie genau könnte die Drallachse bestenfalls auf ein Ziel ausgerichtet werden?

$(\delta = 0,00697°)$

Aufgabe 59

Der DFS-Kopernikus hat im geostationären Transferorbit (GTO), der zum Äquator um 7° geneigt ist, eine Anfangsmasse von 1.400 kg. Der Einschuß in die geostationäre Bahn (R = 42.164 km, v = 3.075 m/s) erfolgt im GTO-Apogäum (v_A = 1.597 m/s) mit einem Zweistoffantrieb von 305 s spezifischem Impuls.

a) Wie groß sind der minimale Δv-Antriebs- und Treibstoffbedarf des Apogäummanövers?

$(\Delta v = 1.503\ m/s,\ m_T = 551,8\ kg)$

b) Danach driftet der DFS mit maximal 2,5° pro Tag zur Sollposition. Wie groß ist der Δv-Bedarf der Positionierung?

(Δv = 7,1 m/s)

c) Wie oft sind Tangentialkorrekturen zur Beseitigung der Solardruckstörung erforderlich? Wie groß wäre der jährliche Δv-Bedarf bei *kontinuierlicher* Korrektur, wenn die geforderte Positionsgenauigkeit 0,07° beträgt? Mittelwert-Annahmen: Reflexionskoeffizient σ = 0,3, Fläche A = 25 m², Masse m_S = 780 kg.

(n = 4,305 Manöver/Jahr, Δv = 5,91 m/s)

Aufgabe 60

Die drallstabilisierte Kometensonde GIOTTO rotiert mit 15 U/min und weist ein Trägheitsmoment um die Spinachse von 236 kgm² auf. Für Präzessionsmanöver sind Hydrazin-Triebwerke mit 15 N Schub und einem spezifischen Impuls von 214 s vorhanden, die mit Schubpulsen von 1 s Dauer betrieben werden und einen Hebelarm von 1,1 m aufweisen.

a) Bei Missionsbeginn muß die Richtung der Spinachse um 160° gedreht werden (Anfangsakquisition). Wie lange dauert das mit zwei Düsen gesteuerte Ausrichtmanöver?

(ΔI = 1.045,3 Ns, n = 35 Impulse, t_{ges} = 140 s)

b) Während der folgenden 250 Tage muß die Spinachse der Erdrichtung täglich jeweils um 1° nachgeführt werden. Welcher Impulsantriebsbedarf und welche Treibstoffmenge wird für dieses Präzessionsmanöver und dasjenige der Aufgabe a) insgesamt benötigt?

(ΔI = 2.678,6 Ns, m_T = 1,273 kg)

c) Welche Ausrichtgenauigkeit kann mit Hilfe des Präzessions-Düsenpaars bei einer minimalen Zünddauer von 0,1 s günstigstenfalls erreicht werden?

($Δδ_{min}$ = 0,5095°)

Aufgabe 61

Lageregelung **SYMPHONIE**: (Angaben nur zur Information)

Entwicklung:	MBB Ottobrunn
Prinzip:	Dreiachsenstabilisierung mit Drallrad
Energiebedarf:	12,5 W nominal
Sensoren - Gesamtmasse mit Elektronik:	6,5 kg
1 IR-Sensor (Pencil-type):	0,6 kg
2 Statische IR-Sensoren:	1,3x1,5° je 1,5 kg
3 Sonnensensoren (digital):	128°x120°, 0,24 kg
Lageregelungsgenauigkeit:	÷ 0,5° (3 •)
Schubsysteme:	
a.) Heißgas-MMH/MON-Schubsystem für	
Bahnregelung (MBB):	7 Düsen je 10 N
Gesamtmasse Heißgassystem:	11,15 kg
Treibstoffe:	31,05 kg
Gesamtimpuls:	84500 Ns
b.) Kaltgas-Stickstoff-System für	
Lageregelung (SNIAS):	6 Düsen je 1 N
Kapazität des Kaltgassystems (2,5 kg N_2):	1400 Ns
Gesamtmasse des Kaltgassystems:	9,4 kg
Drallrad (Teldix):	20 Nms
Drehzahl:	3000 U/min (÷ 10%)
Max. Drehmoment:	0,025 Nm
Durchmesser:	35 cm
Energiebedarf:	< 10 W
Masse inkl. Elektronik:	6,5 kg
Spinstabilisierung im Transferorbit:	120 U/min
Reduzierung durch Yo-Yo-System:	120 - 2 U/min

Der Symphonie-Satellit wendet das Prinzip der Dreiachsenstabilisierung mit Drallrad an, d.h. die Stabilisierung des Satelliten um eine zur Rotationsachse des Drallrades parallele

Achse erfolgt durch Drehzahländerung des Schwungrades mittels eines Elektromotors und das damit verbundene Reaktionsmoment. Zur Kompensation äußerer Störmomente kann die Drehzahländerung unzulässig groß werden, so daß von Zeit zu Zeit die Drehzahl des Drallrades wieder auf den Nominalwert gebracht werden muß. Im Rahmen dieses Entsättigungsmanövers wird die Dralländerung des Schwungrades mit Hilfe eines Schubdüsensystems kompensiert.

a) Wie lange muß eine Düsenpaar mit 1 N Schub und 0,8 m Hebelarm insgesamt aktiviert werden, um den maximal mit dem Schwungrad akkumulierbaren Drall von 2 Nms zu beseitigen?

($\Delta t = 2,5$ s)

b) Welche betragsmäßig größte Winkelgeschwindigkeit $\dot{\varphi}_G$ des Satelliten kann mit dem maximalen Reaktionsmoment von ±0,025 Nm des Drallradantriebes innerhalb der Orientierungs-Genauigkeitsschranken (Neutralzone) des Satelliten umgekehrt werden? (Genauigkeitsanforderung $|\varphi_G| \leq 0,5°$ um die betrachtete FK-Achse mit einem Trägheitsmoment $\Theta = 72$ kgm²)

($\dot{\varphi}_{G,max} = 0,00348$ 1/s)

c) Wie lange darf die Dauer eines Schubpulses höchstens gewählt werden, damit die unter Aufgabenteil b) bestimmte maximale Winkelgeschwindigkeitsänderung $2\cdot\dot{\varphi}_G$ nicht überschritten wird?

($\Delta t_1 = 0,6267$ s)

d) Wieviele Schubpulse und welche Zeit werden für das gesamte Entsättigungsmanöver benötigt?

($n = 4$, $\Delta t_{ges} = 82,72$ s)

Aufgabe 62

Drallstabilisierte Satelliten erfahren im Magnetfeld der Erde infolge von Wirbelstromeffekten ein Störmoment, dessen Größe (näherungsweise) proportional der Rotationsgeschwindigkeit ist. Für einen Vanguard-Satelliten wurde als Folge dieses Bremsmomentes eine Abnahme der Rotationsfrequenz von 2,8 Hz auf 0,23 Hz innerhalb von 560 Tagen beobachtet.

a) Welchen zeitlichen Verlauf nimmt die Winkelgeschwindigkeit?

b) Welches Störmoment erfährt der Satellit bei Missionsbeginn, wenn sein Trägheitsmoment um die Spinachse 3 kgm² beträgt?

($M_{Stör}(t=0) = -2,726\cdot 10^{-6}$ Nm)

c) Welcher Impulsantriebsbedarf ΔI und welche Stickstoff-Kaltgasmenge wäre zur Kompensation dieses Störmomentes während des beobachteten Zeitraumes von 560 Tagen notwendig, wenn folgende Antriebsdaten für die verwendete Düse gelten: Spezifischer Impuls der N_2-Düse $I_{sp} = 65$ s, Hebelarm der Düse $l = 0,25$ m.

($\Delta I = 527,6$ Ns, $m_T = 0,826$ kg)

d) Bei Missionsbeginn soll eine Anfangsausrichtung um $\Delta\delta = 45°$ durchgeführt werden, wobei der Zündwinkelbereich $2\alpha = 60°$ sei. Wie lange dauert dieses Ausrichtmanöver und welcher Impulsbedarf wird benötigt? Der Schub der Stickstoffdüsen betrage 1 N.

($\Delta t_{ges} = 1041,8$ s, $\Delta I = 173,6$ Ns)

Aufgabe 63

Ein dreiachsenstabilisierter Demonstrationssatellit ($\Theta_z = 360\,\text{kgm}^2$) für „Ultra-Fine-Pointing" Aufgaben wird für die Dauer von 9 Tagen aus der Shuttle-Laderaumbucht mit einer „tip-off rate" von $\omega_x = \omega_y = 0, \omega_z = 5\,\text{U/h}$ entlassen. Bevor das neuartige Antriebssystem FEEP (Field Emission Electric Propulsion) zur Lagestabilisierung in der Grenzzyklusphase eingesetzt werden kann, muß die anfängliche Taumelbewegung des Satelliten gedämpft werden. Der Satellit verfügt über 4 konventionelle Triebwerke (je: $I_{sp} = 230\,\text{s}$, $F = 0{,}5\,\text{N}$, $L = 1\,\text{m}$) für die Lageregelung um die z-Achse (je 2 pro Schubrichtung).

a) Wie groß ist der Impuls-Antriebsbedarf und die Dauer des Manövers zur Geschwindigkeitsdämpfung des Satelliten mit den konventionellen Triebwerken?

($\Delta I = 3{,}14\,Ns$, $\Delta t = 3{,}14\,s$)

b) Der Satellit wird nun um die z-Achse auf das Ziel ausgerichtet. Das Manöver wird mit den konventionellen Triebwerken zeitoptimal durchgeführt. Skizzieren Sie das Manöver vom Ausgangswinkel $\varphi_0 = 0°$ bis zum Zielwinkel $\varphi_Z = 30°$ in der $\varphi, \dot\varphi$-Phasenebene! Wie groß ist das normierte Stellmoment m_θ, wenn andere Störmomente vernachlässigt werden können? Berechnen Sie die während des symmetrischen Manövers maximal erreichte Winkelgeschwindigkeit $\dot\varphi_m$!

($m_\theta = 0{,}00278\,1/s^2$, $\dot\varphi_m = 0{,}0381\,1/s$)

c) Das ESA-Programm „HORIZON 2000 plus" sieht die Mission „LISA" (Laser Interferometer Space Antenna) vor, um Gravitationswellen zu bestimmen, die beispielsweise von Schwarzen Löchern ausgehen könnten. Dabei muß ein Laserstrahl von einem Sendersatelliten über die Distanz von $x = 5 \cdot 10^6\,\text{km}$, mit einer maximalen seitlichen Abweichung von $y = 1\,\text{nm}$ auf einen Empfänger ausgerichtet werden. Für diese „Ultra-Fine-Pointing" Aufgabe soll das neuartige FEEP Triebwerk ($I_{sp} = 10000\,\text{s}$, $F_{min} = 1 \cdot 10^{-6}\,\text{N}$, $\tau_{min} = 1 \cdot 10^{-4}\,\text{s}$, $L = 1\,\text{m}$) verwendet werden. Welche Zielausrichtgenauigkeit φ_G ist für diese Aufgabe gefordert? Berechnen Sie den gesamten Impulsbedarf für eine 9-tägige Mission. Wie lange könnte die Mission fortgeführt werden, wenn die gesamte mitgeführte Treibstoffmenge 30 g Cäsium beträgt?

($\varphi_G = 2 \cdot 10^{-19}\,rad$, $\Delta I_{ges} = 27\,Ns$, $T = 982\,Tage$)

Aufgabe 64

Ein dreiachsenstabilisierter Fernmeldesatellit (m = 1000 kg, Bezugsfläche des Satelliten A = 20 m^2, mittlerer Reflexionskoeffizient $\sigma = 0.19$) hat seine Soll-Position im geostationären Orbit bei $\lambda_{Soll} = 30°$ West. Der Antriebsbedarf zur Einhaltung der erforderlichen Positionsgenauigkeit $i_G = \lambda_G = 0.03°$ soll abgeschätzt werden. Alle Korrekturmanöver werden als impulsiv durchführbar angenommen. Beantworten Sie hierzu die folgenden Fragen:

Hinweise: $\lim\limits_{\alpha \to 0} \dfrac{\alpha}{\sin\alpha} = 1$,

Zwischen Bahnexzentrizität e und longitudinaler Störung λ besteht der Zusammenhang: $\lambda = 2e$.

Der Antriebsbedarf für ein impulsförmiges Manöver kann unter Annahme tangentialer Schübe mit der Beziehung $\Delta v = (v/2) \Delta e$ bestimmt werden!

a) Wieviele Korrekturmanöver sind im Jahr 1997 zur Kompensation der Nord-Süd-Störung erforderlich? Die mittlere Inklinationsabweichung Δi beträgt $0.72°$ für das Jahr 1997. Wie groß ist der Antriebsbedarf für diese Manöver?

(n =24, Δv_{NS} = 38,6 m/s)

b) Wie groß ist der jährliche Antriebsbedarf zur Kompensation der Ost-West-Drift?

(Δv_{OW} = 0,857 m/s)

c) Nach welcher Zeit muß erstmals ein Manöver zur Kompensation des solaren Strahlungsdrucks durchgeführt werden? Wieviele Manöver sind also jährlich notwendig und welcher Antriebsbedarf ist hierfür erforderlich?

(t = 5,26·10^6 s, n = 6 Manöver/Jahr, Δv_S =2,413 m/s)

c) Welche Treibstoffmenge benötigt der Satellit im Jahr 1997 insgesamt, um die geforderte Sollposition beizubehalten, wenn für alle Manöver Triebwerke mit I_{sp}=250s verwendet werden?

(m_T =16,9 kg)

Aufgabe 65

Nach dem Aussetzen eines Satelliten, der bzgl. seiner z-Achse drallstabilisiert fliegen soll, beträgt dessen Winkelgeschwindigkeit im körperfesten System $\underline{\omega}_0 = (\omega_x, \omega_y, \omega_z)^T =$
$(50, 150, 500)^T$ [°/s]. (Hauptträgheitsmomente: $\Theta_x = \Theta_y = 60$ kg m^2, $\Theta_z = 200$ kg m^2)

a) Berechnen Sie den Betrag des Drehimpulsvektors und den halben Öffnungswinkel des Nutationskegels θ_N.

(D = 1.753 kgm²/s, $\theta_{N,0}$ = 5,42°)

b) Zunächst wird mit Hilfe eines Dämpfers (Dämpfungskonstante T_D = 800s) die Nutationsbewegung vermindert. Wie lange dauert dieser Vorgang, wenn ein Wert $\theta_N \leq 0.5°$ gefordert wird?

(Δt = 1.907 s)

c) Wieviel Prozent der ursprünglich vorhandenen Rotationsenergie wird in dieser Zeit beseitigt? Berücksichtigen Sie, daß während des Dämpfungsvorgangs der Gesamt-Drehimpuls konstant bleibt! (Hinweis: Rotationsenergie $E_{rot} = 0.5 \Sigma \Theta_i \omega_i^2$ mit i = x,y,z)

(2,02 % Energieabbau)

d) Nach der Dämpfung der Nutationsbewegung soll der Satellit bezüglich der Spinachse um δ=130° gedreht werden, wozu ein Düsenpaar mit insgesamt 40 N Schub und einer Zünddauer τ = 100 ms eingesetzt wird (Hebelarm l = 1.6m). Wieviele Impulse sind zur Durchführung dieses Ausrichtmanövers notwendig? Gehen Sie hierbei von dem im Aufgabenteil c) berechneten Wert für ω_z aus.

(n = 642 Impulse)

Aufgabe 66

Der dreiachsenstabilisierte Fernmeldesatellit „INTELSAT V" (m_0 = 975 kg, projizierte Satellitenfläche A= 25 m², Reflexionskoeffizient σ = 0.3) ist im geostationären Orbit (R=42.164 km) bei einer Position von λ_{pos}=28.5° Ost stationiert. Seine geforderte Positionsgenauigkeit beträgt $\Delta i_{pos} = \Delta \lambda_{pos} = 0.06°$.

Hinweis: $\lim\limits_{\alpha \to 0} \dfrac{\alpha}{\sin \alpha} = 1$

a) In welchen Zeitabständen sind im Jahr 1995 impulsförmige ($\tau \to 0$) Winkelkorrekturmaßnahmen (Nord-Süd Drift) erforderlich, um die geforderte Positionsgenauigkeit einzuhalten? Die für 1995 geschätzte mittlere Inklinationsstörung beträgt im ungeregelten Fall $\Delta i = 0.84°$. Wie groß ist der zu erwartende Antriebsbedarf?

(Δv_{NS} = 45,1 m/s)

b) Berechnen Sie den jährlichen Antriebsbedarf und die benötigte Treibstoffmasse zur Translationskorrektur (Ost-West-Drift; spezifischer Impuls des Antriebssystems I_s = 280 s).

(Δv_{OW} = 1,75 m/s)

c) Bestimmen Sie die jährliche Anzahl der impulsförmigen Korrekturmanöver zur Kompensation des solaren Strahlungsdrucks (Hinweis: Zusammenhang zwischen der Bahnexzentrizität e und den täglichen longitudinalen Störungen λ: λ = 2e).

(n = 4)

Aufgaben zu den Themen Wiedereintritt und Umweltfaktoren

Aufgabe 67

Ein Wiedereintrittskörper mit der Länge L = 1,5 m und einer aerodynamischen Bezugsfläche A = 0,75 m² erfährt während des Wiedereintritts in einer Höhe H = 60 km bei einer Geschwindigkeit v = 6.000 m/s die höchste Temperaturbelastung.

Der Wärmeübertragungsfaktor ECF beträgt für laminare Grenzschichten 10% und für turbulente 30%, der Umschlag erfolgt bei einer Reynoldszahl Re = 10^6. Der Emissionsgrad der Fahrzeugoberfläche beträgt ε = 0,89 und der Widerstandsbeiwert des Flugkörpers ist c_W = 1,5. Gesetzmäßigkeiten:

$$Re = \frac{v \rho L}{\eta} \qquad ECF = \frac{\dot{Q}}{\frac{1}{2} \rho v^3 c_W A} \qquad \dot{Q} = \sigma \varepsilon (T^4 - T_\infty^4) A$$

Stefan-Boltzmann-Konstante: σ = 5,669·10^{-8} W/m²K⁴

Daten der Umgebungsluft:
Temperatur:	T	=	255 K
Dichte:	ρ	=	2,7·10^{-4} kg/m³
Zähigkeit:	η	=	1,6·10^{-5} kg/ms

a) Wie groß ist die maximale Wärmebelastung des Flugkörpers?

($\dot{Q} = 3{,}28$ MW)

b) Wenn 70% der Wärme von der Stirnseite aufgenommen werden, welche mittlere stationäre Wandtemperatur würde sich bei radiativer Kühlung einstellen?

(T = 2.791 K, deutlich über Einsatzbereich von modernen Materialien!)

Aufgabe 68

Ein ballistischer Wiedereintrittskörper (Space Mail) von 51 kg Masse wird von Orbital- auf Unterschallgeschwindigkeit in 25 km Höhe abgebremst und danach an Fallschirmen geborgen. Das Fahrzeug besitzt folgende aerodynamische Eigenschaften: $c_W = 0{,}5$; A=1 m² ; Oberfläche O = 4 m². Der Energieübertragungsfaktor ECF beträgt 15%.

a) In welcher Höhe erreicht der Wiedereintrittskörper seine größte Verzögerung? Hinweis: Die Lösung kann aus einem Diagramm im Vorlesungsmanuskript entnommen werden.

(Höhe ca. 33 km)

b) Wie groß ist dort die Wärmebelastung? Nehmen Sie eine Dichte $\rho = 0.025$ kg/m³ an.

($\dot{Q} = 57{,}8$ MW !)

Aufgabe 69

Eine Raumstation besteht im druckbeaufschlagten Teil aus einem Zylinderstück mit einer Projektionsfläche von 32 m².

a) Wie groß ist die mittlere Anzahl von Mikrometeoroidentreffern auf den Druckkörper pro Tag ($m_0 \geq 10^{-12}$ g)? Wie groß ist die Zahl während des Auftretens der Giacobiniden? Verwenden Sie das Modell von INGHAM :

$$F(m > m_0) = \frac{C}{m_0}; C = 6 \cdot 10^{-15} \frac{g}{m^2 s}$$

Der Zusatzfaktor für die Giacobiniden sei z = 22.

(ca. 381.540 Treffer pro Tag!)

b) Wie groß ist die kritische Meteoroidenmasse, wenn die Wahrscheinlichkeit für mindestens einen Durchschlag kleiner als 10% für einen Zeitraum von einem Jahr sein soll (Meteoroidenschauer sollen berücksichtigt werden!)?

($m_{krit.} = 0{,}00133$ g)

Sachverzeichnis

Θ_{3dB} 441

Ablationsprinzip 400
Absorbtion 323
Absorbtionsvermögen 323
Abtastrate 444
ADA 435
Aeroassist-Konzept 428
aero-capture 425
aerodynamische Aufheizung 331, 391
aerodynamische Orbit-Transferfahrzeuge 414
    Ballute-System 415
    erdnahe Bahnen 414
    Lifting Brake 415
    Roundtrip-Mission 421
Akquisitionsphase 265
Aktivsphäre 451
Albedoreflexionsgrad 329
Albedostrahlung 329
Albertus Magnus 475
Aldrin, Edwin 5, 484
Alpha Space Station Siehe ISS
Andockphase 133
Annäherungsphase 133
Anomalie
    exzentrische 96
    mittlere 98
    südatlantische 458
    wahre 71, 96
Antennengewinn 438, 439
Antennentypen 441
Antimaterie-Raketen 173
Antriebsbedarf verschiedener Missionen 166
Antriebssysteme 206
    Anforderungen 255
    bimodal 210
    Diergole 208
    Einkomponentensysteme 210
    Feststoffantriebe 207
    Festtreibstoffe 210
    Flüssigkeitsantriebe 206
    Hybridantriebe 207
    Lage- u. Bahnregelung 249
    Monergole 208
    Sekundärsysteme 250, 269
    Systemanforderungen 277
    Triergole 208
Antriebsvermögen 34
    Gravity-Assist 146
    mehrstufige Rakete 44

Anwendung von Ellipsenbahnen 96
Anziehungskraft 66
AOTV 414
Aphel 78
Apogäum 78
Apollo 5, 299
Archimedes 476
Arcjet 236
Ariane 5, 368, 486
    Nutzlastkonfigurationen 374
Ariane 1 45, 47, 368
Ariane 2 368
Ariane 3 368
Ariane 4 55, 369
Ariane 5 56, 369, 489
    H155 Stufe 370
    HM 60 Triebwerk 370
    Nutzlastkonfigurationen 372
    P 230 Stufe 369
    Vulkan-Triebwerk 370
Ariane X 382
Aristarch von Samos 476
Armstrong, Neil 5, 484
Artemis 449
ARTUS-Triebwerk 238
ASLV 360
Astrodynamik 63
Atlas 59, 359
Atmosphäre 461
ATOS-Triebwerk 238
Aufspiralen 118
    Antriebsbedarf 166
Aufstiegsbahnen 122
    einstufige Rakete 126
    mehrstufige Rakete 127
Austrittsgeschwindigkeit 69
    effektive 181
Automatisierungsgrad 429

BACON-Hochdruckzelle 300
Bahn
    Planeten 68
    Polarkoordinaten 76
Bahnänderung 103
    allgemeine 105
    impulsive 104
    planare 105
Bahnelemente
    klassische 91
Bahnkorrektur 269
Bahnmechanik 63
Bahnregelung 269
    Exzentrizitätskorrektur 274

geostationärer Satelliten 272
Injektionsfehler 269
Nord-Süd-Störung 272
Ost-West-Drift 273
Positionierung 269
sekundäre Antriebsysteme 279
Systemanforderungen 277
Translationskorrektur 273
Übersicht 269
Vergleich der Triebwerksysteme 284
Winkelkorrektur 272
ballistische Flugbahn 99
Flugzeit 101
Gipfelhöhe 99
maximale Reichweite 101
Reichweite 100
bielliptischer Bahnübergang 114
bimodal 210
Schub- 210
Treibstoff- 210
Bitfehlerrate 438
Bitfehler-Wahrscheinlichkeit 446
Blendensysteme 351
Bodenkontrollzentrum 430
Bodenspur
geosynchroner Orbit 93
LEO 92
Molniya-Bahn 95
polarer Orbit 94
Boeing 23
Boltzmannkonstante 438
BPSK 445
Brahe, Tycho 64, 477
Bray-Näherung 177
Brennkammer
-volumen 223
Brennkammeranzapfung 218
Brennstoffe
fest 205
flüssig 205
Brennstoffzelle 301
Bus 434

C 435
Cassini 489
CDMA 446
Challenger 487
Charakteristische Geschwindigkeitsänderung 34
chemische Treibstoffe 203
feste Brennstoffe 205
feste Oxidatoren 205
flüssige Brennstoffe 205
flüssige Oxidatoren 205
hypergol 212
Lagerfähigkeit 212
Treibstoffauswahl 203
chemische Verluste 201
Clinton, Bill 22

CMDB-Treibstoffe 211
CO_2-Ausstoß 10
coasting-Phase 127
Collins, Michael 5, 484
Columbia 5
Composit-Treibstoffe 211
Congreve, William 476
Corioliskraft 134
CZ3-Rakete 363

d'Arrest, Heinrich Louis 477
Data Management System 430
Datenkompression 444
Datenrate 438
Datenrelais-Satellit 449
dBW 440
Degradation 461
Dezibel 439
Diergole 208
spezifischer Impuls 209
Dipol 455
Divergenzverluste 199
DMS 430
Doppelbasis-Treibstoffe 211
downlink 448
DPSK 445
Drallstabilisierung 260, 306
Drehimpuls 69
spezifischer 70
Dreiachsenstabilisierung 265, 306
Dreiimpuls-Übergang 114
Druckförderung 216, 219
Düse 225
abgesägte 195
angepaßte 189, 192
Anpassungsverluste 197
chemische Verluste 201
Divergenzverluste 199
Flächenverhältnis 194
Laval- 225
mechanische Verluste 197
Profilverluste 200
Querschnittsverhältnis 188, 189
reale 197
Reibungsverluste 201
thermische Verluste 201
unkonventionelle 225
verlustbehaftete 197
voll angepaßte 192
Düsenströmung
Simulation 176
strömungsmechanische Behandlung 179
thermodynamische Behandlung 179

Effective Isotropic Radiated Power 438
effektive Austrittsgeschwindigkeit 33, 39

Eichstett, Konrad Kayser von 476
Eigenfeldbeschleuniger 239
eingefrorene Reaktionskinetik 394
Einkomponentensysteme 210
einstufige Rakete, Grenzen 39
EIRP 438
Ekliptik 85
Elektrische Antriebe 229
   Definition 229
   Eigenfeldbeschleuniger 239
   elektrothermische Lichtbogentriebwerke 236
   Fremdfeldbeschleuniger 241
   Hallionenbeschleuniger 243
   Lichtbogentriebwerke 234
   magnetoplasmadynamische 239
   Übersicht 232
   Vorteile 230
   widerstandsbeheizt (Resistojet) 232
Elektrostatische Triebwerke 244
   Feldemissions-Triebwerk 247
   Grundlagen 245
   Kaufmanntriebwerk 246
   RIT-Triebwerke 247
Elevationswinkel 435
Ellipsen
   Bahnen 96
   Parameter 78
Emissionszahl
   hemisphärische 324
   Normalenrichtung 324
Endanflug 133
Energie
   gerichtete kinetische 169
Energiedichten 291
Energieerhaltungsgleichung 74
Energiegleichung 181
Energieinhalt
   chemischer Brennstoffe 40
   spezifischer 40
Energiequellen 288, 291
   Batterien 298
   Brennstoffzellen 299
   chemische 292
   Kurzzeit-Anlagen 298
   Langzeitanlagen 303, 311
   nukleare 292
   nukleare Anlagen 308
   nukleare Reaktoren 312
   physikalische 290
   Primärzellen 298
   Radioisotopenbatterien 310
   Sekundärzellen 299
   Solarzellen 303
   Thermoelektrische Wandler 308
Energiespeicher 290
Energiesysteme 288
Energieversorgungsanlagen 287
   solardynamische 315
   solare Kraftwerkssatelliten 320
Energija 487
Envisat-1 11

Eötvos, R. von 66
Erdeigenstrahlung 330
ERS-1 11
Eschenbacher, August 476
ESRO 22
Ethernet 434
Eulersche Gleichungen 256
Euromir 488
Eutelsat 307
Express 489
Extraterrestrik 15
Exzentrizität 77
Exzentrizitätskorrektur 274
Exzeßgeschwindigkeit 104

FDMA 446
Feldemissions-Triebwerke 247
Fernlenkphase 132
Feststoffabbrand 222
Feststoffantriebe 207
Festtreibstoffe 210
   charakteristische Werte 211
   CMDB-Treibstoffe 211
   Typen 211
FGB 22
Filmkühlung 400
Flächensatz 64
Fluchtgeschwindigkeit 82
   Antriebsbedarf 106
   aus Sonnensystem 106
Flugkörper 213
Flugwindhängewinkel 407, 413
Flüssigkeitsantriebe 206
Flüssigkeitskreisläufe 351
Fördermethoden 216
FR-1-Satellit 306
Freedom Raumstation 24
freie Molekularströmung 394
Freiraumdämpfung 438
Funkstrecke 437
Furrer, Reinhold 487

Gagarin, Juri 482
Galilei, Galileo 65, 477
Galileo-Sonde 488
Galle, Johann Gottfried 477
Ganswindt, Hermann 478
Gasgeneratoren 219
GEO 93
Geschichte 475
Giotto 487
Gipfelhöhe 99
Gleichgewicht 394
Gleitfahrzeuge 407
Glenn, John 482, 490
Global Surveyor 489

Globalstar 433
GNC 430
Goddard, Robert 478
GPS 13, 453
graue Strahler
    Definition 324
    Kirchhoffsches Gesetz 325
    solares Absorbtionsvermögen 325
    spektrale Emissionszahl 324
    thermisches Emissionsvermögen 325
Gravitationsbeschleunigung
    Erdoberfläche 73
Gravitationsfeld 451, 453
Gravitationsförderung 216
Gravitationsgesetz
    Newtonsches 65, 72
    universelles 65
Gravitationsgradient 156
Gravitationskonstante 65
Gravitationspotential 454
    der Planeten 107
Gravity-Assist
    Energiegewinn 147
    Manöver 142
    Planeteneigenschaften für 148
Grenzzyklus 267

H155-Stufe 370
H1-Rakete 359
H2-Rakete 361
Haas, Conrad 476
Haas, Konrad 4
Haidar Ali 476
Hale, Edward Everett 478
Hallionenbeschleuniger 243
Hauptstromverfahren 218
Heat Pipes 353
Helios A 485
Heron von Alexandrien 475
Herschel, William 477
Hilfsantriebe 213
HIPAC-R-Triebwerke 239
HM 60 Triebwerk 370
Hohmann
    Antriebsbedarf für Übergang 111
    Bahnübergang 109
    Transferzeit für Bahnübergang 113
Hohmann, Walter 109, 479
HORIZON 2000 15
Horizont 89
HOTOL 383
Hubble Space Telescope 488
Huygens, Christian 477
Hybridantriebe 207
hyperbolische Exzeßgeschwindigkeit 104
hypergol 212

ICO 433
ideales Gas 185
Impuls
    gesamt 35
    spezifischer 35, 193
Impulsgleichung 32
Inertialsystem 32, 66
Ingham 466
Injektionsfehler 269
Inklinationsänderung 115, 423
INMARSAT 433
Instabilitäten 223
Intensitätsverteilung, spektrale 321
International Space Station Siehe ISS
International Standards Organization 434
Internationale Raumstation 21
Ionenantrieb 121
Iridium 433
isentrope Expansion
    Gleichungen 186
Isotopentriebwerk 173
isotrope Antenne 439
isotroper Strahler 443
ISS 21, 22, 27, 307
    COF 24
    Hauptdaten 25
    JEM 24
    Orbit 24
    ROS 23
    SPP 23
    US laboratory 24
    USOS 24

Jähn, Siegmund 486
Jupiter 143

Kapillarförderung 216
Kaufmann-Triebwerk 246
Kegelschnitte 76
Kegelschnitt-Flugbahnen 79
Kegelschnittgleichung 77
Kepler, Johannes 4, 64, 65, 477
Keplergleichung 98
Keplers Gesetze 64
Kernfusionsraketen 169
Kirchhoffsches Gesetz 325
Knudsenzahl 394
Kodierung 444
Kometen 464, 474
Kommunikationssyteme 429
Kontinuumsströmung 394
Konvektion 342
Konzentratoren 308
Koordinatensystem
    beim Rendezvous 133
    geozentrisch-äquatoreal 86

orbitales *85*
Kopernikus, Nikolaus *4, 477*
Kopplungsvorrichtung *134*
Koroljow, Sergeij *4, 481*
kosmische Geschwindigkeit
   erste *81*
   zweite *82*
Kraftfeld
   konservatives *71*
   zentrales *69*
Kreiseldrift *264*
kryogene Kombinationen *212*
Ku-Band *431*
Kühlplatten *352*
Kühlverfahren *226*
   Ablativkühlung *226*
   Filmkühlung *226*
   Flüssigkeitskühlung *227*
   Kapazitivkühlung *227*
   Regenerativkühlung *227*
   Strahlungskühlung *227*
   Wärmeabfuhr *227*

Lage- u. Bahnregelung *249*
Lageregelung *256*
   Akquisition *265*
   aktive Lageregelung *259*
   Drallstabilisierung *260*
   Dreiachsenstabilisierung *265*
   Geschwindigkeitsdämpfung *265*
   Nutation *260*
   passive Stabilisierungsverfahren *258*
   Präzession *262*
   Sensoren *251*
   Stabilisierungsarten, *257*
   Stellglieder *259*
   Störmomente *259*
   Trajektorienverlauf *266*
   Zielausrichtung *265*
Lageregelungsantriebe *213*
Lagerfähigkeit *212*
   erdlagerfähig *212*
   kryogene Kombinationen *212*
   raumlagerfähig *212*
Laika *481*
Landetriebwerke *213*
Landung auf einem Planeten *139*
Langmuir-Schottky-Gesetz *246*
Lasswitz, Kurt *478*
Lavalbedingung *187*
LEO *91*
   Antriebsbedarf *166*
Leo der Philosoph *475*
Leverrier, Urbain Jean Joseph *477*
Librationspunkte *452*
Lichtbogentriebwerke *234, 236*
link margin *444*
link-Berechnung *448*

link-Gleichung *437*
Lippershey, Jan *477*
Local Area Network *434*
Long March *360*
Low Earth Orbit *91*
Luftwiderstand *122*
Luftwiderstandsverluste *99, 124*
Lukian von Samosate *477*
LUNA 9 *5*

Machzahl
   Definition *186*
   Expansionsverhältnis *189*
Magnetfeld *455*
   Erde *457*
   Sonne *456*
Magnetopause *459*
Magnetosphäre *458*
MARC4-Triebwerk *238*
Marcus Graecus *475*
Marktanteile *14*
Marsmission *28*
Masse
   Motoren *39*
   Nutzlast *39*
   Struktur *39*
   Treibstoff *39*
Massenstrom *191*
Massenverhältnis
   Nutzlast *39, 40*
   Struktur *39, 40, 44*
MAXUS *18*
Maxwell, James Clerk *151*
Merbold, Ulf *486, 488*
Merkur
   Antriebsbedarf zum *167*
Messerschmid, Ernst *487*
Meteore *464*
Meteorite *464*
Meteoriteneinschlag *8*
Meteoroide *464*
Meteoroidenschauer *465*
Mikrometeoroide *464*
Mir *22, 24, 27, 431, 487*
Mirror Imaging-Methode *344*
Mobilfunk *429*
Modulationsverfahren *445*
Monde *472*
Monergole *208, 210*
Monte Carlo-Methode *344*
MPD-Eigenfeldbeschleuniger *239*
Multimedia *445*

Nadir *86*
Nahbereichsmanöver *133*
Navigation *10*

Nebenstromverfahren *218*
Neptun
   Antriebsbedarf zum *168*
Netz-Topologien *434*
Neutralpunkt *451*
Newton, Isaac *4, 64, 65, 477*
Nichtgleichgewicht *394*
NiH2-Batterien *302*
Nobel, Alfred *476*
Nord-Süd-Störung *272*
nukleare Energiequellen *308*
nukleare Reaktoren *312*
Nutation *260*
Nutzlast *39, 43*
Nutzung *18, 19*
Nyquist-Theorem *444*

Oberth, Hermann *4, 479*
Open Systems Interconnect (OSI) Standard *434*
Orbit
   geosynchroner *93*
   Molniya *94*
   polarer *94*
Orbitmechanik *63*
Ost-West-Drift *273*
Oxidatoren
   feste *205*
   flüssig *205*

P 230 Stufe *369*
Panels *306*
Pathfinder *489*
Paulet, Pedro *4, 478*
Pegelgleichung *437*
Peltiereffekt *309*
Perigäum *78*
Perihel *78*
Personal Satellite Communications Networks *434*
Phasendiagramm
   beim Rendezvous *137*
Piazzi, Guiseppe *477*
Pioneer 10 *485*
Planeten *468*
Planetenmissionen *425*
Planetoiden *471*
Plasmaantriebe *234*
Plutarch *476*
Pluto
   Antriebsbedarf zum *168*
Polarisation *444*
Positionierung *269*
Präzession
   Erde um Sonne *85*
Präzessionsbewegung *262*
Primärzellen *298*
   Batterien *298*

Brennstoffzellen *299*
Profilverluste *200*
Programmiersprachen *435*
Ptolemäus, Claudius *476*
Pumpenförderung *212, 216*

QPSK *445*

Radiatoren
   aktiv *352*
   passiv *350*
Radioisotope
   Batterien *310*
   Daten *311*
Radioisotopenbatterie *312*
Rakete
   ideale *189*
   Schub *180*
Raketen *169*
Raketengleichung *31, 33*
Raketenimpuls *32*
Raketenkorps *476*
Raketenmasse *39*
Raketenstart
   Anzahl *14*
Raketentreibstoffe
   chemische *203*
Raumfahrtnutzung *6*
Raumflugkörper
   Arten von *19*
Raumstation *21*
Raumstationen
   Arten *26*
Raumtransportsysteme *359*
   Ariane *368*
   China *360, 362*
   eingesetzte Trägerraketen *367*
   Einteilung *367*
   Europa *360*
   existierende Startfahrzeuge *373*
   GUS *360, 365, 366*
   Indien *360, 362*
   Israel *360*
   Japan *359*
   USA *360, 363, 364*
   zukünftige Projekte *373*
Rauschleistung *439*
Rauschleistungsdichte *438*
reaktionskinetische Kennzahl *394*
Reaktoren *312*
Reflexion *323*
Reibungsverluste *201*
Reichweite *100*
Rendezvous
   Geschwindigkeitsbedarf *136*
   Nahbereich *137*

Übergangszeit *136*
Rendezvous und Docking *129*
Resistojet *170, 232*
RIT-Triebwerke *247*
Robert und Vieille-Beziehung *222*
Roche-Grenze *452*
Romashka-Reaktor *315*
rough burning *175*
Roundtrip-Mission *421*
Routing *434*

Sänger *382*
Sänger, Eugen *479*
Satellitenmarkt *14*
Saturn
   Antriebsbedarf zum *168*
Saturn V *48*
Saturnringe *477*
S-Band *431*
Schallgeschwindigkeit
   Definition *186*
Schlegel, Hans Wilhelm *488*
Schmelztemperatur *392*
Schub
   Berechnung *180*
   impulsförmig *104*
   innerer Wirkungsgrad *184*
   Koeffizient *181*
   kontinuierlich *116*
   Schubkoeffient, ideales Gas *192*
Schubstrahlenergie *169*
Schwarz, Berthold *475*
Schwarzer Strahler
   Definition *321*
   spezifische Ausstrahlung *322*
   Stefan-Boltzmann Gesetz *322*
   Wiensches Verschiebungsgesetz *322*
Schwebeverluste *99, 124*
schwerefreier Raum *31*
Schwitzkühlung *400*
Seebeckeffekt *309*
Seile
   Aufbau *163*
Seile im Gravitationsfeld *155*
   Anwendungen *165*
Sekundärsysteme *250*
Sekundärzellen *299*
Sendeleistung *438*
Sender *438*
Shavit *360*
Sichtbarkeit *89*
Signal-zu-Rauschleistung *435, 437*
Skylab *24, 27, 485*
SNAP 10A *313*
Software *435*
Sojourner *489*
Solardynamik *315*
solare Kraftwerkssatelliten *320*

Solarstrahlung *327*
Solarzellen *303*
   Kennlinie *304*
   Prinzip *303*
   susgeführte Anlagen *305*
Sonne *467*
Sonnensegel *151*
Space Shuttle *5, 54, 301, 359, 365, 485*
Spacehab *24, 27*
Spacelab *6, 22, 24, 27, 486, 490*
sporadischer Fluß *465*
Sputnik *3, 5, 481*
Staudruck *395*
Stefan-Boltzmann Gesetz *322*
Stellglieder *257*
Store and Forward *434*
Störmomente *259*
Störungen *249*
Strahlimpuls *32*
Strahlung *342*
   Albedo *329*
   thermal *330*
Strahlungsdruck *151, 274*
Strahlungskühlung *400*
Stufenoptimierung *60*
Stufenzahl
   optimale *62*
Stufung *41*
   Optimierung *60*
   Parallel *50*
   Tandem *42*
   Tank *52*
   Treibstoff *53*
   Triebwerk *53*
Swingby-Manöver *142*
synergetische Bahndrehmanöver *423*
System-Rauschtemperatur *438*

TDMA *446*
TDRSS *431, 447*
Technische Oberflächen
   Absorption *323*
   Reflexion *323*
   Transmission *323*
Teledesic *433*
Telekommunikation *10, 12*
Telemetrie *431*
Tether *15, 155*
TEXUS *18*
Thermalanalyse *335*
   Durchführung *335*
   Formfaktoren *343*
   geometrisch-mathematisches Modell *335*
   Gleichgewichtstemperaturen *338*
   mathematische Modelierung *339*
   Mirror Imaging-Methode *344*
   Monte Carlo-Methode *344*
   Software-Werkzeuge *344*

thermal-mathematisches Modell *335*
Thermische Massen *341*
Wärmebilanz *337*
Wärmetransportmechanismen *342*
Thermalkontrolle
  Definition *321*
Thermalkontrollsysteme *345*
  aktive *351*
  aktive Blendensysteme *351*
  aktive Flüssigkeitskreisläufe *351*
  aktive Kühlplatten *352*
  aktive Radiatoren *352*
  aktive Zweiphasen-Kreisläute *354*
  Design *332*
  Isolationen *347*
  latente Wärmespeicher *350*
  passive *345*
  passive Beschichtungen *346*
  passive Füller *349*
  passive Radiatoren *350*
  passive Wärmebarrieren *350*
  passive Wärmesenken *350*
  Second Surface Mirror *347*
  Thermalschutz *350*
  Wärmerohre *353*
Thermalstrahlung *330*
Thermaltest *356*
  Bezeichnung *357*
  Simultantestmethoden *358*
  Sonnensimulationstest *357*
  Thermal Balance Test *357*
  Thermal Cycle Test *357*
  Thermal Vaccum Test *357*
thermische Raketen *169*
  analytische Beschreibung *177*
  Antimaterie-Raketen *173*
  chemische Raketen *172*
  elektrothermische Raketen *172*
  geschlossene Brennkammer *171*
  halbempirische Beschreibung *177*
  Hybride *173*
  Kaltgas-Triebwerke *172*
  nuklear geheizte Raketen *172*
  ohne geschlossene Heizkammer *173*
  Siederaketen *172*
  sonnenstrahlungsgeheizte Raketen *173*
thermische Verluste *201*
Thermoelektrische Wandler *308*
Tibboc Sahib *476*
Titan IIIC *57*
Titan-Rakete *364*
Topping-Cycle Verfahren *218*
Trägerraketen *39*, *213*, *367*
Trajektorienverlauf *266*
Transferantriebe *213*
Translationskorrektur *273*
Transmission *323*

Treibstoff
  Behälter *214*
  fest *210*

Treibstoffe
  Composit-Treibstoffe *211*
  Doppelbasis-Treibstoffe *211*
Treibstoffheizung
  direkte Heizung *169*
  indirekte Heizung *170*
  Methoden *169*
Treibstoffverbrauch *34*
Triebwerke
  Brennkammeranzapfung *219*
  Brennkammerinstabilitäten *223*
  Brennkammervolumen *223*
  Druckförderung *219*
  Düsen *225*
  Gasgeneratoren *219*
  Hauptstrom- *212*, *218*
  Nebenstrom- *212*, *218*
  Topping-Cycle *212*, *219*
  Treibstoffaufbereitung *220*
  Treibstoffumsetzung *222*
  Verbrennung *222*
  Zündung *221*
Triebwerkssysteme
  Vergleich *284*
Twisted Pair *435*

Übergangsströmung *394*
Übertragungsfenster *435*
Übertragungsstrecken *431*
Übertragungsverluste *438*
Ulysses *488*
Umlaufzeit *80*
  Kreisbahn *81*
Umsatz der Satellitenindustrie *13*
Umweltbedingungen *327*
  aerodynamische Aufheizung *331*
  Albedo-Strahlung *329*
  Erdeigenstrahlung *330*
  Solarstrahlung *327*
  Thermalstrahlung *330*
Umweltfaktoren *451*
Unterrakete *43*
uplink *448*
Uranus
  Antriebsbedarf zum *168*

Verbrennung *222*
Verbrennungsschwankungen *175*
Verdampfungswärme *392*
Verluste, *197*
Verne, Jules *4*, *478*
Vieille *222*
Viking *485*
Vis-Viva-Gleichung *69*, *74*
Viterbi-Code *445*
von Braun, Wernher *480*

von Eichstett, Konrad Kayser *4*
Vostok *58*
Voyager 2 *5, 485*
Vulkan-Triebwerk *370, 372*

Walter, Ulrich *488*
Wan-Hu *476*
Wärmebarrieren *350*
Wärmefluß *395*
Wärmelast *395, 405*
Wärmerohre *353*
Wärmeschutzmethoden *400*
   Ablationsprinzip *400*
   Film- oder Schwitzkühlung *400*
   Strahlungskühlung *400*
   Wärmesenken-Methode *400*
Wärmesenke *350*
Wärmespeicher *350*
Wärmetransportmechanismen *342*
Weltraumbahnhöfe *381*
Weltraumerkundung *15*
Weltraumumgebung *17*
Wettervorhersage *7*
Wide Area Networks *434*
Wiedereintritt *391*
   Aeroassist-Konzepte *428*
   aerodynamische Aufheizung *391*
   ballistischer *400*
   Flugbereiche *393*
   Flugprofile *393*
   geflügelte Gleitfahrzeuge *407*
   -korridor *403*
   Lastvielfaches *395*
   Oberflächentemperatur *395*
   ohne Auftrieb *403*
   overshoot *405*
   reaktionskinetische Kennzahl *394*
   semibalistischer *403*
   Staudruck *395*
   Staupunktswärmelast *414*
   Strömungsbereiche *393*
   Transferfahrzeuge *414*
   undershoot *405*
   Wärmefluß *395*
   Wärmelast *395, 405*
   Wärmeschutzmethoden *400*
   Wärmeschutzsysteme *399*
Wiensches Verschiebungsgesetz *322*
Wirkungsgrad *36, 184*
   äußerer *36*
   ideales Triebwerk *194*
   innerer *36*
   integraler äußerer *37*
   Vortriebs- *37*
wirtschaftliche Relevanz *19*

Zander, Friedrich *4*
Zeit entlang Keplerbahn *96*
Zentrifugalkraft *66, 134*
Ziolkowsky, Konstantin *4, 151, 478*
Ziolkowsky-Raketengleichung *31, 33*
Zündung *221*
Zustandsänderung, *177*
Zweikomponentensysteme *208*
Zweikörperproblem *66*

Druck: Mercedes-Druck, Berlin
Verarbeitung: Buchbinderei Lüderitz & Bauer, Berlin